Sistemas de Comunicação

H419s Haykin, Simon.
　　　　Sistemas de comunicação / Simon Haykin, Michael Moher ; tradução: Tales Argolo Jesus ; revisão técnica: Antônio Pertence Júnior. – 5. ed. – Porto Alegre : Bookman, 2011.
　　　　512 p. ; 25 cm.

　　　　ISBN 978-85-7780-725-3

　　　　1. Engenharia elétrica. 2. Telecomunicação. I. Moher, Michael. II. Título.

CDU 621.39

Catalogação na publicação: Ana Paula M. Magnus – CRB-10/Prov-009/10

SIMON HAYKIN
McMaster University

MICHAEL MOHER
Space-Time DSP

Sistemas de Comunicação

QUINTA EDIÇÃO

Tradução:
Tales Argolo Jesus
Mestre em Engenharia Elétrica pela UFMG
Colaboração especial: Carolina Dantas Nogueira (PUC Minas)

Consultoria, supervisão e revisão técnica desta edição:
Antônio Pertence Júnior
Engenheiro Eletrônico e de Telecomunicações
Especialista em Processamento de Sinais (Ryerson University – Canadá)
Professor de Telecomunicações da FUMEC/MG
Professor Titular da Faculdade de Sabará/MG
Membro da Sociedade Brasileira de Eletromagnetismo (SBmag)

2011

Obra originalmente publicada sob o título
Communication Systems, 5th Edition
ISBN 9780471697909

Copyright © 2009 John Wiley & Sons, Inc. All rights reserved. This translation published under license.

Capa: *Rogério Grilho* (arte sobre capa original)

Preparação de originais: *Tiago de Barros Coelho Cattani*

Editora Sênior: *Denise Weber Nowaczyk*

Projeto e editoração: *Techbooks*

Reservados todos os direitos de publicação, em língua portuguesa, à
ARTMED® EDITORA S.A.
(BOOKMAN® COMPANHIA EDITORA é uma divisão da ARTMED® EDITORA S. A.)
Av. Jerônimo de Ornelas, 670 – Santana
90040-340 Porto Alegre RS
Fone (51) 3027-7000 Fax (51) 3027-7070

É proibida a duplicação ou reprodução deste volume, no todo ou em parte, sob quaisquer formas ou por quaisquer meios (eletrônico, mecânico, gravação, fotocópia, distribuição na Web e outros), sem permissão expressa da Editora.

SÃO PAULO
Av. Embaixador Macedo Soares, 10.735 – Pavilhão 5 – Cond. Espace Center
Vila Anastácio 05095-035 São Paulo SP
Fone (11) 3665-1100 Fax (11) 3667-1333

SAC 0800 703-3444

IMPRESSO NO BRASIL
PRINTED IN BRAZIL
Impresso sob demanda na Meta Brasil a pedido de Grupo A Educação.

Em memória de

Colin Campbell
(Universidade McMaster, Hamilton, Ontário)

e

Michael Sablatash
(Centro de Pesquisa em Comunicações, Ottawa, Ontário)

falecidos em 2008.

PREFÁCIO

Nesta nova edição de *Sistemas de Comunicação*, algumas revisões fundamentais foram feitas na formatação e no conteúdo do livro, conforme resumido nos dois pontos seguintes:

1. Enfatizou-se o tratamento de comunicações analógicas como o pano de fundo necessário ao entendimento das comunicações digitais.
2. A organização do livro foi amplamente modificada. Os dez capítulos desta nova edição podem ser resumidos como se segue:

   - O Capítulo 1 fornece uma pequena introdução motivacional aos sistemas de comunicação.
   - O Capítulo 2 fornece um tratamento minucioso da análise de Fourier de sinais e sistemas, e introduz a representação complexa de banda base de suas versões passa-faixa.
   - Os Capítulos 3 e 4 cobrem a teoria e os aspectos práticos da modulação em amplitude e da modulação angular, respectivamente.
   - O Capítulo 5 examina os aspectos da teoria da probabilidade e de processos aleatórios que são essenciais ao tratamento de ruídos em sistemas de comunicação (sejam eles do tipo analógico ou digital), em um nível introdutório.
   - O Capítulo 6 aborda a questão de como ruídos de canal afetam o desempenho dos sistemas de modulação de ondas contínuas (ou seja, modulação em amplitude e angular).
   - No Capítulo 7, começamos a mudar nosso foco das comunicações analógicas para as digitais, descrevendo as questões envolvidas na representação digital de sinais analógicos. Na verdade, esse capítulo representa a transição da comunicação analógica para a digital.
   - O Capítulo 8 introduz as comunicações digitais de banda base e discute os efeitos de duas importantes anomalias: ruído e interferência intersimbólica. Essas duas anomalias são abordadas separadamente. Os pressupostos-chave nesse tratamento são que o ruído é branco e que o canal é linear e invariante no tempo.

- O Capítulo 9 introduz as comunicações digitais de banda base. O tratamento é uma combinação das análises de passa-faixa e de banda base complexa. A discussão dos efeitos dos ruídos de canal no desempenho mostra a importância da última representação, em particular a sua corporificação no espaço de representação de sinais das diferentes técnicas de modulação.
- Finalmente, o Capítulo 10 apresenta uma introdução à teoria da informação e codificação. O uso de codificação, em especial, é uma poderosa ferramenta para manter os efeitos degradantes dos ruídos de canal em um sistema de comunicação digital (ou seja, erros incorridos na detecção do sinal na saída do receptor) sob o controle do projetista.

Todo esforço foi feito para tornar o livro mais legível e fácil de se acompanhar em termos matemáticos. Além disso, a fim de fornecer uma descrição histórica dos sistemas de comunicação, cada capítulo inclui pelo menos uma barra lateral destacando a contribuição de um pioneiro que fez alguma diferença significativa no assunto principal do capítulo em questão.

Outra característica distinta do livro é a inclusão de Exemplos Temáticos, os quais focam alguns aspectos práticos do assunto ou da teoria abordados ali.

Por último, mas não menos importante, foram incluídos exemplos resolvidos, experimentos computacionais e diversos problemas no final de cada capítulo para fortalecer o entendimento do leitor. Um manual de soluções e apresentações em Power Point estão disponíveis no site da Bookman (www.bookman.com.br) apenas para os professores que adotarem este livro.

Simon Haykin
Michael Moher

SUMÁRIO

Capítulo 1 INTRODUÇÃO 13
1.1 O processo de comunicação 13
1.2 A abordagem por camadas 14
1.3 Exemplo temático – comunicações sem fio 16
Notas e referências 20

Capítulo 2 REPRESENTAÇÃO DE SINAIS E SISTEMAS 21
2.1 Introdução 21
2.2 A transformada de Fourier 21
2.3 Propriedades da transformada de Fourier 27
2.4 A relação inversa entre tempo e frequência 43
2.5 A função delta de Dirac 47
2.6 Transformadas de Fourier de sinais periódicos 56
2.7 Transmissão de sinais através de sistemas lineares 58
2.8 Filtros 66
2.9 Sinais passa-baixas e passa-faixa 73
2.10 Sistemas passa-faixa 77
2.11 Atraso de fase e de grupo 82
2.12 Fontes de informação 84
2.13 Computação numérica da transformada de Fourier 86
2.14 Exemplo temático – estimação de um canal de LAN sem fio 89
2.15 Resumo e discussão 92
Notas e referências 93
Problemas 94

Capítulo 3 MODULAÇÃO EM AMPLITUDE 99
3.1 Introdução 99
3.2 Modulação em amplitude 100
3.3 Modulação de banda lateral dupla e portadora suprimida 110
3.4 Multiplexação por portadoras em quadratura 116
3.5 Métodos de modulação de banda lateral única e de banda lateral vestigial 117
3.6 Exemplo temático – transmissão VSB de televisão analógica e digital 121
3.7 Translação na frequência 123
3.8 Multiplexação por divisão de frequência 125
3.9 Resumo e discussão 126
Notas e referências 127
Problemas 128

Capítulo 4 MODULAÇÃO ANGULAR 134

4.1 Introdução 134
4.2 Definições básicas 134
4.3 Modulação em frequência 142
4.4 Malha de sincronismo de fase 163
4.5 Efeitos não lineares em sistemas FM 171
4.6 O receptor super-heteródino 174
4.7 Exemplo temático – telefones celulares FM analógicos e digitais 176
4.8 Resumo e discussão 178
Notas e referências 179
Problemas 180

Capítulo 5 TEORIA DA PROBABILIDADE E PROCESSOS ALEATÓRIOS 186

5.1 Introdução 186
5.2 Probabilidade 187
5.3 Variáveis aleatórias 192
5.4 Médias estatísticas 198
5.5 Processos aleatórios 203
5.6 Funções de média, correlação e covariância 204
5.7 Transmissão de um processo aleatório através de um filtro linear 211
5.8 Densidade espectral de potência 212
5.9 Processo gaussiano 218
5.10 Ruído 222
5.11 Ruído de banda estreita 232
5.12 Exemplo temático – modelo estocástico de um canal de rádio móvel 239

5.13 Resumo e discussão 246
Notas e referências 248
Problemas 249

Capítulo 6 RUÍDO EM SISTEMAS DE MODULAÇÃO DE ONDAS CONTÍNUAS (CW) 256

6.1 Introdução 256
6.2 Modelo de receptor 256
6.3 Ruído em receptores DSB-SC 259
6.4 Ruído em receptores AM 262
6.5 Ruído em receptores FM 265
6.6 Pré-ênfase e deênfase em FM 278
6.7 Exemplo temático – orçamento de um *link* de satélite FM 281
6.8 Resumo e discussão 288
Notas e referências 289
Problemas 290

Capítulo 7 A TRANSIÇÃO DE ANALÓGICO PARA DIGITAL 293

7.1 Introdução 293
7.2 Por que digitalizar fontes analógicas? 294
7.3 O processo de amostragem 295
7.4 Modulação por amplitude de pulso 301
7.5 Multiplexação por divisão de tempo 305
7.6 Modulação por posição de pulso 306
7.7 Exemplo temático – PPM em rádio impulsivo 314
7.8 O processo de quantização 316

7.9 Modulação por codificação de pulso 321
7.10 Modulação delta 329
7.11 Exemplo temático – digitalização de vídeo e MPEG 334
7.12 Resumo e discussão 337
Notas e referências 338
Problemas 339

Capítulo 8 TRANSMISSÃO DIGITAL EM BANDA BASE 343

8.1 Introdução 343
8.2 Pulsos de banda base e detecção com filtro casado 343
8.3 Probabilidade de erro devido ao ruído 350
8.4 Interferência intersimbólica 356
8.5 Padrão ocular 361
8.6 Critério de Nyquist para transmissão sem distorção 363
8.7 Transmissão PAM M-ária em banda base 370
8.8 Equalização TDL 371
8.9 Exemplo temático – 100BASE-TX – transmissão de 100Mbps via par trançado 374
8.10 Resumo e discussão 379
Notas e referências 380
Problemas 380

Capítulo 9 TÉCNICAS DE TRANSMISSÃO PASSA-FAIXA DIGITAL 385

9.1 Introdução 385
9.2 Modelos de transmissão passa-faixa 386
9.3 Transmissão de PSK e FSK binários 388
9.4 Sistemas de transmissão de dados M-ários 402
9.5 Comparação de desempenho em relação a ruído de vários sistemas PSK e FSK 408
9.6 Exemplo temático – multiplexação por divisão de frequência ortogonal (OFDM) 410
9.7 Resumo e discussão 416
Notas e referências 417
Problemas 417

Capítulo 10 TEORIA DA INFORMAÇÃO E CODIFICAÇÃO 421

10.1 Introdução 421
10.2 Incerteza, informação e entropia 422
10.3 Teorema da codificação de fonte 427
10.4 Compressão de dados sem perdas 428
10.5 Exemplo temático – o algoritmo de Lempel-Ziv e a compressão de arquivos 434
10.6 Canais discretos sem memória 436
10.7 Capacidade de canal 439
10.8 Teorema da codificação de canal 442
10.9 Capacidade de um canal Gaussiano 446
10.10 Codificação para controle de erros 451
10.11 Códigos de bloco lineares 453
10.12 Códigos convolucionais 466
10.13 Modulação codificada em treliça 473

10.14 Códigos turbo   477
10.15 Resumo e discussão   484
　　　Notas e referências   485
　　　Problemas   486

Apêndice TABELAS MATEMÁTICAS   490

Glossário   497

Bibliografia   502

Índice   507

Capítulo 1

INTRODUÇÃO

1.1 O processo de comunicação

O termo *comunicação* engloba uma área muito ampla e abarca um grande número de campos de estudo, variando desde a utilização de símbolos até as implicações e efeitos sociais. O significado do termo comunicação neste livro se restringirá à *transmissão de informação* de um ponto a outro. No passado, isso já foi corretamente chamado de *telecomunicações*, utilizando-se o prefixo grego *tele* significando longe. Entretanto, muitas aplicações modernas das técnicas descritas neste livro podem ser de pequeno alcance, como os fones auriculares que utilizam *bluetooth* ou as redes de área local do tipo WiFi.

A comunicação, nesse sentido, entra em nossa vida cotidiana de formas tão diferentes que é comum que muitas das suas facetas nos passem despercebidas. Com telefones em nossas mãos, rádios e televisões em nossas salas, terminais de computador fornecendo acesso à Internet em nossos escritórios e casas, nós somos capazes de nos comunicar com qualquer parte do globo. A comunicação fornece informação aos navios em alto-mar, a aeronaves em voo e a foguetes e satélites no espaço. A comunicação mantém um serviço de previsão do tempo informado dos dados ambientais medidos por uma grande quantidade de sensores. De fato, a lista de aplicações que envolvem o uso da comunicação, de uma forma ou de outra, é quase interminável.

Como um sistema de comunicação é organizado?

No sentido da palavra exposto acima, um sistema de comunicação pode ser dividido em um pequeno número de componentes, como mostrado na Figura 1.1.

- O primeiro é a *fonte* de informação. Alguns exemplos óbvios de informação que talvez queiramos compartilhar são: voz, música, imagens, vídeos ou arquivos de dados.
- O segundo componente não sombreado na Figura 1.1 representa o *transmissor*. Transmissor é um termo genérico para o processamento da informação da forma fornecida pela fonte, em uma forma que for adequada para a transmissão sobre o *canal*. Um exemplo simples disso ocorre quando um sinal de música é convertido para a modulação em frequência (FM), objetivando a transmissão de rádio.

- O terceiro componente não sombreado na Figura 1.1 representa o canal ou meio de transmissão. O meio de transmissão pode ser um cabo, uma fibra óptica ou o espaço livre, em caso de utilização de rádio ou de comunicação por infravermelho.
- O quarto componente não sombreado na Figura 1.1 representa o *receptor*. Receptor também é um termo genérico para o processo de conversão do sinal transmitido sobre o canal de volta a uma forma que pode ser entendida no destino pretendido. A função do receptor tipicamente é maior do que a de simplesmente ser o inverso do transmissor; o receptor pode também ter que compensar as distorções introduzidas pelo canal e realizar outras funções, tais como a de sincronização do receptor com o transmissor.
- O componente final é o destino da informação.

A Figura 1.1 também mostra duas áreas sombreadas que estão rotuladas como *rede* e *camadas de controle*. No caso de comunicações que apresentem um transmissor e um receptor, é provável que a rede e o controle estejam ausentes. Entretanto, a maioria dos sistemas de comunicação, como a Internet e os sistemas de telefonia celular, possui um grande número de transmissores e receptores que precisam compartilhar o mesmo meio físico. A rede e as camadas de controle permitem que uma grande quantidade de terminais compartilhe o mesmo meio físico de maneira confiável e eficiente.

1.2 A abordagem por camadas

Os sistemas de comunicação modernos são analisados como uma sequência de camadas. Esse conceito de disposição por camadas em sistemas de comunicação é mais bem ilustrado pela Interligação de Sistemas Abertos (OSI) para *redes de computadores*[1]. Esse modelo de sete camadas é ilustrado na Figura 1.2; para os nossos propósitos, não é importante que o leitor entenda a função de cada camada nesse modelo OSI. Os pontos importantes incluem o reconhecimento das *pilhas* de camadas à esquerda e à direita na Figura 1.2, cada pilha representando dois nós de comunicação, por exemplo, emissor e receptor. Cada camada da pilha representa um *protocolo*. Cada protocolo possui uma interface bem definida entre as camadas acima e abaixo dele, mas as funções que ele executa dizem respeito apenas à camada *par* no lado receptor. As camadas pares comunicam-se virtualmente enviando mensagens que descem pela pilha em um lado, atravessam o meio físico, e sobem pela pilha no outro lado. Apenas a camada física se comunica diretamente com a sua camada correspondente. Dessa forma, poderíamos substituir ou modificar o protocolo em uma camada particular sem afetar o resto do modelo OSI.

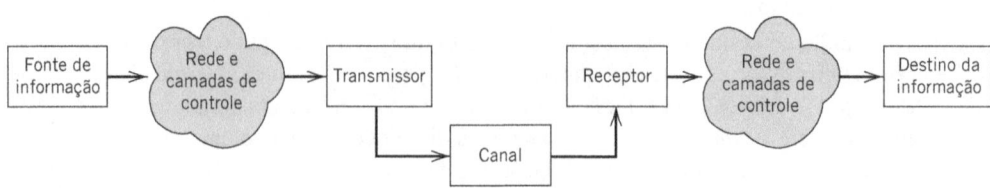

Figura 1.1 Elementos de um sistema de comunicação.

Um importante atributo do modelo OSI é que ele simplifica o projeto de sistemas de comunicação e permite o desenvolvimento independente de diferentes funções. Esse modelo por camadas é mais adequado à comunicação de informação digital e menos adequado à informação analógica². Muitos sistemas digitais utilizam menos do que as sete camadas mostradas na Figura 1.2.

As três caixas centrais na Figura 1.1, transmissor, canal e receptor, são frequentemente chamadas de *camada física* do sistema de comunicação, ou simplesmente PHY*. Este livro focará quase que inteiramente a camada física dos processos de comunicação. A rede e as camadas de controle são sofisticadas à sua própria maneira e são o tema de outros livros de ensino de comunicação.

Neste livro, estudaremos métodos de comunicação para fontes de informação analógicas e digitais. Ambos os casos são distinguidos frequentemente pelos termos *comunicações analógicas* e *comunicações digitais*. O termo comunicações digitais pode ser visto como inadequado. Devido à realidade prática, todas as comunicações se dão por meio de sinais contínuos e são, portanto, analógicas por natureza. É a informação que será transmitida que possui uma natureza analógica ou digital. Uma vez que as mais modernas comunicações são "digitais", a quantidade de ênfase dada aos sistemas analógicos está em franco decrescimento. Todavia, alguma exposição das técnicas analógicas é garantida por três razões: (a) o entendimento do legado dos sistemas; (b) muitas técnicas de comunicação digital são motivadas a partir da sua contraparte analógica; (c) muitas das distorções observadas em sistemas de "transmissão digital" podem ser caracterizadas como analógicas por natureza. O mais importante é que um entendimento minucioso de sistemas de modulação analógicos conduz a *insights* na identificação e na compensação dessas distorções.

Em resumo, este livro foca a camada física dos processos de telecomunicação. Com a informação analógica, o limite entre a camada física e as outras camadas pode ficar de alguma forma obscurecido.

Claude E. Shannon (1916-2001)

Shannon é conhecido como o pai da Teoria da Informação, principalmente por causa dos artigos que ele publicou no fim da década de 1940 e no começo da década de 1950. Esses artigos foram seminais a ponto de efetivamente criarem o referido campo de estudo. Em 1948, ele estabeleceu os fundamentos teóricos das comunicações digitais com o artigo intitulado *A Mathematical Theory of Communications*. É importante frisar que, antes da publicação desse artigo, acreditava-se que o aumento da taxa de transmissão de informação através de um canal provocaria o aumento da probabilidade de ocorrência de erros. A comunidade científica de teoria da comunicação foi surpreendida quando Shannon provou que isso não era verdade, dado que a taxa de transmissão estivesse abaixo da capacidade do canal.

Antes de 1948, Shannon fez grandes contribuições para a área de projeto de circuitos digitais, na qual ele é frequentemente creditado pela introdução da teoria da amostragem em sistemas elétricos, deslocando o projeto de circuitos do mundo analógico para o digital. Ele foi o primeiro a mostrar que a álgebra booleana poderia ser usada para modelar e simplificar o projeto de circuitos digitais.

Shannon também era famoso pelos seus *hobbies*, que incluíam prestidigitação (ilusionismo), andar de monociclo e jogar xadrez, bem como pelos seus inventos engenhosos relacionados a esses *hobbies*. Uma de suas invenções foi um rato eletromecânico chamado Theseus*, que era capaz de vascular um labirinto em busca de um alvo. O rato de Shannon, criado em 1950, parece ter sido o primeiro dispositivo dessa natureza com capacidade de aprendizado.

---

* N. de T.: Na mitologia grega, Theseus (em português, Teseu) foi um herói lendário que derrotou o Minotauro, monstro que habitava o célebre labirinto mantido pelo Rei Minos, na Ilha de Creta.

---

* N. de T.: Do termo *physical*, em inglês.

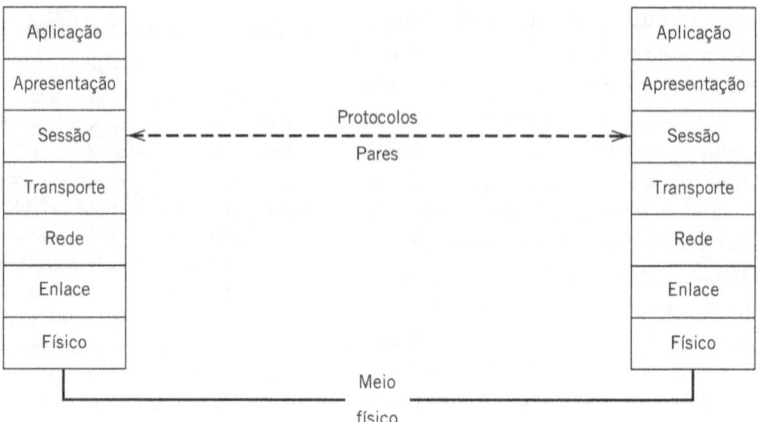

Figura 1.2 Processos pares no modelo OSI de sete camadas para redes de computadores.

1.3 Exemplo temático – comunicações sem fio[3]

No primeiro exemplo temático do livro, consideraremos comunicações sem fio como um exemplo de um sistema de comunicação. Nossa descrição aplica-se a sistemas sem fio em geral, mas quando apropriado forneceremos detalhes de sistemas específicos. Na Figura 1.3, mostramos um diagrama de blocos simplificado de um transmissor que é constituído por quatro componentes principais:

- O primeiro componente do diagrama de blocos é a *pilha de protocolos* que descrevemos anteriormente. Ela empacota os dados para que eles possam confiavelmente chegar ao destino pretendido uma vez que cruzem o *link** de rádio. Em um sistema de rádio *ponto a ponto* ou *por radiodifusão* (*broadcast*), esse componente pode não existir porque não está incluída nenhuma informação explícita de endereço. De fato, muitos sistemas antigos trabalhavam dessa forma. Rádios AM e FM são exemplos de sistemas sem fio que ainda trabalham dessa forma. Para melhorar a eficiência com a qual as frequências de rádio são utilizadas, a maioria dos sistemas modernos *compartilha canais de rádio* de alguma forma. Essa *multiplexação* de múltiplos sinais em um mesmo canal de rádio requer o uso de protocolos apropriados

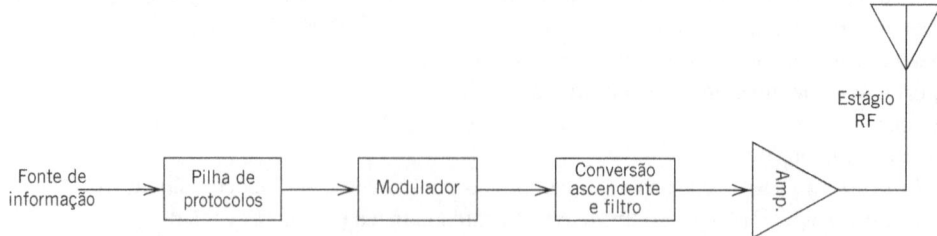

Figura 1.3 Ilustração dos componentes básicos de um transmissor de rádio.

---

* N. de T.: O termo *link* também pode ser traduzido como "enlace".

- O segundo componente do diagrama de blocos é o *modulador*. Nesse componente, a informação é impressa sobre uma frequência de portadora de maneira a ser adequadamente recuperada ao fim da recepção.
- O terceiro componente é o estágio de *conversão ascendente*. Nesse estágio o sinal modulado é convertido para a radiofrequência (RF) final, na qual ele será transmitido. Um rádio pode ser capaz de transmitir em um certo número de frequências, portanto a modulação em uma frequência comum e a conversão do resultado para a frequência final desejada é muitas vezes a melhor abordagem. Contudo, com melhoramentos no processamento digital de sinais e tecnologia associada, esse estágio de *conversão ascendente* pode ser substituído por um modulador que trabalha de uma forma conhecida como *direct-to-RF*.
- O quarto componente é o *estágio RF*. Uma vez na RF apropriada, o sinal é amplificado a um nível de potência apropriado e então emitido por meio de uma antena, ou seja, o sinal elétrico que representa o sinal modulado é convertido em uma onda eletromagnética. A potência de saída tipicamente dependerá da faixa de transmissão desejada e pode variar de algo menor do que um miliwatt, para aplicações de rádio com impulsos de curto alcance, até uma potência efetiva irradiada de mais de um megawatt, para alguns transmissores de televisão. O tipo de antena utilizada dependerá da frequência de operação e da aplicação; as possibilidades incluem antenas *whip*, parabólicas, do tipo corneta (*horn*), dipolo e *patch*.

Em sistemas modernos, o modulador é tipicamente implementado utilizando-se tecnologia de processamento digital de sinais. Essa tecnologia pode ser um processador de sinais digital, um arranjo de portas programáveis em campo (FPGA) ou um circuito integrado para aplicações de alto volume. Os componentes que se seguem ao modulador são tipicamente implementados em analógico embora, como mencionado anteriormente, a implementação digital do estágio de *conversão ascendente* esteja se tornando cada vez mais prática.

Os componentes RF do sistema de rádio muitas vezes são altamente específicos para as aplicações desejadas. Um dispositivo de mão (*handheld device*) tipicamente requer um amplificador de baixa potência e uma antena pequena; um transmissor de radiodifusão será tipicamente de alta potência e pode ter uma antena em uma torre de dezenas de metros de altura. Outros sistemas podem ter amplificadores de potência e antenas em algum ponto. Contudo, a mesma técnica de modulação pode ser potencialmente utilizada em qualquer uma dessas aplicações. Ademais, um estágio de conversão ascendente e RF bem projetado pode potencialmente transmitir qualquer uma dentre as diferentes técnicas de modulação. Essa é a base do tão chamado *rádio definido por software* (*software-defined radio*)[4]. Consequentemente, a técnica de modulação é, em um certo sentido, genérica para uma grande variedade de aplicações. No passado, uma das principais considerações na escolha da modulação era a facilidade de implementação. Com o atual estado de tecnologia, a principal consideração é o desempenho e a capacidade da modulação em combater as anomalias do canal, as quais são discutidas a seguir.

A ilustração de um canal na Figura 1.4 tem a intenção de apresentar algumas das propriedades dos canais de comunicação. Em particular, temos:

- *Perdas de propagação*. A comunicação frequentemente implica o transporte de informação ao longo de distâncias e, inevitavelmente, ocorre redução na força do sinal com o aumento da distância. Com canais de rádio, o mecanismo fundamental de perda, devido à propagação no espaço livre, faz com que a potência recebida decresça com o quadrado da distância entre o emissor e o receptor. Por outro lado, com outros canais, tais como fibras ópticas, a perda de potência do sinal cresce linearmente com a distância.
- *Seletividade de frequência*. Os canais de comunicação operam sobre um meio. Muitos meios conduzem bem apenas em uma pequena faixa de frequências. Por exemplo, uma fibra ótica conduz bem apenas em uma pequena faixa de frequências ópticas, mas ela nunca é utilizada para comunicação por ondas de rádio. Mesmo que o meio esteja operando em sua faixa de transmissão normal, pode haver variações em quão bem uma frequência é transmitida em comparação com outra. Essa variação é referida como *seletividade de frequência*.
- *Variância temporal*. Alguns canais são variantes no tempo (ou seja, as suas características variam com o tempo). Canais de rádio móveis são um primeiro exemplo desse fenômeno. A propagação de ondas de rádio terrestres depende das interferências ocasionadas pelo relevo, prédios e vegetação entre o transmissor e o receptor. Quando o transmissor ou o receptor se move, o canal se modifica e isso afeta o desempenho; exemplos comuns desse fenômeno são conhecidos como *sombreamento (shadowing)* e *desvanecimento (fading)*.
- *Não linear*. Idealmente um canal precisaria ser linear para que se minimizassem as distorções do sinal transmitido. Contudo, um canal pode incluir elementos não lineares tais como um repetidor que inclua um amplificador que opere próximo à (ou até mesmo na) região de saturação. Uma situação em que isso pode acontecer é em um canal de satélite em que o sinal proveniente de uma estação na Terra é amplificado pelo satélite, antes de ser retransmitido por radiodifusão ao seu campo de visão.
- *Uso compartilhado*. Para que a utilização de canais de comunicação seja eficiente, eles frequentemente são compartilhados por diferentes usuários. Isso leva a uma variedade de diferentes esquemas de *multiplexação*, que determinam como o canal é compartilhado. Um exemplo comum são os usuários de telefones celulares que compartilham o mesmo canal de rádio no tempo e na

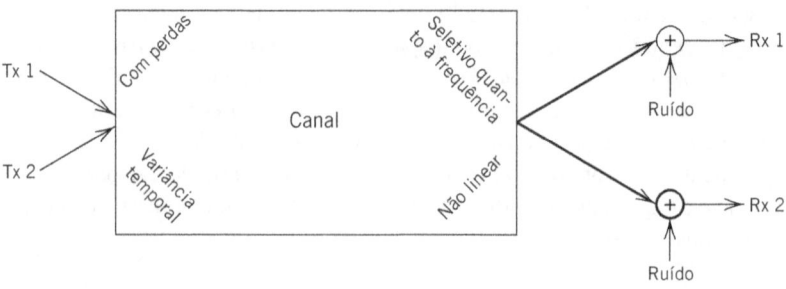

Figura 1.4 Ilustração das anomalias do canal.

frequência de diferentes maneiras. A multiplexação também conduz a potenciais *interferências* entre diferentes usuários, caso as estratégias de multiplexação não forneçam um perfeito isolamento entre eles.
- *Ruído*. O grande problema de qualquer sistema de comunicação que busque alcançar a máxima distância de transmissão ao custo de uma potência de transmissão mínima é a inevitável presença de ruído. A fonte mais comum de ruído é o *movimento aleatório dos elétrons* em circuitos receptores no ponto em que o sinal se encontra mais fraco, e isso geralmente estabelece um limite fundamental para o desempenho.

Todas essas propriedades são considerações a serem feitas na seleção da estratégia de modulação. Na verdade, para quase todas as anomalias supracitadas na transmissão de sinais, é possível encontrar uma estratégia de modulação que foi projetada para funcionar bem na presença da respectiva anomalia.

Na prática, essas anomalias frequentemente aparecem combinadas de diversas formas e o projetista do sistema deve estar familiarizado com um grande número de técnicas, de modo que ele seja capaz de escolher a estratégia de modulação que melhor se adeque à situação.

A Figura 1.5 ilustra o último elemento do *link* de comunicação, o *receptor*. Muitos dos componentes do receptor realizam funções inversas das suas respectivas contrapartes no transmissor. Em particular, temos:

- *Estágio RF*. A antena coleta energia de RF na banda de frequência desejada e, dependendo das suas propriedades, ela pode coletar energia tanto de fontes desejadas quanto não desejadas. O primeiro amplificador no estágio RF, frequentemente chamado de *amplificador de baixo ruído*, é crucial para a elevação do sinal de potência a um nível em que ele possa ser facilmente processado enquanto minimiza o ruído introduzido.
- *Conversão descendente*. Este estágio filtra e translada o sinal de RF para uma frequência em que o sinal de mensagem pode ser mais facilmente demodulado. Com os receptores modernos, o sinal é transladado diretamente para a *banda base*, processo esse referido como conversão descendente *direct-IQ*.
- *Demodulação*. Este é o estágio em que o sinal de mensagem transmitido é recuperado. Em receptores clássicos, a demodulação frequentemente consiste em uma sequência de filtros lineares. Em receptores modernos, com o advento do processamento digital de sinais e da eletrônica avançada, a demodulação é frequentemente mais complexa com o propósito de melhorar o desempenho.
- *Sincronização*. Quase todos os sistemas de comunicação requerem algum tipo de circuito de sincronização, devido às diferenças entre os *clocks* de tempo e frequência utilizados no transmissor e no receptor. Dependendo da estratégia de modulação e multiplexação utilizada, os métodos para a obtenção de sincronização podem ser bastante sofisticados. Contudo, um circuito chamado de *malha de sincronismo de fase* e suas variantes exercem um papel fundamental em muitas dessas estratégias.
- *Compensação de canal*. O objetivo desse estágio é contrabalançar algumas das anomalias que foram encontradas no canal. Enquanto que a estratégia de

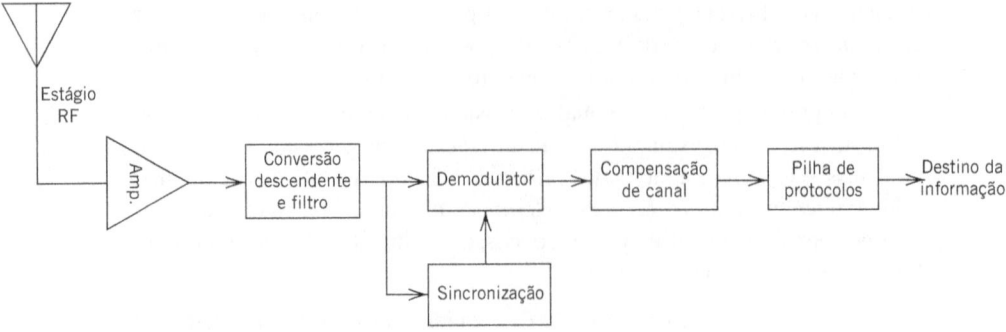

Figura 1.5 Ilustração de um receptor de rádio.

modulação pode ser projetada para contrabalançar uma anomalia específica, algum processamento adicional no receptor frequentemente melhorará o desempenho. As técnicas de compensação de canal tendem a ser mais avançadas e incluem a *equalização* para canais seletivos quanto à frequência, e a *correção de erro direta* para canais ruidosos.
- *Pilha de protocolos.* Em sistemas digitais, é frequentemente apenas neste estágio que o receptor determina se a mensagem detectada foi a que se esperava ou não.

A partir dessa discussão, fica claro que o receptor de comunicação tende a ser muito mais complicado do que o transmissor, simplesmente porque ele tem que lidar com mais incertezas e porque a potência do sinal recebido é muito menor do que a do sinal transmitido. De maneira semelhante ao transmissor, o projeto dos estágios RF e de conversão descendente é muitas vezes dependente da aplicação específica. A escolha da modulação e da correspondente demodulação é claramente o principal elemento no combate às anomalias do canal de rádio. Com os avanços da tecnologia de processamento digital de sinais, nossas habilidades nessa área estão cada vez melhores. Por essa razão, a modulação e a demodulação exercem um papel fundamental no estudo dos sistemas de comunicação, conforme é apresentado nos Capítulos 3 a 7. Contudo, antes de adentrarmos o assunto da modulação, é necessário um entendimento detalhado da representação de sinais e sistemas, que é o assunto do Capítulo 2.

Notas e referências

1. O modelo de referência OSI foi desenvolvido por um subcomitê da International Organization of Standardization (ISO) em 1977. Para uma discussão dos princípios relacionados às sete camadas do modelo OSI e uma descrição dessas camadas, ver Tanenbaum (2005).
2. Para um registro histórico das telecomunicações, ver a segunda edição do livro *Introduction to Analog and Digital Communications*, Haykin and Moher (2007).
3. Para mais informações em comunicações sem fio, ver Haykin e Moher (2005).
4. *Software-defined radio* (SDR) é um sistema de comunicação que consiste em um *hardware* programável sob o controle de um *software*. Diferentes *softwares* carregados conferem ao dispositivo diferentes funcionalidades, por exemplo, um tipo de modulação diferente e capacidades diferentes. Para um tratamento detalhado de SDR, ver o livro de Reed (2002).

Capítulo 2

REPRESENTAÇÃO DE SINAIS E SISTEMAS

2.1 Introdução

Identificamos *sinais determinísticos* como uma classe de sinais cujas formas de onda são definidas exatamente como funções do tempo. Neste capítulo estudaremos a descrição matemática de tais sinais utilizando a *transformada de Fourier*, que estabelece a conexão entre as descrições no domínio do tempo e no domínio da frequência de um sinal. A forma de onda de um sinal e o seu espectro (isto é, o seu conteúdo de frequência) são dois caminhos naturais para se compreender o sinal.

Uma outra questão relacionada a isso que estudaremos neste capítulo é a representação de sistemas lineares invariantes no tempo. Aqui também perceberemos que a transformada de Fourier exerce um papel chave. Filtros de diferentes tipos e certos canais de comunicação são importantes exemplos dessa classe de sistemas.

Começaremos o estudo pela apresentação da definição formal da transformada de Fourier, seguida por uma discussão de suas importantes propriedades.

2.2 A transformada de Fourier[1]

Seja $g(t)$ um *sinal determinístico não periódico*, expresso como uma função do tempo t. Por definição, a *transformada de Fourier* do sinal $g(t)$ é dada pela integral

$$G(f) = \int_{-\infty}^{\infty} g(t) \exp(-j2\pi ft)\, dt \qquad (2.1)$$

em que $j = \sqrt{-1}$, e a variável f denota a frequência. Dada a transformada de Fourier $G(f)$, o sinal original $g(t)$ é recuperado exatamente utilizando-se a fórmula da *transformada de Fourier inversa*:

$$g(t) = \int_{-\infty}^{\infty} G(f) \exp(j2\pi ft)\, df \qquad (2.2)$$

Note que nas Eqs. (2.1) e (2.2) nós utilizamos letra minúscula para denotar a função do tempo e letra maiúscula para denotar a função da frequência correspondente. As funções $g(t)$ e $G(f)$ constituem um par de transformada de Fourier. Ver o Apêndice 1 para alguns pares de transformadas de Fourier.

> **Jean Baptiste Joseph Fourier (1768-1830)**
>
> Fourier, filho de um alfaiate, nasceu na França em 1768. Órfão em tenra idade, ele foi criado e educado pela Igreja. Devido ao fato de Fourier ter desempenhado um importante papel na Revolução Francesa de 1789, ele foi premiado com uma bolsa de licenciatura em matemática em 1795.
>
> Fourier foi com Napoleão para a sua expedição oriental e em 1798 tornou-se o Governador do Baixo Egito. Enquanto lá estava, organizou oficinas de munição dando suporte à batalha francesa com os ingleses, e também contribuiu com diversos artigos para um instituto de matemática do Cairo, fundado por Napoleão. Depois da derrota francesa para os ingleses, Fourier regressou à França e realizou seus experimentos sobre a condução de calor. Esse trabalho o levou à sua afirmação de que funções podem ser representadas por uma série de senoides. O trabalho inicial de Fourier sobre a condução de calor foi submetido à Academia de Ciências de Paris em 1807 e foi rejeitado após ser revisado por Lagrange, Laplace e Legendre. Apesar de ser criticado pela falta de rigor por seus contemporâneos, Fourier persistiu em desenvolver suas ideias.
>
> Fourier também é creditado pela observação, em um artigo de 1827, de que gases na atmosfera podem aumentar a temperatura da superfície da Terra, efeito atualmente conhecido como *efeito estufa*.

Para a transformada de Fourier de um sinal $g(t)$ existir, é suficiente, mas não necessário, que $g(t)$ satisfaça às três condições conhecidas como *condições de Dirichlet*,

1. A função $g(t)$ tem valor simples, com um número finito de máximos e mínimos em um intervalo finito.
2. A função $g(t)$ tem um número finito de descontinuidades em qualquer intervalo de tempo finito.
3. A função $g(t)$ é absolutamente integrável, isto é,

$$\int_{-\infty}^{\infty} |g(t)|\, dt < \infty$$

Podemos seguramente ignorar a questão da existência da transformada de Fourier de uma função do tempo $g(t)$ quando ela for uma descrição precisamente especificada de um sistema físico realizável. Em outras palavras, a realizabilidade física é uma condição suficiente para a existência da transformada de Fourier. De fato, podemos ir um passo adiante e estabelecer que para todos os sinais de energia, isto é, sinais $g(t)$ para os quais

$$\int_{-\infty}^{\infty} |g(t)|^2\, dt < \infty$$

a respectiva transformada de Fourier existe[2].

Notações

As fórmulas para as transformadas de Fourier e para as transformadas de Fourier inversas apresentadas nas Eqs. (2.1) e (2.2) são escritas em termos de duas variáveis: tempo t medido em *segundos* (s) e frequência f medida em *Hertz* (Hz). A frequência f está relacionada com a *frequência angular* ω por meio da Equação

$$\omega = 2\pi f$$

A frequência angular ω é medida em *radianos por segundo* (rad/s). Podemos simplificar as expressões para os expoentes dos integrandos nas Eqs. (2.1) e (2.2) utilizando ω ao invés de f. Contudo, o uso de f é preferido ao de ω por duas razões. Primeiramente, o uso da frequência resulta em uma *simetria* matemática natural entre as Eqs. (2.1) e (2.2). Em segundo lugar, os conteúdos de frequência dos sinais de comunicação (isto é, sinais de fala e de vídeo) são normalmente expressos em Hertz.

Uma notação *abreviada* conveniente para as relações de transformadas das Eqs. (2.1) e (2.2) são

$$G(f) = F[g(t)] \qquad (2.3)$$

e

$$g(t) = F^{-1}[G(f)] \qquad (2.4)$$

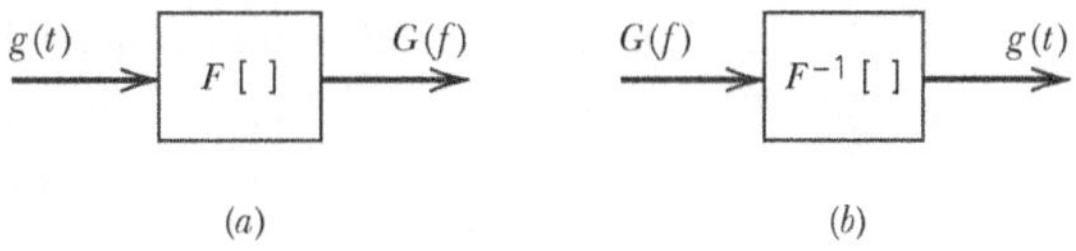

Figura 2.1 (a) Transformação de Fourier e (b) transformação de Fourier inversa ilustradas como operadores lineares.

em que $F[\ ]$ e $F[\ ]^{-1}$ exercem o papel de *operadores lineares*, como representado na Figura 2.1.

Outra notação abreviada conveniente para o *par de transformada de Fourier*, representado por $g(t)$ e $G(f)$, é

$$g(t) \rightleftharpoons G(f) \qquad (2.5)$$

As notações abreviadas descritas nas Eqs. de (2.3) a (2.5) serão utilizadas no texto onde for apropriado.

Espectro contínuo

Por meio da utilização da operação transformada de Fourier, um sinal de pulso $g(t)$ de energia finita é expresso como uma soma contínua de funções exponenciais com frequências no intervalo de $-\infty$ a ∞. A amplitude de uma componente de frequência f é proporcional a $G(f)$, em que $G(f)$ é a transformada de Fourier de $g(t)$. Especificamente, em toda frequência f, a função exponencial $\exp(j2\pi ft)$ é ponderada pelo fator $G(f)df$, que é a contribuição de $G(f)$ em um intervalo infinitesimal df centrado na frequência f. Dessa maneira, podemos expressar a função $g(t)$ em termos de somas contínuas de tais componentes infinitesimais, conforme é mostrado pela integral

$$g(t) = \int_{-\infty}^{\infty} G(f) \exp(j2\pi ft)\, df$$

A transformada de Fourier é uma ferramenta utilizada para descrever um sinal $g(t)$ como uma soma de componentes exponenciais complexas que ocupam todo o intervalo de frequência de $-\infty$ a ∞. Em especial, a transformada de Fourier $G(f)$ define a representação do sinal no domínio da frequência que especifica as amplitudes relativas das várias componentes de frequência do sinal. Podemos equivalentemente definir o sinal em termos de sua representação no domínio do tempo especificando a função $g(t)$ em cada instante de tempo t. O sinal é unicamente definido por qualquer uma das duas representações.

Em geral, a transformada de Fourier $G(f)$ é uma função complexa da frequência f, então podemos expressá-la na forma

$$G(f) = |G(f)| \exp[j\theta(f)] \qquad (2.6)$$

em que $|G(f)|$ é chamado de *espectro de magnitude contínuo* de $g(t)$ e $\theta(f)$ é chamado de *espectro de fase contínuo* de $g(t)$. Aqui, o espectro é referido como um *espectro contínuo* porque tanto a amplitude quanto a fase de $G(f)$ são definidas para todas as frequências.

Para o caso especial de uma função de valor real $g(t)$, a sua transformada de Fourier tem a propriedade

$$G(-f) = G^*(f)$$

em que o asterisco denota conjugação complexa. Portanto, segue-se que se $g(t)$ for uma função real do tempo t, então

$$|G(-f)| = |G(f)|$$

e

$$\theta(-f) = -\theta(f)$$

Assim sendo, podemos fazer as seguintes asserções sobre o espectro de um *sinal de valor real*:

1. O espectro de magnitude de um sinal é uma função par da frequência; isto é, o espectro de magnitude é *simétrico* em relação ao eixo vertical.
2. O espectro de fase de um sinal é uma função ímpar da frequência; isto é, o espectro de magnitude é de *simetria ímpar* em relação ao eixo vertical.

Essas duas asserções são resumidas ao se dizer que o espectro de um sinal de valor real exibe *simetria conjugada*.

EXEMPLO 2.1 Pulso retangular

Considere um *pulso retangular* de largura T e amplitude A, como mostrado na Figura 2.2a. Para definir esse pulso matematicamente em uma forma conveniente, utilizamos a seguinte notação

$$\text{rect}(t) = \begin{cases} 1, & -\frac{1}{2} < t < \frac{1}{2} \\ 0, & |t| \geq \frac{1}{2} \end{cases} \quad (2.7)$$

que vale para uma *função retangular* de amplitude unitária e duração unitária centrada em $t = 0$. Portanto, em termos dessa função "padrão", podemos expressar o pulso retangular da Figura 2.2a simplesmente como se segue:

$$g(t) = A\,\text{rect}\left(\frac{t}{T}\right)$$

A transformada de Fourier do pulso retangular $g(t)$ é dada por

$$G(f) = \int_{-T/2}^{T/2} A \exp(-j2\pi ft)\, dt$$
$$= AT\left(\frac{\text{sen}(\pi f T)}{\pi f T}\right) \quad (2.8)$$

Para simplificar a notação nos resultados precedentes e subsequentes, introduzimos outra função padrão, denominada *função sinc*, definida por

$$\text{sinc}(\lambda) = \frac{\text{sen}(\pi\lambda)}{\pi\lambda} \quad (2.9)$$

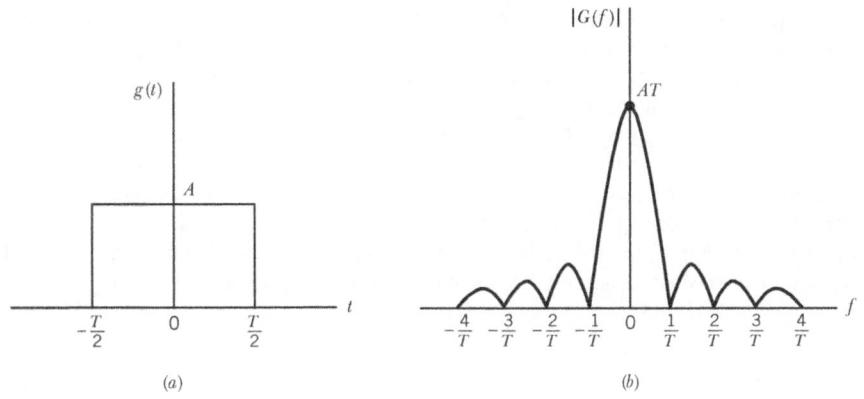

Figura 2.2 (a) Pulso retangular. (b) Espectro de magnitude.

em que λ é a variável independente. A função sinc exerce um importante papel na teoria da comunicação. Como mostrado na Figura 2.3, ela tem o seu valor máximo igual à unidade em $\lambda = 0$, e se aproxima de zero conforme λ se aproxima do infinito, oscilando entre valores positivos e negativos. Ela cruza o zero em $\lambda = \pm 1, \pm 2,...$, e assim por diante.

Dessa forma, em termos da função sinc, podemos reescrever a Eq. (2.8) como

$$G(f) = AT \operatorname{sinc}(fT)$$

Temos então o par de transformada de Fourier:

$$A \operatorname{rect}\left(\frac{t}{T}\right) \rightleftharpoons AT \operatorname{sinc}(fT) \qquad (2.10)$$

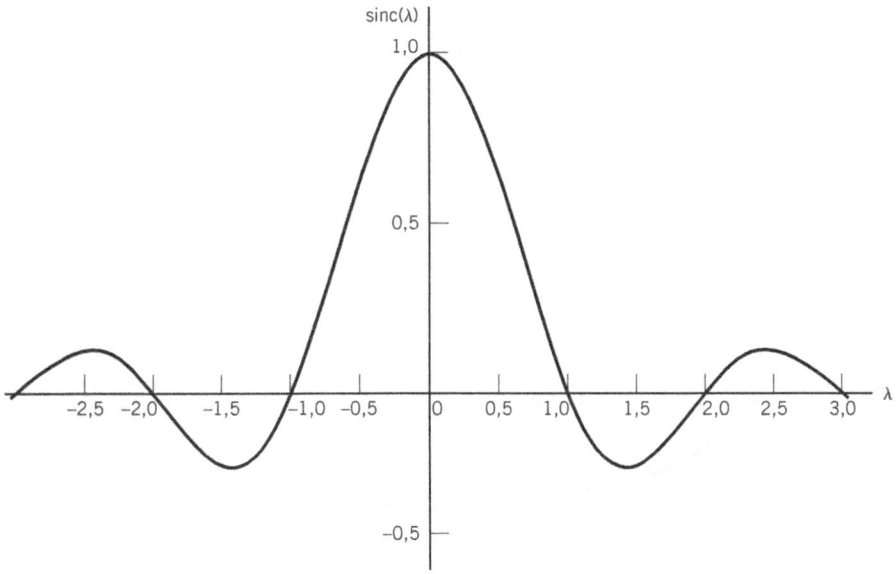

Figura 2.3 A função sinc.

O espectro de magnitude $|G(f)|$ está plotado na Figura 2.2b. O primeiro ponto de cruzamento com o zero do espectro ocorre em $f = \pm 1/T$. Conforme a duração do pulso T diminui, o primeiro ponto de cruzamento com o zero se move para frente na frequência. Ao contrário, conforme a duração de pulso T aumenta, o primeiro cruzamento com o zero se move em direção à origem.

Esse exemplo mostra que a relação entre as descrições no domínio do tempo e no domínio da frequência de um sinal é *inversa*. Isto é, um pulso, estreito no tempo, tem uma descrição na frequência significativa sobre uma grande faixa de frequências e vice-versa. Teremos mais a dizer sobre a relação inversa entre tempo e frequência na Seção 2.4.

Note que nesse exemplo a transformada de Fourier $G(f)$ é uma função simétrica e de valor real da frequência f. Essa é uma consequência direta do fato de o pulso retangular mostrado na Figura 2.2a ser uma função simétrica do tempo t.

EXEMPLO 2.2   Pulso exponencial

Uma forma truncada de um *pulso exponencial* decrescente é mostrada na Figura 2.4a. Podemos definir esse pulso matematicamente em uma forma conveniente utilizando a *função degrau unitário*:

$$u(t) = \begin{cases} 1, & t > 0 \\ \dfrac{1}{2}, & t = 0 \\ 0 & t < 0 \end{cases} \quad (2.11)$$

Podemos expressar esse pulso exponencial decrescente da Figura 2.4a como

$$g(t) = \exp(-at)u(t)$$

A transformada de Fourier desse pulso é

$$G(f) = \int_0^\infty \exp(-at)\exp(-j2\pi ft)\,dt$$
$$= \int_0^\infty \exp[-t(a + j2\pi f)]\,dt$$
$$= \frac{1}{a + j2\pi f}$$

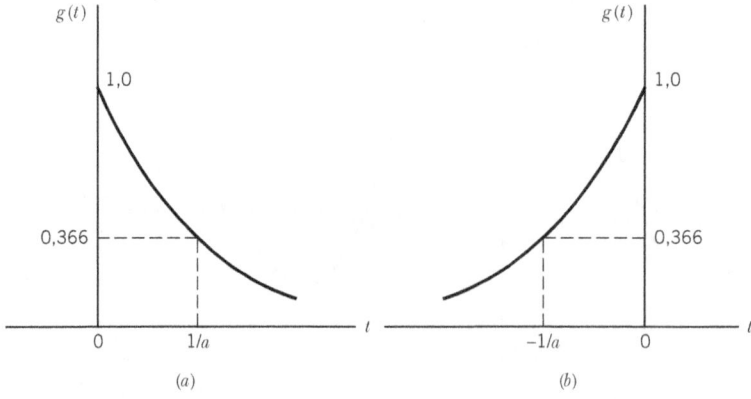

Figura 2.4 (a) Pulso exponencial decrescente. (b) Pulso exponencial crescente.

O par de transformada de Fourier do pulso exponencial decrescente da Figura 2.4a é, portanto,

$$\exp(-at)\,u(t) \rightleftharpoons \frac{1}{a+j2\pi f} \qquad (2.12)$$

Um pulso exponencial crescente truncado é mostrado na Figura 2.4b, o qual é definido por

$$g(t) = \exp(at)\,u(-t)$$

Note que $u(-t)$ é igual à unidade para $t < 0$, meio em $t = 0$, e zero para $t > 0$. A transformada de Fourier do pulso é

$$G(f) = \int_{-\infty}^{0} \exp(at)\exp(-j2\pi ft)\,dt$$

$$= \int_{-\infty}^{0} \exp[t(a - j2\pi f)]\,dt$$

$$= \frac{1}{a - j2\pi f}$$

O par de transformada de Fourier para o pulso exponencial crescente da Figura 2.4b é, portanto,

$$\exp(at)\,u(-t) \rightleftharpoons \frac{1}{a-j2\pi f} \qquad (2.13)$$

Os pulsos exponenciais decrescentes e crescentes da Figura 2.4 são ambos funções assimétricas do tempo t. Suas transformadas de Fourier são, portanto, de valor complexo, como mostrado nas Eqs. (2.12) e (2.13). Além disso, a partir desses pares de transformada de Fourier, prontamente vemos que os pulsos exponenciais truncados decrescentes e crescentes têm o mesmo espectro de magnitude, mas o espectro de fase de um é o negativo do espectro de fase do outro.

2.3 Propriedades da transformada de Fourier

É útil se ter *insights* acerca da relação entre uma função temporal $g(t)$ e a sua transformada de Fourier $G(f)$ e também acerca dos efeitos que várias operações sobre a função $g(t)$ tem sobre a transformada $G(f)$. Isso pode ser alcançado examinando-se certas propriedades da transformada de Fourier. Nesta seção nós descreveremos 13 dessas propriedades, as quais provaremos uma por uma. Essas propriedades estão resumidas na Tabela 2.1.

Propriedade 1 Linearidade (superposição)
Sejam $g_1(t) \rightleftharpoons G_1(f)$ e $g_2(t) \rightleftharpoons G_2(f)$. Então para todas as constantes c_1 e c_2, temos

$$c_1 g_1(t) + c_2 g_2(t) \rightleftharpoons c_1 G_1(f) + c_2 G_2(f) \qquad (2.14)$$

A prova dessa propriedade segue simplesmente da linearidade das integrais que definem $G(f)$ e $g(t)$.

TABELA 2.1 Resumo das propriedades da transformada de Fourier

Propriedade	Descrição matemática
1. Linearidade	$ag_1(t) + bg_2(t) \rightleftharpoons aG_1(f) + bG_2(f)$ em que a e b são constantes
2. Escalonamento no tempo	$g(at) \rightleftharpoons \dfrac{1}{\|a\|} G\left(\dfrac{f}{a}\right)$ em que a é constante
3. Dualidade	Se $\quad g(t) \rightleftharpoons G(f)$, então $\quad G(t) \rightleftharpoons g(-f)$
4. Deslocamento no tempo	$g(t - t_0) \rightleftharpoons G(f)\exp(-j2\pi f t_0)$
5. Deslocamento na frequência	$\exp(j2\pi f_c t)g(t) \rightleftharpoons G(f - f_c)$
6. Área sob $g(t)$	$\displaystyle\int_{-\infty}^{\infty} g(t)\, dt = G(0)$
7. Área sob $G(f)$	$g(0) = \displaystyle\int_{-\infty}^{\infty} G(f)\, df$
8. Diferenciação no domínio do tempo	$\dfrac{d}{dt} g(t) \rightleftharpoons j2\pi f G(f)$
9. Integração no domínio do tempo	$\displaystyle\int_{-\infty}^{t} g(\tau)\, d\tau \rightleftharpoons \dfrac{1}{j2\pi f} G(f) + \dfrac{G(0)}{2}\delta(f)$
10. Funções conjugadas	Se $\quad g(t) \rightleftharpoons G(f)$, então $\quad g^*(t) \rightleftharpoons G^*(-f)$
11. Multiplicação no domínio do tempo	$g_1(t)g_2(t) \rightleftharpoons \displaystyle\int_{-\infty}^{\infty} G_1(\lambda)\, G_2(f - \lambda)\, d\lambda$
12. Convolução no domínio do tempo	$\displaystyle\int_{-\infty}^{\infty} g_1(\tau) g_2(t - \tau)\, d\tau \rightleftharpoons G_1(f) G_2(f)$
13. Teorema de Rayleigh da energia	$\displaystyle\int_{-\infty}^{\infty} \|g(t)\|^2 dt = \int_{-\infty}^{\infty} \|G(f)\|^2 df$

Essa propriedade nos permite encontrar a transformada de Fourier $G(f)$ de um sinal $g(t)$, que é uma combinação linear de outras duas funções $g_1(t)$ e $g_2(t)$, cujas transformadas $G_1(f)$ e $G_2(f)$ são conhecidas, como ilustrado no seguinte exemplo.

EXEMPLO 2.3   Combinações de pulsos exponenciais

Considere um *pulso exponencial duplo* definido por (ver Figura 2.5a)

$$g(t) = \begin{cases} \exp(-at), & t > 0 \\ 1, & t = 0 \\ \exp(at), & t < 0 \end{cases}$$

$$= \exp(-a|t|)$$

(2.15)

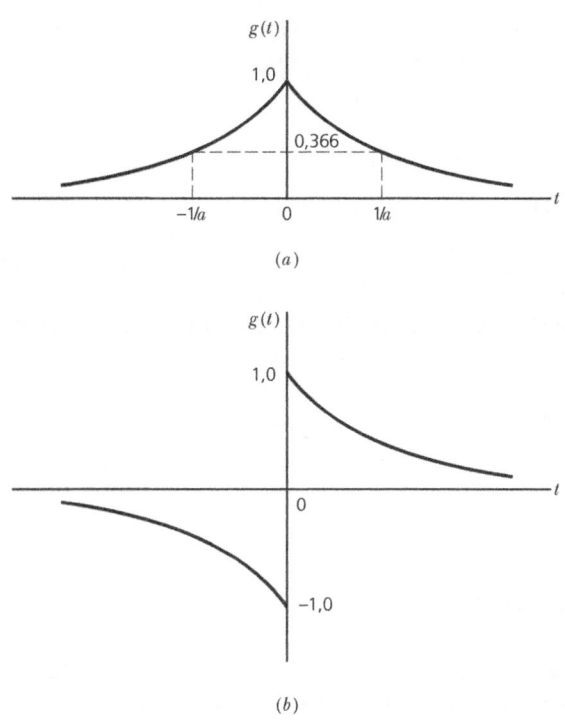

Figura 2.5 (a) Pulso exponencial duplo (simétrico). (b) Outro pulso exponencial duplo (antissimétrico).

Esse pulso pode ser visto como uma soma de um pulso exponencial decrescente truncado e um pulso exponencial crescente truncado. Portanto, utilizando a propriedade de linearidade e os pares de transformadas de Fourier das Eqs. (2.12) e (2.13), constataremos que a transformada de Fourier do pulso exponencial duplo da Figura 2.5a é

$$G(f) = \frac{1}{a + j2\pi f} + \frac{1}{a - j2\pi f}$$
$$= \frac{2a}{a^2 + (2\pi f)^2}$$

Então temos o seguinte par de transformada de Fourier para o pulso exponencial duplo da Figura 2.5a:

$$\exp(-a|t|) \rightleftharpoons \frac{2a}{a^2 + (2\pi f)^2} \quad (2.16)$$

Note que devido à simetria no domínio do tempo, como na Figura 2.5a, o espectro é real e simétrico; essa é uma propriedade desses tipos de pares de transformada de Fourier.

Uma outra combinação interessante é a diferença entre um pulso exponencial decrescente truncado e um pulso exponencial crescente truncado, como mostrado na Figura 2.5b. Aqui nós temos

$$g(t) = \begin{cases} \exp(-at), & t > 0 \\ 0, & t = 0 \\ -\exp(at), & t < 0 \end{cases} \quad (2.17)$$

Podemos formular uma notação compacta por esse sinal composto utilizando a *função sinal*, que é igual a +1 para tempo positivo e −1 para tempo negativo, como mostrado por

$$\operatorname{sgn}(t) = \begin{cases} +1, & t > 0 \\ 0, & t = 0 \\ -1, & t < 0 \end{cases} \tag{2.18}$$

Essa função sinal é mostrada na Figura 2.6. Dessa forma, podemos reformular o sinal composto $g(t)$ definido na Eq. (2.17) simplesmente como

$$g(t) = \exp(-a|t|) \operatorname{sgn}(t)$$

Consequentemente, aplicando-se a propriedade de linearidade da transformada de Fourier, prontamente constataremos que, à luz das Eqs. (2.12) e (2.13), a transformada de Fourier do sinal $g(t)$ é dada por

$$F[\exp(-a|t|) \operatorname{sgn}(t)] = \frac{1}{a + j2\pi f} - \frac{1}{a - j2\pi f}$$
$$= -\frac{-j4\pi f}{a^2 + (2\pi f)^2}$$

Então temos o par de transformada de Fourier:

$$\exp(-a|t|) \operatorname{sgn}(t) \rightleftharpoons \frac{-j4\pi f}{a^2 + (2\pi f)^2} \tag{2.19}$$

Em contraste com o par de transformada de Fourier da Eq. (2.16), a transformada de Fourier na Eq. (2.19) é ímpar e puramente imaginária. Essa é uma propriedade geral dos pares de transformadas de Fourier em que uma função do tempo real e de simetria ímpar, como na Figura 2.5b, tem uma função ímpar e puramente imaginária como sua transformada de Fourier.

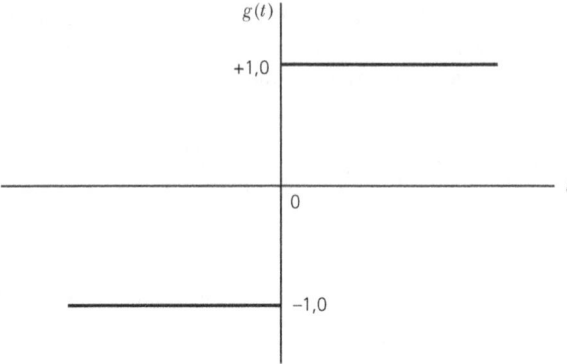

Figura 2.6 A função sinal.

Propriedade 2 Escalonamento no tempo

Seja $g(t) \rightleftharpoons G(f)$. Então,

$$g(at) \rightleftharpoons \frac{1}{|a|} G\left(\frac{f}{a}\right) \tag{2.20}$$

Para provar essa propriedade, notemos que

$$F[g(at)] = \int_{-\infty}^{\infty} g(at)\exp(-j2\pi ft)\,dt$$

Façamos $\tau = at$. Há dois casos que podem surgir, dependendo se o fator de escalonamento for positivo ou negativo. Se $a > 0$, temos que

$$F[g(at)] = \frac{1}{a}\int_{-\infty}^{\infty} g(\tau)\exp\left[-j2\pi\left(\frac{f}{a}\right)\tau\right] d\tau$$
$$= \frac{1}{a}G\left(\frac{f}{a}\right)$$

Por outro lado, se $a < 0$, os limites da integral serão trocados de tal modo que teremos o fator multiplicativo $-(1/a)$ ou, equivalentemente, $1/|a|$. Isso completa a prova da Eq. 2.20.

Note que a função $g(at)$ representa $g(t)$ *comprimida* no tempo por um fator a, enquanto que a função $G(f/a)$ representa $G(f)$ *expandida* na frequência pelo mesmo fator a. Desse modo, a propriedade de escalonamento estabelece que a compressão de uma função $g(t)$ no domínio do tempo é equivalente à expansão da sua transformada de Fourier $G(f)$ no domínio da frequência pelo mesmo fator, ou vice-versa.

Para o caso especial quando $a = -1$, prontamente constatamos da Eq. (2.20) que

$$g(-t) \rightleftharpoons G(-f) \qquad (2.21)$$

Em palavras, se uma função $g(t)$ tem uma transformada de Fourier dada por $G(f)$, então a transformada de Fourier de $g(-t)$ é $G(-f)$.

Propriedade 3 Dualidade
Se $g(t) \rightleftharpoons G(f)$, *então*

$$G(t) \rightleftharpoons g(-f) \qquad (2.22)$$

Esta propriedade segue da relação que define a transformada de Fourier inversa quando a escrevemos na forma:

$$g(-t) = \int_{-\infty}^{\infty} G(f)\exp(-j2\pi ft)\,df$$

e então permutamos t e f.

EXEMPLO 2.4 Pulso sinc

Considere um sinal $g(t)$ na forma de uma função sinc, como mostrado por

$$g(t) = A\,\text{sinc}(2Wt)$$

Para avaliar a transformada de Fourier desta função, aplicamos as propriedades de dualidade e escalonamento no tempo ao par de transformada de Fourier da Eq. (2.10). Então, reconhecendo-se que a função retangular é uma função par do tempo, obtemos o seguinte resultado:

$$A \operatorname{sinc}(2Wt) \rightleftharpoons \frac{A}{2W} \operatorname{rect}\left(\frac{f}{2W}\right) \qquad (2.23)$$

que é ilustrado na Figura 2.7. Vemos, desse modo, que a transformada de Fourier de um pulso sinc é zero para $|f| > W$. Note também que o pulso sinc é apenas assintoticamente limitado no tempo no sentido de que se aproxima de zero conforme o tempo t se aproxima do infinito.

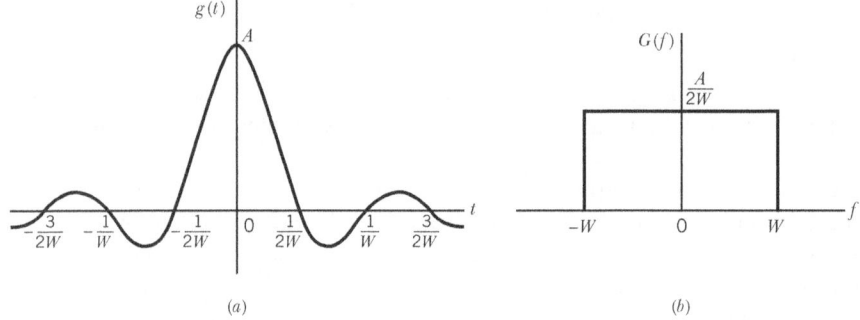

Figura 2.7 (a) Pulso sinc g(t). (b) Transformada de Fourier G(f).

Propriedade 4 Deslocamento no tempo

Se $g(t) \rightleftharpoons G(f)$, então

$$g(t - t_0) \rightleftharpoons G(f)\exp(-j2\pi f t_0) \qquad (2.24)$$

Para provar esta propriedade, calculamos a transformada de Fourier de $g(t - t_0)$ e então fazemos $\tau = (t - t_0)$ para obter

$$F[g(t - t_0)] = \exp(-j2\pi f t_0) \int_{-\infty}^{\infty} g(\tau)\exp(-j2\pi f \tau)\, d\tau$$
$$= \exp(-j2\pi f t_0)\, G(f)$$

A propriedade de deslocamento no tempo estabelece que se uma função $g(t)$ for deslocada na direção positiva por uma quantidade t_0, o efeito é equivalente a multiplicar a sua transformada de Fourier $G(f)$ por um fator $\exp(-j2\pi f t_0)$. Isso significa que a amplitude de $G(f)$ fica inalterada pelo deslocamento no tempo, mas a sua fase é modificada por um fator linear $-2\pi f t_0$.

Propriedade 5 Deslocamento na frequência

Se $g(t) \rightleftharpoons G(f)$, então

$$\exp(j2\pi f_c t)\, g(t) \rightleftharpoons G(f - f_c) \qquad (2.25)$$

em que f_c é uma constante real.

Essa propriedade procede do fato de que

$$F[\exp(j2\pi f_c t)g(t)] = \int_{-\infty}^{\infty} g(t)\exp[-j2\pi t(f-f_c)]\,dt$$
$$= G(f - f_c)$$

Isto é, a multiplicação de uma função $g(t)$ por um fator $\exp(j2\pi f_c t)$ é equivalente ao deslocamento de sua transformada de Fourier na direção positiva de uma quantidade f_c. Essa propriedade é chamada de *teorema da modulação*, porque o deslocamento da faixa de frequências em um sinal é realizado utilizando-se a modulação. Note a dualidade entre as operações de deslocamento no tempo e de deslocamento na frequência descritas nas Eqs. (2.24) e (2.25).

EXEMPLO 2.5   Pulso de radiofrequência (RF)

Considere o sinal de pulso $g(t)$ mostrado na Figura 2.8a, o qual consiste em uma onda senoidal de amplitude A e frequência f_c, estendendo-se em duração de $t = -T/2$ a $t = T/2$. Esse sinal é algumas vezes referido como um *pulso de RF* quando a frequência f_c se encontra dentro da banda de radiofrequência. O sinal $g(t)$ da Figura 2.8a pode ser matematicamente expresso como se segue:

$$g(t) = A \operatorname{rect}\left(\frac{t}{T}\right) \cos(2\pi f_c t) \tag{2.26}$$

Para encontrar a transformada de Fourier desse sinal, notamos que

$$\cos(2\pi f_c t) = \frac{1}{2}\left[\exp(j2\pi f_c t) + \exp(-j2\pi f_c t)\right]$$

Portanto, aplicando-se a propriedade de deslocamento na frequência ao par de transformada de Fourier da Eq. (2.10), obtemos o resultado desejado

$$G(f) = \frac{AT}{2} \{\operatorname{sinc}[T(f - f_c)] + \operatorname{sinc}[T(f + f_c)]\} \tag{2.27}$$

No caso especial de $f_c T \gg 1$, podemos utilizar o resultado aproximado

$$G(f) \simeq \begin{cases} \dfrac{AT}{2} \operatorname{sinc}[T(f - f_c)], & f > 0 \\ 0, & f = 0 \\ \dfrac{AT}{2} \operatorname{sinc}[T(f + f_c)], & f < 0 \end{cases} \tag{2.28}$$

O espectro de magnitude do pulso de RF é mostrado na Figura 2.8b. Esse diagrama, em relação à Figura 2.2b, claramente ilustra a propriedade de deslocamento na frequência da transformada de Fourier.

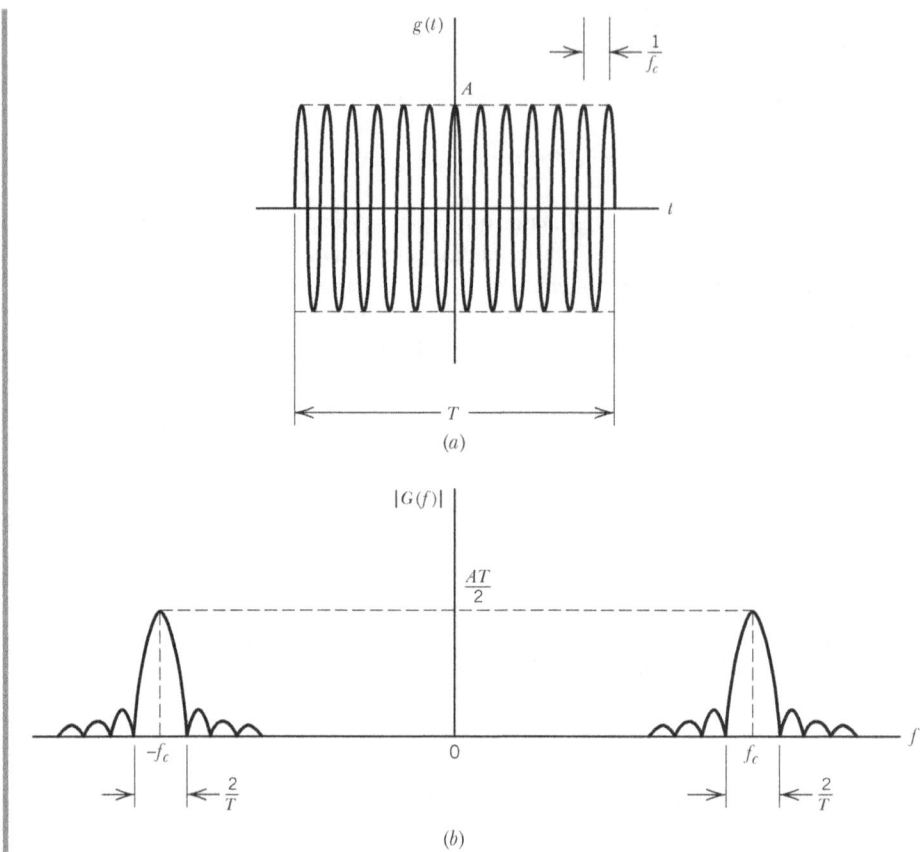

Figura 2.8 (a) Pulso de RF. (b) Espectro de magnitude.

Propriedade 6 Área sob g(t)

Se $g(t) \rightleftharpoons G(f)$, então

$$\int_{-\infty}^{\infty} g(t)\, dt = G(0) \qquad (2.29)$$

Isto é, a área sob a função g(t) é igual ao valor da sua transformada de Fourier G(f) em f = 0.

O resultado é obtido simplesmente fazendo-se $f = 0$ na fórmula que define a transformada de Fourier da função $g(t)$.

Propriedade 7 Área sob G(f)

Se $g(t) \rightleftharpoons G(f)$, então

$$g(0) = \int_{-\infty}^{\infty} G(f)\, df \qquad (2.30)$$

Isto é, o valor da função g(t) em t = 0 é igual à área sob a sua transformada de Fourier G(f).

O resultado é obtido simplesmente fazendo-se $t = 0$ na fórmula que define a transformada de Fourier inversa de G(f).

Propriedade 8 Diferenciação no domínio do tempo

Seja $g(t) \rightleftharpoons G(f)$, e assuma que a transformada de Fourier da primeira derivada de g(t) existe. Então

$$\frac{d}{dt} g(t) \rightleftharpoons j2\pi f\, G(f) \qquad (2.31)$$

Isto é, diferenciação de uma função do tempo g(t) tem o efeito de multiplicar a sua transformada de Fourier G(f) pelo fator j2πf.

Esse resultado é obtido simplesmente calculando-se a primeira derivada de ambos os lados da integral que define a transformada de Fourier inversa de $G(f)$ e em seguida permutando-se as operações de integração e diferenciação.

Podemos generalizar a Eq. (2.31) como se segue:

$$\frac{d^n}{dt^n} g(t) \rightleftharpoons (j2\pi f)^n\, G(f) \qquad (2.32)$$

A Equação (2.32) assume que a transformada de Fourier de derivadas de mais alta ordem existe.

EXEMPLO 2.6 Pulso Gaussiano

Neste exemplo utilizaremos a propriedade de diferenciação da transformada de Fourier para derivar a forma particular de um sinal de pulso que tem a mesma forma matemática da sua própria transformada de Fourier.

Seja g(t) o pulso expresso como uma função do tempo, e G(f) a sua transformada de Fourier. Notamos que ao diferenciar a fórmula da transformada de Fourier com relação a f, temos

$$-j2\pi t g(t) \rightleftharpoons \frac{d}{df} G(f) \qquad (2.33)$$

que expressa o efeito da diferenciação no domínio do tempo.

Se adicionarmos à Eq. (2.31) j vezes a Eq. (2.33), obteremos a relação

$$\frac{dg(t)}{dt} + 2\pi t g(t) \rightleftharpoons j\left[\frac{dG(f)}{df} + 2\pi f G(f)\right] \quad (2.34)$$

Em particular, a relação (2.34) vale se ambos os lados, esquerdo e direto, forem zero. Isto é, se

$$\frac{dg(t)}{dt} = -2\pi t g(t) \quad (2.35)$$

então uma equação diferencial idêntica vale para $G(f)$ com f indeterminado.

Sob essa condição, o sinal de pulso $g(t)$ e a sua transformada de Fourier $G(f)$ satisfazem à mesma equação diferencial; consequentemente elas são a mesma função. Em outras palavras, dado que o sinal de pulso $g(t)$ satisfaça à equação diferencial (2.35), então $G(f) = g(f)$, em que $g(f)$ é obtida de $g(t)$ substituindo-se f por t. Resolvendo-se a Eq. (2.35) para $g(t)$, obtemos

$$g(t) = \exp(-\pi t^2) \quad (2.36)$$

O pulso definido pela Eq. (2.36) é chamado pulso Gaussiano, cujo nome é derivado da similaridade da função à função de densidade Gaussiana da teoria de probabilidade (ver Capítulo 5). Mostra-se ele plotado na Figura 2.9. Aplicando-se a Eq. (2.29), constatamos que a área sob o pulso Gaussiano é unitária, como mostrado por

$$\int_{-\infty}^{\infty} \exp(-\pi t^2)\, dt = 1 \quad (2.37)$$

Quando a área sob a curva de um pulso é unitária, como no caso do pulso Gaussiano da Eq. (2.36), dizemos que o pulso é *normalizado*. Concluímos, portanto, que o pulso Gaussiano normalizado é a sua própria transformada de Fourier, como mostrado por

$$\exp(-\pi t^2) \rightleftharpoons \exp(-\pi f^2) \quad (2.38)$$

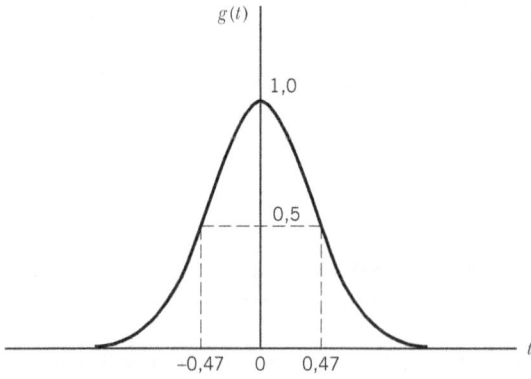

Figura 2.9 Pulso Gaussiano.

Propriedade 9 Integração no domínio do tempo

Seja $g(t) \rightleftharpoons G(f)$. Então, dado que $G(0) = 0$, temos

$$\int_{-\infty}^{t} g(\tau)\, d\tau \rightleftharpoons \frac{1}{j2\pi f}\, G(f) \tag{2.39}$$

Isto é, a integração de uma função do tempo $g(t)$ tem o efeito de dividir a sua transformada de Fourier $G(f)$ pelo fator $j2\pi f$, assumindo-se que $G(0)$ é zero.

O resultado é obtido expressando-se $g(t)$ como

$$g(t) = \frac{d}{dt}\left[\int_{-\infty}^{t} g(\tau)\, d\tau\right]$$

e então aplicando-se a propriedade de diferenciação no tempo da transformada de Fourier para obter

$$G(f) = j2\pi f \left\{ F\left[\int_{-\infty}^{t} g(\tau)\, d\tau\right]\right\}$$

da qual a Eq. (2.39) segue diretamente.

É uma questão simples generalizar a Eq. (2.39) para múltiplas integrais; todavia, a notação se torna tediosa.

A Equação (2.39) assume que $G(0)$, isto é, a área sob $g(t)$, é zero. O caso mais geral pertencente a $G(0) \neq 0$ é abordado na Seção 2.5.

EXEMPLO 2.7 O pulso triangular

Considere o *pulso duplicado* $g_1(t)$ mostrado na Figura 2.10a. Integrando-se esse pulso com relação ao tempo, obtemos o *pulso triangular* $g_2(t)$ mostrado na Figura 2.10b. Notamos que o pulso duplicado $g_1(t)$ consiste de dois pulsos retangulares: um de amplitude A, definido para o intervalo $-T \leq t \leq 0$; e o outro de amplitude $-A$, definido para o intervalo $0 \leq t \leq T$. Aplicando-se a propriedade de deslocamento no tempo da transformada de Fourier à Eq. (2.10), constatamos que as transformadas de Fourier desses dois pulsos retangulares são iguais a $AT\text{sinc}(fT)\exp(j\pi fT)$ e $-AT\text{sinc}(fT)\exp(-j\pi fT)$, respectivamente. Por isso, invocando a propriedade de linearidade da transformada de Fourier, verificamos que a transformada de Fourier $G_1(f)$ do pulso duplicado $g_1(t)$ da Figura 2.10a é dada por

$$\begin{aligned}G_1(f) &= AT\,\text{sinc}(fT)[\exp(j\pi fT) - \exp(-j\pi fT)] \\ &= 2jAT\,\text{sinc}(fT)\,\text{sen}\,(\pi fT)\end{aligned} \tag{2.40}$$

Além disso, notamos que $G_1(0)$ é zero. Consequentemente, utilizando as Eqs. (2.39) da Propriedade 9 e (2.40), verificamos que a transformada de Fourier $G_2(f)$ do pulso triangular $g_2(t)$ da Figura 2.10b é dada por

$$\begin{aligned}G_2(f) &= \frac{1}{j2\pi f}\, G_1(f) = AT\,\frac{\text{sen}(\pi fT)}{\pi f}\,\text{sinc}(fT) \\ &= AT^2\,\text{sinc}^2\,(fT)\end{aligned} \tag{2.41}$$

Note que o pulso duplicado da Figura 2.10a é real e de simetria ímpar, e sua transformada de Fourier é, portanto, ímpar e puramente imaginária, enquanto que o pulso triangular da Figura 2.10b é real e simétrico e sua transformada de Fourier é, portanto, simétrica e puramente real.

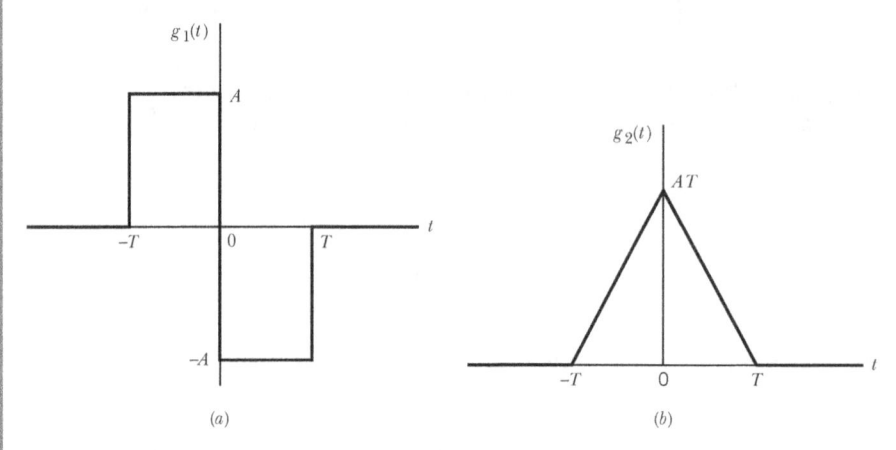

Figura 2.10 (a) Pulso duplicado $g_1(t)$. (b) Pulso triangular $g_2(t)$ obtido integrando-se $g_1(t)$.

Propriedade 10 Funções conjugadas

Se $g(t) \rightleftharpoons G(f)$, então para uma função de tempo $g(t)$ de valor complexo temos

$$g^*(t) \rightleftharpoons G^*(-f), \tag{2.42}$$

em que o asterisco denota a operação de complexo conjugado.

Para provar essa propriedade, sabemos da transformada de Fourier inversa que

$$g(t) = \int_{-\infty}^{\infty} G(f) \exp(j2\pi ft)\, df$$

O cálculo do complexo conjugado de ambos os lados resulta em

$$g^*(t) = \int_{-\infty}^{\infty} G^*(f) \exp(-j2\pi ft)\, df$$

Em seguida, a substituição de f por $-f$ resulta em

$$g^*(t) = -\int_{\infty}^{-\infty} G^*(-f) \exp(j2\pi ft)\, df$$

$$= \int_{-\infty}^{\infty} G^*(-f) \exp(j2\pi ft)\, df$$

Isto é, $g^*(t)$ é a transformada de Fourier inversa de $G^*(-f)$, que é o resultado desejado.
Como um corolário da Propriedade 10, podemos estabelecer que

$$g^*(-t) \rightleftharpoons G^*(f) \tag{2.43}$$

Esse resultado segue diretamente da Eq. (2.42), aplicando-se a forma especial da propriedade de escalonamento descrita na Eq. (2.21).

Propriedade 11 Multiplicação no domínio do tempo

Sejam $g_1(t) \rightleftharpoons G_1(f)$ e $g_2(t) \rightleftharpoons G_2(f)$. Então

$$g_1(t)\, g_2(t) \rightleftharpoons \int_{-\infty}^{\infty} G_1(\lambda)\, G_2(f-\lambda)\, d\lambda \tag{2.49}$$

EXEMPLO 2.8 Parte imaginária e real de uma função do tempo

Expressando-se uma função $g(t)$ de valor complexo em termos de suas partes real e imaginária, podemos escrever

$$g(t) = \text{Re}[g(t)] + j\,\text{Im}[g(t)] \tag{2.44}$$

em que Re denota "a parte real de" e Im denota "a parte imaginária de". O complexo conjugado de $g(t)$ é

$$g^*(t) = \text{Re}[g(t)] - j\,\text{Im}[g(t)] \tag{2.45}$$

A soma das Eqs. (2.44) e (2.45) resulta em

$$\text{Re}[g(t)] = \frac{1}{2}[g(t) + g^*(t)] \tag{2.46}$$

e a subtração resulta em

$$\text{Im}[g(t)] = \frac{1}{2j}[g(t) - g^*(t)] \tag{2.47}$$

Portanto, aplicando a Propriedade 10, obtemos os dois pares de transformada de Fourier seguintes:

$$\begin{aligned}\text{Re}[g(t)] &\rightleftharpoons \frac{1}{2}[G(f) + G^*(-f)] \\ \text{Im}[g(t)] &\rightleftharpoons \frac{1}{2j}[G(f) - G^*(-f)]\end{aligned} \tag{2.48}$$

Da Eq. (2.48), é evidente que no caso de uma função de tempo $g(t)$ de valor real, temos $G(f) = G^*(-f)$, isto é, $G(f)$ exibe *simetria conjugada*, confirmando o resultado que declaramos anteriormente na Seção 2.2.

Para provar essa propriedade, primeiro denotamos a transformada de Fourier do produto $g_1(t)g_2(t)$ por $G_{12}(f)$, de modo a podermos escrever

$$g_1(t)\,g_2(t) \rightleftharpoons G_{12}(f)$$

em que

$$G_{12}(f) = \int_{-\infty}^{\infty} g_1(t)g_2(t)\exp(-j2\pi ft)\,dt$$

Para $g_2(t)$, substituímos em seguida a transformada de Fourier inversa

$$g_2(t) = \int_{-\infty}^{\infty} G_2(f')\exp(j2\pi f't)\,df'$$

na integral que define $G_{12}(f)$ para obtermos

$$G_{12}(f) = \int_{-\infty}^{\infty}\int_{-\infty}^{\infty} g_1(t)\,G_2(f')\exp[-j2\pi(f-f')t]\,df'\,dt$$

Definamos $\lambda = f - f'$. Então, trocando a ordem da integração, obtemos

$$G_{12}(f) = \int_{-\infty}^{\infty} d\lambda\, G_2(f-\lambda) \int_{-\infty}^{\infty} g_1(t)\exp(-j2\pi\lambda t)\,dt$$

A integral mais interna é simplesmente reconhecida como $G_1(\lambda)$, portanto podemos escrever

$$G_{12}(f) = \int_{-\infty}^{\infty} G_1(\lambda)\,G_2(f-\lambda)\,d\lambda$$

que é o resultado desejado. Essa integral é conhecida como a *integral de convolução*, expressa no domínio da frequência, e a função $G_{12}(f)$ é referida como a *convolução* de $G_1(f)$ e $G_2(f)$. Concluímos que *a multiplicação de dois sinais no domínio do tempo é transformada na convolução das suas transformadas de Fourier individuais no domínio da frequência*. Essa propriedade é conhecida como o *teorema da multiplicação*.

Em uma discussão da convolução, a seguinte notação abreviada é frequentemente utilizada:

$$G_{12}(f) = G_1(f) \star G_2(f)$$

Assim sendo, podemos reformular a Eq. (2.49) na seguinte forma simbólica:

$$g_1(t)\,g_2(t) \rightleftharpoons G_1(f) \star G_2(f) \qquad (2.50)$$

Note que a convolução é *comutativa*, isto é,

$$G_1(f) \star G_2(f) = G_2(f) \star G_1(f)$$

que segue diretamente da Eq. (2.50).

Propriedade 12 Convolução no domínio do tempo
Sejam $g_1(t) \rightleftharpoons G_1(f)$ e $g_2(t) \rightleftharpoons G_2(f)$. Então,

$$\int_{-\infty}^{\infty} g_1(\tau) g_2(t-\tau) \, d\tau \rightleftharpoons G_1(f) G_2(f) \qquad (2.51)$$

Esse resultado segue diretamente da combinação da Propriedade 3 (dualidade) e da Propriedade 11 (multiplicação no domínio do tempo). Podemos então afirmar que a *convolução de dois sinais no domínio do tempo é transformada na multiplicação de suas transformadas de Fourier individuais no domínio da frequência*. Essa propriedade é conhecida como o *teorema da convolução*. Seu uso permite que troquemos uma operação de convolução por uma multiplicação de transformadas, uma operação que é normalmente mais fácil de manipular.

Utilizando a notação abreviada para a convolução, podemos reescrever a Eq. (2.51) na forma

$$g_1(t) \star g_2(t) \rightleftharpoons G_1(f) G_2(f) \qquad (2.52)$$

em que o símbolo $\star$ denota convolução.

Note que as Propriedades 11 e 12, descritas pelas Eqs. (2.49) e (2.51), respectivamente, são o dual uma da outra.

Propriedade 13 Teorema de Rayleigh da energia
Seja $g(t)$ definida sobre todo o intervalo $-\infty < t < \infty$ e assuma que sua transformada de Fourier $G(f)$ existe. Se a energia do sinal satisfaz

$$E = \int_{-\infty}^{\infty} |g(t)|^2 \, dt < \infty \qquad (2.53)$$

então

$$\int_{-\infty}^{\infty} |g(t)|^2 \, dt = \int_{-\infty}^{\infty} |G(f)|^2 \, df \qquad (2.54)$$

Esse resultado segue do fato de que a intensidade de energia $|g(t)|^2$ pode ser expressa como o produto de duas funções do tempo, nominalmente, $g(t)$ e o seu complexo conjugado $g^*(t)$. A transformada de Fourier de $g^*(t)$ é igual a $G^*(-f)$, em virtude da Propriedade 10 (conjugação complexa). Então, aplicando a Propriedade 11 (o teorema da multiplicação) ou, mais especificamente, aplicando a Eq. (2.49) ao produto $g(t)g^*(t)$ e avaliando o resultado para $f = 0$, obtemos a relação

$$\int_{-\infty}^{\infty} g(t)g^*(t)\, dt = \int_{-\infty}^{\infty} G(\lambda)G^*(\lambda)d\lambda \qquad (2.55)$$

que é equivalente à Eq. (2.54).

Seja $\varepsilon_g(f)$ o espectro de magnitude quadrático do sinal $g(t)$, como mostrado por

$$\varepsilon_g(f) = |G(f)|^2 \qquad (2.56)$$

A quantidade $\varepsilon_g(f)$ é referida como a *densidade espectral de energia*[3] do sinal $g(t)$. Para explicar esse significado da definição, suponhamos que $g(t)$ denote a tensão de um fonte conectada a um resistor de carga de 1 ohm. Então a quantidade

$$\int_{-\infty}^{\infty} |g(t)|^2\, dt$$

é igual à energia total entregue pela fonte. De acordo com o teorema de Rayleigh, essa energia é igual à área total sob a curva $\varepsilon_g(f)$. Temos, portanto, que a função $\varepsilon_g(f)$ é uma medida da densidade de energia contida em $g(t)$ em joules por hertz. Note que uma vez que no caso especial de um sinal de valor real o espectro de magnitude é uma função par de f, o espectro de densidade de energia de tal sinal é simétrico em relação ao eixo vertical que passa pela origem.

EXEMPLO 2.9 Pulso sinc (continuação)

Consideremos novamente o pulso $A \operatorname{sinc}(2Wt)$. A energia desse pulso é igual a

$$E = A^2 \int_{-\infty}^{\infty} \operatorname{sinc}^2(2Wt)\, dt$$

A integral do lado direito da Equação é realmente difícil de ser avaliada. Todavia, notamos do Exemplo 2.4 que a transformada de Fourier do pulso $A\operatorname{sinc}(2Wt)$ é igual a $(A/2W)\operatorname{rect}(f/2W)$; disso, aplicando o teorema de Rayleigh da energia ao problema em mãos, obtemos facilmente o resultado desejado:

$$\begin{aligned} E &= \left(\frac{A}{2W}\right)^2 \int_{-\infty}^{\infty} \operatorname{rect}^2\left(\frac{f}{2W}\right) df \\ &= \left(\frac{A}{2W}\right)^2 \int_{-W}^{W} df \\ &= \frac{A^2}{2W} \end{aligned} \qquad (2.57)$$

Este exemplo ilustra claramente a utilidade do teorema de Rayleigh da energia.

2.4 A relação inversa entre tempo e frequência

As propriedades da transformada de Fourier discutidas na Seção 2.3 mostram claramente que as descrições de um sinal no domínio do tempo e no domínio da frequência se relacionam *inversamente*. Em especial, podemos fazer as seguintes afirmações importantes:

1. Se a descrição de um sinal no domínio do tempo for modificada, então a sua descrição no domínio da frequência mudará de maneira *inversa*, e vice-versa. Essa relação inversa impede especificações arbitrárias de um sinal em ambos os domínios. Em outras palavras, *podemos especificar uma função arbitrária do tempo ou um espectro arbitrário, mas não podemos especificar ambos simultaneamente*.

2. Se um sinal for estritamente limitado em frequência, então a sua descrição no domínio do tempo continuará indefinidamente, ainda que sua amplitude possa assumir um valor progressivamente menor. Dizemos que um sinal é *estritamente limitado em frequência* ou *estritamente limitado em banda* se a sua transformada de Fourier for exatamente zero fora de uma banda finita de frequências. O pulso sinc é um exemplo de um sinal estritamente limitado em banda, como ilustrado na Figura 2.7. Essa figura também mostra que o pulso sinc é apenas *assintoticamente limitado no tempo*, o que confirma a afirmação inicial que fizemos para um sinal estritamente limitado em banda. De um modo inverso, se um sinal for estritamente limitado no tempo (isto é, o sinal é exatamente igual a zero fora de um intervalo de tempo finito), então o espectro do sinal é infinito em extensão, ainda que o espectro de magnitude possa assumir um valor progressivamente menor. Esse comportamento é exemplificado tanto pelo pulso retangular (descrito na Figura 2.2) quanto pelo pulso triangular (descrito na Figura 2.10b). Assim sendo, podemos afirmar que *um sinal não pode ser estritamente limitado no tempo e na frequência*.

Largura de banda

A largura de banda de um sinal fornece uma medida da *extensão do conteúdo espectral significativo do sinal para frequências positivas*. Quando o sinal é estritamente limitado em banda, a largura de banda é bem definida. Por exemplo, o pulso sinc descrito na Figura 2.7 tem uma largura de banda igual a W. Quando, todavia, o sinal não é estritamente limitado em banda, que é o caso geral, encontramos dificuldade em definir a largura de banda do sinal. A dificuldade surge porque a acepção do termo "significativo" vinculada ao conteúdo espectral do sinal é matematicamente imprecisa. Consequentemente, não há uma definição universalmente aceita de largura de banda.

Contudo, há algumas definições comumente utilizadas para largura de banda. Nesta seção, consideraremos três de tais definições; a formulação de cada definição depende de o sinal ser passa-baixas ou passa-faixa. Um sinal é dito ser *passa-baixas* se o seu conteúdo espectral significativo estiver centrado em torno da origem. Um sinal é dito ser passa-faixa se o seu conteúdo espectral estiver centrado em torno de $\pm f_c$, em que f_c é uma frequência diferente de zero.

Razões de potência e decibéis

Em sistemas de comunicação, os níveis de potência podem variar de megawatts, para o caso de transmissores de televisão, até 10^{-12} watts em um receptor de satélite. Para lidar com essa gama de potência, costuma-se utilizar uma unidade chamada *decibel*. O decibel, comumente abreviado por dB, é um décimo de uma unidade maior, o *bel*. Foi dado o nome *bel* à unidade em homenagem a Alexander Graham Bell. Além de inventar o telefone, Bell foi o primeiro a usar medidas de potência logarítmicas nas pesquisas sobre som e escuta. Na prática, entretanto, descobrimos que para muitas aplicações o bel é uma unidade muito grande, por isso o amplo uso do decibel como unidade para expressar razões de potência.

Seja P a potência em um ponto de interesse do sistema. Seja P_0 o nível de potência de referência em relação ao qual a potência P é comparada. O número de decibéis na razão de potência P/P_0 é definido como

$$\left(\frac{P}{P_0}\right)_{dB} = 10 \log_{10}\left(\frac{P}{P_0}\right)$$

Por exemplo, uma razão de potência de 2 aproximadamente corresponde a 3 dB, e uma relação de potência de 10 corresponde exatamente a 10 dB.

Também podemos expressar o sinal de potência relativo a um watt ou um miliwatt. No primeiro caso, expressamos o sinal de potência P em dBW como $10 \log_{10}(P/1W)$ em que W é a abreviação para watt. No segundo caso, expressamos o sinal de potência P em dBm como $10 \log_{10}(P/1mW)$ em que mW á a abreviação para miliwatt.

Quando o espectro de um sinal for simétrico com um *lóbulo principal* delimitado por *nulos* bem definidos (isto é, frequências em que o espectro é zero), podemos utilizar o lóbulo principal como a base para definir a largura de banda do sinal. Especificamente, se o sinal for passa-baixas, a largura de banda é definida como a metade da largura total do lóbulo espectral principal, uma vez que somente uma metade desse lóbulo se encontra dentro da região de frequências positivas. Por exemplo, um pulso retangular de duração T segundos possui um lóbulo espectral principal de largura total $2/T$ hertz centrado na origem, como mostrado na Figura 2.2. Consequentemente, podemos definir a largura de banda desse pulso retangular como $1/T$ hertz. Se, por outro lado, o sinal for passa-faixa com lóbulos espectrais principais centrados em torno de $\pm f_c$, em que f_c é grande, a largura de banda é definida como a largura do lóbulo principal para frequências positivas. Esta definição de largura de banda é chamada *largura de banda nulo a nulo*. Por exemplo, um pulso de RF de duração T segundos e frequência f_c tem lóbulos espectrais principais de largura $2/T$ hertz centrados em torno de $\pm f_c$, como representado na Figura 2.8 e na Figura 2.11a. Então, podemos definir a largura de banda nulo a nulo desse pulso de RF como $(2/T)$ hertz. Tendo como base as definições aqui apresentadas, podemos afirmar que o deslocamento do conteúdo espectral de um sinal passa-baixas de um valor de frequência suficientemente grande tem o efeito de dobrar a largura de banda do sinal; tal frequência de translação é obtida utilizando-se modulação.

Outra definição popular de largura de banda é a *largura de banda de 3* dB. Especificamente, se o sinal for passa-baixas a largura de banda de 3 *dB* é definida como a separação entre a frequência zero, em que o espectro de magnitude atinge o seu valor de pico, e *frequência positiva* em que o espectro de magnitude cai para $1/\sqrt{2}$ do seu valor de pico. Por exemplo, os pulsos exponenciais decrescente e crescente definidos na Figura 2.4 tem uma largura de banda de 3 dB de $a/2\pi$ hertz. Se, por outro lado, o sinal for passa-faixa, centrado em $\pm f_c$, a largura de banda de 3 dB é definida como a separação (ao longo do eixo de frequências positivo) entre as duas frequências em que o espectro de magnitude do sinal cai para $\frac{1}{\sqrt{2}}$ do seu valor de pico em f_c, como representado na Figura 2.11b. A

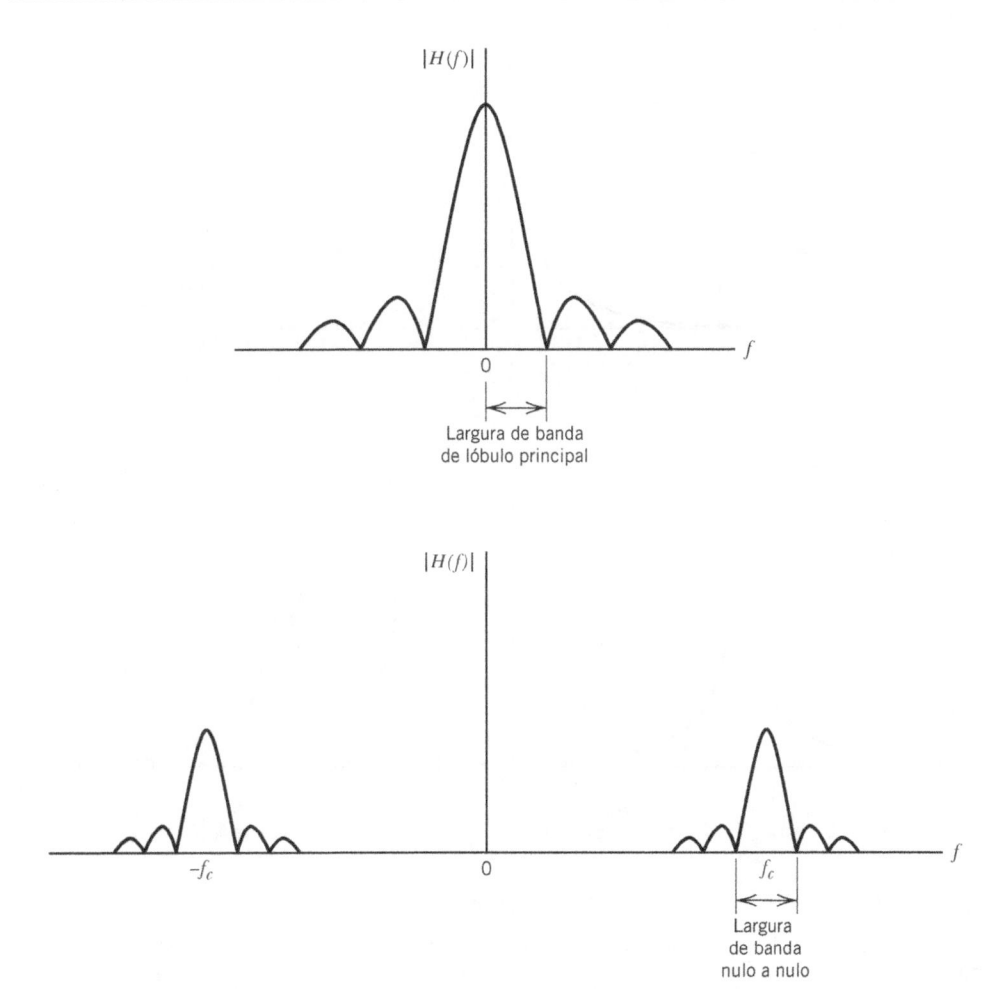

Figura 2.11a Ilustração da largura de banda nulo a nulo nos casos passa-baixas e passa-faixa.

largura de banda de 3 dB tem a vantagem, assim como a largura de banda nulo a nulo, de poder ser lida diretamente de uma plotagem do espectro de magnitude. Todavia, ela tem a desvantagem de poder ser enganosa se o espectro de magnitude tiver caudas lentamente decrescentes.

Outra medida para a largura de banda de um sinal é a *largura de banda de valor quadrático médio* (rms), definida como a raiz quadrada do segundo momento de uma forma apropriadamente normalizada do espectro de magnitude quadrático do sinal em torno de um ponto adequadamente escolhido. Suponhamos que o sinal seja passa-baixas, então o segundo momento pode ser tomado das vizinhanças da origem. Quanto à forma normalizada do espectro de amplitude quadrático, utilizamos a função não negativa $|G(f)|^2 / \int_{-\infty}^{\infty} |G(f)|^2 \, df$, em que o denominador aplica a normalização correta no sentido de que o valor integrado dessa razão ao longo de

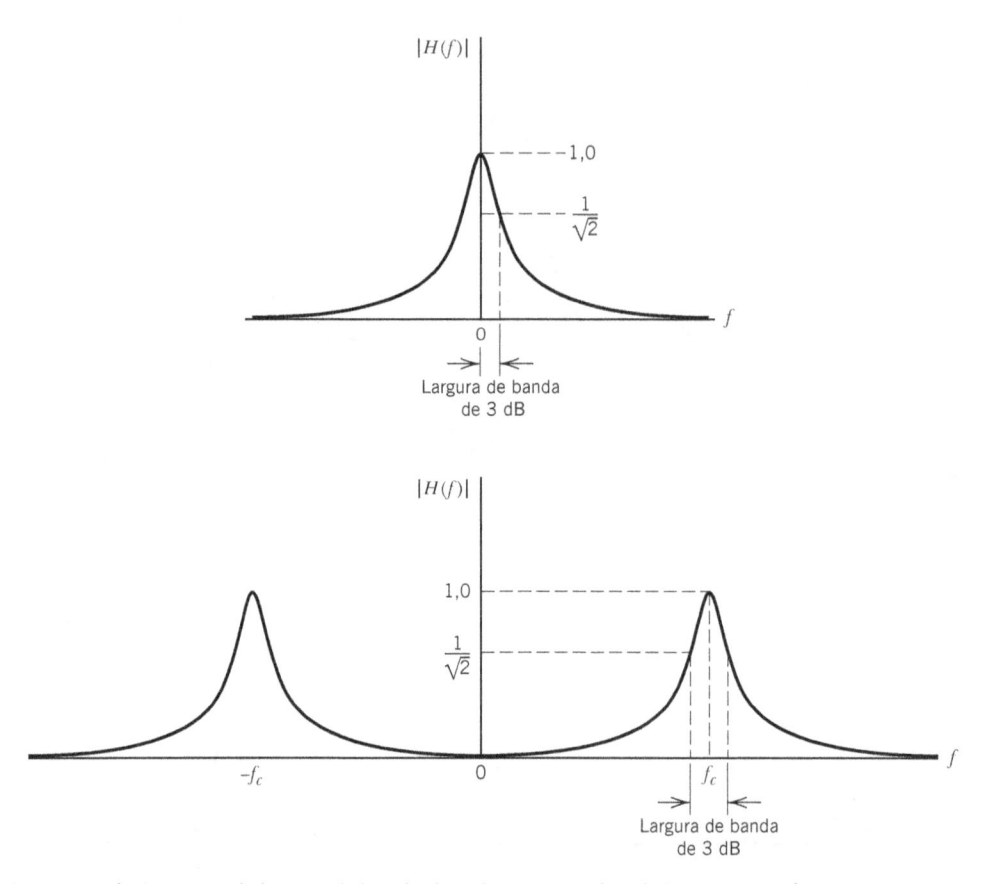

Figura 2.11b Ilustração da largura de banda de 3 dB nos casos banda base e passa-faixa.

Nota: o termo "banda base" refere-se à banda de frequência ocupada por uma fonte de informação original.

todo o eixo de frequências seja unitário. Desse modo, podemos definir formalmente a largura de banda *rms* de um sinal passa-baixas $g(t)$ com transformada de Fourier $G(f)$ da seguinte maneira:

$$W_{\text{rms}} = \left(\frac{\int_{-\infty}^{\infty} f^2 |G(f)|^2 \, df}{\int_{-\infty}^{\infty} |G(f)|^2 \, df} \right)^{1/2} \tag{2.58}$$

Uma característica atraente da largura de banda W_{rms} é que ela se presta mais facilmente à avaliação matemática do que as outras duas definições de largura de banda, embora não seja tão facilmente mensurável em laboratório.

Produto tempo-largura de banda

Para qualquer família de sinais de pulso (por exemplo, o pulso exponencial do Exemplo 2.2) que difiram em escala de tempo, o produto da duração do sinal e da sua largura de banda é sempre constante, como mostrado por

$$(\text{duração}) \cdot (\text{largura de banda}) = \text{constante}$$

O produto é chamado *produto tempo-largura de banda* ou *produto largura de banda-duração*. A constância do produto tempo-largura de banda é outra manifestação da relação inversa existente entre as descrições de um sinal no domínio do tempo e no domínio da frequência. Em particular, se a duração de um sinal de pulso diminui reduzindo-se a escala de tempo por um fator a, a escala de frequência do espectro original, e, portanto, a largura de banda do sinal, aumenta pelo mesmo fator a, em virtude da Propriedade 2 (escalonamento no tempo), e o produto tempo-largura de banda do sinal, desse modo, se mantém constante. Por exemplo, um pulso retangular de duração T segundos tem uma largura de banda (definida com base na parte de frequências positivas do lóbulo principal) igual a $1/T$ hertz, tornando o produto tempo-largura de banda do pulso igual à unidade. Seja qual for a definição que utilizarmos para a largura de banda de um sinal, o produto tempo-largura de banda permanece constante para certas classes de sinais de pulso. A escolha de uma definição específica para a largura de banda simplesmente altera o valor da constante.

Para sermos mais específicos, consideremos a largura de banda *rms* definida na Eq. (2.58). A definição correspondente para a *duração rms* do sinal $g(t)$ é

$$T_{\text{rms}} = \left(\frac{\int_{-\infty}^{\infty} t^2 |g(t)|^2 \, dt}{\int_{-\infty}^{\infty} |g(t)|^2 \, dt} \right)^{1/2} \tag{2.59}$$

em que se assume que o sinal $g(t)$ esteja centrado em torno da origem. Pode-se demonstrar que, utilizando as definições de *rms* das Eqs. (2.58) e (2.59), o produto tempo-largura de banda tem a seguinte forma:

$$T_{\text{rms}} W_{\text{rms}} \geq \frac{1}{4\pi} \tag{2.60}$$

em que a constante é $1/4\pi$. Também pode ser mostrado que o pulso gaussiano satisfaz a esta condição com o sinal de igualdade. Para detalhes desses cálculos, recomenda-se ao leitor o Problema 2.14.

2.5 A função delta de Dirac

Estritamente falando, a teoria da transformada de Fourier, como descrita nas Seções 2.2 a 2.4, é aplicável apenas a funções do tempo que satisfaçam às condições de

Dirichlet. Tais funções incluem os sinais energia. Contudo, seria bastante desejável estender essa teoria de duas maneiras:

1. Combinar a série de Fourier e a transformada de Fourier em uma teoria unificada, de modo que a série de Fourier possa ser tratada como um caso especial da transformada de Fourier.
2. Incluir sinais de potência na lista de sinais aos quais podemos aplicar a transformada de Fourier.

O que ocorre é que esses dois objetivos podem ser alcançados pelo "uso apropriado" da *função delta de Dirac* ou *impulso unitário*.

A função delta de Dirac[4], denotada por $\delta(t)$, é definida com amplitude zero em todas as partes, exceto em $t = 0$, em que ela é infinitamente grande de maneira a conter área unitária sob sua curva, ou seja,

$$\delta(t) = 0, \qquad t \neq 0 \tag{2.61}$$

e

$$\int_{-\infty}^{\infty} \delta(t)\, dt = 1 \tag{2.62}$$

Uma implicação desse par de relações é que a função delta de Dirac $\delta(t)$ deve ser uma função par do tempo t.

Para que a função delta tenha um significado, todavia, ela tem que aparecer como um fator no integrando de uma integral em relação ao tempo e então, estritamente falando, apenas quando o outro fator no integrando for uma função contínua do tempo. Seja $g(t)$ tal função, e consideremos o produto de $g(t)$ e da função deslocada no tempo $\delta(t - t_0)$. À luz das Eqs. (2.61) e (2.62) que definem a função delta, podemos expressar a integral desse produto da seguinte maneira:

$$\int_{-\infty}^{\infty} g(t)\, \delta(t - t_0)\, dt = g(t_0) \tag{2.63}$$

Essa operação indicada no lado esquerdo dessa Equação peneira o valor $g(t_0)$ da função $g(t)$ no tempo $t = t_0$, em que $-\infty < t < \infty$. Consequentemente, a Eq. (2.63) é referida como a *propriedade de peneiramento* da função delta. Essa propriedade é algumas vezes utilizada como a Equação que define a função delta; de fato, ela incorpora as Eqs. (2.61) e (2.62) em uma única relação.

Observando que a função delta $\delta(t)$ é uma função par do tempo t, podemos reescrever a Eq. (2.63) de uma maneira que enfatize a sua semelhança com a integral de convolução, como mostrado por

$$\int_{-\infty}^{\infty} g(\tau)\, \delta(t - \tau)\, d\tau = g(t) \tag{2.64}$$

ou, utilizando a notação para convolução:

$$g(t) \star \delta(t) = g(t)$$

Em palavras, a convolução de qualquer função com a função delta deixa a primeira inalterada. Referimo-nos a essa afirmação como a *propriedade de replicação* da função delta.

Por definição, a transformada de Fourier da função delta é dada por

$$F[\delta(t)] = \int_{-\infty}^{\infty} \delta(t)\exp(-j2\pi ft)\, dt$$

Consequentemente, utilizando a propriedade de peneiramento da função delta e observando que $\exp(-j2\pi ft)$ é igual à unidade em $t = 0$, obtemos

$$F[\delta(t)] = 1$$

Temos, assim, o par de transformada de Fourier da função delta de Dirac:

$$\delta(t) \rightleftharpoons 1 \tag{2.65}$$

Essa relação estabelece que o espectro da função delta $\delta(t)$ se estende uniformemente ao longo de todo o intervalo de frequências, como mostrado na Figura 2.12.

É importante perceber que o par de transformada de Fourier da Eq. (2.65) existe apenas no limite. A questão é que nenhuma função no sentido comum tem as duas propriedades das Eqs. (2.61) e (2.62), ou a propriedade de peneiramento equivalente da Eq. (2.63). Entretanto, podemos imaginar uma sequência de funções que tenham picos progressivamente mais altos e mais finos em $t = 0$, cuja área sob a curva permanece igual à unidade, ao passo que o valor da função tende a zero em todos os pontos, exceto em $t = 0$, onde ela tende ao infinito. Isto é, podemos ver a função delta como a *forma limite de um pulso de área unitária quando a sua duração se aproxima de zero*. É irrelevante o tipo de forma de pulso utilizado.

Em um sentido rigoroso, a função delta de Dirac pertence a uma classe especial de funções conhecidas como *funções generalizadas* ou *distribuições*. De fato, em algumas situações o seu uso requer que exercitemos cuidado considerável. Todavia, um aspecto bonito da função delta de Dirac é precisamente o fato de que um tratamento preferivelmente intuitivo da função ao longo das linhas descritas aqui frequentemente nos leva à resposta correta.

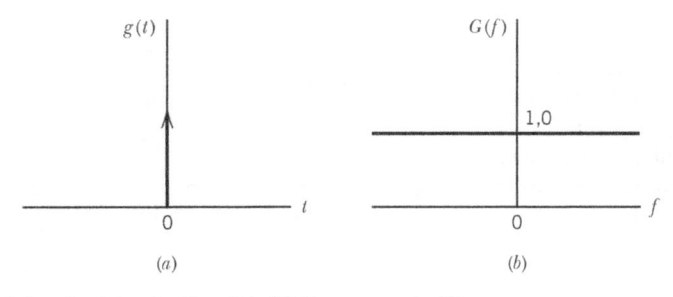

Figura 2.12 (a) A função delta de Dirac $\delta(t)$. (b) O espectro de $\delta(t)$.

EXEMPLO 2.10 A função delta como uma forma limite do pulso gaussiano

Consideremos um pulso gaussiano de área unitária, definido por

$$g(t) = \frac{1}{\tau} \exp\left(-\frac{\pi t^2}{\tau^2}\right) \quad (2.66)$$

em que τ é um parâmetro variável. A função gaussiana $g(t)$ tem duas propriedades úteis: (1) suas derivadas são todas contínuas, e (2) ela decai mais rapidamente do que qualquer potência de t. A função delta $\delta(t)$ é obtida tomando-se o limite $\tau \to 0$. O pulso gaussiano então se torna infinitamente estreito em duração e infinitamente grande em amplitude, porém sua área permanece finita e fixada em um. A Figura 2.13a ilustra a sequência de tais pulsos conforme o parâmetro τ varia.

O pulso gaussiano $g(t)$, definido aqui, é o mesmo que o pulso gaussiano normalizado $\exp(-\pi t^2)$ derivado no Exemplo 2.6, exceto pelo fato de que ele agora é expandido no tempo pelo fator τ e comprimido em amplitude pelo mesmo fator. Portanto, aplicando as propriedades de linearidade e de escalonamento no tempo da transformada de Fourier ao par da Eq. (2.38), encontramos que a transformada de Fourier do pulso gaussiano $g(t)$ definido na Eq. (2.66) é também gaussiana, como mostrado por

$$G(f) = \exp(-\pi \tau^2 f^2)$$

A Figura 2.13b ilustra o efeito da variação do parâmetro τ sobre espectro do pulso gaussiano g(t). Dessa forma, fazendo $\tau = 0$, verificamos, conforme o esperado, que a transformada de Fourier da função delta é unitária.

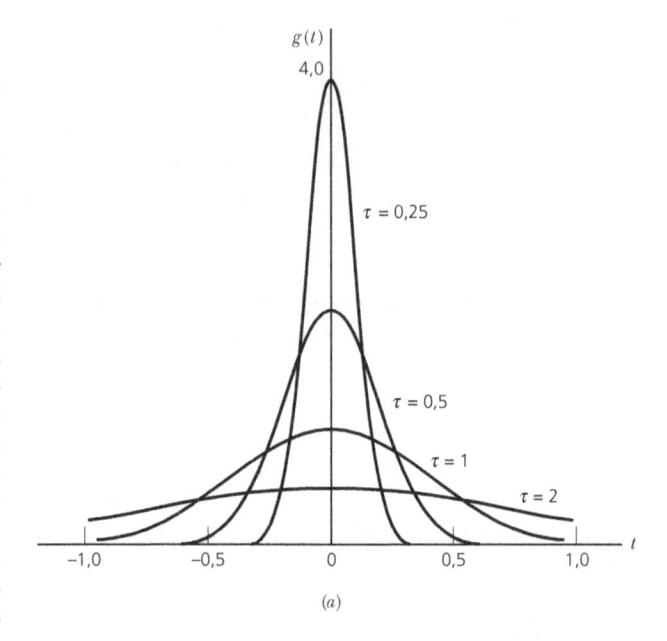

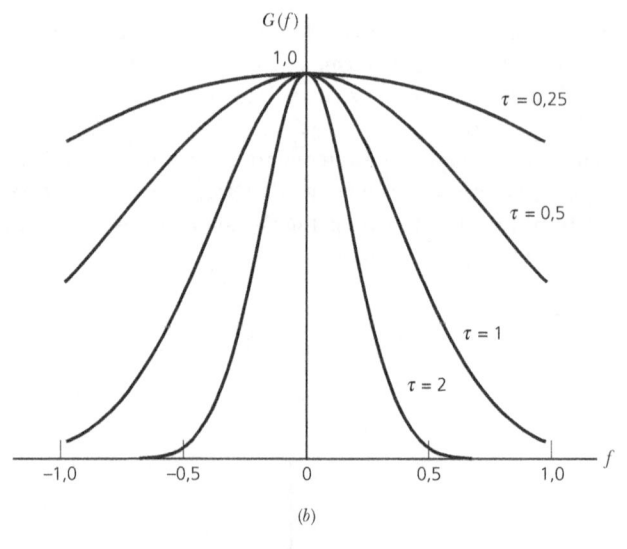

Figura 2.13 (a) Pulso gaussiano de duração variável. (b) Espectro correspondente.

Aplicações da função delta

1. Sinal dc. Aplicando a propriedade da dualidade ao par de transformada de Fourier da Eq. (2.65) e observando que a função delta é uma função par, obtemos

$$1 \rightleftharpoons \delta(f) \qquad (2.67)$$

A Eq. (2.67) estabelece que um *sinal dc* é transformado no domínio da frequência em uma função delta $\delta(f)$ que ocorre na frequência zero, como mostrado na Figura 2.14. Naturalmente, esse resultado é intuitivamente satisfatório.

Invocando a definição da transformada de Fourier, facilmente deduzimos da Eq. (2.67) a relação útil

$$\int_{-\infty}^{\infty} \exp(-j2\pi ft) \, dt = \delta(f)$$

Reconhecendo que a função delta $\delta(f)$ é de valor real, podemos simplificar essa relação como segue:

$$\int_{-\infty}^{\infty} \cos(2\pi ft) \, dt = \delta(f) \qquad (2.68)$$

que fornece ainda outra definição para a função delta, não obstante no domínio da frequência.

2. Função exponencial complexa. Em seguida, aplicando a propriedade de deslocamento na frequência à Eq. (2.67), obtemos o par de transformada de Fourier

$$\exp(j2\pi f_c t) \rightleftharpoons \delta(f - f_c) \qquad (2.69)$$

para uma exponencial complexa de frequência f_c. A Eq. (2.69) estabelece que a função exponencial complexa $\exp(j2\pi f_c t)$ é transformada no domínio da frequência em uma função delta $\delta(f - f_c)$ que ocorre em $f = f_c$.

3. Funções senoidais. Consideremos em seguida o problema de avaliar a transformada de Fourier da função cosseno $\cos(2\pi f_c t)$. Primeiro utilizamos a fórmula de Euler para escrever

$$\cos(2\pi f_c t) = \frac{1}{2} [\exp(j2\pi f_c t) + \exp(-j2\pi f_c t)] \qquad (2.70)$$

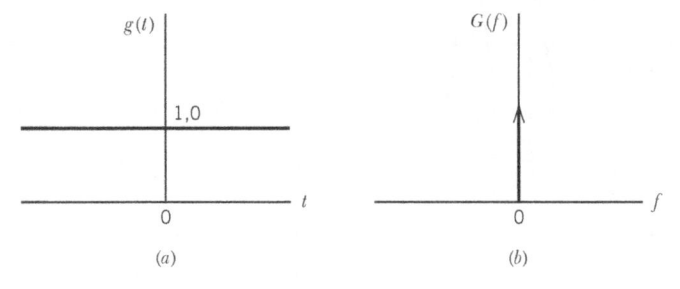

Figura 2.14 (a) Sinal dc. (b) Espectro.

Portanto, utilizando a Eq. (2.69), verificamos que a função cosseno $\cos(2\pi f_c t)$ é representada pelo par de transformada de Fourier

$$\cos(2\pi f_c t) \rightleftharpoons \frac{1}{2}[\delta(f - f_c) + \delta(f + f_c)] \qquad (2.71)$$

Em outras palavras, o espectro de uma função cosseno $\cos(2\pi f_c t)$ consiste em um par de funções delta que ocorrem em $f = \pm f_c$, cada uma das quais ponderadas por um fator ½, como mostrado na Figura 2.15.

De forma semelhante, podemos mostrar que a função seno $\text{sen}(2\pi f_c t)$ é representada pelo par de transformada de Fourier

$$\text{sen}(2\pi f_c t) \rightleftharpoons \frac{1}{2j}[\delta(f - f_c) - \delta(f + f_c)] \qquad (2.72)$$

que é ilustrado na Figura 2.16.

4. Função sinal. A *função sinal sgn(t)* é igual a $+1$ para tempo positivo e -1 para tempo negativo, como mostrado pela curva contínua na Figura 2.17a. A função sinal foi definida previamente na Eq. (2.18); essa definição é reproduzida aqui por conveniência de apresentação:

$$\text{sgn}(t) = \begin{cases} +1, & t > 0 \\ 0, & t = 0 \\ -1, & t < 0 \end{cases}$$

A função sinal não satisfaz às condições de Dirichlet e, por isso, estritamente falando, não tem uma transformada de Fourier. Todavia, podemos definir uma transformada de Fourier para a função sinal enxergando-a como uma forma limite do pulso exponencial duplo antissimétrico

$$g(t) = \begin{cases} \exp(-at), & t > 0 \\ 0, & t = 0 \\ -\exp(at), & t < 0 \end{cases} \qquad (2.73)$$

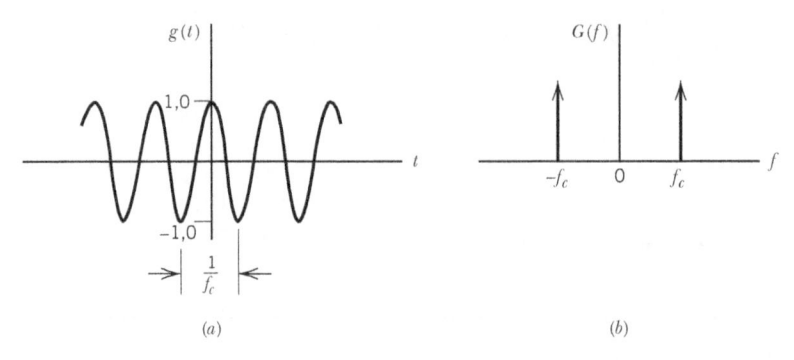

Figura 2.15 (a) Função cosseno. (b) Espectro.

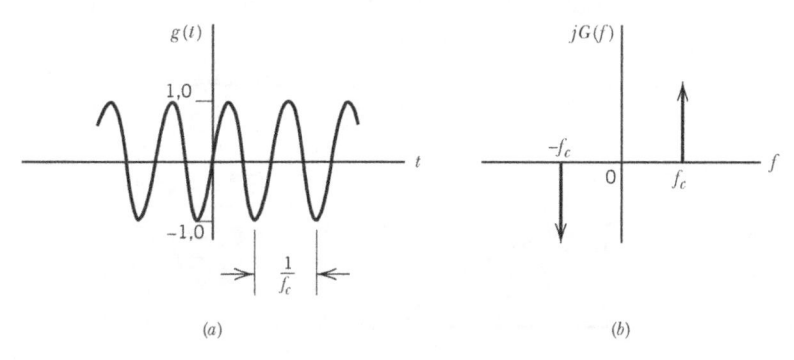

Figura 2.16 (a) Função seno. (b) Espectro.

quando o parâmetro a se aproxima de zero. O sinal $g(t)$, mostrado como a curva tracejada na Figura 2.17a, satisfaz as condições de Dirichlet. A sua transformada de Fourier foi derivada no Exemplo 3; o resultado é dado por [ver Eq. (2.19)]:

$$G(f) = \frac{-j4\pi f}{a^2 + (2\pi f)^2}$$

O espectro de magnitude $|G(f)|$ é mostrado como a curva tracejada na Figura 2.17b. No limite em que a se aproxima de zero temos

$$F[\text{sgn}(t)] = \lim_{a \to 0} \frac{-4j\pi f}{a^2 + (2\pi f)^2}$$
$$= \frac{1}{j\pi f}$$

Isto é,

$$\text{sgn}(t) \rightleftharpoons \frac{1}{j\pi f} \tag{2.74}$$

O espectro de magnitude da função sinal é mostrado como a curva contínua na Figura 2.17b. Aqui vemos que para a pequeno, a aproximação é muito boa exceto próximo à origem sobre o eixo de frequência. Na origem, o espectro da função $g(t)$ é zero para a positivo, ao passo que o espectro da função sinal vai para o infinito. Deveria ser notado que, apesar de o par de transformada de Fourier da Eq. (2.74) não envolver uma função delta, a transformada de Fourier $1/j\pi f$ pode ser obtida a partir da função sinal $\text{sgn}(t)$ apenas se lhe for dado um significado especial que implique o uso da função delta.

5. Função degrau unitário. A *função degrau unitário* $u(t)$ é igual a $+1$ para tempo positivo e zero para tempo negativo. Previamente definida na Eq. (2.11), ela é reproduzida aqui por conveniência:

$$u(t) = \begin{cases} 1, & t > 0 \\ \frac{1}{2}, & t = 0 \\ 0, & t < 0 \end{cases}$$

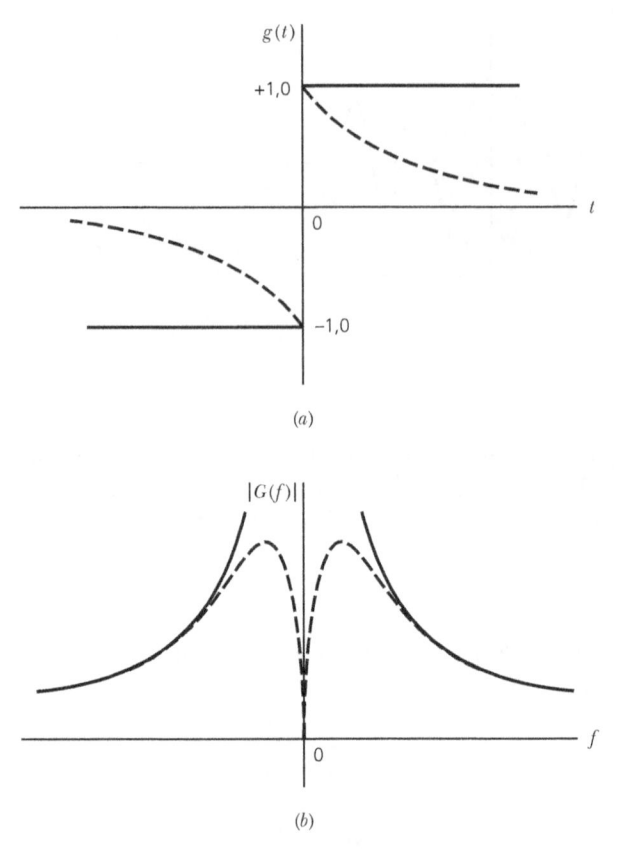

Figura 2.17 (a) Função sinal (curva contínua) e pulso exponencial duplo (curva tracejada). (b) Espectro de magnitude da função sinal (curva contínua) e do pulso exponencial duplo (curva tracejada).

A forma de onda da função degrau unitário é mostrada na Figura 2.18a. A partir dessa equação e da equação da função sinal, vemos que a função degrau unitário e a função sinal se relacionam por

$$u(t) = \frac{1}{2}[\operatorname{sgn}(t) + 1] \qquad (2.75)$$

Consequentemente, utilizando a propriedade de linearidade da transformada de Fourier e os pares de transformadas de Fourier das Eqs. (2.67) e (2.75), verificamos que a função degrau unitário é representada pelo par de transformadas de Fourier

$$u(t) \rightleftharpoons \frac{1}{j2\pi f} + \frac{1}{2}\delta(f) \qquad (2.76)$$

Isso significa que o espectro da transformada de Fourier contém uma função delta ponderada por um fator 1/2 que ocorre na frequência zero, como mostrado na Figura 2.18b.

6. Integração no domínio do tempo (revisitada). A relação da Eq. (2.39) descreve o efeito da integração sobre a transformada de Fourier de um sinal $g(t)$,

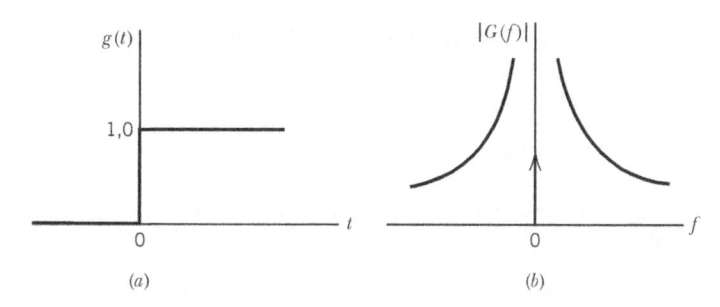

Figura 2.18 (a) A função degrau unitário. (b) Espectro de magnitude.

assumindo-se que $G(0)$ é zero. Agora consideremos o caso mais geral, sem que tal suposição seja feita.

Seja

$$y(t) = \int_{-\infty}^{t} g(\tau)\, d\tau \qquad (2.77)$$

O sinal integrado $y(t)$ pode ser visto como a convolução do sinal original $g(t)$ e da função degrau unitário $u(t)$, como mostrado por

$$y(t) = \int_{-\infty}^{\infty} g(\tau)u(t - \tau)\, d\tau$$

em que a função degrau unitário deslocada no tempo $u(t - \tau)$ é definida por

$$u(t - \tau) = \begin{cases} 1, & \tau < t \\ \dfrac{1}{2}, & \tau = t \\ 0, & \tau > t \end{cases}$$

Reconhecendo que a convolução no domínio do tempo é transformada em multiplicação no domínio da frequência de acordo com a Propriedade 12 e, utilizando o par de transformadas de Fourier da Eq. (2.76) para a função degrau unitário $u(t)$, verificamos que a transformada de Fourier de $y(t)$ é

$$Y(f) = G(f)\left[\frac{1}{j2\pi f} + \frac{1}{2}\delta(f)\right] \qquad (2.78)$$

em que $G(f)$ é a transformada de Fourier de $g(t)$. Já que

$$G(f)\delta(f) = G(0)\delta(f)$$

podemos reescrever a Eq. (2.77) na forma equivalente:

$$Y(f) = \frac{1}{j2\pi f}G(f) + \frac{1}{2}G(0)\delta(f)$$

Em geral, o efeito de integrar o sinal $g(t)$ é, portanto, descrito pelo par de transformadas de Fourier

$$\int_{-\infty}^{t} g(\tau)\, d\tau \rightleftharpoons \frac{1}{j2\pi f} G(f) + \frac{1}{2} G(0)\delta(f) \qquad (2.79)$$

Esse é o resultado desejado, o qual inclui a Eq. (2.39) como um caso especial (isto é, $G(0) = 0$).

2.6 Transformadas de Fourier de sinais periódicos

É bem conhecido o fato de que utilizando a série de Fourier, um sinal periódico pode ser representado como uma soma de exponenciais complexas. Além disso, no limite, a transformada de Fourier pode ser definida para exponenciais complexas. Portanto, parece razoável que um sinal periódico possa ser representado em termos de uma transformada de Fourier, dado que essa transformada possa incluir funções delta.

Consideremos então um sinal periódico $g_{T_0}(t)$ de *período* T_0. Podemos representar $g_{T_0}(t)$ em termos da série de Fourier de exponenciais complexas:

$$g_{T_0}(t) = \sum_{n=-\infty}^{\infty} c_n \exp(j2\pi n f_0 t) \qquad (2.80)$$

em que c_n é o *coeficiente de Fourier complexo* definido por

$$c_n = \frac{1}{T_0} \int_{-T_0/2}^{T_0/2} g_{T_0}(t) \exp(-j2\pi n f_0 t)\, dt \qquad (2.81)$$

e f_0 é a *frequência fundamental* definida como o recíproco do período T_0; isto é,

$$f_0 = \frac{1}{T_0} \qquad (2.82)$$

Seja $g(t)$ uma função em forma de pulso, que é igual a $g_{T_0}(t)$ durante um período e zero fora dele; isto é,

$$g(t) = \begin{cases} g_{T_0}(t), & -\dfrac{T_0}{2} \le t \le \dfrac{T_0}{2} \\ 0, & \text{caso contrário} \end{cases} \qquad (2.83)$$

O sinal periódico $g_{T_0}(t)$ pode agora ser expresso em termos da função $g(t)$ como um somatório infinito, como mostrado por

$$g_{T_0}(t) = \sum_{m=-\infty}^{\infty} g(t - mT_0) \qquad (2.84)$$

Com base nessa representação, podemos ver $g(t)$ como uma *função geratriz*, que gera o sinal periódico $g_{T_0}(t)$.

A transformada de Fourier da função $g(t)$ existe. Dessa forma, podemos reescrever a fórmula para o coeficiente de Fourier complexo como segue:

$$c_n = f_0 \int_{-\infty}^{\infty} g(t)\exp(-j2\pi n f_0 t)\, dt$$
$$= f_0 G(nf_0) \qquad (2.85)$$

em que $G(nf_0)$ é a transformada de Fourier de $g(t)$, avaliada na frequência nf_0. Podemos assim reescrever a fórmula para a reconstrução do sinal periódico $g_{T_0}(t)$ como

$$g_{T_0}(t) = f_0 \sum_{n=-\infty}^{\infty} G(nf_0)\exp(j2\pi nf_0 t) \qquad (2.86)$$

ou, de maneira equivalente, à luz da Eq. (2.84)

$$\sum_{m=-\infty}^{\infty} g(t-mT_0) = f_0 \sum_{n=-\infty}^{\infty} G(nf_0)\exp(j2\pi nf_0 t) \qquad (2.87)$$

A Eq. (2.87) é uma forma da *fórmula da soma de Poisson*.

Finalmente, utilizando a Eq. (2.69), que define a transformada de Fourier de uma função exponencial complexa, e a Eq. (2.87), deduzimos o seguinte par de transformadas de Fourier para um sinal periódico $g_{T_0}(t)$ com uma função geratriz $g(t)$ e período T_0:

$$\sum_{m=-\infty}^{\infty} g(t-mT_0) \rightleftharpoons f_0 \sum_{n=-\infty}^{\infty} G(nf_0)\delta(f-nf_0) \qquad (2.88)$$

em que f_0 é a frequência fundamental. Essa relação simplesmente estabelece que a transformada de Fourier de um sinal periódico consiste em funções delta ocorrendo em múltiplos inteiros da frequência fundamental $f_0 = 1/T_0$, incluindo a origem, e que cada função delta é ponderada por um fator igual ao valor correspondente de $G(nf_0)$. De fato, essa relação simplesmente fornece um método para exibir o conteúdo de frequências de um sinal periódico $g_{T_0}(t)$.

É de interesse observar que a função $g(t)$, constituindo um período do sinal periódico $g_{T_0}(t)$, tem um espectro contínuo definido por $G(f)$. Por outro lado, o sinal periódico $g_{T_0}(t)$ tem um espectro discreto. Concluímos, portanto, que *a periodicidade no domínio do tempo tem o efeito de converter a descrição de domínio da frequência ou espectro do sinal em uma forma discreta definida nos múltiplos inteiros da frequência fundamental.*

EXEMPLO 2.11 Função de amostragem ideal

Uma *função de amostragem ideal*, ou *pente de Dirac*, consiste em uma sequência finita de funções delta, uniformemente espaçadas, como mostrado na figura 2.19a. Denotamos essa forma de onda por

$$\delta_{T_0}(t) = \sum_{m=-\infty}^{\infty} \delta(t-mT_0) \qquad (2.89)$$

Observamos que a função geratriz $g(t)$ para a função de amostragem ideal $\delta_{T_0}(t)$ consiste simplesmente em uma função delta $\delta(t)$. Temos, portanto que $G(f) = 1$, e

$$G(nf_0) = 1 \qquad \text{para todo } n$$

Assim, a utilização da Eq. (2.88) conduz ao resultado

$$\sum_{m=-\infty}^{\infty} \delta(t - mT_0) \rightleftharpoons f_0 \sum_{n=-\infty}^{\infty} \delta(f - nf_0) \qquad (2.90)$$

A Eq. (2.90) estabelece que a transformada de Fourier de um trem periódico de funções delta, espaçadas entre si de T_0 segundos, consiste em um outro conjunto de funções delta ponderados pelo fator $f_0 = 1/T_0$ e regularmente espaçadas de f_0 Hz entre si ao longo do eixo de frequência como na Figura 2.19b. No caso especial de $T_0 = 1$, um trem periódico de funções delta é, como um pulso gaussiano, a sua própria transformada.

Também deduzimos da fórmula da soma de Poisson, Eq. (2.87), a seguinte relação útil:

$$\sum_{m=-\infty}^{\infty} \delta(t - mT_0) = f_0 \sum_{n=-\infty}^{\infty} \exp(j2\pi nf_0 t) \qquad (2.91)$$

O dual dessa relação é como segue:

$$\sum_{m=-\infty}^{\infty} \exp(j2\pi mfT_0) = f_0 \sum_{n=-\infty}^{\infty} \delta(f - nf_0) \qquad (2.92)$$

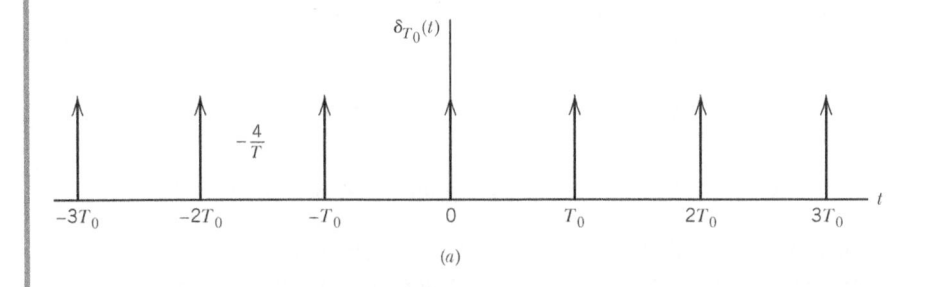

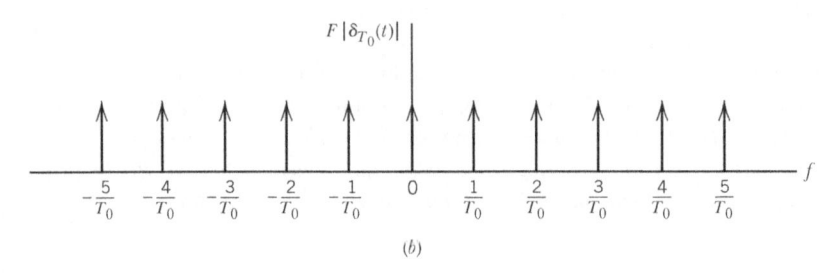

Figura 2.19 (a) Pente de Dirac. (b) Espectro.

2.7 Transmissão de sinais através de sistemas lineares

Com a teoria da transformada de Fourier apresentada nas seções anteriores ao nosso dispor, estamos prontos para voltar nossa atenção para o estudo de uma classe especial de sistemas conhecida por ser linear. O termo *sistema* refere-se a qualquer dispositivo físico que produza um sinal de saída em resposta a um sinal de entrada. É habitual referirmo-nos ao sinal de entrada como *excitação* e ao sinal de saída como *resposta*. Em um sistema *linear*, o princípio da superposição é válido; isto é, a resposta de um sistema linear a um número de excitações aplicadas simultaneamente é igual à soma das respostas do sistema quando cada excitação é aplicada individualmente. Exemplos importantes de sistemas lineares incluem *filtros* e *canais de comunicação* operando em sua região linear. O termo filtro refere-se a um dispositivo seletor de frequências que é usado para limitar o espectro de um sinal a alguma faixa de frequências. O termo canal refere-se a um meio de transmissão que conecta o transmissor ao receptor de um sistema de comunicação. Desejamos avaliar os efeitos da transmissão de sinais através de filtros e canais de comunicação lineares. Essa avaliação pode ser conduzida de duas maneiras, dependendo da descrição adotada para o filtro ou canal. Isto é, podemos utilizar ideias de domínio de tempo ou de domínio da frequência, como descrito abaixo.

Resposta no tempo

No domínio do tempo, um sistema linear é descrito em termos de sua *resposta ao impulso*, que é definida como a resposta do sistema (com condições iniciais nulas) a um *impulso unitário ou função delta* $\delta(t)$ *aplicado(a) à entrada do sistema.* Se o sistema for *invariante no tempo*, então a forma da resposta ao impulso será a mesma, independentemente de quando o impulso unitário for aplicado ao sistema. Dessa forma, supondo que o impulso unitário ou função delta seja aplicado(a) no tempo $t = 0$, podemos denotar a resposta ao impulso de um sistema linear invariante no tempo por $h(t)$. Seja esse sistema sujeito a uma excitação arbitrária $x(t)$, como na Figura 2.20a. Para determinar a resposta $y(t)$ do sistema, começamos por primeiro aproximar $x(t)$ por uma função escada composta de pulsos retangulares estreitos, cada um de duração $\Delta\tau$, como mostrado na Figura 2.20b. Claramente a aproximação se torna melhor para $\Delta\tau$ menor. Quando $\Delta\tau$ se aproxima de zero, cada pulso se aproxima, no limite, de uma função delta ponderada por um fator igual à altura do pulso vezes $\Delta\tau$. Consideremos um pulso típico, mostrado

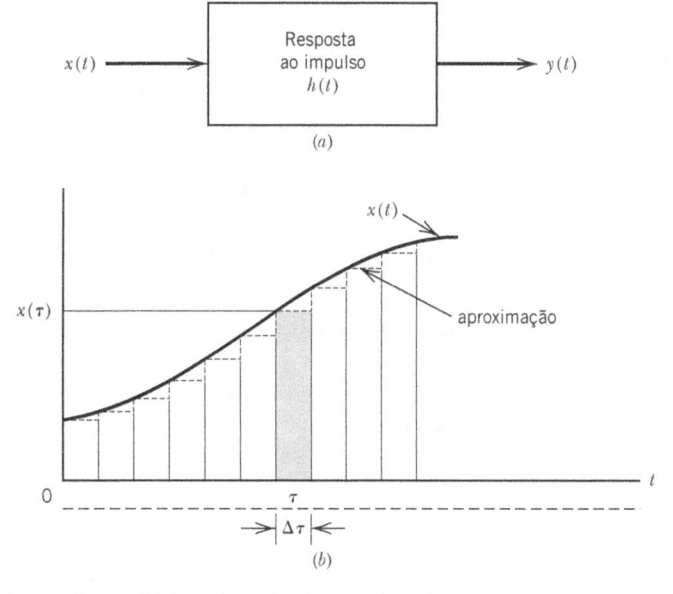

Figura 2.20 (a) Sistema linear. (b) Aproximação da entrada $x(t)$.

sombreado na Figura 2.20b, que ocorre em $t = \tau$. Esse pulso tem uma área igual a $x(\tau) \Delta\tau$. Por definição, a resposta do sistema a um impulso unitário ou função delta $\delta(t)$, que ocorre em $t = 0$, é $h(t)$. Segue, portanto, que a resposta do sistema a uma função delta, ponderada pelo fator $x(\tau)\Delta\tau$ e que ocorre em $t = \tau$, deve ser $x(\tau)h(t - \tau)\Delta\tau$. Para encontrar a resposta total $y(t)$ em algum instante t, aplicamos o princípio da superposição. Dessa forma, somando as várias respostas infinitesimais devidas aos vários pulsos de entrada, obtemos no limite, quando $\Delta\tau$ se aproxima de zero,

$$y(t) = \int_{-\infty}^{\infty} x(\tau)h(t - \tau)\,d\tau \tag{2.93}$$

Essa relação é chamada de *integral de convolução*.

Na Eq. (2.93), três diferentes escalas de tempo estão envolvidas: *tempo de excitação* τ, *tempo de resposta* t e *tempo de memória do sistema* $t - \tau$. Essa relação é a base da análise no domínio do tempo de sistemas lineares invariantes no tempo. Ela estabelece que o valor presente da resposta de um sistema linear invariante no tempo é uma integral ponderada sobre a história passada do sinal de entrada, ponderada de acordo com a resposta ao impulso do sistema. Dessa forma, a resposta ao impulso age como uma função de memória para o sistema.

Na Eq. (2.93), a excitação $x(t)$ é convolvida com a resposta ao impulso do sistema para produzir a resposta $y(t)$. Já que a convolução é comutativa, segue que podemos escrever

$$y(t) = \int_{-\infty}^{\infty} h(\tau)x(t - \tau)\,d\tau \tag{2.94}$$

em que $h(t)$ é convolvida com $x(t)$.

EXEMPLO 2.12 Filtro Tapped-Delay-Line (TDL)*

Consideremos um filtro linear invariante no tempo com resposta ao impulso $h(t)$. Façamos as seguintes suposições:

1. A resposta ao impulso $h(t) = 0$ para $t < 0$.
2. A resposta ao impulso do filtro é de alguma duração finita T_f, de modo que podemos escrever $h(t) = 0$ para $t \geq T_f$.

Então podemos expressar a saída do filtro $y(t)$ produzida em resposta à entrada $x(t)$ como segue:

$$y(t) = \int_{0}^{T_f} h(\tau)x(t - \tau)\,d\tau \tag{2.95}$$

Sejam a entrada $x(t)$, a resposta ao impulso $h(t)$ e a saída $y(t)$ *uniformemente amostradas* à taxa de $1/\Delta\tau$ amostras por segundo, então podemos determinar que

$$t = n\Delta\tau$$

---

* N. de T.: Uma possível tradução é filtro de linha de atraso com derivação. Um filtro TDL pode ser expresso matematicamente por $y(n) = w_0 x(n) + w_1 x(n-1) + \cdots + w_{N-1} x(n-(N-1))$, que muito se assemelha à equação de um filtro FIR.

e

$$\tau = k\Delta\tau$$

em que k e n são inteiros, e $\Delta\tau$ é o *período de amostragem*. Assumindo que $\Delta\tau$ é suficientemente pequeno para que o produto $h(\tau)x(t-\tau)$ permaneça essencialmente constante para $k\Delta\tau \leq \tau \leq (k+1)\Delta\tau$ para todos os valores de k e t de interesse, podemos aproximar a Eq. (2.95) pela *soma de convolução*:

$$y(n\Delta\tau) = \sum_{k=0}^{N-1} h(k\Delta\tau)x(n\Delta\tau - k\Delta\tau)\,\Delta\tau \qquad (2.96)$$

em que $N\Delta\tau = T_f$. Definamos

$$w_k = h(k\Delta\tau)\,\Delta\tau$$

Podemos então reescrever a Eq. (2.96) como

$$y(n\Delta\tau) = \sum_{k=0}^{N-1} w_k x(n\Delta\tau - k\Delta\tau) \qquad (2.97)$$

A Eq. (2.97) pode ser implementada utilizando-se o circuito mostrado na Figura 2.21, que consiste em um conjunto de *elementos de atraso* (cada um produzindo um atraso de $\Delta\tau$ segundos), um conjunto de *multiplicadores* conectados às saídas da linha de atraso, um conjunto correspondente de *pesos* aplicados aos multiplicadores, e um *somador* para somar as saídas dos multiplicadores. Esse circuito é conhecido como *filtro TDL* ou *filtro transversal*. Note que na Figura 2.21 o espaço entre as saídas do filtro de atraso ou incremento básico de atraso é igual ao período de amostragem da sequência de entrada $\{x(n\Delta\tau)\}$.

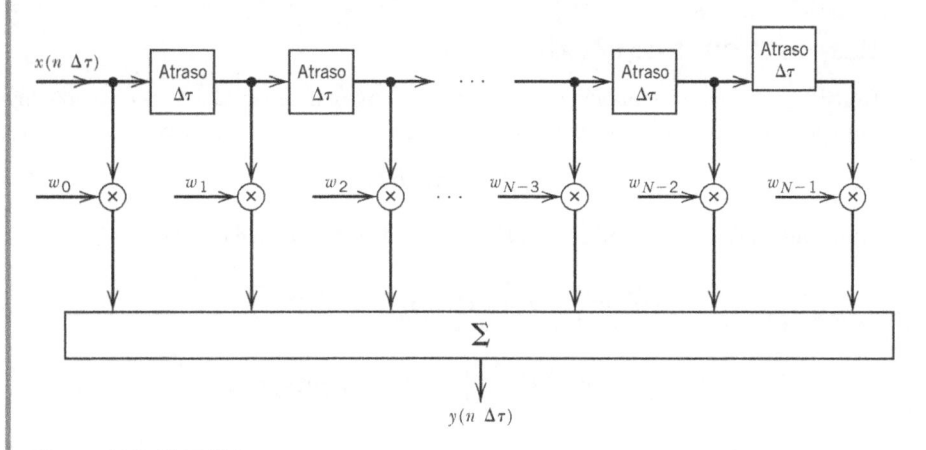

Figura 2.21 Filtro TDL.

Causalidade e estabilidade

Um sistema é dito *causal* se ele não responde antes que a excitação seja aplicada. Para um sistema linear invariante no tempo ser causal, é evidente que a resposta ao impulso $h(t)$ deve desaparecer para tempo negativo. Isto é, a condição necessária e suficiente para causalidade é

$$h(t) = 0, \qquad t < 0 \qquad (2.98)$$

Claramente, para um sistema operando em *tempo real* ser fisicamente realizável, ele deve ser causal. Todavia, há muitas aplicações em que o sinal a ser processado está disponível em forma armazenada; nessas situações o sistema pode ser não causal e ainda assim fisicamente realizável.

O sistema é dito *estável* se o sinal de saída é limitado para todo sinal de entrada limitado; referimo-nos a isso como o *critério de estabilidade entrada limitada-saída limitada* (BIBO)*, que é bastante conveniente para a análise de sistemas lineares invariantes no tempo. Admitamos que um sinal de entrada $x(t)$ seja limitado, como mostrado por

$$|x(t)| \leq M \quad (2.99)$$

em que M é um número finito real positivo. Substituindo a Eq. (2.99) na Eq. (2.94), obtemos

$$|y(t)| \leq M \int_{-\infty}^{\infty} |h(\tau)| \, d\tau$$

Segue, portanto, que para um sistema linear invariante no tempo ser estável, a resposta ao impulso $h(t)$ deve ser absolutamente integrável. Isto é, a condição necessária e suficiente para a estabilidade BIBO* é

$$\int_{-\infty}^{\infty} |h(t)| \, dt < \infty \quad (2.100)$$

Resposta em frequência

Consideremos um sistema linear invariante no tempo de resposta ao impulso $h(t)$ dirigido por uma entrada exponencial complexa de amplitude unitária e frequência f, isto é,

$$x(t) = \exp(j2\pi ft) \quad (2.101)$$

Utilizando a Eq. (2.101) na Eq. (2.94), a resposta do sistema é obtida como

$$y(t) = \int_{-\infty}^{\infty} h(\tau)\exp[j2\pi f(t-\tau)] \, d\tau$$
$$= \exp(j2\pi ft) \int_{-\infty}^{\infty} h(\tau)\exp(-j2\pi f\tau) \, d\tau \quad (2.102)$$

Definamos a *função de transferência* do sistema como a transformada de Fourier da sua resposta ao impulso, como mostrado por

$$H(f) = \int_{-\infty}^{\infty} h(t)\exp(-j2\pi ft) \, dt \quad (2.103)$$

A integral na última linha da Eq. (2.102) é a mesma da Eq. (2.103), exceto pelo τ utilizado no lugar de t. Consequentemente, podemos reescrever a Eq. (2.102) na forma

$$y(t) = H(f)\exp(j2\pi ft) \quad (2.104)$$

---

* N. de T.: Sigla em inglês de *Bounded Input-Bounded Output*.

A resposta de um sistema linear invariante no tempo a uma função exponencial complexa de frequência f é, portanto, a mesma função exponencial complexa multiplicada por um coeficiente constante $H(f)$.

Uma definição alternativa da função de transferência pode ser deduzida dividindo a Eq. (2.104) pela Eq. (2.101) para obtermos

$$H(f) = \frac{y(t)}{x(t)}\bigg|_{x(t)=\exp(j2\pi ft)} \qquad (2.105)$$

Consideremos em seguida um sinal arbitrário $x(t)$ aplicado ao sistema. O sinal $x(t)$ pode ser expresso em termos de sua transformada de Fourier inversa como

$$x(t) = \int_{-\infty}^{\infty} X(f)\exp(j2\pi ft)\,df \qquad (2.106)$$

ou, de maneira equivalente, na forma limite

$$x(t) = \lim_{\substack{\Delta f \to 0 \\ f = k\Delta f}} \sum_{k=-\infty}^{\infty} X(f)\exp(j2\pi ft)\Delta f \qquad (2.107)$$

Isto é, o sinal de entrada $x(t)$ pode ser visto como uma superposição de exponenciais complexas de amplitude incremental. Pelo fato de o sistema ser linear, a resposta a essa superposição de entradas exponenciais complexas é

$$\begin{aligned} y(t) &= \lim_{\substack{\Delta f \to 0 \\ f = k\Delta f}} \sum_{k=-\infty}^{\infty} H(f)X(f)\exp(j2\pi ft)\Delta f \\ &= \int_{-\infty}^{\infty} H(f)X(f)\exp(j2\pi ft)\,df \end{aligned} \qquad (2.108)$$

A transformada de Fourier do sinal de saída $y(t)$ é, portanto

$$Y(f) = H(f)X(f) \qquad (2.109)$$

Um sistema linear invariante no tempo pode assim ser descrito de uma maneira completamente simples, no domínio da frequência, notando-se que *a transformada de Fourier da saída é igual ao produto da função de transferência do sistema e da transformada de Fourier da entrada.*

O resultado da Eq. (2.109) pode, naturalmente, ser diretamente deduzido reconhecendo-se que a resposta $y(t)$ de um sistema linear invariante no tempo de resposta ao impulso $h(t)$ a uma entrada $x(t)$ arbitrária é obtida pela convolução de $x(t)$ com $h(t)$, ou vice-versa, e pelo fato de que a convolução de um par de funções do tempo é convertida na multiplicação de suas transformadas de Fourier. A derivação acima é apresentada, primeiramente, para desenvolver um entendimento de por que a representação de Fourier de uma função do tempo como uma superposição de exponenciais complexas é tão útil na análise do comportamento de sistemas lineares invariantes no tempo.

A função de transferência $H(f)$ é uma propriedade característica de um sistema linear invariante no tempo. Ela é, em geral, uma quantidade complexa de modo que podemos expressá-la na forma

$$H(f) = |H(f)|\exp[j\beta(f)] \tag{2.110}$$

em que $|H(f)|$ é chamada a *resposta em magnitude*, e $\beta(f)$ a *fase* ou *resposta em fase*. No caso especial de um sistema linear com resposta ao impulso $h(t)$ de valor real, a função de transferência $H(f)$ exibe simetria conjugada, o que significa que

$$|H(f)| = |H(-f)|$$

e

$$\beta(f) = -\beta(-f)$$

Isto é, a resposta em magnitude $|H(f)|$ de um sistema linear com resposta ao impulso de valor real é uma função par da frequência, ao passo que a fase $\beta(f)$ é uma função ímpar da frequência.

Em algumas aplicações é preferível trabalhar com o logaritmo de $H(f)$, expresso na forma polar, em vez de se trabalhar com a própria $H(f)$. Definamos

$$\ln H(f) = \alpha(f) + j\beta(f) \tag{2.111}$$

em que

$$\alpha(f) = \ln|H(f)| \tag{2.112}$$

A função $\alpha(f)$ é chamada o *ganho* do sistema. Ela é medida em *nepers*, ao passo que $\beta(f)$ é medida em *radianos*. A Eq. (2.111) indica que o ganho $\alpha(f)$ e a fase $\beta(f)$ são as partes real e imaginária do logaritmo (natural) da função de transferência $H(f)$, respectivamente. O ganho pode também ser expresso em *decibéis* (dB) pela definição

$$\alpha'(f) = 20\log_{10}|H(f)| \tag{2.113}$$

As duas funções de ganho $\alpha(f)$ e $\alpha'(f)$ são relacionadas por

$$\alpha'(f) = 8{,}69\alpha(f) \tag{2.114}$$

Isto é, 1 *neper* é igual a 8,69 dB.

Como um meio de especificar a constância da resposta em magnitude $|H(f)|$ ou o ganho $\alpha(f)$ de um sistema, utilizamos um parâmetro chamado de *largura de banda* do sistema. As definições de largura de banda descritas para sinais na Seção 2.5 também se aplicam a sistemas. No caso de um *sistema passa-baixas*, a largura de banda de 3 dB é definida como a frequência em que a resposta em magnitude $|H(f)|$ é $1/\sqrt{2}$ vezes seu valor na frequência zero ou, de maneira equivalente, a frequência em que o ganho $\alpha'(f)$ cai 3 dB abaixo de seu valor na frequência zero, como ilustrado na Figura 2.22a. No caso de um sistema passa-faixa, a largura de banda é definida como a faixa de frequências sobre a qual a resposta em magnitude $|H(f)|$ permanece acima de $1/\sqrt{2}$ vezes seu valor na frequência de banda média, como ilustrado na Figura 2.22b.

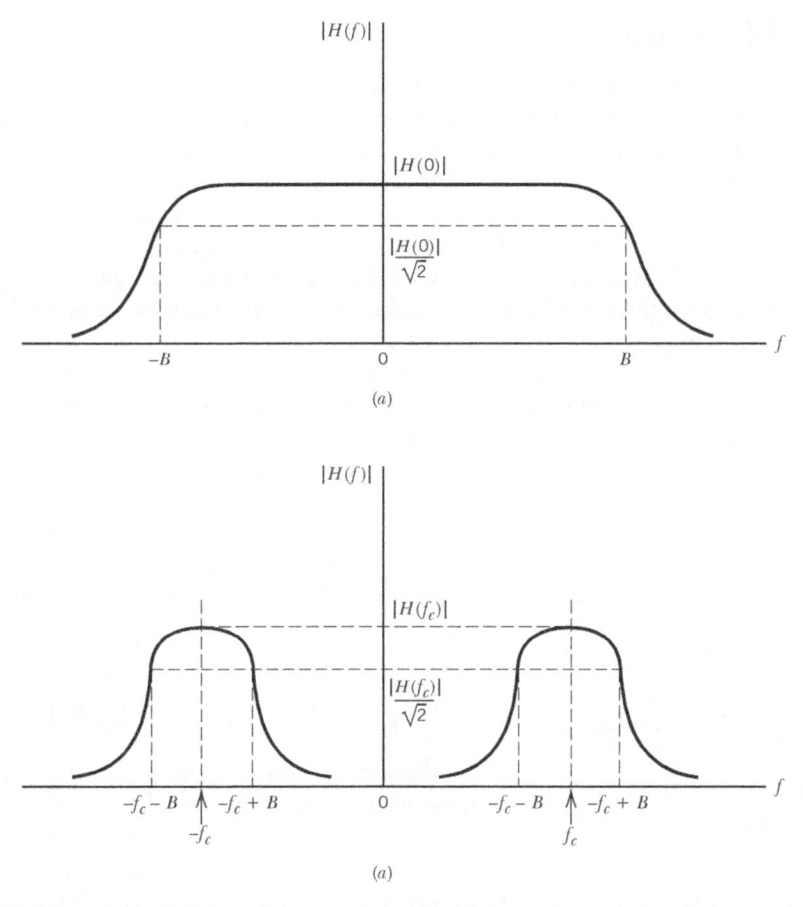

Figura 2.22 Ilustração da definição de largura de banda: (a) sistema passa-baixas de largura de banda B; (b) sistema passa-faixa de largura de banda 2B.

Critério de Paley-Wiener

Uma condição necessária e suficiente para uma função $\alpha(f)$ ser o ganho de um filtro causal é a convergência da integral

$$\int_{-\infty}^{\infty} \frac{|\alpha(f)|}{1+f^2}\, df < \infty \tag{2.115}$$

Essa condição é conhecida como o *critério de Paley-Wiener*[5]. Ela estabelece que dado que o ganho satisfaça a condição da Eq. (2.115), então podemos associar a esse ganho uma fase $\beta(f)$ apropriada, tal que o filtro resultante tenha uma resposta ao impulso causal que vale zero para tempo negativo. Em outras palavras, o critério de Paley-Wiener é o equivalente da condição de causalidade no domínio da frequência. Um sistema com uma característica de ganho realizável pode ter atenuação infinita para um conjunto discreto de frequências, mas ele não pode ter atenuação infinita sobre uma banda de frequências; caso contrário, o critério de Paley-Wiener é violado.

2.8 Filtros

Como mencionado anteriormente, um *filtro* é um dispositivo seletivo em frequência que é utilizado para limitar o espectro de um sinal a uma banda de frequências específica. A sua resposta em frequência é caracterizada por uma *banda passante* e uma *banda de rejeição*. As frequências dentro da banda passante são transmitidas com pouca ou nenhuma distorção, ao passo que aquelas na banda de rejeição são rejeitadas. O filtro pode ser do tipo *passa-baixas, passa-altas, passa-faixa* ou *rejeita-faixa*, dependendo de quais frequências ele transmite, se baixas, altas, intermediárias, ou todas exceto as intermediárias, respectivamente. Já encontramos exemplos de sistemas passa-baixas e passa-faixa na Figura 2.22.

Filtros, de uma forma ou de outra, representam um importante bloco funcional na construção de sistemas de comunicação. Neste livro, estaremos bastante concentrados no uso de filtros passa-baixas e passa-faixa.

Nesta seção, estudaremos a resposta no tempo do *filtro passa-baixas ideal*, o qual transmite, sem distorção, todas as frequências de dentro da banda passante e rejeita todas as frequências de dentro da banda de rejeição, como ilustrado na Figura 2.23. A função de transferência de um filtro passa-baixas ideal é, portanto, definida por

$$H(f) = \begin{cases} \exp(-j2\pi f t_0), & -B \leq f \leq B \\ 0, & |f| > B \end{cases} \quad (2.116)$$

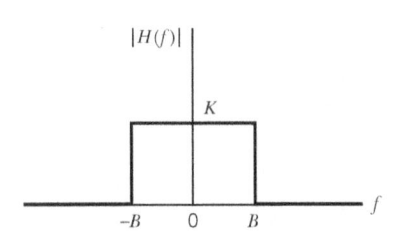

Figura 2.23 Resposta em frequência do filtro passa-baixas ideal.

O parâmetro B define a largura de banda do filtro. O filtro passa-baixas ideal é, naturalmente, não causal porque ele viola o critério de Paley-Wiener. Essa observação também pode ser confirmada examinando-se a resposta ao impulso $h(t)$. Dessa forma, avaliando a transformada de Fourier inversa da função de transferência da Eq. (2.116), obtemos

$$h(t) = \int_{-B}^{B} \exp[j2\pi f(t - t_0)] \, df \quad (2.117)$$

em que os limites de integração foram reduzidos à banda de frequência dentro da qual $H(f)$ não é nula. A Eq. (2.117) é facilmente integrada, conduzindo a

$$\begin{aligned} h(t) &= \frac{\operatorname{sen}[2\pi B(t - t_0)]}{\pi(t - t_0)} \\ &= 2B \operatorname{sinc}[2B(t - t_0)] \end{aligned} \quad (2.118)$$

A resposta ao impulso tem um pico de amplitude de $2B$ centrado no tempo t_0, como mostrado na Figura 2.24 para $t_0 = 1/B$. A duração do lóbulo principal da resposta ao impulso é de $1/B$, e o tempo de subida de zero no começo do lóbulo principal até o valor de pico é de $1/2B$. Vemos pela Figura 2.24 que, para qualquer valor finito de t_0, existe alguma resposta do filtro antes do tempo $t = 0$ em que o impulso unitário é aplicado à entrada, confirmando que o filtro passa-baixas ideal é

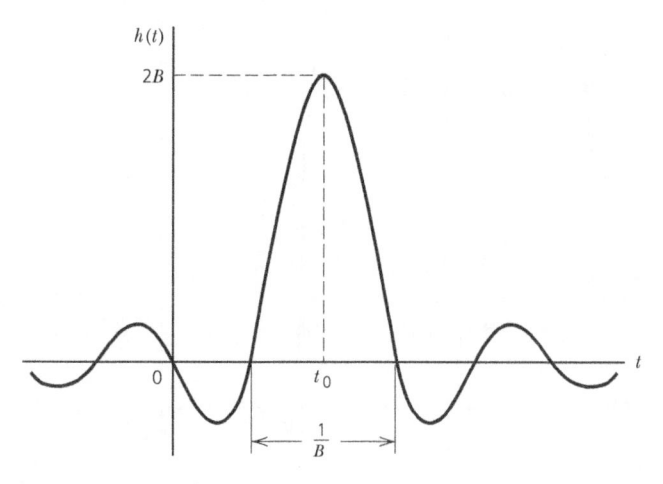

Figura 2.24 Resposta ao impulso do filtro passa-baixas ideal.

não causal. Note, todavia, que sempre podemos fazer o atraso t_0 grande o suficiente para que a condição

$$|\text{sinc}[2B(t - t_0)]| \ll 1 \quad \text{para } t < 0$$

seja satisfeita. Fazendo isso, somos capazes de construir um filtro causal que se aproxima de um filtro passa-baixas ideal.

EXEMPLO 2.13 Resposta ao pulso do filtro passa-baixas ideal

Consideremos um pulso retangular $x(t)$ de amplitude unitária e duração T, o qual é aplicado a um filtro passa-baixas ideal de largura de banda B. O problema é determinar a resposta $y(t)$ do filtro.

A resposta ao impulso $h(t)$ do filtro é definida pela Eq. (2.118). O atraso t_0 não tem efeito sobre a *forma* da resposta do filtro $y(t)$. Sem perda de generalidade, podemos então simplificar a exposição fazendo $t_0 = 0$, e assim a resposta ao impulso da Eq. (2.118) se reduz a

$$h(t) = 2B \, \text{sinc}(2Bt) \tag{2.119}$$

A resposta do filtro resultante é, portanto, dada pela integral de convolução

$$\begin{aligned} y(t) &= \int_{-\infty}^{\infty} x(\tau) h(t - \tau) d\tau \\ &= 2B \int_{-T/2}^{T/2} \frac{\text{sen}[2\pi B(t - \tau)]}{2\pi B(t - \tau)} d\tau \end{aligned} \tag{2.120}$$

A integral não tem uma solução em forma fechada em termos de funções elementares. Para ilustração, plotamos a resposta do filtro simulada a um pulso quadrado na Figura 2.25. A resposta mostra um sobressinal de aproximadamente 9% (conhecido como o *fenômeno de Gibbs*) e um padrão oscilatório que está relacionado com a largura de banda do filtro. Esse comportamento será detalhado no Problema 2.24.

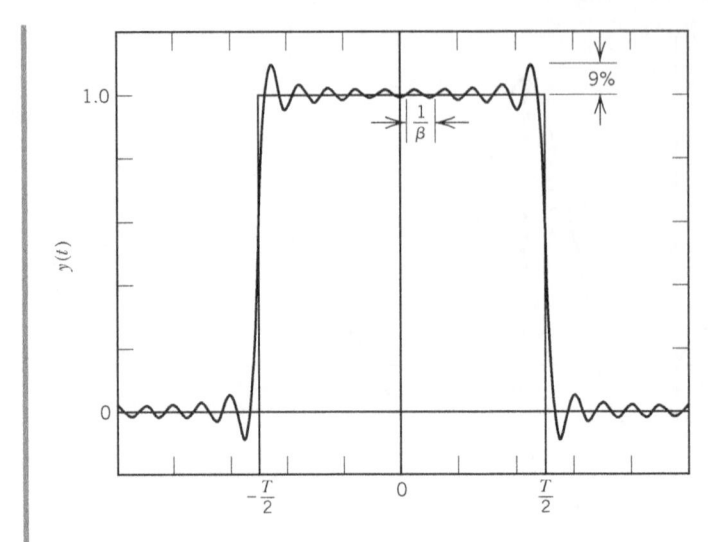

Figura 2.25 Resposta do filtro a um pulso quadrado.

Projeto de filtros

Um filtro pode ser caracterizado especificando-se sua resposta ao impulso $h(t)$ ou, de maneira equivalente, sua função de transferência $H(f)$. Entretanto, a aplicação de um filtro normalmente envolve a separação de sinais com base em seu espectro (isto é, conteúdo de frequências). Isso, por sua vez, significa que o projeto de filtros é normalmente realizado no domínio da frequência. Há dois passos básicos envolvidos no projeto de um filtro:

1. a *aproximação* de uma resposta em frequência prescrita (isto é, resposta em magnitude, resposta em fase, ou ambas) por uma função de transferência realizável;
2. a *realização* da função de transferência aproximada por um dispositivo físico.

Para uma função de transferência aproximada $H(f)$ ser fisicamente realizável, ela deve representar um sistema *estável*. A estabilidade é definida aqui com base no critério entrada limitada-saída limitada descrito na Eq. (2.100) que envolve a resposta ao impulso $h(t)$. Para especificar a condição correspondente para a estabilidade em termos da função de transferência, a abordagem tradicional é substituir $j2\pi f$ por s e rearranjar a função de transferência em termo de s. A nova variável s pode ter tanto parte real quanto parte imaginária. Assim sendo, referimo-nos a s como a *frequência complexa*. Seja $H'(s)$ a função de transferência do sistema, definida da maneira aqui descrita. Ordinariamente, a função de transferência aproximada $H'(s)$ é uma função racional que pode, portanto, ser expressa em uma forma *fatorada* como

$$H'(s) = H(f)|_{j2\pi f = s}$$
$$= K \frac{(s - z_1)(s - z_2) \cdots (s - z_m)}{(s - p_1)(s - p_2) \cdots (s - p_n)}$$

em que K é um fator de escala; $z_1, z_2,..., z_m$ são os *zeros* da função de transferência; p_1, $p_2,..., p_n$ são os seus *polos*. Para filtros passa-baixas e passa-faixa, o número de zeros, m, é menor que o número de polos, n. Se o sistema for causal, então a condição entrada limitada-saída limitada para estabilidade do sistema é satisfeita restringindo-se todos os polos da função de transferência $H'(s)$ a estarem na metade esquerda do plano s; isto é o mesmo que dizer que

$$\text{Re}[p_i] < 0 \qquad \text{para todo } i$$

Diferentes tipos de filtros

No caso de filtros passa-baixas em que a principal exigência é aproximar a resposta em magnitude ideal mostrada na Figura 2.23, podemos mencionar duas famílias populares de filtros: *filtros de Butterworth* e *filtros de Chebyshev*, ambas as quais possuem todos os seus zeros em $s = \infty$. Em um filtro de Butterworth, os polos da função de transferência $H'(s)$ ficam sobre um círculo cuja origem é o centro e cujo raio é de $2\pi B$, em que B é a largura de banda de 3 dB do filtro. Em um filtro de Chebyshev, por outro lado, os polos ficam sobre uma elipse. Em ambos os casos, naturalmente, os polos estão confinados na metade esquerda do plano s.

Exemplos de filtros de Chebyshev e de Butterworth são mostrados na Figura 2.26. Diz-se que o filtro de Butterworth tem uma resposta de banda passante *maximamente plana*, que é excelente para a passagem do espectro de magnitude de um

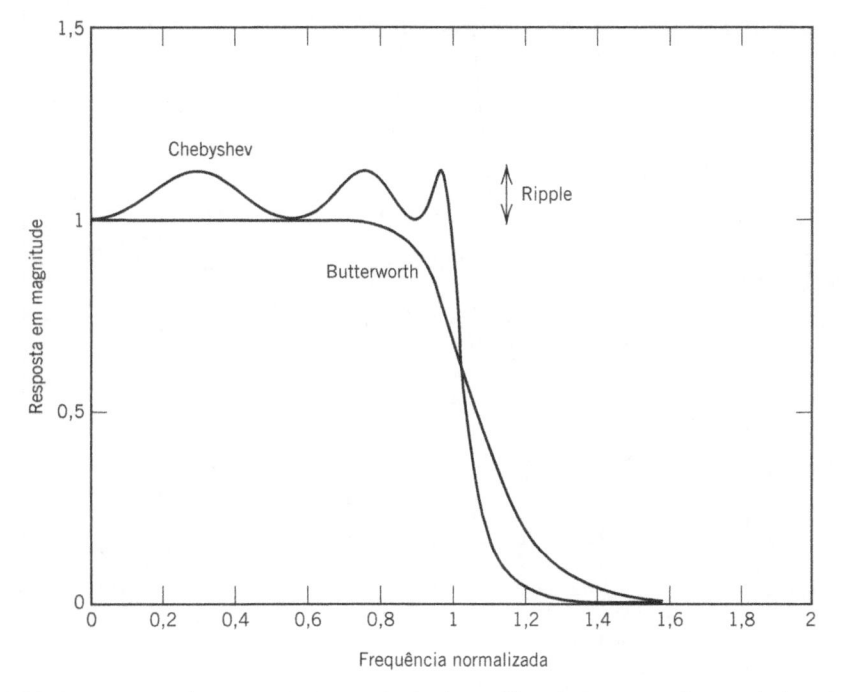

Figura 2.26 Comparação da resposta em magnitude de um filtro de Butterworth passa-baixas de 6ª ordem com a de um filtro de Chebyshev de 6ª ordem.

sinal com pequena distorção. Os filtros de Chebyshev, por outro lado, fornecem um decaimento mais rápido do que os filtros de Butterworth por permitirem um *ripple**
na resposta em frequência. Há dois tipos de filtros de Chebyshev. Filtros tipo 1 tem *ripple* apenas na banda passante; filtros tipo 2 tem *ripple* apenas na banda de rejeição e são raramente utilizados. Mais especificamente, filtros de Chebyshev tipo 1 são *equi-ripple* na banda passante e monotônicos na banda de rejeição. Conforme o *ripple* aumenta nos filtros de Chebyshev, o decaimento se torna mais acentuado (melhor). A resposta de Chebyshev é um compromisso ótimo entre esses dois parâmetros. Quando o *ripple* é ajustado em zero, o filtro de Chebyshev se reduz a um filtro de Butterworth.

Uma alternativa comum aos filtros de Butterworth e Chebyshev é o *filtro elíptico*, que apresenta *ripple* tanto na banda passante quanto na banda de rejeição. Os filtros elípticos fornecem um decaimento ainda mais rápido para um dado número de polos, mas ao custo de *ripple* tanto na banda passante quanto na banda de rejeição. O espectro de magnitude de um filtro elíptico passa-faixa é mostrado na Figura 2.27. Para alcançar características de decaimento comparáveis, um filtro passa-faixa precisa ter duas vezes o número de polos de um filtro passa-baixas.

Em considerando o uso de filtros de Butterworth, de Chebyshev e elípticos, deve-se notar que os filtros de Butterworth são os mais simples e os elípticos são os mais complicados de serem projetados em termos matemáticos.

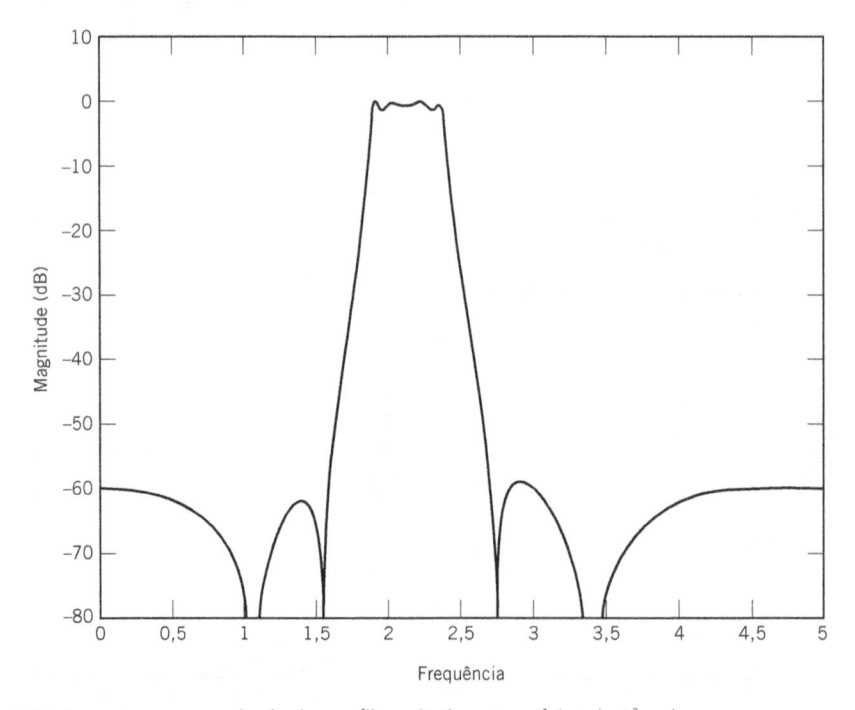

Figura 2.27 Resposta em magnitude de um filtro elíptico passa-faixa de 8ª ordem.

---

* N. de T.: O termo *ripple* pode ser traduzido como ondulação.

Uma estratégia de filtragem alternativa, o filtro de resposta ao impulso de duração finita (FIR)*, é muitas vezes utilizada em processamento de sinais digitais.

O filtro FIR é o equivalente do Filtro TDL descrito na seção anterior. Esse filtro tem a vantagem de ter apenas zeros; ele é, desse modo, inerentemente estável. O espectro de magnitude de um exemplo de filtro FIR é mostrado na Figura 2.28. O filtro ilustrado é projetado utilizando-se a abordagem *equi-ripple*, a qual produz quantidades iguais de *ripple* na banda passante e na banda de rejeição. A desvantagem dos filtros FIR é o grande número de coeficientes (*taps*) exigidos para alcançar um desempenho similar ao das outras abordagens.

Este não é um livro sobre projeto de filtros, mas os exemplos anteriores ilustram as distorções que um sinal de comunicação pode encontrar no seu caminho do emissor até o receptor. Esta seção ilustrou a potencial distorção em magnitude causada por filtros. Há um segundo tipo de distorção, referido como distorção por *atraso de grupo*; a noção de atraso de grupo é discutida na Seção 2.11.

O *link* de comunicação visto como um filtro

Os filtros descritos acima são normalmente parte de um *link* de comunicação que está sob o controle do projetista do sistema. Além desses filtros, o canal habitualmente atua como um filtro. Um exemplo simples disso ocorre em transmissões de rádio em que o receptor pode receber o sinal transmitido ao longo de dois percursos: um sendo o percurso direto entre o transmissor e o receptor, e o segundo percurso sendo a re-

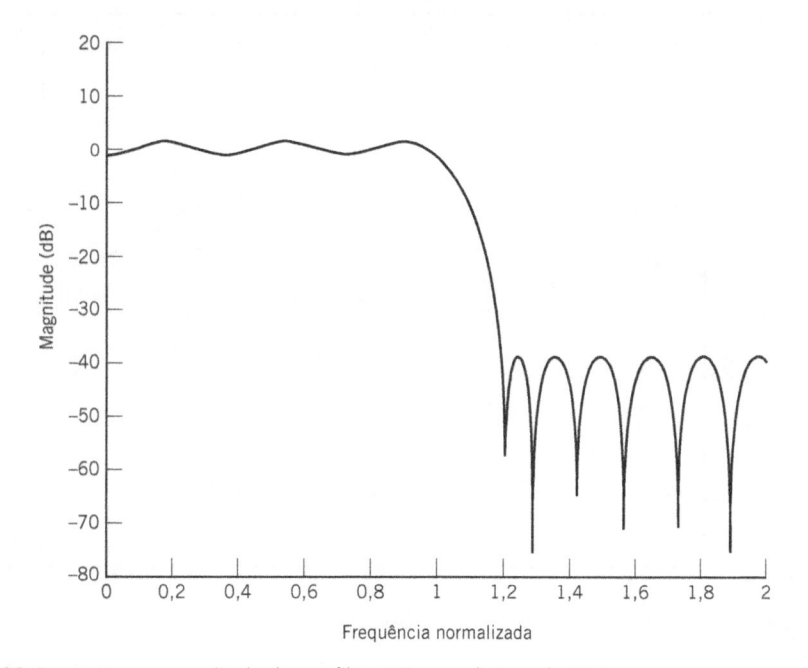

Figura 2.28 Resposta em magnitude de um filtro FIR passa-baixas de 29 *taps*.

---

* N. de T.: Do inglês *Finite-Duration Impulse Response*.

flexão de um objeto interveniente. Uma vez que o segundo percurso pressupõe uma reflexão, o comprimento do percurso (duração) é maior por um intervalo de duração τ, e o sinal muitas vezes sofre uma atenuação de α e uma rotação de fase de ϕ, em decorrência do processo de reflexão. Esse é um exemplo de um *canal multipercurso*. A resposta ao impulso desse canal pode ser modelada como

$$h(t) = \delta(t) + \alpha e^{j\phi}\delta(t-\tau) \qquad (2.121)$$

em que o primeiro termo do lado direito representa o percurso direto natural e o segundo termo representa o percurso refletido. O espectro de magnitude correspondente desse canal é mostrado na Figura 2.29 para $\alpha = 0{,}2$, $\phi = 180°$ e $\tau = 0{,}2$ microssegundos. A resposta em magnitude do canal mostra uma variação lenta, mas significativa, desde a componente *dc* até a de 5 MHz. Se a largura de banda do sinal transmitido sobre esse canal for estreita em relação à taxa de variação desse canal, por exemplo, um sinal de largura de banda de 100 kHz, então haverá pouca distorção, simplesmente uma atenuação ou um ganho. Todavia, se o sinal é relativamente largo em banda (por exemplo, mais do que 3 MHz de largura de banda), então ele encontrará distorção significativa. Esse é um exemplo de um canal *seletivo em frequência* que mencionamos no Exemplo Temático do Capítulo 1.

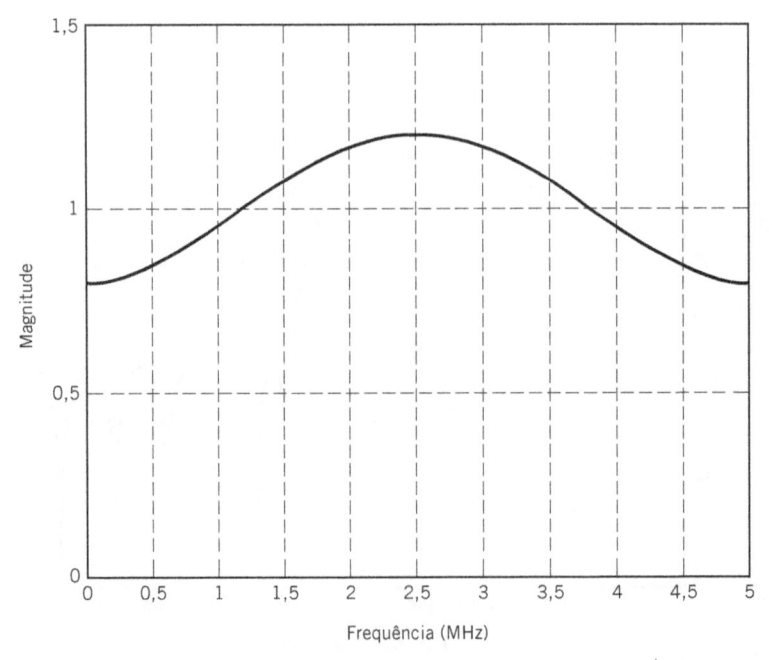

Figura 2.29 Resposta em amplitude de um canal multipercurso $h(t) = \delta(t) + \alpha e^{j\phi}\delta(t-\tau)$ com $\alpha = 0{,}2$, $\phi = 180°$ e $\tau = 0{,}2$ microssegundos.

2.9 Sinais passa-baixas e passa-faixa

Nas seções anteriores, a maior parte do desenvolvimento focou sinais cujo conteúdo de frequência estava centrado na origem. Esses sinais são ditos *passa-baixas*, uma vez que o seu conteúdo de frequência não nulo é limitado por $|f| < W$. A comunicação utilizando sinais passa-baixas é referida como *comunicação de banda base*. A comunicação de banda base tem suas aplicações, mas muitas vezes é limitada a instalações com fios e cabos. Em alguns meios de transmissão (por exemplo, ondas de rádio) há espectro insuficiente na banda base a se compartilhar entre aplicações potenciais. Para outros meios de transmissão, as propriedades do meio não são condutivas para a transmissão de sinais na banda base, mas sim em outras frequências (por exemplo, fibras ópticas). Nesses casos, usamos *comunicações passa-faixa*. Felizmente, há muitos paralelos entre o projeto de sistemas de banda base e sistemas passa-faixa que simplificam as técnicas de projeto.

O que é um sinal passa-faixa? Dizemos que um sinal $g(t)$ é um sinal passa-faixa se a sua transformada de Fourier $G(f)$ não é desprezível apenas em uma banda de frequências de extensão total $2W$ centrada nas frequências positiva e negativa $\pm f_c$. Esse espectro de magnitude é ilustrado na Figura 2.30a. Referimo-nos a f_c como a *frequência da portadora*. Na maioria dos sinais de comunicação, verificamos que a largura de banda $2W$ é menor comparada a f_c, então referimo-nos a tal sinal como um *sinal de banda estreita*. Entretanto, uma especificação precisa sobre quão pequena a largura de banda deve ser para que o sinal seja considerado de banda estreita não é necessária para a nossa presente discussão.

Na Figura 2.30b, mostramos um sinal passa-faixa no domínio do tempo. Como mostrado na figura, o sinal é senoidal com frequência aproximada f_c e uma amplitude que varia com o tempo. Com base nessa observação, um sinal passa-faixa $g(t)$ de valor real com espectro $G(f)$ diferente de zero na vizinhança de f_c pode ser expresso na forma

$$g(t) = a(t)\cos[2\pi f_c t + \phi(t)] \qquad (2.122)$$

Referimo-nos a $a(t)$ como o *envelope* do sinal passa-faixa $g(t)$ e a $\phi(t)$ como a *fase* do sinal. O envelope é definido para ser não negativo. Em qualquer ponto em que o envelope cruza o zero, a fase é ajustada de 180° para manter o envelope positivo. A

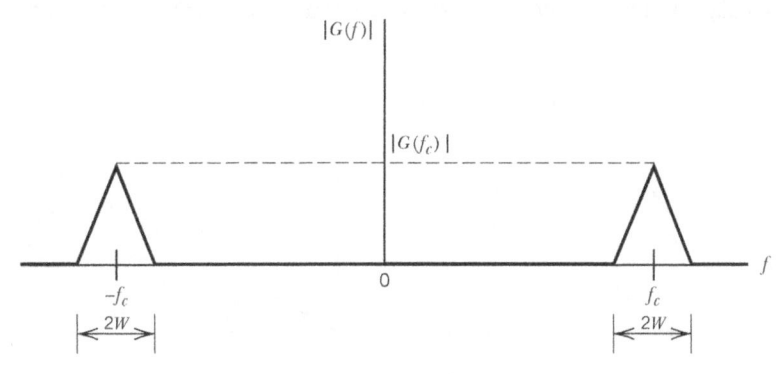

Figura 2.30 (a) Ilustração do espectro de um sinal passa-faixa.

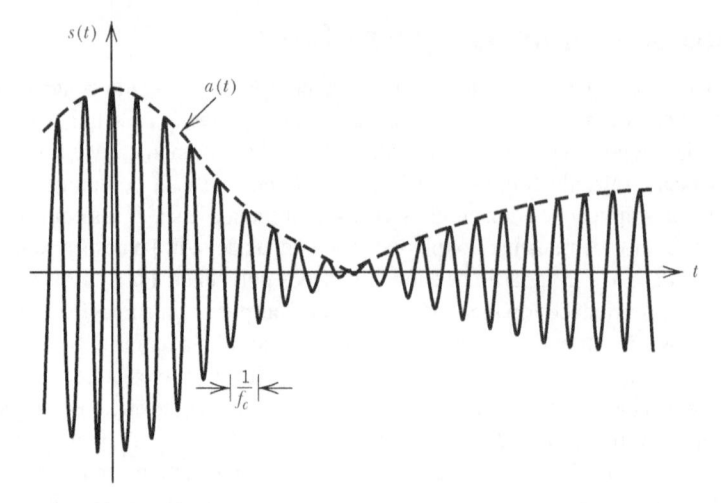

Figura 2.30 (b) Um sinal passa-faixa.

Eq. (2.122) representa a forma híbrida da *modulação em amplitude* e da *modulação em fase*, sobre ambas as quais teremos mais a dizer nos Capítulos 3 e 4.

A representação fasorial do sinal passa-faixa é um vetor no plano complexo com comprimento igual a $a(t)$ e fase $2\pi f_c t + \phi(t)$, como mostrado na Figura 2.31a. Por outro lado, utilizando a relação cos(A + B) + cos(A)cos(B) − sen(A)sen(B), podemos expandir a Eq. (2.122) para obter

$$g(t) = g_I(t)\cos(2\pi f_c t) - g_Q(t)\operatorname{sen}(2\pi f_c t) \tag{2.123}$$

em que

$$g_I(t) = a(t)\cos\phi(t) \quad \text{e} \quad g_Q(t) = a(t)\operatorname{sen}\phi(t) \tag{2.124}$$

são chamados os componentes *em fase* e *em quadratura* de $g(t)$, respectivamente. A Eq. (2.123) é referida como a representação canônica de um sinal passa-faixa. Retornando ao diagrama fasorial da Figura 2.31a, uma vez que o termo $2\pi f_c t$ representa uma rotação angular constante, ele pode ser suprimido, e então temos o diagrama da figura 2.31b, em

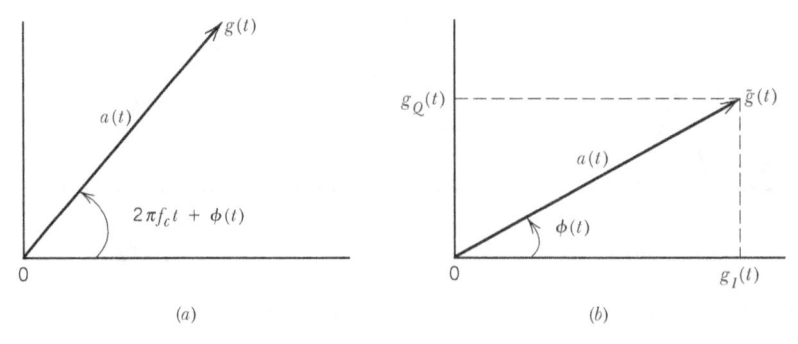

Figura 2.31 (a) Representação fasorial de um sinal passa-faixa $g(t)$. (b) Representação fasorial do envelope complexo $\tilde{g}(t)$ correspondente.

que o fasor foi decomposto em dois componentes ortogonais. Esses dois componentes ortogonais são os sinais em fase e em quadratura definidos acima.

As duas representações de sinais passa-faixa, nominalmente, a *descrição de envelope e de fase* da Eq. (2.122) e a *descrição em fase e em quadratura* da Eq. (2.123), tem diferentes vantagens em diferentes aplicações. A transformação da última na primeira baseia-se nas relações

$$a(t) = \sqrt{g_I^2(t) + g_Q^2(t)} \quad \text{e} \quad \phi(t) = \tan^{-1}\left(\frac{g_Q(t)}{g_I(t)}\right) \quad (2.125)$$

Deste modo, cada um dos componentes em quadratura de um sinal passa-baixa contém tanto informação de amplitude quanto de fase. Ambos componentes são necessários para uma única definição da fase $\phi(t)$, módulo 2π.

Representação de banda base complexa

A inspeção da Eq. (2.123) indica que ela também pode ser escrita como

$$g(t) = \text{Re}[\tilde{g}(t)\exp(j2\pi f_c t)] \quad (2.126)$$

se nós definirmos a quantidade $\tilde{g}(t)$ para ser

$$\tilde{g}(t) = g_I(t) + jg_Q(t) \quad (2.127)$$

em que tanto $g_I(t)$ e $g_Q(t)$ são sinais de valor real. Na Eq. (2.126), Re[ ] refere-se à *parte real* da quantidade entre colchetes. Referimo-nos a $\tilde{g}(t)$ como o *envelope complexo* do sinal passa-faixa, já que, em geral, $\tilde{g}(t)$ é uma quantidade de valor complexo. O envelope complexo corresponde ao fasor da Figura 2.31b, que tem uma rotação de fase constante $2\pi f_c t$ suprimida. Notemos que a Eq. (2.126) pode ser expandida como

$$g(t) = \frac{1}{2}[\tilde{g}(t)\exp(j2\pi f_c t) + \tilde{g}^*(t)\exp(-j2\pi f_c t)]$$

(2.128)

Se representarmos a transformada de Fourier de $\tilde{g}(t)$ por $\tilde{G}(f)$, então pela Propriedade 5 (deslocamento na frequência), a transformada do sinal passa-faixa pode ser escrita como a soma de versões deslocadas de $\tilde{G}(f)$, como mostrado por

$$G(f) = \frac{1}{2}[\tilde{G}(f - f_c) + \tilde{G}^*(-f - f_c)] \quad (2.129)$$

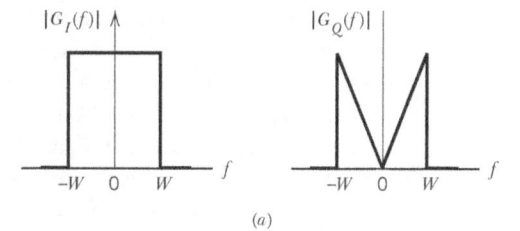

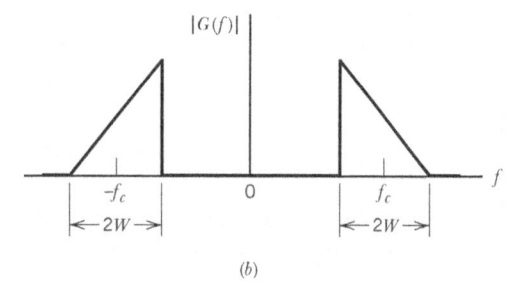

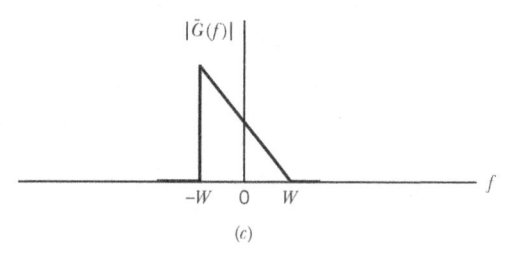

Figura 2.32 (a) Espectros dos componentes $G_I(f)$ em fase e $G_Q(f)$ em quadratura; (b) espectro passa-faixa $G(f)$ correspondente; (c) espectro do envelope complexo $\tilde{G}(f)$.

Uma vez que a porção não nula do espectro $G(f)$ está concentrada na vizinhança de f_c, a Eq. (2.129) implica que a porção não nula $\tilde{G}(f)$ deve estar concentrada próxima da origem; assim $\tilde{G}(f)$ é o espectro de um sinal passa-baixas. A relação entre $G(f)$ e $\tilde{G}(f)$ é ilustrada nas Figuras 2.32b e c.

A natureza passa-baixas e de valor real dos sinais $g_I(t)$ e $g_Q(t)$ implica que suas transformadas de Fourier são simétricas em relação à origem e não nulas apenas para $|f| < W$, como sugerido pela Figura 2.32a. Além do mais, a transformada de Fourier do sinal passa-faixa é também garantidamente simétrica em relação à origem, uma vez que o sinal é real. Mas não há garantia de que ela seja simétrica em torno de f_c como representado na Figura 2.32b. Com base na Eq. (2.129), a transformada de Fourier do envelope complexo $\tilde{g}(t)$ de um sinal passa-faixa corresponde a um *sinal passa-baixas* cuja transformada de Fourier é representada na Figura 2.32c.

As propriedades passa-baixas de $g_I(t)$ e $g_Q(t)$ implicam que eles podem ser derivados do sinal passa-faixa $g(t)$ utilizando o esquema mostrado na Figura 2.33a (com escalonamento apropriado), em que ambos os filtros passa-baixas são idênticos, cada um tendo uma largura de banda igual a W. Para reconstruir $g(t)$ a partir dos seus componentes em fase e em quadratura, podemos utilizar o esquema da Figura 2.33b.

A partir dessa discussão, é evidente que quer representemos um sinal passa-faixa (modulado) $g(t)$ em termos de seus componentes em fase e em quadratura como na Eq. (2.123), ou em termos de seu envelope e sua fase como na Eq. (2.122), o conteúdo de informação do sinal $g(t)$ é completamente representado pelo envelope complexo $\tilde{g}(t)$. A virtude especial da utilização do envelope complexo $\tilde{g}(t)$ para representar um sinal passa-faixa é analítica, e se baseia na supressão do termo $2\pi f_c t$; isso se tornará evidente nos próximos capítulos.

EXEMPLO 2.14 Pulso RF (continuação)

Suponha que desejamos determinar o envelope complexo do pulso RF definido por

$$g(t) = A \operatorname{rect}\left(\frac{t}{T}\right)\cos(2\pi f_c t)$$

Assumamos que $f_c T \gg 1$, de modo que o pulso RF $g(t)$ pode ser considerado estreito em banda. Utilizando a notação complexa, podemos escrever

$$g(t) = \operatorname{Re}\left[A \operatorname{rect}\left(\frac{t}{T}\right)\exp(j2\pi f_c t)\right]$$

A partir dessa representação, está claro que o envelope complexo é

$$\tilde{g}(t) = A \operatorname{rect}\left(\frac{t}{T}\right)$$

e o envelope é igual a

$$a(t) = |\tilde{g}(t)| = A \operatorname{rect}\left(\frac{t}{T}\right)$$

O último resultado é intuitivamente satisfatório. Note que nesse exemplo o envelope complexo é de valor real e tem o mesmo valor do envelope.

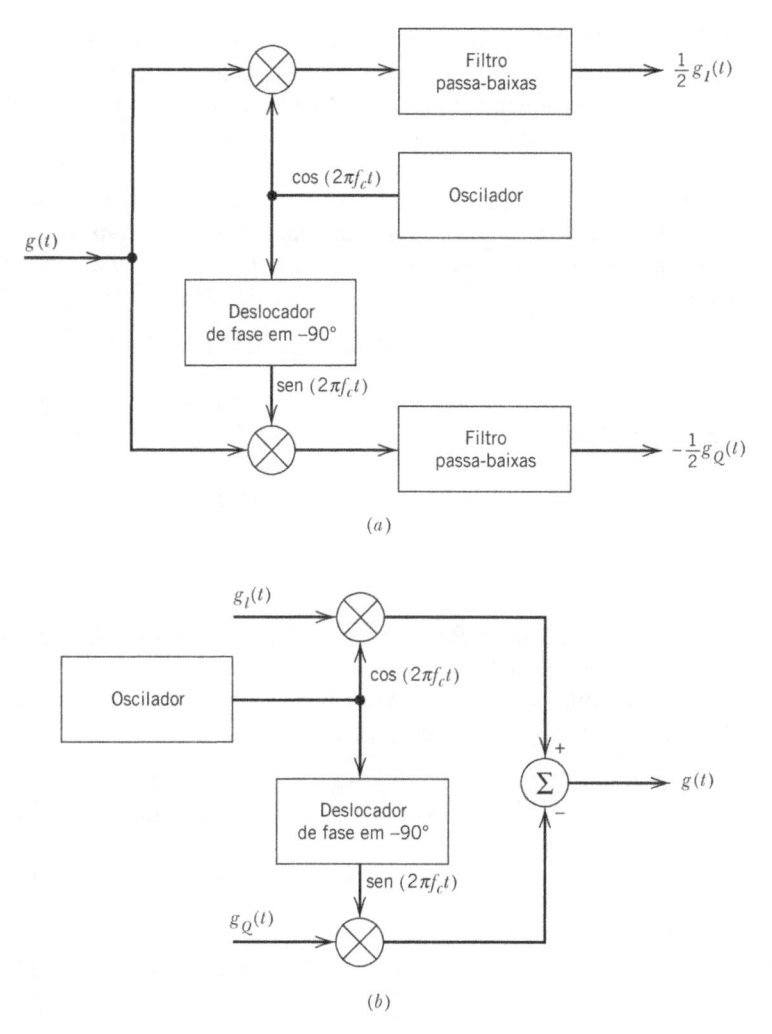

Figura 2.33 (a) Esquema para a derivação dos componentes em fase e em quadratura de um sinal passa-faixa. (b) Esquema para a reconstrução do sinal passa-faixa a partir dos seus componentes em fase e em quadratura.

2.10 Sistemas passa-faixa

Em sistemas passa-baixas, temos o resultado fundamental de que a saída $y(t)$ de um sistema linear com resposta ao impulso $h(t)$ e entrada $x(t)$ é dada pela integral de convolução

$$y(t) = \int_{-\infty}^{\infty} x(\tau) h(t - \tau)\, d\tau \qquad (2.130)$$

No domínio da frequência, podemos utilizar a propriedade de convolução da transformada de Fourier para fazer a afirmação equivalente:

$$Y(f) = H(f)\, X(f) \qquad (2.131)$$

em que $X(f) = F[x(t)]$, $H(f) = F[h(t)]$ e $Y(f) = F[y(t)]$. Em comunicações de banda base, $x(t)$ tipicamente representa o sinal de mensagem, enquanto que $h(t)$ é a resposta ao impulso de um elemento do percurso de transmissão. Tal elemento pode ser um filtro ou uma característica do canal, por exemplo, o cabo de transmissão.

Se $x(t)$ corresponde a um sinal passa-faixa e $h(t)$ corresponde a um filtro no percurso de transmissão, então claramente, para um sistema linear, as relações das Eqs. (2.130) e (2.131) ainda se aplicam. Quando $h(t)$ é a resposta ao impulso de um filtro passa-faixa, por analogia com $g(t)$ da Eq. (2.126), ela pode ser representada como

$$h(t) = \text{Re}[\tilde{h}(t)\exp(j2\pi f_c t)] \qquad (2.132)$$

em que $\tilde{h}(t)$ é a *resposta ao impulso complexa* do filtro passa-faixa. Essa resposta e sua transformada de Fourier podem ser expressas da seguinte forma:

$$h(t) = \frac{1}{2}[\tilde{h}(t)\exp(j2\pi f_c t) + \tilde{h}^*(t)\exp(-j2\pi f_c t)]$$
$$H(f) = \frac{1}{2}[\tilde{H}(f - f_c) + \tilde{H}^*(f + f_c)] \qquad (2.133)$$

em que utilizamos a relação $\text{Re}[A] = \frac{1}{2}[A + A^*]$. Uma vez que $\tilde{H}(f)$ é um passa-baixas limitado a $|f| < B$, deduzimos que o primeiro e o segundo termo do lado direto de cada uma das expressões representam as porções de frequências positivas e negativas de $H(f)$, respectivamente. Consequentemente, temos

$$\tilde{H}(f) = \begin{cases} 2H(f - f_c), & f - f_c > 0 \\ 0, & \text{caso contrário} \end{cases} \qquad (2.134)$$

Essa resposta do filtro passa-baixas é o equivalente no domínio da frequência da resposta ao impulso complexa do filtro. Isso é mais facilmente entendido substituindo-se $G(f)$ por $H(f)$ na Figura 2.32.

Por linearidade, a saída $y(t)$ é também um sinal passa-faixa, portanto, ela pode ser representada por

$$y(t) = \text{Re}[\tilde{y}(t)\exp(j2\pi f_c t)] \qquad (2.135)$$

em que $\tilde{y}(t)$ é o envelope complexo de $y(t)$. Para o caso passa-faixa, podemos reescrever a Eq. (2.131) como

$$Y(f) = H(f)X(f)$$
$$= \frac{1}{2}[\tilde{H}(f - f_c) + \tilde{H}^*(-f - f_c)] \times \frac{1}{2}[\tilde{X}(f - f_c) + \tilde{X}^*(-f - f_c)] \qquad (2.136)$$

em que as substituições para $X(f)$ e $H(f)$ vem das Eqs. (2.219) e (2.133), respectivamente. Uma vez que $\tilde{H}(f)$ e $\tilde{X}(f)$ são ambos passa-baixas, segue que

$$\tilde{H}^*(f - f_c)\tilde{X}(-f - f_c) = \tilde{H}(f - f_c)\tilde{X}^*(-f - f_c) = 0 \qquad (2.137)$$

Substituindo esse resultado na Eq. (2.136) e simplificando, obtemos

$$Y(f) = \frac{1}{2}[\tilde{Y}(f - f_c) + \tilde{Y}^*(-f - f_c)] \qquad (2.138)$$

em que

$$\tilde{Y}(f) = \frac{1}{2}\tilde{H}(f)\tilde{X}(f) \qquad (2.139)$$

O cálculo da transformada de Fourier inversa da Eq. (2.139) dá

$$\tilde{y}(t) = \frac{1}{2}\tilde{h}(t) * \tilde{x}(t) \qquad (2.140)$$

Ou seja, o envelope complexo da saída passa-faixa é a convolução dos envelopes complexos do filtro e da entrada, escalonados por um fator de ½. Exceto por esse fator de ½, o resultado é o mesmo que o de banda base.

O significado da representação complexa da Eq. (2.140) para o sinal de saída é que, quando estivermos lidando com sinais e sistemas passa-faixa, precisamos apenas nos preocupar com as funções passa-baixas $\tilde{x}(t)$, $\tilde{y}(t)$ e $\tilde{h}(t)$, representando a excitação, a resposta e o sistema, respectivamente. Ou seja, a análise de um sistema passa-faixa, a qual é complicada pela presença dos fatores multiplicativos $\cos(2\pi f_c t)$ e $\text{sen}(2\pi f_c t)$, é substituída por uma equivalente – porém muito mais simples – análise passa-baixas que conserva completamente a essência do processo de filtragem. O procedimento é ilustrado esquematicamente na Figura 2.34.

Para resumir, o procedimento de avaliação da resposta de um sistema passa-faixa (com frequência banda média f_c) a um sinal de entrada passa-faixa (de frequência de portadora f_c) é como segue:

1. O sinal de entrada passa-faixa $x(t)$ é substituído pelo envelope complexo $\tilde{x}(t)$, que é relacionado com $x(t)$ por

$$x(t) = \text{Re}[\tilde{x}(t)\exp(j2\pi f_c t)]$$

2. O sistema passa-faixa, com resposta ao impulso $h(t)$, é substituído pelo seu equivalente passa-baixas, que é caracterizado por uma resposta ao impulso complexa $\tilde{h}(t)$ relacionada a $h(t)$ por

$$h(t) = \text{Re}[\tilde{h}(t)\exp(j2\pi f_c t)]$$

3. O envelope complexo $\tilde{y}(t)$ do sinal de saída passa-faixa $y(t)$ é obtido pela convolução de $\tilde{h}(t)$ com $\tilde{x}(t)$, como mostrado por

$$\tilde{y}(t) = \frac{1}{2}\tilde{h}(t) * \tilde{x}(t)$$

4. A saída desejada $y(t)$ é finalmente derivada do envelope complexo $\tilde{y}(t)$ utilizando-se a relação

$$y(t) = \text{Re}[\tilde{y}(t)\exp(j2\pi f_c t)]$$

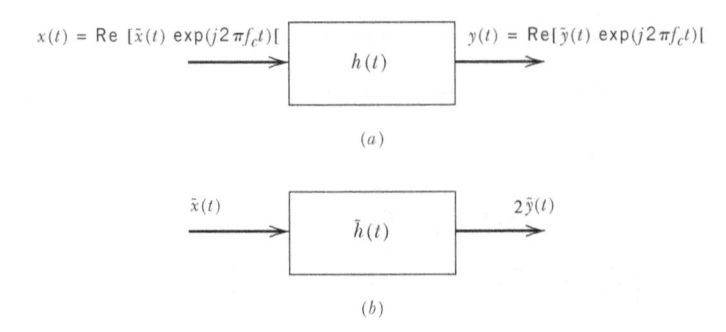

Figura 2.34 (a) Filtro de banda estreita de resposta ao impulso h(t) com sinal de entrada de banda estreita x(t). (b) Filtro passa-baixas equivalente de resposta ao impulso $\tilde{h}(t)$ com entrada passa-baixas complexa $\tilde{x}(t)$.

EXEMPLO 2.15 Resposta de um filtro passa-faixa ideal a uma onda de RF pulsada

Consideremos um filtro passa-faixa ideal de frequência banda média f_c cuja amplitude de resposta é limitada em banda a $f_c - B \leq |f| \leq f_c + B$, como na Figura 2.35a, com $f_c > B$. Para simplificar a exposição, o efeito de atraso no filtro é ignorado de modo que ele não tenha efeito sobre a forma da resposta do filtro. Desejamos computar a resposta desse filtro a um pulso de RF de duração T e frequência de portadora f_c, o qual é definido por (ver Figura 2.36a)

$$x(t) = A \ \text{rect}\left(\frac{t}{T}\right)\cos(2\pi f_c t)$$

em que $f_c T \gg 1$.

Mantendo a parte de frequências positivas da função transformada $H(f)$, definida na Figura 2.35a, e então a deslocando para a origem, verificamos que a função de transferência $\tilde{H}(f)$ do filtro passa-baixas equivalente é dada por (ver Figura 2.35b)

$$\tilde{H}(f) = \begin{cases} 2, & -B < f < B \\ 0, & |f| > B \end{cases}$$

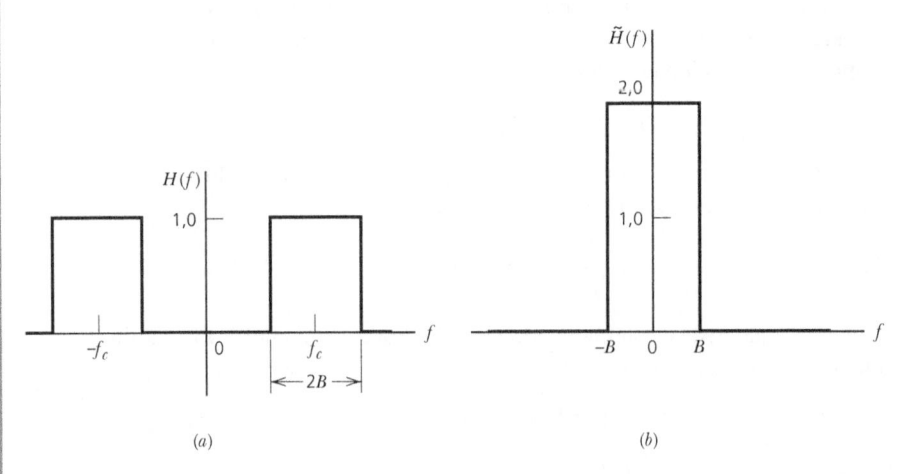

Figura 2.35 (a) Resposta em magnitude $H(f)$ de um filtro passa-faixa ideal. (b) Função de transferência complexa $\tilde{H}(f)$ equivalente.

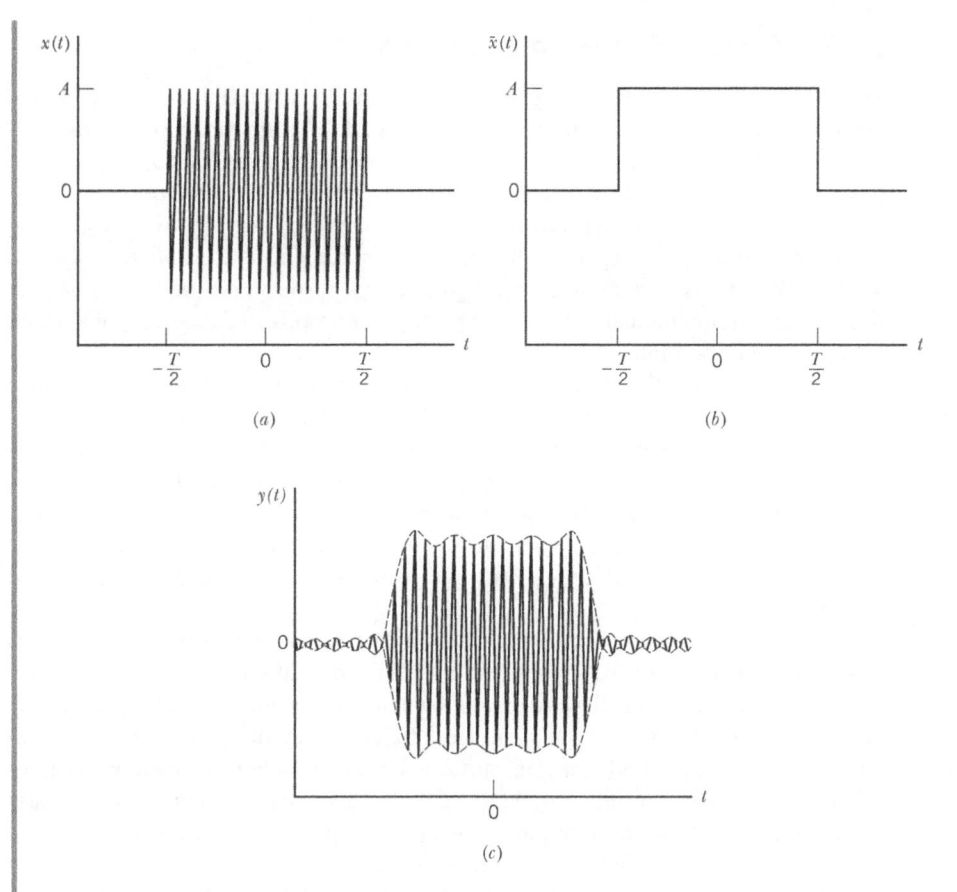

Figura 2.36 Ilustração da resposta de um filtro passa-faixa ideal a uma entrada pulso de RF. (a) Entrada pulso de RF x(t). (b) Envelope complexo $\tilde{x}(t)$ do pulso de RF. (c) Resposta y(t) do filtro.

A resposta ao impulso complexa nesse exemplo tem apenas uma componente real, como mostrado por

$$\tilde{h}(t) = 4B \operatorname{sinc}(2Bt)$$

Pelo Exemplo 2.14, sabemos que o envelope complexo $\tilde{x}(t)$ da entrada pulso de RF também tem apenas uma componente real, como mostrado por (ver Figura 2.36b)

$$\tilde{x}(t) = A \operatorname{rect}\left(\frac{t}{T}\right)$$

O envelope complexo $\tilde{y}(t)$ da saída do filtro é obtido pela convolução de $\tilde{h}(t)$ com $\tilde{x}(t)$ escalonada pelo fator 1/2. Essa convolução é exatamente igual à operação de filtragem passa-baixas estudada no Exemplo 2.13.

Como descrito no Exemplo 2.13, não há uma solução analítica em forma fechada simples para essa convolução. Para ilustração, a resposta simulada é fornecida na Figura 2.36 para o caso de um produto tempo-largura de banda $BT = 5$.

2.11 Atraso de fase e de grupo

Sempre que um sinal é transmitido através de um dispositivo dispersivo (seletivo em frequência), tal como um filtro ou um canal de comunicação, algum *atraso* é introduzido no sinal de saída em relação ao sinal de entrada. Em um filtro passa-baixas ou passa-faixa ideal, a resposta em fase varia *linearmente* com a frequência dentro da banda passante do filtro, caso em que o filtro introduz um atraso constante igual a t_0, digamos; de fato, o parâmetro t_0 controla a inclinação da resposta em fase linear do filtro. Agora, e se a resposta em fase filtro for não linear, que é frequentemente o caso na prática? O propósito desta seção é abordar essa questão importante.

Para começar a discussão, suponhamos que um sinal senoidal estacionário de frequência f_c seja transmitido através de um canal dispersivo ou de um filtro que tem um deslocamento de fase total de $\beta(f_c)$ radianos naquela frequência. Utilizando dois fasores para representar o sinal de entrada e o sinal recebido, vemos que o fasor do sinal recebido atrasa o fasor do sinal de entrada de $\beta(f_c)$ radianos. O tempo necessário para que o fasor do sinal recebido compense esse atraso de fase é simplesmente igual a $\beta(f_c)/2\pi f_c$ segundos. Esse tempo é chamado de *atraso de fase* do canal.

É importante notar, todavia, que o atraso de fase não necessariamente é o verdadeiro atraso do sinal. Isso segue do fato de que um sinal senoidal estacionário não transporta informação, então seria incorreto deduzir do raciocínio acima que o atraso de fase é o verdadeiro atraso do sinal. De fato, como veremos nos capítulos subsequentes, a informação pode ser transmitida apenas aplicando-se alguma forma apropriada de modulação à onda senoidal. Suponhamos então que um sinal que varia lentamente seja multiplicado por uma onda portadora senoidal, de modo que o sinal modulado resultante consista em um grupo estreito de frequências centrado em torno da frequência da portadora; a forma de onda da Figura 2.36c ilustra tal sinal modulado. Quando esse sinal modulado for transmitido através de um canal de comunicação, verificaremos que há um atraso entre o envelope do sinal de entrada e o envelope do sinal recebido. Esse atraso é chamado de *atraso de grupo* ou *atraso de envelope* do canal; ele representa o verdadeiro atraso do sinal.

Assumamos que o canal dispersivo seja descrito pela função de transferência

$$H(f) = K \exp[j\beta(f)] \qquad (2.141)$$

em que a amplitude K é uma constante e a fase $\beta(f)$ é uma função não linear da frequência. O sinal de entrada $x(t)$ consiste em um sinal de banda estreita definido por

$$x(t) = m(t)\cos(2\pi f_c t)$$

em que $m(t)$ é um sinal passa-baixas (portador da informação) com espectro limitado ao intervalo de frequências $|f| \leq W$. Assumamos que $f_c \gg W$. Expandindo a fase $\beta(f)$ em uma série de Taylor em torno do ponto $f = f_c$, e retendo apenas os primeiros dois termos, podemos aproximar $\beta(f)$ como

$$\beta(f) \simeq \beta(f_c) + (f - f_c)\frac{\partial \beta(f)}{\partial f}\bigg|_{f=f_c} \qquad (2.142)$$

Definamos

$$\tau_p = -\frac{\beta(f_c)}{2\pi f_c} \qquad (2.143)$$

e

$$\tau_g = -\frac{1}{2\pi}\frac{\partial \beta(f)}{\partial f}\bigg|_{f=f_c} \qquad (2.144)$$

Então podemos reescrever a Eq. (2.142) na forma simples

$$\beta(f) \simeq -2\pi f_c \tau_p - 2\pi(f - f_c)\tau_g \qquad (2.145)$$

De maneira correspondente, a função de transferência do canal assume a forma

$$H(f) \simeq K \exp[-j2\pi f_c \tau_p - j2\pi(f - f_c)\tau_g]$$

Seguindo o procedimento descrito na Seção 2.10, em especial, utilizando a Eq. (2.134), podemos substituir o canal descrito por $H(f)$ por um filtro passa-baixas equivalente cuja função de transferência é aproximadamente dada por

$$\tilde{H}(f) \simeq 2K \exp(-j2\pi f_c \tau_p - j2\pi f \tau_g)$$

De maneira similar, podemos substituir o sinal de entrada de banda estreita $x(t)$ pelo seu envelope complexo $\tilde{x}(t)$ (para o problema em questão), que equivale a

$$\tilde{x}(t) = m(t)$$

A transformada de Fourier de $\tilde{x}(t)$ é simplesmente

$$\tilde{X}(f) = M(f)$$

em que $M(f)$ é a transformada de Fourier $m(t)$. Portanto, a transformada de Fourier do envelope complexo do sinal recebido é dada por

$$\tilde{Y}(f) = \frac{1}{2}\tilde{H}(f)\tilde{X}(f)$$
$$\simeq K \exp(-j2\pi f_c \tau_p)\exp(-j2\pi f \tau_g)M(f)$$

Notemos que o fator multiplicativo $K \exp(-j2\pi f_c \tau_p)$ é uma constante para valores fixos de f_c e τ_p. Notemos também, a partir da propriedade de deslocamento no tempo da transformada de Fourier, que o termo $\exp(-j2\pi f \tau_g)M(f)$ representa a transformada de Fourier do sinal atrasado $m(t - \tau_g)$. Assim sendo, o envelope complexo do sinal recebido é

$$\tilde{y}(t) \simeq K \exp(-j2\pi f_c \tau_p)m(t - \tau_g)$$

Finalmente, verificamos que o próprio sinal recebido é dado por

$$\begin{aligned} y(t) &= \mathrm{Re}[\tilde{y}(t)\exp(j2\pi f_c t)] \\ &= Km(t - \tau_g)\cos[2\pi f_c(t - \tau_p)] \end{aligned} \qquad (2.146)$$

A Eq. (2.146) mostra que, como resultado da transmissão através do canal, dois efeitos de atraso acontecem:

1. A onda portadora senoidal $\cos(2\pi f_c t)$ é atrasada de τ_p segundos; consequentemente, τ_p representa o *atraso de fase*. Alguma vezes, τ_p é referido como o *atraso da portadora*.
2. O envelope $m(t)$ é atrasado de τ_g segundos; consequentemente, τ_g representa o *atraso de envelope* ou *atraso de grupo*.

Notemos que τ_g está relacionado com a inclinação da fase $\beta(f)$, medida em $f = f_c$, como na Eq. (2.144). Notemos também que quando a resposta em fase $\beta(f)$ varia linearmente com a frequência, o sinal está atrasado porém não distorcido. Quando essa condição linear é violada, temos distorção por atraso de grupo.

2.12 Fontes de informação

Os sistemas de comunicação suportam uma grande variedade de fontes de informação, incluindo fala, música, televisão, vídeo, fac-símile, computadores pessoais, e assim por diante. Algumas dessas fontes são analógicas no sentido de que a informação varia continuamente como uma função do tempo, tal como é mostrado na Figura 2.37. A fala é o primeiro exemplo de uma fonte analógica. Na seção seguinte, representaremos uma forma de onda analógica genérica pela função $m(t)$.

Algumas fontes são digitais no sentido de que a informação pode ser naturalmente representada como uma sequência de zeros e uns. Os computadores pessoais são os principais exemplos de fontes digitais. Uma concepção comum de um sinal

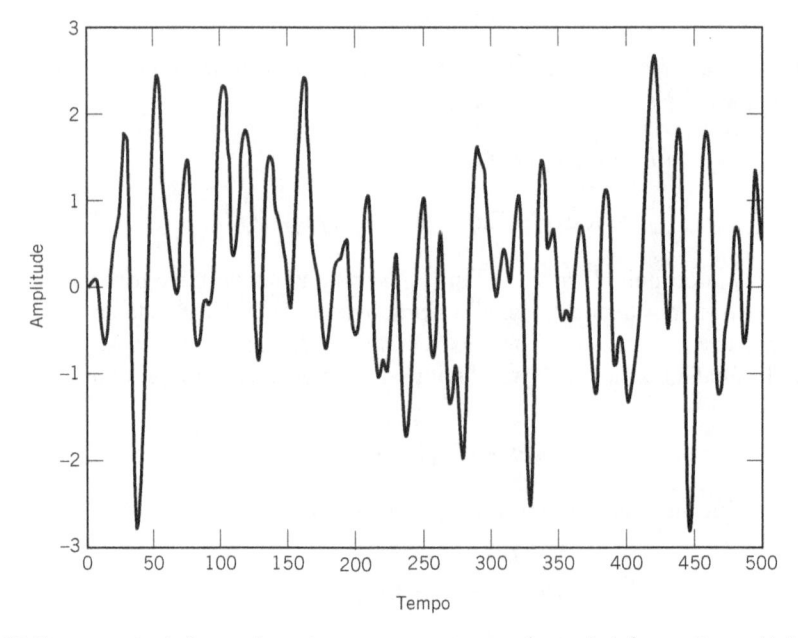

Figura 2.37 Um exemplo de forma de onda que representa uma fonte de informação analógica.

digital é a onda binária aleatória mostrada na Figura 2.38a. O sinal digital consiste em uma sequência de pulsos retangulares de amplitude 0 ou 1, quer o *bit* seja um "0" lógico ou um "1" lógico. Matematicamente, podemos representar a forma de onda como

$$g(t) = \sum_{k=0}^{K-1} b_k p(t - kT) \qquad (2.147)$$

Nessa expressão, $p(t)$ representa a forma do pulso que poderia ser retangular ou qualquer outra. O argumento $t - kT$ desloca o centro do pulso para kT, em que T é o período de duração de um pulso individual. Esse deslocamento no tempo é ilustrado na Figura 2.38b. O coeficiente b_k representa o k-ésimo *bit* de dado. O coeficiente b_k pode assumir os valores 0 e 1, ± 1 ou $\pm A$, dependendo da aplicação. A expressão para $g(t)$ matematicamente descreve a forma de onda correspondente a uma sequência de K *bits*. A função $g(t)$ é uma forma de onda analógica, ainda que ela represente uma sequência de *bits* $\{b_k\}$.

Como consequência, qualquer técnica de modulação que pode ser utilizada com um sinal analógico $m(t)$, o qual pode vir de uma fonte de voz ou de vídeo, também pode ser aplicada à forma de onda digital $g(t)$. Em geral, a forma de onda analógica $m(t)$ tem uma natureza até certo grau aleatória (isto é, imprevisível). A forma de onda $g(t)$ tem uma componente previsível $p(t)$ e uma componente aleatória b_k e, consequentemente, também tem uma natureza global aleatória. Isso era o que pretendíamos expressar na introdução quando dissemos que toda modulação era analógica. As fontes é que são tanto analógicas quanto digitais por natureza.

Em geral, quase todas as fontes de informação analógicas estão sendo representadas digitalmente nos dias de hoje. O leitor não deve ser enganado por causa dessa observação. A modulação é inerentemente um processo analógico, independente de a fonte de informação ser analógica ou digital.

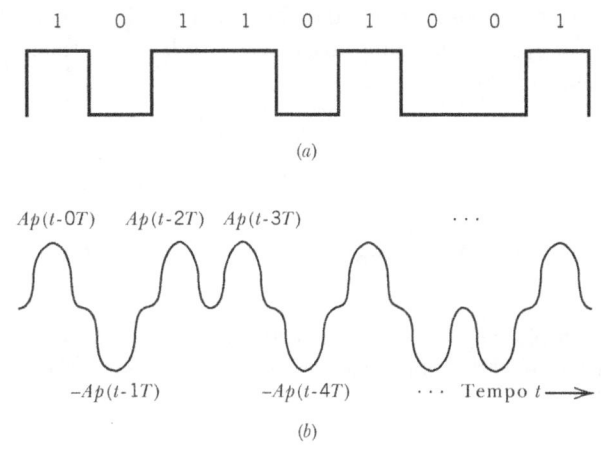

Figura 2.38 Ilustração de uma onda binária aleatória: (a) Um pulso de forma retangular e (b) um pulso de forma não retangular.

2.13 Computação numérica da transformada de Fourier

O material apresentado neste capítulo claramente testifica a importância da transformada de Fourier como uma ferramenta teórica para a representação de sinais determinísticos e sistemas lineares invariantes no tempo. A importância da transformada de Fourier é ainda aumentada pelo fato de que existe uma classe dos chamados algoritmos de transformada rápida de Fourier para a computação numérica da transformada de Fourier de uma maneira bastante eficiente.

O algoritmo da transformada rápida de Fourier é derivado da transformada de Fourier discreta em que, como o nome implica, tanto o tempo quanto a frequência são representados em forma discreta. A transformada de Fourier discreta fornece uma *aproximação* da transformada de Fourier. Com a intenção de representar corretamente o conteúdo de informação do sinal original, devemos ter um cuidado especial na realização das operações de amostragem envolvidas na definição da transformada de Fourier discreta. Um tratamento detalhado do processo de amostragem é apresentado no Capítulo 5. Para o momento, é suficiente dizer que dado um sinal limitado em banda, a taxa de amostragem deve ser maior do que o dobro da componente de frequência mais alta do sinal de entrada. Além disso, se as amostras estiverem uniformemente espaçadas entre si por T_s segundos, o espectro do sinal se torna periódico. Repetindo-se a cada $f_s = (1/T_s)$ Hz. Seja N o número de amostras de frequência contidas em um intervalo f_s. Consequentemente, a *resolução de frequência* envolvida na computação numérica da transformada de Fourier é definida por

$$\Delta f = \frac{f_s}{N} - \frac{1}{NT_s} = \frac{1}{T} \qquad (2.148)$$

em que T é a duração total do sinal.

Consideremos então uma *sequência de dados finita* $\{g_0, g_1, ..., g_{N-1}\}$. Para abreviar, nos referiremos a essa sequência como g_n, em que o subscrito é o *índice de tempo* $n = 0, 1, ..., N - 1$. Tal sequência pode representar o resultado da amostragem de um *sinal analógico* $g(t)$ nos instantes $t = 0, T_s, ..., (N - 1)T_s$, em que T_s é o intervalo de amostragem. O ordenamento da sequência de dados define o tempo amostral, já que $g_0, g_1, ..., g_{N-1}$ denotam amostras de $g(t)$ obtidas nos instantes $0, T_s, ..., (N - 1)T_s$, respectivamente. Portanto, temos

$$g_n = g(nT_s) \qquad (2.149)$$

Definimos formalmente a *transformada de Fourier discreta* (DFT)* de g_n como

$$G_k = \sum_{n=0}^{N-1} g_n \exp\left(-\frac{j2\pi}{N}kn\right) \qquad k = 0, 1, \ldots, N-1 \qquad (2.150)$$

A sequência $\{G_0, G_1, ..., G_{N-1}\}$ é chamada de *sequência transformada*. Para abreviar, nos referiremos a essa sequência como G_k, em que o subscrito é o *índice de frequên-*

---

* N. de T.: Do inglês *Discrete Fourier Transform*.

cia $k = 0, 1,..., N-1$. De maneira correspondente, definimos a *transformada de Fourier discreta inversa* (IDFT) de G_k como

$$g_n = \frac{1}{N} \sum_{k=0}^{N-1} G_k \exp\left(\frac{j2\pi}{N} kn\right) \qquad n = 0, 1, \ldots, N-1 \qquad (2.151)$$

A DFT e a IDFT formam um par de transformada de Fourier. Especificamente, dada uma sequência de dados g_n, podemos utilizar a DFT para computar a sequência transformada G_k; e dada a sequência transformada G_k, podemos utilizar a IDFT para recuperar a sequência de dados original g_n.

Uma característica distinta da DFT é que para os somatórios finitos definidos nas Eqs. (2.150) e (2.151), não há a questão de convergência.

Quando da discussão da DFT (e dos algoritmos para computá-la), as palavras "amostra" e "ponto" serão usadas indistintamente para se referir a um valor de uma sequência. Além disso, é prática comum referir-se à sequência de comprimento N como uma *sequência de N pontos,* e referir-se à DFT de uma sequência de dados de comprimento N como uma *DFT de N pontos.*

Interpretação da DFT e da IDFT

Podemos visualizar o processo da DFT, descrito na Eq. (2.150), como uma coleção de *N deslocamentos na frequência complexos* e operações de *média*, como mostrado na Figura 2.39a. Dizemos que o *deslocamento na frequência* é complexo porque amostras da sequência de dados são multiplicadas por *sequências de exponenciais complexas*. Há um total de N sequências de exponenciais complexas a ser considerado, correspondente aos índices de frequência $k = 0, 1,..., N-1$. Seus períodos foram selecionados de tal forma que cada sequência de exponenciais complexas tem precisamente um número inteiro de ciclos no intervalo total de 0 a $N-1$. A resposta de frequência zero, correspondente a $k = 0$, é a única exceção.

Para a interpretação do processo da IDFT, descrito na Eq. (2.151), podemos utilizar o esquema mostrado na Figura 2.39b. Aqui temos uma coleção de N *geradores de sinais complexos*, cada um dos quais produzindo uma sequência de exponenciais complexas:

$$\exp\left(\frac{j2\pi}{N} kn\right) = \cos\left(\frac{2\pi}{N} kn\right) + j \operatorname{sen}\left(\frac{2\pi}{N} kn\right)$$
$$= \left\{\cos\left(\frac{2\pi}{N} kn\right), \operatorname{sen}\left(\frac{2\pi}{N} kn\right)\right\} \qquad (2.152)$$

em que $k = 0, 1,..., N-1$.

Desse modo, cada gerador de sinais complexos, na realidade, consiste em um par de geradores que tem como saída uma sequência cossenoidal e uma sequência senoidal de k ciclos por intervalo de observação. A saída de cada gerador de sinais complexos é ponderada pelo coeficiente de Fourier complexo G_k. Em cada instante n, uma saída é formada somando-se as saídas ponderadas dos geradores complexos.

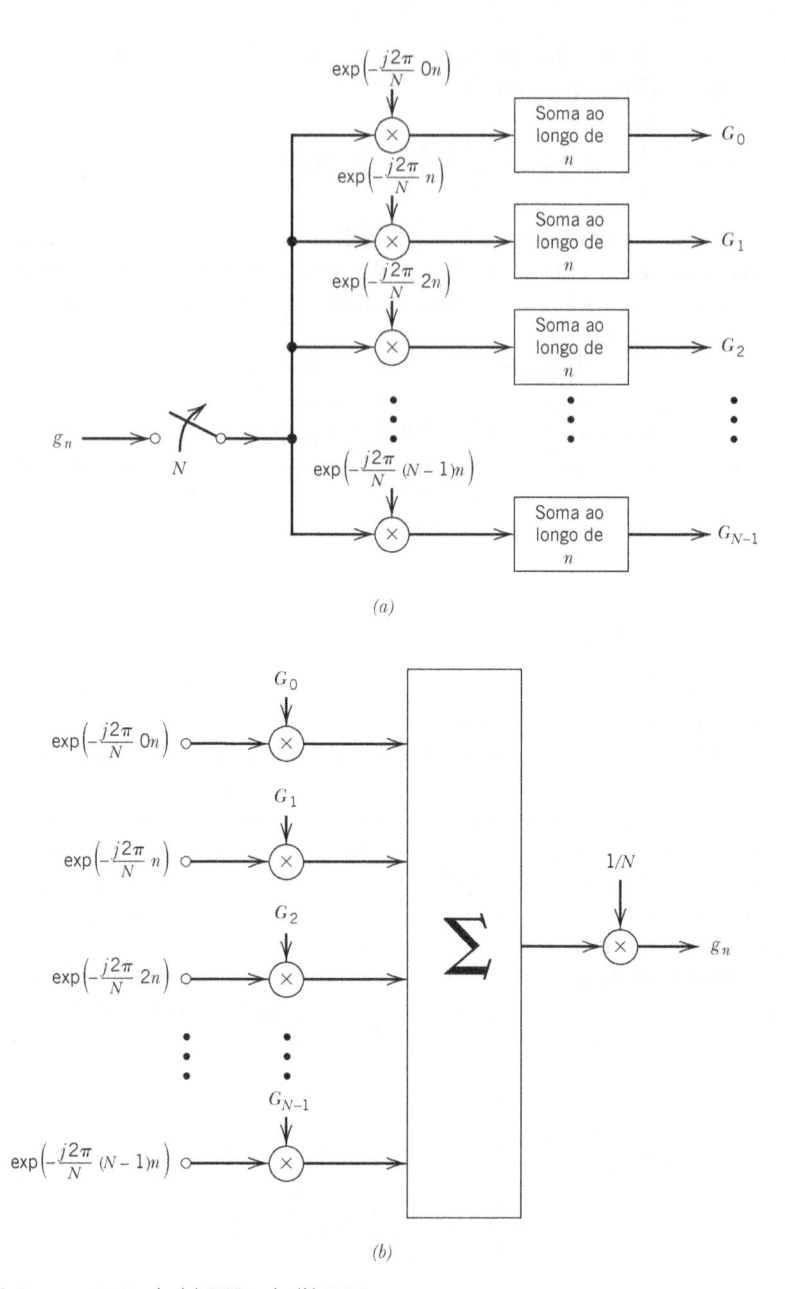

Figura 2.39 Interpretação da (a) DFT e da (b) IDFT.

Além disso, a adição de sinais periódicos harmonicamente relacionados, como nas Figuras 2.39a e 2.39b, sugere que suas saídas G_k e g_n devem ser ambas periódicas. E mais, os processadores mostrados nas Figuras 2.39a e 2.39b devem ser lineares, sugerindo que a DFT e a IDFT sejam ambos operadores lineares. Essa importante propriedade é também evidente a partir das Eqs. (2.150) e (2.151).

Algoritmos de transformada rápida de Fourier

Na transformada de Fourier discreta (DFT), tanto a entrada quanto a saída consiste em sequências de números definidas em pontos uniformemente espaçados no tempo e na frequência, respectivamente. Essa característica faz com que a DFT seja idealmente adequada para avaliação numérica direta em um computador digital. Além disso, a computação pode ser implementada de forma mais eficiente utilizando-se uma classe de *algoritmos de transformada rápida de Fourier (FFT)**. Um algoritmo é uma "receita" que pode ser escrita na forma de um programa de computador.

Algoritmos FFT são eficientes porque eles utilizam um número bastante reduzido de operações aritméticas quando comparados a métodos de força bruta para a computação da DFT. Basicamente, um algoritmo FFT alcança uma eficiência computacional por meio de uma estratégia de "dividir para conquistar", por meio da qual a computação da DFT é decomposta sucessivamente em computações de DFT menores.

Um tratamento detalhado do algoritmo FFT pode ser encontrado em muitos livros de processamento digital de sinais[6].

2.14 Exemplo temático – estimação de um canal de LAN sem fio

Um dos padrões de modulação utilizados para transmitir dados sobre redes de área local sem fio (WLANs)** é referido como o IEEE 802.11a. Esse padrão também forma uma componente do padrão popular IEEE 802.11g. Uma questão prática associada às redes sem fio é o multipercurso que pode ocorrer devido à recepção de reflexões múltiplas do mesmo sinal, como descrito na Seção 2.8. Uma das chaves para o projeto de um receptor eficiente é a estimação do efeito que o canal tem sobre o sinal. A técnica de estimação de canal que é utilizada no padrão 802.11a é baseada em algumas das ideias que estudamos neste capítulo.

Em muitos sistemas, o canal é estimado por meio do envio de uma sequência conhecida ou *sequência de treinamento* como parte da transmissão. No receptor, o efeito do canal sobre a sequência de treinamento é determinado. Então, conhecendo o canal, o receptor compensa o efeito do canal sobre o sinal remanescente. Para esse sistema WLAN, é mais fácil conceituar a sequência de treinamento no domínio da frequência. Em especial, a sequência de treinamento consiste em uma sequência de impulsos unitários no domínio da frequência, como mostrado na Figura 2.40a. Se o sinal passar por um canal que tem uma resposta no domínio da frequência como a mostrada na Figura 2.40b, então a sequência de impulsos detectada no receptor é aquela mostrada na Figura 2.40c, com sua magnitude (e fase) modificada pelo canal.

Se os impulsos forem suficientemente pouco espaçados no domínio da frequência, então eles devem fornecer uma boa estimativa das características do canal. Agora consideraremos como tal esquema de estimação de canal seria implementado na prática.

Os impulsos unitários da Figura 2.40 representam uma amostragem do sinal no domínio da frequência; consequentemente, é uma forma do processamento digital

---

* N. de T.: Do inglês *Fast Fourier Transform*.
** N. de T.: Do inglês *Wireless Local Area Networks*.

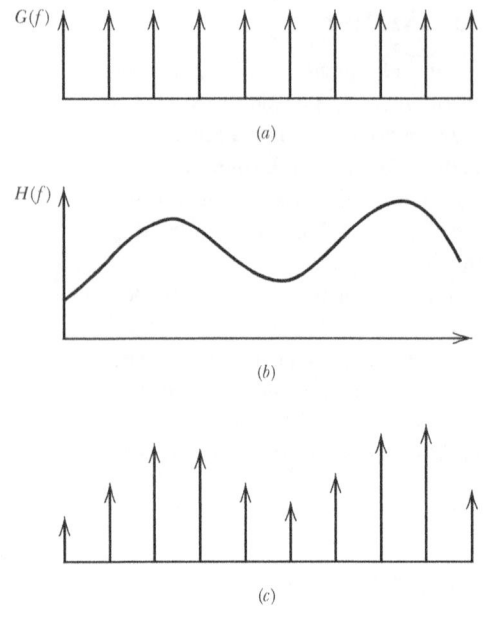

Figura 2.40 Ilustração da estimação de canal com uma sequência de funções delta no domínio da frequência: (a) sequência de treinamento no domínio da frequência; (b) resposta em frequência do canal; e (c) estimativa do canal.

de sinais descrito na Seção 2.13. Em particular, para o exemplo da WLAN, a sequência de funções delta no domínio da frequência não se estende ao infinito, mas apenas ao longo da largura de banda do sinal, que é aproximadamente ± 10 MHz. Em particular, podemos usar a representação amostrada

$$G_k = G(kf_s)$$

Essa equação representa o análogo no domínio da frequência da Eq. (2.149), em que f_s é o espaçamento na frequência entre impulsos. Consequentemente, podemos determinar o equivalente no domínio do tempo da sequência de impulsos na frequência utilizando o *inverso* da transformada de Fourier discreta (DFT) da Eq. (2.151). O sinal correspondente amostrado no domínio do tempo é dado por

$$g_n = \frac{1}{N} \sum_{k=0}^{N=1} G_k \exp\left[\frac{j2\pi}{N} kn\right] \quad n = 0, \ldots, N-1$$

Portanto, para a sequência de entrada da Figura 2.40a, $G_k = 1$ para todo k e a representação amostrada no domínio do tempo da sequência de treinamento correspondente é

$$g_n = \frac{1}{N} \sum_{k=0}^{N-1} \exp\left[\frac{j2\pi}{N} kn\right] \quad n = 0, \ldots, N-1$$

Para o caso da WLAN, $N = 64$ funções delta são utilizadas para varrer os ± 10 MHz de interesse, então o espaçamento entre elas no domínio da frequência é de 312,5 kHz. Para essa aplicação, o espaçamento fornece resolução suficiente para a estimação da maior parte da variação do canal esperada. Pode ser mostrado que a DFT inversa de uma sequência de impulsos no domínio da frequência é um impulso unitário no domínio do tempo (ver Problema 2.23). Quando o impulso unitário é limitado a uma largura de banda de 20 MHz, a sequência de treinamento resultante no domínio do tempo é mostrada na Figura 2.41.

Consequentemente, se a resposta em frequência do canal nos pontos amostra for representada pelos coeficientes $H_k = H(kf_s)$ na Figura 2.40b, então permitindo que $\{R_k\}$ represente a DFT da sequência de treinamento recebida, temos

$$\begin{aligned} R_k &= H_k G_k \\ &= H_k, \quad k = 0, \ldots, N-1 \end{aligned}$$

que é uma estimativa direta da resposta em frequência do canal. A partir dessas observações, podemos derivar o processo de estimação e compensação do canal mostrado na Figura 2.42. Nesse diagrama, o sinal recebido é processado em blocos de N

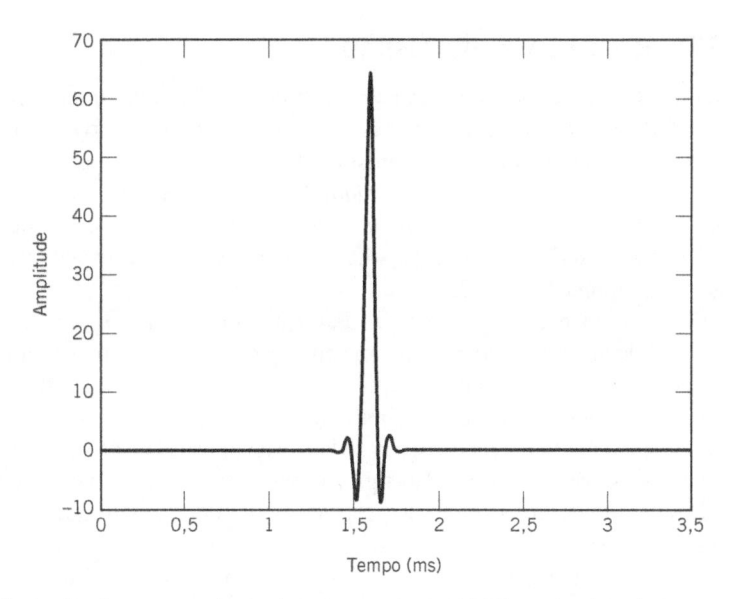

Figura 2.41 Ilustração de uma sequência de treinamento de WLAN no domínio do tempo.

= 64 amostras. Se as 64 amostras corresponderem à sequência de treinamento, uma DFT de 64 pontos é aplicada ao bloco, e a estimativa $\{R_k\}$ do canal é obtida. Se as 64 amostras corresponderem aos dados, a DFT é aplicada ao bloco, e então o bloco é multiplicado pelo inverso da estimativa do canal obtida com a sequência de treinamento prévia, cancelando efetivamente os efeitos do canal. A DFT inversa é então aplicada ao sinal compensado para convertê-lo de volta para o domínio do tempo.

Esse tipo de compensação do canal é uma forma de *equalização*, que abordaremos com maior detalhamento em capítulos posteriores. A técnica de compensação que consiste simplesmente em inverter o canal muitas vezes *não* é o método de equalização mais eficiente. Todavia, para a escolha de estratégia de modulação utilizada para o IEEE 802.11a, ela é particularmente eficiente.

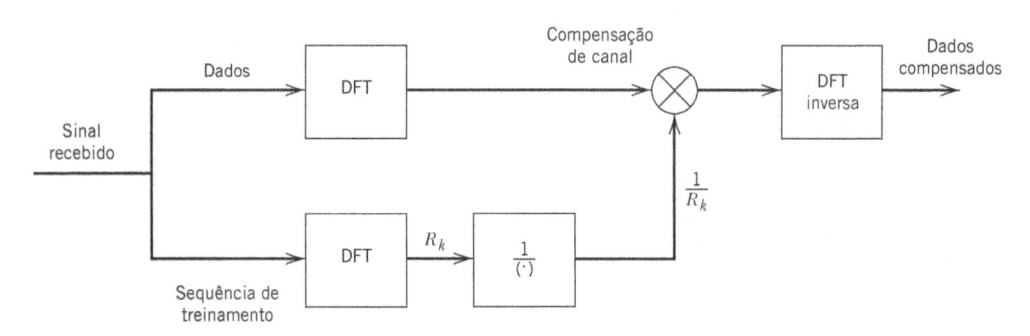

Figura 2.42 Diagrama de blocos da técnica de compensação do canal baseado na sequência de treinamento que é um conjunto de impulsos no domínio da frequência.

2.15 Resumo e discussão

Neste capítulo descrevemos a transformada de Fourier como uma ferramenta matemática fundamental para relacionar as descrições, no domínio do tempo e no domínio da frequência, de um sinal determinístico. O sinal de interesse pode ser um sinal de energia ou um sinal de potência. Por *sinal de energia* queremos dizer de um sinal cuja energia é finita; um sinal de *potência* é definido de forma similar. A transformada de Fourier inclui a série de Fourier exponencial como um caso especial, dado que possamos utilizar a função delta de Dirac.

Uma relação inversa existe entre as descrições no domínio do tempo e no domínio da frequência de um sinal. Sempre que uma operação é realizada sobre a forma de onda de um sinal no domínio do tempo, uma modificação correspondente é aplicada ao espectro do sinal no domínio da frequência. Uma consequência importante dessa relação inversa é o fato de que o produto tempo-largura de banda de um sinal de energia é uma constante; as definições de duração de sinal e largura de banda apenas afetam o valor da constante.

Uma operação importante de processamento de sinais frequentemente encontrada em sistemas de comunicação é a filtragem linear. Essa operação envolve a convolução do sinal de entrada com a resposta ao impulso do filtro ou, de maneira equivalente, a multiplicação da transformada de Fourier da entrada pela função de transferência (isto é, a transformada de Fourier da resposta ao impulso) do filtro. Filtros passa-baixas e passa-faixa representam dois tipos de filtro comumente utilizados. A filtragem passa-faixa é normalmente mais complicada do que a filtragem passa-baixas.

Um resultado chave desenvolvido nesse capítulo foi a representação de sinais passa-faixa em uma forma equivalente de banda base complexa. Em muitos casos, a forma de banda base complexa simplifica tanto a análise quanto a simulação de sistemas de comunicação passa-faixa. Ela também é uma ferramenta chave para a aplicação de técnicas de processamento digital de sinais a sistemas de comunicação.

A parte final do capítulo tratou da transformada de Fourier discreta e de sua computação numérica. Basicamente, a transformada de Fourier discreta é obtida a partir da transformada de Fourier padrão amostrando-se uniformemente tanto a entrada quanto a saída. O algoritmo da transformada rápida de Fourier fornece uma ferramenta prática para a implementação eficiente da transformada de Fourier discreta em um computador digital. Isso faz do algoritmo da transformada de Fourier uma ferramenta computacional poderosa para análise espectral e filtragem linear.

Notas e referências

1. Os livros de Bracewell (1986) e Champeney (1973) fornecem tratamentos detalhados da transformada de Fourier com ênfase nos aspectos físicos do assunto.
2. Se uma função do tempo $g(t)$ é tal que o valor da sua energia $\int_{-\infty}^{\infty} |g(t)|^2$ é definido e finito, então a transformada de Fourier $G(f)$ da função $g(t)$ existe e

$$\lim_{A \to \infty} \left[\int_{-\infty}^{\infty} \left| g(t) - \int_{-A}^{A} G(f)\exp(j2\pi ft)\, df \right|^2 dt \right] = 0$$

Esse resultado é conhecido como o *teorema de Plancherel*.

3. A intensidade de energia $|g(t)|^2$ e a densidade de energia espectral $\mathcal{E}_g(f) = |G(f)|^2$ nem sempre dizem tudo que é necessário saber sobre o conteúdo de energia de um sinal $g(t)$. Isso acontece particularmente quando as características do espectro do sinal (por exemplo, sinal de voz) variam no tempo. Tais sinais são muitas vezes referidos como *variantes no tempo* ou *sinais não estacionários*. Para uma análise espectral acurada dessa importante classe de sinais, não podemos utilizar a transformada de Fourier padrão. Mais apropriadamente, precisamos utilizar *análise tempo-frequência*; ver, por exemplo, o livro de Cohen (1995).
4. A notação $\delta(t)$ para a função delta foi introduzida pela primeira vez em mecânica quântica por Dirac. Essa notação é hoje de uso geral na literatura de processamento de sinais. Para discussões detalhadas da função delta, ver Bracewell (1986, Capítulo 5) e Papoulis (1984).
5. Para uma discussão do critério de Paley-Wiener, ver o livro de Papoulis (1984).
6. Algoritmos de transformadas rápidas de Fourier (FFT) se tornaram proeminentes pela publicação do artigo de Cooley e Tukey (1965). Para discussões de algoritmos FFT, ver os livros de Oppenheim, Schafer e Buck (1999, Capítulo 9) e de Haykin e Van Veen (2005). Para uma discussão de como o algoritmo FFT pode ser utilizado para realizar filtragem linear, ver o livro *Numerical Recipes in C++* de Press et al. (2002).

Problemas

2.1

(a) Encontre a transformada de Fourier do pulso de semiciclo de cosseno mostrado na Figura P2.1a.

(b) Aplique a propriedade de deslocamento no tempo ao resultado obtido na parte (a) para avaliar o espectro do pulso de semiciclo de seno da Figura P2.1b.

(c) Qual é o espectro do pulso de semiciclo de seno que tem duração igual a aT?

(d) Qual é o espectro do pulso de semiciclo de seno negativo mostrado na Figura P2.1c?

(e) Encontre o espectro do pulso de seno simples mostrado na Figura P2.1d.

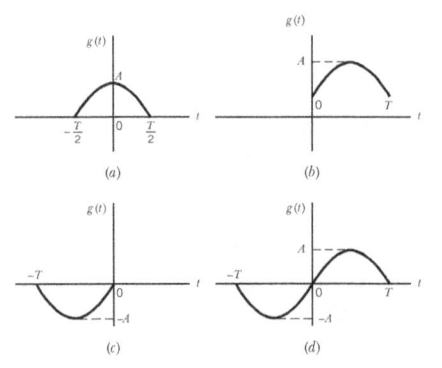

Figura P2.1

2.2 Avalie a transformada de Fourier da onda senoidal amortecida

$$g(t) = \exp(-t)\,\text{sen}(2\pi f_c t)u(t)$$

em que $u(t)$ é a função degrau unitário.

2.3 Qualquer função $g(t)$ pode ser separada de maneira única em uma *parte par* e uma *parte ímpar*, como mostrado por

$$g(t) = g_e(t) + g_o(t)$$

A parte par é definida por

$$g_e(t) = \frac{1}{2}[g(t) + g(-t)]$$

e a parte ímpar é definida por

$$g_o(t) = \frac{1}{2}[g(t) - g(-t)]$$

(a) Avalie as partes par e ímpar de um pulso retangular definido por

$$g(t) = A\,\text{rect}\left(\frac{t}{T} - \frac{1}{2}\right)$$

(b) Quais são as transformadas de Fourier dessas duas partes do pulso?

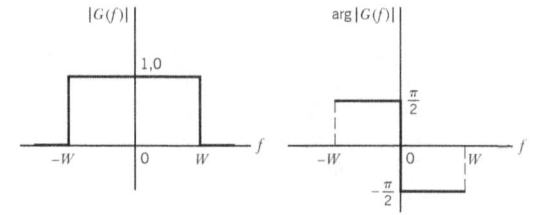

Figura P2.4

2.4 Determine a transformada de Fourier inversa da função da frequência $G(f)$ definida pelos espectros de magnitude e de fase mostrados na Figura P2.4.

2.5 A expressão seguinte pode ser vista como uma representação aproximada de um pulso com tempo de subida finito:

$$g(t) = \frac{1}{\tau}\int_{t-T}^{t+T} \exp\left(-\frac{\pi u^2}{\tau^2}\right) du$$

em que se assume que $T \gg \tau$. Determine a transformada de Fourier de $g(t)$. O que acontece a essa transformada quando τ se torna zero? *Dica*: expresse $g(t)$ como a superposição de dois sinais, um correspondendo à integração de $t - T$ a 0, e o outro de 0 a $t + T$.

2.6 A transformada de Fourier de um sinal $g(t)$ é denotada por $G(f)$. Prove as seguintes propriedades da transformada de Fourier:

(a) Se um sinal de valor real $g(t)$ for uma função par do tempo t, a transformada de Fourier $G(f)$ é puramente real. Se o sinal $g(t)$ for uma função ímpar do tempo t, a transformada de Fourier $G(f)$ é puramente imaginária.

(b)
$$t^n g(t) \rightleftharpoons \left(\frac{j}{2\pi}\right)^n G^{(n)}(f)$$

em que $G^{(n)}(f)$ é a n-ésima derivada de $G(f)$ em relação a f.

(c)
$$\int_{-\infty}^{\infty} t^n g(t)\, dt = \left(\frac{j}{2\pi}\right)^n G^{(n)}(0)$$

(d)
$$g_1(t) g_2^*(t) \rightleftharpoons \int_{-\infty}^{\infty} G_1(\lambda) G_2^*(\lambda - f)\, d\lambda$$

(e)
$$\int_{-\infty}^{\infty} g_1(t) g_2^*(t)\, dt = \int_{-\infty}^{\infty} G_1(f) G_2^*(f)\, df$$

2.7 A transformada de Fourier $G(f)$ de um sinal $g(t)$ é limitada pelas três desigualdades seguintes:

$$|G(f)| \leq \int_{-\infty}^{\infty} |g(t)|\, dt$$

$$|j2\pi f G(f)| \leq \int_{-\infty}^{\infty} \left|\frac{dg(t)}{dt}\right| dt$$

e

$$|(j2\pi f)^2 G(f)| \leq \int_{-\infty}^{\infty} \left|\frac{d^2 g(t)}{dt^2}\right| dt$$

em que se assume que a primeira e a segunda derivadas de $g(t)$ existem.

Construa esses três limites para o pulso triangular mostrado na Figura P2.7 e compare os seus resultados com o espectro de magnitude real do pulso.

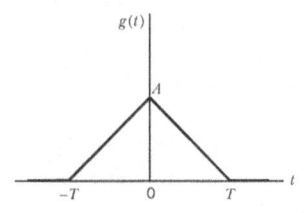

Figura P2.7

2.8 Prove as seguintes propriedades do processo de convolução:

(a) A propriedade comutativa:
$$g_1(t) \star g_2(t) = g_2(t) \star g_1(t)$$

(b) A propriedade associativa:
$$g_1(t) \star [g_2(t) \star g_3(t)] = [g_1(t) \star g_2(t)] \star g_3(t)$$

(c) A propriedade distributiva:
$$g_1(t) \star [g_2(t) + g_3(t)] = g_1(t) \star g_2(t) + g_1(t) \star g_3(t)$$

2.9 Considere a convolução de dois sinais $g_1(t)$ e $g_2(t)$. Mostre que

(a)
$$\frac{d}{dt}[g_1(t) \star g_2(t)] = \left[\frac{d}{dt} g_1(t)\right] \star g_2(t)$$

(b)
$$\int_{-\infty}^{t} [g_1(\tau) \star g_2(\tau)]\, d\tau = \left[\int_{-\infty}^{t} g_1(\tau)\, d\tau\right] \star g_2(t)$$

2.10 Um sinal $x(t)$ de energia finita é aplicado a um dispositivo de lei quadrática cuja saída $y(t)$ é definida por

$$y(t) = x^2(t)$$

O espectro de $x(t)$ é limitado ao intervalo de frequências $-W \leq f \leq W$. A partir disso, mostre que o espectro de $y(t)$ é limitado a $-2W \leq f \leq 2W$. *Dica*: Expresse $y(t)$ como $x(t)$ multiplicado por ele mesmo.

2.11 Avalie a transformada de Fourier da função delta considerando-a como a forma limite de (1) um pulso retangular de área unitária, e de (2) um pulso sinc de área unitária.

2.12 A transformada de Fourier $G(f)$ de um sinal $g(t)$ é definida por

$$G(f) = \begin{cases} 1, & f > 0 \\ \dfrac{1}{2}, & f = 0 \\ 0, & f < 0 \end{cases}$$

Determine o sinal $g(t)$.

2.13 Mostre que os dois pulsos diferentes definidos nas partes (*a*) e (*b*) da Figura P2.1 tem a mesma densidade espectral de energia:

$$\varepsilon_g(f) = \frac{4A^2 T^2 \cos^2(\pi T f)}{\pi^2 (4T^2 f^2 - 1)^2}$$

2.14

(a) O *valor quadrático médio* (rms) *de largura de banda* de um sinal passa-baixas $g(t)$ é definido por

$$W_{\text{rms}} = \left[\frac{\int_{-\infty}^{\infty} f^2 |G(f)|^2\, df}{\int_{-\infty}^{\infty} |G(f)|^2\, df}\right]^{1/2}$$

em que $|G(f)|^2$ é a densidade espectral de energia do sinal. De maneira correspondente, o *valor quadrático médio* (rms) *de duração* do sinal é definido por

$$T_{\text{rms}} = \left[\frac{\int_{-\infty}^{\infty} t^2 |g(t)|^2 \, dt}{\int_{-\infty}^{\infty} |g(t)|^2 \, dt}\right]^{1/2}$$

Utilizando essas definições, mostre que

$$T_{\text{rms}} W_{\text{rms}} \geq \frac{1}{4\pi}$$

Assuma que $|g(t)| \to 0$ mais rápido do que $1\sqrt{|t|}$ quando $|t| \to \infty$.

(b) Considere o pulso gaussiano definido por

$$g(t) = \exp(-\pi t^2)$$

Mostre que, para esse sinal, a igualdade

$$T_{\text{rms}} W_{\text{rms}} \equiv \frac{1}{4\pi}$$

pode ser alcançada.

Dica: Utilize a desigualdade de Schwarz:

$$\left\{\int_{-\infty}^{\infty} [g_1^*(t) g_2(t) + g_1(t) g_2^*(t)] dt\right\}^2 \leq 4 \int_{-\infty}^{\infty} |g_1(t)|^2 \, dt$$
$$\times \int_{-\infty}^{\infty} |g_2(t)|^2 \, dt$$

em que designamos

$$g_1(t) = tg(t)$$

e

$$g_2(t) = \frac{dg(t)}{dt}$$

2.15 Sejam $x(t)$ e $y(t)$ os sinais de entrada e de saída de um filtro linear invariante no tempo. Utilizando o teorema de Rayleigh da energia, mostre que se o filtro for estável e o sinal de entrada $x(t)$ tiver energia finita, então o sinal de saída $y(t)$ também terá energia finita. Isto, dado que

$$\int_{-\infty}^{\infty} |x(t)|^2 \, dt < \infty$$

então mostre que

$$\int_{-\infty}^{\infty} |y(t)|^2 \, dt < \infty$$

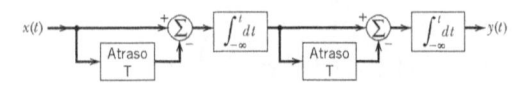

Figura P2.16

2.16 Avalie a função de transferência do sistema linear representado pelo diagrama de blocos mostrado na Figura P2.16.

2.17

(a) Determine a resposta em magnitude total da conexão em cascata mostrada na Figura P2.17 que consiste em N estágios idênticos, cada um com uma constante de tempo RC igual a τ_0.

(b) Mostre que quando N se aproxima do infinito, a resposta em magnitude da conexão em cascata se aproxima de uma função gaussiana $\exp\left(-\frac{1}{2} f^2 T^2\right)$, em que para cada valor de N, a constante de tempo τ_0 é tal que

$$\tau_0^2 = \frac{T^2}{4\pi^2 N}$$

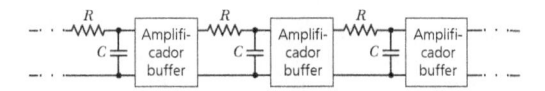

Figura P2.17

2.18 Suponha que, para um dado sinal $x(t)$, o valor integrado do sinal sobre um intervalo de tempo T seja requerido, como mostrado por

$$y(t) = \int_{t-T}^{t} x(\tau) \, d\tau$$

(a) Mostre que $y(t)$ pode ser obtido processando-se o sinal $x(t)$ com um filtro que tenha a função de transferência

$$H(f) = T \operatorname{sinc}(fT) \exp(-j\pi fT)$$

(b) Uma aproximação adequada para essa função de transferência é obtida utilizando-se um filtro passa-baixas com largura de banda igual a $1/T$, resposta em magnitude da banda passante T, e atraso $T/2$. Assumindo-se que esse filtro passa-baixas seja criado pela combinação de um circuito RC seguido de um ganho de T, determine a saída do filtro no instante $t = T$ em decorrência de uma função degrau unitário aplicada ao filtro no instante $t = 0$ e compare o resultado com a saída correspondente de um integrador ideal.

2.19 Um filtro TDL consiste em N pesos, em que N é ímpar. Ele é simétrico em relação ao *tap* central, isto é, os pesos satisfazem a condição

$$w_n = w_{N-1-n} \quad 0 \leq n \leq N-1$$

(a) Encontre a resposta em magnitude do filtro.
(b) Mostre que esse filtro tem uma resposta em fase linear.

2.20 Considere um filtro passa-faixa ideal com frequência de banda média f_c e largura de banda $2B$, como definido na Figura P2.20. A onda portadora $A\cos(2\pi f_0 t)$ é repentinamente aplicada a esse filtro no instante $t = 0$. Assumindo que $|f_c - f_0|$ é grande comparado à largura de banda $2B$, determine a resposta em fase do filtro.

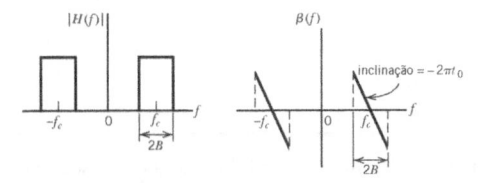

Figura P2.20

2.21 O pulso de RF retangular

$$x(t) = \begin{cases} A\cos(2\pi f_c t), & 0 \leq t \leq T \\ 0, & \text{caso contrário} \end{cases}$$

é aplicado a um filtro linear com resposta ao impulso

$$h(t) = x(T - t)$$

Assuma que a frequência f_c é igual a um múltiplo inteiro grande de $1/T$. Determine a resposta do filtro e esboce-a.

2.22 Mostre que a DFT inversa de uma sequência de impulsos constantes no domínio da frequência é uma sequência correspondente de impulsos no domínio do tempo quando o comprimento da DFT é par.

Problemas computacionais

2.23 Um pulso retangular $x(t)$ de amplitude unitária e duração T é aplicado a um filtro passa-baixas ideal de largura de banda B.

(a) Qual é a resposta ao impulso do filtro passa-baixas ideal?

(b) Determine e plote a resposta $y(t)$ do filtro para $BT = 5$, 10 e 20, utilizando o seguinte *script* em MATLAB,

```
% - - - Parâmetros de simulação - - - -
BT       = 5; % Produto BT
T        = 1;
B        = BT/T;
Delta_t  = T/100;
t        = [2 6*T: Delta_t: 6*T];
% - - - Pulso de amplitude unitária e duração T - -
x        = zeros(size(t));
index    = find (abs(t) <T/2);
x(index) = 1;
% - - - Resposta ao impulso (truncada) do filtro ideal - - -
t1 = [-3*T: Delta_t: 3*T];
h = 2*B*sinc(2*B*t1);
% - - - Resposta do filtro - - -
y = filter(h, 1, x) * Delta_t; % tem um atraso de 3T
% - - - Plotagem dos resultados (removendo-se o atraso) - - - -
subplot(2,1,1), plot(t,x), axis ([-T T -0.25 1.25]), grid on;
subplot(2,1,2), plot(t - 3*T, y), axis ([-T T -0.25 1,25]) ,
grid on;
```

(c) Prepare uma tabela com colunas de BT, a frequência de oscilação da resposta, e o percentual de sobre-sinal (*overshoot*).

(d) Repita o experimento para o caso de $BT = 100$, mas varie o período de amostragem Δt. O que é observado? Adicione o valor $BT = 100$ à tabela da parte (c). Tire conclusões a partir da tabela.

2.24 Repita o experimento do Problema 2.23 utilizando uma entrada que consiste em um pulso de cosseno deslocado para cima:

$$x(t) = \begin{cases} 1 + \cos\left(\dfrac{\pi t}{T}\right), & -T \leq t \leq T \\ 0, & \text{caso contrário} \end{cases}$$

Em especial, avalie a resposta do filtro para o produto tempo-largura de banda $BT = 5, 10, 100$. Compare os resultados desse experimento com os do Problema 2.23.

2.25 Repita o experimento do Problema 2.23 utilizando uma entrada que consiste em uma onda quadrada periódica.

(a) Faça $B = 1$ e $t = 0{,}5/f_0$; determine e plote a resposta $y(t)$ do filtro para ondas quadradas de frequências: $f_0 = 0{,}1$; $0{,}25$; $0{,}5$; $1{,}0$ e $1{,}1$ Hz. Utilize o que se segue para gerar uma onda quadrada e modifique o *script* em MATLAB do Problema 2.23 de acordo.

```
% - - - Onda quadrada de frequência f0 - -
x          = zeros(size(t));
index_1    = find(mod(t, 2*T) < T);
x(index_1) = 1;
index_ml   = find(mod(t, 2*T) >= T);
x(index_ml) = -1;
```

(b) Prepare uma tabela com colunas de BT e de amplitude máxima da resposta do filtro. Tire conclusões.

(c) Aumente o comprimento da resposta ao impulso truncada de $6T$ para $12T$. (Aumente a simulação e os instantes de observação de acordo). O que acontece com os resultados da parte (b)? Explique.

2.26 Utilize a placa de som de um PC com o seguinte script em MATLAB para capturar a saída de som de um MP3 player, de um rádio, de um microfone ou de algum dispositivo similar.

```
Fs = 8000;              % taxa de amostragem: por exemplo
                          2250, 8000, 11025, ou 44100 Hz
N = Fs*10;              % número de amostras em
                          10 segundos de dados
FFTsize = 1024;
y = wavrecord(N, Fs);   % coleta dados
Y = spectrum(y, FFTsize); % computa o espectro em
                          magnitude médio
Freq = [0:Fs/FFTsize:Fs/2]; % escala de frequência
Time = [1:N]/Fs;        % escala de tempo
subplot(2,1,1), plot(Time, y),
ylabel('Amplitude'), xlabel('Time(s)');
subplot(2,1,2), plot(Freq,10*log10(Y/max(Y))),
ylabel('Spectrum(dB)'), xlabel('Frequency(Hz)');
```

(a) Colete algumas amostras do mesmo tipo de fonte, por exemplo, música. Compare e comente os seus resultados.

(b) Colete amostras de diferentes fontes, por exemplo, música e fala. Compare e comente. O que acontece se a taxa de amostragem for modificada? Explique.

2.27 Neste problema, realizaremos a estimação de canal da WLAN do Exemplo Temático da Seção 2.14 para um caso específico utilizando o seguinte código em MATLAB.

```
% - - - Problema da WLAN
alpha = 0.5;
t = [0:63]; % microssegundos
G = ones(1,64);
g = ifft(G);
h = exp(-alpha*t);
r = filter(h, l, g);
R = fftshift(fft(r));
stem(abs(R))
```

Qual é a resposta no domínio do tempo da sequência de treinamento? Plote o espectro de magnitude do canal e comente. Qual é o espectro em fase estimado do canal? Explique.

MODULAÇÃO EM AMPLITUDE

Capítulo 3

3.1 Introdução

O propósito de um sistema de comunicação é o de transmitir *informações* através de um meio ou canal de comunicação que separa o transmissor do receptor. A informação é frequentemente representada como um sinal de banda base, isto é, um sinal cujo espectro se estende de 0 a alguma frequência máxima. A utilização apropriada do canal de comunicação frequentemente exige um deslocamento na faixa de frequência da banda base para outra faixa de frequência adequada à transmissão, bem como um retorno correspondente à faixa de frequência original após a recepção. Por exemplo, um sistema de rádio precisa operar com frequências de 30 kHz e superiores, considerando que o sinal de banda base pode conter frequências da faixa de frequência de áudio, portanto alguma forma de deslocamento da banda de frequência de banda deve ser usada para que o sistema opere satisfatoriamente. Um deslocamento da faixa de frequências de um sinal é realizado utilizando-se *modulação*, que é definida *como o processo pelo qual alguma característica de uma portadora varia de acordo com uma onda modulante (sinal)*. Uma forma comum de portadora é a *onda senoidal*, quando estivermos falando de *modulação de ondas contínuas*. O sinal de banda base é referido como a *onda modulante,* e o resultado do processo de modulação é referido como a *onda modulada*. A modulação é realizada ao final da transmissão do sistema de comunicação. Ao final da recepção do sistema, geralmente se requer que o sinal de banda base original seja restaurado. Isto é realizado utilizando-se um processo conhecido como *demodulação*, que é o reverso do processo de modulação.

Neste capítulo estudaremos a primeira de duas famílias de sistemas de modulação de onda contínua (CW)* amplamente utilizadas, denominada *modulação em amplitude*. Na modulação em amplitude, a amplitude de uma onda portadora senoidal varia de acordo com o sinal de banda base. As Seções 3.2 a 3.6 são dedicadas à forma padrão da modulação em amplitude e suas variações. Nas Seções 3.7 e 3.8 discutem-se as ideias de *translação de frequência* e de *mutiplexação por divisão de frequência* para compartilhamento de um canal comum entre um grande número de diferentes usuários.

---

* N. de T.: Do inglês *Continuous-Wave*.

3.2 Modulação em amplitude

Consideremos uma onda portadora senoidal $c(t)$ definida por

$$c(t) = A_c \cos(2\pi f_c t) \tag{3.1}$$

em que A_c é a *amplitude da portadora* e f_c é a *frequência da portadora*. Para simplificar a explicação sem afetar os resultados obtidos e conclusões alcançadas, assumimos que a fase da onda portadora é zero na Eq. (3.1). Permitamos que $m(t)$ denote o sinal de banda base que transporta a especificação da mensagem. A fonte da onda portadora $c(t)$ é fisicamente independente da fonte responsável por gerar $m(t)$. *A modulação em amplitude (AM) é definida como o processo pelo qual a amplitude da onda portadora $c(t)$ é variada em torno de um valor médio, linearmente com o sinal da banda base $m(t)$.* Uma onda modulada em amplitude (AM) pode ser descrita, na sua forma mais geral, como uma função de tempo como se segue:

$$s(t) = A_c[1 + k_a m(t)]\cos(2\pi f_c t) \tag{3.2}$$

em que k_a é uma constante chamada de *sensibilidade à amplitude* do modulador responsável pela geração do sinal modulado $s(t)$. Tipicamente, a amplitude da portadora A_c e o sinal da mensagem $m(t)$ são medidos em volts; nesse caso a sensibilidade à amplitude k_a será medida em volt^{-1}.

A Figura 3.1a mostra o sinal de banda base $m(t)$, as Figuras 3.1b e 3.1c mostram a onda AM correspondente $s(t)$ para dois valores de sensibilidade à amplitude k_a e

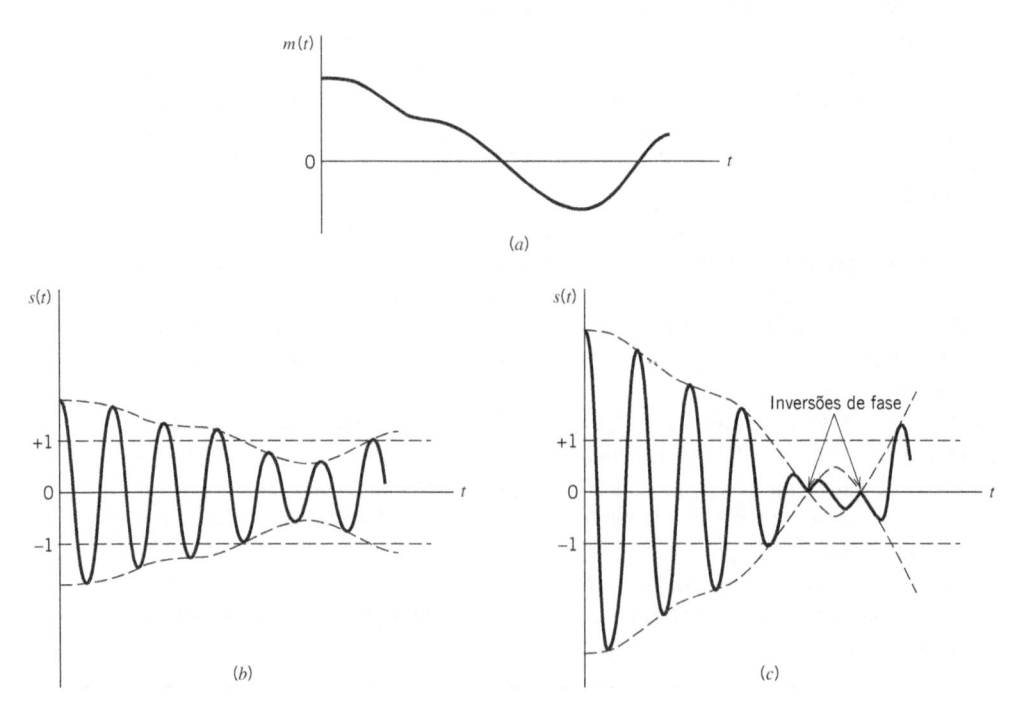

Figura 3.1 Ilustração do processo de modulação em amplitude. (a) Sinal de Banda base $m(t)$. (b) Onda AM para $|k_a m(t)| < 1$ para todo t. (c) Onda AM para $|k_a m(t)| > 1$ para algum t.

uma amplitude de portadora $A_c = 1$ volt. Observamos que a envoltória de $s(t)$ possui essencialmente o mesmo formato do sinal de banda base $m(t)$ desde que dois requisitos sejam satisfeitos:

1. A amplitude de $k_a m(t)$ é sempre menor que a unidade, ou seja

$$|k_a m(t)| < 1 \quad \text{para todo } t \quad (3.3)$$

Essa condição é ilustrada na Figura 3.1b; ela garante que a função $1 + k_a m(t)$ é sempre positiva, e já que a envoltória é uma função positiva, podemos expressar a envoltória da onda AM $s(t)$ da Eq. (3.2) como $A_c[1 + k_a m(t)]$. Quando a sensibilidade à amplitude k_a do modulador for grande o suficiente para fazer $|k_a m(t)| > 1$ para qualquer t, a onda portadora se torna *sobremodulada*, resultando em inversões de fase da portadora sempre que o fator $1 + k_a m(t)$ cruzar o zero. A onda modulada então exibirá uma *distorção de envoltória*, como na Figura 3.1c. É, então, evidente que ao se evitar a sobremodulação, uma relação biunívoca é mantida entre a envoltória da onda AM e a onda modulante para todos os valores de tempo – uma característica útil conforme veremos mais adiante. O valor máximo absoluto de $k_a m(t)$ multiplicado por 100 é referido como *percentagem de modulação*.

2. A frequência de portadora f_c é muito maior do que a mais elevada componente de frequência W do sinal da mensagem $m(t)$, ou seja

$$f_c \gg W \quad (3.4)$$

Chamamos W de *largura de banda da mensagem*. Se a condição da Eq. (3.4) não for satisfeita, uma envoltória não poderá ser visualizada (e, portanto, detectada) satisfatoriamente.

> **Guglielmo Marconi (1874-1937)**
> Marconi foi um inventor italiano famoso pelo desenvolvimento do sistema de radiotelégrafo. Em 1864, James Clerk Maxwell havia formulado a teoria eletromagnética da luz e previsto a existência das ondas de rádio. A existência das ondas de rádio foi estabelecida experimentalmente em 1887 por Heinrich Hertz. Daquele período em diante muitos experimentadores passaram a investigar as aplicações práticas das ondas de rádio, sendo um sistema de radiotelégrafo confiável seu objetivo comum. Iniciando em 1896, Marconi começou a demonstrar a radiotelegrafia sobre distâncias cada vez mais longas, culminando na primeira transmissão transatlântica de Cornwall, na Inglaterra, para o Signal Hill, em Newfoundland em 1901.
> O radiotelégrafo de Marconi usava um dispositivo conhecido como um transmissor de centelha* para gerar ondas de rádio. Um transmissor de centelha simples consiste em eletrodos condutores separados por um espaço que é geralmente preenchido com ar.
> Quando uma tensão suficiente é aplicada, uma centelha produzida por uma descarga elétrica é formada, ionizando o ar entre os eletrodos e excitando um circuito indutivo-capacitivo (LC) que é conectado a uma antena. Embora o circuito LC forneça alguma sintonia, a centelha tende a produzir um amplo espectro de radiação eletromagnética muito distinto do espectro dos sinais passa-baixa de banda estreita discutidos neste capítulo. Transmissores de centelha foram eventualmente proibidos devido às interferências que causavam. É interessante que desenvolvimentos recentes nas comunicações, especificamente as técnicas de rádio impulsivo, geram um sinal de amplo espectro, não diferente de um transmissor de centelha.
> Foi concedido a Karl Braun e a Marconi o Prêmio Nobel de Física em 1909 pelo desenvolvimento do sistema de radiotelégrafo. Nos anos posteriores, Marconi se tornou um ativista fascista italiano e seu discurso sobre essa questão foi tão notório que ele terminou sendo banido da BBC que ele havia ajudado a criar.
>
> * N. de T.: Do inglês *spark-gap transmitter*.

Da Eq. (3.2) descobrimos que a transformada de Fourier da onda AM $s(t)$ é dada por

$$S(f) = \frac{A_c}{2}[\delta(f - f_c) + \delta(f + f_c)]$$
$$+ \frac{k_a A_c}{2}[M(f - f_c) + M(f + f_c)] \quad (3.5)$$

Suponhamos que o sinal de banda base $m(t)$ é limitado em banda ao intervalo $-W \leq f \leq W$, como na Figura 3.2a. A forma do espectro mostrado nessa figura tem apenas o propósito de ilustração. Descobrimos a partir da Eq. (3.5) que o espectro $S(f)$ da onda AM é mostrado na figura 3.2b para o caso em que $f_c > W$. Esse espectro consiste em duas funções delta ponderadas pelo fator $A_c/2$ que ocorrem em $\pm f_c$, e duas versões do espectro de banda de base transladadas em frequência em $\pm f_c$ e escalonadas em amplitude por $k_a A_c/2$. Do espectro da Figura 3.2b podemos notar o seguinte:

1. Como resultado do processo de modulação, o espectro do sinal de mensagem $m(t)$ para frequências negativas que se estendem de $-W$ a 0 torna-se completamente visível para frequências positivas (isto é, mensuráveis), desde que a frequência de portadora satisfaça a condição $f_c > W$; aqui reside a importância da ideia de frequências "negativas".

2. Para frequências positivas, a porção do espectro de uma onda AM situada acima da frequência de portadora f_c é referida como a *banda lateral superior*, ao passo que a porção simétrica abaixo de f_c é referida como a *banda lateral inferior*. Para frequências negativas, a banda lateral superior é representada pela porção do espectro abaixo de $-f_c$ e a banda lateral inferior pela porção acima de $-f_c$. A condição $f_c > W$ garante que as bandas laterais não se sobreponham.

3. Para frequências positivas, a componente de frequência mais alta da onda AM equivale a $f_c + W$ e a componente de frequência mais baixa equivale a $f_c - W$. A diferença entre essas duas frequências define a *largura de banda de transmissão* B_T para uma onda AM, que é exatamente o dobro da largura de banda da mensagem W, isto é,

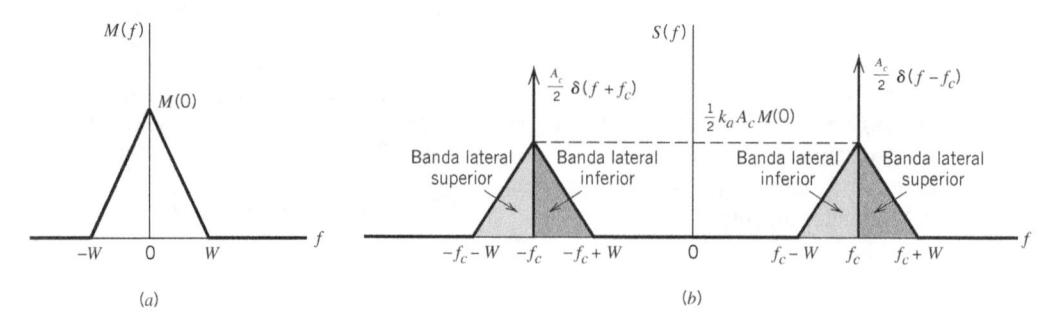

$$B_T = 2W \quad (3.6)$$

Figura 3.2 (a) Espectro do sinal de banda base. (b) Espectro da onda AM.

EXEMPLO 3.1 Modulação de tom único

Consideremos uma onda modulante $m(t)$ que consiste em um único tom ou componente de frequência, isto é,

$$m(t) = A_m \cos(2\pi f_m t)$$

em que A_m é a amplitude da onda modulante senoidal e f_m é a frequência (ver Figura 3.3a). A onda portadora senoidal tem amplitude A_c e frequência f_c (ver Figura 3.3b). A onda AM correspondente é, portanto, dada por

$$s(t) = A_c[1 + \mu \cos(2\pi f_m t)]\cos(2\pi f_c t) \tag{3.7}$$

em que

$$\mu = k_a A_m$$

A constante adimensional μ é o *fator modulante* ou a percentagem de modulação quando for expressa numericamente como uma percentagem. Para evitar a distorção da envoltória em decorrência da sobremodulação, o fator de modulação μ deve ser mantido abaixo da unidade.

A Figura 3.3c mostra um esboço de $s(t)$ para μ menor que a unidade. Permitamos que $A_{máx}$ e $A_{mín}$ denotem os valores máximo e mínimo da envoltória da onda modulada. Então, a partir da Eq. (3.7) temos

$$\frac{A_{máx}}{A_{mín}} = \frac{A_c(1+\mu)}{A_c(1-\mu)}$$

Isto é,

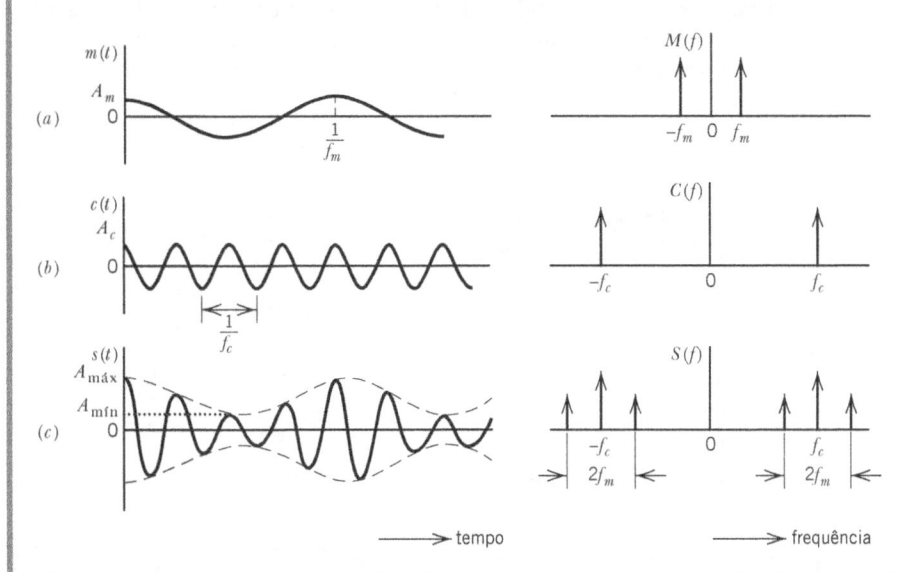

$$\mu = \frac{A_{máx} - A_{mín}}{A_{máx} + A_{mín}}$$

Figura 3.3 Ilustração das características do domínio do tempo (à esquerda) e do domínio da frequência (à direita) para modulações em amplitude padrão produzidas por um tom único. (a) Onda modulante. (b) Onda portadora. (c) Onda AM.

Expressando o produto de dois cossenos na Eq. (3.7) como a soma de duas ondas senoidais, uma tendo frequência $f_c + f_m$ e a outra tendo frequência $f_c - f_m$, temos

$$s(t) = A_c \cos(2\pi f_c t) + \tfrac{1}{2}\mu A_c \cos[2\pi(f_c + f_m)t] + \tfrac{1}{2}\mu A_c \cos[2\pi(f_c - f_m)t]$$

A transformada de Fourier para $s(t)$ é, portanto,

$$S(f) = \tfrac{1}{2} A_c [\delta(f - f_c) + \delta(f + f_c)]$$
$$+ \tfrac{1}{4}\mu A_c [\delta(f - f_c - f_m) + \delta(f + f_c + f_m)]$$
$$+ \tfrac{1}{4}\mu A_c [\delta(f - f_c + f_m) + \delta(f + f_c - f_m)]$$

Desse modo, o espectro de uma onda AM, para o caso especial de uma modulação senoidal, consiste em funções delta em $\pm f_c, f_c \pm f_m$ e $-f_c \mp f_m$, como na Figura 3.3c.

Na prática, a onda AM $s(t)$ é uma onda de tensão ou de corrente. Em ambos os casos, a média de potência entregue a um resistor de 1 ohm por $s(t)$ é composta de três componentes:

$$\text{Potência da portadora} = \tfrac{1}{2} A_c^2$$
$$\text{Potência da banda lateral superior} = \tfrac{1}{8}\mu^2 A_c^2$$
$$\text{Potência da banda lateral inferior} = \tfrac{1}{8}\mu^2 A_c^2$$

Para um resistor de carga R diferente de 1 ohm, que é geralmente o caso na prática, as expressões para potência da portadora, potência da banda lateral superior e potência da banda lateral inferior são simplesmente multiplicadas pelo fator $1/R$ ou R, dependendo se a onda modulada $s(t)$ for uma tensão ou uma corrente, respectivamente. Em todo caso, a razão entre a potência de banda lateral total e a potência total da onda modulada equivale a $\mu^2/(2 + \mu^2)$, que depende apenas do fator de modulação μ. Se $\mu = 1$, isto é, se 100 por cento da modulação for utilizada, a potência total nas duas frequências laterais da onda AM resultante será apenas um terço da potência total na onda modulada.

A Figura 3.4 mostra a percentagem de potência total em ambas as frequências laterais e na portadora plotadas em relação à percentagem de modulação. Notemos que quando a percentagem de modulação for menor que 20 por cento, a potência em uma frequência lateral será inferior a 1% da potência total da onda AM.

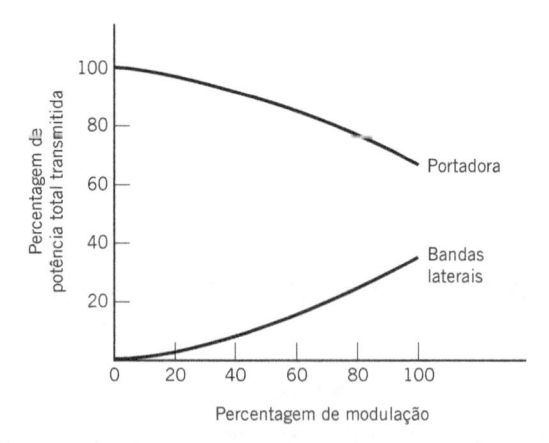

Figura 3.4 Variações na potência da portadora e na potência de banda lateral total em relação à percentagem de modulação.

Modulador de chaveamento

A geração de uma onda AM pode ser realizada usando-se vários dispositivos; aqui descrevemos um desses dispositivos chamado *modulador de chaveamento*. Detalhes desse modulador são mostrados na Figura 3.5a, em que se assume que a onda portadora $c(t)$ aplicada ao diodo é grande em amplitude, de modo que ela oscila ao longo da curva característica do diodo. Assumimos que o diodo atua como uma *chave ideal*, isto é, apresenta impedância zero quando estiver diretamente polarizado [correspondente a $c(t) > 0$]. Podemos, assim, aproximar a característica de transferência da combinação do diodo com o resistor de carga por uma *característica linear por partes*, como mostra a Figura 3.5b. Por consequência, para uma tensão de entrada $v_1(t)$ que consiste na soma da portadora e do sinal de mensagem:

$$v_1(t) = A_c \cos(2\pi f_c t) + m(t) \quad (3.8)$$

em que $|m(t)| \ll A_c$, a tensão na carga $v_2(t)$ resultante é:

$$v_2(t) \approx \begin{cases} v_1(t), & c(t) > 0 \\ 0, & c(t) < 0 \end{cases} \quad (3.9)$$

Isto é, a tensão de carga $v_2(t)$ varia periodicamente entre os valores $v_1(t)$ e zero a uma taxa igual a frequência de portadora f_c. Dessa forma, assumindo uma onda modulante que seja fraca comparada com a onda portadora, teremos efetivamente substituído o comportamento não linear do diodo por uma operação aproximadamente equivalente linear por partes e variante no tempo.

Podemos expressar a Eq. (3.9) matematicamente como

$$v_2(t) \simeq [A_c \cos(2\pi f_c t) + m(t)] g_{T_0}(t) \quad (3.10)$$

em que $g_{T_0}(t)$ é um trem de pulsos periódico de meio ciclo de trabalho e período $T_0 = 1/f_c$, como na Figura 3.6. Representando esse $g_{T_0}(t)$ pela sua série de Fourier, temos

$$g_{T_0}(t) = \frac{1}{2} + \frac{2}{\pi} \sum_{n=1}^{\infty} \frac{(-1)^{n-1}}{2n-1} \cos[2\pi f_c t(2n-1)] \quad (3.11)$$

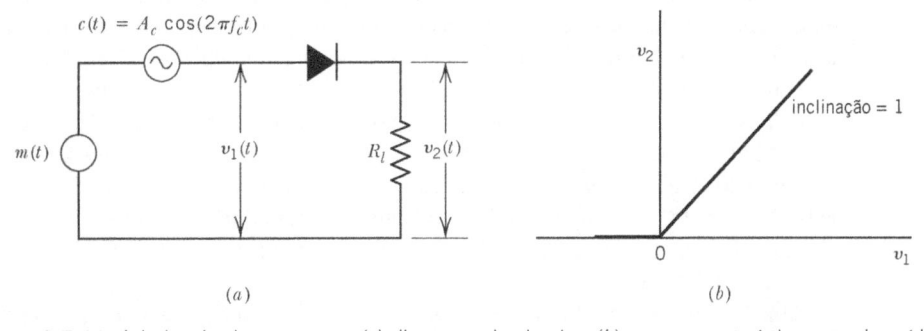

Figura 3.5 Modulador de chaveamento: (a) diagrama do circuito, (b) curva característica entrada-saída idealizada.

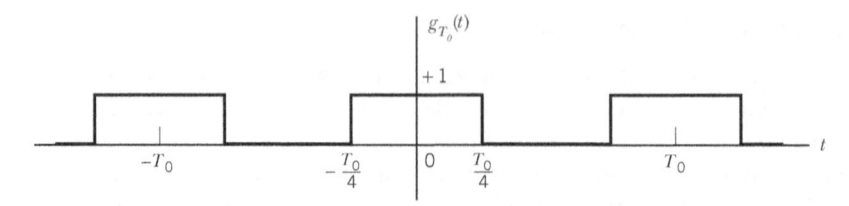

Figura 3.6 Trem de pulsos periódico.

Portanto, substituindo a Eq. (3.11) na (3.10), descobrimos que a tensão de carga $v_2(t)$ consiste na soma de duas componentes:

1. A componente

$$\frac{A_c}{2}\left[1 + \frac{4}{\pi A_c}m(t)\right]\cos(2\pi f_c t)$$

que é a onda AM desejada com uma sensibilidade à amplitude $k_a = 4/\pi A_c$. O modulador de chaveamento é, portanto, feito mais sensível ao se reduzir a amplitude de portadora A_c; entretanto, essa amplitude deve ser mantida grande o suficiente para fazer com que o diodo atue como uma chave ideal.

2. As componentes indesejáveis, o espectro que contém funções delta em 0, $\pm 2f_c$, $\pm 4f_c$, e assim por diante, e que ocupa intervalos de frequência de largura $2W$ centrados em 0, $\pm 3f_c$, $\pm 5f_c$, e assim por diante, em que W é a largura de banda da mensagem.

As componentes indesejáveis são removidas da tensão de carga $v_2(t)$ por meio de um filtro passa-faixa com frequência de banda média f_c e largura de banda $2W$, desde que $f_c > 2W$. Essa última condição assegura que a separação de frequência entre a onda AM desejada e as componentes indesejáveis seja grande o suficiente para que o filtro passa-faixa suprima as componentes indesejáveis.

Detector de envoltória

Como mencionado na seção introdutória, o processo de *demodulação* é usado para recuperar a onda modulante original da onda modulada que chega; de fato, a demodulação é o reverso do processo de modulação. Como na modulação, a demodulação de uma onda AM pode ser realizada usando-se vários dispositivos: aqui descreveremos um dispositivo simples, mas altamente eficaz, conhecido como o *detector de envoltória*. Alguma versão desse demodulador é usada em quase todo receptor comercial de rádio AM. Para que ele funcione adequadamente, entretanto, a onda AM deve ser de banda estreita, o que requer que a frequência de portadora seja grande comparada à largura de banda da mensagem. Além disso, a percentagem de modulação deve ser menor do que 100%.

Um detector de envoltória do tipo série é mostrado na Figura 3.7a, que consiste em um diodo e um filtro resistor-capacitor (RC). A operação desse detector de envoltória ocorre como se segue. No semiciclo positivo do sinal de entrada, o diodo é diretamente polarizado e o capacitor C carrega-se rapidamente até o valor pico do sinal de

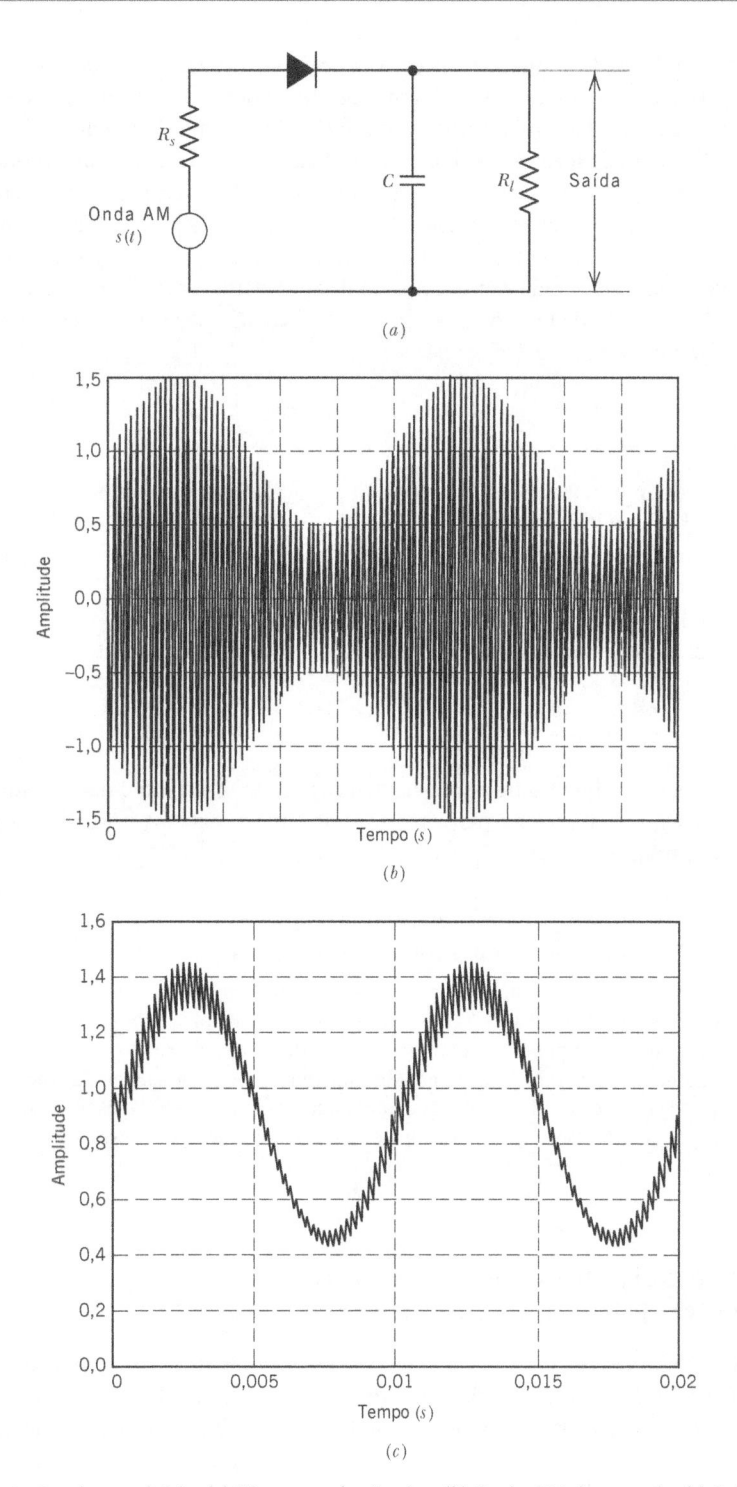

Figura 3.7 Detector de envoltória. (*a*) Diagrama do circuito. (*b*) Onda AM de entrada. (*c*) Saída do detector de envoltória.

entrada. Quando o sinal de entrada cai abaixo desse valor, o diodo fica reversamente polarizado e o capacitor C descarrega-se lentamente através do resistor de carga R_l. O processo de descarregamento continua até o próximo semiciclo positivo. Quando o sinal de entrada torna-se maior do que a tensão sobre o capacitor, o diodo novamente conduz e o processo se repete. Assumimos que o diodo é ideal, apresentando resistência r_f ao fluxo corrente na região de polarização direta e resistência infinita na região de polarização reversa. Assumimos, ainda, que a onda AM aplicada ao detector de envoltória é fornecida por uma fonte de voltagem de tensão de impedância interna R_s. A constante de tempo carregamento $(r_f + R_s)C$ deve ser pequena comparada com período da portadora $1/f_c$, isto é,

$$(r_f + R_s)C \ll \frac{1}{f_c} \tag{3.12}$$

de modo que o capacitor C carregue-se rapidamente e assim siga a tensão aplicada até o pico positivo quando o diodo está conduzindo. Por outro lado, a constante de tempo de descarregamento $R_l C$ deve ser grande o suficiente para assegurar que o capacitor se descarregue lentamente através do resistor de carga R_l entre picos positivos da onda portadora, mas não tão grande de modo que a tensão sobre o capacitor não descarregue à taxa máxima de mudança da onda modulante, isto é

$$\frac{1}{f_c} \ll R_l C \ll \frac{1}{W} \tag{3.13}$$

em que W é a largura de banda da mensagem. O resultado é que a saída do detector de tensão do capacitor é praticamente a mesma que a envoltória da onda AM, como demonstrado a seguir.

EXEMPLO 3.2 Modulação em amplitude senoidal

Na Figura 3.7b, uma onda AM senoidal é mostrada correspondendo a uma modulação de 50 por cento. Se esse sinal for aplicado a um detector de envoltória, a saída mostrada na Figura 3.7c será obtida. Essa última forma de onda é computada assumindo-se que o diodo é ideal, tendo uma resistência constante r_f quando diretamente polarizado e resistência infinita quando reversamente polarizado. A Figura 3.7c mostra que a saída do detector de envoltória contém uma pequena quantidade de *ripple* (ondulação) na frequência de portadora; esse *ripple* é facilmente removido via filtragem passa-baixas. (Ver Problema 3.25.)

Virtudes, limitações e modificações da modulação em amplitude

A modulação em amplitude é o método mais antigo de realização de modulação. Sua maior virtude é a facilidade com que é gerada e revertida. A modulação é realizada simplesmente no transmissor utilizando-se um modulador de chaveamento (descrito anteriormente) ou um modulador quadrático (descrito no Problema 3.4). A demodulação é realizada com a mesma facilidade no receptor utilizando-se um detector de envoltória (descrito anteriormente) ou um detector quadrático (descrito no Problema

3.6). O resultado líquido é que um sistema de modulação em amplitude é relativamente barato de se construir, o que justifica que a transmissão de rádio AM tenha sido tão popular por tanto tempo e é muito provável que continue assim no futuro.

Entretanto, lembremos do Capítulo 1, que a potência transmitida e a largura de banda do canal são nossos dois recursos primários de comunicação e devem ser utilizados eficientemente. Nesse contexto, descobrimos que a forma padrão da modulação em amplitude definida na Eq. (3.2) sofre de duas principais limitações:

1. *A modulação em amplitude desperdiça potência*. A onda portadora $c(t)$ é completamente independente do sinal de banda base portador de informação $m(t)$. A transmissão da onda portadora, portanto, representa um desperdício de potência, o que significa que na modulação em amplitude apenas uma fração da potência total transmitida é realmente afetada por $m(t)$.

2. *A modulação em amplitude desperdiça largura de banda*. As bandas laterais superior e inferior da onda AM estão relacionadas unicamente entre si em virtude de sua simetria em torno da frequência de portadora; consequentemente, dados os espectros de magnitude e de fase de qualquer uma das bandas laterais, podemos unicamente determinar a outra. Isso significa que, no que diz respeito à transmissão da informação, apenas uma banda lateral é necessária, e o canal de comunicação, portanto, precisa fornecer apenas a mesma largura de banda que a do sinal de banda base. A partir dessa observação, a modulação em amplitude desperdiça largura de banda, uma vez que ela requer uma largura de banda de transmissão igual ao dobro da largura de banda da mensagem.

Para superar essas limitações, devemos fazer certas mudanças, que resultam em aumento da complexidade do sistema do processo de modulação em amplitude. Com efeito, trocamos complexidade de sistema por melhor utilização das fontes de comunicação. Começando com a mo-

Reginald Fessenden (1866-1932)

Fessenden, um inventor canadense, foi treinado nos clássicos, mas ingressou no Edison Machine Works em Nova York para aumentar seu conhecimento em eletricidade. Ele interessou-se por rádio depois de saber do sucesso de Marconi. O trabalho inicial de Fessenden com o rádio focou na melhoria dos detectores. Em 1900, sob um contrato com o Serviço Meteorológico dos Estados Unidos, ele se tornou o primeiro a transmitir voz pelo rádio. Por ele ter usado um transmissor de centelha, a qualidade foi muito pobre para ser útil comercialmente.

A pesquisa seguinte de Fessenden foi patrocinada por dois ricos empresários de Pittsburgh. Isso levou ao desenvolvimento do transmissor de centelha giratório e à primeira transmissão de rádio transatlântica bidirecional em 1906. Fessenden estava convencido de que o transmissor de centelha não era a melhor abordagem. Ele acreditava que um transmissor de *onda contínua* seria melhor. Nesse sentido, ele deixou vários contratos com a General Eletric para construir um alternador de alta velocidade que poderia desenvolver sinais elétricos em frequências de 10 kHz (que acabou por ser de uso limitado) e depois de 50 kHz. Ao usar um microfone de carbono em linha com a fonte, Fessenden foi capaz de modular em amplitude o sinal, fornecendo uma qualidade de áudio muito melhor do que com o transmissor de centelha. Em dezembro de 1906, Fessenden transmitiu um programa de música usando um transmissor alternador, tornando-se o primeiro a transmitir entretenimento e música pelo rádio. Entretanto, os transmissores alternadores iniciais eram muito menos potentes que os transmissores de centelha, e essas demonstrações iniciais de rádio foram logo esquecidas. Não foi antes de 1920 que a transmissão de rádio usando modulação em amplitude tornou-se corriqueira.

No início de 1900, Fessenden também desenvolveu o princípio *heteródino* por meio do qual dois sinais são misturados (multiplicados) para produzir uma terceira frequência. Entretanto, devido às limitações de *hardware*, passou-se uma década antes que a heterodinagem se tornasse prática. Fessenden foi um inventor prolífico, acumulando mais de 500 patentes em uma grande variedade de campos de pesquisa incluindo microfilmagem, sismologia e sonar.

dulação em amplitude como o padrão, podemos distinguir três formas modificadas de modulação em amplitude:

1. *Modulação de banda lateral dupla e portadora suprimida (DSB-SC)*, em que a onda transmitida consiste apenas nas bandas laterais superior e inferior. A potência transmitida é economizada aqui através da supressão da onda portadora, mas a exigência de largura de banda do canal é a mesma de antes (isto é, o dobro da largura de banda da mensagem).
2. *Modulação de banda lateral vestigial (VSB)*, em que uma banda lateral passa quase que completamente e apenas um traço, ou *vestígio*, da outra banda lateral é retido. A largura de banda de canal requerida está, portanto, excedendo da largura de banda da mensagem por uma quantidade equivalente à largura da banda lateral vestigial. Essa forma de modulação é bem adequada à transmissão de sinais de banda larga, como os sinais de televisão que contêm componentes significantes em frequências extremamente baixas. Na transmissão comercial de televisão, uma portadora bastante grande é transmitida juntamente com a onda modulada, o que torna possível a demodulação do sinal modulado que chega por um detector de envoltória no receptor e, assim, simplifica o projeto do receptor.
3. *Modulação de banda lateral única (SSB)*, em que a onda modulada consiste apenas na banda lateral superior ou na banda lateral inferior. A função essencial da modulação SSB é, portanto, traduzir o espectro do sinal modulante (com ou sem inversão) para uma nova localização do domínio da frequência. A modulação de banda lateral única é particularmente adequada para a transmissão de sinais de voz em virtude do *intervalo de energia nula*, que existe no espectro dos sinais de voz entre zero e algumas centenas de hertz. É uma forma ótima de modulação em que se requer o mínimo de potência transmitida e o mínimo de largura de banda do canal: sua principal desvantagem é o custo alto e a complexidade.

Na Seção 3.3 discutiremos a modulação DSB-SC, seguida de discussões das formas de modulação VSB e SSB nas seções seguintes.

3.3 Modulação de banda lateral dupla e portadora suprimida

Basicamente, a *modulação de banda lateral dupla e portadora suprimida* (*DSB-SC*) consiste no produto do sinal da mensagem $m(t)$ e da onda portadora $c(t)$, como se segue:

$$\begin{aligned} s(t) &= c(t)\,m(t) \\ &= A_c \cos(2\pi f_c t) m(t) \end{aligned} \quad (3.14)$$

Consequentemente, o sinal modulado $s(t)$ sofre uma *inversão de fase* sempre que o sinal da mensagem $m(t)$ cruza o zero, como indicado na Figura 3.8b para o sinal da mensagem da Figura 3.8a. O envelope de um sinal modulado DSB-SC é, portanto, diferente do sinal da mensagem.

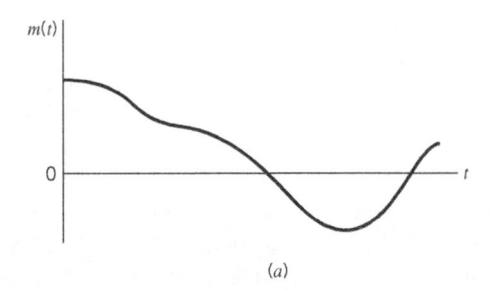

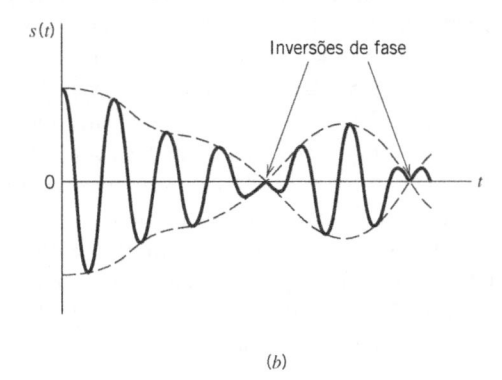

Figura 3.8 (a) Sinal de banda base. (b) Onda modulada DSB-SC.

Da Eq. (3.14), a transformada de Fourier de $s(t)$ é obtida como

$$S(f) = \frac{1}{2}A_c[M(f - f_c) + M(f + f_c)] \qquad (3.15)$$

Para o caso de quando o sinal de banda base $m(t)$ for limitado ao intervalo $-W \leq f \leq W$, como na Figura 3.9a, constataremos que o espectro $S(f)$ da onda DSB-SC $s(t)$ será conforme ilustrado na Figura 3.9b.

Exceto por uma mudança no fator de escala, o processo de modulação simplesmente *translada* o espectro do sinal de banda base para $\pm f_c$. É evidente que a transmissão de largura de banda requerida pela modulação DSB-SC é a mesma que a da modulação em amplitude, ou seja, $2W$.

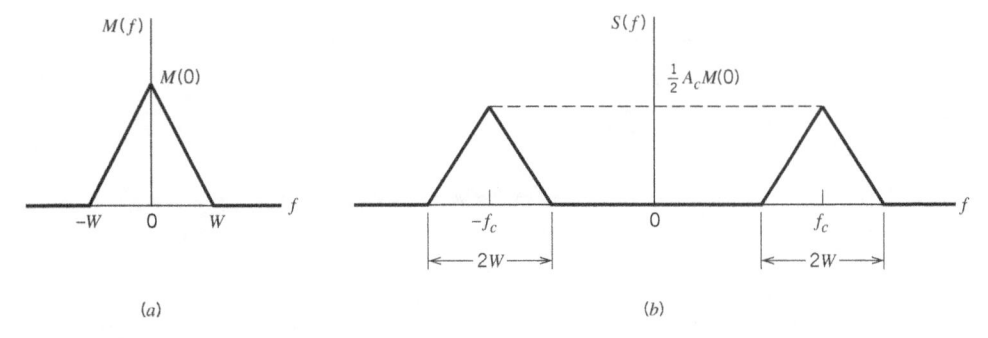

Figura 3.9 (a) Espectro do sinal de banda base. (b) Espectro da onda modulada DSB-SC.

Modulador em anel

Um dos moduladores multiplicadores mais úteis, bem adaptado para a geração de ondas DSB-SC, é o modulador em anel mostrado na Figura 3.10a. Os quatros diodos formam um anel em que todos eles apontam para a mesma direção – por isso o nome. Os diodos são controlados por uma onda portadora quadrada $c(t)$ de frequência f_c, que é aplicada longitudinalmente por meio de dois transformadores de tomada central. Se os transformadores estiverem perfeitamente balanceados e os diodos forem idênticos, *não* haverá vazamento da frequência de modulação (chaveamento) na saída do modulador. Para entender a operação do circuito, assumamos que o diodo possui uma resistência direta constante r_f quando ativado e uma resistência reversa constante r_b quando desativado, e que eles chaveiam quando a onda portadora $c(t)$ passa por zero. Em um semiciclo da onda portadora, os diodos externos ficam diretamente polarizados (portanto, com resistência r_f cada um) e os diodos internos ficam reversamente polarizados (portanto, com resistência r_b cada um) conforme a Figura 3.10b. No outro semiciclo da onda portadora, os diodos operam em condições opostas, conforme mostrado na Figura 3.10c. Tipicamente, as resistências terminais no final da entrada e da saída do modulador são as mesmas (assumindo-se transformadores ideais 1 : 1).

Sob as condições descritas aqui, é uma questão simples mostrar que a tensão de saída na Figura 3.10b tem a mesma magnitude que a tensão de saída na Figura 3.10c, mas elas têm polaridades opostas. Com efeito, o modulador em anel atua como um *comutador*.

A Figura 3.11c mostra a forma da onda idealizada do sinal modulado $s(t)$ produzida pelo modulador em anel, assumindo-se uma onda de modulante senoidal

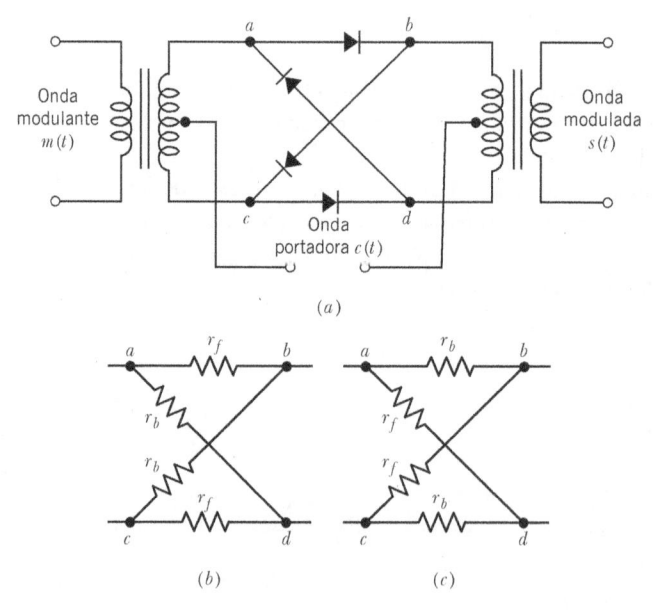

Figura 3.10 Modulador em anel. (a) Diagrama do circuito. (b) Ilustração da condição em que os diodos externos são ativados e os diodos internos são desativados. (c) Ilustração da condição em que os diodos externos são desativados e os diodos internos são ativados.

$m(t)$ como na Figura 3.11a e uma onda portadora quadrada $c(t)$ como na Figura 3.11b. Agora, a onda portadora quadrada $c(t)$ pode ser representada pela série de Fourier como se segue:

$$c(t) = \frac{4}{\pi} \sum_{n=1}^{\infty} \frac{(-1)^{n-1}}{2n-1} \cos[2\pi f_c t(2n-1)] \quad (3.16)$$

A saída do modulador em anel é, portanto,

$$s(t) = c(t)m(t)$$
$$= \frac{4}{\pi} \sum_{n=1}^{\infty} \frac{(-1)^{n-1}}{2n-1} \cos[2\pi f_c t(2n-1)]m(t)$$

$$(3.17)$$

Vemos que não existe saída do modulador na frequência da portadora; ou seja, a saída do modulador consiste inteiramente de produtos de modulação. O modulador em anel é algumas vezes referido como um *modulador duplamente balanceado*, porque é balanceado com respeito tanto ao sinal de banda de base quanto à onda portadora quadrada.

Assumindo-se que $m(t)$ é limitado à banda de frequência $-W \le f \le W$, o espectro da saída do modulador consiste em bandas laterais em torno de cada harmônico ímpar da onda portadora quadrada $c(t)$, como ilustrado na Figura 3.12. Aqui se assume que $f_c > W$ de modo a se prevenir a *sobreposição de banda lateral*, que surge quando bandas laterais pertencentes às frequências harmônicas adjacentes f_c e $3f_c$ se sobrepõem uma à outra. Desse modo, desde que tenhamos $f_c > W$, podemos utilizar um filtro passa-faixa da frequência de banda média f_c e largura de banda $2W$ para selecionar o par desejado de bandas laterais em torno da frequência de portadora f_c. Consequentemente, o circuito necessário para a geração de onda modulada DSB-SC consiste em um modulador em anel seguido de um filtro passa-faixa.

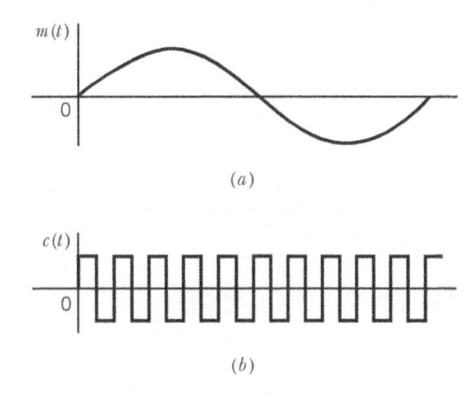

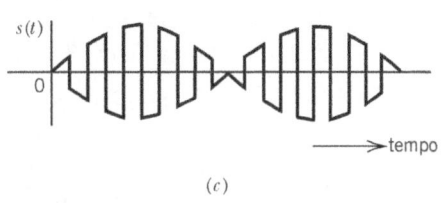

Figura 3.11 Formas de onda ilustrando a operação do modulador em anel para uma onda modulante senoidal. (a) Onda modulante. (b) Onda portadora quadrada. (c) Onda modulada.

Detecção coerente

O sinal de banda base $m(t)$ pode ser unicamente recuperado de uma onda DSB-SC multiplicando-se primeiramente $s(t)$ por uma onda senoidal gerada localmente e então passando o produto por um filtro passa-baixas, como na Figura 3.13. Assume-se que o sinal do oscilador local é exatamente coerente ou sincronizado, tanto em frequência quanto em fase, com a onda portadora $c(t)$ usada no modulador multiplicador para gerar $s(t)$. Esse método de modulação é conhecido como *detecção coerente* ou *demodulação síncrona*.

É instrutivo derivar a detecção coerente como um caso especial do processo de demodulação mais geral utilizando-se um sinal do oscilador local de mesma frequência, mas com uma diferença de fase arbitrária ϕ, medida em relação à onda portadora

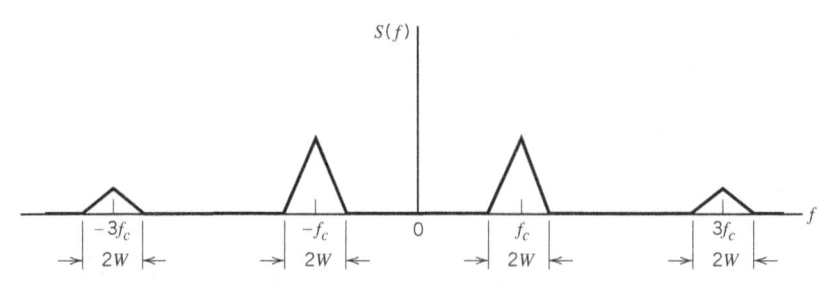

Figura 3.12 Ilustração do espectro da saída do modulador em anel.

$c(t)$. Desse modo, denotando o sinal do oscilador local por $A'_c \cos(2\pi f_c t + \phi)$, e utilizando a Eq. (3.14) para a onda DSB-SC $s(t)$, constatamos que a saída do modulador multiplicador na Figura 3.13 é

$$v(t) = A'_c \cos(2\pi f_c t + \phi)s(t)$$
$$= A_c A'_c \cos(2\pi f_c t) \cos(2\pi f_c t + \phi)m(t)$$
$$= \frac{1}{2}A_c A'_c \cos(4\pi f_c t + \phi)m(t) + \frac{1}{2}A_c A'_c \cos\phi\, m(t) \qquad (3.18)$$

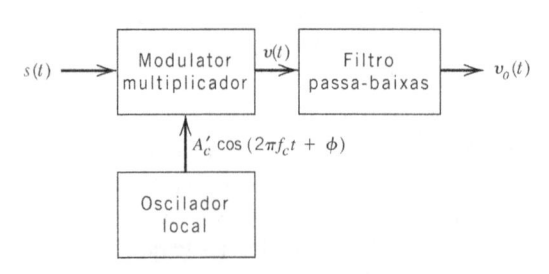

Figura 3.13 Detecção coerente da onda modulada DSB-SC.

O primeiro termo na Eq. (3.18) representa um sinal DSB-SC modulado com uma frequência de portadora $2f_c$, ao passo que o segundo termo é proporcional ao sinal de banda base $m(t)$. Isso está ilustrado mais adiante pelo espectro $V(f)$ mostrado na Figura 3.14, em que se assume que o sinal de banda base $m(t)$ é limitado ao intervalo $-W \leq f \leq W$. É evidente, portanto, que o primeiro termo na Eq. (3.18) é removido pelo filtro passa-baixas na Figura 3.13, desde que a frequência de corte desse filtro seja maior que W, mas menor que $2f_c - W$.

Isso é satisfeito ao se escolher $f_c > W$. Na saída do filtro obtemos um sinal dado por:

$$v_o(t) = \frac{1}{2}A_c A'_c \cos\phi\, m(t) \qquad (3.19)$$

O sinal demodulado $v_o(t)$ é, portanto, proporcional a $m(t)$ quando o erro de fase ϕ é uma constante. A amplitude deste sinal demodulado será máxima quando $\phi = 0$, e será mínima (zero) quando $\phi = \pm \pi/2$. O sinal demodulado nulo, que ocorre para $\phi = \pm \pi/2$, representa o *efeito de nulo da quadratura* do detector coerente. Assim, o erro de fase ϕ no oscilador local faz com que a saída do detector seja atenuada por um fator igual a $\cos\phi$. Enquanto o erro de fase ϕ for constante, a saída do detector será uma versão sem distorções do sinal de banda base original $m(t)$. Na prática, entretanto, normalmente constatamos que o erro de fase ϕ varia aleatoriamente com o tempo, devido a variações aleatórias no canal de comunicação. O resultado é que, na saída do detector, o fator multiplicativo $\cos\phi$ também variará aleatoriamente com o tem-

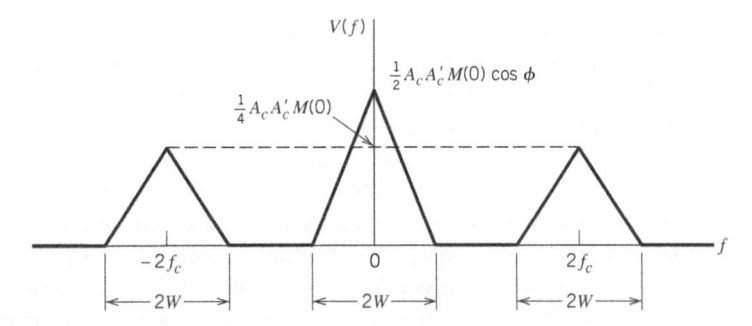

Figura 3.14 Ilustração do espectro da saída de um modulador multiplicador com uma onda modulada DSB-SC como entrada.

po, o que é obviamente indesejável. Portanto, provisões devem ser feitas no sistema para manter o oscilador local do receptor em perfeito sincronismo, tanto em frequência quanto em fase, com a onda portadora utilizada para gerar o sinal demodulado DSB-SC no transmissor. A complexidade resultante do sistema é o preço que se deve pagar para suprimir a onda portadora, a fim de se poupar potência do transmissor.

Receptor Costas

Um método para a obtenção de um sistema receptor síncrono prático, adequado para demodular ondas DSB-SC, é o uso do *receptor Costas* mostrado na Figura 3.15.

Esse receptor consiste em dois detectores coerentes alimentados com o mesmo sinal de entrada, a saber, a onda DSB-SC $A_c\cos(2\pi f_c t)m(t)$ de entrada, mas com sinais individuais do oscilador local individual que estão em quadratura de fase entre si. A

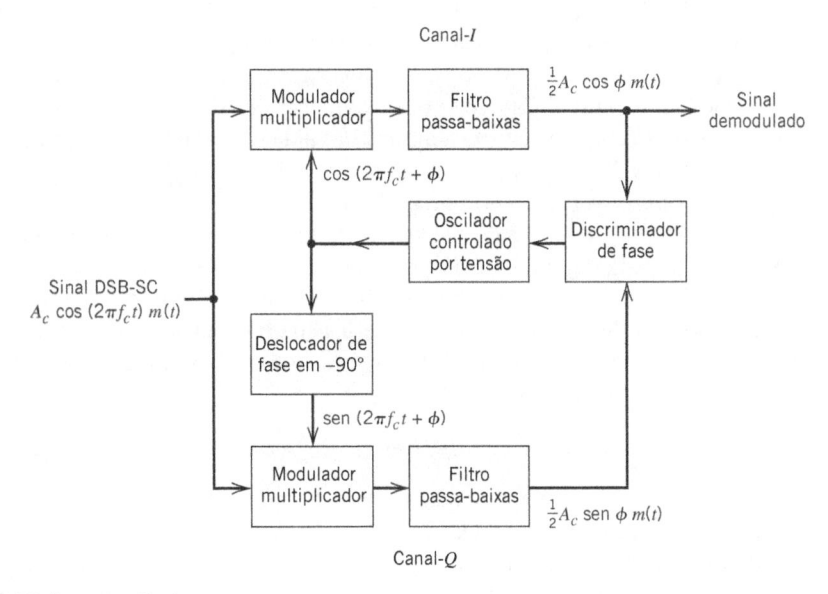

Figura 3.15 Receptor Costas.

frequência do oscilador local é ajustada para ser a mesma da frequência de portadora f_c, que se assume ser conhecida *a priori*. O detector no caminho superior é referido como o *detector coerente em fase* ou *canal I*, e o no caminho inferior é referido como o *detector coerente em quadratura de fase* ou *canal Q*. Esses dois detectores são acoplados conjuntamente para formar um *sistema de realimentação negativa* projetado de forma a manter o oscilador local síncrono com a onda portadora.

Para entender a operação desse receptor, suponha que o sinal do oscilador local tenha a mesma fase que a onda portadora $A_c\cos(2\pi f_c t)$ utilizada para gerar a onda DSB-SC da entrada. Sob essas condições, descobrimos que a saída do canal *I* contém o sinal demodulado $m(t)$, ao passo que a saída do canal *Q* é zero devido ao efeito de nulo da quadratura do canal *Q*. Suponha, em seguida, que a fase do oscilador local se desloque de seu valor apropriado por um pequeno ângulo de ϕ radianos. A saída do canal *I* permanecerá essencialmente inalterada, mas agora aparecerá algum sinal na saída do canal *Q*, o qual é proporcional a sen$\phi \simeq \phi$ para ϕ pequeno. Essa saída do canal *Q* terá a mesma polaridade que a saída do canal *I* para uma direção do deslocamento de fase do oscilador local, e polaridade oposta para a direção oposta do deslocamento de fase do oscilador local. Assim, combinando as saídas dos canais *I* e *Q* em um *discriminador de fase* (que consiste em um multiplicador seguido de um filtro passa-baixas), como mostrado na Figura 3.15, obtem-se um sinal de controle DC que corrige automaticamente *erros de fase* no *oscilador controlado por tensão*.

É evidente que o controle de fase no receptor Costas cessa com a modulação e que o bloqueio de fase deve ser restabelecido com o ressurgimento da modulação. Isto não é um problema sério quando se recebe transmissão de voz, porque o processo de bloqueio normalmente ocorre tão rapidamente que nenhuma distorção é perceptível.

3.4 Multiplexação por portadoras em quadratura

O efeito de nulo da quadratura do detector coerente também pode ter uma boa utilização na construção da chamada *multiplexação por portadoras em quadratura* ou *modulação de amplitude em quadratura* (QAM). Esse esquema possibilita que duas ondas moduladas DSB-SC (resultantes da aplicação de dois sinais de mensagem fisicamente *independentes*) ocupem a mesma largura de banda de canal, e ainda permite a separação dos dois sinais de mensagem na saída do receptor. Ele é, portanto, um *esquema de conservação da largura de banda*.

Um diagrama de blocos do sistema de multiplexação por portadoras em quadratura é mostrado na Figura 3.16. A parte transmissora do sistema, mostrada na Figura 3.16a, envolve a utilização de dois moduladores multiplicadores distintos que são alimentados por duas ondas portadoras de mesma frequência, mas com diferença de fase de $-90°$. O sinal transmitido $s(t)$ consiste na soma das saídas desses dois moduladores multiplicadores, como mostrado por

$$s(t) = A_c m_1(t)\cos(2\pi f_c t) + A_c m_2(t)\text{sen}(2\pi f_c t) \tag{3.20}$$

em que $m_1(t)$ e $m_2(t)$ denotam os dois diferentes sinais de mensagem aplicados aos moduladores multiplicadores. Dessa forma, $s(t)$ ocupa uma largura de banda de canal de $2W$ centrada na frequência de portadora f_c, em que W é largura de banda da mensagem de $m_1(t)$ e $m_2(t)$. De acordo com a Eq. (3.20) podemos ver $A_c m_1(t)$ como

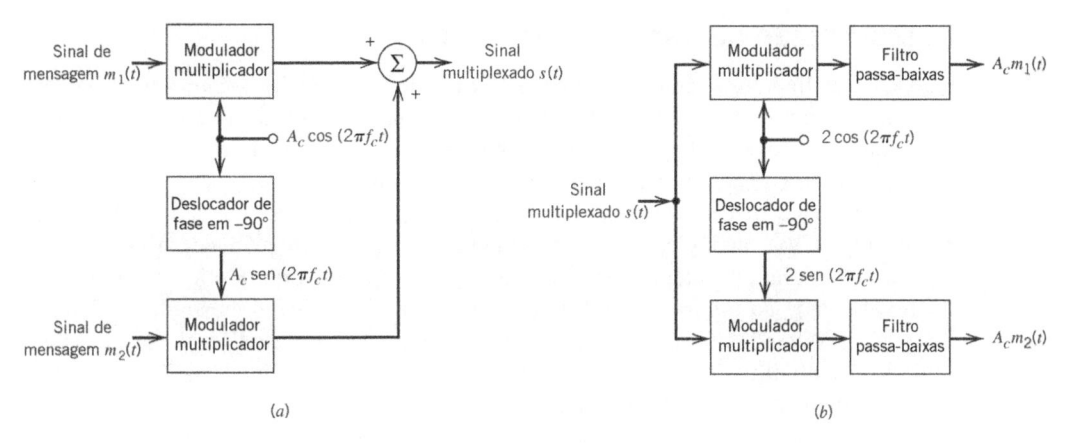

Figura 3.16 Sistema de multiplexação por portadoras em quadratura. (*a*) Transmissor. (*b*) Receptor.

a componente em fase do sinal passa-faixa multiplexado $s(t)$ e $-A_c m_2(t)$ como sua componente em quadratura.

A parte receptora do sistema é mostrada na Figura 3.16*b*. O sinal multiplexado $s(t)$ é aplicado simultaneamente a dois detectores coerentes distintos que são alimentados com duas portadoras locais de mesma frequência, com diferença de fase de $-90°$. A saída do detector superior é $\frac{1}{2}A'_c m_1(t)$, enquanto que a saída do receptor inferior é $\frac{1}{2}A'_c m_2(t)$. Para que o sistema opere satisfatoriamente, é importante manter as relações de fase e frequência corretas entre os osciladores locais utilizados nas partes transmissora e receptora do sistema.

Para manter essa sincronização, podemos utilizar o receptor Costas descrito acima. Outro método comumente utilizado é o envio de um *sinal piloto* fora da banda passante do sinal modulado. Nesse último método, o sinal piloto tipicamente consiste em um tom senoidal de baixa potência cujas frequência e fase estão relacionadas com a onda portadora $c(t)$; no receptor, o sinal piloto é extraído por meio de um circuito apropriadamente sintonizado e depois transladado para a frequência correta para ser utilizado no detector coerente.

3.5 Métodos de modulação de banda lateral única e de banda lateral vestigial

Nossa investigação de sinais passa-faixa e de modulação de amplitude em quadratura indicou que podemos transmitir dois sinais independentes, cada um de largura de banda base W, em um canal passa-faixa de largura de banda $2W$. Com a modulação de banda lateral dupla, transmitimos apenas um sinal, e a questão que nos vem à mente é a seguinte: quando que a largura de banda passante de $2W$ é realmente necessária? De fato, pode-se mostrar que devido à simetria do sinal DSB em torno da frequência da portadora, a mesma informação é transmitida nas *bandas laterais superior* e *inferior*, e apenas uma das bandas laterais precisa ser transmitida. Nesta seção, discutiremos medidas de conservação da largura de banda conhecidas como *modulação de banda lateral única* (SSB) e *modulação de banda lateral vestigial* (VSB).

Modulação de banda lateral única

Conceitualmente, a geração de um sinal SSB é direta. Primeiro geramos um sinal de banda lateral dupla e então aplicamos um filtro passa-faixa ideal ao resultado com frequências de corte de f_c e $f_c + W$ para a banda lateral superior, por exemplo. Na prática, a construção aproximada de um filtro ideal é muito difícil[1].

Onde a SSB encontra sua maior aplicação é na transmissão de um sinal de voz analógico. Voz analógica possui muito pouca energia em frequências baixas (<300 Hz), isto é, há um intervalo de energia nula no espectro próximo à origem, como representado na Figura 3.17a. Nesse caso, o filtro SSB ideal é mostrado na Figura 3.17b, resultando no espectro passa-faixa mostrado na Figura 3.17c. Nessa situação, o projeto do filtro SSB não precisa ser tão estrito como representado na Figura 3.17b. Em particular, o filtro precisa satisfazer às seguintes exigências:

- A banda lateral desejada deve situar-se dentro da banda passante do filtro.
- A banda lateral indesejada deve situar-se dentro da banda de rejeição do filtro.

Isso indica que a banda de transição do filtro, separando a banda passante da banda de rejeição, é o dobro da componente de frequência mais baixa ($2f_a$) do sinal de mensagem. Essa largura de banda de transição não nula simplifica bastante o projeto do filtro SSB. A análise de um sinal SSB utiliza uma técnica conhecida como a trans-

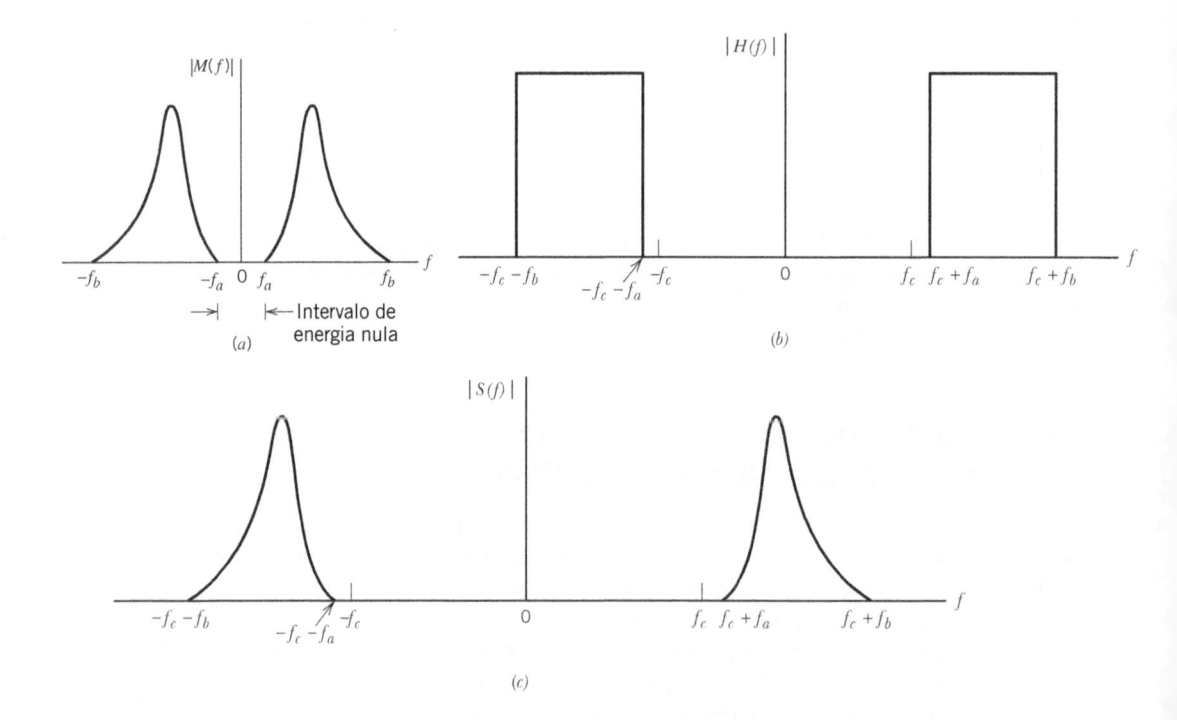

Figura 3.17 (a) Espectro de um sinal de mensagem m(t) com um espaço de energia nula centrado em torno da origem. (b) Resposta em frequência idealizada do filtro passa-faixa. (c) Espectro do sinal SSB que contém a banda lateral superior.

formada de Hilbert². Similar a um sinal DSB, a demodulação coerente é necessária para detectar um sinal SSB. A informação de sincronização requerida para realizar a demodulação coerente é muitas vezes obtida por um dos dois métodos:

- transmitindo-se uma portadora piloto de baixa potência adicionada à banda lateral selecionada, ou
- utilizando-se osciladores bastante estáveis tanto no transmissor quanto no receptor para gerar a frequência da portadora.

Com a segunda abordagem, há inevitavelmente algum erro de fase entre os osciladores do emissor e do receptor. Esse erro de fase conduz a distorções do sinal demodulado e dá origem ao chamado efeito de voz Pato Donald*.

Modulação VSB

A aplicação prática da ideia de transmissão de banda lateral única a sinais que não apresentam um intervalo de energia nula na origem conduz à transmissão de banda *lateral vestigial* (VSB).

Com VSB, toda uma banda lateral é transmitida e uma pequena quantidade (vestígio) da outra banda lateral é transmitida também, como ilustrado na Figura 3.18. Com VSB, admite-se que o filtro tenha uma banda de transição não nula, mas a questão permanece: quais restrições, se houver, são impostas sobre o filtro para se permitir uma recuperação precisa do sinal de mensagem? Para responder essa questão, consideremos os modelos mostrados na Figura 3.19 para a geração do sinal VSB e para detectá-lo de maneira coerente.

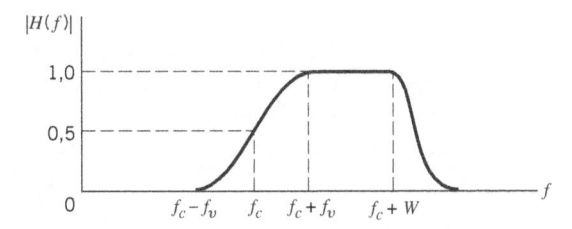

Figura 3.18 Resposta em magnitude do filtro VSB; apenas a porção de frequências positivas é mostrada.

Seja $H(f)$ a função de transferência do filtro que segue o modulador multiplicador na Figura 3.19a. O espectro do sinal modulado $s(t)$ produzido passando-se o sinal deslocado na frequência $u(t)$ através do filtro $H(f)$ é dado por

$$S(f) = U(f)H(f)$$
$$= \frac{A_c}{2}[M(f - f_c) + M(f + f_c)]H(f) \qquad (3.21)$$

em que $M(f)$ é a transformada de Fourier do sinal de banda base $m(t)$ e $U(f)$ é a transformada de Fourier de $u(t)$. O problema que desejamos abordar é determinar a $H(f)$ particular requerida para produzir um sinal modulado $s(t)$ com as características de espectro desejadas, de modo que o sinal de banda base original $m(t)$ possa ser recuperado a partir de $s(t)$ por detecção coerente.

---

* N. de T.: O Pato Donald é um personagem dos Estúdios Walt Disney conhecido por possuir uma voz engraçada.

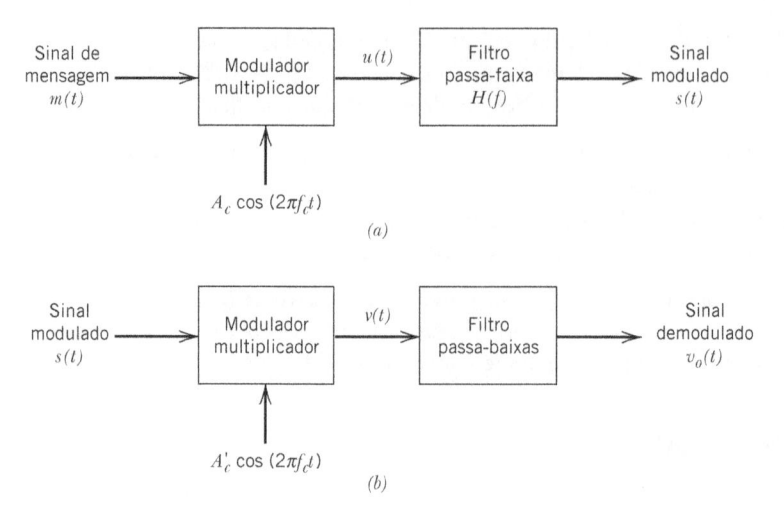

Figura 3.19 (a) Esquema de filtragem para processamento das bandas laterais. (b) Detector coerente para recuperação do sinal de mensagem.

O primeiro passo no processo de detecção coerente envolve a multiplicação do sinal modulado $s(t)$ por uma onda senoidal $A'_c \cos(2\pi f_c t)$ localmente gerada, que seja síncrona com a onda portadora $A_c \cos(2\pi f_c t)$, tanto em frequência quanto em fase como mostrado na Figura 3.19b. Podemos então escrever

$$v(t) = A'_c \cos(2\pi f_c t) s(t)$$

Transformando essa relação para o domínio da frequência, temos a transformada de Fourier de $v(t)$ como

$$V(f) = \frac{A'_c}{2}[S(f - f_c) + S(f + f_c)] \tag{3.22}$$

Portanto, substituição da Eq. (3.21) na (3.22) produz

$$V(f) = \frac{A_c A'_c}{4} M(f)[H(f - f_c) + H(f + f_c)]$$

$$+ \frac{A_c A'_c}{4}[M(f - 2f_c)H(f - f_c) + M(f + 2f_c)H(f + f_c)] \tag{3.23}$$

As componentes de alta frequência de $v(t)$ representadas pelo segundo termo na Eq. (3.23) são removidas pelo filtro passa-baixas na Figura 3.19b para produzir uma saída $v_o(t)$, cujo espectro é dado pelas componentes remanescentes:

$$V_o(f) = \frac{A_c A'_c}{4} M(f)[H(f - f_c) + H(f + f_c)] \tag{3.24}$$

Para uma reprodução sem distorção do sinal de banda base original $m(t)$ na saída do detector coerente, requeriamos que $V_o(f)$ seja uma versão escalonada de $M(f)$. Isso significa, portanto, que a função de transferência $H(f)$ deve satisfazer a condição

$$H(f - f_c) + H(f + f_c) = 2H(f_c) \tag{3.25}$$

em que $H(f_c)$, o valor de $H(f)$ em $f = f_c$ é uma constante. Quando o espectro de banda base $M(f)$ vale zero fora da faixa de frequência $-W \leq f \leq W$, precisamos apenas satisfazer a Eq. (3.25) para valores de f nesse intervalo. Além disso, para simplificar a exposição, seja $H(f_c) = 1/2$. Requeremos então que $H(f)$ satisfaça a condição:

$$H(f - f_c) + H(f + f_c) = 1, \quad -W \leq f \leq W \quad (3.26)$$

Existe um grande acordo de flexibilidade na seleção de $H(f)$ para satisfazer essa condição, como discutido a seguir na Seção 3.6. Em qualquer evento, sob a condição descrita na Eq. (3.26), constatamos a partir da Eq. (3.24) que a saída do detector coerente na Figura 3.19b é dada por

$$v_o(t) = \frac{A_c A'_c}{2} m(t)$$

Desse modo, se a função de transferência do filtro satisfizer a Eq. (3.26), poderemos recuperar o sinal de banda base original sem distorção.

Na hipótese de que o requerimento seja a geração de um sinal modulado de *banda lateral vestigial* (VSB) que contenha um vestígio da banda lateral inferior, verificaremos que a Eq. (3.26) será satisfeita utilizando-se um filtro passa-faixa cuja função de transferência $H(f)$ é mostrada na Figura 3.18; por razões de simplificação, apenas a resposta para frequências positivas é mostrada aqui. Essa resposta em frequência está normalizada, de modo que $|H(f)|$ vale 0,5 na frequência da portadora f_c. A característica importante a se notar, de qualquer modo, é que a porção de corte da resposta em frequência em torno de f_c exibe *simetria ímpar*. Ou seja, dentro do intervalo de transição $f_c - f_v \leq |f| \leq f_c + f_v$ a soma dos valores de $|H(f)|$ em quaisquer duas frequências igualmente deslocadas acima e abaixo de f_c é igual à unidade; f_v é a largura da banda lateral vestigial. Notemos também que fora da banda de frequências de interesse (isto é, $|f| > f_c + W$), a função de transferência $H(f)$ pode ter especificação arbitrária.

A Figura 3.18 se aplica a um sinal modulado VSB que contém um vestígio da banda lateral inferior. Para um sinal modulado VSB que contenha um vestígio da banda lateral superior, temos resultados similares exceto pelas seguintes diferenças: a porção de corte superior de $H(f)$ é controlada para exibir simetria ímpar em torno da frequência da portadora f_c, ao passo que a porção de corte inferior é arbitrária[3].

3.6 Exemplo temático – transmissão VSB de televisão analógica e digital

Uma discussão a respeito da modulação de banda lateral vestigial seria incompleta sem a menção de seu papel na radiodifusão de televisão comercial, tanto analógica quanto digital[4]. A largura de banda de canal utilizada para a radiodifusão de TV na América do Norte é 6 MHz, como indicado na Figura 3.20. No caso da transmissão analógica, essa largura de banda acomoda não apenas a exigência de largura de banda do sinal de vídeo modulado VSB, como também garante o sinal de som concomitante que modula sua própria portadora. Os valores apresentados no eixo de frequência da Figura 3.20 pertencem a um canal de TV específico. De acordo com essa figura, para a transmissão VSB analógica, a frequência da portadora de imagem está em 55,25 MHz e a frequência da portadora de som está em 59,75 MHz. Notemos, contudo, que o conteúdo de informação do sinal de TV situa-se em um espectro de banda base que se estende de 1,25 MHz abaixo da portadora de imagem até 4,25 MHz acima dela.

A escolha do formato da modulação VSB para a transmissão de televisão analógica foi influenciada por dois fatores:

1. O sinal de vídeo exibe uma grande largura de banda e conteúdo de baixa frequência significativo, o que sugere a utilização de modulação de banda lateral vestigial.
2. O circuito utilizado para a demodulação no receptor deveria ser simples e, portanto barato. Isso sugere o uso de detecção de envoltória, o que requer a adição de uma portadora para a onda modulada VSB.

Com relação ao ponto 1, deve-se destacar que, apesar de realmente haver um desejo básico de conservar a largura de banda, na radiodifusão de TV comercial o sinal transmitido não é bem modulado em VSB. A razão é que, no transmissor, os níveis de potência são elevados e, por isso, seria dispendioso controlar rigidamente a filtragem de bandas laterais. Em vez disso, um filtro VSB é inserido em cada receptor no qual os níveis de potência são baixos. O desempenho global é o mesmo que o da modulação de banda lateral vestigial convencional, exceto por alguma potência e largura de banda desperdiçadas. Essas observações são ilustradas pela Figura 3.20. Em particular, a Figura 3.20a mostra o espectro idealizado de um sinal de TV transmitido. A banda lateral superior, 25% da banda lateral inferior e a portadora de imagem são transmitidas. A resposta em frequência do filtro VSB utilizado para fazer a conformação de espectro necessária no receptor é mostrada na Figura 3.20b. Com respeito ao ponto 2, a utilização de detecção de envoltória (aplicada a uma onda modulada VSB mais portadora) produz uma distorção na forma de onda do sinal de vídeo recuperado na saída do detector.

Uma vez que mostramos que com VSB o sinal de banda base pode ser confiavelmente recuperado com filtragem apropriada, a técnica VSB pode ser aplicada tanto a sinais digitais quanto analógicos. Com a evolução da transmissão analógica para a transmissão digital de sinais de televisão na América do Norte, um fator comum é o uso continuado da modulação VSB. A escolha da modulação VSB para a transmissão de *sinais de*

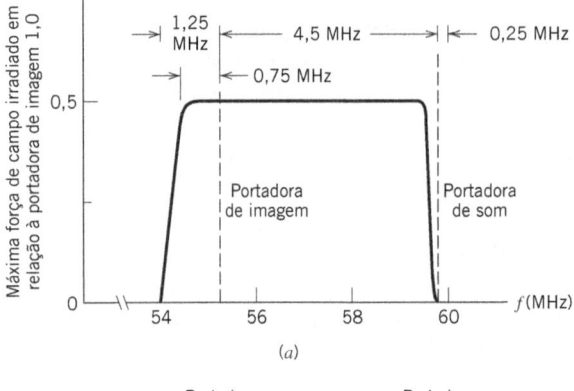

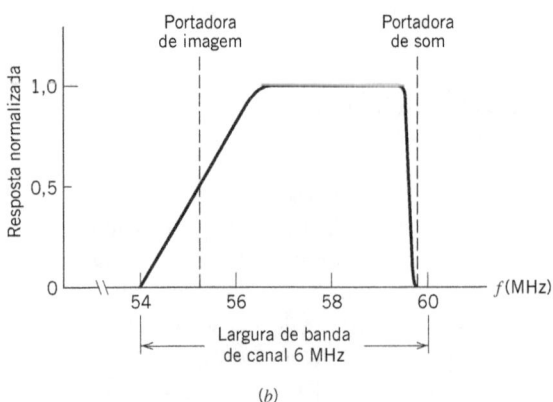

Figura 3.20 (a) Espectro de magnitude idealizado de um sinal de TV transmitido. (b) Resposta em magnitude do filtro de conformação VSB no receptor.

televisão de alta definição (HDTV) digitais foi influenciada por dois fatores estreitamente relacionados:

1. O sinal transmitido deveria ser compatível em termos de largura de banda com o formato analógico existente. Com as técnicas digitais modernas, taxas de transmissão de dados de 20 megabits por segundo (Mbps) e maiores podem ser transmitidas em uma largura de banda de 6 MHz. Essas taxas de transmissão de dados são consistentes com as exigências para a codificação digital de sinais de vídeo.
2. O circuito para a demodulação no receptor deveria ser simples e relativamente barato. Com a evolução da eletrônica, a complexidade implicada pelo termo "simples" cresceu algumas ordens de grandeza em comparação com os receptores de televisão analógica originais. Contudo, esse é ainda um importante fator de projeto.

O espectro para o sinal VSB modulado digitalmente é mostrado na Figura 3.21. Devido a avanços na tecnologia, em particular no processamento digital de sinais, o sinal transmitido é o VSB verdadeiro nesse caso. O espectro tem uma forma conhecida como *cosseno elevado*, sobre o que temos mais a dizer no Capítulo 8. Com a abordagem digital, som, vídeo e cor estão todos integrados como uma sequência de dados. O espectro é configurado para se estender de 0,31 MHz abaixo da frequência da portadora a 5,69 MHz acima da portadora, que é mostrada tracejada na Figura 3.21. De modo similar à televisão analógica, uma componente portadora é adicionada ao sinal VSB digital na frequência de 54,155 MHz, mas apenas em um nível baixo. Essa componente portadora simplifica a detecção de dados e reduz o custo de recepção.

3.7 Translação na frequência

A operação básica envolvida na modulação de banda lateral única é, na realidade, uma forma de *translação na frequência*, razão pela qual a modulação de banda lateral única é às vezes chamada de *mudança de frequência, mistura* ou *heterodinagem*. Essa operação está claramente ilustrada no espectro do sinal mostrado na Figura 3.17c,

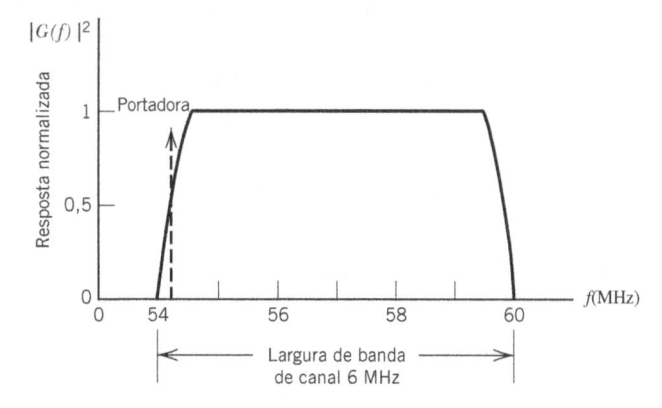

Figura 3.21 Espectro de magnitude idealizado do sinal de televisão digital modulado VSB.

comparado com o sinal de mensagem original na Figura 3.17a. Especificamente, vemos que um espectro de mensagem que ocupa a banda a partir de f_a até f_b para frequências positivas na Figura 3.17a é deslocado para cima de uma quantidade igual à frequência de portadora f_c na Figura 3.17c. O espectro de mensagem para frequências negativas é transladado para baixo de uma maneira simétrica.

A ideia de translação na frequência aqui descrita pode ser generalizada da seguinte maneira. Suponhamos que tenhamos uma onda modulada $s_1(t)$ cujo espectro esteja centrado em uma frequência de portadora f_1, e seja necessário transladá-la para cima em termos de frequência a fim de que sua frequência de portadora mude de f_1 para um novo valor f_2. Essa exigência pode ser satisfeita usando-se o *misturador* (*mixer*) mostrado na Figura 3.22, que é similar ao esquema da Figura 3.19a. Especificamente, o *misturador* é um dispositivo que consiste em um modulador multiplicador seguido de um filtro passa-faixa. O filtro passa-faixa é projetado para ter uma largura de banda igual à do sinal modulado $s(t)$ utilizado como entrada.

A questão-chave a ser resolvida é a frequência do oscilador local conectado ao modulador multiplicador. Seja f_l essa frequência. Devido à translação na frequência realizada pelo misturador, a frequência de portadora f_1 do sinal modulado que chega é modificada por uma quantidade igual a f_l; consequentemente, podemos estabelecer

$$f_2 = f_1 + f_l$$

Resolvendo para f_l, temos então que

$$f_l = f_2 - f_1$$

Essa relação assume que $f_2 > f_1$, em cujo caso a frequência de portadora é transladada *para cima*. Se, por outro lado, temos $f_1 > f_2$, a frequência de portadora é transladada *para baixo*, e a frequência correspondente do oscilador local é

$$f_l = f_1 - f_2$$

A razão para o filtro passa-faixa é que o modulador multiplicador da Figura 3.23 produz dois termos:

$$s_1(t) \times A_l \cos(2\pi f_l t) = m(t)\cos(2\pi f_1 t) \times A_l \cos(2\pi f_l t)$$
$$= \frac{1}{2} A_l m(t)[\cos(2\pi (f_1 + f_l)t) + \cos(2\pi (f_1 - f_l)t)]$$

O filtro passa-faixa rejeita a frequência indesejada e mantém a frequência desejada.

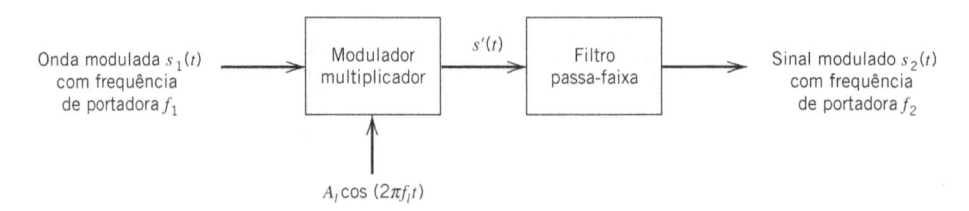

Figura 3.22 Diagrama de blocos do misturador.

É importante notar que a mistura é uma operação linear. Consequentemente, a relação entre as bandas laterais da onda modulada que chega e a onda portadora é completamente preservada na saída do misturador.

3.8 Multiplexação por divisão de frequência[5]

Outra importante operação de processamento de sinais é a multiplexação, por meio da qual muitos sinais independentes podem ser combinados em um sinal composto apropriado para a transmissão sobre um canal comum. As frequências de voz transmitidas por sistemas telefônicos, por exemplo, variam de 300 a 3.100 Hz. Para transmitir muitos desses sinais sobre o mesmo canal, os sinais devem ser separados para não interferirem mutuamente e, dessa forma, poderem ser separados na extremidade receptora. Isso é realizado separando-se os sinais seja na frequência ou no tempo. A técnica de separação de sinais na frequência é referida como *multiplexação por divisão de frequência* (FDM), ao passo que a técnica de separação de sinais no tempo é chamada de *multiplexação por divisão de tempo* (TDM). Nesta seção, discutiremos os sistemas FDM; os sistemas TDM serão discutidos no Capítulo 7.

Um diagrama de blocos de um sistema FDM é mostrado na Figura 3.23. Assume-se que os sinais de mensagem que chegam são do tipo passa-baixas, mas seu espectro não tem necessariamente valores diferentes de zero em toda sua extensão até a frequência zero. Seguindo cada entrada de sinal, mostramos um filtro passa-baixas, que é projetado para remover componentes de alta frequência que não contribuem significativamente para a representação do sinal, mas são capazes de perturbar outros sinais de mensagem que compartilham o canal comum. Esses filtros passa-baixas podem ser omitidos somente se os sinais forem suficientemente limitados em banda originalmente. Os sinais filtrados são aplicados a moduladores que deslocam as bandas de frequência dos sinais de forma a ocuparem intervalos de frequência mutuamente exclusivos.

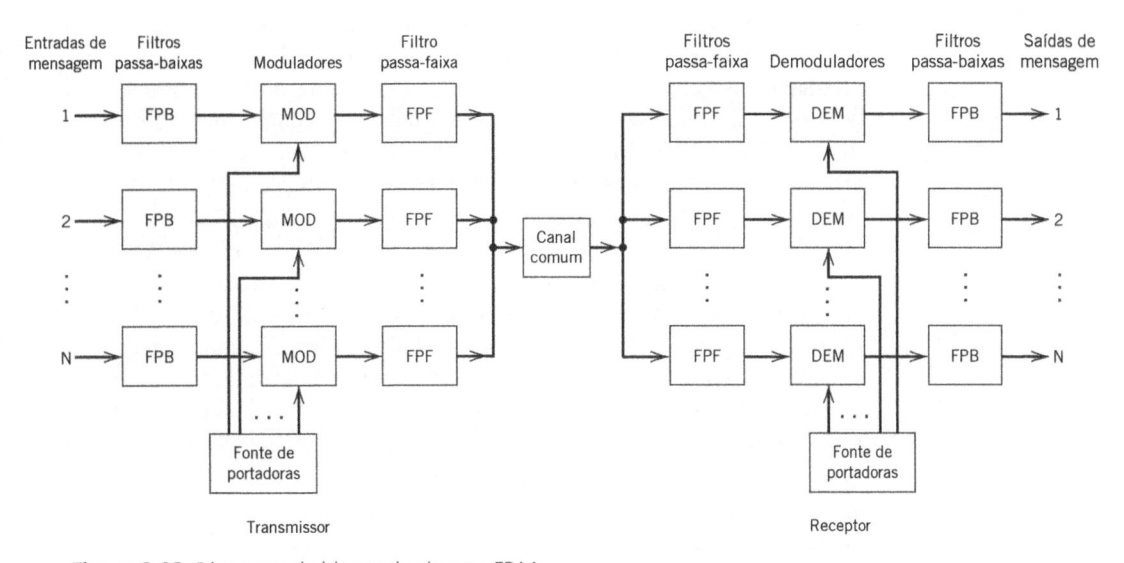

Figura 3.23 Diagrama de blocos do sistema FDM.

As frequências de portadora necessárias para realizar essas translações na frequência são obtidas de uma fonte de portadoras. Para a modulação, podemos utilizar qualquer um dos métodos descritos neste livro. Se a fonte de informação é de voz analógica, então um método comum de modulação utilizado com multiplexação por divisão de frequência é a modulação de banda lateral única. Nesse caso, a cada entrada de voz é normalmente atribuída uma largura de banda de 4 kHz. Os filtros passa-faixa depois dos moduladores são utilizados para restringir a banda de cada onda modulada à sua extensão prescrita. As saídas resultantes dos filtros passa-faixa são em seguida combinadas em paralelo para formar a entrada para o canal comum. No terminal receptor, um banco de filtros passa-faixa, com suas entradas conectadas em paralelo, é utilizado para separar os sinais de mensagem de acordo com a frequência ocupada. Finalmente, os sinais de mensagem originais são recuperados por demoduladores individuais. Notemos que o sistema FDM mostrado na Figura 3.23 opera somente em uma direção. Para fornecer transmissão bidirecional, como em telefonia, por exemplo, temos de duplicar completamente os dispositivos de multiplexação, com os componentes conectados em ordem inversa e percorridos pelas ondas de sinal da direita para a esquerda.

3.9 Resumo e discussão

Neste capítulo estudamos os princípios da modulação em amplitude, que é uma forma da modulação de ondas contínuas (CW), e um método importante para a geração e a demodulação de sinais modulados em amplitude. A modulação em amplitude usa uma portadora senoidal cuja amplitude é variada de acordo com o sinal de mensagem.

A modulação em amplitude pode ser ela mesma classificada em quatro tipos, dependendo do conteúdo espectral do sinal modulado. Os quatro tipos de modulação em amplitude e seus méritos práticos são os seguintes:

1. A modulação em amplitude padrão (AM) é o tipo em que as bandas laterais superior e inferior são transmitidas completamente, acompanhadas pela onda portadora. Por consequência, a demodulação de um sinal AM é realizada simplesmente no receptor utilizando-se um detector de envoltória, por exemplo. É por essa razão que observamos que a AM completa é comumente utilizada em transmissão de rádio AM comercial, a qual envolve um único transmissor potente e numerosos receptores que são relativamente simples de serem construídos.

2. A modulação de banda lateral dupla e portadora suprimida (DSB-SC) é o tipo em que apenas as bandas laterais superior e inferior são transmitidas. A supressão da onda portadora significa que a modulação DSB-SC requer muito menos potência do que a AM padrão para transmitir o mesmo sinal de mensagem; essa vantagem da modulação DSB-SC sobre a AM completa é, contudo, alcançada ao custo do aumento da complexidade do receptor. A modulação DSB-SC é, portanto, adequada para *comunicação ponto a ponto* envolvendo um transmissor e um receptor; nessa forma de comunicação, a potência transmitida está acima do valor usual e o uso de um receptor complexo é, portanto, justificável.

3. A modulação de banda lateral única (SSB) é o tipo em que apenas a banda lateral superior ou a banda lateral inferior é transmitida. Ela é ótima no senti-

do de que requer o mínimo de potência transmitida e o mínimo de largura de banda de canal para transportar um sinal de mensagem de um ponto a outro.

4. A modulação de banda lateral vestigial é o tipo em que "quase" a totalidade de uma banda lateral e um "vestígio" da outra banda lateral são transmitidos em uma maneira complementar prescrita. A modulação VSB requer uma largura de banda de canal que é intermediária entre a requerida para sistemas SSB e DSB-SC, e a economia de largura de banda pode ser significativa se sinais modulantes com larguras de banda grandes estiverem sendo manipulados, como no caso de sinais de televisão e dados de alta velocidade.

DSB-SC, SSB e VSB são exemplos de modulação linear no sentido de que se $s_1(t)$ e $s_2(t)$ são dois sinais modulados correspondentes às mensagens $m_1(t)$ e $m_2(t)$, então a soma $s_1(t) + s_2(t)$ corresponde à mensagem $m_1(t) + m_2(t)$. A AM ordinária não possui essa propriedade devido à presença da componente portadora.

Também introduzimos dois princípios importantes para detecção de sinais modulados em amplitude. A detecção de envoltória é um exemplo do primeiro princípio de *detecção não coerente*, dado que ela não requer que o receptor recupere a fase da portadora senoidal. A detecção não coerente tem a vantagem de ser fácil de se implementar, mas tem a desvantagem de desperdiçar potência. O segundo princípio de detecção foi a *demodulação coerente*, por meio da qual o receptor inclui circuitos para recuperar a fase da portadora transmitida. Esse método pode ser aplicado tanto nos casos em que a portadora é suprimida quanto nos casos em que a portadora não é suprimida. A vantagem da demodulação coerente é que ela pode ser aplicada a modulações de portadora suprimida e assim pode ser mais eficiente em potência do que a detecção não coerente. A demodulação coerente tem a desvantagem de que ela requer um projeto de receptor mais complexo.

No próximo capítulo, abordaremos uma segunda família de técnicas de modulação de ondas contínuas, denominada modulação angular. Descobriremos que a modulação angular possui propriedades significativamente diferentes daquelas da modulação em amplitude.

Notas e referências

1. Para uma discussão sobre os requisitos de filtragem na geração de sinais modulados SSB, ver o artigo de Kurth (1976).
2. Ver Haykin (2001) para uma discussão da transformada de Hilbert.
3. Na Seção 3.5 descrevemos um método para a geração de um sinal VSB. Em um artigo perspicaz, Hill (1974) descreve um outro método de domínio do tempo para a representação de sinais VSB. Especificamente, o sinal VSB é expresso como o produto de uma função "envoltória" de banda estreita e um sinal SSB.
4. Para uma coleção de artigos sobre tecnologia de televisão, ver o livro editado por Rzeszewski (1984). Para uma descrição da transmissão VSB do sistema de televisão digital, ver o artigo de Challapali et al. (1995).
5. Para uma discussão sobre o desempenho de transmissão por multiplexação, ver Bennet (1970, pp. 213-218). Para informações adicionais sobre sistemas FDM, ver "*Transmission Systems for Communication*", Bell Telephone Laboratories, pp.128-137 (Western Electric, 1971).

Problemas

3.1 Uma onda portadora de frequência 1 MHz é modulada em 50% por uma frequência senoidal de 5 kHz. O sinal AM resultante é transmitido através do circuito ressonante da Figura P3.1, que é sintonizado na frequência da portadora e tem um fator Q de 175. Determine o sinal modulado após a transmissão através desse circuito. Qual é a percentagem de modulação desse sinal modulado?

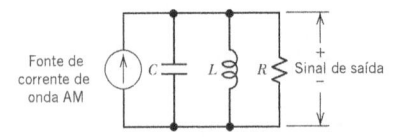

Figura P3.1

3.2 Para um diodo de junção p-n, a corrente i através do diodo e a tensão v sobre ele são relacionadas por

$$i = I_0 \left[\exp\left(-\frac{v}{V_T}\right) - 1 \right]$$

em que I_0 é a corrente saturação reversa, e V_T é o equivalente de tensão da temperatura definido por

$$V_T = \frac{kT}{e}$$

em que k é a constante de Boltzmann em joules por Kelvin, T é a temperatura absoluta em Kelvin, e e é a carga do elétron. À temperatura ambiente, $V_T = 0{,}026$ volts.

(a) Expanda i como uma série de potência em v, retendo termos até v^3.

(b) Seja

$$v = 0{,}01 \cos(2\pi f_m t) + 0{,}01 \cos(2\pi f_c t) \text{ volts}$$

em que $f_m = 1$ kHz e $f_c = 100$ kHz. Determine o espectro da corrente resultante i no diodo.

(c) Especifique o filtro passa-faixa requerido para extrair da corrente do diodo um sinal AM com frequência de portadora f_c.

(d) Qual é a percentagem de modulação desse sinal AM?

3.3 Suponhamos que tenhamos dispositivos não lineares para os quais a corrente de saída i_o e a tensão de entrada v_i sejam relacionadas por

$$i_o = a_1 v_1 + a_3 v_i^3$$

em que a_1 e a_3 são constantes. Explique como esses dispositivos podem ser usados para fornecer: (a) um modulador multiplicador e (b) um modulador em amplitude.

3.4 A Figura P3.4 mostra o diagrama de circuito de um *modulador de lei quadrática*. O sinal aplicado ao dispositivo não linear é relativamente fraco, de forma que ele pode ser representado por uma lei quadrática:

$$v_2(t) = a_1 v_1(t) + a_2 v_1^2(t)$$

em que a_1 e a_2 são constantes, $v_1(t)$ é a tensão de entrada e $v_2(t)$ é a tensão de saída. A tensão de entrada é definida por

$$v_1(t) = A_c \cos(2\pi f_c t) + m(t)$$

em que $m(t)$ é o sinal de mensagem e $A_c \cos(2\pi f_c t)$ é a onda portadora.

(a) Avalie a tensão de saída $v_2(t)$.

(b) Especifique a resposta em frequência que o circuito sintonizado na Figura P3.4 deve satisfazer a fim de gerar um sinal AM com f_c como frequência de portadora.

(c) Qual é a sensibilidade à amplitude desse sinal AM?

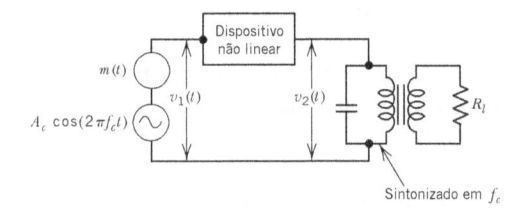

Figura P3.4

3.5 Considere o sinal AM

$$s(t) = A_c[1 + \mu \cos(2\pi f_m t)]\cos(2\pi f_c t)$$

produzido por um sinal modulante senoidal de frequência f_m. Suponha que o fator de modulação seja $\mu = 2$ e que a frequência de portadora f_c seja muito maior do que f_m. O sinal AM $s(t)$ é aplicado a um detector de envoltória ideal, produzindo a saída $v(t)$.

(a) Determine a representação de série de Fourier de $v(t)$.

(b) Qual é a razão entre a amplitude do segundo harmônico e a amplitude da fundamental em $v(t)$?

3.6 Considere um *detector de lei quadrática* que utiliza um dispositivo não linear cuja característica de transferência é definida por

$$v_2(t) = a_1 v_1(t) + a_2 v_1^2(t)$$

em que a_1 e a_2 são constantes, $v_1(t)$ é a entrada e $v_2(t)$ é a saída. A entrada consiste na onda AM

$$v_1(t) = A_c[1 + k_a m(t)]\cos(2\pi f_c t)$$

(a) Avalie a saída $v_2(t)$.
(b) Encontre as condições para as quais o sinal de mensagem $m(t)$ pode ser recuperado a partir de $v_2(t)$.

3.7 O sinal de AM

$$s(t) = A_c[1 + k_a m(t)]\cos(2\pi f_c t)$$

é aplicado ao sistema apresentado na Figura P3.7. Assumindo-se que $|k_a m(t)| < 1$ para todo t e que o sinal de mensagem $m(t)$ seja limitado ao intervalo $-W \le f \le W$, e que a frequência de portadora $f_c > 2W$, mostre que $m(t)$ pode ser obtida a partir da saída $v_3(t)$ do extrator de raiz quadrada.

Figura P3.7

3.8 Considere um sinal de mensagem $m(t)$ com o espectro mostrado na Figura P3.8. A largura de banda da mensagem é $W = 1$ kHz. Esse sinal é aplicado a um modulador multiplicador, juntamente com a onda portadora $A_c \cos(2\pi f_c t)$, produzindo um sinal modulado DSB-SC $s(t)$. O sinal modulado é em seguida aplicado a um detector coerente. Assumindo um perfeito sincronismo entre as ondas portadoras no modulador e no detector, determine o espectro da saída do detector quando: (a) a frequência de portadora é $f_c = 1,25$ kHz e (b) a frequência de portadora é $f_c = 0,75$ kHz. Qual é a frequência de portadora mais baixa para a qual cada componente do sinal modulado $s(t)$ é determinada de maneira única por $m(t)$?

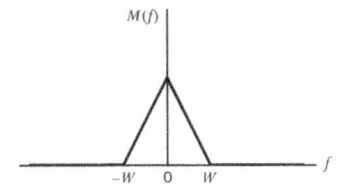

Figura P3.8

3.9 A Figura P3.9 mostra o diagrama de circuito de um *modulador balanceado*. A entrada aplicada ao modulador de AM superior é $m(t)$, ao passo que a entrada aplicada ao modulador inferior é $-m(t)$; esses dois moduladores apresentam a mesma sensibilidade à amplitude. Mostre que a saída $s(t)$ do modulador balanceado consiste em sinal modulado DSB-SC.

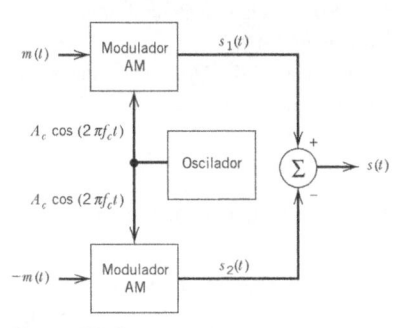

Figura P3.9

3.10 A Figura 3.10 mostra os detalhes de circuito de um modulador em anel. Assuma que os diodos são idênticos e que os transformadores estejam perfeitamente balanceados. Seja R a resistência terminal nas extremidades da saída e da entrada do modulador (assumindo-se transformadores ideais 1:1). Determine a tensão de saída do modulador para cada uma das duas condições descritas na Figura 3.10*b* e 3.10*c*. Consequentemente, mostre que essas duas tensões são iguais em magnitude e opostas em polaridade.

3.11 Um sinal modulado DSB-SC é demodulado aplicando-se ele a um detector coerente.
(a) Avalie o efeito de um erro de frequência Δf na frequência de portadora local do detector, medido em relação à frequência de portadora do sinal DSB-SC de entrada.
(b) Para o caso de uma onda modulante senoidal, mostre que, devido ao erro de frequência, o sinal demodulado exibe *batimentos* na frequência de erro. Ilustre sua resposta com um esboço desse sinal demodulado.

3.12 Considere o sinal DSB-SC

$$s(t) = A_c \cos(2\pi f_c t) m(t)$$

em que $A_c \cos(2\pi f_c t)$ é a onda portadora e $m(t)$ é o sinal de mensagem. Esse sinal é modulado e aplicado a um dispositivo de lei quadrática caracterizado por

$$y(t) = s^2(t)$$

A saída $y(t)$ é em seguida aplicada a um filtro de banda estreita com uma resposta em magnitude na banda passante igual a um, frequência central $2f_c$ e largura de banda Δf. Assuma que Δf seja suficientemente pequeno para se tratar o espectro de $v(t)$ como essencialmente constante dentro da banda passante do filtro.

(a) Determine o espectro da saída do dispositivo de lei quadrática $y(t)$.

(b) Mostre que a saída do filtro $v(t)$ é aproximadamente senoidal, dada por

$$v(t) \simeq \frac{A_c^2}{2} E \, \Delta f \cos(4\pi f_c t)$$

em que E é a energia do sinal de mensagem $m(t)$.

3.13 Considere o sistema de multiplexação por portadora em quadratura da Figura 3.16. O sinal multiplexado $s(t)$ produzido na saída do transmissor na Figura 3.16a é aplicado a um canal de comunicação de função de transferência $H(f)$. A saída desse canal é, por sua vez, aplicada à entrada do receptor na Figura 3.16b. Prove que a condição

$$H(f_c + f) = H^*(f_c - f), \quad 0 \leq f \leq W$$

é necessária para a recuperação dos sinais de mensagem $m_1(t)$ e $m_2(t)$ nas saídas do receptor; f_c é a frequência de portadora e W é a largura de banda da mensagem. *Dica*: Avalie os espectros das duas saídas do receptor.

3.14 Suponha que no receptor do sistema de multiplexação por portadoras em quadratura da Figura 3.16 a portadora local disponível para demodulação tenha um erro de fase ϕ em relação à fonte de portadora utilizada no transmissor. Assumindo um canal de comunicação sem distorção entre o transmissor e o receptor, mostre que esse erro de fase fará com que surja uma linha cruzada entre os dois sinais demodulados na saída do receptor. Por linha cruzada, queremos dizer que parte de um sinal de mensagem aparece na saída de receptor pertencente ao outro sinal de mensagem, e vice-versa.

3.15 Uma certa versão de *AM estéreo* usa multiplexação em quadratura. Especificamente, a portadora $A_c \cos(2\pi f_c t)$ é utilizada para modular o sinal soma

$$m_1(t) = V_0 + m_l(t) + m_r(t)$$

em que V_0 é um deslocamento de nível DC incluído com a finalidade de transmitir a componente de portadora, $m_l(t)$ é o sinal de áudio esquerdo e $m_r(t)$ é o sinal de áudio direito. A portadora em quadratura $A_c \text{sen}(2\pi f_c t)$ é usada para modular o sinal de diferença

$$m_2(t) = m_l(t) - m_r(t)$$

(a) Mostre que um detector de envoltória pode ser utilizado para recuperar a soma $m_r(t) + m_l(t)$ do sinal multiplexado em quadratura. Como a distorção de sinal produzida pelo detector de envoltória pode ser minimizada?

(b) Mostre que um detector coerente pode recuperar a diferença $m_l(t) - m_r(t)$.

(c) Como os sinais desejados $m_l(t)$ e $m_r(t)$ são finalmente obtidos?

3.16 O sinal modulante de tom único $m(t) = A_m \cos(2\pi f_m t)$ é utilizado para gerar o sinal VSB

$$s(t) = \frac{1}{2} a A_m A_c \cos[2\pi(f_c + f_m)t] + \frac{1}{2} A_m A_c (1 - a)\cos[2\pi(f_c - f_m)t]$$

em que a é uma constante menor que unidade representando a atenuação da frequência lateral superior.

(a) Se representarmos esse sinal VSB como uma multiplexação por portadoras em quadratura

$$s(t) = A_c m_1(t)\cos(2\pi f_c t) + A_c m_2(t)\text{sen}(2\pi f_c t)$$

o que é $m_2(t)$?

(b) O sinal VSB, mais a portadora $A_c \cos(2\pi f_c t)$ passa através de um detector de envoltória. Determine a distorção produzida pela componente em quadratura $m_2(t)$.

(c) Qual é o valor da constante a para o qual a distorção alcança a sua pior condição possível?

3.17 Usando o sinal de mensagem

$$m(t) = \frac{1}{1 + t^2}$$

determine e esboce as ondas moduladas para os seguintes métodos de modulação:

(a) Modulação em amplitude com 50% de modulação.

(b) Modulação de banda lateral dupla e portadora suprimida.

3.18 O oscilador local utilizado para a demodulação de um sinal SSB $s(t)$ tem um erro de frequência Δf medido em relação à frequência de portadora f_c utilizada para gerar $s(t)$. De outro modo, há um perfeito sincronismo entre o oscilador no receptor e o oscilador que fornece a onda portadora no transmissor. Avalie o sinal demodulado para as duas situações seguintes:

(a) O sinal SSB $s(t)$ consiste somente na banda lateral superior.
(b) O sinal SSB $s(t)$ consiste somente na banda lateral inferior.

3.19 A Figura P3.19 mostra o diagrama de blocos do *método de Weaver* para a geração de ondas moduladas SSB. O sinal de mensagem (modulante) $m(t)$ é limitado à banda de frequência $f_a \leq |f| \leq f_b$. A portadora auxiliar aplicada ao primeiro par de moduladores multiplicadores tem um frequência f_0, a qual se situa no centro dessa banda, como mostrado por

$$f_0 = \frac{f_a + f_b}{2}$$

Os filtros passa-baixas nos ramos superior e inferior são idênticos, cada um com uma frequência de corte igual a $(f_b - f_a)/2$. A portadora aplicada ao segundo par de moduladores multiplicadores tem uma frequência f_c que é maior do que $(f_b - f_a)/2$. Esboce os espectros dos vários pontos no modulador da Figura P3.19 e, então, mostre que:

(a) Para a banda lateral inferior, as contribuições dos ramos superior e inferior são de polaridade oposta, e ao somá-las na saída do modulador, a banda lateral inferior é suprimida.
(b) Para a banda lateral superior, as contribuições dos ramos superior e inferior são de mesma polaridade, e ao somá-las, a banda lateral superior é transmitida.
(c) Como você modificaria o modulador da Figura P3.19 a fim de que somente a banda lateral inferior fosse transmitida?

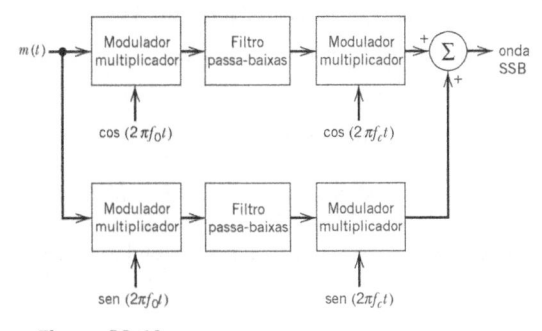

Figura P3.19

3.20

(a) Considere um sinal de mensagem $m(t)$ que contenha componentes de frequência em 100, 200 e 400 Hz. Esse sinal é aplicado a um modulador SSB juntamente com uma portadora em 100 kHz, com apenas a banda lateral superior retida. No detector coerente utilizado para recuperar $m(t)$, o oscilador local fornece uma onda senoidal de frequência 100,02 kHz. Determine as componentes de frequência da saída do detector.
(b) Repita a sua análise assumindo apenas que a banda lateral inferior é transmitida.

3.21 O espectro de um sinal de voz $m(t)$ é zero fora do intervalo $f_a \leq |f| \leq f_b$. Para garantir a privacidade da comunicação, esse sinal é aplicado a um *embaralhador* (*scrambler*) que consiste na seguinte cascata de componentes: um modulador multiplicador, um filtro passa-altas, um segundo modulador multiplicador e um filtro passa-baixas. A onda portadora aplicada ao primeiro modulador multiplicador tem uma frequência igual a f_c, ao passo que a onda portadora aplicada ao segundo modulador multiplicador tem uma frequência igual a $f_b + f_c$; ambas têm amplitude unitária. Os filtros passa-baixas e passa-altas têm a mesma frequência de corte em f_c. Assuma que $f_c > f_b$.

(a) Derive uma expressão para a saída do embaralhador $s(t)$, e esboce o seu espectro.
(b) Mostre que o sinal de voz original $m(t)$ pode ser recuperado a partir de $s(t)$ utilizando-se um embaralhador que é idêntico à unidade descrita acima.

3.22 Um método que é utilizado para recuperação de portadora em sistemas de modulação SSB envolve a transmissão de duas frequências piloto que são apropriadamente posicionadas em relação à banda lateral transmitida. Isso é ilustrado na Figura P3.22a para o caso quando apenas a banda lateral inferior é transmitida. Nesse caso, as frequências piloto f_1 e f_2 são definidas por

$$f_1 = f_c - W - \Delta f$$

e

$$f_2 = f_c + \Delta f$$

em que f_c é a frequência de portadora e W é a largura de banda da mensagem. O Δf é escolhido de modo a satisfazer a relação

$$n = \frac{W}{\Delta f}$$

em que n é um inteiro. A recuperação da portadora é realizada utilizando-se o esquema mostrado na Figura P3.22b. As saídas dos filtros de banda estreita centrados em f_1 e f_2 são definidas por, respectivamente,

$$v_1(t) = A_1 \cos(2\pi f_1 t + \phi_1)$$

e

$$v_2(t) = A_2 \cos(2\pi f_2 t + \phi_2)$$

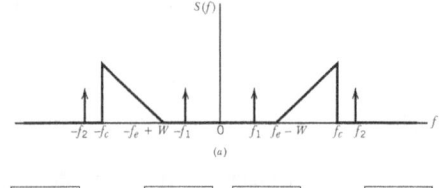

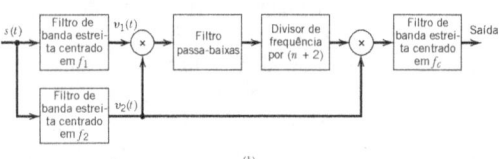

Figura P3.22

O filtro passa-baixas é projetado para selecionar a componente de diferença de frequências da saída do primeiro multiplicador em virtude de $v_1(t)$ e $v_2(t)$.

(a) Mostre que o sinal de saída do circuito na Figura 3.22b é proporcional à onda portadora $A_c \cos(2\pi f_c t)$ se os ângulos de fase ϕ_1 e ϕ_2 satisfizerem a relação

$$\phi_2 = -\frac{\phi_1}{1+n}$$

(b) Para o caso quando apenas a banda lateral superior é transmitida, as duas frequências piloto são definidas por

$$f_1 = f_c - \Delta f$$

e

$$f_2 = f_c + W + \Delta f$$

Como você modificaria o circuito de recuperação de portadora a fim de lidar com esse caso? Qual é a relação correspondente entre ϕ_1 e ϕ_2 para a saída do circuito ser proporcional à onda portadora?

3.23 A Figura P3.23 mostra o diagrama de blocos de um *sintetizador de frequências*, que possibilita a geração de muitas frequências, cada uma com a mesma alta acurácia que a do *oscilador mestre*. O oscilador mestre de frequência 1 MHz alimenta *dois geradores de espectro*, um diretamente e o outro através de um *divisor de frequência*. O espectro de gerador 1 produz um sinal rico nos seguintes harmônicos: 1, 2, 3, 4, 5, 6, 7, 8 e 9 MHz. O divisor de frequência provê uma saída de 100 kHz, em resposta a que o gerador de espectro 2 produz um segundo sinal rico nos seguintes harmônicos: 100, 200, 300, 400, 500, 600, 700, 800 e 900 kHz. Os seletores de harmônicos são projetados para alimentarem o misturador com dois sinais, um do gerador de espectro 1 e outro do gerador de espectro 2. Encontre a faixa de possíveis frequências de saída desse sintetizador e a sua resolução.

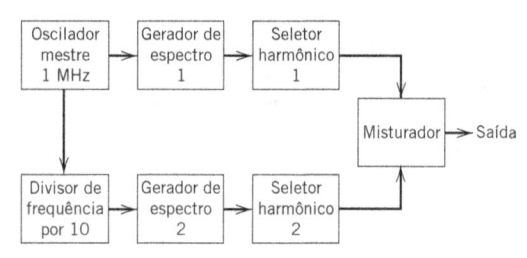

Figura P3.23

3.24 Considere um sistema de multiplexação em que quatro sinais de entrada $m_1(t)$, $m_2(t)$, $m_3(t)$ e $m_4(t)$ são respectivamente multiplicados pelas ondas portadoras

$$[\cos(2\pi f_a t) + \cos(2\pi f_b t)]$$
$$[\cos(2\pi f_a t + \alpha_1) + \cos(2\pi f_b t + \beta_1)]$$
$$[\cos(2\pi f_a t + \alpha_2) + \cos(2\pi f_b t + \beta_2)]$$
$$[\cos(2\pi f_a t + \beta_3) + \cos(2\pi f_b t + \beta_3)]$$

e os sinais resultantes DSB-SC são somados e então transmitidos sobre um canal comum. No receptor, a demodulação é realizada multiplicando-se a soma dos sinais DSB-SC pelas quatro ondas portadoras separadamente e utilizando-se, em seguida, filtragem para remover as componentes indesejadas.

(a) Determine as condições que os ângulos de fase $\alpha_1, \alpha_2, \alpha_3$ e $\beta_1, \beta_2, \beta_3$ devem satisfazer a fim de que a saída do k-ésimo demodulador seja $m_k(t)$, em que $k = 1, 2, 3, 4$.

(b) Determine a separação mínima das frequências de portadora f_a e f_b em relação à largura de banda dos sinais de entrada a fim de garantir uma operação satisfatória do sistema.

Problemas computacionais

3.25 Neste experimento computacional, simularemos a modulação e a demodulação de uma onda AM.

(a) Desenvolva um código em Matlab para simular a modulação de uma portadora de 20 kHz com uma onda modulante de 0,4 kHz. Utilize um índice de modulação de 50% e uma taxa de amostragem de 160 kHz.

(b) Assume-se que um detector de envoltória tenha uma resistência r_f de 25 Ω e uma capacitância de 0,01 μF. A resistência da fonte é de 75 Ω e a resistência da carga é de 10 kΩ.

    (i) Qual é a constante de tempo de carregamento? Compare essa constante de tempo a um período da onda modulante, e comente sobre quão bem ela rastreia a envoltória.

    (ii) Qual é a constante de tempo de descarga do capacitor? Compare-a ao período da onda portadora. Utilizando uma aproximação linear, qual fração da tensão do capacitor decai durante um período de amostragem?

    (iii) Com base nesses resultados, justifique o seguinte modelo amostrado de um detector de envoltória.

```
Vc(1) = 0;              % tensão inicial do capacitor
for i = 2: length(s)
    if s(i) > Vc(i − 1) % diodo ativo
        Vc(i) = s(i);
    else                % diodo inativo
        Vc(i) = Vc(i − 1) − 0:023 *Vc(i − 1);
    end
end
```

    (iv) Aplique o detector de envoltória ao sinal modulado.

(c) A saída de detector de envoltória é aplicada a um filtro RC de ganho unitário com constante de tempo de 1 ms. Desenvolva um modelo de resposta ao impulso truncada de tempo discreto para esse filtro. Aplique esse modelo de filtro à saída do detector de envoltória. Comente os resultados.

Capítulo 4

MODULAÇÃO ANGULAR

4.1 Introdução

No capítulo anterior, investigamos o efeito de variarmos lentamente a amplitude de uma portadora senoidal de acordo com o sinal de banda base (portador de informação). Neste capítulo, estudaremos uma segunda família de sistemas de modulação de onda contínua (CW), a *modulação angular*, na qual o ângulo da onda portadora varia de acordo com o sinal de banda base. Nesse método de modulação, a amplitude da onda portadora é mantida constante. Há duas formas comuns de modulação angular, denominadas *modulação em fase* e *modulação em frequência*. Uma característica importante da modulação angular é que ela pode fornecer uma melhor discriminação contra ruído e interferência do que a modulação em amplitude. Como será mostrado no Capítulo 6, todavia, esse melhoramento no desempenho é alcançado à custa do aumento da largura de banda de transmissão. Isto é, a modulação angular nos provê de um meio prático de trocarmos largura de banda de canal por uma melhora de desempenho em relação a ruído. Tal troca não é possível com a modulação em amplitude. Além disso, o melhoramento do desempenho em relação a ruído com a modulação angular é alcançado à custa de um aumento da complexidade do sistema tanto no transmissor quanto no receptor.

4.2 Definições básicas

Seja $\theta_i(t)$ o *ângulo* de uma portadora senoidal modulada no tempo t; assume-se que ele é uma função do sinal portador de mensagem ou do sinal de mensagem. Expressamos a *onda modulada angular* resultante como

$$s(t) = A_c \cos[\theta_i(t)] \qquad (4.1)$$

em que A_c é a amplitude da portadora. Uma oscilação completa ocorre cada vez que $\theta_i(t)$ muda de 2π radianos. Se $\theta_i(t)$ cresce monotonicamente com o tempo, a frequência média em Hz ao longo de um intervalo que varia de t a $t + \Delta t$ é dado por

$$f_{\Delta t}(t) = \frac{\theta_i(t + \Delta t) - \theta_i(t)}{2\pi \Delta t} \qquad (4.2)$$

Dessa forma, podemos definir a *frequência instantânea* do sinal com modulação angular $s(t)$ como se segue:

$$\begin{aligned} f_i(t) &= \lim_{\Delta t \to 0} f_{\Delta t}(t) \\ &= \lim_{\Delta t \to 0} \left[\frac{\theta_i(t + \Delta t) - \theta_i(t)}{2\pi \Delta t} \right] \\ &= \frac{1}{2\pi} \frac{d\theta_i(t)}{dt} \end{aligned} \qquad (4.3)$$

em que, na última linha, fizemos uso da definição da derivada do ângulo em relação ao tempo.

Dessa forma, de acordo com a Eq. (4.1), podemos interpretar o sinal com modulação angular $s(t)$ como uma fasor girante de extensão A_c e ângulo $\theta_i(t)$. A velocidade angular de tal fasor é $d\theta_i(t)/dt$, medida em radianos por segundo de acordo com a Eq. (4.3). No caso simples de uma portadora não modulada, o ângulo $\theta_i(t)$ é

$$\theta_i(t) = 2\pi f_c t + \phi_c$$

e o fasor gira com uma velocidade angular constante igual a $2\pi f_c$. A constante ϕ_c é o valor de $\theta_i(t)$ em $t = 0$.

Há um número infinito de maneiras pelas quais o ângulo $\theta_i(t)$ pode ser variado de alguma forma com o sinal de mensagem (de banda base). Entretanto, consideraremos apenas dois métodos comumente utilizados, a modulação em fase e a modulação em frequência, como definido abaixo:

1. A *modulação em fase* (PM) *é a forma de modulação em que o ângulo instantâneo* $\theta_i(t)$ *varia linearmente com o sinal de mensagem*, como é mostrado por

$$\theta_i(t) = 2\pi f_c t + k_p m(t) \qquad (4.4)$$

O termo $2\pi f_c t$ representa o ângulo da portadora *não modulada*; a constante k_p representa a *sensibilidade à fase* do modulador, expressa em radianos por volt, supondo-se que $m(t)$ seja uma forma de onda de tensão. Por conveniência, assumimos na Eq. (4.4) que o ângulo da portadora não modulada é zero em $t = 0$. O sinal modulado em fase $s(t)$ é, dessa forma, descrito no domínio do tempo por

$$s(t) = A_c \cos[2\pi f_c t + k_p m(t)] \qquad (4.5)$$

2. A *modulação em frequência* (FM) *é a forma de modulação na qual a frequência instantânea* $f_i(t)$ *varia linearmente com o sinal de mensagem* $m(t)$, como é mostrado por

$$f_i(t) = f_c + k_f m(t) \qquad (4.6)$$

O termo f_c representa a frequência da portadora não modulada, e a constante k_f representa a *sensibilidade à frequência* do modulador, expressa em hertz por volt, supondo-se que o sinal $m(t)$ seja uma forma de onda de tensão. Integrando a Eq. (4.6) em relação ao tempo e multiplicando o resultado por 2π, obtemos

$$\theta_i(t) = 2\pi f_c t + 2\pi k_f \int_0^t m(\tau)\, d\tau \tag{4.7}$$

em que, por conveniência, assumimos que o ângulo da onda portadora não modulada seja zero em $t = 0$. O sinal modulado em frequência é, portanto, descrito no domínio do tempo por

$$s(t) = A_c \cos\left[2\pi f_c t + 2\pi k_f \int_0^t m(\tau)\, d\tau\right] \tag{4.8}$$

Propriedades das ondas com modulação angular

As ondas com modulação angular são caracterizadas por algumas importantes propriedades que as reúnem em uma família própria, e as distingue da família das ondas moduladas em amplitude, como ilustrado pelas formas de onda na Figura 4.1 para o caso de modulação senoidal. As Figuras 4.1*a* e 4.1*b* são a onda portadora senoidal e onda modulante, respectivamente. As Figuras 4.1*c*, 4.1*d* e 4.1*e* exibem as correspondentes ondas moduladas em amplitude (AM), em fase (PM) e em frequência (FM), respectivamente.

Propriedade 1 Constância da potência transmitida

Das Eqs. (4.4) e (4.7), podemos facilmente ver que a amplitude das ondas PM e FM se mantêm em um valor constante igual à amplitude da portadora A_c para todo tempo t, independentemente dos valores de sensibilidade k_p e k_f. Essa propriedade é bem demonstrada pela onda PM da Figura 4.1*d* e pela onda FM da Figura 4.1*e*. Consequentemente, a potência transmitida média de ondas com modulação angular é uma constante, como mostrado por

$$P_{av} = \frac{1}{2} A_c^2 \tag{4.9}$$

em que se assume que a resistência de carga é de 1 ohm.

Proprieadade 2 Não linearidade do processo de modulação

Outra propriedade distinta da modulação angular é o seu caráter não linear. Dizemos isso porque tanto as ondas PM quanto as ondas FM violam o princípio da superposição. Suponhamos, por exemplo, que o sinal de mensagem $m(t)$ seja constituído de duas diferentes componentes, $m_1(t)$ e $m_2(t)$, como mostrado por

$$m(t) = m_1(t) + m_2(t)$$

(continua)

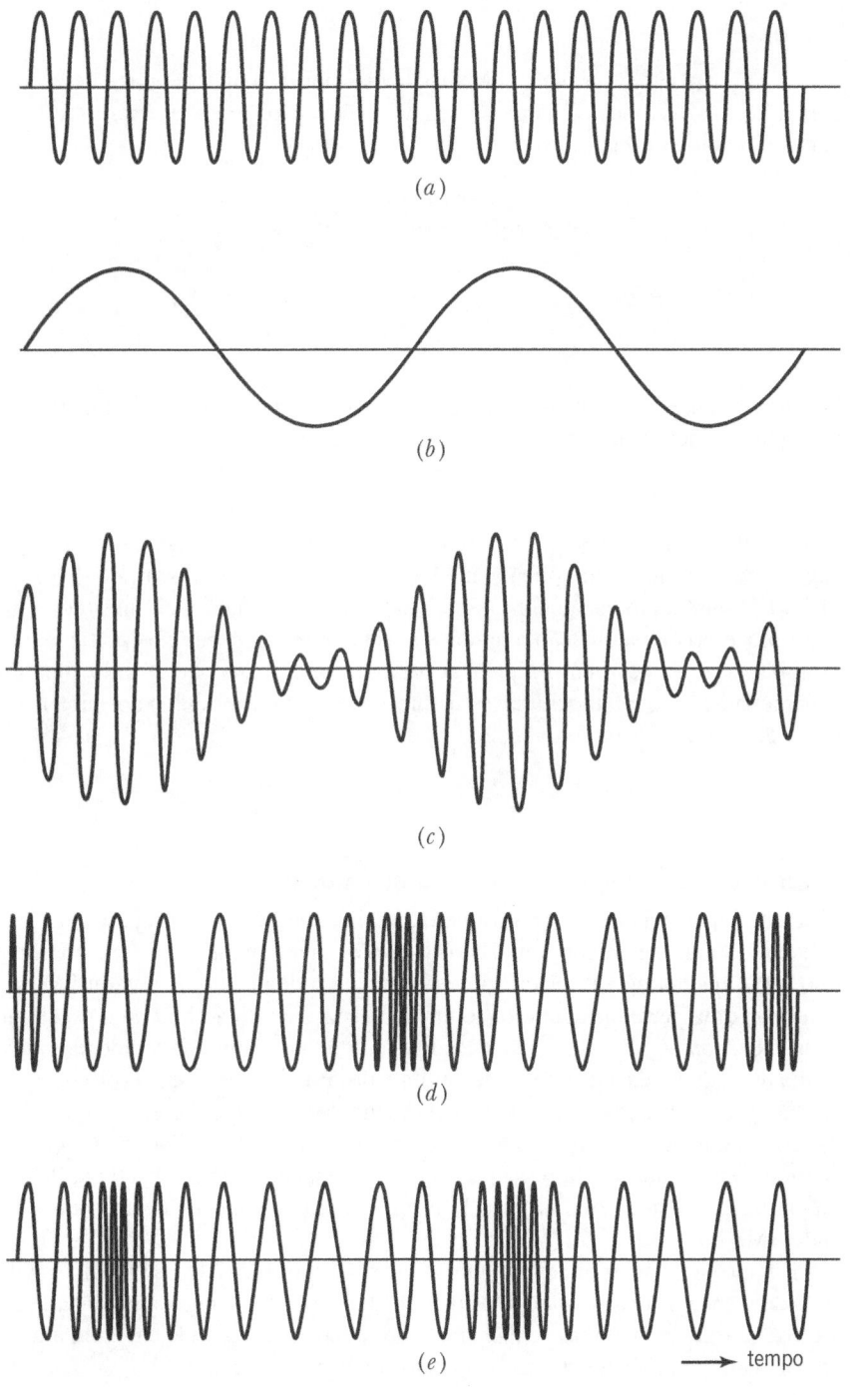

Figura 4.1 Ilustração de sinais AM, PM e FM produzidos por um tom único. (a) Onda portadora, (b) onda modulante senoidal, (c) sinal modulado em amplitude, (d) sinal modulado em fase, (e) sinal modulado em frequência.

(continuação)

Sejam $s(t)$, $s_1(t)$ e $s_2(t)$ as ondas PM produzidas por $m(t)$, $m_1(t)$ e $m_2(t)$, de acordo com a Eq. (4.4), respectivamente. À luz dessa equação, podemos expressar essas ondas PM como se segue:

$$s(t) = A_c \cos[2\pi f_c t + k_p(m_1(t) + m_2(t))]$$
$$s_1(t) = A_c \cos[2\pi f_c t + k_p m_1(t)]$$

e

$$s_2(t) = A_c \cos[2\pi f_c t + k_p m_2(t)]$$

Dessas expressões, a despeito do fato de que $m(t) = m_1(t) + m_2(t)$, facilmente vemos que o princípio da superposição é violado porque

$$s(t) \neq s_1(t) + s_2(t)$$

Um resultado similar vale para ondas FM. O fato de o processo de modulação angular ser não linear complica a análise espectral e a análise de ruído de ondas PM e FM, em comparação com a modulação em amplitude. Pelo mesmo motivo, o processo de modulação angular tem seus próprios benefícios práticos. Por exemplo, a modulação em frequência oferece um desempenho a ruído superior em comparação com a modulação em amplitude, o que é atribuído ao caráter não linear da modulação em frequência.

Propriedade 3 Irregularidade de cruzamentos em zero

Uma consequência de se permitir que o ângulo instantâneo $\theta_i(t)$ seja dependente do sinal de mensagem como na Eq. (4.4) ou de sua integral $\int_0^t m(\tau)\, d\tau$ como na Eq (4.7) é que, em geral, os cruzamentos em zero de uma onda PM ou FM não têm mais uma perfeita regularidade em seu espaçamento ao longo da escala de tempo. *Cruzamentos em zero* são definidos como os instantes de tempo em que a forma de onda muda sua amplitude de um valor positivo para um valor negativo, ou vice-versa. De certa forma, a irregularidade dos cruzamentos em zero em ondas com modulação angular é também atribuída ao caráter não linear do processo de modulação. Para ilustrar essa propriedade, podemos contrastar a onda PM da Figura 4.1d e a onda FM da figura 4.1e com a Figura 4.1c para a correspondente onda AM.

É importante notar que em modulação angular, o conteúdo de informação do sinal de mensagem $m(t)$ reside nos cruzamentos em zero da onda modulada. Essa afirmação vale desde que a frequência de portadora f_c seja grande em comparação com a maior componente de frequência do sinal de mensagem $m(t)$.

Propriedade 4 Dificuldade de visualização da forma de onda da mensagem

Em AM, vemos a forma de onda do sinal de mensagem como a envoltória da onda modulada, dado, naturalmente, que a percentagem de modulação seja menor do que 100%, como ilustrado na Figura 4.1c para modulação senoidal. Não é assim em modulação angular, como mostrado pelas correspondentes formas de onda das Figuras 4.1d e 4.1e para PM e FM, respectivamente. Em geral, a dificuldade em visualizar a forma de onda da mensagem em ondas com modulação angular é também atribuída ao caráter não linear das ondas com modulação angular.

Propriedade 5 Relação de compromisso entre o aumento da largura de banda de transmissão e a melhora do desempenho em relação a ruído

Uma vantagem importante da modulação angular sobre a modulação em amplitude é a realização de um desempenho melhorado em relação a ruído. Essa vantagem é atribuída ao fato de que a transmissão de um sinal de mensagem modulando-se o ângulo de uma onda portadora senoidal é menos sensível à presença de ruído aditivo do que na transmissão em que se modula a amplitude da portadora. O melhoramento no desempenho em relação a ruído é, entretanto, realizado ao custo de um aumento correspondente na largura de banda requerida da modulação angular. Em outras palavras, o uso da modulação angular oferece a possibilidade de se trocar um aumento na largura de banda de transmissão por um melhoramento no desempenho em relação a ruído. Tal relação de compromisso não é possível com a modulação em amplitude, já que a largura de banda de transmissão de uma onda modulada em amplitude é fixada em algum lugar entre a largura de banda da mensagem W e $2W$, a depender do tipo de modulação empregado. O efeito do ruído sobre a modulação angular é discutido no Capítulo 6.

EXEMPLO 4.1 Cruzamentos em zero

Consideremos uma onda modulante $m(t)$ que cresce linearmente com o tempo t, começando em $t = 0$, como mostrado por

$$m(t) = \begin{cases} at, & t \geq 0 \\ 0, & t < 0 \end{cases}$$

em que a é o parâmetro de inclinação (ver Figura 4.2a). No que se segue, estudaremos os cruzamentos em zero das ondas PM e FM produzidas por $m(t)$ para o seguinte conjunto de parâmetros:

$$f_c = \frac{1}{4} \text{ Hz}$$

$$a = 1 \text{ volt/s}$$

1. *Modulação em fase*: fator de sensibilidade à fase $k_p = \pi/2$ radianos/volt. A aplicação da Eq. (4.5) ao $m(t)$ dado resulta na onda PM

$$s(t) = \begin{cases} A_c \cos(2\pi f_c t + k_p a t), & t \geq 0 \\ A_c \cos(2\pi f_c t), & t < 0 \end{cases}$$

que está plotada na Figura 4.2b para $A_c = 1$volt.
Seja t_n o instante de tempo em que a onda PM experimenta um cruzamento em zero; isso ocorre sempre que o ângulo da onda PM é um múltiplo ímpar de $\pi/2$. Então, podemos definir

$$2\pi f_c t_n + k_p a t_n = \frac{\pi}{2} + n\pi, \qquad n = 0, 1, 2, \ldots$$

como a equação *linear* para t_n. Resolvendo essa equação para t_n, obtemos a fórmula linear

$$t_n = \frac{\frac{1}{2} + n}{2f_c + \frac{k_p}{\pi} a}$$

Substituindo os valores dados para f_c, a e k_p nessa fórmula linear, obtemos

$$t_n = \frac{1}{2} + n, \qquad n = 0, 1, 2, \ldots$$

em que t_n é medido em segundos.

2. *Modulação em frequência*: fator de sensibilidade à frequência $k_f = 1$ Hz/volt. A aplicação da Eq. (4.8) resulta na onda FM

$$s(t) = \begin{cases} A_c \cos(2\pi f_c t + \pi k_f a t^2), & t \geq 0 \\ A_c \cos(2\pi f_c t), & t < 0 \end{cases}$$

a qual está plotada na Figura 4.2c.
Utilizando a definição de cruzamento em zero, podemos definir

$$2\pi f_c t_n + \pi k_f a t_n^2 = \frac{\pi}{2} + n\pi, \qquad n = 0, 1, 2, \ldots$$

como a equação *quadrática* para t_n. A raiz positiva dessa equação, nominalmente,

$$t_n = \frac{1}{ak_f}\left(-f_c + \sqrt{f_c^2 + ak_f\left(\frac{1}{2} + n\right)}\right), \qquad n = 0, 1, 2, \ldots$$

define a fórmula para t_n. Substituindo os valores dados de f_c, a e k_f nessa fórmula quadrática, obtemos

$$t_n = \frac{1}{4}(-1 + \sqrt{9 + 16n}), \qquad n = 0, 1, 2, \ldots$$

em que t_n é novamente medido em segundos.

Comparando os resultados de cruzamento em zero derivados para ondas PM e FM, podemos fazer as seguintes observações logo que a onda modulante linear comece a atuar sobre a onda portadora senoidal:

1. Para PM, a regularidade dos cruzamentos em zero é mantida; a frequência instantânea muda do valor não modulado de $f_c = \frac{1}{4}$ Hz para o novo valor constante

$$f_c + k_p(a/2\pi) = \frac{1}{2}\text{Hz}$$

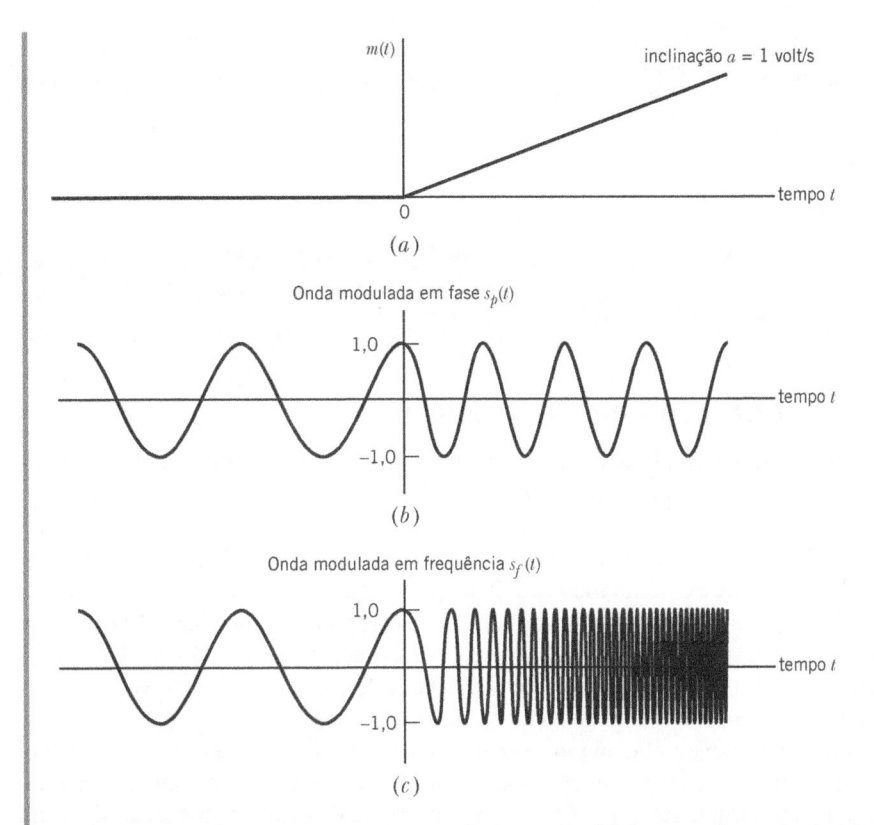

Figura 4.2 Começando no tempo $t = 0$, a figura mostra (a) aumento linear do sinal de mensagem $m(t)$, (b) onda modulada em fase, (c) onda modulada em frequência.

2. Para FM, os cruzamentos em zero assumem uma forma irregular. Como esperado, a frequência instantânea cresce linearmente com o tempo t.

As formas de onda com modulação angular da Figura 4.2 deveriam ser contrastadas com as suas correspondentes da Figura 4.1. Ao passo que, no caso da modulação senoidal representada na Figura 4.1, é difícil discernir as diferenças entre PM e FM, o mesmo não se dá no caso da Figura 4.2. Em outras palavras, dependendo da onda modulante, é possível que os sinais PM e FM exibam formas de onda completamente diferentes.

A comparação da Eq. (4.5) com a Eq. (4.8) revela que um sinal FM pode ser visto como um sinal PM em que a onda modulante é $\int_0^t m(\tau)\,dz$ no lugar de $m(t)$. Isso significa que um sinal FM pode ser gerado primeiro integrando-se $m(t)$ e depois utilizando-se o resultado como a entrada do modulador de fase, como na Figura 4.3a. Reciprocamente, um sinal PM pode ser gerado primeiro diferenciando-se $m(t)$ e depois utilizando-se o resultado como a entrada para o modulador de frequência, como na Figura 4.3b. Podemos, desse modo, deduzir todas as propriedades de sinais PM a partir das propriedades de sinais FM, e vice-versa. Doravante, concentraremos nossa atenção nos sinais FM.

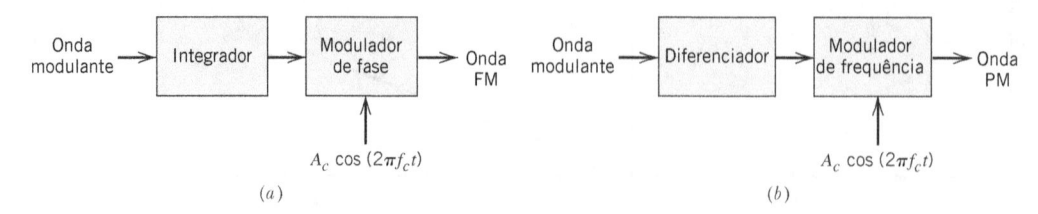

Figura 4.3 Ilustração da relação entre a modulação em frequência e a modulação em ângulo. (a) Esquema para a geração de uma onda FM utilizando um modulador em fase, (b) esquema para a geração de uma onda PM utilizando um modulador em frequência.

4.3 Modulação em frequência

O sinal FM $s(t)$ definido pela Eq. (4.8) é uma função não linear do sinal modulante $m(t)$, o que torna a modulação em frequência um *processo de modulação não linear*. Por consequência, diferentemente da modulação em amplitude, o espectro de um sinal FM não está relacionado de maneira simples com o do sinal modulante; ao contrário, a sua análise é muito mais difícil do que a de um sinal AM.

Como, então, podemos confrontar a análise espectral de um sinal FM? Propomos apresentar uma proposta empírica para essa importante questão procedendo da mesma maneira que fizemos com a modulação AM, isto é, considerando o caso mais simples possível, nominalmente, a modulação de um tom único.

Poderíamos, naturalmente, prosseguir e considerar o caso mais elaborado de um sinal FM multitom. Entretanto, propomos não fazê-lo, porque nosso objetivo imediato é estabelecer uma relação empírica entre a largura de banda de transmissão de um sinal FM e a largura de banda da mensagem. Como veremos subsequentemente, a análise espectral recém descrita nos fornece entendimento suficiente para propormos uma solução para o problema.

Consideremos então um sinal modulante senoidal definido por

$$m(t) = A_m \cos(2\pi f_m t) \quad (4.10)$$

A frequência instantânea do sinal FM resultante é

$$\begin{aligned} f_i(t) &= f_c + k_f A_m \cos(2\pi f_m t) \\ &= f_c + \Delta f \cos(2\pi f_m t) \end{aligned} \quad (4.11)$$

em que

$$\Delta f = k_f A_m \quad (4.12)$$

A quantidade Δf é chamada de *desvio de frequência*, e representa o afastamento máximo da frequência instantânea do sinal FM da frequência da portadora f_c. Uma característica fundamental de um sinal FM é que o desvio de frequência Δf é proporcional a amplitude do sinal modulante e é independente de sua frequência modulante.

Utilizando-se a Eq. (4.11), o ângulo $\theta_i(t)$ do sinal FM é obtido como

$$\theta_i(t) = 2\pi \int_0^t f_i(t)\, dt$$
$$= 2\pi f_c t + \frac{\Delta f}{f_m} \operatorname{sen}(2\pi f_m t) \qquad (4.13)$$

A razão entre o desvio de frequência Δf e a frequência de modulação f_m é comumente chamada de *índice de modulação* do sinal FM. Nós o denotamos por β, e então escrevemos

$$\beta = \frac{\Delta f}{f_m} \qquad (4.14)$$

e

$$\theta_i(t) = 2\pi f_c t + \beta \operatorname{sen}(2\pi f_m t) \qquad (4.15)$$

A partir da Eq. (4.15) vemos que, no sentido físico, o parâmetro β representa o desvio de fase do sinal FM, isto é, o afastamento máximo do ângulo $\theta_i(t)$ do ângulo $2\pi f_c t$ da portadora não modulada; portanto, β é medido em radianos.

O sinal FM é dado por

$$s(t) = A_c \cos[2\pi f_c t + \beta \operatorname{sen}(2\pi f_m t)] \qquad (4.16)$$

Dependendo do valor do índice de modulação β, podemos distinguir dois casos de modulação em frequência:

- FM de *banda estreita*, para a qual β é pequeno em comparação com um radiano.
- FM de *banda larga*, para a qual β é grande em comparação com um radiano.

Os dois casos serão analisados a seguir, nessa ordem.

Modulação em frequência de banda estreita

Consideremos a Eq. (4.16), que define um sinal FM resultante da utilização de um sinal modulante senoidal. Expandindo essa relação, obtemos

$$s(t) = A_c \cos(2\pi f_c t)\cos[\beta \operatorname{sen}(2\pi f_m t)]$$
$$- A_c \operatorname{sen}(2\pi f_c t)\operatorname{sen}[\beta \operatorname{sen}(2\pi f_m t)] \qquad (4.17)$$

Assumindo que o índice de modulação β é pequeno em comparação com um radiano, podemos utilizar as duas aproximações seguintes:

$$\cos[\beta \operatorname{sen}(2\pi f_m t)] \simeq 1$$

e

$$\operatorname{sen}[\beta \operatorname{sen}(2\pi f_m t)] \simeq \beta \operatorname{sen}(2\pi f_m t)$$

Portanto, a Eq. (4.17) é simplificada para

$$s(t) \simeq A_c \cos(2\pi f_c t) - \beta A_c \,\text{sen}(2\pi f_c t)\,\text{sen}(2\pi f_m t) \tag{4.18}$$

A Eq. (4.18) define a forma aproximada de um sinal FM de banda estreita produzido pelo sinal senoidal modulante $A_m \cos(2\pi f_m t)$.

Em seguida expandimos a Eq. (4.18) como se segue:

$$s(t) \simeq A_c \cos(2\pi f_c t) + \frac{1}{2}\beta A_c \{\cos[2\pi(f_c + f_m)t] - \cos[2\pi(f_c - f_m)t]\} \tag{4.19}$$

Essa expressão é de algum modo similar à expressão correspondente que define um sinal AM, a qual é reproduzida do Exemplo 3.1 como se segue:

$$s_{\text{AM}}(t) = A_c \cos(2\pi f_c t) + \frac{1}{2}\mu A_c \{\cos[2\pi(f_c + f_m)t] + \cos[2\pi(f_c - f_m)t]\} \tag{4.20}$$

em que μ é o fator de modulação do sinal AM. Comprando as Eqs. (4.19) e (4.20), vemos que no caso de uma modulação senoidal, a diferença básica entre um sinal AM e um sinal FM de banda estreita é que o sinal algébrico da frequência lateral inferior no sinal FM de banda estreita é invertido. Dessa forma, um sinal FM de banda estreita requer essencialmente a mesma largura de banda de transmissão (isto é, $2f_m$) que o sinal AM.

Podemos representar o sinal FM de banda estreita com um diagrama fasorial como mostrado na Figura 4.4a, em que utilizamos o fasor da portadora como referência. Vemos que a resultante dos dois fasores das frequências laterais é sempre perpendicular ao fasor da portadora. O efeito disso é produzir um fasor resultante represen-

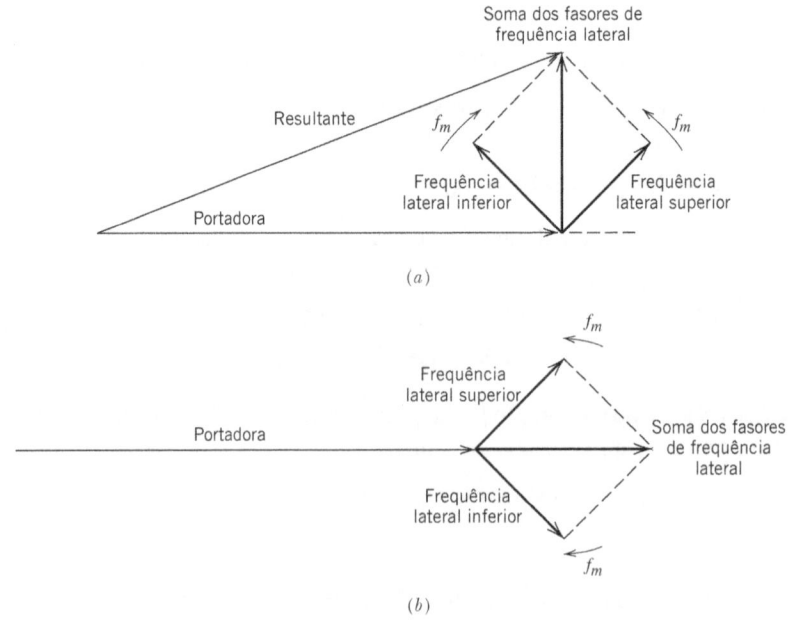

Figura 4.4 Uma comparação entre o fasor da onda FM de banda estreita e da onda AM para modulação senoidal. (a) Onda FM de banda estreita. (b) Onda AM.

tando o sinal FM de banda estreita que é aproximadamente da mesma amplitude que o fasor da portadora, mas fora de fase em relação a ele. Esse diagrama fasorial deveria ser comparado com o da Figura 4.4b, que representa um sinal AM. Nesse último caso, vemos que o fasor resultante que representa o sinal AM tem uma amplitude diferente da amplitude do fasor da portadora, mas sempre em fase com ele.

EXEMPLO 4.2 Ruído de fase

Enquanto o uso intencional de FM de banda estreita para fontes de informação analógicas não é comum, a modulação em fase de banda estreita não intencional é realmente comum. Essa modulação em fase não intencional é comumente referida como *ruído de fase*. O ruído de fase é muitas vezes introduzido por osciladores em comunicações passa-faixa e tem várias causas. Algumas causas são determinísticas, como aquelas criadas por mudanças na temperatura do oscilador, tensão de alimentação, vibração física, campo magnético, umidade ou impedância de carga de saída. O ruído de fase devido a essas fontes pode ser minimizado por um bom projeto. Outras fontes são categorizadas como aleatórias, que podem ser controladas, mas não eliminadas por circuitos apropriados, tais como malhas de sincronismo de fase (PLL)*. PLLs serão abordados adiante na Seção 4.4.

Os osciladores exercem um papel fundamental em comunicações passa-faixa e a maioria dos sistemas incluem alguns deles. O ruído de fase introduzido por osciladores tem um efeito multiplicativo sobre um sinal com modulação angular. Por exemplo, se $s(t)$ for um sinal com modulação angular, e $c(t)$ for o oscilador receptor com ruído de fase de $\phi_n(t)$, então quando o sinal for transladado de f_c para f_b (ver Seção 3.7), a saída será

$$s(t)c(t) = A_c \cos[2\pi f_c t + \phi(t)] \times \cos[2\pi(f_c - f_b)t + \phi_n(t)]$$

$$= \frac{A_c}{2}[\cos(2\pi f_b t + \phi(t) - \phi_n(t)) + \cos(2\pi(2f_c - f_b)t + \phi(t) + \phi_n(t))]$$

$$\approx \frac{A_c}{2}\cos[2\pi f_b t + \phi(t) - \phi_n(t)]$$

em que assumimos que o termo de alta frequência na segunda linha foi removido por um filtro passa-faixa centrado em torno de f_b, depois do misturador. Desse modo, o ruído de fase do oscilador afeta diretamente a componente de informação do sinal com modulação angular.

O ruído de fase devido a osciladores e a outras fontes aleatórias tende a variar lentamente com a maior parte da sua energia concentrada em baixas frequências. Nesse caso, podemos utilizar os resultados da nossa análise de FM de banda estreita para caracterizá-lo. Um exemplo de espectro de um oscilador que inclui ruído de fase é apresentado na Figura 4.5, em que o espectro do oscilador foi deslocado para *dc* por conveniência de representação.

Uma preocupação prática comum é o erro de fase quadrático médio (*rms*) introduzido pelo ruído de fase nessa portadora. Para determinar esse erro de fase *rms*, primeiro façamos as três observações seguintes:

1. Para índices de modulação pequenos, o espectro do sinal PM é similar ao espectro do sinal modulante mais uma componente de portadora (ver Problema 4.7).
2. Um sistema de detecção de fase muitas vezes inclui um PLL (ver Seção 4.4) que rastreia a portadora e aquelas componentes de frequência das variações de fase (ruído) abaixo de uma certa frequência máxima f_1 (a largura de banda do PLL). Esse rastreamento de fase anula efetivamente aquelas componentes de frequência do ruído de fase menores do que f_1.

---
* N. de T.: Do inglês *Phase-Locked Loop*.

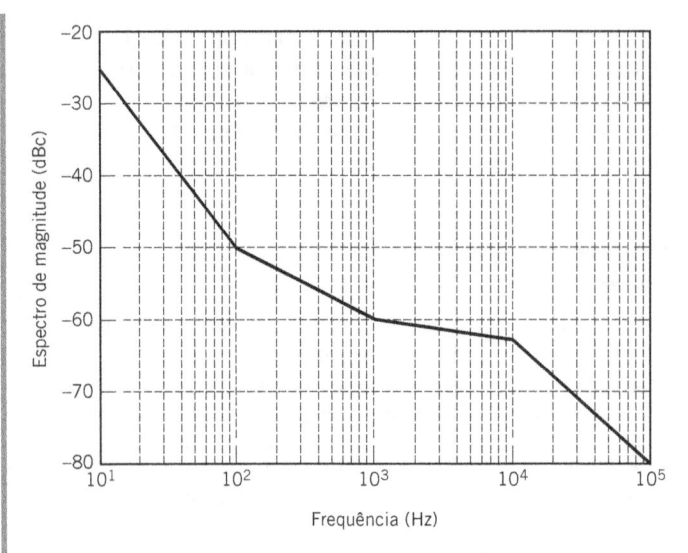

Figura 4.5 Espectro de magnitude do ruído de fase.
(*Nota*: dBc significa dB relativo ao nível da portadora.)

3. O ruído de fase que estiver fora da largura de banda do sinal de mensagem *W* é eliminado quando a passagem passa por um filtro passa-baixas.

A partir da observação (1), se a Figura 4.5 representa o espectro de um oscilador ruidoso (excluindo-se a portadora), então o espectro de magnitude do sinal modulante $\phi_n(t)$ é também aproximadamente dado pela Figura 4.5. Do Teorema de Rayleigh da energia das transformadas de Fourier discutido no Capítulo 2, as energias de domínio de tempo e de domínio da frequência são iguais, então escrevemos

$$\int_{-\infty}^{\infty} |\phi_n(t)|^2 \, dt = \int_{-\infty}^{\infty} |\Phi_n(f)|^2 \, df$$

em que $\Phi_n(f)$ é a transformada de Fourier de $\phi_n(t)$. Após o PLL, temos

$$\int_{-\infty}^{\infty} |\overline{\phi}_n(t)|^2 \, dt = \int_{-\infty}^{-f_1} |\Phi_n(f)|^2 \, df + \int_{+f_1}^{\infty} |\Phi_n(f)|^2 \, df$$

em que $\overline{\phi}_n(t)$ exclui a portadora e as componentes de frequência abaixo de f_1. O lado esquerdo representa a energia das variações de fase, então combinando esses resultados com a terceira observação, constatamos que o *erro de fase quadrático médio* é

$$\overline{\phi}_{rms} = \sqrt{2 \int_{f_1}^{W} |\Phi_n(f)|^2 \, df} \text{ radianos}$$

A integração numérica do espectro do ruído de fase da Figura 4.5 (ver Problema 4.27) para $f_1 = 10$ Hz e $W = 10$ kHz mostra que o erro de fase *rms* é 6,5°. Uma vez que esse valor é menor do que 0,3 radianos, a utilização da análise de FM de banda estreita na solução é justificada.

Modulação em frequência de banda larga

Desejamos determinar, a seguir, o espectro do sinal FM de tom único da Eq. (4.16) para um valor arbitrário do índice de modulação β. Em geral, um sinal FM produzido por um sinal modulante senoidal, como na Eq. (4.16), é, ele próprio, não periódico, a menos que a frequência de portadora f_c seja um múltiplo inteiro da frequência de modulação f_m. Entretanto, podemos simplificar a questão usando a representação complexa de sinais passa-faixa descrita no Capítulo 2. Especificamente, assumimos que a frequência de portadora f_c é suficientemente grande (em comparação com a largura de banda do sinal FM) para justificar reescrever a Eq. (4.16) na forma

$$s(t) = \text{Re}[A_c \exp(j2\pi f_c t + j\beta \operatorname{sen}(2\pi f_m t))]$$
$$= \text{Re}[\tilde{s}(t) \exp(j2\pi f_c t)] \quad (4.21)$$

em que $\tilde{s}(t)$ é a envoltória complexa do sinal FM $s(t)$, definida por

$$\tilde{s}(t) = A_c \exp[j\beta \operatorname{sen}(2\pi f_m t)] \quad (4.22)$$

Dessa forma, diferentemente do sinal FM original $s(t)$, a envoltória complexa $\tilde{s}(t)$ é uma função periódica do tempo com uma frequência fundamental igual à frequência de modulação f_m. Podemos, portanto expandir $\tilde{s}(t)$ na forma de uma série de Fourier complexa, como se segue:

$$\tilde{s}(t) = \sum_{n=-\infty}^{\infty} c_n \exp(j2\pi n f_m t) \quad (4.23)$$

em que o coeficiente de Fourier complexo c_n é dado por

$$c_n = f_m \int_{-1/2f_m}^{1/2f_m} \tilde{s}(t) \exp(-j2\pi n f_m t) \, dt$$
$$= f_m A_c \int_{-1/2f_m}^{1/2f_m} \exp[j\beta \operatorname{sen}(2\pi f_m t) - j2\pi n f_m t] \, dt \quad (4.24)$$

Definamos uma nova variável:

$$x = 2\pi f_m t \quad (4.25)$$

Portanto, podemos reescrever a Eq. (4.24) na nova forma

$$c_n = \frac{A_c}{2\pi} \int_{-\pi}^{\pi} \exp[j(\beta \operatorname{sen} x - nx)] \, dx \quad (4.26)$$

A integral no lado direito da Eq. (4.26), exceto por um fator de escala, é reconhecida como a *função de Bessel de primeira espécie de n-ésima ordem*[1] e argumento β. Essa função é comumente denotada pelo símbolo $J_n(\beta)$, como mostrado por

$$J_n(\beta) = \frac{1}{2\pi} \int_{-\pi}^{\pi} \exp[j(\beta \operatorname{sen} x - nx)] \, dx \quad (4.27)$$

Consequentemente, podemos reduzir a Eq. (4.26) a

$$c_n = A_c J_n(\beta) \quad (4.28)$$

Substituindo a Eq. (4.28) na (4.23), obtemos, em termos da função de Bessel $J_n(\beta)$, a seguinte expansão para a envoltória complexa do sinal de FM:

$$\tilde{s}(t) = A_c \sum_{n=-\infty}^{\infty} J_n(\beta) \exp(j2\pi n f_m t) \tag{4.29}$$

Em seguida, substituindo a Eq. (4.29) na (4.21), obtemos

$$s(t) = A_c \cdot \text{Re}\left[\sum_{n=-\infty}^{\infty} J_n(\beta) \exp[j2\pi(f_c + nf_m)t]\right] \tag{4.30}$$

Intercambiando a ordem do somatório e da avaliação da parte real no lado direito da Eq. (4.30), obtemos

$$s(t) = A_c \sum_{n=-\infty}^{\infty} J_n(\beta) \cos[2\pi(f_c + nf_m)t] \tag{4.31}$$

Essa é a forma desejada para a representação de Fourier de um sinal FM de único tom $s(t)$ *para um valor arbitrário de β*. O espectro discreto de $s(t)$ é obtido calculando-se as transformadas de Fourier de ambos os lados da Eq. (4.31). Então temos

$$S(f) = \frac{A_c}{2} \sum_{n=-\infty}^{\infty} J_n(\beta)[\delta(f - f_c - nf_m) + \delta(f + f_c + nf_m)] \tag{4.32}$$

Na Figura 4.6, plotamos a função de Bessel $J_n(\beta)$ *versus* o índice de modulação β para diferentes valores positivos de n. Podemos desenvolver ainda mais nossa compreensão sobre o comportamento da função de Bessel $J_n(\beta)$ fazendo uso das seguintes propriedades:

1. Para n par, temos $J_n(\beta) = J_{-n}(\beta)$; por outro lado, para n ímpar, temos $J_n(\beta) = -J_{-n}(\beta)$. Isto é,

$$J_n(\beta) = (-1)^n J_{-n}(\beta) \qquad \text{para todo } n \tag{4.33}$$

2. Para pequenos valores do índice de modulação β, temos

$$\left.\begin{array}{l} J_0(\beta) \simeq 1 \\ J_1(\beta) \simeq \dfrac{\beta}{2} \\ J_n(\beta) \simeq 0, \qquad n > 2 \end{array}\right\} \tag{4.34}$$

3.
$$\sum_{n=-\infty}^{\infty} J_n^2(\beta) = 1 \tag{4.35}$$

Dessa forma, utilizando as Eqs. (4.32) a (4.35) e as curvas da Figura 4.16, podemos fazer as seguintes observações:

1. O espectro do sinal FM contém uma componente portadora e um conjunto infinito de frequências laterais localizadas simetricamente em qualquer um dos lados da portadora em separações de frequência de f_m, $2f_m$, $3f_m$,.... Sob

esse aspecto, o resultado difere daquele que prevalece em um sistema AM, uma vez que nesse um sinal modulante senoidal dá origem a somente um par de frequências laterais.

2. Para o caso especial de β pequeno em comparação com a unidade, apenas os coeficientes de Bessel $J_0(\beta)$ e $J_1(\beta)$ têm valores significativos, de forma que o sinal FM é efetivamente composto de uma portadora e de um único par de frequências laterais em $f_c \pm f_m$. Essa situação corresponde ao caso especial FM de banda estreita que foi considerado anteriormente.

3. A amplitude da componente portadora varia com β de acordo com $J_0(\beta)$. Ou seja, diferentemente de um sinal AM, a amplitude da componente portadora de um sinal FM depende do índice de modulação β. A explicação física para essa propriedade é que a envoltória de um sinal FM é constante, de forma que a potência média desse sinal, desenvolvida através de um resistor de 1 ohm, também é constante, como mostrado por

$$P = \frac{1}{2}A_c^2 \tag{4.36}$$

Quando a portadora é modulada para gerar o sinal FM, a potência nas frequências laterais pode aparecer somente à custa da potência que havia originalmente na portadora, tornando assim a amplitude da componente portadora dependente de β. Observe que a potência média de um sinal FM também pode ser determinada a partir da Eq. (24.31), obtendo-se

$$P = \frac{1}{2}A_c^2 \sum_{n=-\infty}^{\infty} J_n^2(\beta) \tag{4.37}$$

Substituindo-se a Eq. (4.35) na (4.37), a expressão para a potência média P se reduz à Eq. (4.36), e assim deve ser.

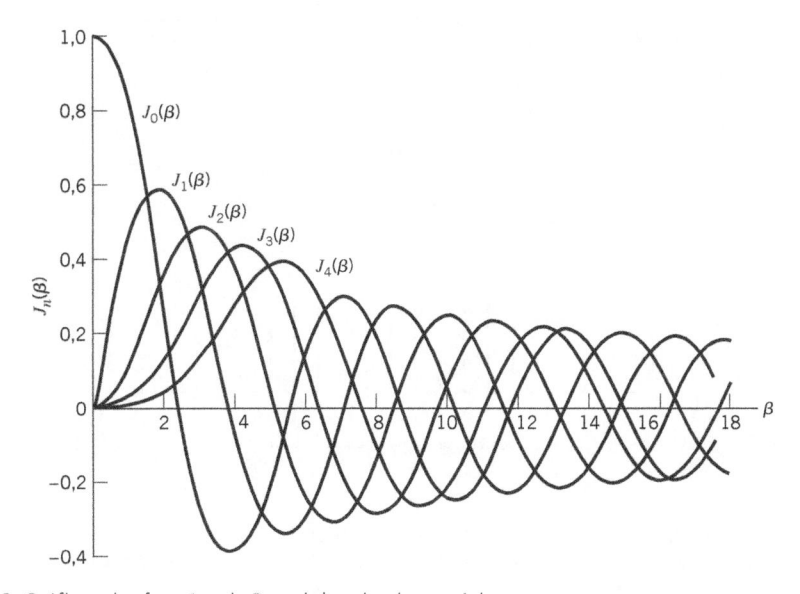

Figura 4.6 Gráficos das funções de Bessel de primeira espécie.

EXEMPLO 4.3 Espectros de sinais FM

Neste exemplo, desejamos investigar as maneiras como as variações na amplitude e na frequência de um sinal modulante senoidal afetam o espectro do sinal FM. Consideremos primeiro o caso em que a frequência do sinal modulante é fixa, mas sua amplitude varia, produzindo uma variação correspondente no desvio de frequência Δf. Dessa forma, mantendo a frequência de modulação f_m fixa, constatamos que o espectro de magnitude da onda FM resultante é similar ao mostrado na Figura 4.7 para $\beta = 1$, 2 e 5. Nesse diagrama, normalizamos o espectro em relação à amplitude da portadora não modulada.

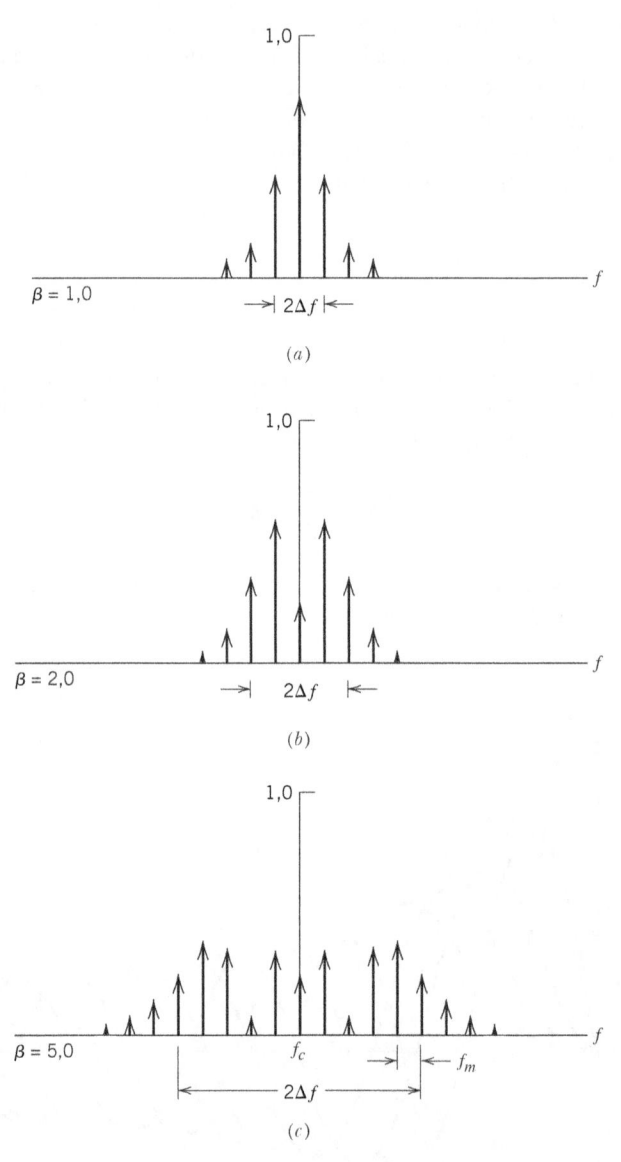

Figura 4.7 Espectros de magnitude discretos para um sinal FM, normalizados em relação à amplitude da portadora, para o caso da modulante senoidal de frequência fixa e amplitude variável. Apenas os espectros correspondentes às frequências positivas são mostrados.

Consideremos em seguida o caso em que a amplitude do sinal modulante é fixa; isto é, o desvio de frequência Δf é mantido constante, e a frequência de modulação f_m varia. Nesse caso, verificamos que o espectro de magnitude do sinal FM resultante é igual ao mostrado na Figura 4.8 para $\beta = 1, 2$ e 5. Vemos que quando Δf é fixo e β aumenta, temos um número crescente de linhas espectrais que se acumulam no intervalo de frequências fixo $f_c - \Delta f < |f| < f_c + \Delta f$. Isto é, quando β se aproxima do infinito, a largura de banda da onda FM se aproxima do valor limite $2\Delta f$, o que é um ponto importante que se deve ter em mente.

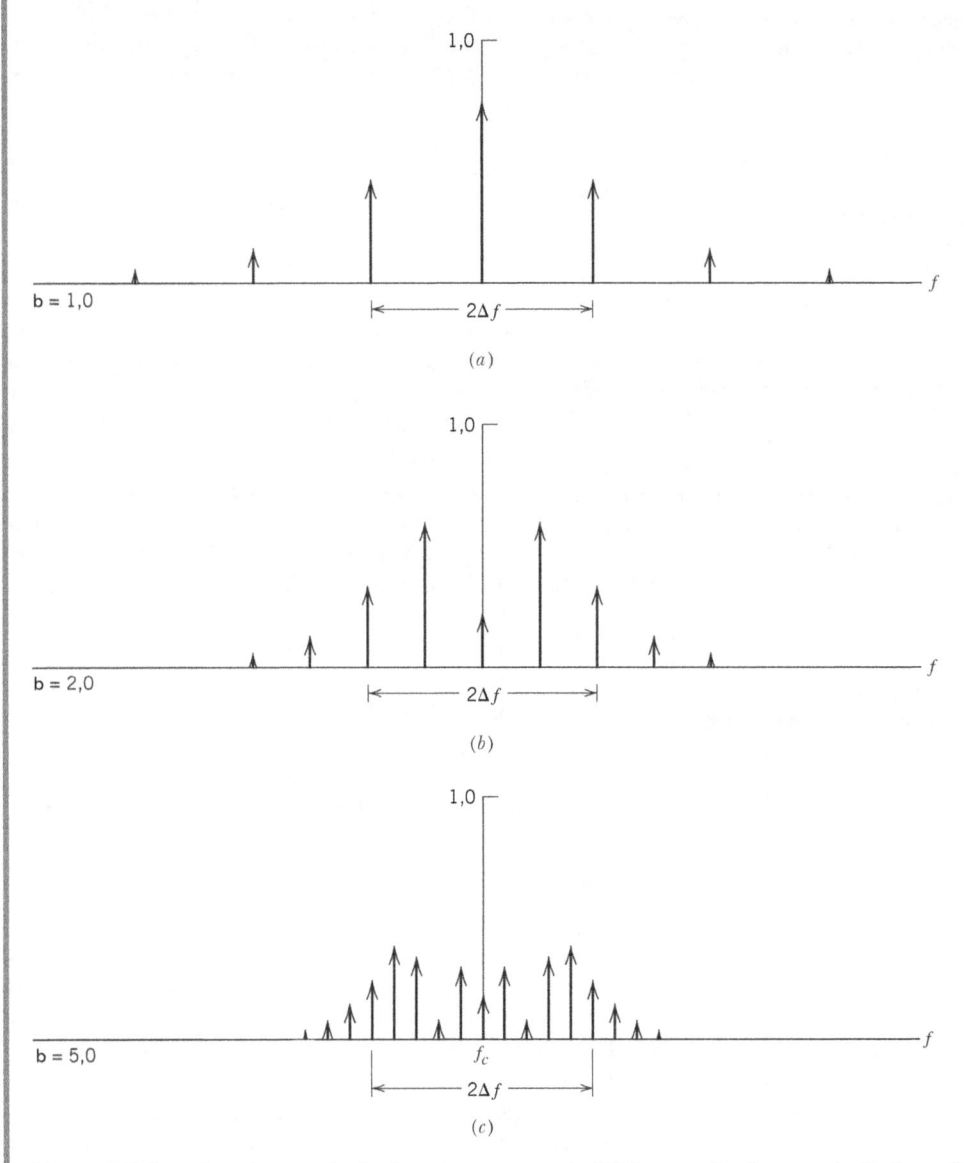

Figura 4.8 Espectros de magnitude discretos para um sinal FM, normalizados em relação à amplitude da portadora, para o caso da modulante senoidal de frequência variável e amplitude fixa. Apenas os espectros correspondentes às frequências positivas são mostrados.

Largura de banda de transmissão de sinais FM

Em teoria, um sinal FM contém um número infinito de frequências laterais, de modo que a largura de banda requerida para transmitir tal sinal é igualmente infinita em extensão. Na prática, entretanto, verificamos que o sinal FM é efetivamente limitado a um número finito de frequências laterais significativas compatíveis com uma quantidade especificada de distorção. Podemos, portanto, especificar uma largura de banda efetiva requerida para a transmissão de um sinal FM. Consideremos primeiro o caso de um sinal FM gerado por uma onda modulante de único tom de frequência f_m. Nesse tipo de sinal FM, as frequências laterais que estão separadas da frequência de portadora f_c por uma quantidade maior do que o desvio de frequência Δf decrescem rapidamente na direção de zero, de forma que a largura de banda sempre ultrapassa a excursão de frequência total, mas, ainda assim, é limitada. Especificamente, para valores elevados do índice de modulação β, a largura de banda se aproxima da excursão de frequência total $2\Delta f$ e é um pouco maior do que esta. Por outro lado, para valores pequenos do índice de modulação β, o espectro do sinal FM é efetivamente limitado à frequência de portadora f_c e um par de frequências laterais em $f_c \pm f_m$, de forma que a largura de banda se aproxime de $2f_m$. Dessa forma, podemos definir uma regra aproximada para a largura de banda de transmissão de um sinal de frequência f_m, da seguinte maneira:

Edwin H. Armstrong (1890-1954)

Entre as invenções de Armstrong relacionadas ao rádio estão o receptor super-heteródino (1918) e o rádio FM (1933). Anteriormente, em 1922, J.H. Carson (da regra de Carson) publicou um artigo afirmando que não havia vantagem para a modulação em frequência. Para crédito de Armstrong, em face de tal criticismo, ele foi capaz de mostrar que a largura de banda FM oferecia uma transmissão muito mais clara do que a modulação em amplitude então em corrente uso.

Em 1945, a RCA ganhou uma petição das agências regulatórias para conseguir mudar o rádio FM de 40-52 MHz para 88-108 MHz. O objetivo era proteger seus empreendimentos em rádio AM e promover o empreendimento televisivo incipiente. Essa mudança acarretou a inutilização de todos os rádios FM de Armstrong de um dia para o outro. Além disso, a RCA discutiu a patente da FM de Armstrong e impediu a cobrança de *royalties* sobre novas estações FM. Sem recursos e perturbado, Armstrong cometeu suicídio pulando da sua varanda, no décimo quarto andar. As ações da RCA são consideradas como retardadoras em décadas do rádio FM. Mesmo assim, a FM tornou-se um dos métodos dominantes de transmissão ao final do século vinte.

$$B_T \simeq 2\Delta f + 2f_m = 2\Delta f \left(1 + \frac{1}{\beta}\right) \qquad (4.38)$$

Essa relação empírica é conhecida como a *regra de Carson*.

Para uma avaliação mais precisa da exigência de largura de banda de um sinal FM, podemos utilizar uma definição baseada em se manter o número máximo de frequências laterais significativas cujas amplitudes sejam maiores do que algum valor selecionado. Uma escolha conveniente para esse valor é 1% da amplitude de portadora não modulada. Desta forma, podemos definir *a largura de banda de transmissão de uma onda FM como a separação entre as duas frequências além das quais nenhuma das frequências laterais é maior do que 1% da amplitude de portadora obtida quando a modulação e retirada*. Isto é, definimos a largura de banda de transmissão como $2n_{máx}f_m$, em que f_m é a frequência de modulação e $n_{máx}$ é o maior valor do inteiro n que satisfaz a exigência $|J_n(\beta)| > 0{,}01$. O valor de $n_{máx}$ varia com o índice de modulação β e pode ser facilmente determinado a partir de valores tabelados da função de Bessel $J_n(\beta)$. A Tabela 4.1 mostra o número total de frequências laterais significativas (incluindo tanto a frequência lateral superior quanto a inferior) para diferentes valores de β, calculadas com base no critério de 1% que foi explicado aqui. A largura de banda de transmissão B_T calculada utilizando-se esse procedimento pode ser apresentada na forma de uma *curva universal*, a qual é normalizada em relação ao desvio de frequência Δf e depois é plotada em função de β. Essa curva é mostrada na Figura 4.9, que é o melhor ajuste obtido a partir do conjunto de pontos da Tabela 4.1. Na Figura 4.9, observamos que quando o índice de modulação β aumenta, a largura de banda ocupada pelas frequências laterais significativas cai, aproximando-se das frequências ao longo das quais a portadora realmente se desvia. Isso significa que valores pequenos do índice de modulação β são relativamente mais extravagantes em termos de largura de banda de transmissão do que o são valores mais elevados de β.

Considere em seguida o caso mais geral de um sinal modulante arbitrário $m(t)$ com sua componente de frequência mais elevada denotada por W. A largura de banda requerida para transmitir um sinal FM gerado por esse sinal modulante é determinada utilizando-se uma análise de pior caso da modulação de tom. Especificamente, primeiro determinamos o chamado *coeficiente de desvio D*, definido como a razão entre o desvio de frequência Δf, que corresponde à máxima amplitude possível do sinal modulante $m(t)$, e à maior frequência de W; essas condições representam os casos extremos possíveis. *O coeficiente de desvio D desempenha o mesmo papel para a modulação não senoidal que o índice de modulação β para o caso da modulação senoidal.* Então, substituindo-se β por D e f_m por W, podemos utilizar a regra de Carson dada na Eq. (4.38) ou a curva universal da Figura 4.9 para obter um valor para a largura de banda de transmissão do sinal FM. De um ponto de vista prático, a regra de Carson de algum modo subestima a exigência de largura de banda de um sistema FM, enquanto que a utilização da curva universal da Figura 4.9 produz um resultado algo mais conservativo. Dessa forma, a escolha de uma largura de banda que se situe entre os dois limites fornecidos por essas duas regras básicas é aceitável para a maioria das finalidades práticas.

TABELA 4.1 Número de frequências laterais significativas de um sinal FM de banda larga para índices de modulação variáveis

Índice de modulação β	Número de frequências laterais significativas $2n_{máx}$
0,1	2
0,3	4
0,5	4
1,0	6
2,0	8
5,0	16
10,0	28
20,0	50
30,0	70

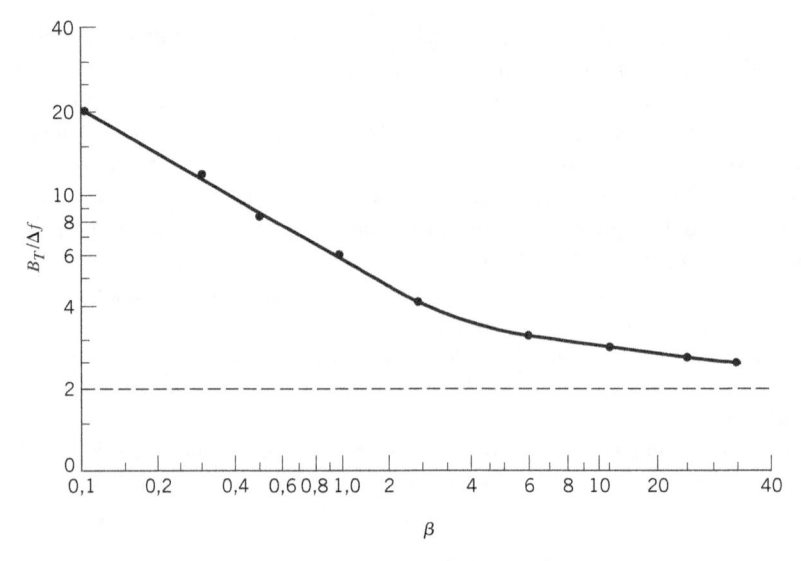

Figura 4.9 Curva universal para avaliar a largura de banda de 1% de uma onda FM.

EXEMPLO 4.4

Na América do Norte, o valor máximo do desvio de frequência Δf é fixado em 75 kHz para transmissão de FM comercial por rádio. Se tomarmos a frequência de modulação $W = 15$ kHz, que é tipicamente a "máxima" frequência de áudio de interesse em transmissões de FM, descobriremos que o valor correspondente do coeficiente de desvio é

$$D = \frac{75}{15} = 5$$

Utilizando a regra de Carson da Eq. (4.38), substituindo β por D e f_m por W, o valor aproximado da largura de banda de transmissão do sinal FM é obtido como

$$B_T = 2(75 + 15) = 180 \text{ kHz}$$

Por outro lado, o uso da curva da Figura 4.9 fornece a largura de banda de transmissão do sinal FM como

$$B_T = 3{,}2\,\Delta f = 3{,}2 \times 75 = 240 \text{ kHz}$$

Dessa forma, a regra de Carson subestima a largura de banda de transmissão em 25% em comparação com o resultado obtido utilizando-se a curva universal da Figura 4.9.

Geração de sinais FM

Em sistemas de FM direta, a frequência instantânea da onda portadora varia diretamente em conformidade com o sinal de mensagem por meio de um dispositivo conhecido como *oscilador controlado por tensão*. Uma maneira de se implementar tal dispositivo é utilizar um oscilador senoidal que tenha uma rede ressonante determinadora de frequência altamente seletiva e controlar esse oscilador por variação incremental simétrica dos componentes reativos dessa rede. Um exemplo de tal esquema é mostrado na Figura 4.10, que ilustra um *oscilador de Hartley*. Assumimos que o componente capacitivo da rede determinadora de frequência no oscilador consiste em um capacitor fixo desviado (*shunted*) por um capacitor de tensão variável. A capacitância resultante é representada por $C(t)$ na Figura 4.10. Um capacitor de tensão variável, comumente chamado de *varactor* ou *varicap*, é um capacitor cuja capacitância depende da tensão aplicada através dos seus eletrodos. A capacitância variável por tensão pode ser obtida, por exemplo, utilizando-se um diodo de junção *p-n* que esteja polarizado na direção reversa; quanto maior a tensão reversa aplicada sobre tal diodo, menor a capacitância de transição do diodo. A frequência de oscilação do oscilador de Hartley da Figura 4.10 é dada por

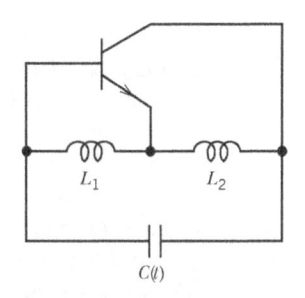

Figura 4.10 Oscilador de Hartley.

$$f_i(t) = \frac{1}{2\pi\sqrt{(L_1 + L_2)C(t)}} \qquad (4.39)$$

em que $C(t)$ é a capacitância total do capacitor fixo e do capacitor de tensão variável, e L_1 e L_2 são as duas indutâncias na rede determinadora de frequência do oscilador. Assumamos que para uma onda modulante senoidal de frequência f_m, a capacitância $C(t)$ é expressa como

$$C(t) = C_0 + \Delta C \cos(2\pi f_m t) \qquad (4.40)$$

em que C_0 é a capacitância total na ausência de modulação e ΔC é a variação máxima na capacitância. Substituindo a Eq. (4.40) na (4.39), obtemos

$$f_i(t) = f_0 \left[1 + \frac{\Delta C}{C_0}\cos(2\pi f_m t)\right]^{-1/2} \qquad (4.41)$$

em que f_0 é a frequência de oscilação não modulada, ou seja,

$$f_0 = \frac{1}{2\pi\sqrt{C_0(L_1 + L_2)}} \qquad (4.42)$$

Dado que a variação máxima na capacitância ΔC seja pequena em comparação com a capacitância não modulada C_0, podemos aproximar a Eq. (4.41) como

$$f_i(t) \simeq f_0\left[1 - \frac{\Delta C}{2C_0}\cos(2\pi f_m t)\right] \qquad (4.43)$$

Seja

$$\frac{\Delta C}{2C_0} = -\frac{\Delta f}{f_0} \qquad (4.44)$$

Consequentemente, a frequência instantânea do oscilador, que está sendo modulada em frequência variando-se a capacitância de rede determinadora de frequência, é aproximadamente dada por

$$f_i(t) \simeq f_0 + \Delta f \cos(2\pi f_m t) \qquad (4.45)$$

A Eq. (4.45) é a relação desejada para a frequência instantânea de uma onda FM, assumindo-se modulação senoidal.

Com a finalidade de gerar uma onda FM de banda larga com o desvio de frequência requerido, podemos utilizar a configuração mostrada na Figura 4.11 que consiste em um oscilador controlado por tensão, seguido por uma série de multiplicadores de frequência e misturadores. Essa configuração permite obter uma boa estabilidade de oscilador, proporcionalidade constante entre a variação na frequência de saída e a variação na tensão de entrada, bem como o desvio de frequência necessário para que se consiga a FM de banda larga.

Um transmissor FM que utilize o método direto como descrito, todavia, tem a desvantagem de que a frequência de portadora não é obtida de um oscilador altamente estável. Portanto, é necessário, na prática, prover algum meio auxiliar pelo qual uma frequência bastante estável gerada por um cristal seja capaz de controlar a frequência de portadora. Um método de efetuar esse controle é ilustrado na Figura 4.12. A saída do gerador FM é aplicada ao misturador juntamente com a saída de um oscilador controlado por cristal, e o termo de diferença de frequência é extraído. A saída do misturador é em seguida aplicada ao discriminador de frequência e ao filtro passa-baixas. Um discriminador de frequência é um dispositivo cuja saída de tensão tem uma amplitude instantânea que é proporcional à frequência instantânea do sinal FM aplicado a sua entrada; esse dispositivo é descrito na próxima subseção. Quando o transmissor FM tem exatamente a frequência de portadora correta, a saída do filtro passa-baixas é zero. Contudo, desvios da frequência de portadora do transmissor em relação ao valor designado farão com que a combinação discriminador-filtro desenvolva uma saída de tensão *dc* com polaridade determinada pelo sentido da flutuação da frequência do transmissor. Essa tensão *dc*, depois de uma amplificação adequada, é aplicada ao oscilador controlado por tensão do transmissor FM de modo a modificar a frequência do oscilador na direção que tende a restaurar a frequência de portadora ao seu valor correto.

O esquema de realimentação da Figura 4.12 é um exemplo de uma malha de sincronismo de frequência, que é estreitamente relacionada com a malha de sincronismo de fase. Explicaremos a malha de sincronismo de fase na Seção 4.4.

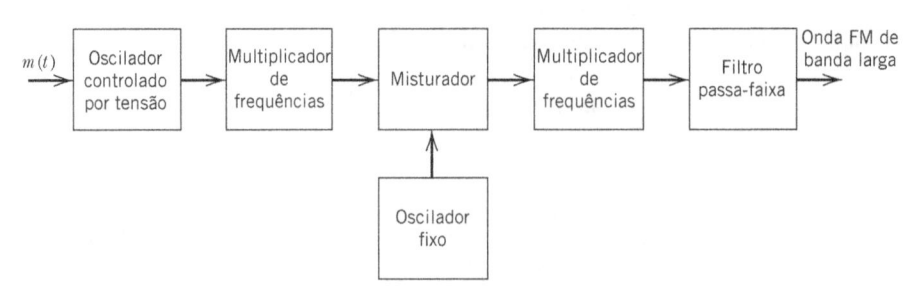

Figura 4.11 Diagrama de blocos de um modulador de frequência de banda larga que utiliza um oscilador controlado por tensão.

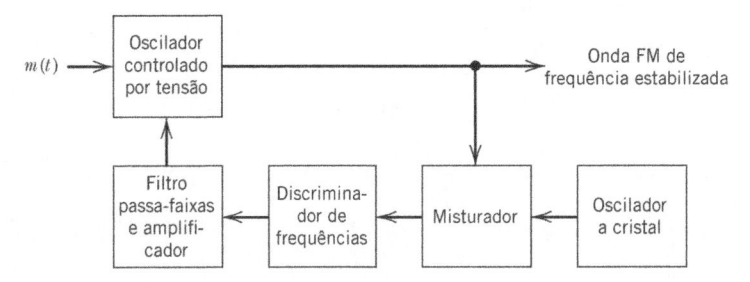

Figura 4.12 Um esquema de realimentação para estabilização de frequência de um modulador de frequências.

Demodulação de sinais FM

A *demodulação em frequência* é o processo que nos possibilita recuperar o sinal modulante original a partir de um sinal modulado em frequência. O objetivo é produzir uma característica de transferência que seja o inverso da que há no modulador de frequências, que pode ser realizada direta ou indiretamente. Aqui, descrevemos um método direto de demodulação em frequência que envolve o uso de um dispositivo popular conhecido como discriminador de frequências, cuja amplitude de saída instantânea é diretamente proporcional à frequência instantânea do sinal de entrada FM. Na próxima seção, descreveremos um método direto e indireto de demodulação em frequência que utiliza outro dispositivo popular conhecido como malha de sincronismo de fase (PLL).

Basicamente, o *discriminador de frequências* consiste em um *circuito em rampa* seguido de um *detector de envoltória*. Um circuito em rampa ideal é caracterizado por uma função de transferência que é puramente imaginária, variando linearmente com a frequência dentro de um intervalo de frequência prescrito. Consideremos a função de transferência plotada na Figura 4.13a, que é definida por

$$H_1(f) = \begin{cases} j2\pi a \left(f - f_c + \dfrac{B_T}{2}\right), & f_c - \dfrac{B_T}{2} \leq f \leq f_c + \dfrac{B_T}{2} \\ j2\pi a \left(f + f_c - \dfrac{B_T}{2}\right), & -f_c - \dfrac{B_T}{2} \leq f \leq -f_c + \dfrac{B_T}{2} \\ 0, & \text{caso contrário} \end{cases} \quad (4.46)$$

em que a é um parâmetro constante. Desejamos avaliar a resposta desse circuito em rampa, indicada por $s_1(t)$, que é produzida por um sinal FM $s(t)$ de portadora f_c e largura de banda de transmissão B_T. Assume-se que o espectro de $s(t)$ seja essencialmente zero fora do intervalo de frequências $f_c - B_T/2 \leq |f| \leq f_c + B_T/2$. Para avaliar a resposta $s_1(t)$, é conveniente utilizar o procedimento descrito na Seção 2.10, que envolve a substituição do circuito em rampa por um filtro passa-baixas equivalente e a excitação desse filtro com a envoltória complexa do sinal de entrada FM $s(t)$.

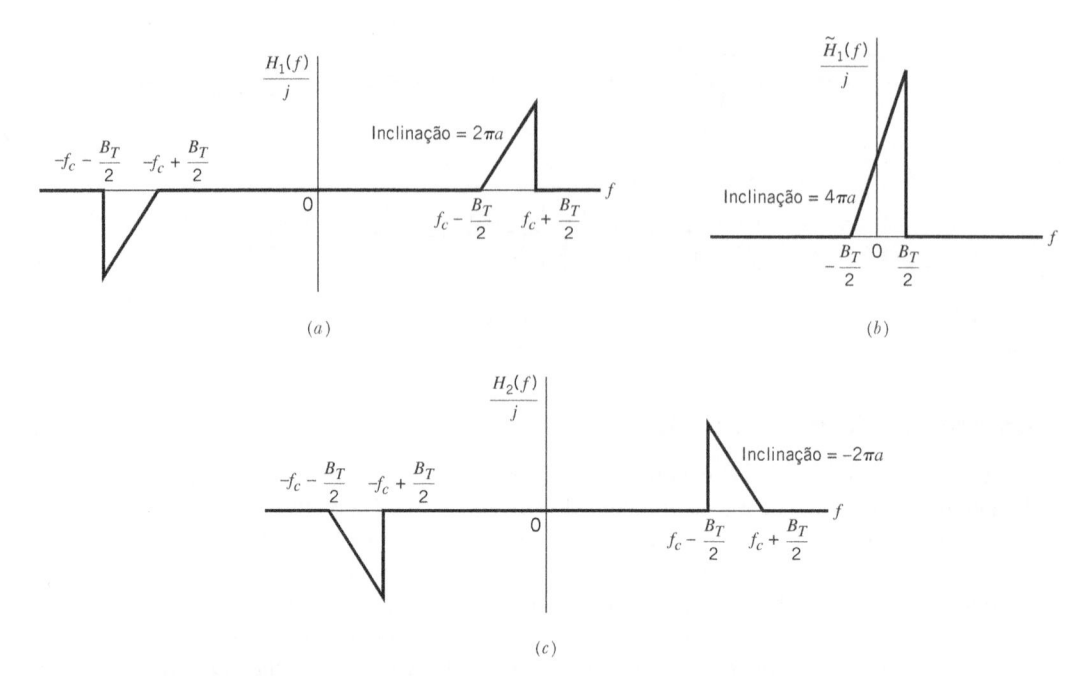

Figura 4.13 (a) Resposta em frequência de um circuito em rampa ideal. (b) Resposta do circuito em rampa. (c) Resposta em frequência do filtro passa-baixas complexo equivalente ao circuito em rampa ideal complementar ao da parte (a).

Seja $\tilde{H}_1(f)$ a função de transferência complexa do circuito em rampa definido pela Figura 4.13a. Essa função de transferência complexa está relacionada a $H_1(f)$ por

$$\tilde{H}_1(f - f_c) = 2H_1(f), \qquad f > 0 \tag{4.47}$$

Consequentemente, utilizando as Eqs. (4.46) e (4.47), obtemos

$$\tilde{H}_1(f) = \begin{cases} j4\pi a \left(f + \dfrac{B_T}{2}\right), & -\dfrac{B_T}{2} \leq f \leq \dfrac{B_T}{2} \\ 0, & \text{caso contrário} \end{cases} \tag{4.48}$$

que está plotada na Figura 4.13b.

O sinal FM $s(t)$ que chega é definido pela Eq. (4.8), a qual é reproduzida aqui por conveniência:

$$s(t) = A_c \cos\left[2\pi f_c t + 2\pi k_f \int_0^t m(\tau)\, d\tau\right]$$

Dado que a frequência de portadora f_c é alta em comparação com a largura de banda de transmissão do sinal FM $s(t)$, o envelope complexo de $s(t)$ é

$$\tilde{s}(t) = A_c \exp\left[j2\pi k_f \int_0^t m(\tau)\, d\tau\right] \tag{4.49}$$

Seja $\tilde{s}_1(t)$ o envelope complexo da resposta do circuito em rampa definido pela Figura 4.13b devido a $\tilde{s}(t)$. Então, de acordo com a teoria descrita na Seção 2.10, podemos expressar a transformada de Fourier de $\tilde{s}_1(t)$ como se segue:

$$\tilde{S}_1(f) = \frac{1}{2}\tilde{H}_1(f)\tilde{S}(f)$$

$$= \begin{cases} j2\pi a \left(f + \frac{B_T}{2}\right)\tilde{S}(f), & -\frac{B_T}{2} \leq f \leq \frac{B_T}{2} \\ 0, & \text{caso contrário} \end{cases} \quad (4.50)$$

em que $\tilde{S}(f)$ é a transformada de Fourier de $\tilde{s}(t)$. Uma vez que a multiplicação da transformada de Fourier de um sinal pelo fator $j2\pi f$ é equivalente à diferenciação do sinal no domínio do tempo (ver Seção 2.3), deduzimos a partir da Eq. (4.50) que

$$\tilde{s}_1(t) = a\left[\frac{d\tilde{s}(t)}{dt} + j\pi B_T \tilde{s}(t)\right] \quad (4.51)$$

Substituindo a Eq. (4.49) em (4.51), obtemos

$$\tilde{s}_1(t) = j\pi B_T a A_c \left[1 + \frac{2k_f}{B_T}m(t)\right]\exp\left[j2\pi k_f \int_0^t m(\tau)\,d\tau\right] \quad (4.52)$$

A resposta desejada do circuito em rampa é, portanto,

$$s_1(t) = \text{Re}[\tilde{s}_1(t)\exp(j2\pi f_c t)]$$
$$= \pi B_T a A_c \left[1 + \frac{2k_f}{B_T}m(t)\right]\cos\left[2\pi f_c t + 2\pi k_f \int_0^t m(\tau)\,d\tau + \frac{\pi}{2}\right] \quad (4.53)$$

O sinal $s_1(t)$ é um sinal modulado híbrido, no qual tanto a amplitude quanto a frequência da onda portadora pode variar com o sinal de mensagem $m(t)$. Todavia, dado que escolhamos

$$\left|\frac{2k_f}{B_T}m(t)\right| < 1 \quad \text{para todo } t$$

então podemos utilizar um detector de envoltória para recuperar as variações de amplitude e, então, exceto pelo termo de polarização, obter o sinal de mensagem original. A saída resultante do detector de envoltória é, portanto,

$$|\tilde{s}_1(t)| = \pi B_T a A_c \left[1 + \frac{2k_f}{B_T}m(t)\right] \quad (4.54)$$

O termo de polarização $\pi B_T a A_c$ no lado direito da Eq. (4.54) é proporcional à inclinação a da função de transferência do circuito em rampa. Isso sugere que a polarização pode ser removida subtraindo-se da saída $|\tilde{s}_1(t)|$ do detector de envoltória a saída de um segundo detector de envoltória precedido pelo *circuito em rampa complementar* com função de transferência $H_2(f)$, plotada na Figura 4.13c. Isto é, as respectivas funções de transferência complexas dos dois circuitos em rampa são relacionadas por

$$\tilde{H}_2(f) = \tilde{H}_1(-f) \tag{4.55}$$

Seja $s_2(t)$ a resposta do circuito em rampa complementar produzida pelo sinal FM $s(t)$ que chega. Então, seguindo um procedimento similar ao que acabou de ser descrito, constatamos que a envoltória de $s_2(t)$ é

$$|\tilde{s}_2(t)| = \pi B_T a A_c \left[1 - \frac{2k_f}{B_T} m(t)\right] \tag{4.56}$$

em que $\tilde{s}_2(t)$ é o envelope complexo do sinal $s_2(t)$. A diferença entre as duas envoltórias nas Eqs. (4.54) e (4.56) é

$$\begin{aligned} s_o(t) &= |\tilde{s}_1(t)| - |\tilde{s}_2(t)| \\ &= 4\pi k_f a A_c m(t) \end{aligned} \tag{4.57}$$

que é livre de polarização, como desejado.

Podemos então modelar o *discriminador de frequências ideal* como um par de circuitos em rampa cujas funções de transferência complexas estejam relacionadas pela Eq. (4.55), seguidos por detectores de envoltória e, finalmente, por um somador, como na Figura 4.14a. Esse esquema é chamado de um *discriminador de frequências balanceado*.

O esquema idealizado da Figura 4.14a pode ser realizado utilizando-se o circuito mostrado na Figura 4.14b. As seções de filtro de ressonância superior e inferior desse circuito são sintonizadas em frequências acima e abaixo da frequência de portadora não modulada, respectivamente. Na Figura 4.14c, plotamos as respostas em magnitude desses dois filtros sintonizados, juntamente com sua resposta total, assumindo que ambos os filtros tenham um fator Q alto. O *fator de qualidade* ou *fator Q* de um circuito ressonante é uma medida de quão bom é o circuito como um todo. Ele é formalmente definido como 2π vezes a razão entre a máxima energia armazenada no circuito durante um ciclo e a energia dissipada por ciclo. No caso de um circuito ressonante RLC paralelo (ou série), o fator Q é igual à frequência ressonante dividida pela largura de banda de 3dB do circuito. Nos circuitos ressonantes RLC paralelos mostrados na Figura 4.14b, a resistência R é bastante afetada pelas imperfeições nos elementos indutivos nos circuitos.

A linearidade da porção útil da resposta total na Figura 4.14c, centrada em f_c, é determinada pela separação das duas frequências ressonantes. Como ilustrado na Figura 4.14c, uma frequência de separação de $3B$ produz resultados satisfatórios, em que $2B$ é a largura de banda de 3dB de cada filtro. Todavia, haverá distorção na saída desse discriminador de frequências devido aos seguintes fatores:

1. O espectro do sinal de entrada FM $s(t)$ não é exatamente zero para frequências fora da faixa $f_c - B_T/2 \le f \le f_c + B_T/2$.
2. As saídas dos filtros sintonizados não são estritamente limitadas em banda, e então alguma distorção é introduzida pelos filtros passa-baixas RC que sucedem os diodos nos detectores de envoltória.
3. As características do filtro sintonizado não são lineares ao longo de toda a banda de frequências do sinal de entrada FM $s(t)$.

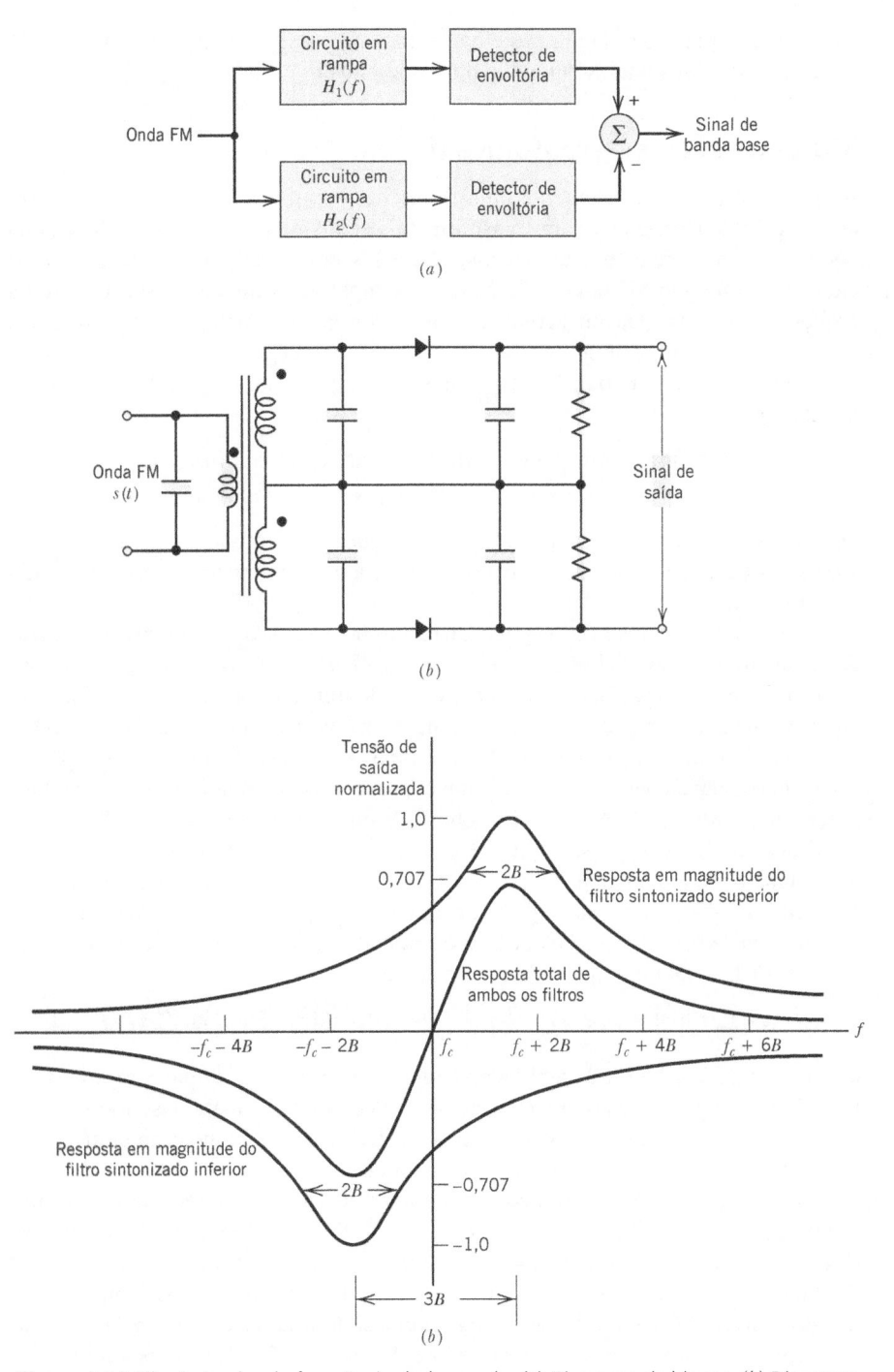

Figura 4.14 Discriminador de frequências balanceado. (*a*) Diagrama de blocos. (*b*) Diagrama do circuito. (*c*) Resposta em frequência.

Ainda assim, por meio de um projeto adequado, é possível manter a distorção FM produzida por esses fatores dentro de limites toleráveis.

Multiplexação estereofônica de FM

A *multiplexação estereofônica* é uma forma de multiplexação por divisão de frequência (FDM) projetada para transmitir dois sinais diferentes através da mesma portadora. Ela é largamente utilizada nas transmissões de rádio FM para enviar dois elementos diferentes de um programa (por exemplo, duas diferentes seções de uma orquestra, um vocalista e um acompanhante) de forma a dar uma dimensão especial à percepção do mesmo por um ouvinte na extremidade receptora.

A especificação de padrões para transmissão estereofônica é influenciada por dois fatores:

1. A transmissão deve operar dentro dos canais de radiodifusão de FM.
2. Ela deve ser compatível com os receptores de rádio monofônicos.

O primeiro requisito define os parâmetros de frequência permissíveis, inclusive o desvio de frequência. O segundo requisito restringe a maneira como o sinal transmitido é configurado.

A Figura 4.15a mostra o diagrama de blocos do sistema de multiplexação utilizado em um transmissor de FM estereofônico. Sejam $m_l(t)$ e $m_r(t)$ os sinais captados por microfones à esquerda e à direita na extremidade transmissora do sistema. Eles são aplicados a um combinador (*matrixer*) simples que gera o *sinal soma*, $m_l(t) + m_r(t)$, e o *sinal diferença*, $m_l(t) - m_r(t)$. O sinal soma permanece sem ser processado em sua forma de banda base; ele fica disponível para recepção monofônica. O sinal diferença e uma subportadora de 38 kHz (obtida de um oscilador a cristal de 19 kHz por duplicação de frequência) são aplicados a um modulador multiplicador, produzindo assim uma onda modulada DSB-SC. Além do sinal de soma e dessa onda modulada DSB-SC, o sinal multiplexado $m(t)$ também inclui um piloto de 19 kHz para fornecer uma referência para a detecção coerente do sinal diferença no receptor estereofônico. Dessa forma, o sinal multiplexado é descrito por

$$m(t) = [m_l(t) + m_r(t)] + [m_l(t) - m_r(t)]\cos(4\pi f_c t) + K\cos(2\pi f_c t) \quad (4.58)$$

em que $f_c = 19$ kHz, e K é a amplitude do tom piloto. O sinal multiplexado $m(t)$ então modula em frequência a portadora principal para produzir o sinal transmitido. É atribuído ao piloto algo entre 8 e 10% do desvio de frequência máximo; a amplitude K na Eq. (4.58) é escolhida para satisfazer a esse requisito.

Em um receptor estereofônico, o sinal multiplexado $m(t)$ é recuperado por demodulação em frequência da onda FM recebida. Então $m(t)$ é aplicado ao *sistema de demultiplexação* mostrado na Figura 4.15b. Os componentes individuais do sinal multiplexado $m(t)$ são separados utilizando-se três filtros apropriados. O piloto recuperado (utilizando-se um filtro de banda estreita sintonizado em 19 kHz) é duplicado em frequência para produzir a subportadora desejada de 38 kHz. A disponibilidade dessa subportadora possibilita a detecção coerente da onda modulada DSB-SC, recuperando assim o sinal diferença, $m_l(t) - m_r(t)$. O filtro passa-baixas de banda base no caminho superior da Figura 4.15b é projetado para passar o sinal soma, $m_l(t) + m_r(t)$.

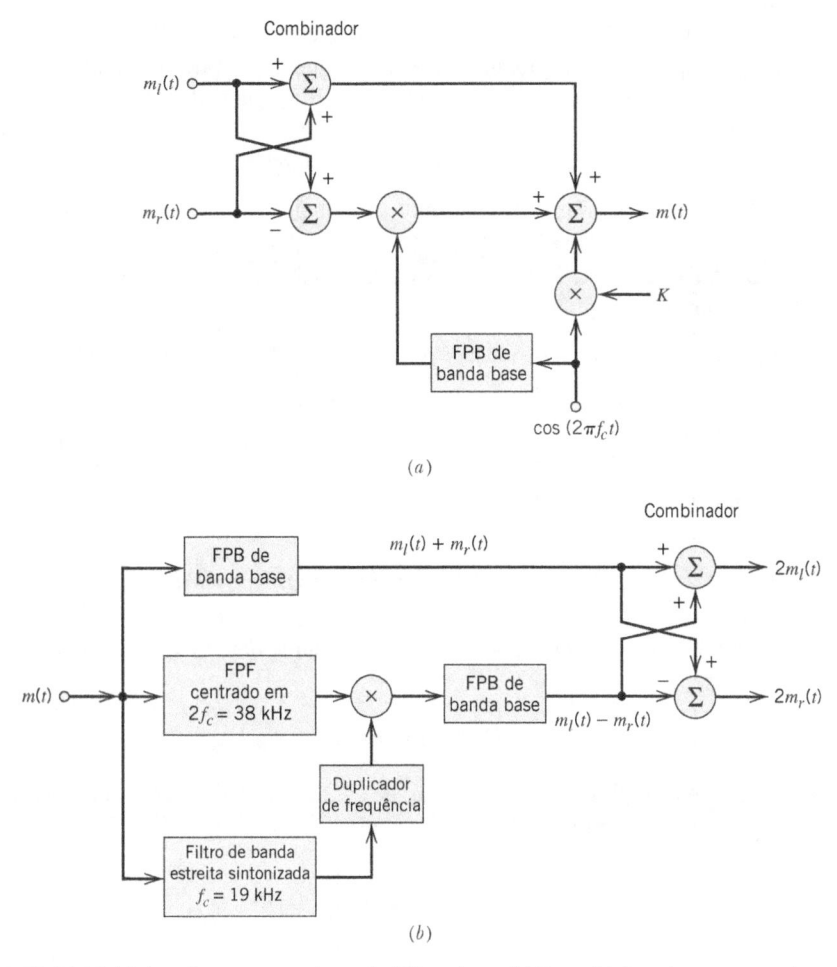

Figura 4.15 (a) Multiplexador no transmissor de FM estéreo. (b) Demultiplexador no transmissor de FM estéreo.

Finalmente, o combinador (*matrixer*) reconstrói o sinal do lado esquerdo $m_l(t)$ e o sinal do lado direito $m_r(t)$ e aplica-os a seus respectivos alto-falantes.

4.4 Malha de sincronismo de fase

A malha de sincronismo de fase (PLL) é um sistema de realimentação negativa cuja operação está estreitamente vinculada à modulação em frequência. Pode ser utilizado para sincronização, divisão/multiplicação de frequências, modulação em frequência e demodulação em frequência indireta. Essa última aplicação é o assunto de nosso interesse aqui.

Basicamente, o PLL consiste em três componentes principais: um *multiplicador*, um *filtro* e um *oscilador controlado por tensão* (VCO) conectados em conjunto na forma de um sistema de realimentação, como na Figura 4.16. O VCO é um gerador senoidal cuja frequência é determinada pela tensão que lhe é aplicada a partir de uma fonte externa. Com efeito, qualquer modulador em frequência pode servir como um VCO.

Suponhamos que ajustemos inicialmente o VCO de forma que, quando a tensão de controle for zero, duas condições sejam satisfeitas:

1. A frequência do VCO é definida de maneira precisa na frequência de portadora não modulada f_c.
2. A saída do VCO tem um deslocamento de fase 90° em relação à onda portadora não modulada.

Suponhamos que o sinal de entrada aplicado ao PLL seja um sinal FM definido por

$$s(t) = A_c \operatorname{sen}[2\pi f_c t + \phi_1(t)] \tag{4.59}$$

em que A_c é a amplitude da portadora. Com um sinal modulante $m(t)$, o ângulo $\phi_1(t)$ se relaciona a $m(t)$ pela integral

$$\phi_1(t) = 2\pi k_f \int_0^t m(\tau)\, d\tau \tag{4.60}$$

em que k_f é a sensibilidade à frequência do modulador. Seja a saída do VCO no PLL definida por

$$r(t) = A_v \cos[2\pi f_c t + \phi_2(t)] \tag{4.61}$$

em que A_v é a amplitude. Com a tensão de controle $v(t)$ aplicada à entrada do VCO, o ângulo $\phi_2(t)$ se relaciona a $v(t)$ pela integral

$$\phi_2(t) = 2\pi k_v \int_0^t v(t)\, dt \tag{4.62}$$

em que k_v é a sensibilidade à frequência do VCO, medida em hertz por volt.

O objetivo do PLL é gerar uma saída do VCO $r(t)$ que tenha o mesmo ângulo de fase (com exceção da diferença fixa de 90°) que o sinal FM de entrada $s(t)$. O ângulo de fase $\phi_1(t)$ variante no tempo que caracteriza $s(t)$ pode ser devido à modulação por um sinal de mensagem $m(t)$ como na Eq. (4.60), caso em que desejamos recuperar $\phi_1(t)$ a fim de estimar $m(t)$. Em outras aplicações do PLL, o ângulo de fase $\phi_1(t)$ variante no tempo do sinal de entrada $s(t)$ pode ser um deslocamento de fase indesejável causado por flutuações no canal de comunicação; nesse último caso, desejamos *rastrear* $\phi_1(t)$ de forma a produzirmos um sinal que tenha o mesmo ângulo de fase para servir na detecção coerente (demodulação síncrona).

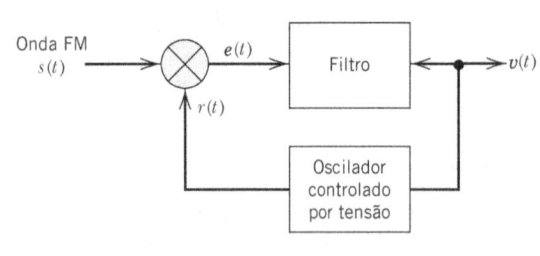

Figura 4.16 Malha de sincronismo de fase.

Para entender melhor o PLL, é desejável termos um *modelo* do circuito. No que se segue, iniciamos desenvolvendo um modelo não linear, o qual será linearizado subsequentemente para simplificar a análise.

Modelo não linear do PLL[2]

De acordo com a figura 4.16, o sinal FM $s(t)$ que chega e a saída do VCO $r(t)$ são aplicados ao multiplicador, produzindo duas componentes:

1. Uma componente de alta frequência, representada pelo termo de *frequência dobrada*

$$k_m A_c A_v \operatorname{sen}[4\pi f_c t + \phi_1(t) + \phi_2(t)]$$

2. Uma componente de baixa frequência representada pelo termo de *frequência diferença*

$$k_m A_c A_v \operatorname{sen}[\phi_1(t) - \phi_2(t)]$$

em que k_m é o *ganho do multiplicador*, medido em volt^{-1}.

O filtro do PLL é um filtro passa-baixas, e sua resposta à componente de alta frequência será desprezível. O VCO também contribui para a atenuação dessa componente. Portanto, descartando-se a componente de alta frequência (isto é, o termo de frequência dobrada), a entrada para o filtro será reduzida para

$$e(t) = k_m A_c A_v \operatorname{sen}[\phi_e(t)] \tag{4.63}$$

em que $\phi_e(t)$ é o *erro de fase* definido por

$$\begin{aligned}\phi_e(t) &= \phi_1(t) - \phi_2(t) \\ &= \phi_1(t) - 2\pi k_v \int_0^t v(\tau)\, d\tau\end{aligned} \tag{4.64}$$

O filtro opera sobre o erro $e(t)$ para produzir uma saída $v(t)$ definida pela integral de convolução

$$v(t) = \int_{-\infty}^{\infty} e(\tau) h(t-\tau)\, d\tau \tag{4.65}$$

em que $h(t)$ é a resposta ao impulso do filtro.

Utilizando as Eqs. (4.62) a (4.64) para relacionar $\phi_e(t)$ e $\phi_1(t)$, obtemos a seguinte equação íntegro-diferencial não linear como o descritor do comportamento dinâmico do PLL:

$$\frac{d\phi_e(t)}{dt} = \frac{d\phi_1(t)}{dt} - 2\pi K_0 \int_{-\infty}^{\infty} \operatorname{sen}[\phi_e(\tau)] h(t-\tau)\, d\tau \tag{4.66}$$

em que K_0 é um *parâmetro de ganho de malha* definido por

$$K_0 = k_m k_v A_c A_v \tag{4.67}$$

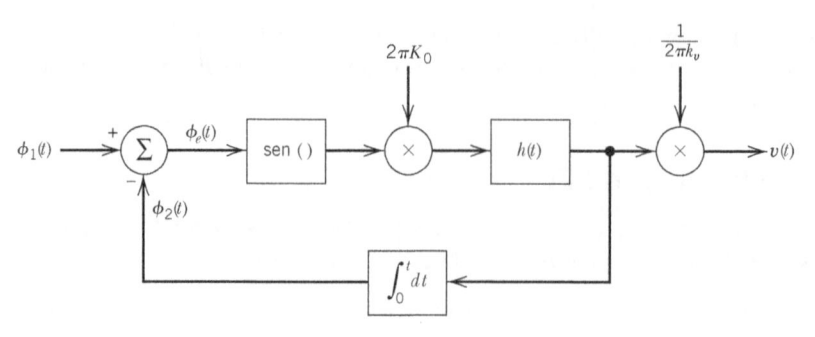

Figura 4.17 Modelo não linear do PLL.

As amplitudes A_c e A_v são medidas em volts, o ganho do multiplicador k_m em volt^{-1} e a sensibilidade à frequência k_v em hertz por volt. Consequentemente, segue da Eq. (4.67) que K_0 tem a dimensão de frequência. A Eq. (4.66) sugere o modelo mostrado na Figura 4.17 para um PLL. Nesse modelo, também incluímos a relação entre $v(t)$ e $e(t)$, conforme representada pelas Eqs. (4.63) e (4.65). Vemos que o modelo se assemelha ao diagrama de blocos da Figura 4.16. O multiplicador na entrada do PLL é substituído por um subtrator e uma não linearidade senoidal, e o VCO por um integrador.

A não linearidade senoidal no modelo da Figura 4.17 dificulta enormemente a análise do comportamento do PLL. Seria útil *linearizarmos* esse modelo para simplificar a análise e ainda assim apresentar uma boa descrição aproximada do comportamento do circuito em certos modos de operação. Isso faremos a seguir.

Modelo linear do PLL

Quando o erro de fase $\phi_e(t)$ é zero, diz-se que o PLL esta com *fase bloqueada* (*phase-lock*). Quando $\phi_e(t)$ é sempre pequeno em comparação com um radiano, podemos usar a aproximação

$$\operatorname{sen}[\phi_e(t)] \simeq \phi_e(t) \tag{4.68}$$

que tem uma precisão dentro de 4% para $\phi_e(t)$ inferior a 0,5 radianos. Nesse caso, diz-se que o sistema está *próximo ao bloqueio de fase*, e a não linearidade senoidal da Figura 4.17 pode ser desconsiderada. Desse modo, podemos representar o PLL pelo modelo linearizado mostrado na Figura 4.18a. De acordo com esse modelo, o erro de fase $\phi_e(t)$ se relaciona com a fase de entrada $\phi_1(t)$ pela *equação íntegro-diferencial linear*

$$\frac{d\phi_e(t)}{dt} + 2\pi K_0 \int_{-\infty}^{\infty} \phi_e(\tau) h(t-\tau)\, d\tau = \frac{d\phi_1(t)}{dt} \tag{4.69}$$

Transformando a Eq. (4.69) para o domínio da frequência e resolvendo-a para $\Phi_e(f)$, a transformada de Fourier de $\phi_e(t)$, em termos de $\Phi_1(f)$, a transformada de Fourier de $\phi_1(t)$, obtemos

$$\Phi_e(f) = \frac{1}{1 + L(f)} \Phi_1(f) \tag{4.70}$$

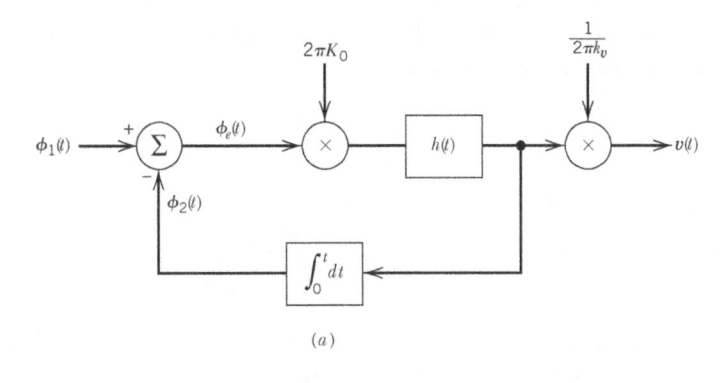

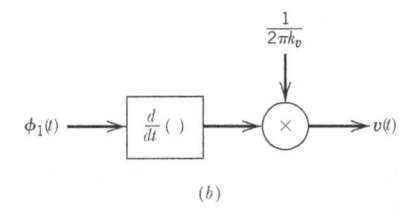

Figura 4.18 Modelos do PLL. (a) Modelo linearizado. (b) Modelo simplificado quando o ganho de malha é muito grande em comparação com a unidade.

A função $L(f)$ na Eq. (4.70) é definida por

$$L(f) = K_0 \frac{H(f)}{jf} \qquad (4.71)$$

em que $H(f)$ é a função de transferência do filtro. A quantidade $L(f)$ é chamada de *função de transferência de malha aberta* do PLL. Suponhamos que para todos os valores de f dentro da banda de base nós façamos a magnitude de $L(f)$ ser muito grande em comparação com a unidade. Então, a partir da Eq. (4.70), verificamos que $\Phi_e(f)$ se aproxima de zero. Isto é, a fase do VCO se torna assintoticamente igual à fase do sinal de entrada. Sob essa condição, o PLL é estabilizado, e o seu objetivo é, portanto, satisfeito.

A partir da Figura 4.18a, vemos que $V(f)$, a transformada de Fourier da saída do PLL $v(t)$, se relaciona com $\Phi_e(f)$ por

$$V(f) = \frac{K_0}{k_v} H(f) \Phi_e(f) \qquad (4.72)$$

De maneira equivalente, à luz da Eq. (4.71), podemos escrever

$$V(f) = \frac{jf}{k_v} L(f) \Phi_e(f) \qquad (4.73)$$

Portanto, substituindo a Eq. (4.70) na (4.73), obtemos

$$V(f) = \frac{(jf/k_v)L(f)}{1 + L(f)} \Phi_1(f) \qquad (4.74)$$

De novo, quando fazemos $|L(f)| \gg 1$ para a banda de frequência de interesse, podemos aproximar a Eq. (4.74) como se segue:

$$V(f) \simeq \frac{jf}{k_v} \Phi_1(f) \qquad (4.75)$$

A relação de domínio do tempo correspondente é

$$v(t) \simeq \frac{1}{2\pi k_v} \frac{d\phi_1(t)}{dt} \qquad (4.76)$$

Desse modo, dado que a magnitude da função de transferência de malha aberta $L(f)$ seja muito grande para todas as frequências de interesse, o PLL pode ser modelado como um *diferenciador* cuja saída é escalonada pelo fator $1/2\pi k_v$, como na Figura 4.18b.

O modelo simplificado da Figura 4.18b fornece um método indireto de utilização do PLL como um demodulador de frequência. Quando a entrada é um sinal FM como na Eq. (4.59), o ângulo $\phi_1(t)$ se relaciona com o sinal $m(t)$ como na Eq. (4.60). Portanto, substituindo a Eq. (4.60) na (4.76), verificamos que o sinal de saída resultante do PLL é aproximadamente

$$v(t) \simeq \frac{k_f}{k_v} m(t) \qquad (4.77)$$

A Eq. (4.77) estabelece que quando o sistema opera em seu modo sincronizado em fase, a saída $v(t)$ do PLL é aproximadamente a mesma, exceto pelo fator de escala k_f/k_v, como o sinal de mensagem original $m(t)$; a demodulação em frequência do sinal FM de entrada $s(t)$ é, desse modo, realizada.

Uma característica significativa do PLL atuando como um demodulador é que a largura de banda do sinal FM de entrada pode ser muito maior do que a do filtro caracterizado por $H(f)$. A função de transferência $H(f)$ pode e deve ser restrita à banda base. Então o sinal de controle do VCO tem a largura de banda do sinal $m(t)$ de banda base (mensagem), enquanto que a saída do VCO é um sinal modulado em frequência de banda larga cuja frequência instantânea rastreia a frequência do sinal FM de entrada. Aqui estamos meramente restabelecendo o fato de que a largura de banda de um sinal FM de banda larga é muito maior do que a largura de banda do sinal de mensagem responsável pela sua geração.

A complexidade do PLL é determinada pela função de transferência $H(f)$ do filtro. A forma mais simples do PLL é obtida quando $H(f) = 1$; isto é, não há filtro, e o PLL resultante é referido como um *PLL de primeira ordem*. Para sistemas de mais alta ordem, a função de transferência $H(f)$ assume uma forma mais complexa. A ordem do PLL é determinada pela ordem do polinômio do denominador da *função de transferência de malha fechada*, que define a transformada da saída $V(f)$ em termos da transformada da entrada $\Phi_1(f)$, como mostrado na Eq. (4.74).

Uma importante limitação de um PLL de primeira ordem é que o parâmetro de ganho de malha K_0 controla tanto a largura de banda do sistema quanto a banda de frequência de captura; a *banda de frequência de captura* refere-se à banda de frequências para a qual o sistema permanece sincronizado em fase com o sinal de entrada. É por essa razão que um PLL de primeira ordem é raramente utilizado na prática. Dessa forma, no restante desta seção lidaremos apenas com um PLL de segunda ordem.

PLL de segunda ordem

Para sermos específicos, consideremos um *PLL de segunda ordem* que utiliza um filtro com a função de transferência

$$H(f) = 1 + \frac{a}{jf} \qquad (4.78)$$

em que a é uma constante. O filtro consiste em um integrador (utilizando um amplificador operacional) e uma conexão direta, como mostrado na Figura 4.19. Para esse PLL, a utilização das Eqs. (4.70) e (4.78) resulta em

$$\Phi_e(f) = \frac{(jf)^2/aK_0}{1 + [(jf)/a] + [(jf)^2/aK_0]} \Phi_1(f) \qquad (4.79)$$

Definamos a *frequência natural* do sistema:

$$f_n = \sqrt{aK_0} \qquad (4.80)$$

e o *fator de amortecimento*:

$$\zeta = \sqrt{\frac{K_0}{4a}} \qquad (4.81)$$

Então podemos rearranjar a Eq. (4.79) em termos dos parâmetros f_n e ζ como se segue:

$$\Phi_e(f) = \left(\frac{(jf/f_n)^2}{1 + 2\zeta(jf/f_n) + (jf/f_n)^2}\right) \Phi_1(f) \qquad (4.82)$$

Assumamos que o sinal FM que chega seja produzido por uma onda modulante de tom único, para a qual a entrada de fase é

$$\phi_1(t) = \beta \operatorname{sen}(2\pi f_m t) \qquad (4.83)$$

Consequentemente, a partir da Eq. (4.82) verificamos que o erro de fase correspondente é

$$\phi_e(t) = \phi_{e0} \cos(2\pi f_m t + \psi) \qquad (4.84)$$

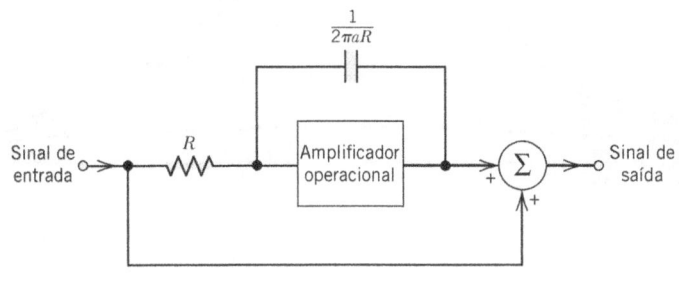

Figura 4.19 Filtro para o PLL de segunda ordem.

em que a amplitude ϕ_{e0} e a fase ψ são, respectivamente, definidos por

$$\phi_{e0} = \frac{(\Delta f/f_n)(f_m/f_n)}{\{[1-(f_m/f_n)^2]^2 + 4\zeta^2(f_m/f_n)^2\}^{1/2}} \quad (4.85)$$

e

$$\psi = \frac{\pi}{2} - \tan^{-1}\left[\frac{2\zeta f_m/f_n}{1-(f_m/f_n)^2}\right] \quad (4.86)$$

Na Figura 4.20 plotamos a amplitude do erro de fase ϕ_{e0}, normalizada em relação a $\Delta f/f_n$, versus f_m/f_n para diferentes valores de ζ. É evidente que para todos os valores do fator de amortecimento ζ, e assumindo-se um desvio de frequência Δf fixo, o erro de fase é pequeno em frequências de modulação baixas, cresce para um máximo em $f_m = f_n$, e então decai em frequências de modulação maiores. Notemos também que o valor máximo da amplitude do erro de fase decresce com o aumento de ζ.

A transformada de Fourier da saída do sistema se relaciona com $\Phi_e(f)$ por meio da Eq. (4.72); por esta razão, com $H(f)$ como definido na Eq. (4.78), obtemos

$$V(f) = \frac{K_0}{k_v}\left(1 + \frac{a}{jf}\right)\Phi_e(f) \quad (4.87)$$

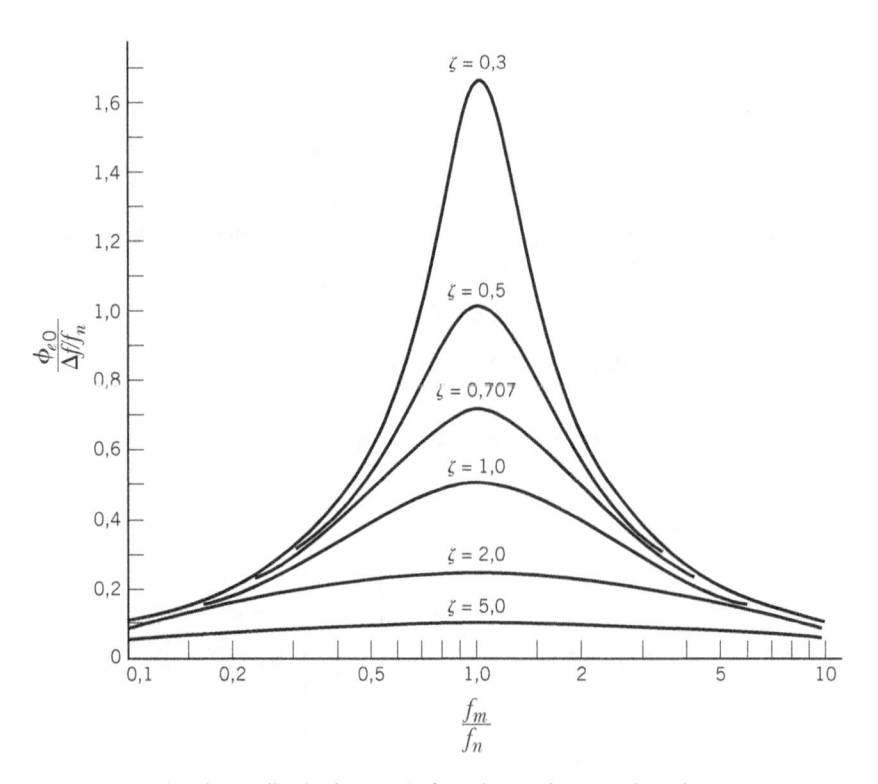

Figura 4.20 Característica de amplitude do erro de fase do PLL de segunda ordem.

À luz das definições dadas nas Eqs. (4.80) e (4.81), temos

$$V(f) = \left(\frac{f_n^2}{jfk_v}\right)\left[1 + 2\zeta\left(\frac{jf}{f_n}\right)\right]\Phi_e(f) \qquad (4.88)$$

Substituindo a Eq. (4.82) na (4.88), obtemos

$$V(f) = \left(\frac{(jf/k_v)[1 + 2\zeta(jf/f_n)]}{1 + 2\zeta(jf/f_n) + (jf/f_n)^2}\right)\Phi_1(f) \qquad (4.89)$$

Portanto, para a entrada de fase $\phi_1(t)$ da Eq. (4.83), verificamos que a saída correspondente do sistema é

$$v(t) = A_0 \cos(2\pi f_m t + \alpha) \qquad (4.90)$$

em que a amplitude A_0 e a fase α são, respectivamente, definidos por

$$A_0 = \frac{(\Delta f/k_v)[1 + 4\zeta^2(f_m/f_n)^2]^{1/2}}{\{[1 - (f_m/f_n)^2]^2 + 4\zeta^2(f_m/f_n)^2\}^{1/2}} \qquad (4.91)$$

e

$$\alpha = \tan^{-1}\left[2\zeta\left(\frac{f_m}{f_n}\right)\right] - \tan^{-1}\left[\frac{2\zeta(f_m/f_n)}{1 - (f_m/f_n)^2}\right] \qquad (4.92)$$

A partir da Eq. (4.91), vemos que a amplitude A_0 alcança o seu máximo valor de $\Delta f/k_v$ em $(f_m/f_n) = 0$; ela decresce com o aumento de f_m/f_n, caindo para zero em $(f_m/f_n) = \infty$.

A característica importante do PLL de segunda ordem é que com o sinal FM de entrada produzido por uma onda senoidal modulante de amplitude fixa (correspondente ao desvio de frequência fixo) e frequência variante, a resposta em frequência que define o erro de fase $\phi_e(t)$ é representativa de um filtro passa-faixa [ver Eq. (4.85)], mas a resposta em frequência que define a saída do circuito $v(t)$ é representativa de um filtro passa-baixas [ver Eq. (4.91)]. Portanto, escolhendo-se apropriadamente os parâmetros ζ e f_n, que determinam a resposta em frequência do sistema, é possível restringir o erro de fase a sempre se manter pequeno e, desse modo, dentro da faixa linear do sistema, enquanto que ao mesmo tempo o sinal modulante (mensagem) é reproduzido na saída do sistema com distorção mínima. Essa restrição é, todavia, conservativa em relação às capacidades de captura do sistema. Como uma regra prática razoável, o sistema deveria se manter sincronizado se o valor máximo do erro de fase ϕ_{e0} (que ocorre quando a frequência de modulação f_m é igual à frequência natural do sistema f_n) fosse sempre menor do que 90 graus.

O desempenho do PLL será explorado experimentalmente no Problema 4.29.

4.5 Efeitos não lineares em sistemas FM

Nas três seções anteriores, estudamos a teoria de modulação em frequência e métodos para sua geração e demodulação. Completamos a discussão a respeito da modulação em frequência considerando os efeitos não lineares em sistemas FM.

Não linearidades, de uma forma ou de outra, estão presentes em todos os circuitos elétricos. Existem duas formas básicas de não linearidade a serem consideradas:

1. Diz-se que uma não linearidade é *forte* quando ela é introduzida intencionalmente e de uma maneira controlada para alguma aplicação específica. Exemplos de não linearidade forte incluem moduladores de lei quadrática, limitadores e multiplicadores de frequência.
2. Diz-se que uma não linearidade é *fraca* quando um desempenho linear é desejado, mas não linearidades de natureza parasítica surgem devido a imperfeições. O efeito de tais não linearidades fracas é limitar os níveis úteis de sinal em um sistema e, desse modo, tornam-se uma consideração de projeto importante.

Nesta seção, examinamos os efeitos de não linearidades fracas sobre a modulação em frequência[3].

Consideremos um canal de comunicação cuja característica de transferência é definida pela relação entrada-saída não linear

$$v_o(t) = a_1 v_i(t) + a_2 v_i^2(t) + a_3 v_i^3(t) \qquad (4.93)$$

em que $v_i(t)$ e $v_o(t)$ são os sinais de entrada e saída, respectivamente, e a_1, a_2 e a_3 são constantes. O canal descrito na Eq. (4.93) é dito *sem memória* porque o sinal de saída $v_o(t)$ é uma função instantânea do sinal de entrada $v_i(t)$ (isto é, não há qualquer armazenamento de energia envolvido na sua descrição). Desejamos determinar o efeito de transmitirmos uma onda modulada em frequência através de tal canal. O sinal FM é definido por

$$v_i(t) = A_c \cos[2\pi f_c t + \phi(t)]$$

em que

$$\phi(t) = 2\pi k_f \int_0^t m(\tau)\, d\tau$$

Para esse sinal de entrada, a utilização da Eq. (4.93) produz

$$v_o(t) = a_1 A_c \cos[2\pi f_c t + \phi(t)] + a_2 A_c^2 \cos^2[2\pi f_c t + \phi(t)] \\ + a_3 A_c^3 \cos^3[2\pi f_c t + \phi(t)] \qquad (4.94)$$

Expandindo os termos quadrático e cúbico de cosseno na Eq. (4.94) e, por conseguinte agrupando os termos comuns, obtemos

$$v_o(t) = \frac{1}{2} a_2 A_c^2 + \left(a_1 A_c + \frac{3}{4} a_3 A_c^3\right) \cos[2\pi f_c t + \phi(t)] \\ + \frac{1}{2} a_2 A_c^2 \cos[4\pi f_c t + 2\phi(t)] \\ + \frac{1}{4} a_3 A_c^3 \cos[6\pi f_c t + 3\phi(t)] \qquad (4.95)$$

Dessa forma, a saída do canal consiste em uma componente dc e três sinais modulados em frequência com frequências de portadora f_c, $2f_c$ e $3f_c$; as componentes senoidais são contribuições dos termos linear, de segunda ordem e de terceira ordem da Eq. (4.93), respectivamente.

Para extrair o sinal FM desejado da saída do canal $v_o(t)$, isto é, a componente particular com frequência de portadora f_c, é necessário separar o sinal FM que possui essa frequência de portadora daquele que possui a frequência de portadora mais próxima: $2f_c$. Sejam Δf o desvio de frequência do sinal FM que chega $v_i(t)$ e W a componente de frequência mais alta do sinal de mensagem $m(t)$. Então, aplicando a regra de Carson e observando que o desvio de frequência em torno do segundo harmônico da frequência de portadora é dobrado, descobrimos que a condição necessária para a separação do sinal FM desejado com frequência de portadora f_c daquele com frequência de portadora $2f_c$ é

$$2f_c - (2\Delta f + W) > f_c + \Delta f + W$$

ou

$$f_c > 3\Delta f + 2W \qquad (4.96)$$

Dessa forma, utilizando um filtro passa-faixa de frequência de banda média f_c e largura de banda $2\Delta f + 2W$, a saída do canal é reduzida a

$$v'_o(t) = \left(a_1 A_c + \frac{3}{4}a_3 A_c^3\right)\cos[2\pi f_c t + \phi(t)] \qquad (4.97)$$

Vemos, portanto, que o único efeito de passar um sinal FM através de um canal com não linearidades de amplitude, seguido de filtragem apropriada, é simplesmente a modificação de sua amplitude. Isto é, diferentemente da modulação em amplitude, a modulação em frequência não é afetada pela distorção produzida pela transmissão através de um canal com não linearidades de amplitude. É por essa razão que encontramos a modulação em frequência largamente utilizada nos sistemas de rádio de micro-ondas e em sistemas de comunicação via satélite: ela permite a utilização de amplificadores altamente não lineares e transmissores de potência, os quais são especialmente importantes para produzir uma saída de potência máxima em radiofrequências.

Entretanto, um sistema FM é extremamente sensível a *não linearidades de fase*, como se esperaria intuitivamente. Um tipo comum de não linearidade de fase que é encontrado em sistemas de rádio de micro-ondas é conhecido como *conversão de AM para PM*. Esse é o resultado de a característica dos repetidores ou amplificadores utilizados em um sistema ser dependente da amplitude instantânea do sinal de entrada. Na prática, a conversão de AM para PM é caracterizada por uma constante K, que é medida em graus por dB e pode ser interpretada como a máxima alteração de fase na saída quando a envoltória de entrada varia de 1 dB. Quando uma onda FM é transmitida através de um *link* de rádio por micro-ondas, ela capta variações de amplitude espúrias decorrentes de ruído e interferência no transcorrer da transmissão, e quando tal onda FM for passada através de um repetidor com conversão de AM para PM, a saída conterá modulação em fase indesejada e distorção resultante. Portanto, é importante manter a conversão de AM para PM em um nível baixo. Por exemplo, para um bom repetidor de micro-ondas, a constante K da conversão de AM para PM será inferior a 2 graus por dB.

4.6 O receptor super-heteródino

Em um sistema de comunicação, independentemente de ele ser baseado em modulação de amplitude ou de frequência, o receptor não apenas tem a tarefa de demodular o sinal modulado que chega, mas também é necessário que ele execute algumas outras funções de sistemas:

- *Sintonização de frequência da portadora*, cujo propósito é selecionar o sinal desejado (isto é, a estação de rádio ou TV desejada).
- *Filtragem*, a qual é necessária para separar o sinal desejado de outros sinais modulados que possam ser captados ao longo do caminho.
- *Amplificação*, que se destina a compensar a perda de potência de sinal incorrida no curso da transmissão.

O *receptor super-heteródino*, ou *superhet* como é comumente referido, é um tipo especial de receptor que cumpre todas as três funções, particularmente as duas primeiras, de uma maneira elegante e prática. Especificamente, ele supera a dificuldade de se ter de construir um filtro sintonizável altamente seletivo e variável. De fato, praticamente todos os receptores de TV e de rádio analógicos são do tipo super-heteródino.

Basicamente, o receptor consiste em uma seção de radiofrequência (RF), um misturador e um oscilador local, uma seção de frequência intermediária (FI), demodulador e amplificador de potência. Parâmetros de frequência típicos de receptores comerciais de rádio AM e FM estão listados na Tabela 4.2. A Figura 4.21 mostra o diagrama de blocos de um receptor super-heteródino para modulação em amplitude que utiliza um detector de envoltória para a demodulação.

A onda modulada em amplitude recebida é captada na antena receptora e amplificada na seção de RF que está sintonizada na frequência de portadora da onda na entrada. A combinação de misturador e oscilador local (de frequência ajustável) constitui uma função de *heterodinização*, por meio da qual o sinal que chega é convertido para uma *frequência intermediária* fixa predeterminada, normalmente menor do que a frequência de portadora que chega. Essa translação de frequência é obtida sem perturbar a relação que as bandas laterais têm com a portadora. O resultado da heterodinização é produzir uma portadora de frequência intermediária definida por

$$f_{FI} = f_{RF} - f_{OL} \qquad (4.98)$$

em que f_{OL} é a frequência do oscilador local e f_{RF} é a frequência de portadora do sinal de RF de entrada. Referimo-nos a f_{FI} como a frequência intermediária (FI), porque o sinal não está na frequência de entrada original e nem na frequência de banda base final. A combinação misturador-oscilador local é algumas vezes referida como o *primeiro detector*, caso em que o demodulador é chamado de *segundo detector*.

TABELA 4.2 Parâmetros de frequência típicos de receptores de rádio AM e FM

	Rádio AM	Rádio FM
Banda da portadora de RF	0,535–1.605 MHz	88–108 MHz
Frequência de banda intermediária da seção de FI	0,455 MHz	10,7 MHz
Largura de banda de FI	10 kHz	200 kHz

A seção de FI consiste em um ou mais estágios de amplificação sintonizada, com uma largura de banda correspondente à que é necessária para o tipo particular de sinal que o receptor intenta manipular. Essa seção provê a maior parte da amplificação e seletividade no receptor. A saída da seção de FI é aplicada a um demodulador, cuja finalidade é recuperar o sinal de banda base. Se for utilizada detecção coerente, então uma fonte de sinal coerente deverá ser fornecida ao receptor. A operação final no receptor é a amplificação de potência do sinal de mensagem recuperado.

Em um receptor super-heteródino, o misturador desenvolverá uma saída de frequência intermediária quando a frequência do sinal de entrada for maior ou menor do que a frequência do oscilador local em uma quantidade igual à frequência intermediária. Isto é, há duas frequências de entrada, a saber, $|f_{OL} \pm f_{FI}|$, as quais resultarão em f_{FI} na saída do misturador. Isso introduz a possibilidade de recepção simultânea de dois sinais que diferem em frequência de uma quantidade igual ao dobro da frequência intermediária. Por exemplo, um receptor sintonizado em 1 MHz e que tem uma FI de 0,455 MHz está sujeito a uma *interferência de imagem* em 1,910 MHz; de fato, qualquer receptor com esse valor de FI, quando sintonizado em qualquer estação, estará sujeito a interferência de imagem na frequência de 0,910 MHz mais elevada do que a estação desejada. Uma vez que a função do misturador é produzir a diferença entre duas frequências aplicadas, ele é incapaz de distinguir entre o sinal desejado e sua imagem porque ele produz uma saída de FI a partir de qualquer um deles. A única solução prática para a interferência de imagem é empregar etapas altamente seletivas na seção de RF (isto é, entre a antena e o misturador) a fim de favorecer o sinal desejado e eliminar o sinal indesejado ou *sinal imagem*. A eficiência da supressão de sinais imagem indesejados aumenta à medida que o número de estágios seletivos na seção de RF cresce e que a frequência intermediária em relação à frequência do sinal aumenta.

A diferença básica entre receptores super-heteródinos de AM e FM reside na utilização de um demodulador de FM, como, por exemplo, um limitador-discriminador de frequência. Em um sistema de FM, a informação da mensagem é transmitida por variações da frequência instantânea de uma onda portadora senoidal, e sua amplitude é mantida constante. Portanto, quaisquer variações da amplitude da portadora na entrada do receptor devem resultar de ruído ou interferência. Um *limitador de amplitude*, posterior à seção de FI, é utilizado para remover variações de amplitude cortando a onda modulada na saída da seção de FI quase no eixo zero. A onda retangular resultante é arredondada por um filtro passa-faixa que elimina harmônicos da frequência da portadora. Dessa forma, a saída do filtro é novamente senoidal, com uma amplitude que é praticamente independente da amplitude da portadora na entrada do receptor (ver Problema 4.20).

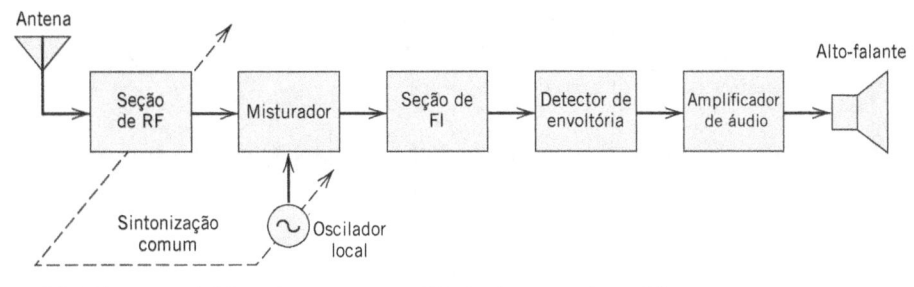

Figura 4.21 Elementos básicos de um receptor AM do tipo super-heteródino.

4.7 Exemplo temático – telefones celulares FM analógicos e digitais

Neste exemplo, consideraremos duas aplicações de um modulador FM, ambas relacionadas com o serviço de telefonia celular. O sistema de telefonia celular inicial na América do Norte era conhecido como o *Serviço de Telefonia Móvel Avançado* (AMPS)* e entrou em operação em 1983. O sistema AMPS utiliza 30 kHz do espaçamento do canal, isto é, dois canais de 30 kHz, um em cada direção é designado a cada usuário para a duração da chamada. Esse método de compartilhar o espectro de rádio é conhecido como *múltiplo acesso por divisão de frequência* (FDMA). Os dois canais (de subida e de descida) são separados por 45 MHz em uma banda de frequências de 824 a 894 MHz.

Em AMPS, a modulação em frequência analógica é utilizada para a transmissão de voz, e o chaveamento de frequência (ver Capítulo 9) é utilizado para a transmissão de dados. Assim como no serviço de telefonia com fio, a largura de banda de voz (W) é limitada a aproximadamente 3 kHz antes da transmissão. O modulador FM é transmitido de modo que o desvio máximo devido à voz é limitado a 12 kHz.

Utilizando-se a regra de Carson da Eq. (4.38), com $\Delta f = 12$ kHz, e substituindo-se f_m por W, o valor aproximado da largura de banda de transmissão do sinal AMPS é obtido como

$$B_T = 2(\Delta f + W)$$
$$= 2(12 + 3) = 30 \text{ kHz}$$

Essa estimativa de largura de banda de transmissão está em acordo com o espaçamento de canal designado de 30 kHz. Uma vez que a técnica de modulação FM é de envoltória constante, as unidades móveis AMPS podem utilizar amplificadores de potência altamente eficientes. Em particular, amplificadores de potência poderiam operar na saturação (facilitando alta eficiência) sem distorcerem a envoltória da saída, já que essa envoltória é constante. A propriedade de envoltória constante também tem as vantagens de combater o desvanecimento que ocorre em *links* de rádio móveis. Uma séria limitação do sistema FM analógico é que eles não forneciam nenhuma proteção contra bisbilhoteiros.

O AMPS foi o primeiro sistema a introduzir o conceito de *celular* para a reutilização de frequência. Todavia, o sucesso do AMPS foi o progenitor da sua própria morte, uma vez que a grande demanda pelo espectro de rádio limitado significava que técnicas de transmissão mais eficientes em largura de banda deveriam ser encontradas.

Um dos sucessores do AMPS é o padrão de telefone celular digital conhecido como GSM (*Global System for Mobile Communications*). O GSM foi construído a partir de algumas das vantagens do AMPS relacionadas a FM, mas utiliza uma estratégia de multiplexação mais complexa e uma representação digital dos dados para reduzir os requisitos de largura de banda. Para entendermos a natureza FM do GSM, relembremos que a equação de FM geral é

$$s(t) = A_c \cos\left[2\pi f_c t + k_f \int_0^t m(\tau)\, d\tau\right]$$

---

* N. de T.: Do inglês *Advanced Mobile Phone Service*.

em que f_c é a frequência de portadora e $m(t)$ é o sinal modulante. Com GSM, o sinal modulante é dado pelo sinal digital [ver Eq. (2.147)]

$$m(t) = \sum_{k=0}^{K} b_k p(t - kT)$$

em que os *bits* $\{b_k\}$ são a representação digital de uma fonte de áudio (voz). Os *bits* de dados são modulados por uma forma de pulso que é descrita pela convolução de duas funções

$$p(t) = c \exp[-\pi c^2 t^2] * \text{rect}[t/T]$$

em que $*$ denota convolução, $c = B\sqrt{2\pi/\log(2)}$, e o logaritmo é o logaritmo natural. Para GSM, o produto BT é ajustado para 0,3 em que o período de símbolo T é 3,77 microssegundos. O espectro de magnitude do pulso de banda base $p(t)$ é mostrado na Figura 4.22. Quando o coeficiente de sensibilidade k_f é ajustado para $\pi/2$, a modulação digital é referida como *chaveamento mínimo Gaussiano* (GMSK), que é discutido no Capítulo 9.

Na Figura 4.23, plotamos o espectro simulado do sinal GSM modulado. A largura de banda de 3 dB (unilateral) desse sinal é de aproximadamente 60 kHz. A similaridade entre o espectro modulado e o espectro da forma de pulso de banda base indica que o GMSK é uma forma de modulação em frequência de banda estreita.

Ao sinal GMSK de GSM é alocada uma largura de banda de 200 kHz, que é substancialmente maior do que a alocação de canal de 30 kHz do AMPS. Todavia, devido à representação digital de voz, o canal de 200 kHz pode ser compartilhado simultaneamente por 32 chamadas de voz em uma direção. Essa estratégia de multiplexação fornece um melhoramento de (30/200) × 32 = 4,8 vezes sobre o AMPS em número de chamadas telefônicas que podem ser servidas por unidade de largura de banda, que é uma eficiência de largura de banda extremamente melhorada.

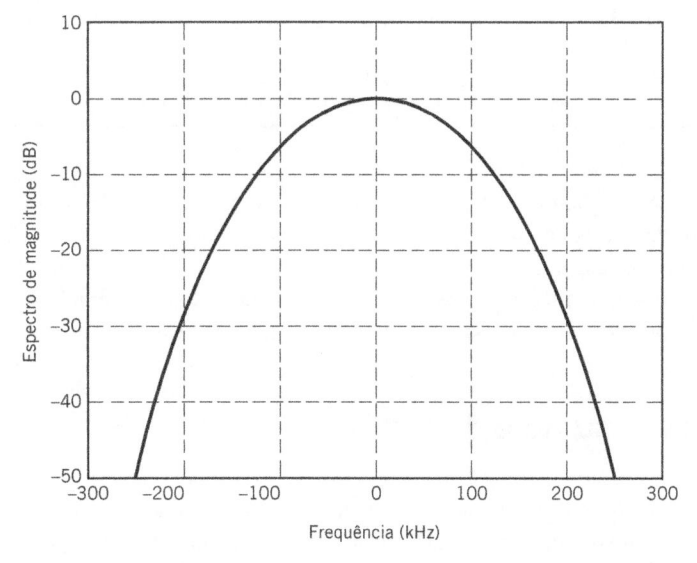

Figura 4.22 Espectro do pulso de banda base utilizado em GSM.

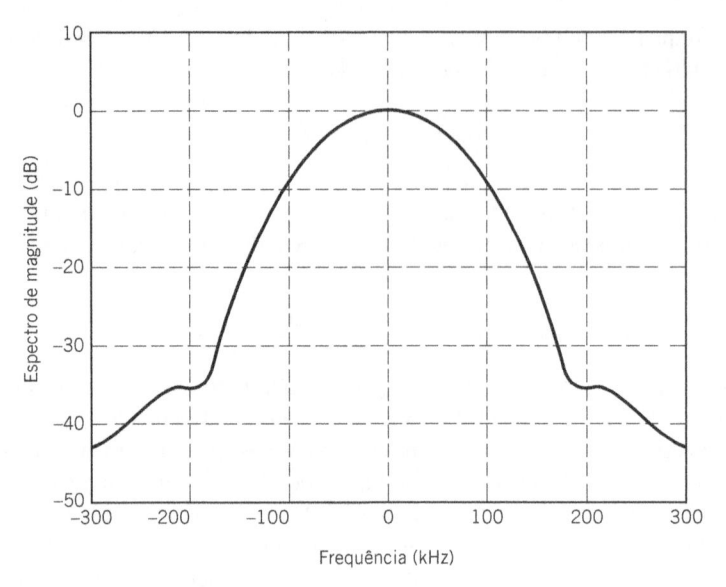

Figura 4.23 Espectro de um sinal GSM.

TABELA 4.3 Bandas de frequência para GSM

Banda	Frequência de subida (MHz)	Frequência de descida (MHz)	Utilização
GSM-850	824-849	869-894	Estados Unidos, Canadá e a maior parte das Américas (todos utilizados para AMPS)
GSM-900	890-915	935-960	Europa, África e a maior parte da Ásia
GSM-1800	1710-1785	1805-1880	Europa, África e a maior parte da Ásia
GSM-1900	1850-1910	1930-1990	Europa, África e a maior parte da Ásia

Além da banda de frequência utilizada pelo AMPS, o GSM utiliza um certo número de outras bandas de frequência como indicado na Tabela 4.3. Essas bandas são compartilhadas utilizando-se um FDMA similar ao AMPS. Os canais GSM individuais são também compartilhados no tempo utilizando-se uma estratégia conhecida como múltiplo acesso por divisão de tempo (TDMA), que será explicada no Capítulo 7.

4.8 Resumo e discussão

Neste capítulo estudamos os princípios da modulação angular, que é uma segunda forma de modulação de onda contínua (CW). A modulação angular utiliza uma portadora senoidal cujo ângulo varia de acordo com o sinal de mensagem.

A modulação angular pode ser classificada em modulação em frequência (FM) e modulação em fase (PM). Em FM, a frequência instantânea de uma portadora senoidal varia proporcionalmente com o sinal de mensagem. Em PM, por outro lado, é a fase da portadora que varia proporcionalmente com o sinal de mensagem. A frequência instantânea é definida como a derivada da fase com relação ao tempo, exceto por um fator de escala de $(1/2\pi)$. Dessa forma, FM e PM são estreitamente relacionadas uma com a outra. Se conhecermos as propriedades de uma, podemos determinar as propriedades da outra. Por essa razão, e porque FM é comumente utilizada em radiodifusão, muito do material sobre modulação angular neste capítulo foi devotado a FM.

Diferentemente da modulação em amplitude, FM é um processo de modulação não linear. Dessa forma, a análise espectral de FM é mais difícil do que a de AM. Todavia, estudando FM de único tom, fomos capazes de desenvolver um grande entendimento sobre as propriedades espectrais de FM. Em particular, derivamos uma regra empírica conhecida como regra de Carson para uma avaliação aproximada da largura de banda de transmissão B_T de FM. De acordo com essa regra, B_T é controlada por um único parâmetro: o índice de modulação β para FM senoidal, ou a razão de desvio D para FM não senoidal.

Em FM, a amplitude de portadora e, portanto, a potência média transmitida, é mantida constante. Aqui reside a importante vantagem de FM sobre AM em combater os efeitos de ruído ou interferência na recepção, uma questão que estudaremos no Capítulo 6, depois de nos familiarizarmos com a teoria de probabilidade e de processos aleatórios no Capítulo 5. Essa vantagem se torna mais pronunciada progressivamente conforme o índice de modulação (razão de desvio) é aumentado, o que tem o efeito de aumentar a largura de banda de transmissão de maneira correspondente. Dessa forma, a modulação em frequência fornece um método prático para a troca de largura de banda de canal por aumento do desempenho em relação a ruído, o que não é possível com modulação em amplitude.

Notas e referências

1. As funções de Bessel exercem um importante papel na solução de algumas equações diferenciais e também na formulação matemática de muitos problemas físicos. Para um tratamento detalhado do assunto, ver Wylie e Barrett (1982, pp. 572-625).
2. Quando um PLL é utilizado para demodular uma onda FM, o sistema deve primeiro sincronizar-se com a onda FM que chega e então seguir as variações em sua fase. Durante a operação de sincronização, o erro de fase $\phi_e(t)$ entre a onda FM que chega e a saída do VCO será grande, o que exigirá a utilização do modelo não linear da Figura 4.17. Para um tratamento completo da análise não linear de um PLL, ver Gardner (1979), Egan (1998) e Best (2003).
3. Para uma descrição detalhada da caracterização de não linearidades fracas e dos seus efeitos em sistemas, ver "Transmission Systems for Communication", Bell Telephone Laboratories, pp. 237-278 (Western Electric, 1971).

Problemas

4.1 Esboce as ondas PM e FM produzidas pela onda dente de serra mostrada na Figura P4.1.

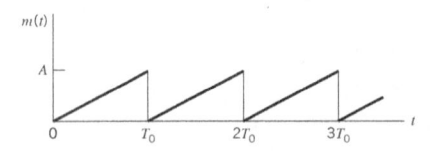

Figura P4.1

4.2 Em um *radar modulado em frequência*, a frequência instantânea da portadora transmitida varia como na Figura P4.2, a qual é obtida utilizando-se um sinal transmitido triangular. A frequência instantânea do sinal de eco recebido é mostrada em tracejado na Figura P4.2, na qual τ é o tempo de retardo no percurso de ida e volta. Os sinais de eco transmitidos e recebidos são aplicados a um misturador, e a componente de frequência diferença é retida. Assumindo que $f_0\tau \ll 1$, determine o número de ciclos de batimento na saída do misturador, com sua média calculada ao longo de um segundo, em termos do desvio máximo Δf da frequência de portadora, do retardo τ e da frequência de repetição f_0 do sinal transmitido.

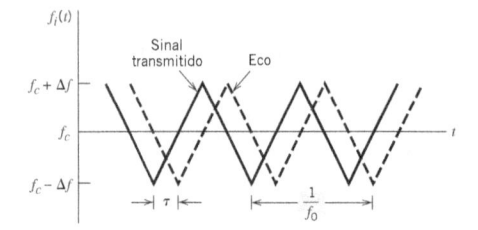

Figura P4.2

4.3 A frequência instantânea de uma onda senoidal é igual $f_c - \Delta f$ para $|t| \le T/2$ e f_c para $|t| > T/2$. Determine o espectro dessa onda modulada em frequência. *Dica*: divida o intervalo de tempo de interesse em três regiões: $-\infty < t < -T/2$, $-T/2 \le t \le T/2$ e $T/2 < t < \infty$.

4.4 Considere um sinal FM de banda estreita definido aproximadamente por

$$s(t) \simeq A_c \cos(2\pi f_c t) - \beta A_c \operatorname{sen}(2\pi f_c t)\operatorname{sen}(2\pi f_m t)$$

(a) Determine a envoltória desse sinal modulado. Qual é a relação dos valores máximo e mínimo dessa envoltória? Plote essa relação *versus* β, supondo que β seja restrito ao intervalo $0 \le \beta \le 0,3$.

(b) Determine a potência média do sinal FM de banda estreita, expresso como uma porcentagem da potência média da onda portadora não modulada. Plote esse resultado *versus* β, supondo que β seja restrito ao intervalo $0 \le \beta \le 0,3$.

(c) Expandindo o ângulo $\theta_i(t)$ do sinal FM de banda estreita $s(t)$ na forma de uma série de potências, e restringindo o índice de modulação β ao valor máximo de 0,3 radianos, mostre que

$$\theta_i(t) \simeq 2\pi f_c t + \beta \operatorname{sen}(2\pi f_m t) - \frac{\beta^3}{3}\operatorname{sen}^3(2\pi f_m t)$$

Qual é o valor da distorção harmônica para $\beta = 0,3$?

4.5 A onda modulante senoidal

$$m(t) = A_m \cos(2\pi f_m t)$$

é a aplicada ao modulador de fase com sensibilidade à fase k_p. A onda portadora não modulada tem frequência f_c e amplitude A_c.

(a) Determine o espectro do sinal modulado em fase resultante, assumindo que o desvio de fase máximo $\beta_p = k_p A_m$ não exceda 0,3 radianos.

(b) Construa o diagrama fasorial para esse sinal modulado, e o compare com o diagrama do sinal FM de banda estreita correspondente.

4.6 Suponha que o sinal modulado em fase do Problema 4.5 tenha um valor arbitrário para o desvio de fase máximo β_p. Esse sinal modulado é aplicado a um filtro passa-faixa ideal com frequência de banda média f_c e uma banda passante que se estende de $f_c - 1,5f_m$ até $f_c + 1,5f_m$. Determine a envoltória, a fase e a frequência instantânea do sinal modulado na saída do filtro como funções do tempo.

4.7 Na seção 4.3, mostramos como a saída de um modulador de banda estreita pode ser aproximada quando a entrada é um tom de frequência f_m. Utilizando uma abordagem similar, derive uma aproximação para a saída do modulador em fase com entrada $m(t)$, sob a condição de que $\max\{|m(t)|\} < 0,3$ radianos e $k_p = 1$. Qual é o espectro aproximado desse sinal modulado em fase?

4.8 Uma onda portadora é modulada em frequência utilizando-se um sinal senoidal de frequência f_m e amplitude A_m.

(a) Determine os valores do índice de modulação β para os quais a componente portadora do sinal FM é reduzida a zero. Ver o Apêndice para o cálculo de $J_0(\beta)$.

(b) Em um certo experimento conduzido com $f_m = 1$ kHz e A_m crescente (começando de 0 volts), verifica-se que a componente portadora do sinal f_m é reduzida a zero pela primeira vez quando $A_m = 2$ volts. Qual é a sensibilidade à frequência do modulador? Qual é o valor de A_m para o qual a componente portadora é reduzida a zero pela segunda vez?

4.9 Um sinal FM com índice de modulação $\beta = 1$ é transmitido através de um filtro passa-faixa ideal com frequência de banda média f_c e largura de banda $5f_m$, em que f_c é a frequência de portadora e f_m é a frequência da onda modulante senoidal. Determine o espectro de magnitude da saída do filtro.

4.10 Uma onda portadora de frequência 100 MHz é modulada em frequência por uma onda senoidal de amplitude 20 volts e frequência 100 kHz. A sensibilidade à frequência do modulador é de 25 kHz por volt.

(a) Determine a largura de banda aproximada do sinal FM utilizando a regra de Carson.

(b) Determine a largura de banda quando se transmitem somente as frequências laterais cujas amplitudes excedam 1% da amplitude de portadora não modulada. Utilize a curva universal da Figura 4.9 para esse cálculo.

(c) Repita seus cálculos assumindo que a amplitude do sinal modulante seja dobrada.

(d) Repita seus cálculos assumindo que a frequência de modulação seja dobrada.

4.11 Considere um sinal PM de banda larga produzido por uma onda modulante senoidal $A_m\cos(2\pi f_m t)$, utilizando um modulador com uma sensibilidade à fase igual a k_p radianos por volt.

(a) Mostre que se o desvio de fase máximo for grande em comparação com um radiano, a largura de banda do sinal PM variará linearmente com a frequência de modulação f_m.

(b) Compare essa característica de um sinal PM de banda larga com a de um sinal FM de banda larga.

4.12 A Figura P4.12 mostra o diagrama de blocos de um *analisador espectral* de tempo real que trabalha baseado nos princípios de modulação em frequência. O sinal dado $g(t)$ e um sinal modulado em frequência $s(t)$ são aplicados a um multiplicador e a saída $g(t)s(t)$ é aplicada a um filtro de resposta ao impulso $h(t)$. Tanto $s(t)$ quanto $h(t)$ são *sinais FM lineares* cujas frequências instantâneas variam com taxas opostas, como mostrado por

$$s(t) = \cos(2\pi f_c t - \pi k t^2),$$
$$h(t) = \cos(2\pi f_c t + \pi k t^2)$$

em que k é uma constante. Mostre que a envoltória da saída do filtro é proporcional ao espectro de magnitude do sinal de entrada $g(t)$ com kt exercendo o papel da frequência f. *Dica*: Utilize a notação complexa descrita no Capítulo 2 para a análise de sinais passa-faixa e filtros passa-faixa.

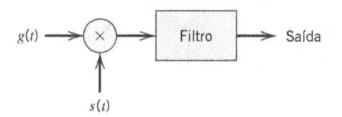

Figura P4.12

4.13 Um sinal FM com desvio de frequência de 10 kHz em uma frequência de modulação de 5 kHz é aplicado a dois multiplicadores de frequência conectados em cascata. O primeiro multiplicador dobra a frequência e o segundo multiplicador triplica a frequência. Determine o desvio de frequência e o índice de modulação do sinal FM obtido na saída do segundo multiplicador. Qual é a frequência de separação das frequências laterais adjacentes desse sinal FM?

4.14 Um sinal FM é aplicado a um dispositivo de lei quadrática com tensão de saída v_2 relacionada com a tensão de entrada v_1 por

$$v_2 = av_1^2$$

em que a é uma constante. Explique como tal dispositivo pode ser utilizado para se obter um sinal FM com um maior desvio de frequência do que o disponível na entrada.

4.15 A Figura P4.15 mostra a rede que determina a frequência de um oscilador controlado por tensão. A modulação em frequência é produzida aplicando-se o sinal modulante $A_m\text{sen}(2\pi f_m t)$ mais um termo de polarização V_b a um par de diodos varactores conectados ao lado da combinação em paralelo de um indutor de 200 µH e um capacitor de 100 pF. O capacitor de cada diodo varactor se relaciona com a tensão V (em volts) aplicada sobre seus eletrodos por

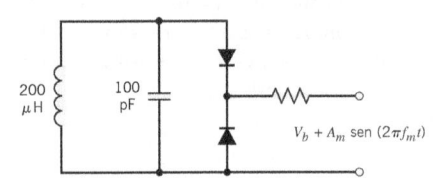

$$C = 100V^{-1/2} \text{pF}$$

Figura P4.15

A frequência não modulada de oscilação é 1 MHz. A saída do VCO é aplicada a um multiplicador de frequência para produzir um sinal FM com frequência de portadora de 64 MHz e um índice de modulação de 5. Determine (a) a magnitude da tensão de polarização V_b e (b) a amplitude A_m da onda modulante, dado que $f_m = 10$ kHz.

4.16 O sinal FM

$$s(t) = A_c \cos\left[2\pi f_c t + 2\pi k_f \int_0^t m(t)\, dt\right]$$

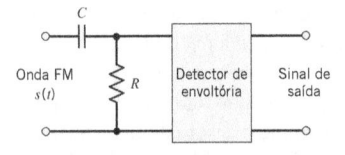

Figura P4.16

é aplicado ao sistema mostrado na Figura P4.16 que consiste em um filtro RC passa-altas e um detector de envoltória. Assuma que (a) a resistência R é pequena comparada com a reatância do capacitor C para todas as componentes de frequência significativas de $s(t)$ e que (b) o detector de envoltória não carrega o filtro. Determine o sinal resultante na saída do detector de envoltória, assumindo que $k_f|m(t)| < f_c$ para todo t.

4.17 No discriminador de frequências da Figura 4.14, seja $2kB$ a frequência de separação entre as frequências ressonantes dos dois filtros LC sintonizados em paralelo, em que $2B$ é a largura de banda de 3 dB de cada filtro e k é um fator de escala. Assuma que ambos os filtros possuem um alto fator Q.

(a) Mostre que a resposta total de ambos os filtros possui uma inclinação igual a $2k/B(1+k^2)^{3/2}$ na frequência central f_c.

(b) Seja D o desvio da resposta total medido em relação à linha reta que passa por $f = f_c$ com essa inclinação. Plote D versus δ para $k = 1,5$ e $-kB \leq \delta \leq kB$, em que $\delta = f - f_c$.

4.18 Considere o esquema de demodulação em frequência mostrado na Figura P4.18 em que o sinal FM $s(t)$ que chega passa por uma linha de atraso que produz um deslocamento de fase de $\pi/2$ radianos na frequência de portadora f_c. A saída da linha de atraso é subtraída do sinal FM que chega, e o sinal composto resultante passa por uma detecção de envoltória. Aplicações desse demodulador são encontradas na demodulação de sinais FM de micro-ondas. Assumindo que

$$s(t) = A_c \cos\left[2\pi f_c t + \beta \,\text{sen}(2\pi f_m t)\right]$$

analise a operação desse modulador quando o índice de modulação β for menor do que a unidade, e o atraso T produzido pela linha de atraso for suficientemente pequeno para que se justifiquem as aproximações

$$\cos(2\pi f_m T) \simeq 1$$

e

$$\text{sen}(2\pi f_m T) \simeq 2\pi f_m T$$

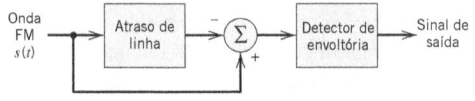

Figura P4.18

4.19 A Figura P4.19 mostra o diagrama de blocos de um *detector de cruzamentos em zero* para demodular um sinal FM. Ele consiste em um limitador, um gerador de pulsos para produzir um pulso curto para cada cruzamento em zero do sinal de entrada, e um filtro passa-baixas para extrair a onda modulante.

(a) Mostre que a frequência instantânea do sinal FM de entrada é proporcional ao número de cruzamentos em zero no intervalo de tempo de $t - (T_1/2)$ até $t + (T_1/2)$, dividido por T_1. Assuma que o sinal modulante é essencialmente constante durante esse intervalo de tempo.

(b) Ilustre a operação desse demodulador utilizando a onda dente de serra da Figura P4.1 como a onda modulante.

Figura P4.19

Onda FM → Limitador → Gerador de pulso → Filtro passa-baixas → Sinal de saída

4.20 Suponha que o sinal recebido em um sistema FM contenha alguma modulação em amplitude residual de amplitude positiva $a(t)$, como mostrado por

$$s(t) = a(t)\cos[2\pi f_c t + \phi(t)]$$

em que f_c é a frequência de portadora. A fase $\phi(t)$ se relaciona com o sinal modulante por

$$\phi(t) = 2\pi k_f \int_0^t m(\tau)\,d\tau$$

em que k_f é uma constante. Assuma que o sinal $s(t)$ seja restrito à banda de frequência de largura B_T, centrada em f_c, em que B_T é a largura de banda de transmissão do sinal FM na ausência de modulação em amplitude, e que a modulação em amplitude varia lentamente em relação a $\phi(t)$. Mostre que a saída de um discriminador de frequências ideal produzida por $s(t)$ é proporcional a $a(t)m(t)$. *Dica*: Utilize a notação complexa descrita no Capítulo 2 para representar a onda modulada $s(t)$.

4.21

(a) Seja a onda modulada $s(t)$ no Problema 4.20 aplicada a um *limitador* de amplitude ideal, cuja saída $z(t)$ é definida por

$$z(t) = \text{sgn}[s(t)]$$
$$= \begin{cases} +1, & s(t) > 0 \\ -1, & s(t) < 0 \end{cases}$$

Mostre que a saída do limitador pode ser expressa na forma de uma série de Fourier como se segue:

$$z(t) = \frac{4}{\pi}\sum_{n=0}^{\infty}\frac{(-1)^n}{2n+1}\cos[2\pi f_c t(2n+1) + (2n+1)\phi(t)]$$

(b) Suponha que a saída do limitador seja aplicada a um filtro passa-faixa com uma resposta em magnitude de um na banda passante e largura de banda B_T centrada em torno da frequência de portadora f_c, em que BT é a largura de banda de transmissão do sinal FM na ausência de modulação em amplitude. Assumin-

do que f_c seja muito maior do que B_T, mostre que a saída do filtro resultante é igual a

$$y(t) = \frac{4}{\pi}\cos[2\pi f_c t + \phi(t)]$$

Comparando essa saída com o sinal modulado original $s(t)$ definido no Problema 4.20, comente sobre a utilidade prática do resultado.

4.22 Neste problema, estudaremos a ideia de mistura (*mixing*) em um receptor super-heteródino. Para sermos específicos, consideremos o diagrama de blocos do *misturador* mostrado na Figura P4.22 que consiste em um modulador multiplicador com um oscilador local de *frequência variável* f_l, seguido por um filtro passa-faixa. O sinal de entrada é uma onda AM de largura de banda 10 kHz e a frequência de portadora que pode estar em qualquer lugar dentro da faixa 0,535-1,605 MHz; esses parâmetros são típicos de transmissão de rádio AM. É necessário transladar esse sinal para uma banda de frequência centrada em uma *frequência intermediária* (FI) fixa de 0,455 MHz. Encontre a faixa de sintonia que deve ser provida no oscilador local a fim de satisfazer essa exigência.

$s(t)$ → × → $v_1(t)$ → Filtro passa-faixa → $v_2(t)$

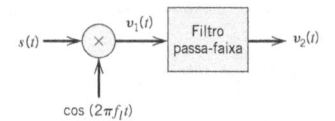

cos($2\pi f_l t$)

Figura P4.22

4.23 A Figura P4.23 mostra o diagrama de blocos de um *analisador de espectro super-heteródino*. Ele consiste em um oscilador de frequência variável, um multiplicador, um filtro passa-faixa e um medidor de valor quadrático médio (*rms*). O oscilador tem uma amplitude A e opera sobre a faixa de f_0 até $f_0 + W$, em que f_0 é a frequência de banda média do filtro e W é a largura de banda do sinal. Assuma que $f_0 = 2W$, que a largura de banda do filtro Δf seja pequena em relação a f_0, e que a resposta em magnitude da banda passante do filtro é igual a um. Determine o valor da saída do medidor de *rms* para um sinal de entrada passa-baixas $g(t)$.

Sinal de entrada $g(t)$ → × → Filtro passa-faixa → Medidor de RMS → Sinal de saída

Oscilador de frequência variável

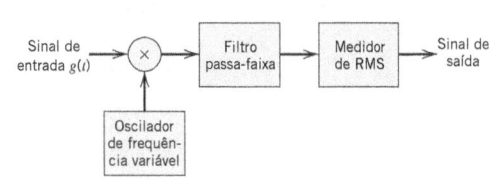

Figura P4.23

4.24 Qual é a descrição analítica do espectro de magnitude correspondente ao pulso Gaussiano do Exemplo Temático na Seção 4.7? Justifique sua reposta.

4.25 Quais são a regra de Carson e a largura de banda FM de 1% para GSM? Justifique sua resposta.

Problemas computacionais

4.26 Neste problema, simulamos o espectro produzido por um modulador FM com entrada $A_m \text{sen}(2\pi f_m t)$. Sugere-se que o seguinte *script* em Matlab seja utilizado para simular o modulador FM.

```
fc    = 100;                    % Frequência de portadora (kHz)
Fs    = 1024;                   % Taxa de amostragem (kHz)
fm    = 1;                      % Frequência modulante (kHz)
Ts    = 1/Fs;                   % Período de amostragem (ms)
t     = [0:Ts:120];             % Período de observação (ms)
m     = cos(2*pi*fm*t);         % Sinal modulante
beta  = 1.0;                    % Índice de modulação
theta = 2*pi*fc*t+ 2*pi*beta*
        cumsum(m)*Ts;           % Sinal integrado
s     = cos(theta);
FFTsize = 4096;
S       = spectrum(s,FFTsize);
Freq = [0:Fs/FFTsize:Fs/2];
subplot(2,1,1), plot(t,s), xlabel('Tempo (ms)'), ylabel('Amplitude');
axis([0 0.5 – 1.5 1.5]), grid on
subplot(2,1,2), stem(Freq,sqrt(S/682))
xlabel('Frequência (kHz)'), ylabel('Espectro de Magnitude');
axis([95 105 0 1), grid on
```

(a) Para os índices de modulação de 1, 2, 5 e 10, determine a potência nos harmônicos da frequência modulante em torno da portadora (ignore os lóbulos laterais). Quantas frequências laterais são requeridas para 90% da potência em cada caso?

(b) Para qual índice de modulação mínimo a potência na frequência de portadora é reduzida a zero?

4.27 Utilize o seguinte *script* em Matlab para estimar numericamente o erro de fase *rms* para um sinal que tenha o espectro da Figura 4.5.

```
%—Espectro de ruído de fase unilateral
f    = [1 10 100 1000 10000];      % Hz
SdB  = [–30 –40 –50 –65 –70];      % Espectro (dBc)
%—interpola o espectro em uma escala linear—
del_f = 1;                          % passo de integração (Hz)
f1 = [10: del_f: 10000];            % Hz
S1 = interp1(f, 10.^(SdB/10), f1);  % Potência absoluta
%—Integra numericamente (Riemann) de 10 Hz até 10 kHz—
Int_S = sum(S1)* del_f;
Theta_rms = sqrt(Int_S);            % em radianos
Theta_rms = Theta_rms*180/pi;       % em graus
```

Repita para o espectro de fase da Figura P4.27 em que a faixa de frequências de interesse é de 100 Hz até 1MHz.

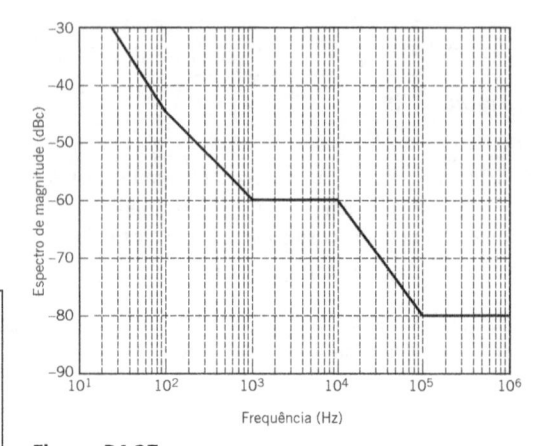

Figura P4.27

4.28 Neste problema, simularemos o comportamento de um discriminador FM. Utilize o modulador FM do Problema 4.26 para gerar um sinal de teste e utilize o seguinte *script* em Matlab para realizar a detecção do discriminador. Isso requererá a utilização do detector de envoltória do Problema 3.25.

```
fc = 100;                      %kHz
Fs = 1024;                     % kHz
Ts = 1/Fs;
t = [0:Ts:10*Ts];
%— Diferenciador FIR (Fs = 1024 kHz. BT/2 = 10 khz) —
FIRdiff = [1.60385 0.0 0.0 0.0 –0.0 0.0 0.0 –0.0 –0.0 –0.0
           –1.60385];
BP_diff = FIRdiff * exp(j*2*pi*fc*t);
%—Filtro de Butterworth Passa-baixas FIR = 1024 kHz, f3dB =
    5 kHz —
LPF_B = 1E-4*[0.0706  0.2117  0.2117  0.0706];
LPF_A = [1.0000  –2.9223  2.8476  –0.9252];

D1 = filter(BP_diff, 1, S);    % Discriminador passa-faixa
D2 = EnvDetect(D1);            % Detecção de envoltória
D3 = filter(LPF_B,LPF_A, D2);  % Filtragem passa-baixas
```

(a) Quais são as diferenças observadas entre o sinal detectado e o sinal original? Por quê?

(b) Modifique o sinal modulante para o seguinte

$$s(t) = \text{sen}(2\pi f_m t) + 0,5\cos(2\pi f_m t/3)$$

Observa-se alguma diferença entre o sinal detectado e o original?

(c) Conforme a frequência modulante aumenta, quando aparece distorção na saída? Por quê?

4.29 O seguinte *script* em Matlab é um modelo digital para simular o comportamento de um PLL. Para esse modelo, faça o seguinte:

(a) Compare os modelos de simulação para o detector de fase, o VCO e o filtro com os modelos analíticos apresentados no texto. Justifique a aproximação digital.

(b) Como o comportamento muda se modificarmos o ganho k_v do VCO? Como o sincronismo temporal é afetado?

(c) Se o filtro for substituído por um controlador proporcional simples, como o comportamento será afetado?

(d) Qual é a frequência modulante máxima para a qual o PLL rastreia o sinal?

(e) Se o detector de fase for substituído pelo operador de multiplicação $s(t)r(t)$, como o PLL se comportará? Por quê?

```
fc = 100;            % frequência de portadora (kHz)
fm = 1;              % frequência de modulação do sinal (kHz)
Fs = 32*fc;          % taxa de amostragem (kHz)
Ts = 1/Fs;           % período de amostragem (ms)
 t = [0:Ts:5];       % período de observação (ms)
Ac = 1; Av = 1;      % amplitudes de saída do modulador FM
                     %   e do VCO
kf = 10; kv = 20;    % sensibilidades à frequência do modulador
                     %   FM e do VCO
FilterState = 0;     % Estado inicial do filtro
VCOstate = 0;        % Estado de fase inicial do VCO
%————Modulador FM————
m   = 0.2* sin(2*pi*fm*t) + 0.3*cos(2*pi*fm/3*t);
phi = cumsum(m) * Ts;
s   = Ac * sin(2*pi*fc*t + kf*phi);
%———— Simula o PLL não linear ————
v = zeros(size(t)); r(l) = 0; e(l) = 0;
for i = 2: length(t)
%———— VCO ————
VCOstate = VCOstate + 2*pi*kv*v(i – l)*Ts;
r(i)     = Av*cos(2*pi*fc*t(i) + VCOstate);
%———— Detector de Fase ————
e(i) = sin(phi(i) – VCOstate);
%—— Filtro ——
FilterState = FilterState + e(i);     % integrador
v(i)        = FilterState + e(i);     % integral mais controlador
                                      %   proporcional
end
subplot(4,1,1), plot(t,m)       % sinal modulante
subplot(4,1,2), plot(t,phi)     % fase do sinal transmitido
subplot(4,1,3), plot(t,e)       % fase da saída do detector
subplot(4,1,4), plot(t,v)       % sinal recuperado
```

Capítulo 5
TEORIA DA PROBABILIDADE E PROCESSOS ALEATÓRIOS

5.1 Introdução

No Capítulo 2, lidamos com a transformada de Fourier como uma ferramenta matemática para a representação de *sinais determinísticos* e a transmissão de tais sinais através de filtros lineares invariantes no tempo; por sinais determinísticos, referimo-nos à classe de sinais que podem ser modelados como funções do tempo completamente especificadas. Neste capítulo, prosseguiremos com o desenvolvimento do conhecimento base necessário para um entendimento mais detalhado de sistemas de comunicação. Especificamente, lidaremos com a caracterização estatística de *sinais aleatórios*, que pode ser vista como o segundo pilar da teoria de comunicação.

Exemplos de *sinais aleatórios* são encontrados em todo sistema de comunicação prático. Dizemos que um sinal é "aleatório" se não for possível prever antecipadamente o seu valor exato. Considere, por exemplo, o sistema de comunicação de rádio. O sinal recebido em tal sistema normalmente consiste em um componente de *sinal portador da informação*, um componente de *interferência* aleatória, e *ruído de receptor*. O componente de sinal portador da informação pode representar, por exemplo, um sinal de voz que, tipicamente, consiste em rajadas de energia aleatoriamente espaçadas e de duração também aleatória. O componente de interferência pode representar ondas eletromagnéticas espúrias produzidas por outros sistemas de comunicação que operem nas proximidades do receptor de rádio. Uma importante fonte de ruído de canal é o *ruído térmico*, provocado pelo movimento aleatório dos elétrons nos condutores e dispositivos na etapa de entrada (*front end**) do receptor. Dessa forma, verificamos que o sinal recebido é completamente aleatório por natureza.

Embora não seja possível prever antecipadamente o valor exato de um sinal aleatório, ele pode ser descrito em termos de suas propriedades *estatísticas*, como a potência média, ou a distribuição espectral média dessa potência. A disciplina matemática que se preocupa com a caracterização estatística de sinais aleatórios é a *teoria da probabilidade*.

---
* N. de T.: *Front end* é a primeira etapa do receptor (pré-amplificador). Como processa sinais de baixa potência, é relativamente mais sensível ao ruído.

Iniciaremos este capítulo sobre processos aleatórios revisando algumas definições básicas em teoria da probabilidade, seguidas de uma revisão das noções de variável aleatória e processo aleatório. Um processo aleatório consiste em um conjunto (família) de funções amostra, cada uma das quais variando aleatoriamente no tempo. Uma variável aleatória é obtida observando-se um processo aleatório em um instante de tempo fixo.

5.2 Probabilidade

A *Teoria da Probabilidade*[1] tem sua origem em fenômenos que, explícita ou implicitamente, podem ser modelados por um experimento com um resultado que está sujeito à *sorte*. Além disso, se o experimento for repetido, o resultado pode diferir por causa da influência de um fenômeno aleatório subjacente ou do mecanismo de sorte. Tal experimento é referido como um *experimento aleatório*. Por exemplo, o experimento pode ser a observação do resultado do lançamento de uma moeda justa. Nesse experimento, os possíveis resultados são "cara" ou "coroa".

Existem duas abordagens para a definição de probabilidade. A primeira abordagem é baseada na *frequência relativa de ocorrência*: em n tentativas de um experimento aleatório, se esperamos que um evento A ocorra m vezes, então atribuímos a probabilidade m/n ao evento A. Essa definição de probabilidade é direta para ser aplicada em jogos de azar e em muitas situações de engenharia.

Entretanto, há situações em que os experimentos não são repetíveis e ainda assim o conceito de probabilidade tem uma aplicabilidade intuitiva. Nesse segundo caso, utilizamos uma definição de probabilidade mais geral baseada na *teoria de conjuntos* e em um conjunto de *axiomas* matemáticos relacionados. Em situações em que o experimento é repetível, a abordagem da teoria de conjuntos está em completo acordo com a abordagem da frequência relativa de ocorrência.

Em geral, quando realizamos um experimento aleatório, é natural que estejamos cientes dos vários resultados que são prováveis de acontecer. Nesse contexto, é conveniente pensar em um experimento e em seus possíveis resultados definindo um espaço e seus pontos. Se um experimento tem K possíveis resultados, então para o k-ésimo resultado possível temos um ponto chamado de *ponto amostra*, que é denotado por s_k. Com essa estrutura básica, definimos:

- O conjunto de todos os possíveis resultados do experimento é chamado de *espaço amostral*, que é denotado por S.
- Um *evento* corresponde tanto a um ponto único quanto a um conjunto de pontos no espaço S.
- Um ponto amostra único é chamado de *evento elementar*.
- O espaço amostral completo S é chamado de *evento certeza*; e o conjunto nulo ϕ é chamado de *evento nulo ou impossível*.
- Dois eventos são mutuamente exclusivos se a ocorrência de um evento impede a ocorrência do outro evento.

O espaço amostral S pode ser *discreto* com um número contável de resultados, tais como os resultados do lançamento de um dado. Alternativamente, o espaço amostral pode ser contínuo, tal como a tensão medida na saída de uma fonte de ruído.

Uma medida de probabilidade **P** é uma função que associa um número não negativo a um evento A no espaço amostral S e satisfaz as três propriedades (axiomas) seguintes:

1. $0 \leq \mathbf{P}[A] \leq 1$ (5.1)
2. $\mathbf{P}[S] = 1$ (5.2)
3. Se A e B são eventos mutuamente exclusivos, então

$$\mathbf{P}[A \cup B] = \mathbf{P}[A] + \mathbf{P}[B] \quad (5.3)$$

Essa definição abstrata de um sistema de probabilidade é ilustrada na Figura 5.1. O espaço amostral S é mapeado nos eventos por meio do experimento aleatório. Os eventos podem ser resultados elementares do espaço amostral ou conjuntos maiores do espaço amostral. A função de probabilidade associa um valor entre 0 e 1 a cada um desses eventos. O valor de probabilidade não é único para o evento; a eventos mutuamente exclusivos pode ser atribuída a mesma probabilidade. Entretanto, a probabilidade da união de todos os eventos – isto é, o evento certeza – é sempre unitária.

A relação entre os três axiomas e a abordagem de frequência relativa pode ser ilustrada pelo diagrama de Venn da Figura 5.2. Se igualarmos **P** a uma medida de área no diagrama de Venn com a área total de S sendo igual a um, então os axiomas serão simples demonstrações de resultados geométricos familiares a respeito de área.

As propriedades seguintes da medida de probabilidade **P** podem ser derivadas dos axiomas acima:

1. $\mathbf{P}[\overline{A}] = 1 - \mathbf{P}[A]$ (5.4)
   em que $\overline{A}$ é o *complemento* do evento A.
2. Quando eventos A e B não são mutuamente exclusivos, então a probabilidade do evento união "A ou B" satisfaz

$$\mathbf{P}[A \cup B] = \mathbf{P}[A] + \mathbf{P}[B] - \mathbf{P}[A \cap B] \quad (5.5)$$

em que $\mathbf{P}[A \cap B]$ é a probabilidade do *evento conjunto* "A e B".

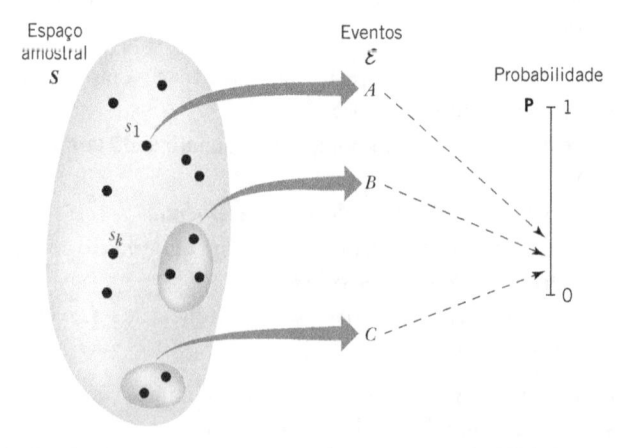

Figura 5.1 Ilustração da relação entre espaço amostral, eventos e probabilidade.

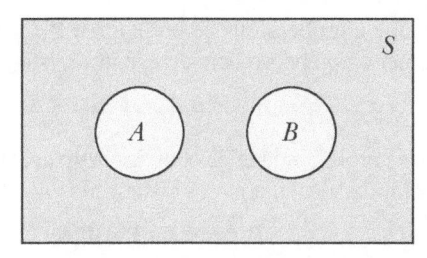

Figura 5.2 Diagrama de Venn apresentando uma interpretação geométrica dos três axiomas de probabilidade.

3. Se $A_1, A_2,..., A_m$ são eventos mutuamente exclusivos que incluem todas as possibilidades de resultados de um experimento aleatório, então

$$\mathbf{P}[A_1] + \mathbf{P}[A_2] + \ldots + \mathbf{P}[A_m] = 1 \qquad (5.6)$$

Probabilidade condicional

Suponhamos que realizemos um experimento que envolva um par de eventos A e B. Seja $\mathbf{P}[B|A]$ a probabilidade do evento B, dado que o evento A ocorreu. A probabilidade é chamada $\mathbf{P}[B|A]$ de *probabilidade condicional* de B dado A. Assumindo que A tenha probabilidade não nula, a probabilidade condicional $\mathbf{P}[B|A]$ é definida como

$$\mathbf{P}[B|A] = \frac{\mathbf{P}[A \cap B]}{\mathbf{P}[A]} \qquad (5.7)$$

em que $\mathbf{P}[A \cap B]$ é a probabilidade conjunta de A e B. Deixamos para o leitor a tarefa de justificar essa definição com base na frequência relativa de ocorrência. Podemos escrever a Eq. (5.7) como

$$\mathbf{P}[A \cap B] = \mathbf{P}[B|A]\mathbf{P}[A] \qquad (5.8)$$

É evidente que também podemos escrever

$$\mathbf{P}[A \cap B] = \mathbf{P}[A|B]\mathbf{P}[B] \qquad (5.9)$$

Consequentemente, podemos atestar que *a probabilidade conjunta de dois eventos pode ser expressa como o produto da probabilidade condicional de um evento, dado o outro, e da probabilidade elementar do outro.* Notemos que as probabilidades condicionais $\mathbf{P}[B|A]$ e $\mathbf{P}[A|B]$ possuem essencialmente as mesmas propriedades das várias probabilidades definidas anteriormente.

Situações podem existir em que a probabilidade condicional $\mathbf{P}[B|A]$ e as probabilidades $\mathbf{P}[A]$ e $\mathbf{P}[B]$ sejam facilmente determinadas diretamente, mas a probabilidade condicional $\mathbf{P}[B|A]$ é desejada. A partir das Eqs. (5.8) e (5.9), segue-se que, dado que $\mathbf{P}[A] \neq 0$, podemos determinar $\mathbf{P}[B|A]$ usando a relação

$$\mathbf{P}[B|A] = \frac{\mathbf{P}[A|B]\mathbf{P}[B]}{\mathbf{P}[A]} \qquad (5.10)$$

Essa relação é uma forma especial da *regra de Bayes*.

Suponhamos que a probabilidade condicional $\mathbf{P}[B|A]$ seja simplesmente igual à probabilidade elementar de ocorrência do evento B, isto é,

$$\mathbf{P}[B|A] = \mathbf{P}[B] \tag{5.11}$$

Sob essa condição, a probabilidade de ocorrência do evento conjunto $A \cap B$ é igual ao produto das probabilidades elementares dos eventos A e B:

$$\mathbf{P}[A \cap B] = \mathbf{P}[A]\mathbf{P}[B] \tag{5.12}$$

então

$$\mathbf{P}[A|B] = \mathbf{P}[A] \tag{5.13}$$

Ou seja, a probabilidade condicional de um evento A, assumindo a ocorrência do evento B, é simplesmente igual à probabilidade elementar do evento A. Dessa forma, vemos que nesse caso um conhecimento da ocorrência de um evento não nos diz nada mais do que já sabíamos acerca da probabilidade de ocorrência do outro evento sem esse conhecimento. Os eventos A e B que satisfazem essa condição são ditos serem *estatisticamente independentes*.

EXEMPLO 5.1 Canal simétrico binário

Consideremos um *canal sem memória discreto* utilizado para transmitir dados binários. O canal é dito ser *discreto* no sentido de ser projetado para lidar com mensagens discretas. Ele é *sem memória* no sentido de que a saída do canal em qualquer instante de tempo depende apenas da entrada do canal naquele instante de tempo. Devido à presença inevitável de *ruído* no canal, *erros* acontecem na cadeia de dados binários recebidos. Especificamente, quando o símbolo 1 é enviado, *ocasionalmente* um erro ocorre e o símbolo 0 é recebido, e vice-versa. Assume-se que o canal é simétrico, o que significa que a probabilidade de se receber o símbolo 1 quando o símbolo 0 é enviado é a mesma que a probabilidade de se receber o símbolo 0 quando o símbolo 1 é enviado.

Para descrever a natureza probabilística desse canal completamente, precisamos de dois conjuntos de probabilidades.

1. As *probabilidades a priori* de enviar os símbolos binários 0 e 1: elas são

$$\mathbf{P}[A_0] = p_0$$

e

$$\mathbf{P}[A_1] = p_1$$

em que A_0 e A_1 denotam os eventos de transmitir os símbolos 0 e 1, respectivamente. Notemos que $p_0 + p_1 = 1$.

2. As *probabilidades condicionais de erro*: elas são

$$\mathbf{P}[B_1|A_0] = \mathbf{P}[B_0|A_1] = p$$

em que B_0 e B_1 denotam os eventos de receber os símbolos 0 e 1, respectivamente. A probabilidade condicional $\mathbf{P}[B_1|A_0]$ é a probabilidade de se receber o símbolo 1, dado que o símbolo 0 seja enviado. A segunda probabilidade condicional $\mathbf{P}[B_0|A_1]$ é a probabilidade de se receber o símbolo 0, dado que o símbolo 1 seja enviado.

O requerimento é determinar as *probabilidades a posteriori* $P[A_0|B_0]$ e $P[A_1|B_1]$. A probabilidade condicional $P[A_0|B_0]$ é a probabilidade de que o símbolo 0 foi enviado, dado que o símbolo 0 seja recebido. A segunda probabilidade condicional $P[A_1|B_1]$ é a probabilidade de que o símbolo 1 foi enviado, dado que o símbolo 1 seja recebido. Ambas essas probabilidades condicionais referem-se a eventos que são observados "depois do fato"; por essa razão, o nome probabilidades "a posteriori".

Uma vez que os eventos B_0 e B_1 são mutuamente exclusivos, temos a partir do axioma (3)

$$P[B_0|A_0] + P[B_1|A_0] = 1$$

É o mesmo que dizer que

$$P[B_0|A_0] = 1 - p$$

De maneira similar, podemos escrever

$$P[B_1|A_1] = 1 - p$$

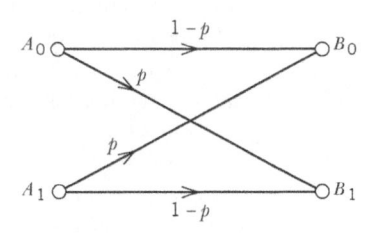

Figura 5.3 Diagrama de probabilidade de transição do canal simétrico binário.

Consequentemente, podemos utilizar o *diagrama de probabilidade de transição* na Figura 5.3 para representar o canal de comunicação binária especificado nesse exemplo; o termo "probabilidade de transição" refere-se à probabilidade condicional de erro. A Figura 5.3 claramente representa a natureza (assumida) simétrica do canal; por essa razão, o nome "canal simétrico binário".

Da Figura 5.3 deduzimos os seguintes resultados:

1. A probabilidade de se receber o símbolo 0 é dada por

$$P[B_0] = P[B_0|A_0]P[A_0] + P[B_0|A_1]P[A_1]$$
$$= (1-p)p_0 + pp_1$$

2. A probabilidade de se receber o símbolo 1 é dada por

$$P[B_1] = P[B_1|A_0]P[A_0] + P[B_1|A_1]P[A_1]$$
$$= pp_0 + (1-p)p_1$$
(5.14)

Portanto, aplicando a regra de Bayes, obtemos

$$P[A_0|B_0] = \frac{P[B_0|A_0]P[A_0]}{P(B_0)}$$
$$= \frac{(1-p)p_0}{(1-p)p_0 + pp_1}$$

$$P[A_1|B_1] = \frac{P[B_1|A_1]P[A_1]}{P[B_1]}$$
$$= \frac{(1-p)p_1}{pp_0 + (1-p)p_1}$$

Essas duas probabilidades *a posteriori* são os resultados desejados.

5.3 Variáveis aleatórias

Embora o significado do resultado de um experimento aleatório seja claro, tais resultados muitas vezes não são uma representação conveniente para análise matemática. Por exemplo, cara ou coroa não é uma representação matemática conveniente. Como um outro exemplo, consideremos um experimento aleatório em que retiramos bolas coloridas de uma urna; cor não é algo diretamente tratável por análises matemáticas.

Nesses casos, muitas vezes é mais conveniente associarmos um número ou uma faixa de valores aos resultados de um experimento aleatório. Por exemplo, cara poderia corresponder a 1 e coroa a 0. Utilizamos a expressão *variável aleatória* para descrever esse processo de associar um número ao resultado de um experimento aleatório.

Em geral, uma função cujo domínio é o espaço amostral e cuja faixa é um conjunto de números reais é chamada de uma variável aleatória do experimento. Isto é, para eventos em $\mathscr{E}$, uma variável aleatória designa um subconjunto da reta real. Dessa forma, se o resultado do experimento for s, denotamos a variável aleatória como $X(s)$ ou apenas X. Notemos que X é uma função, ainda que ela seja, por razões históricas, chamada de uma variável aleatória. Denotamos um resultado particular de um experimento aleatório por x; isto é, $X(s_k) = x$. *Pode haver mais de uma variável aleatória associada ao mesmo experimento aleatório.*

O conceito de uma variável aleatória é ilustrado na Figura 5.4, em que suprimimos os eventos, mas mostramos subconjuntos do espaço amostral sendo mapeados diretamente a um subconjunto da reta real. A função de probabilidade se aplica a essa variável aleatória exatamente da mesma maneira que ela se aplica aos eventos subjacentes.

O benefício de utilizar variáveis aleatórias é que a análise de probabilidade pode agora ser desenvolvida em termos de quantidades de valor real, independentemente da forma dos eventos subjacentes do experimento aleatório. As variáveis aleatórias podem ser *discretas* e assumir apenas um número finito de valores, tal como no experimento do lançamento da moeda. Alternativamente, as variáveis aleatórias podem

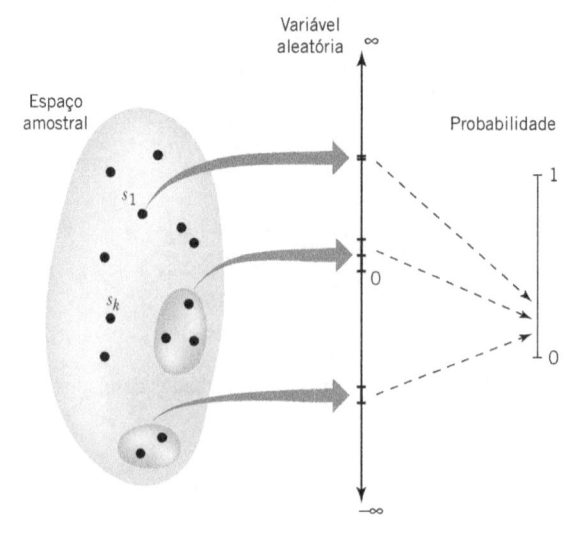

Figura 5.4 Ilustração da relação entre espaço amostral, variáveis aleatórias e probabilidade.

ser *contínuas* e assumir uma faixa de valores reais. Por exemplo, a variável aleatória que representa a amplitude de uma tensão ruidosa em um instante de tempo particular é uma variável aleatória contínua porque, em teoria, ela pode assumir qualquer valor entre mais e menos infinito. As variáveis aleatórias podem ser de valor complexo, mas uma variável aleatória desse tipo pode sempre ser tratada como um vetor de duas variáveis aleatórias de valor real.

Para seguir adiante, precisamos de uma descrição probabilística de variáveis aleatórias que funcione igualmente bem tanto para variáveis aleatórias discretas quanto contínuas. Para esse fim, consideremos a variável aleatória X e a probabilidade do evento $X \leq x$. Denotamos essa probabilidade por $\mathbf{P}[X \leq x]$. É evidente que essa probabilidade é uma função da *variável auxiliar x*. Para simplificar nossa notação, escrevemos

$$F_X(x) = \mathbf{P}[X \leq x] \tag{5.15}$$

A função $F_X(x)$ é chamada de *função distribuição acumulada* (cdf) ou simplesmente *função distribuição* da variável aleatória X. Notemos que $F_X(x)$ é uma função de x, não da variável aleatória X. Contudo, ela depende da designação da variável aleatória X, por isso o uso do X subscrito. Para qualquer ponto x, a função distribuição $F_X(x)$ expressa uma probabilidade.

A função distribuição $F_X(x)$ possui as seguintes propriedades, que seguem diretamente da Eq. (5.15):

1. A função distribuição $F_X(x)$ é limitada entre zero e um.
2. A função distribuição $F_X(x)$ é uma função monotônica não decrescente de x; ou seja,

$$F_X(x_1) \leq F_X(x_2) \quad \text{se } x_1 < x_2 \tag{5.16}$$

A função distribuição de uma variável aleatória sempre existe. Se a função distribuição for diferenciável continuamente, então uma descrição alternativa da probabilidade da variável aleatória X é muitas vezes útil. A derivada da função distribuição, como mostrado por

$$f_X(x) = \frac{d}{dx} F_X(x) \tag{5.17}$$

é chamada de *função densidade de probabilidade* (pdf) da variável aleatória X. Notemos que a diferenciação na Eq. (5.17) é em relação à variável auxiliar x. O nome função densidade surge do fato de que a probabilidade de um evento $x_1 < X \leq x_2$ é igual a

$$\begin{aligned} \mathbf{P}[x_1 < X \leq x_2] &= \mathbf{P}[X \leq x_2] - \mathbf{P}[X \leq x_1] \\ &= F_X(x_2) - F_X(x_1) \\ &= \int_{x_1}^{x_2} f_X(x)\, dx \end{aligned} \tag{5.18}$$

A probabilidade de um intervalo é, portanto, a área sob a função densidade de probabilidade naquele intervalo. Fazendo $x = -\infty$ na Eq. (5.18), e mudando um pouco a notação, vemos facilmente que a função distribuição é definida em termos da função densidade de probabilidade como se segue:

$$F_X(x) = \int_{-\infty}^{x} f_X(\xi)\, d\xi \tag{5.19}$$

EXEMPLO 5.2 Distribuição uniforme

Uma variável aleatória X é dita *uniformemente distribuída* sobre o intervalo (a,b) se a sua função densidade de probabilidade for

$$f_X(x) = \begin{cases} 0, & x \leq a \\ \dfrac{1}{b-a}, & a < x \leq b \\ 0, & x > b \end{cases} \quad (5.21)$$

A função distribuição acumulada de X é, portanto,

$$F_X(x) = \begin{cases} 0, & x \leq a \\ \dfrac{x-a}{b-a}, & a < x \leq b \\ 0, & x > b \end{cases} \quad (5.22)$$

A Figura 5.5 mostra gráficos da função densidade de probabilidade e da função distribuição acumulada da variável aleatória X uniformemente distribuída.

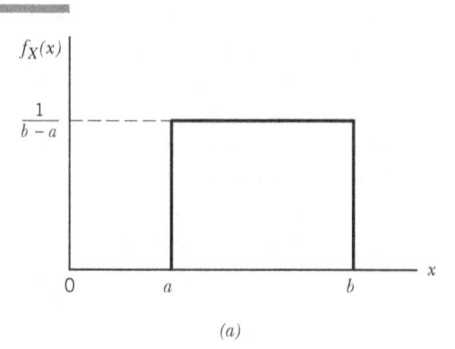

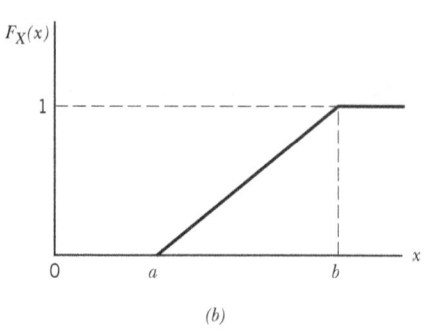

Figura 5.5 Distribuição uniforme. (*a*) Função densidade de probabilidade. (*b*) Função distribuição acumulada.

Uma vez que $F_X(\infty) = 1$, correspondendo à probabilidade de algum evento, e $F_X(-\infty) = 0$, correspondendo à probabilidade de um evento impossível, verificamos a partir da Eq. (5.18) que

$$\int_{-\infty}^{\infty} f_X(x)\,dx = 1 \quad (5.20)$$

Mencionamos anteriormente que uma função distribuição deve sempre ser monotônica não decrescente. Isso significa que a sua derivada ou a função densidade de probabilidade deve sempre ser não negativa. Consequentemente, podemos afirmar que uma *função densidade de probabilidade deve sempre ser uma função não negativa e com área total igual a um.*

Diversas variáveis aleatórias

Até aqui direcionamos nossa atenção a situações envolvendo uma variável aleatória única. Todavia, verificamos frequentemente que o resultado de um experimento aleatório requer algumas variáveis aleatórias para sua descrição. Consideraremos agora situações envolvendo duas variáveis aleatórias. A descrição probabilística desenvolvida dessa forma pode ser facilmente estendida para qualquer número de variáveis aleatórias.

Consideremos duas variáveis aleatórias X e Y. Definimos a *função distribuição conjunta* $F_{X,Y}(x,y)$ como a probabilidade de uma variável aleatória X ser menor que ou igual a um valor específico x e de uma variável aleatória Y ser menor que ou igual a um valor específico y. As variáveis aleatórias X e Y podem ser duas variáveis separadas unidimensionais ou as componentes de uma única variável aleatória bidimensional. Em ambos os casos, o espaço amostral conjunto é o plano xy. A função distribuição conjunta $F_{X,Y}(x,y)$ é a probabilidade de que o resultado de um experimento seja um ponto dentro do quadrante ($-\infty < X \leq x$, $-\infty < Y \leq y$) do espaço amostral conjunto. Ou seja,

$$F_{X,Y}(x,y) = \mathbf{P}[X \leq x, Y \leq y] \qquad (5.23)$$

Suponhamos que a função distribuição conjunta $F_{X,Y}(x,y)$ seja contínua em toda parte, e que a derivada parcial

$$f_{X,Y}(x,y) = \frac{\partial^2 F_{X,Y}(x,y)}{\partial x \partial y} \qquad (5.24)$$

exista e seja contínua em toda parte. Chamamos a função $f_{X,Y}(x,y)$ de *função densidade de probabilidade conjunta* das variáveis aleatórias X e Y. A função distribuição conjunta $F_{X,Y}(x,y)$ é uma função monotônica não decrescente tanto de x quanto de y. Portanto, a partir da Eq. (5.24) segue-se que a função densidade de probabilidade conjunta $f_{X,Y}(x,y)$ é sempre não negativa. Além disso, o volume total sob o gráfico de uma função densidade de probabilidade conjunta deve ser unitário, como mostrado por

$$\int_{-\infty}^{\infty} \int_{-\infty}^{\infty} f_{X,Y}(\xi,\eta)\, d\xi\, d\eta = 1 \qquad (5.25)$$

A função densidade de probabilidade para uma variável aleatória única (digamos, X) pode ser obtida a partir de sua função densidade de probabilidade conjunta com uma segunda variável aleatória (digamos, Y) da seguinte maneira. Primeiro, notemos que

$$F_X(x) = \int_{-\infty}^{\infty} \int_{-\infty}^{x} f_{X,Y}(\xi,\eta)\, d\xi\, d\eta \qquad (5.26)$$

Portanto, diferenciando ambos os lados da Eq. (5.26) em relação a x, obtemos a relação desejada:

$$f_X(x) = \int_{-\infty}^{\infty} f_{X,Y}(x,\eta)\, d\eta \qquad (5.27)$$

Assim, a função densidade de probabilidade $f_X(x)$ é obtida a partir da função densidade de probabilidade conjunta $f_{X,Y}(x,y)$ simplesmente integrando-se essa última ao longo de todos os possíveis valores da variável indesejada, Y. A utilização de argumentos similares na outra dimensão resulta em $f_Y(y)$. As funções densidade de probabilidade $f_X(x)$ e $f_Y(y)$ são chamadas de *densidades marginais*. Consequentemente, a função densidade de probabilidade conjunta $f_{X,Y}(x,y)$ contém toda a informação possível sobre as variáveis aleatórias conjuntas X e Y.

Suponhamos que X e Y sejam duas variáveis aleatórias contínuas com função densidade de probabilidade conjunta $f_{X,Y}(x,y)$. A *função densidade de probabilidade condicional* de Y, dado que $X = x$, é definida por

$$f_Y(y|x) = \frac{f_{X,Y}(x,y)}{f_X(x)} \qquad (5.28)$$

provido que $f_X(x) > 0$, em que $f_X(x)$ é a densidade marginal de X. A função $f_Y(y|x)$ pode ser pensada como uma função da variável y, com a variável x arbitrária, porém *fixa*. Consequentemente, ela satisfaz a todos os requisitos de uma função densidade de probabilidade ordinária, como mostrado por

$$f_Y(y|x) \geq 0 \qquad (5.29)$$

e

$$\int_{-\infty}^{\infty} f_Y(y|x)\, dy = 1 \qquad (5.30)$$

Se as variáveis aleatórias X e Y forem *estatisticamente independentes*, o conhecimento do resultado de X não pode de nenhuma maneira afetar a distribuição de Y. O resultado é que a função densidade de probabilidade condicional $f_Y(y|x)$ se reduz à *densidade marginal* $f_Y(y)$, como mostrado por

$$f_Y(y|x) = f_Y(y) \qquad (5.31)$$

Em tal caso, podemos expressar a função densidade de probabilidade conjunta das variáveis aleatórias X e Y como o produto de suas respectivas densidades marginais, como mostrado por

$$f_{X,Y}(x,y) = f_X(x) f_Y(y) \qquad (5.32)$$

Equivalentemente, podemos afirmar que se a função densidade de probabilidade conjunta das variáveis aleatórias X e Y for igual ao produto de suas densidades marginais, então X e Y são estatisticamente independentes. Essa última equação é uma forma de expressar a afirmação geral de que

$$\mathbf{P}[X \in A, Y \in B] = \mathbf{P}[X \in A]\mathbf{P}[Y \in B] \qquad (5.33)$$

ou $\mathbf{P}[X,Y] = \mathbf{P}[X]\mathbf{P}[Y]$ para variáveis aleatórias X e Y estatisticamente independentes.

EXEMPLO 5.3 Variável aleatória binomial

Consideremos uma sequência de experimentos de lançamentos de moeda em que a probabilidade de uma cara é p e seja X_n a variável aleatória de Bernoulli que representa o resultado do n-ésimo lançamento. Uma vez que não se espera que o resultado de um lançamento de moeda afete o resultado de um lançamento subsequente, podemos nos referir a isso como um conjunto de *tentativas de Bernoulli independentes*.

Seja Y o número de caras que ocorrem em N lançamentos de moeda. Essa nova variável aleatória pode ser expressa como

$$Y = \sum_{n=1}^{N} X_n \qquad (5.34)$$

Qual é a função massa de probabilidade de *Y*?

Primeiro consideremos a probabilidade de se obter *y* caras em sequência seguidas de *N-y* coroas. Utilizando a independência das tentativas, a aplicação repetida da Eq. (5.33) implica que essa probabilidade é dada por

$$\mathbf{P}[y \text{ caras seguidas por } N - y \text{ coroas}] = ppp\ldots pp(1-p)(1-p)\ldots(1-p)$$
$$= p^y(1-p)^{N-y}$$

Por simetria, essa é a probabilidade de qualquer sequência de *N* tentativas que tenha *y* caras. Para determinar a probabilidade de obtermos *y* caras em qualquer lugar nas *N* tentativas, a definição de frequência relativa de probabilidade implica que simplesmente temos que contar o número de possíveis arranjos de *N* lançamentos que tenham *y* caras e *N-y* coroas. Ou seja, a probabilidade de que *Y = y* é dada por

$$\mathbf{P}[Y = y] = \binom{N}{y} p^y (1-p)^{N-y} \tag{5.35}$$

em que

$$\binom{N}{y} = \frac{N!}{y!(N-y)!}$$

é a função combinatória. A Eq. (5.35) define a função massa de probabilidade de *Y* e diz-se que a variável aleatória *Y* possui *distribuição binomial*. O nome distribuição binomial deriva-se do fato de que os valores de **P**[*Y* = *y*] são os termos sucessivos na expansão da expressão binomial

$$[p + (1-p)]^n$$

em que o (*y*+1)-ésimo termo da expansão corresponde a **P**[*Y* = *y*]. A função massa de probabilidade binomial para $N = 20$ e $p = \frac{1}{2}$ é ilustrada na Figura 5.6.

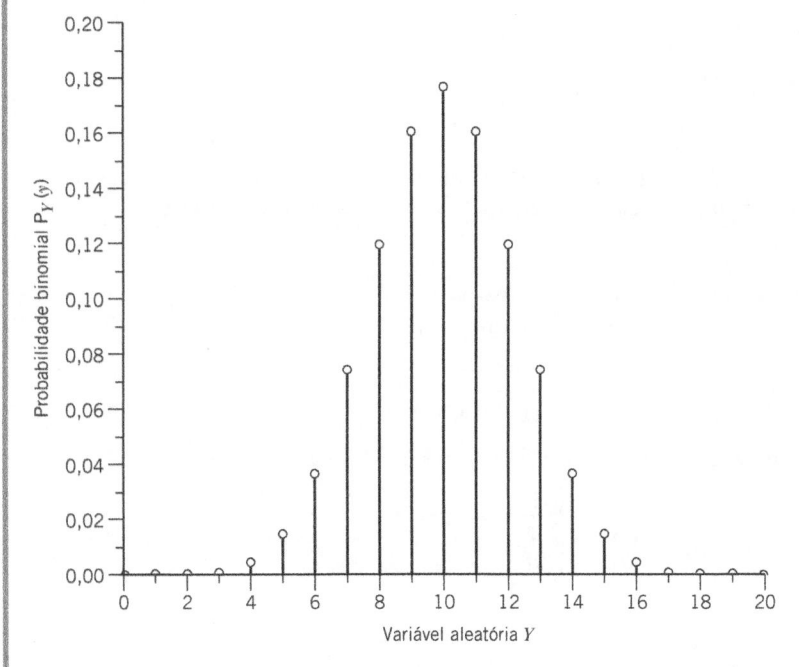

Figura 5.6 A função massa de probabilidade binomial para $N = 20$ e $p = \frac{1}{2}$.

5.4 Médias estatísticas

Tendo discutido probabilidade e algumas de suas ramificações, buscamos agora maneiras de determinar o comportamento *médio* dos resultados advindos de um experimento aleatório.

O *valor esperado* ou *média* de uma variável aleatória X é definido por

$$\mu_X = \mathbf{E}[X] = \int_{-\infty}^{\infty} x f_X(x)\, dx \tag{5.36}$$

em que $\mathbf{E}$ denota o *operador esperança estatística*. Ou seja, a média μ_X situa o centro de gravidade da área sob a curva de densidade de probabilidade da variável aleatória X.

Função de uma variável aleatória

Seja X uma variável aleatória, e seja $g(X)$ uma função de valor real definida sobre a reta real. A quantidade obtida permitindo-se que o argumento da função $g(X)$ seja uma variável aleatória é também uma variável aleatória que denotamos por

$$Y = g(X) \tag{5.37}$$

Para encontrar o valor esperado da variável aleatória Y, poderíamos naturalmente encontrar a função densidade de probabilidade $f_Y(y)$ e então aplicar a fórmula padrão

$$\mathbf{E}[Y] = \int_{-\infty}^{\infty} y f_Y(y)\, dy$$

Um procedimento mais simples, todavia, é escrever

$$\mathbf{E}[g(X)] = \int_{-\infty}^{\infty} g(x) f_X(x)\, dx \tag{5.38}$$

De fato, a Eq. (5.38) pode ser vista como uma generalização do conceito de valor esperado para uma função arbitrária $g(X)$ de uma variável aleatória X.

EXEMPLO 5.4 Variável aleatória cossenoidal

Seja

$$Y = g(X) = \cos(X)$$

em que X é uma variável aleatória uniformemente distribuída no intervalo $(-\pi, \pi)$; ou seja,

$$f_X(x) = \begin{cases} \dfrac{1}{2\pi}, & -\pi < x < \pi \\ 0, & \text{caso contrário} \end{cases}$$

De acordo com a Eq. (5.38), o valor esperado de Y

$$\mathbf{E}[Y] = \int_{-\pi}^{\pi} (\cos x) \left(\frac{1}{2\pi}\right) dx$$

$$= -\frac{1}{2\pi} \operatorname{sen} x \Big|_{x=-\pi}^{\pi}$$

$$= 0$$

O resultado é intuitivamente satisfatório.

Momentos

Para o caso especial de $g(X) = X^n$, utilizando a Eq. (5.38) obtemos o n-ésimo *momento* da distribuição de probabilidade da variável aleatória X; ou seja,

$$\mathbf{E}[X^n] = \int_{-\infty}^{\infty} x^n f_X(x) \, dx \tag{5.39}$$

De longe, os mais importantes momentos de X são os dois primeiros momentos. Assim, fazendo-se $n = 1$ na Eq. (5.39), obtém-se a média da variável aleatória, como discutido acima, enquanto que para $n = 2$ obtém-se o *valor quadrático médio de X*:

$$\mathbf{E}[X^2] = \int_{-\infty}^{\infty} x^2 f_X(x) \, dx \tag{5.40}$$

Também podemos definir *momentos centrais*, que são simplesmente os momentos da diferença entre a variável aleatória X e sua média μ_X. Desse modo, o n-ésimo momento central é

$$\mathbf{E}[(X - \mu_X)^n] = \int_{-\infty}^{\infty} (x - \mu_X)^n f_X(x) \, dx \tag{5.41}$$

Para $n = 1$, o momento central é, naturalmente, zero, enquanto que para $n = 2$ o segundo momento central é referido como a variância da variável aleatória X, escrita como

$$\operatorname{var}[X] = \mathbf{E}[(X - \mu_X)^2] = \int_{-\infty}^{\infty} (x - \mu_X)^2 f_X(x) \, dx \tag{5.42}$$

A variância de uma variável aleatória X é comumente denotada como σ_X^2. A raiz quadrada da variância, denominada σ_X, é o *desvio padrão* da variável aleatória X.

A variância σ_X^2 de uma variável aleatória X é, em um certo sentido, uma medida da "aleatoriedade" da variável. Especificando a variância σ_X^2, essencialmente restringimos a largura efetiva da função densidade de probabilidade $f_X(x)$ da variável aleatória X em torno da média μ_X. Uma afirmação precisa dessa restrição é devida a Chebyshev. A *desigualdade de Chebyshev* afirma que para qualquer número ε positivo, temos

$$P(|X - \mu_X| \geq \varepsilon) \leq \frac{\sigma_X^2}{\varepsilon^2} \tag{5.43}$$

A partir dessa desigualdade vemos que a média e a variância de uma variável aleatória fornecem uma *descrição parcial* de sua distribuição de probabilidade.

Notemos a partir das Eqs. (5.40) e (5.42) que a variância σ_X^2 e o valor quadrático médio $E[X^2]$ são relacionados por

$$\begin{aligned}\sigma_X^2 &= E[X^2 - 2\mu_X X + \mu_X^2] \\ &= E[X^2] - 2\mu_X E[X] + \mu_X^2 \\ &= E[X^2] - \mu_X^2\end{aligned} \quad (5.44)$$

em que, na segunda linha, utilizamos a propriedade de *linearidade* do operador esperança estatística **E**. A Eq. (5.44) mostra que se a média μ_X for zero, então a variância σ_X^2 e o valor quadrático médio $E[X^2]$ da variável aleatória X são iguais.

Função característica

Outra importante média estatística é a função característica $\phi_X(v)$ da distribuição de probabilidade de uma variável aleatória X, que é definida como a esperança da função exponencial complexa $\exp(jvX)$, como mostrado por

$$\begin{aligned}\phi_X(v) &= E[\exp(jvX)] \\ &= \int_{-\infty}^{\infty} f_X(x) \exp(jvx)\, dx\end{aligned} \quad (5.45)$$

em que v é real e $j = \sqrt{-1}$. Em outras palavras, a função característica $\phi_X(v)$ é (exceto por uma mudança de sinal no expoente) a transformada de Fourier da função densidade de probabilidade $f_X(x)$. Nessa relação utilizamos $\exp(jvx)$ ao invés de $\exp(-jvx)$, de modo a manter a conformidade com convenção adotada em teoria de probabilidade. Reconhecendo-se que v e x exercem papéis análogos aos das variáveis $2\pi f$ e t das transformadas de Fourier, respectivamente, deduzimos a seguinte relação inversa, análoga à transformada de Fourier inversa:

$$f_X(x) = \frac{1}{2\pi} \int_{-\infty}^{\infty} \phi_X(v) \exp(-jvx)\, dv \quad (5.46)$$

Essa relação pode ser utilizada para avaliar a função densidade de probabilidade $f_X(x)$ da variável aleatória X a partir da sua função característica $\phi_X(v)$.

EXEMPLO 5.5 Variável aleatória Gaussiana

A *variável aleatória Gaussiana* é comumente encontrada na análise estatística de uma grande variedade de sistemas físicos, incluindo sistemas de comunicação. Seja X uma variável aleatória de distribuição Gaussiana de média μ_X e variância σ_X^2. A função densidade de probabilidade de tal variável aleatória é definida por

$$f_X(x) = \frac{1}{\sqrt{2\pi}\,\sigma_X} \exp\left(-\frac{(x-\mu_X)^2}{2\sigma_X^2}\right), \quad -\infty < x < \infty \quad (5.47)$$

Dada esta função densidade de probabilidade, podemos facilmente mostrar que a média da variável aleatória X assim definida é, de fato, μ_X, e sua variância é σ_X^2; essas avaliações são deixadas como um exercício para o leitor. Nesse exemplo, desejamos utilizar a função característica para avaliar os momentos de ordem mais alta da variável aleatória Gaussiana X.

Diferenciando ambos os lados da Eq. (5.45) em relação a v um total de n vezes, e então fazendo $v = 0$, obtemos o resultado

$$\frac{d^n}{dv^n}\phi_X(v)\bigg|_{v=0} = (j)^n \int_{-\infty}^{\infty} x^n f_X(x)\, dx$$

A integral no lado direito dessa relação é reconhecida como o n-ésimo momento da variável aleatória X. Consequentemente, podemos escrever

$$\mathbf{E}[X^n] = (-j)^n \frac{d^n}{dv^n}\phi_X(v)\bigg|_{v=0} \quad (5.48)$$

Agora, a função característica de uma variável aleatória Gaussiana X de média μ_X e variância σ_X^2 é dada por (ver Problema 5.1)

$$\phi_X(v) = \exp(jv\mu_X - \tfrac{1}{2}v^2\sigma_X^2) \quad (5.49)$$

As Eqs. (5.48) e (5.49) mostram claramente que os momentos de ordem mais alta da variável aleatória Gaussiana são unicamente determinados pela média μ_X e variância σ_X^2. De fato, uma manipulação direta desse par de equações mostra que os momentos centrais de X são como se segue:

$$\mathbf{E}[(X - \mu_X)^n] = \begin{cases} 1 \times 3 \times 5 \ldots (n-1)\sigma_X^n & \text{para } n \text{ par} \\ 0 & \text{para } n \text{ ímpar} \end{cases} \quad (5.50)$$

Momentos conjuntos

Consideremos a seguir um par de variáveis X e Y. Um conjunto de médias estatísticas de importância nesse caso são os *momentos conjuntos*, denominados os valores esperados de $X^i Y^k$, em que i e k podem assumir quaisquer valores inteiros positivos. Podemos assim escrever

$$\mathbf{E}[X^i Y^k] = \int_{-\infty}^{\infty}\int_{-\infty}^{\infty} x^i y^k f_{X,Y}(x,y)\, dx\, dy \quad (5.51)$$

Um momento conjunto de importância particular é a *correlação* definida por $\mathbf{E}[XY]$, que corresponde a $i = k = 1$ na Eq. (5.51).

A correlação das variáveis aleatórias centradas $X - \mathbf{E}[X]$ e $Y - \mathbf{E}[Y]$, ou seja, o momento conjunto

$$\text{cov}[XY] = \mathbf{E}[(X - \mathbf{E}[X])(Y - \mathbf{E}[Y])] \quad (5.52)$$

é chamado de *covariância* de X e Y. Permitindo-se que $\mu_X = \mathbf{E}[X]$ e $\mu_Y = \mathbf{E}[Y]$, podemos expandir a Eq. (5.52) para obter o resultado

$$\text{cov}[XY] = \mathbf{E}[XY] - \mu_X \mu_Y \quad (5.53)$$

Jacob Bernoulli (1754-1801)
Os Bernoulli eram uma família de acadêmicos e comerciantes suíços que produziram muitos artistas e cientistas renomados no século dezoito. Jacob (também conhecido como James) Bernoulli é creditado pela noção da *tentativa de Bernoulli* e também pelos *números Bernoulli*, uma sequência de números racionais que possuem profundo significado para a teoria numérica e que levam o seu nome. Jacob Bernoulli era tio de Daniel Bernoulli, que foi o responsável por muitos desenvolvimentos significativos na teoria da dinâmica dos fluidos. É em função dele, Daniel, que o *princípio de Bernoulli* adquiriu esse nome.

Jacob teve dois outros sobrinhos, ambos com o nome Nicolas, que trabalharam como matemáticos fazendo contribuições nas áreas da probabilidade, geometria e equações diferenciais. Muito do trabalho mais conhecido de Jacob em probabilidade e teoria dos números foi publicado após a sua morte, incluindo sua introdução da *lei dos grandes números*.

Sejam σ_X^2 e σ_Y^2 as variâncias de X e Y, respectivamente. Então a covariância de X e Y, normalizada em relação a $\sigma_X \sigma_Y$, é chamada de *coeficiente de correlação* de X e Y:

$$\rho = \frac{\text{cov}[XY]}{\sigma_X \sigma_Y} \qquad (5.54)$$

Dizemos que duas variáveis aleatórias X e Y são *descorrelacionadas* se, e somente se, a sua covariância for zero, isto é, se, e somente se,

$$\text{cov}[XY] = 0$$

Dizemos que elas são *ortogonais* se, e somente se, sua correlação for zero, isto é, se, e somente se,

$$\mathbf{E}[XY] = 0$$

A partir da Eq. (5.53) observamos que se uma das variáveis aleatórias X e Y, ou ambas, tiverem média zero, e se elas forem ortogonais, então elas serão descorrelacionadas, e vice-versa. Notemos também que se X e Y forem estatisticamente independentes, então elas serão descorrelacionadas; entretanto, a recíproca dessa afirmação não é necessariamente verdadeira.

EXEMPLO 5.6 Momentos de uma variável aleatória de Bernoulli

Consideremos o experimento de lançamento de moeda em que a probabilidade de cara é p. Seja X uma variável aleatória que assume o valor 0 se o resultado for uma coroa e 1 se for uma cara. Dizemos que X é uma *variável aleatória de Bernoulli*. A função massa de probabilidade de uma variável aleatória é

$$\mathbf{P}(X = x) = \begin{cases} 1 - p & x = 0 \\ p & x = 1 \\ 0 & \text{caso contrário} \end{cases}$$

O valor esperado de X é

$$\begin{aligned} \mathbf{E}[X] &= \sum_{k=0}^{1} k \mathbf{P}(X = k) \\ &= 0 \cdot (1 - p) + 1 \cdot p \\ &= p \end{aligned}$$

Com $\mu_X = \mathbf{E}[X]$, a variância de X é dada por

$$\begin{aligned} \sigma_X^2 &= \sum_{k=0}^{1} (k - \mu_X)^2 \, \mathbf{P}[X = k] \\ &= (0 - p)^2 (1 - p) + (1 - p)^2 \, p \\ &= (p^2 - p^3) + (p - 2p^2 + p^3) \\ &= p(1 - p) \end{aligned}$$

Seja $\{X_1, \ldots, X_N\}$ um conjunto de variáveis aleatórias de Bernoulli independentes, cada uma com parâmetro p. Então os momentos de segunda ordem são

$$\mathbf{E}[X_j X_k] = \begin{cases} \mathbf{E}[X_j]\mathbf{E}[X_k] & j \neq k \\ \mathbf{E}[X_j^2] & j = k \end{cases}$$

$$= \begin{cases} p^2 & j \neq k \\ p & j = k \end{cases}$$

em que $\mathbf{E}[X_j^2] = \sum_{k=0}^{1} k^2 \mathbf{P}[X = k]$.

5.5 Processos aleatórios

Uma preocupação básica na análise estatística de sistemas de comunicação é a caracterização de sinais aleatórios tais como sinais de voz, sinais de televisão, dados de computador, e ruído elétrico. Esses sinais aleatórios apresentam duas propriedades. Primeiro, eles são funções do tempo, definidos em algum intervalo de observação. Segundo, são aleatórios no sentido de que antes de se realizar um experimento, não é possível descrever exatamente as formas de onda que serão observadas. Consequentemente, ao descrevermos sinais aleatórios, constatamos que cada ponto amostra no nosso espaço amostral é uma função do tempo. O espaço amostral ou conjunto de funções do tempo é chamado de *processo aleatório* ou *estocástico*. Como parte integrante dessa noção, assumimos a existência de uma distribuição de probabilidade definida ao longo de uma classe apropriada de conjuntos no espaço amostral, de modo que podemos falar com segurança da probabilidade de vários eventos.

Consideremos, então, um experimento aleatório especificado pelos resultados s de algum espaço amostral S, pelos eventos definidos no espaço amostral S e pelas probabilidades desses eventos. Suponhamos que atribuamos a cada ponto amostra s uma função do tempo de acordo com a regra:

$$X(t,s), \qquad -T \leq t \leq T \tag{5.55}$$

em que $2T$ é o *intervalo de observação total*. Para um ponto amostra fixo s_j, o gráfico da função $X(t,s_j)$ versus o tempo t é chamado de uma *realização* ou *função amostral* do processo aleatório. Para simplificar a notação, denotamos essa função amostral como:

$$x_j(t) = X(t,s_j) \tag{5.56}$$

A Figura 5.7 ilustra um conjunto de funções amostrais $\{x_j(t) \mid j = 1, 2,..., n\}$. A partir dessa figura, observamos que para um tempo fixo t_k dentro do intervalo de observação, o conjunto de números

$$\{x_1(t_k), x_2(t_k),\ldots,x_n(t_k)\} = \{X(t_k,s_1), X(t_k,s_2),\ldots, X(t_k,s_n)\}$$

constitui uma *variável aleatória*. Dessa forma, temos um conjunto indexado (família) de variáveis aleatórias $\{X(t,s)\}$, o que é chamado de *processo aleatório*. Para simplificar a notação, a prática costumeira é suprimir o s e simplesmente utilizar $X(t)$ para denotar um processo aleatório. Podemos, então, definir formalmente processo aleatório $X(t)$ como *um conjunto de funções do tempo junto a uma regra de probabilidade que atribui uma probabilidade a todo evento significativo associado com uma observação de uma das funções amostrais do processo aleatório*. Além disso, podemos distinguir entre uma variável aleatória e um processo aleatório da seguinte maneira:

- Para uma variável aleatória, o resultado de um experimento aleatório é mapeado em um número.
- Para um processo aleatório, o resultado de um experimento aleatório é mapeado em uma forma de onda que é uma função do tempo.

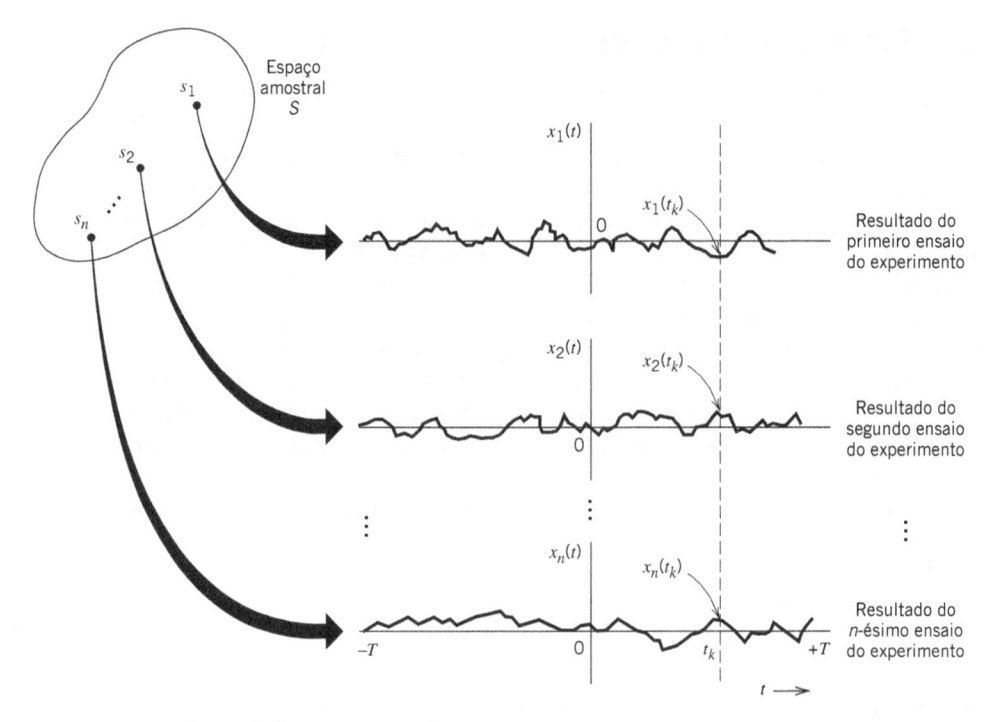

Figura 5.7 Um conjunto de funções amostrais.

5.6 Funções de média, correlação e covariância

Consideremos um processo aleatório $X(t)$. Definimos a média do processo $X(t)$ como o valor esperado da variável aleatória obtido observando-se o processo em algum tempo t, como mostrado por

$$\mu_X(t) = \mathbf{E}[X(t)]$$
$$= \int_{-\infty}^{\infty} x f_{X(t)}(x) dx \qquad (5.57)$$

em que $f_{X(t)}(x)$ é a função densidade de probabilidade do processo no tempo t. Um processo aleatório é dito ser *estacionário de primeira ordem* se a função distribuição (e, portanto, a função densidade) de $X(t)$ não varia com o tempo. Ou seja, as funções densidade para as variáveis aleatórias $X(t_1)$ e $X(t_2)$ satisfazem

$$f_{X(t_1)}(x) = f_{X(t_2)}(x) \qquad (5.58)$$

para todo t_1 e t_2. Consequentemente deduzimos que, para um processo que seja estacionário de primeira ordem, a *média do processo aleatório é uma constante*, como mostrado por

$$\mu_X(t) = \mu_X \qquad \text{para todo } t \qquad (5.59)$$

Por um argumento similar, podemos também deduzir que a variância de tal processo é também constante.

Definimos a *função de autocorrelação* do processo $X(t)$ como a esperança do produto de duas variáveis aleatórias $X(t_1)$ e $X(t_2)$, obtidas pela observação de $X(t)$ nos tempos t_1 e t_2, respectivamente. Especificamente, escrevemos

$$R_X(t_1,t_2) = \mathbf{E}[X(t_1)X(t_2)]$$
$$= \int_{-\infty}^{\infty} \int_{-\infty}^{\infty} x_1 x_2 f_{X(t_1),X(t_2)}(x_1,x_2) dx_1 dx_2 \quad (5.60)$$

em que $f_{X(t_1),X(t_2)}(x_1,x_2)$ é a função densidade de probabilidade conjunta das variáveis aleatórias $X(t_1)$ e $X(t_2)$. Dizemos que um processo aleatório $X(t)$ é *estacionário de segunda ordem* se a função densidade de probabilidade conjunta $f_{X(t_1),X(t_2)}(x_1,x_2)$ depende apenas da diferença entre os tempos de observação t_1 e t_2. Isso, por sua vez, implica que a função de autocorrelação de um processo aleatório estacionário (de segunda ordem) depende somente da diferença de tempo $t_2 - t_1$, como mostrado por

$$R_X(t_1,t_2) = R_X(t_2 - t_1) \qquad \text{para todo } t_1 \text{ e } t_2 \quad (5.61)$$

De forma similar, a *função de autocovariância* de um processo aleatório estacionário $X(t)$ é escrita como

$$C_X(t_1,t_2) = \mathbf{E}[(X(t_1) - \mu_X)(X(t_2) - \mu_X)]$$
$$= R_X(t_2 - t_1) - \mu_X^2 \quad (5.62)$$

A Eq. (5.62) mostra que, à semelhança da função de autocorrelação, a função de autocovariância de um processo aleatório estacionário $X(t)$ depende somente da diferença de tempo $t_2 - t_1$. Essa equação também mostra que se conhecermos a média e a função de autocorrelação do processo, poderemos determinar facilmente a função de autocorrelação. A média e a função de autocorrelação são, portanto, suficientes para descrever os primeiros dois momentos do processo.

Entretanto, dois pontos importantes devem ser cuidadosamente observados:

1. A média e a função de autocorrelação fornecem somente uma *descrição parcial* da distribuição de um processo aleatório $X(t)$.
2. As condições das Eqs. (5.59) e (5.61) envolvendo a média e a função de autocorrelação, respectivamente, *não* são suficientes para garantir que o processo aleatório $X(t)$ seja estacionário.

Apesar disso, considerações práticas muitas vezes determinam que simplesmente nos limitemos a uma descrição parcial do processo dada pela média e pela função de autocorrelação. Um processo aleatório para o qual as condições das Eqs. (5.59) e (5.61) são satisfeitas é dito ser *estacionário no sentido amplo*[2]. Claramente, todo processo estritamente estacionário é estacionário no sentido amplo, mas nem todo processo estacionário no sentido amplo é estritamente estacionário.

Propriedades da função de autocorrelação

Para conveniência de notação, redefinimos a função de autocorrelação de um processo estacionário $X(t)$ como

$$R_X(\tau) = \mathbf{E}[X(t+\tau)X(t)] \qquad \text{para todo } t \quad (5.63)$$

Essa função de autocorrelação apresenta algumas propriedades importantes:

1. O valor quadrático médio do processo pode ser obtido de $R_X(\tau)$ simplesmente fazendo-se $\tau = 0$ na Eq. (5.63), como mostrado por

$$R_X(0) = \mathbf{E}[X^2(t)] \tag{5.64}$$

2. A função de autocorrelação $R_X(\tau)$ é uma função par de τ, ou seja,

$$R_X(\tau) = R_X(-\tau) \tag{5.65}$$

Essa propriedade segue diretamente da definição da Eq. (5.63). Consequentemente, podemos também definir a função de autocorrelação $R_X(\tau)$ como

$$R_X(\tau) = \mathbf{E}[X(t)X(t-\tau)] \tag{5.66}$$

3. A função de autocorrelação $R_X(\tau)$ tem sua magnitude máxima em $\tau = 0$, ou seja,

$$|R_X(\tau)| \leq R_X(0) \tag{5.67}$$

Para provar essa propriedade, consideremos a quantidade não negativa

$$\mathbf{E}[(X(t+\tau) \pm X(t))^2] \geq 0$$

Expandindo os termos e calculando as suas esperanças individuais, facilmente verificamos que

$$\mathbf{E}[X^2(t+\tau)] \pm 2\mathbf{E}[X(t+\tau)X(t)] + \mathbf{E}[X^2(t)] \geq 0 \tag{5.68}$$

que, à luz das Eqs. (5.63) e (5.64), se reduz a

$$2R_X(0) \pm 2R_X(\tau) \geq (0) \tag{5.69}$$

De maneira equivalente, podemos escrever

$$-R_X(0) \leq R_X(\tau) \leq R_X(0) \tag{5.70}$$

a partir da qual a Eq. (5.67) segue diretamente.

A importância física da função de autocorrelação $R_X(\tau)$ é que ela constitui um meio de descrever a "interdependência" de duas variáveis aleatórias obtidas observando-se o processo aleatório $X(t)$ em instantes separados entre si de τ segundos. Torna-se claro que quanto mais rapidamente o processo aleatório $X(t)$ mudar com o tempo, mais rapidamente a função de autocorrelação $R_X(\tau)$ decrescerá a partir de seu máximo $R_X(0)$ conforme τ cresça, como ilustrado na Figura 5.8. Esse decrescimento pode ser caracterizado por um tempo de descorrelação τ_0, de modo que para $\tau > \tau_0$, a magnitude da função de autocorrelação $R_X(\tau)$ permanece abaixo de algum valor prescrito. Dessa forma, podemos definir o tempo de descorrelação τ_0 de um processo estacionário no sentido amplo $X(t)$ de valor médio igual a zero como o tempo necessário para que a magnitude da função de autocorrelação $R_X(\tau)$ decresça até, digamos, 1% de seu valor máximo $R_X(0)$.

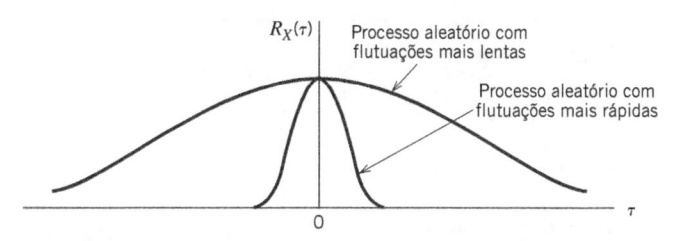

Figura 5.8 Ilustração da função de autocorrelação de processos aleatórios com flutuações mais lentas e mais rápidas.

EXEMPLO 5.7 Sinal senoidal com fase aleatória

Consideremos um sinal senoidal com fase aleatória, definido por

$$X(t) = A\cos(2\pi f_c t + \Theta) \tag{5.71}$$

em que A e f_c são constantes e Θ é uma variável aleatória que é *uniformemente distribuída* ao longo do intervalo $(-\pi,\pi)$, ou seja,

$$f_\Theta(\theta) = \begin{cases} \dfrac{1}{2\pi}, & -\pi \leq \theta \leq \pi \\ 0, & \text{caso contrário} \end{cases} \tag{5.72}$$

Isso significa que a variável aleatória Θ tem a mesma probabilidade de assumir qualquer valor no intervalo $(-\pi,\pi)$. A função de autocorrelação de $X(t)$ é

$$\begin{aligned}
R_X(\tau) &= \mathbf{E}[X(t+\tau)X(t)] \\
&= \mathbf{E}[A^2 \cos(2\pi f_c t + 2\pi f_c \tau + \Theta)\cos(2\pi f_c t + \Theta)] \\
&= \frac{A^2}{2}\mathbf{E}[\cos(4\pi f_c t + 2\pi f_c \tau + 2\Theta)] + \frac{A^2}{2}\mathbf{E}[\cos(2\pi f_c \tau)] \\
&= \frac{A^2}{2}\int_{-\pi}^{\pi} \frac{1}{2\pi}\cos(4\pi f_c t + 2\pi f_c \tau + 2\theta)\,d\theta + \frac{A^2}{2}\cos(2\pi f_c \tau)
\end{aligned} \tag{5.73}$$

O resultado integral do primeiro termo é zero, e desse modo obtemos

$$R_X(\tau) = \frac{A^2}{2}\cos(2\pi f_c \tau) \tag{5.74}$$

que está plotado na Figura 5.9. Vemos, portanto, que a função de autocorrelação de um sinal senoidal com fase aleatória é outra senoide com a mesma frequência no "domínio τ" em vez de no domínio do tempo original.

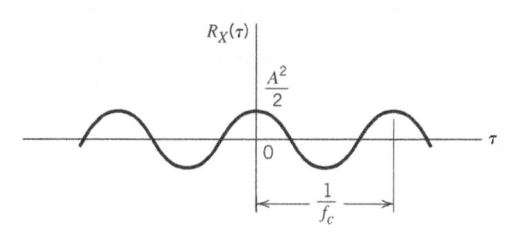

Figura 5.9 Função de autocorrelação de um sinal senoidal com fase aleatória.

EXEMPLO 5.8 Sinal binário aleatório

A Figura 5.10 mostra a função amostral $x(t)$ de um processo $X(t)$ que consiste em uma sequência aleatória de *símbolos binários* 1 e 0. As seguintes considerações são feitas:

1. Os símbolos 1 e 0 são representados por pulsos de amplitude $+A$ e $-A$ volts, respectivamente, e duração T segundos.
2. Os pulsos não são sincronizados, de modo que o tempo de início t_d do primeiro pulso completo para um tempo positivo tem igual probabilidade de situar-se entre zero e T segundos. Ou seja, t_d é o valor de amostra de uma variável aleatória T_d uniformemente distribuída, com sua função densidade de probabilidade definida por

$$f_{T_d}(t_d) = \begin{cases} \dfrac{1}{T}, & 0 \le t_d \le T \\ 0, & \text{caso contrário} \end{cases}$$

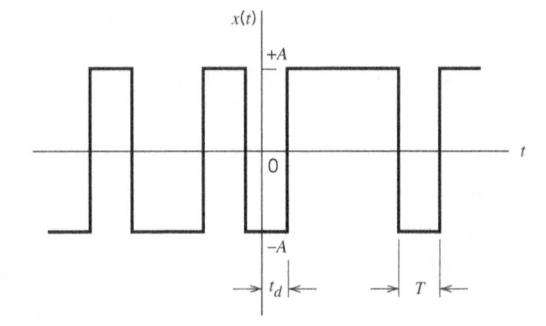

Figura 5.10 Função amostral de um sinal binário aleatório.

3. Durante qualquer intervalo de tempo $(n-1)T < t - t_d < nT$, em que n é um inteiro, a presença de um 1 ou um 0 é determinada pelo lançamento de uma moeda justa; especificamente, se o resultado for "cara", teremos um 1, e se for "coroa", teremos um 0. Esses dois símbolos são, então, equiprováveis, e a presença de um 1 ou um 0 em qualquer intervalo é independente de todos os outros intervalos.

Uma vez que os níveis de amplitude $-A$ e $+A$ ocorrem com igual probabilidade, segue-se imediatamente que $\mathbf{E}[X(t)] = 0$ para todo t, e a média do processo é, portanto, zero.

Para encontrar a função de autocorrelação $R_X(t_k, t_i)$, temos que avaliar $\mathbf{E}[X(t_k)X(t_i)]$, em que $X(t_k)$ e $X(t_i)$ são variáveis aleatórias obtidas observando-se o processo aleatório $X(t)$ nos tempos t_k e t_i, respectivamente.

Consideremos primeiro o caso quando $|t_k - t_i| > T$. Então, as variáveis aleatórias $X(t_k)$ e $X(t_i)$ ocorrem em diferentes intervalos de pulso e são, portanto, independentes. Dessa forma, temos

$$\mathbf{E}[X(t_k)X(t_i)] = \mathbf{E}[X(t_k)]\mathbf{E}[X(t_i)] = 0, \qquad |t_k - t_i| > T$$

Consideremos em seguida o caso quando $|t_k - t_i| < T$, com $t_k = 0$ e $t_i < t_k$. Em tal situação, observamos a partir da Figura 5.10 que as variáveis aleatórias $X(t_k)$ e $X(t_i)$ ocorrem no mesmo intervalo de pulso se, e somente se, o atraso t_d satisfizer a condição $t_d < T - |t_k - t_i|$. Dessa forma, obtemos a *esperança condicional*:

$$\mathbf{E}[X(t_k)X(t_i)|t_d] = \begin{cases} A^2, & t_d < T - |t_k - t_i| \\ 0, & \text{caso contrário} \end{cases} \tag{5.75}$$

Calculando a média desse resultado ao longo de todos os possíveis valores de t_d, obtemos

$$\begin{aligned}
\mathbf{E}[X(t_k)X(t_i)] &= \int_0^{T-|t_k-t_i|} A^2 f_{T_d}(t_d)\, dt_d \\
&= \int_0^{T-|t_k-t_i|} \frac{A^2}{T}\, dt_d \\
&= A^2\left(1 - \frac{|t_k - t_i|}{T}\right), \qquad |t_k - t_i| < T
\end{aligned} \tag{5.76}$$

Por meio de um raciocínio similar para qualquer valor de t_k, concluímos que a função de autocorrelação de um sinal binário aleatório, representado pela função amostral retratada na Figura 5.10, é somente uma função da diferença de tempo $\tau = t_k - t_i$, como mostrado por

$$R_X(\tau) = \begin{cases} A^2\left(1 - \dfrac{|\tau|}{T}\right), & |\tau| < T \\ 0, & |\tau| \geq T \end{cases} \quad (5.77)$$

Esse resultado está plotado na Figura 5.11.

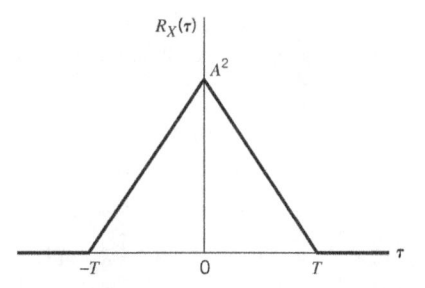

Figura 5.11 Função de autocorrelação do sinal binário aleatório.

Funções de correlação cruzada

Consideremos, em seguida, o caso mais geral de dois processos aleatórios $X(t)$ e $Y(t)$ com funções de autocorrelação $R_X(t,u)$ e $R_Y(t,u)$, respectivamente. A *função de correlação cruzada* de $X(t)$ e $Y(t)$ é definida por

$$R_{XY}(t,u) = \mathbf{E}[X(t)Y(u)] \quad (5.78)$$

Se os processos aleatórios $X(t)$ e $Y(t)$ forem amplamente estacionários individualmente e, além disso, forem estacionários no sentido amplo conjuntamente, a função de correlação cruzada poderá ser escrita como

$$R_{XY}(t,u) = R_{XY}(\tau) \quad (5.79)$$

em que $\tau = t - u$.

A função de correlação cruzada não é, em geral, uma função par de τ, como era a função de autocorrelação, e nem tem um máximo na origem. Entretanto, ela obedece a seguinte relação de simetria (ver Problema 5.12):

$$R_{XY}(\tau) = R_{YX}(-\tau) \quad (5.80)$$

EXEMPLO 5.9 Processos modulados em quadratura

Consideremos um par de *processos modelados em quadratura* $X_1(t)$ e $X_2(t)$ que estejam relacionados a um processo estacionário no sentido amplo $X(t)$ como se segue:

$$\begin{aligned} X_1(t) &= X(t)\cos(2\pi f_c t + \Theta) \\ X_2(t) &= X(t)\text{sen}(2\pi f_c t + \Theta) \end{aligned} \quad (5.81)$$

em que f_c é a frequência de portadora, e a variável aleatória Θ é uniformemente distribuída ao longo do intervalo $(0, 2\pi)$. Além disso, Θ é independente de $X(t)$. Uma função de correlação cruzada de $X_1(t)$ e $X_2(t)$ é dada por

$$\begin{aligned}
R_{12}(\tau) &= \mathbf{E}[X_1(t)X_2(t-\tau)] \\
&= \mathbf{E}[X(t)X(t-\tau)\cos(2\pi f_c t + \Theta)\mathrm{sen}(2\pi f_c t - 2\pi f_c \tau + \Theta)] \\
&= \mathbf{E}[X(t)X(t-\tau)]\mathbf{E}[\cos(2\pi f_c t + \Theta)\mathrm{sen}(2\pi f_c t - 2\pi f_c \tau + \Theta)] \quad (5.82) \\
&= \frac{1}{2}R_X(\tau)\mathbf{E}[\mathrm{sen}(4\pi f_c t - 2\pi f_c t + 2\Theta) - \mathrm{sen}(2\pi f_c \tau)] \\
&= -\frac{1}{2}R_X(\tau)\,\mathrm{sen}(2\pi f_c \tau)
\end{aligned}$$

em que, na última linha, fizemos uso da distribuição uniforme da variável aleatória Θ que representa a fase. Notemos que em $\tau = 0$, o fator $\mathrm{sen}(2\pi f_c \tau)$ é igual a erro e, portanto,

$$\begin{aligned}
R_{12}(0) &= \mathbf{E}[X_1(t)X_2(t)] \\
&= 0
\end{aligned} \quad (5.83)$$

A equação (5.83) mostra que as variáveis aleatórias obtidas observando-se simultaneamente os processos modulados em quadratura $X_1(t)$ e $X_2(t)$, em algum valor de tempo fixo t, são ortogonais entre si.

Processos ergódicos[3]

As esperanças de um processo estocástico $X(t)$ são médias "ao longo do processo". Por exemplo, a média de um processo estocástico em algum tempo fixo t_k é a esperança da variável aleatória $X(t_k)$ que descreve todos os valores possíveis das funções amostrais do processo observado no tempo $t = t_k$. Por essa razão, as esperanças de um processo estocástico são muitas vezes referidas como *médias conjuntas*.

Em muitos casos, é difícil ou impossível observar todas as funções amostrais de um processo aleatório em um dado tempo. É muitas vezes mais conveniente observar uma função amostral única por um longo período de tempo. Para uma função amostral única, podemos computar a média temporal de uma função particular. Por exemplo, para uma função amostral $x(t)$, a média temporal sobre um período de observação $2T$ é

$$\mu_{x,T} = \frac{1}{2T}\int_{-T}^{T} x(t)\,dt \quad (5.84)$$

Felizmente, para muitos processos estocásticos de interesse em comunicações, as médias temporais e as médias conjuntas são iguais, uma propriedade conhecida como *ergodicidade*. Essa propriedade implica que quando uma média conjunta é requerida, podemos estimá-la utilizando uma média temporal. No que se segue, consideraremos que todos os processos aleatórios são *ergódicos*.

5.7 Transmissão de um processo aleatório através de um filtro linear

Suponhamos que um processo aleatório $X(t)$ seja aplicado como entrada a um filtro linear invariante no tempo de resposta ao impulso $h(t)$, produzindo um novo processo aleatório $Y(t)$ na saída do filtro, como na Figura 5.12. Em geral, é difícil descrevermos a distribuição de probabilidade do processo aleatório de saída $Y(t)$, mesmo quando a distribuição de probabilidade do processo aleatório de entrada $X(t)$ for completamente especificada para $-\infty < t < \infty$.

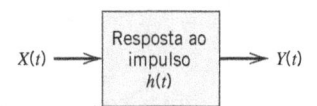

Figura 5.12 Transmissão de um processo aleatório através de um filtro linear.

Nesta seção, desejamos determinar a forma no domínio do tempo das relações de entrada-saída do filtro para definirmos a média e as funções de autocorrelação do processo aleatório de saída $Y(t)$ em termos da média e das funções de autocorrelação da entrada $X(t)$, assumindo que $X(t)$ seja um processo aleatório estacionário no sentido amplo.

Consideremos primeiro a média do processo aleatório de saída $Y(t)$. Por definição, temos

$$\mu_Y(t) = \mathbf{E}[Y(t)] = \mathbf{E}\left[\int_{-\infty}^{\infty} h(\tau_1) X(t-\tau_1)\, d\tau_1\right] \quad (5.85)$$

em que τ_1 é uma variável de integração. Dado que a esperança $\mathbf{E}[X(t)]$ seja finita para todo t e o sistema seja estável, podemos intercambiar a ordem da esperança e da integração em relação a τ_1 na Eq. (5.85), e assim escrevemos

$$\begin{aligned}\mu_Y(t) &= \int_{-\infty}^{\infty} h(\tau_1)\, \mathbf{E}[X(t-\tau_1)]\, d\tau_1 \\ &= \int_{-\infty}^{\infty} h(\tau_1) \mu_X(t-\tau_1)\, d\tau_1\end{aligned} \quad (5.86)$$

Quando o processo aleatório de entrada $X(t)$ é estacionário no sentido amplo, a média $\mu_X(t)$ é uma constante, de forma que podemos simplificar a Eq. (5.86) como se segue:

$$\begin{aligned}\mu_Y &= \mu_X \int_{-\infty}^{\infty} h(\tau_1)\, d\tau_1 \\ &= \mu_X H(0)\end{aligned} \quad (5.87)$$

em que $H(0)$ é a resposta de frequência zero (dc) do sistema. A Eq. (5.87) estabelece que a média do processo aleatório $Y(t)$ produzida na saída de um sistema linear invariante no tempo em resposta a $X(t)$, que atua como processo de entrada, é igual à média de $X(t)$ multiplicada pela resposta dc do sistema, o que é intuitivamente satisfatório.

Consideremos em seguida a função de autocorrelação do processo aleatório de saída $Y(t)$. Por definição, temos

$$R_Y(t,u) = \mathbf{E}[Y(t)Y(u)]$$

em que *t* e *u* denotam os dois valores em que o processo de saída é observado. Podemos, portanto, utilizar a integral de convolução para escrever

$$R_Y(t,u) = \mathbf{E}\left[\int_{-\infty}^{\infty} h(\tau_1)X(t-\tau_1)\,d\tau_1 \int_{-\infty}^{\infty} h(\tau_2)X(u-\tau_2)\,d\tau_2\right] \quad (5.88)$$

Aqui, novamente, dado que o valor quadrático médio $\mathbf{E}[X^2(t)]$ seja finito para todo *t* e que o sistema seja estável, podemos intercambiar a ordem da esperança e das integrações em relação a τ_1 e τ_2 na Eq. (5.88), obtendo

$$\begin{aligned}R_Y(t,u) &= \int_{-\infty}^{\infty} d\tau_1 h(\tau_1) \int_{-\infty}^{\infty} d\tau_2 h(\tau_2)\mathbf{E}[X(t-\tau_1)X(u-\tau_2)] \\ &= \int_{-\infty}^{\infty} d\tau_1 h(\tau_1) \int_{-\infty}^{\infty} d\tau_2 h(\tau_2)R_X(t-\tau_1, u-\tau_2)\end{aligned} \quad (5.89)$$

Quando a entrada $X(t)$ for um processo estacionário no sentido amplo, a função de autocorrelação de $X(t)$ será apenas uma função da diferença entre os tempos de observação $t - \tau_1$ e $u - \tau_2$. Dessa forma, substituindo $\tau = t - u$ na Eq. (5.89), podemos escrever

$$R_Y(\tau) = \int_{-\infty}^{\infty}\int_{-\infty}^{\infty} h(\tau_1)h(\tau_2)R_X(\tau - \tau_1 + \tau_2)d\tau_1\,d\tau_2 \quad (5.90)$$

Ao combinar esse resultado com aquele que envolve a média de μ_Y, vemos que *se a entrada de um filtro linear invariante no tempo estável for um processo estacionário no sentido amplo, então a saída do filtro também será um processo aleatório estacionário no sentido amplo.*

5.8 Densidade espectral de potência

Descobrimos no Capítulo 2, quando analisamos sinais determinísticos no domínio do tempo, que a representação no domínio da frequência, o espectro em magnitude, é muitas vezes bastante útil. As representações no domínio do tempo e no domínio da frequência de um sinal são relacionadas pela transformada de Fourier. Dado que uma função amostral de um processo aleatório $X(t)$ seja também um sinal no domínio do tempo, podemos definir sua transformada de Fourier. Todavia, uma função amostra $x(t)$ individual pode não ser representativa de todo o conjunto de funções amostrais que compreendem um processo aleatório. Uma média estatística das funções amostrais, tal como a função de autocorrelação $R_X(\tau)$, é muitas vezes uma representação mais útil. A transformada de Fourier da função de autocorrelação é chamada de *espectro de densidade de potência* $S_X(f)$ do processo aleatório $X(t)$.

A densidade espectral de potência $S_X(f)$ e a função de autocorrelação $R_X(\tau)$ de um processo aleatório $X(t)$ estacionário no sentido amplo formam um par de transformada de Fourier com *f* e τ como as variáveis de interesse, como mostrado pelo par de relações:

$$S_X(f) = \int_{-\infty}^{\infty} R_X(\tau)\exp(-j2\pi f\tau)\,d\tau \quad (5.91)$$

e

$$R_X(\tau) = \int_{-\infty}^{\infty} S_X(f) \exp(j2\pi f \tau) \, df \qquad (5.92)$$

As Eqs. (5.91) e (5.92) são relações básicas na teoria de análise espectral de processos aleatórios, e em conjunto elas constituem as normalmente chamadas relações de Einstein-Wiener-Khintchine[4].

As relações de Einstein-Wiener-Khintchine mostram que se a função de autocorrelação ou a densidade espectral de potência for conhecida, a outra pode ser encontrada exatamente. Essas funções mostram diferentes aspectos das propriedades de correlação do processo.

Propriedades da densidade espectral de potência

Agora utilizaremos esse par de relações para derivar algumas propriedades gerais do espectro de densidade de potência de um processo estacionário no sentido amplo.

Propriedade 1

O valor de frequência zero da densidade espectral de potência de um processo aleatório estacionário no sentido amplo é igual à área total sob o gráfico da função de autocorrelação; isto é,

$$S_X(0) = \int_{-\infty}^{\infty} R_X(\tau) \, d\tau \qquad (5.93)$$

Essa propriedade decorre diretamente da Eq. (5.91) fazendo-se $f = 0$.

Propriedade 2

O valor quadrático médio de um processo aleatório estacionário é igual à área total sob o gráfico da densidade espectral de potência; isto é,

$$\mathbf{E}[X^2(t)] = \int_{-\infty}^{\infty} S_X(f) \, df \qquad (5.94)$$

Essa propriedade decorre diretamente da Eq. (5.92) fazendo-se $\tau = 0$ e notando-se que $R_X(0) = \mathbf{E}[X^2(t)]$.

Propriedade 3

A densidade espectral de potência de um processo aleatório estacionário no sentido amplo é sempre não negativa; isto é,

$$S_X(f) \geq 0 \quad \text{para todo } f \qquad (5.95)$$

Essa propriedade advém do fato de que a densidade espectral de potência $S_X(f)$ é estreitamente relacionada com o valor esperado da magnitude quadrática do espectro em magnitude do processo aleatório $X(t)$, como mostrado por

$$S_X(f) \approx \mathbf{E}[|P(f)|^2]$$

O processo aleatório $P(f)$ com parâmetro f é a transformada de Fourier de $X(t)$. Ou seja, cada função amostral de $P(f)$ é a transformada de Fourier de uma função amostral de $X(t)$.

Propriedade 4
A densidade espectral de potência de um processo aleatório de valor real é uma função par da frequência; isto é

$$S_X(-f) = S_X(f) \tag{5.96}$$

Essa propriedade é facilmente obtida substituindo-se $-f$ por f na Eq. (5.91):

$$S_X(-f) = \int_{-\infty}^{\infty} R_X(\tau)\exp(j2\pi f\tau)\, d\tau$$

Em seguida, substituindo-se $-\tau$ por τ, e reconhecendo-se que $R_X(-\tau) = R_X(\tau)$, obtemos

$$S_X(-f) = \int_{-\infty}^{\infty} R_X(\tau)\exp(-j2\pi f\tau)\, d\tau = S_X(f)$$

que é o resultado desejado.

EXEMPLO 5.10 Sinal senoidal com fase aleatória (continuação)

Consideremos o processo aleatório $X(t) = A\cos(2\pi f_c t + \Theta)$, em que Θ é uma variável aleatória uniformemente distribuída ao longo do intervalo $(-\pi,\pi)$. A função de autocorrelação desse processo aleatório é dada pela Eq. (5.74), que é reproduzida aqui por conveniência:

$$R_X(\tau) = \frac{A^2}{2}\cos(2\pi f_c\tau)$$

Aplicando a transformada de Fourier a ambos os lados dessa relação, descobrimos que a densidade espectral de potência do processo senoidal $X(t)$ é

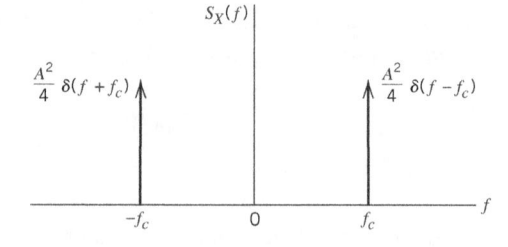

Figura 5.13 Densidade espectral de potência do sinal senoidal com fase aleatória.

$$S_X(f) = \frac{A^2}{4}[\delta(f - f_c) + \delta(f + f_c)] \tag{5.97}$$

que consiste em um par de funções delta ponderadas pelo fator $A^2/4$ e localizadas em $\pm f_c$, como na Figura 5.13. Notemos que a área total sob a função delta é um. Consequentemente, a área total sob $S_X(f)$ é igual a $A^2/2$, como esperado.

EXEMPLO 5.11 Sinal binário aleatório (continuação)

Consideremos novamente um sinal binário aleatório que consiste em uma sequência de 1s e 0s representados pelos valores $+A$ e $-A$, respectivamente. No Exemplo 5.8 mostramos que a função de autocorrelação desse processo aleatório tem uma forma de onda triangular, como mostrado por

$$R_X(\tau) = \begin{cases} A^2\left(1 - \dfrac{|\tau|}{T}\right), & |\tau| < T \\ 0, & |\tau| \geq T \end{cases}$$

A densidade espectral de potência do processo é, portanto,

$$S_X(f) = \int_{-T}^{T} A^2\left(1 - \frac{|\tau|}{T}\right)\exp(-j2\pi f\tau)\,d\tau$$

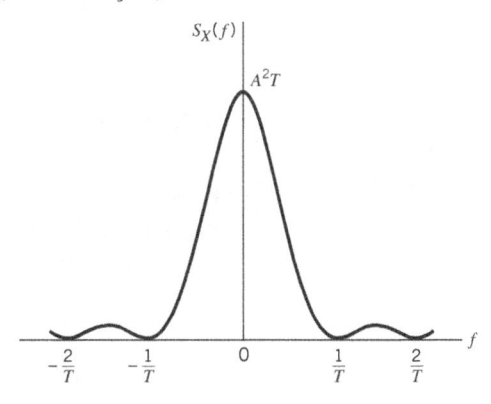

Figura 5.14 Densidade espectral de potência do sinal binário aleatório.

Utilizando a transformada de Fourier de uma função triangular avaliada no Exemplo 2.7 do Capítulo 2, obtemos

$$S_X(f) = A^2 T \operatorname{sinc}^2(fT) \tag{5.98}$$

que está plotada na Figura 5.14. Aqui, novamente, vemos que a densidade espectral de potência é não negativa para todo f e que ela é uma função ímpar de f. Notando que $R_X(0) = A^2$ e utilizando a Propriedade 3, verificamos que a área total sob $S_X(f)$, ou a potência média da onda binária aleatória aqui descrita, é A^2.

O resultado da Eq. (5.98) pode ser generalizado como se segue. Notemos que a densidade espectral de energia de um pulso retangular $g(t)$ de amplitude A e duração T é dada por

$$\mathscr{E}_g(f) = A^2 T^2 \operatorname{sinc}^2(fT) \tag{5.99}$$

Podemos, portanto, reescrever a Eq. (5.98) em termos de $\mathscr{E}_g(f)$ como

$$S_X(f) = \frac{\mathscr{E}_g(f)}{T} \tag{5.100}$$

A Eq. (5.100) estabelece que, para uma onda binária aleatória em que os símbolos 1 e 0 sejam representados por pulsos $g(t)$ e $-g(t)$, respectivamente, a densidade espectral de potência $S_X(f)$ é igual à densidade espectral de energia $\mathscr{E}_g(f)$ do *pulso de modelamento de símbolo $g(t)$*, dividida pela *duração T do símbolo*.

EXEMPLO 5.12 Mistura de um processo aleatório com um processo senoidal

Uma situação que muitas vezes surge na prática é a de *mistura* (isto é, multiplicação) de um processo aleatório $X(t)$ estacionário no sentido amplo com um sinal senoidal $\cos(2\pi f_c t + \Theta)$, em que a fase Θ é uma variável aleatória que é uniformemente distribuída ao longo do intervalo $(0, 2\pi)$. A adição da fase Θ aleatória dessa maneira simplesmente nos faz reconhecer o fato de que a origem de tempo é arbitrariamente escolhida quando $X(t)$ e $\cos(2\pi f_c t + \Theta)$ forem oriundos de fontes fisicamente independentes, como em geral acontece. Estamos interessados em determinar a densidade espectral de potência do processo aleatório Y(t) definido por

$$Y(t) = X(t)\cos(2\pi f_c t + \Theta) \tag{5.101}$$

Utilizando a definição de função de autocorrelação de um processo estacionário no sentido amplo, e notando que a variável aleatória Θ é independente de $X(t)$, descobrimos que a função de autocorrelação de $Y(t)$ é dada por

$$\begin{aligned} R_Y(\tau) &= \mathbf{E}[Y(t+\tau)Y(t)] \\ &= \mathbf{E}[X(t+\tau)\cos(2\pi f_c t + 2\pi f_c \tau + \Theta)X(t)\cos(2\pi f_c t + \Theta)] \\ &= \mathbf{E}[X(t+\tau)X(t)]\mathbf{E}[\cos(2\pi f_c t + 2\pi f_c \tau + \Theta)\cos(2\pi f_c t + \Theta)] \\ &= \frac{1}{2}R_X(\tau)\mathbf{E}[\cos(2\pi f_c \tau) + \cos(4\pi f_c t + 2\pi f_c \tau + 2\Theta)] \\ &= \frac{1}{2}R_X(\tau)\cos(2\pi f_c \tau) \end{aligned} \tag{5.102}$$

Uma vez que a densidade espectral de potência é a transformada de Fourier da função de autocorrelação, descobrimos que as densidades espectrais de potência dos processos $X(t)$ e $Y(t)$ estão relacionadas da seguinte maneira:

$$S_Y(f) = \frac{1}{4}[S_X(f - f_c) + S_X(f + f_c)] \tag{5.103}$$

De acordo com a Eq. (5.103), a densidade espectral de potência do processo aleatório $Y(t)$ definido na Eq. (5.101) é obtida como se segue: deslocamos a densidade espectral de potência $S_X(f)$ do processo aleatório $X(t)$ para a direita em f_c, para a esquerda em f_c, adicionamos os dois espectros de potência deslocados e dividimos o resultado por 4.

Relação entre as densidades espectrais de potência dos processos aleatórios de entrada e de saída

Seja $S_Y(f)$ a densidade espectral de potência do processo aleatório de saída $Y(t)$ obtido passando-se o processo aleatório $X(t)$ por um filtro linear de função de transferência $H(f)$. Então, reconhecendo, por meio da definição, que a densidade espectral de potência é igual à transformada de Fourier de sua função de autocorrelação e utilizando a Eq. (5.90), obtemos

$$\begin{aligned} S_Y(f) &= \int_{-\infty}^{\infty} R_Y(\tau)\exp(-j2\pi f\tau)\, d\tau \\ &= \int_{-\infty}^{\infty}\int_{-\infty}^{\infty}\int_{-\infty}^{\infty} h(\tau_1)h(\tau_2)R_X(\tau - \tau_1 + \tau_2)\exp(-j2\pi f\tau)\, d\tau_1\, d\tau_2\, d\tau \end{aligned} \tag{5.104}$$

Seja $\tau - \tau_1 + \tau_2 = \tau_0$, ou, equivalentemente, $\tau = \tau_0 + \tau_1 - \tau_2$. Então, fazendo essa substituição na Eq. (5.104), descobrimos que $S_Y(f)$ pode ser expresso como o produto de três termos: a função de transferência $H(f)$ do filtro, o complexo conjugado de $H(f)$ e a densidade espectral de potência $S_X(f)$ do processo aleatório de entrada $X(t)$. Dessa forma, podemos simplificar a Eq. (5.104) como

$$S_Y(f) = H(f)H^*(f)S_X(f) \tag{5.105}$$

Finalmente, dado que $|H(f)|^2 = H(f)H^*(f)$, descobrimos que a relação entre as densidades espectrais de potências dos processos aleatórios de entrada e de saída é expressa no domínio da frequência escrevendo-se

$$S_Y(f) = |H(f)|^2 S_X(f) \tag{5.106}$$

A Eq. (5.106) estabelece que *a densidade espectral de potência do processo de saída Y(t) é igual à densidade espectral de potência do processo aleatório de entrada X(t) multiplicado pela magnitude ao quadrado da função de transferência H(f) do filtro*. Utilizando essa relação, podemos, portanto, determinar o efeito de passarmos um processo aleatório através de um filtro estável, linear e invariante no tempo. Em termos computacionais, a Eq. (5.106) é normalmente mais fácil de implementar do que a sua contraparte no domínio do tempo da Eq. (5.90), que envolve a função de autocorrelação.

EXEMPLO 5.13 Filtro em pente

Consideremos o filtro da Figura 5.15a que consiste em uma linha de atraso e um dispositivo somador. Desejamos avaliar a densidade espectral de potência da saída $Y(t)$ do filtro, dado que a densidade espectral de potência da entrada $X(t)$ do filtro seja $S_X(f)$.

A função de transferência desse filtro é

$$\begin{aligned}H(f) &= 1 - \exp(-j2\pi f T) \\ &= 1 - \cos(2\pi f T) + j\,\text{sen}(2\pi f T)\end{aligned}$$

A magnitude ao quadrado de $H(f)$ é

$$\begin{aligned}|H(f)|^2 &= [1 - \cos(2\pi f T)]^2 + \text{sen}^2(2\pi f T) \\ &= 2[1 - \cos(2\pi f T)] \\ &= 4\,\text{sen}^2(\pi f T)\end{aligned}$$

que está plotada na Figura 5.15b. Devido à forma periódica dessa resposta em frequência, o filtro da Figura 5.15a é algumas vezes referido como um *filtro em pente*.

A densidade espectral de potência da saída do filtro é, portanto,

$$S_Y(f) = 4\,\text{sen}^2(\pi f T) S_X(f)$$

Para valores de frequência f que são pequenos em comparação com $1/T$, temos

$$\text{sen}(\pi f T) \simeq \pi f T$$

Sob essas condições, podemos aproximar a expressão para $S_Y(f)$ como se segue:

$$S_Y(f) \simeq 4\pi^2 f^2 T^2 S_X(f) \tag{5.107}$$

Uma vez que a diferenciação no domínio do tempo corresponde à multiplicação por $j2\pi f$ no domínio da frequência, vemos a partir da Eq. (5.107) que o filtro em pente da Figura 5.15a atua como um diferenciador para entradas de baixa frequência.

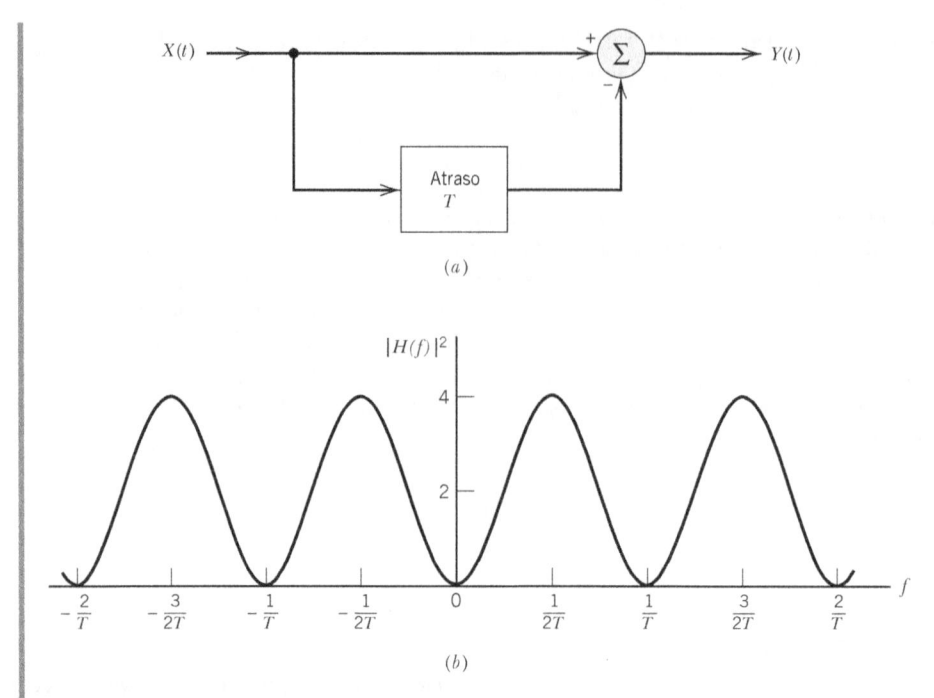

Figura 5.15 Filtro em pente. (a) Diagrama de blocos. (b) Resposta em frequência.

5.9 Processo gaussiano

O material que apresentamos sobre processos aleatórios até este ponto da discussão foi de natureza geral. Nesta seção, consideraremos uma família importante de processos aleatórios conhecidos como processos gaussianos.

Vamos supor que observemos um processo aleatório $X(t)$ durante um intervalo que se inicie no tempo $t = 0$ e perdure até $t = T$. Suponhamos também que ponderemos o processo aleatório $X(t)$ por alguma função $g(t)$ e depois integremos o produto $g(t)X(t)$ sobre esse intervalo de observação, obtendo, assim, uma variável aleatória Y definida por

$$Y = \int_0^T g(t)X(t)\ dt \qquad (5.108)$$

Referimo-nos a Y como um *funcional linear de $X(t)$*. A distinção entre uma função e um funcional deve ser cuidadosamente observada. Por exemplo, a soma $Y = \sum_{i=1}^N a_i X_i$, em que a_i são constantes e X_i são variáveis aleatórias, é uma *função* linear de X_i; para cada conjunto observado de valores das variáveis aleatórias X_i, temos um valor correspondente para a variável aleatória Y. Por outro lado, na Equação (5.108) o valor da variável aleatória Y depende do curso da *função argumento* $g(t)X(t)$ ao longo do intervalo de observação inteiro de 0 a T. Dessa forma, um funcional é uma quantidade que depende do curso inteiro de uma ou mais funções e não de uma série de variáveis discretas. Em outras palavras, o domínio de um funcional é um conjunto ou espaço de funções admissíveis e não de uma região de um espaço coordenado.

Se na Eq. (5.108) a função de ponderação $g(t)$ for tal que o valor quadrático médio da variável aleatória seja finito, e se a variável aleatória Y for uma variável aleatória com *distribuição gaussiana* para todo $g(t)$ nessa classe de funções, então o processo $X(t)$ é dito ser um *processo gaussiano*. Em outras palavras, o processo $X(t)$ é um processo gaussiano se todo funcional linear de $X(t)$ for uma variável aleatória gaussiana.

No Exemplo 5.5, descrevemos a caracterização de uma variável aleatória gaussiana. Dizemos que a variável aleatória Y tem uma distribuição gaussiana se a sua função densidade de probabilidade tiver a forma

$$f_Y(y) = \frac{1}{\sqrt{2\pi}\sigma_Y}\exp\left[-\frac{(y-\mu_Y)^2}{2\sigma_Y^2}\right] \quad (5.109)$$

em que μ_Y é a média e σ_Y^2 é a variância da variável aleatória Y. Um gráfico dessa função densidade de probabilidade é dado na Figura 5.16 para o caso especial em que a variável aleatória gaussiana Y é *normalizada* para que tenha uma média μ_Y igual a zero e uma variância σ_Y^2 igual a um, como mostrado por

$$f_Y(y) = \frac{1}{\sqrt{2\pi}}\exp\left(-\frac{y^2}{2}\right)$$

Carl F. Gauss (1777-1855)

Gauss foi uma criança prodígio que mais tarde fez numerosas contribuições em muitas áreas da matemática e da ciência. A lenda diz que quando na escola, seu professor passou para a classe o problema de adição dos números de 1 a 100. O professor ficou bastante chocado quando Gauss forneceu a resposta em segundos, tendo descoberto a fórmula de somas aritméticas.

Aos 18 anos, Gauss inventou o *método de mínimos quadrados* para encontrar o melhor valor de uma sequência de medidas de alguma quantidade. Gauss mais tarde usou o método de mínimos quadrados no ajuste de órbitas dos planetas para medidas de dados, um procedimento que foi publicado em 1809 em seu livro intitulado *Teoria do Movimento dos Corpos Celestes*. Em seus primeiros anos, muitas de suas contribuições foram na área da matemática e depois na astronomia. Enquanto envolvido na pesquisa de uma área da Alemanha perto de Hanover, Gauss formulou a distribuição gaussiana para descrever erros de medição.

Em 1833, Gauss, em colaboração com Wilhem Weber, fez uma contribuição às comunicações quando eles construíram o primeiro telégrafo magnético. Gauss é tão renomado na Alemanha que seu semblante e a distribuição gaussiana aparecem na antiga nota de dez marcos.

Tal distribuição gaussiana normalizada é comumente escrita como $\mathcal{N}(0,1)$.

Um processo gaussiano tem duas virtudes principais. Primeiro, ele tem muitas propriedades que possibilitam resultados analíticos; discutiremos essas propriedades posteriormente nesta seção. Segundo, os processos aleatórios produzidos por fenômenos físicos muitas vezes são tais que um modelo gaussiano é apropriado. Além disso, a utilização de um modelo gaussiano para descrever tais fenômenos físicos geralmente é confirmada por experimentos. Dessa forma, a ocorrência frequente de fenômenos físicos para os quais um modelo gaussiano é apropriado, além da facilidade com que um processo gaussiano é manipulado matematicamente, fazem deste último um elemento muito importante no estudo de sistemas de comunicação.

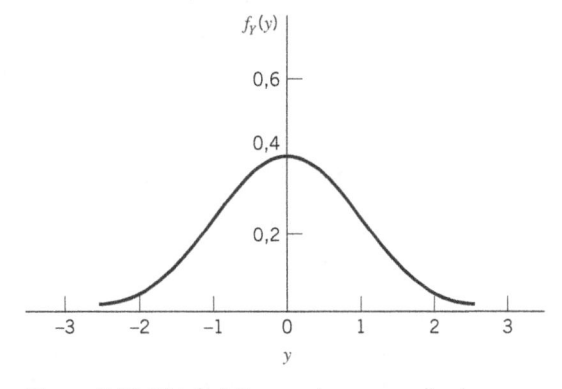

Figura 5.16 Distribuição gaussiana normalizada.

Teorema do limite central

O *teorema do limite central* provê a justificativa matemática para utilizarmos um processo gaussiano como modelo para um grande número de fenômenos físicos diferentes, em que a variável aleatória observada, em um instante particular de tempo, é o resultado de um grande número de eventos aleatórios individuais. Para formular esse importante teorema, seja X_i, $i = 1, 2,..., N$, um conjunto de variáveis aleatórias que satisfaça às seguintes condições

1. Os X_i são estatisticamente independentes.
2. Os X_i têm a mesma distribuição de probabilidade com média μ_X e variância σ_X^2.

Diz-se que os X_i assim descritos constituem um conjunto de variáveis aleatórias *independentes e identicamente distribuídas* (i.i.d.). Sejam essas variáveis aleatórias *normalizadas* da seguinte forma:

$$Y_i = \frac{1}{\sigma_X}(X_i - \mu_X), \qquad i = 1, 2, \ldots, N$$

de maneira que temos

$$\mathbf{E}[Y_i] = 0$$

e

$$\text{var}[Y_i] = 1$$

Definamos a variável aleatória

$$V_N = \frac{1}{\sqrt{N}} \sum_{i=1}^{N} Y_i$$

O teorema do limite central estabelece que a distribuição de probabilidades de V_N se aproxima de uma distribuição gaussiana normalizada no limite em que N se aproxima do infinito. Isto é, independentemente da distribuição dos Y_i, a soma V_N se aproxima de uma distribuição gaussiana.

É importante perceber, entretanto, que o teorema do limite central fornece somente o "limite" da distribuição de probabilidade da variável aleatória normalizada V_N quando N se aproxima do infinito. Quando N é finito, o limite gaussiano é mais exato na porção central da função densidade de probabilidade (por isso, limite central) e menos exato nas "caudas" da função densidade (ver Problema 5.36).

Propriedades de um processo gaussiano

Um processo gaussiano possui algumas propriedades úteis que são descritas a seguir.

Propriedade 1
Se um processo gaussiano X(t) for aplicado a um filtro linear estável, o processo aleatório Y(t) desenvolvido na saída do filtro também será gaussiano.

Essa propriedade é facilmente derivada utilizando-se a definição de um processo gaussiano baseada na Eq. (5.108). Consideremos a situação representada na Figura 5.12, em que temos um filtro linear invariante no tempo de resposta ao impulso $h(t)$, com o processo aleatório $X(t)$ como entrada e o processo aleatório $Y(t)$ como saída. Assumamos que $X(t)$ seja um processo gaussiano. Os processos aleatórios $X(t)$ e $Y(t)$ estão relacionados pela integral de convolução

$$Y(t) = \int_0^T h(t-\tau)X(\tau)\,d\tau, \qquad 0 \leq t < \infty \qquad (5.110)$$

Assumamos que a resposta ao impulso $h(t)$ seja tal que o valor quadrático médio do processo aleatório de saída $Y(t)$ seja finito para todo t no intervalo de $0 \leq t < \infty$ para o qual $Y(t)$ é definido. Para demonstrar que o processo de saída $Y(t)$ é gaussiano, devemos mostrar que qualquer funcional linear dele é uma variável aleatória gaussiana. Isto é, se definirmos a variável aleatória

$$Z = \int_0^\infty g_Y(t) \int_0^T h(t-\tau)X(\tau)\,d\tau\,dt \qquad (5.111)$$

então Z deverá ser uma variável aleatória gaussiana para toda função $g_Y(t)$ tal que o valor quadrático médio de Z seja finito. Intercambiando a ordem de integração na Eq. (5.111), obtemos

$$Z = \int_0^T g(\tau)X(\tau)\,d\tau \qquad (5.112)$$

em que

$$g(\tau) = \int_0^\infty g_Y(t)h(t-\tau)\,dt \qquad (5.113)$$

Uma vez que $X(t)$ é um processo gaussiano por hipótese, segue-se, a partir da Eq. (5.112), que Z deve ser uma variável aleatória gaussiana. Dessa forma, demonstramos que, se a entrada $X(t)$ de um filtro linear for um processo gaussiano, a saída $Y(t)$ também será um processo gaussiano. Notemos, entretanto, que apesar de nossa prova ter sido levada a efeito supondo um filtro linear invariante no tempo, essa propriedade é válida para qualquer sistema linear estável arbitrário.

Propriedade 2

Considere o conjunto de variáveis aleatórias ou amostras $X(t_1)$, $X(t_2)$,..., $X(t_n)$ obtidas observando-se um processo aleatório $X(t)$ nos instantes t_1, t_2,..., t_n. Se o processo $X(t)$ for gaussiano, então esse conjunto de variáveis aleatórias será conjuntamente gaussiano para qualquer n, sendo sua n-ésima função densidade de probabilidade conjunta completamente determinada especificando-se o conjunto de valores médios

$$\mu_{X(t_i)} = \mathbf{E}[X(t_i)], \qquad i = 1, 2, \ldots, n$$

e o conjunto de funções de autocovariância

$$C_X(t_k, t_i) = \mathbf{E}[(X(t_k) - \mu_{X(t_k)})(X(t_i) - \mu_{X(t_i)})], \qquad k, i = 1, 2, \ldots, n$$

A Propriedade 2 é frequentemente utilizada como a definição de um processo gaussiano. Entretanto, essa definição é mais difícil de se utilizar do que a baseada na Eq. (5.108) para avaliar os efeitos da filtragem em um processo gaussiano.

Podemos estender a propriedade a dois (ou mais) processos aleatórios da seguinte maneira. Consideremos o conjunto composto de variáveis aleatórias $X(t_1), X(t_2),..., X(t_n)$, $Y(u_1), Y(u_2),..., Y(u_m)$ obtidas observando-se um processo aleatório $X(t)$ nos tempos $\{t_i, i = 1, 2,..., n\}$ e o segundo processo aleatório $Y(t)$ nos tempos $\{u_k, k = 1, 2,..., m\}$. Dizemos que os processos $X(t)$ e $Y(t)$ são *conjuntamente gaussianos* se esse conjunto composto de variáveis aleatórias for conjuntamente gaussiano para qualquer n e m. Observe que, além das funções de média e de correlação dos processos aleatórios $X(t)$ e $Y(t)$ individualmente, também devemos conhecer a função de covariância cruzada

$$\mathbf{E}[(X(t_i) - \mu_{X(t_i)})(X(u_k) - \mu_{X(u_k)})] = R_{XY}(t_i, u_k) - \mu_{X(t_i)}\mu_{Y(u_k)}$$

para qualquer par de instantes de observação (t_i, u_k). Esse conhecimento adicional é incorporado na função de correlação cruzada, $R_{XY}(t_i, u_k)$, dos dois processos $X(t)$ e $Y(t)$.

Propriedade 3

Se um processo gaussiano for estacionário no sentido amplo, então o processo também será estritamente estacionário.

Isso decorre diretamente da Propriedade 2.

Propriedade 4

Se as variáveis aleatórias $X(t_1), X(t_2),..., X(t_n)$, obtidas amostrando-se um processo gaussiano $X(t)$ nos tempos $t_1, t_2,..., t_n$ forem descorrelacionadas, isto é,

$$\mathbf{E}[(X(t_k) - \mu_{X(t_k)})(X(t_i) - \mu_{X(t_i)})] = 0, \quad i \neq k$$

então essas variáveis aleatórias serão estatisticamente independentes.

A implicação dessa propriedade é que a função densidade de probabilidade conjunta do conjunto de variáveis aleatórias $X(t_1), X(t_2),..., X(t_n)$ pode ser expressa como o produto das funções densidade de probabilidade das variáveis aleatórias individuais do conjunto.

5.10 Ruído

O termo *ruído* é normalmente utilizado para designar ondas indesejadas que tendem a perturbar a transmissão e o processamento de sinais em sistemas de comunicação e sobre as quais temos um controle incompleto. Na prática, verificamos que há muitas fontes potenciais de ruído em um sistema de comunicação. As fontes de ruído podem ser externas ao sistema (por exemplo, ruído atmosférico, ruído galáctico e ruído provocado pelo homem) ou internas ao sistema. A segunda categoria inclui um importante tipo de ruído que surge devido às *flutuações espontâneas* de corrente ou tensão em circuitos elétricos[6]. Esse tipo de ruído representa uma limitação básica à transmissão ou detecção de sinais em sistemas de comunicação, que envolvem a utilização de dispositivos eletrônicos. Os dois exemplos mais comuns de flutuações espontâneas em circuitos elétricos são o *ruído impulsivo* e o *ruído térmico*.

Ruído impulsivo

O ruído impulsivo surge em dispositivos eletrônicos tais como diodos e transistores por causa da natureza discreta do fluxo de corrente nesses dispositivos. Por exemplo, em um circuito *fotodetector* um pulso de corrente é gerado toda vez que um elétron é emitido pelo catodo devido à luz incidente proveniente de uma fonte de intensidade constante. Os elétrons são naturalmente emitidos em tempos aleatórios denotados por τ_k, em que $-\infty < k < \infty$. Assume-se que as emissões aleatórias de elétrons se desenvolvem há muito tempo. Dessa forma, a corrente total que flui através do fotodetector pode ser modelada como uma soma infinita de pulsos de corrente, como mostrado por

$$X(t) = \sum_{k=-\infty}^{\infty} h(t - \tau_k) \qquad (5.114)$$

em que $h(t - \tau_k)$ é o pulso de corrente gerado no tempo τ_k. O processo $X(t)$ definido pela Eq. (5.114) é um processo estacionário denominado ruído impulsivo (*shot noise*).[7]

O número de elétrons, $N(t)$, emitido no intervalo de tempo $(0, t)$ constitui um processo estocástico discreto cujo valor se eleva em um cada vez que um elétron é emitido. A Figura 5.17 mostra uma função amostral de tal processo. Seja o valor médio do número de elétrons, v, emitido entre os tempos t e $t + t_0$, definido por

$$\mathbf{E}[v] = \lambda t_0 \qquad (5.115)$$

O parâmetro λ é uma constante denominada *taxa* do processo. O número total de elétrons emitidos no intervalo $(t, t + t_0)$, ou seja,

$$v = N(t + t_0) - N(t)$$

segue uma *distribuição de Poisson* com um valor médio igual a λt_0. Em particular, a probabilidade de que k elétrons sejam emitidos no intervalo $(t, t + t_0)$ é definida por

$$\mathbf{P}[v = k] = \frac{(\lambda t_0)^k}{k!} e^{-\lambda k} \qquad k = 0, 1, \ldots \qquad (5.116)$$

Infelizmente, uma caracterização estatística detalhada do processo de ruído impulsivo $X(t)$ na Eq. (5.114) é uma tarefa matemática

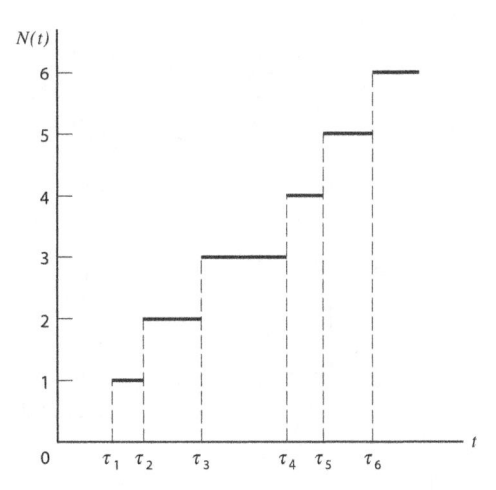

Figura 5.17 Função amostral de um processo de contagem de Poisson.

difícil. Aqui, simplesmente citamos os resultados relativos aos dois primeiros momentos do processo:

- A média de $X(t)$ é

$$\mu_X = \lambda \int_{-\infty}^{\infty} h(t)\, dt \qquad (5.117)$$

em que λ é a taxa do processo e $h(t)$ é a forma de onda de um pulso de corrente.

- A função de autocovariância de $X(t)$ é

$$C_X(\tau) = \lambda \int_{-\infty}^{\infty} h(t)h(t+\tau)\, dt \qquad (5.118)$$

Esse último resultado é conhecido como o *teorema de Campbell*.

Para o caso especial de uma forma de onda $h(t)$ que consiste em um pulso retangular de amplitude A e duração T, a média do processo de ruído impulsivo $X(t)$ é λAT, e sua função de autocovariância é

$$C_X(\tau) = \begin{cases} \lambda A^2(T - |\tau|), & |\tau| < T \\ 0, & |\tau| \geq T \end{cases}$$

que é uma forma de onda triangular similar àquela mostrada na Figura 5.11.

Ruído térmico

Ruído térmico[8] é o nome dado ao ruído elétrico que surge em função do movimento aleatório de elétrons em um condutor. O valor quadrático médio da tensão de ruído térmico V_{TN}, que aparece entre os terminais de uma resistência, medido em uma largura de banda de Δf hertz, é, para todos os propósitos práticos, dada por

$$\mathbf{E}[V_{TN}^2] = 4kTR\, \Delta f \text{ volts}^2 \qquad (5.119)$$

em que k é a *constante de Boltzmann* igual a $1{,}38 \times 10^{-23}$ joules por kelvin, T é a temperatura absoluta em kelvin e R é a resistência em ohms. Dessa forma, podemos modelar um resistor ruidoso pelo *circuito equivalente de Thévenin* que consiste em uma fonte de tensão de ruído com valor quadrático médio $\mathbf{E}[V_{TN}^2]$ em série com um resistor sem ruído, como na Figura 5.18a. Alternativamente, podemos utilizar o *circuito equivalente de Norton* que consiste em uma fonte de corrente de ruído em paralelo com uma condutância sem ruído, como na Figura 5.185b. O valor quadrático médio da fonte de corrente de ruído é

$$\mathbf{E}[I_{TN}^2] = \frac{1}{R^2}\mathbf{E}[V_{TN}^2]$$
$$= 4kTG\, \Delta f \text{ amps}^2 \qquad (5.120)$$

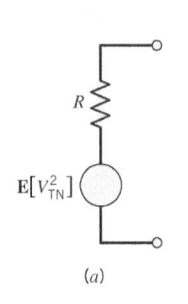

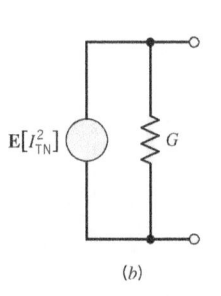

Figura 5.18 Modelos de um resistor ruidoso. (a) Circuito equivalente de Thévenin. (b) Circuito equivalente de Norton.

em que $G = 1/R$ é a condutância. Também é interessante observar que, como o número de elétrons em um resistor é muito grande e seus movimentos aleatórios dentro do resistor são estatisticamente independentes entre si, o teorema do limite central indica que o ruído térmico é de distribuição gaussiana com valor médio zero.

Os cálculos de ruído envolvem a transferência de potência, e, desse modo, descobrimos que o uso do *teorema da máxima transferência de potência* é aplicável a tais cálculos. Esse teorema estabelece que a máxima potência possível é transferida de uma fonte de resistência interna R para uma resistência de carga R_l quando $R_l = R$. Sob essa *condição de casamento*, a potência produzida pela fonte é distribuída igualmente entre a resistência interna da fonte e a resistência de carga, e a potência fornecida à carga é referida como *potência disponível*. Aplicando o teorema da máxima transferência de potência ao circuito equivalente de Thévenin da Figura 5.18a, ou o circuito equivalente de Norton da Figura 5.18b, descobrimos que um resistor ruidoso produz uma *potência de ruído disponível* igual a $kT\,\Delta f$ watts.

Ruído branco

A análise de ruído de sistemas de comunicação é comumente baseada em uma forma idealizada de ruído chamada de *ruído branco*, cuja densidade espectral de potência é independente da frequência de operação. O adjetivo *branco* é utilizado no sentido de que a luz branca contém intensidades iguais de todas as frequências dentro da banda visível de radiação eletromagnética. Expressamos a densidade espectral de potência de um ruído branco, com uma função amostral denotada por $w(t)$, como

$$S_W(f) = \frac{N_0}{2} \quad (5.121)$$

que é ilustrada na Figura 5.19a. As dimensões de N_0 são expressas em watts por hertz. O parâmetro N_0 é normalmente referenciado ao estágio de entrada do receptor de um sistema de comunicação. Ele pode ser expresso como

$$N_0 = kT_e \quad (5.122)$$

em que k é a constante de Boltzmann e T_e é a *temperatura equivalente de ruído* do receptor[9]. *A temperatura equivalente de ruído de um sistema é definida como a temperatura em que um resistor ruidoso tem de ser mantida a fim de que, conectando-se o resistor à entrada de uma versão sem ruído do sistema, ele produza a mesma potência disponível de ruído na saída do sistema que a produzida por todas as fontes de ruído do sistema real.* A característica importante da temperatura equivalente de ruído é que ela depende somente dos parâmetros do sistema.

Já que a função de autocorrelação é a transformada de Fourier inversa da densidade espectral de potência, segue-se que para o ruído branco

$$R_W(\tau) = \frac{N_0}{2}\delta(\tau) \quad (5.123)$$

Ou seja, a função de autocorrelação do ruído branco consiste em uma função delta ponderada pelo fator $N_0/2$ e que ocorre em $\tau = 0$, como na Figura 5.19b. Notemos que $R_w(\tau)$ é igual a zero para $\tau \neq 0$. Consequentemente, quaisquer duas amostras diferentes de ruído branco, não interessando quão próximas elas estejam uma da outra no tempo em que são tomadas, são descorrelacionadas. Se o ruído branco $w(t)$ for também gaussiano, então as duas amostras serão estatisticamente independentes. Em certo sentido, um ruído branco representa o que há de definitivo em "aleatoriedade".

Estritamente falando, um ruído branco tem potência média infinita e, sendo assim, não é fisicamente realizável. Apesar disso, ele tem propriedades matemáticas simples exemplificadas pelas Eqs. (5.121) e (5.123), o que o torna útil na análise estatística de sistemas.

A utilidade de um processo de ruído branco é paralela à de uma função impulso ou de uma função delta na análise de sistemas lineares. Da mesma forma que podemos observar o efeito de um impulso somente depois que ele foi passado através de um sistema com largura de banda finita, o mesmo acontece com o ruído branco, cujo efeito é observado somente depois de sua passagem através de um sistema similar. Podemos afirmar, portanto, que, contanto que a largura de banda de um processo de ruído na entrada de um sistema seja consideravelmente maior do que a do próprio sistema, é possível modelar o processo de ruído como um ruído branco.

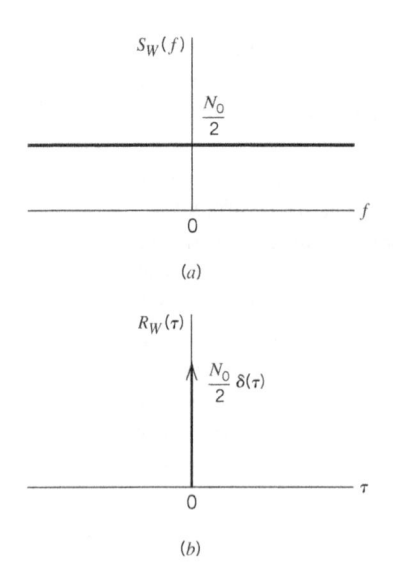

Figura 5.19 Características do ruído branco. (a) Densidade espectral de potência. (b) Função de autocorrelação.

EXEMPLO 5.14 Ruído branco processado por um filtro passa-baixas ideal

Suponhamos que um ruído gaussiano $w(t)$ de média zero e densidade espectral de potência $N_0/2$ seja aplicado a um filtro passa-baixas ideal de largura de banda B e resposta em magnitude na banda passante de um. A densidade espectral de potência do ruído $n(t)$ que aparece na saída do filtro é, portanto (ver Figura 5.20a),

$$S_N(f) = \begin{cases} \dfrac{N_0}{2}, & -B < f < B \\ 0, & |f| > B \end{cases} \tag{5.124}$$

A função de autocorrelação de $n(t)$ é a transformada de Fourier inversa da densidade espectral de potência mostrada na Figura 5.20a:

$$\begin{aligned} R_N(\tau) &= \int_{-B}^{B} \frac{N_0}{2} \exp(j2\pi f \tau) \, df \\ &= N_0 B \, \text{sinc}(2B\tau) \end{aligned} \tag{5.125}$$

Essa função de autocorrelação está plotada na Figura 5.20b. Vemos que $R_N(\tau)$ tem seu valor máximo de $N_0 B$ na origem e cruza zero em $\tau = \pm k/2B$, em que $k = 1, 2, 3,\dots$

Uma vez que o ruído de entrada $w(t)$ é gaussiano (por hipótese), segue-se que o ruído limitado em banda $n(t)$ na saída do filtro também é gaussiano. Suponhamos agora que $n(t)$ seja amostrado à taxa de $2B$ vezes por segundo. A partir da Figura 5.20b, vemos que as amostras de ruído são descorrelacionadas e, sendo gaussianas, são estatisticamente independentes. Consequentemente, a função densidade de probabilidade conjunta de um conjunto de amostras de ruído obtidas dessa maneira é igual ao produto das funções de densidade de probabilidade individuais. Notemos que cada uma dessas amostras de ruído tem um valor médio igual a zero e variância de $N_0 B$.

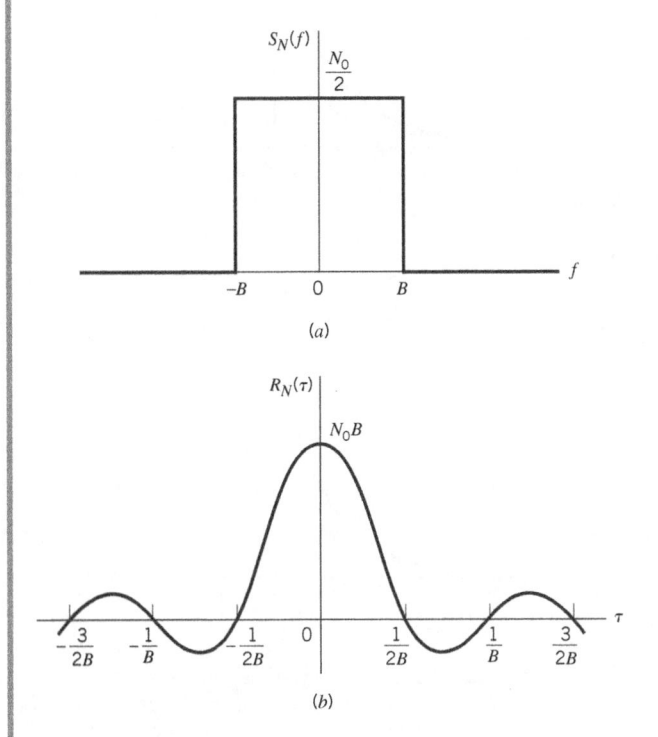

Figura 5.20 Características de ruído branco processado por um filtro passa-baixas. (a) Densidade espectral de potência. (b) Função de autocorrelação.

EXEMPLO 5.15 Ruído branco processado por um filtro passa-baixas RC

Consideremos em seguida um ruído branco gaussiano $w(t)$ de média zero e densidade espectral de potência $N_0/2$ aplicado a um filtro passa-baixas RC, como na Figura 5.21a. A função de transferência do filtro é

$$H(f) = \frac{1}{1 + j2\pi f\, RC}$$

A densidade espectral de potência do ruído $n(t)$ que aparece na saída do filtro passa-baixas RC é, portanto (ver Figura 5.21b),

$$S_N(f) = \frac{N_0/2}{1 + (2\pi f\, RC)^2}$$

Do Exemplo 2.3 do Capítulo, recordamos o seguinte par de transformada de Fourier (utilizando τ no lugar de t como a variável de tempo para adaptá-lo ao problema em mãos):

$$\exp(-a|\tau|) \rightleftharpoons \frac{2a}{a^2 + (2\pi f)^2} \qquad (5.126)$$

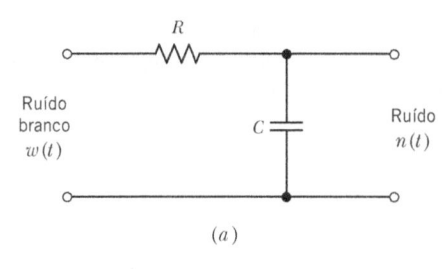

em que a é uma constante. Portanto, fazendo-se $a = 1/RC$, verificamos que a função de autocorrelação do ruído filtrado $n(t)$ é

$$R_N(\tau) = \frac{N_0}{4RC} \exp\left(-\frac{|\tau|}{RC}\right) \qquad (5.127)$$

que está plotada na Figura 5.21. O tempo de descorrelação τ_0 para o qual $R_N(\tau)$ cai para 1%, digamos, do valor máximo de $N_0/4RC$ é igual a 4,61RC. Dessa forma, se o ruído que aparece na saída do filtro for amostrado a uma taxa igual a ou menor que $0{,}217/RC$ amostras por segundo, as amostras resultantes serão essencialmente descorrelacionadas e, sendo gaussianas, serão estatisticamente independentes.

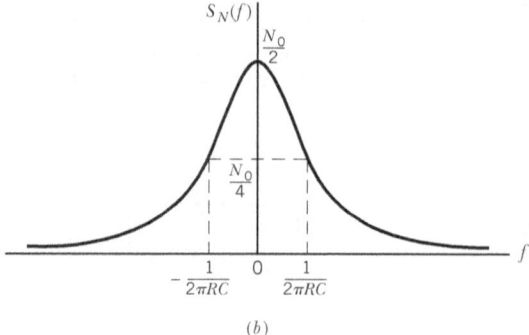

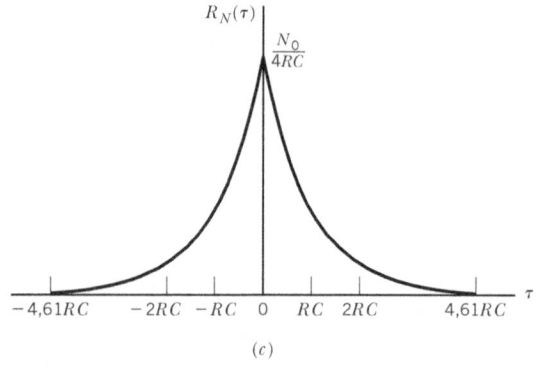

Figura 5.21 Características de um ruído branco processado por um filtro RC. (a) Filtro RC passa-baixas. (b) Densidade espectral de potência da saída $n(t)$ do filtro. (c) Função de autocorrelação de $n(t)$.

EXEMPLO 5.16 Autocorrelação de um sinal senoidal somado a um ruído branco gaussiano

Neste experimento computacional, estudaremos a caracterização estatística de um processo aleatório $X(t)$ que consiste em um sinal senoidal $A\cos(2\pi f_c t + \Theta)$ e um processo de ruído branco gaussiano $W(t)$ de média zero e densidade espectral de potência $N_0/2$. Ou seja, temos

$$X(t) = A\cos(2\pi f_c t + \Theta) + W(t) \qquad (5.128)$$

em que Θ é uma variável aleatória uniformemente distribuída ao longo do intervalo $(-\pi,\pi)$. Claramente, as duas componentes do processo $X(t)$ são independentes. A função de autocorrelação de $X(t)$ é, portanto, a soma das funções de autocorrelação individuais da componente de sinal senoidal e da componente de ruído, como mostrado por

$$R_X(\tau) = \frac{A^2}{2} \cos(2\pi f_c \tau) + \frac{N_0}{2} \delta(\tau) \tag{5.129}$$

Esta equação mostra que, para $|\tau| > 0$, a função de autocorrelação $R_X(\tau)$ tem a mesma forma de onda senoidal da componente de sinal. Podemos generalizar esse resultado estabelecendo que a presença de uma componente de sinal periódico corrompida por ruído branco aditivo pode ser detectada calculando-se a função de autocorrelação do processo composto $X(t)$.

O propósito do exemplo descrito aqui é realizar essa computação utilizando dois métodos diferentes: (1) cálculos de médias de conjunto e (2) cálculos de médias temporais. O traço da Figura 5.22a mostra um sinal senoidal de frequência $f_c = 0{,}002$ Hz e fase $\theta = -\pi/2$, truncado em uma duração finita $T = 1000$ segundos; a amplitude A do sinal senoidal é ajustada para $\sqrt{2}$ a fim de se ter uma potência média unitária. O traço da Figura 5.22b mostra uma realização particular $x(t)$ do processo aleatório $X(t)$ que consiste em um sinal senoidal e ruído branco gaussiano aditivo; a densidade espectral de potência do ruído para essa realização é $(N_0/2) = 1$. A senoide original é dificilmente reconhecível em $x(t)$. O traço da Figura 5.22c mostra a função de autocorrelação teórica da Eq. (5.129).

Para o cálculo das médias de conjunto da função de autocorrelação, podemos proceder da seguinte maneira:

- Calcular o produto $x(t + \tau) \, x(t)$ para algum t fixo e deslocamento de tempo τ específico, em que $x(t)$ é uma realização particular do processo aleatório $X(t)$.
- Repetir o cálculo do produto $x(t + \tau) \, x(t)$ para M realizações independentes (isto é, funções amostrais) do processo aleatório $X(t)$.
- Computar a média desses cálculos ao longo de M.
- Repetir essa sequência de cálculos para diferentes valores de τ.

Os resultados desse cálculo são plotados na Figura 5.22d para M = 500 realizações. Esse retrato está em perfeita concordância com a teoria definida pela Eq. (5.129). O ponto importante a observar aqui é que o processo de cálculo de médias de conjunto resulta em uma estimativa da função de autocorrelação $R_X(\tau)$ do processo aleatório $X(t)$. Além disso, a presença do sinal senoidal é claramente visível na plotagem de $R_X(\tau)$ versus τ.

Para a estimação da função de autocorrelação do processo $X(t)$ por cálculos de médias temporais, invocamos a ergodicidade e utilizamos a fórmula

$$R_X(\tau) = \lim_{T \to \infty} R_x(t, T) \tag{5.130}$$

em que $R_x(\tau,T)$ é a função de autocorrelação de média temporal:

$$R_x(\tau, T) = \frac{1}{2T} \int_{-T}^{T} x(t + \tau) x(t) dt \tag{5.131}$$

aplicada à única função amostral $x(t)$. A Figura 5.22e apresenta a estimação de $R_X(\tau)$ utilizando a abordagem de média temporal; ela também está em estreita concordância com a Figura 5.22c.

O fato de que as abordagens por cálculos de médias de conjunto e por cálculos de médias temporais conduzem a resultados similares para a função de autocorrelação $R_X(\tau)$ significa que o processo aleatório $X(t)$ descrito neste exemplo é realmente ergódico.

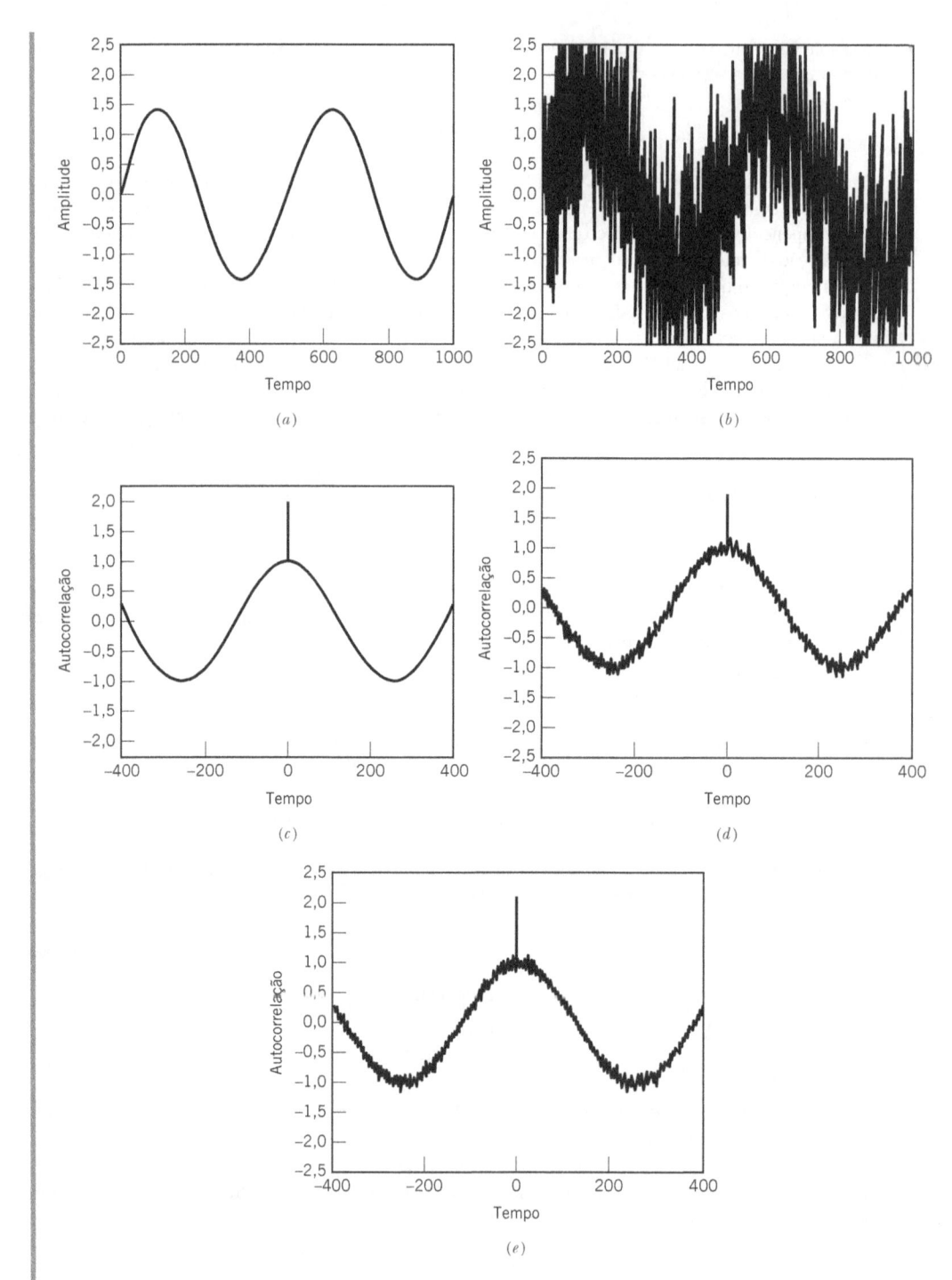

Figura 5.22 (a) O sinal senoidal original truncado $A\cos(2\pi f_c t + \theta)$. (b) A versão ruidosa $x(t)$ do sinal senoidal. (c) A autocorrelação teórica de $X(t)$. (d) A autocorrelação estimada de $R_X(\tau)$ utilizando-se média de conjunto. (e) A autocorrelação estimada $R_X(\tau)$ utilizando-se média temporal.

Largura de banda equivalente de ruído

No Exemplo 5.14, observamos que quando uma fonte de ruído branco de média zero e de densidade espectral de potência $N_0/2$ é conectada à entrada de um filtro passa-baixas ideal de largura de banda B e resposta em magnitude de banda passante igual a 1, a potência média de ruído de saída [ou, de maneira equivalente, $R_N(0)$] é igual a $N_0 B$. No Exemplo 5.15, observamos que quando tal fonte de ruído é conectada à entrada de um filtro passa-baixas RC simples da Figura 5.21a, o valor correspondente da potência média de ruído de saída é igual a $N_0/4RC$. Para esse filtro, a meia potência ou largura de banda de 3 dB é igual a $1/(2\pi RC)$. Aqui, novamente verificamos que a potência média de ruído de saída é proporcional à largura de banda.

Podemos generalizar essa afirmação para incluir todos os tipos de filtros passa-baixas definindo uma largura de banda equivalente de ruído, como se segue. Suponhamos que temos uma fonte de ruído branco de média zero e densidade espectral de potência $N_0/2$ conectada à entrada de um filtro passa-baixas arbitrário da função de transferência $H(f)$. A potência média de ruído de saída resultante é, portanto,

$$N_{\text{out}} = \frac{N_0}{2} \int_{-\infty}^{\infty} |H(f)|^2 \, df$$
$$= N_0 \int_{0}^{\infty} |H(f)|^2 \, df \quad (5.132)$$

em que, na última linha, utilizamos o fato de que a resposta em magnitude $|H(f)|$ é uma função par da frequência.

Consideremos a seguir a mesma fonte de ruído branco conectada à entrada de um filtro passa-baixas *ideal* de resposta em frequência $H(0)$ em zero e largura de banda B. Nesse caso, a potência média de ruído de saída é

$$N_{\text{out}} = N_0 B H^2(0) \quad (5.133)$$

Portanto, igualando essa potência média de ruído de saída àquela na Eq. (5.132), podemos definir a *largura de banda equivalente de ruído* como

$$B = \frac{\int_{0}^{\infty} |H(f)|^2 \, df}{H^2(0)} \quad (5.134)$$

Dessa forma, o procedimento para calcular a largura de banda equivalente de ruído consiste em substituir o filtro passa-baixas arbitrário de função de transferência $H(f)$ por um filtro passa-baixas ideal equivalente de resposta em frequência $H(0)$ em zero e largura de banda B, como ilustrado na Figura 5.23. De uma maneira similar, podemos definir uma largura de banda equivalente de ruído para filtros passa-faixa.

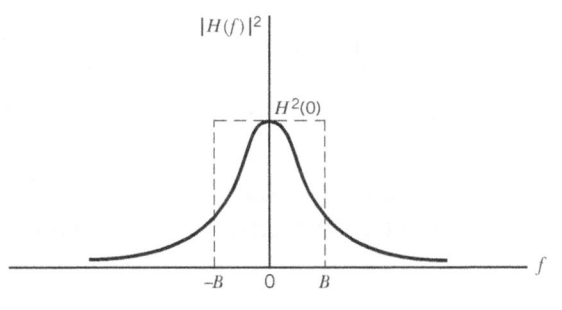

Figura 5.23 Ilustração da definição de largura de banda equivalente de ruído.

5.11 Ruído de banda estreita

O receptor de um sistema de comunicação normalmente inclui alguma provisão para *pré-processar* o sinal recebido. O pré-processamento pode assumir a forma de um filtro de banda estreita cuja largura de banda tem um tamanho suficientemente grande para passar a componente modulada do sinal recebido essencialmente sem distorção, mas não tão grande a ponto de admitir um ruído excessivo através do receptor. O processo de ruído que aparece na saída de tal filtro é chamado de *ruído de banda estreita*. Com as componentes espectrais do ruído de banda estreita concentradas em torno de alguma frequência de banda média $\pm f_c$, como na Figura 5.24a, descobrimos que uma função amostral $n(t)$ de tal processo é, de alguma forma, similar à onda senoidal de frequência f_c, a qual ondula lentamente tanto em amplitude quanto em fase, como ilustrado na Figura 5.24b.

Para analisar os efeitos de um ruído de banda estreita sobre o desempenho de um sistema de comunicação, precisamos de uma representação matemática dele. Dependendo da aplicação de interesse, há duas representações específicas do ruído de banda estreita:

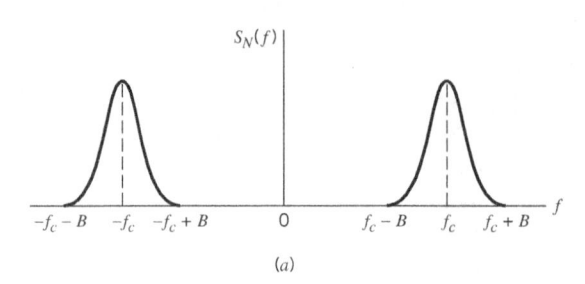

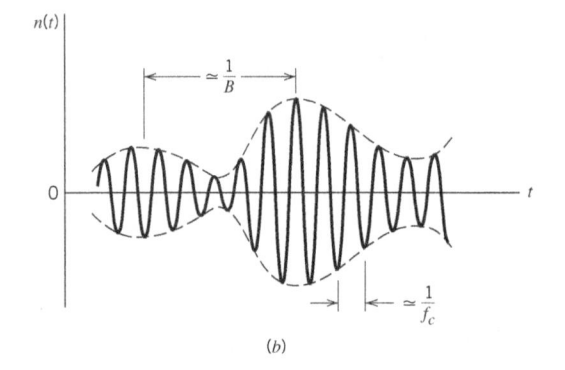

Figura 5.24 (a) Densidade espectral de potência do ruído de banda estreita. (b) Função amostral do ruído de banda estreita.

1. O ruído de banda estreita é definido em termos de um par de componentes chamadas de componentes *em fase* e *em quadratura*.
2. O ruído de banda estreita é definido em termos de duas outras componentes chamadas de *envoltória* e *fase*.

Essas duas representações serão descritas a seguir. Por ora é suficiente dizer que dadas as componentes em fase e em quadratura, podemos determinar as componentes de envoltória e de fase, e vice-versa. Além disso, à suas próprias maneiras individuais, as duas representações não são básicas apenas para a análise do ruído de sistemas de comunicação, mas também para a caracterização do próprio ruído de banda estreita.

Representação do ruído de banda estreita em termos de componentes em fase e em quadratura

Consideremos um ruído de banda estreita $n(t)$ de largura de banda $2B$ centrado na frequência f_c, como ilustrado na Figura 5.24. À luz da teoria de sinais e sistemas passa-faixa, podemos representar $n(t)$ na forma canônica (padrão):

$$n(t) = n_I(t)\cos(2\pi f_c t) - n_Q(t)\operatorname{sen}(2\pi f_c t) \qquad (5.135)$$

em que $n_I(t)$ é chamada de *componente em fase* de $n(t)$, e $n_Q(t)$ é chamada de *componente em quadratura* de $n(t)$. Ambas são sinais passa-baixas. Exceto pela frequência de banda média f_c, essas duas componentes são completamente representativas do ruído de banda estreita $n(t)$.

Dado o ruído de banda estreita $n(t)$, podemos extrair suas componentes em fase e em quadratura utilizando o esquema mostrado na Figura 5.25a. Assume-se que os dois filtros passa-baixas utilizados nesse esquema sejam ideais, cada um tendo uma largura de banda igual a B (isto é, metade da largura de banda do ruído de banda estreita $n(t)$). O esquema da Figura 5.25a segue da representação da Eq. (5.135). Podemos, naturalmente, utilizar essa equação diretamente para gerar o ruído de banda estreita $n(t)$, dadas as suas componentes em fase e em quadratura, como mostrado na Figura 5.25b. Os esquemas das Figuras 5.25a e 5.25b podem, dessa forma, ser vistos como *analisador* e *sintetizador* de ruído de banda estreita, respectivamente.

As componentes em fase e em quadratura de um ruído de banda estreita possuem importantes propriedades que são resumidas aqui:

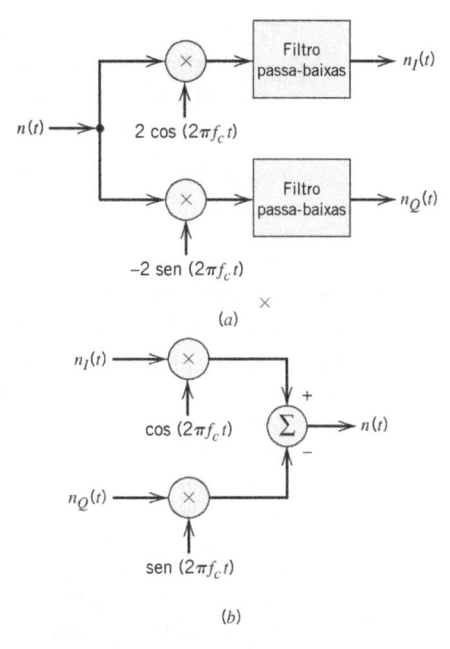

Figura 5.25 (a) Extração das componentes em fase e em quadratura de um processo de banda estreita. (b) Geração de um processo de banda estreita a partir de suas componentes em fase e em quadratura.

1. A componente em fase $n_I(t)$ e a componente em quadratura $n_Q(t)$ do ruído de banda estreita $n(t)$ tem valor médio igual a zero.
2. Se o ruído de banda estreita $n(t)$ for gaussiano, então a sua componente em fase $n_I(t)$ e a sua componente em quadratura $n_Q(t)$ serão conjuntamente gaussianas.
3. Se o ruído de banda estreita $n(t)$ for estacionário, então a sua componente em fase $n_I(t)$ e a sua componente em quadratura $n_Q(t)$ serão conjuntamente estacionárias.
4. Tanto a componente em fase $n_I(t)$ quanto a componente em quadratura $n_Q(t)$ possuem a mesma densidade espectral de potência $S_N(f)$, a qual se relaciona com a densidade espectral de potência do ruído de banda estreita $n(t)$ como

$$S_{N_I}(f) = S_{N_Q}(f) = \begin{cases} S_N(f-f_c) + S_N(f+f_c), & -B \leq f \leq B \\ 0, & \text{caso contrário} \end{cases} \quad (5.136)$$

em que se assume que $S_N(f)$ ocupa o intervalo de frequência $f_c - B \leq |f| \leq f_c + B$, e $f_c > B$.

5. A componente em fase $n_I(t)$ e a componente em quadratura $n_Q(t)$ possuem a mesma variância que o ruído de banda estreita $n(t)$.
6. A densidade espectral cruzada das componentes em fase e em quadratura do ruído de banda estreita $n(t)$ são puramente imaginárias, como mostrado por

$$\begin{aligned} S_{N_I N_Q}(f) &= -S_{N_Q N_I}(f) \\ &= \begin{cases} j[S_N(f+f_c) - S_N(f-f_c)], & -B \leq f \leq B \\ 0, & \text{caso contrário} \end{cases} \end{aligned} \quad (5.137)$$

7. Se o ruído de banda estreita $n(t)$ for gaussiano e sua densidade espectral de potência $S_N(t)$ for simétrica em torno da frequência de banda média f_c, então a componente em fase $n_I(t)$ e a componente em quadratura $n_Q(t)$ serão estatisticamente independentes.

Para mais discussões sobre essas propriedades, são recomendados ao leitor os Problemas 5.31 e 5.32.

EXEMPLO 5.17 Ruído branco processado por um filtro passa-faixa ideal

Consideremos um ruído branco gaussiano de média zero e densidade espectral de potência $N_0/2$, que é passado por um filtro passa-faixa ideal de reposta em magnitude de banda passante igual a um, frequência de banda média f_c, e largura de banda $2B$. A característica de densidade espectral de potência do sinal filtrado $n(t)$ será, portanto, como mostrado na Figura 5.26a. O problema é determinar a função de autocorrelação de $n(t)$ e as suas componentes em fase e em quadratura.

A função de autocorrelação de $n(t)$ é a transformada de Fourier inversa da característica de densidade espectral de potência mostrada na Figura 5.26a:

$$R_N(\tau) = \int_{-f_c-B}^{-f_c+B} \frac{N_0}{2} \exp(j2\pi f\tau) df + \int_{f_c-B}^{f_c+B} \frac{N_0}{2} \exp(j2\pi f\tau) df$$
$$= N_0 B \operatorname{sinc}(2B\tau)[\exp(-j2\pi f_c\tau) + \exp(j2\pi f_c\tau)]$$
$$= 2N_0 B \operatorname{sinc}(2B\tau)\cos(2\pi f_c\tau)$$

(5.138)

que está plotada na Figura 5.26b.

A característica de densidade espectral da Figura 5.26a é simétrica em torno de $\pm f_c$. Portanto, descobrimos que a característica de densidade espectral correspondente da componente em fase $n_I(t)$ ou da componente em quadratura $n_Q(t)$ do ruído é como mostrada na Figura 5.26c. A função de autocorrelação de $n_I(t)$ ou de $n_Q(t)$ é, portanto, (ver Exemplo 5.14):

$$R_{N_I}(\tau) = R_{N_Q}(\tau) = 2N_0 B \operatorname{sinc}(2B\tau) \quad (5.139)$$

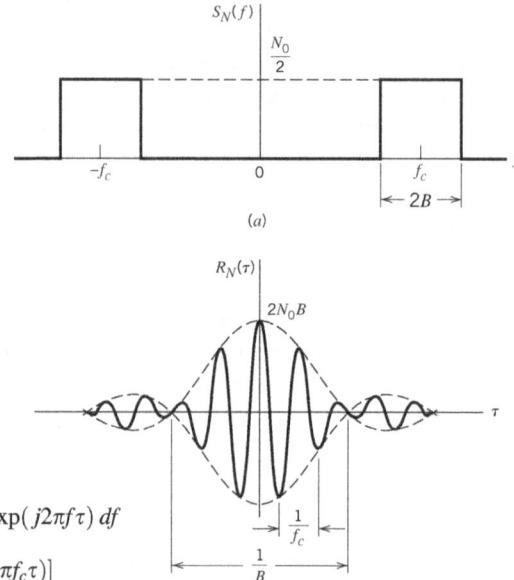

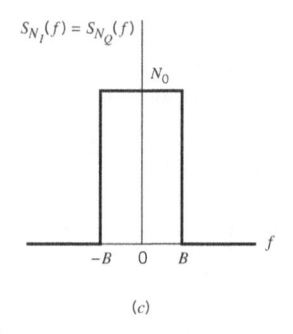

Figura 5.26 Características de um ruído branco processado por um filtro passa-faixa ideal. (a) Densidade espectral de potência. (b) Função de autocorrelação. (c) Densidade espectral de potência das componentes em fase e em quadratura.

Representação de ruído de banda estreita em termos de componentes de envoltória e de fase

Anteriormente, consideramos a representação de um ruído de banda estreita $n(t)$ em termos de suas componentes em fase e em quadratura. Podemos também representar o ruído $n(t)$ em termos de suas componentes de envoltória e de fase como se segue:

$$n(t) = r(t)\cos[2\pi f_c t + \psi(t)] \quad (5.140)$$

em que

$$r(t) = [n_I^2(t) + n_Q^2(t)]^{1/2} \quad (5.141)$$

e

$$\psi(t) = \tan^{-1}\left[\frac{n_Q(t)}{n_I(t)}\right] \quad (5.142)$$

A função $r(t)$ é chamada de *envoltória* de $n(t)$, e a função $\psi(t)$ é chamada de *fase* de $n(t)$.

Tanto a envoltória $r(t)$ quanto a fase $\psi(t)$ são funções amostrais de um processo aleatório passa-faixas. Como ilustrado na Figura 5.24b, o intervalo de tempo entre dois picos sucessivos da envoltória $r(t)$ é aproximadamente $1/B$, em que $2B$ é a largura de banda do ruído de banda estreita $n(t)$.

As distribuições de probabilidade de $r(t)$ e $\psi(t)$ podem ser obtidas a partir daquelas de $n_I(t)$ e $n_Q(t)$, como se segue. Sejam N_I e N_Q as variáveis aleatórias obtidas observando-se (em um tempo fixo) os processos aleatórios representados pelas funções amostrais $n_I(t)$ e $n_Q(t)$, respectivamente. Notamos que N_I e N_Q são variáveis aleatórias gaussianas independentes de média zero e variância σ^2, e então podemos expressar sua função densidade de probabilidade conjunta por

$$f_{N_I,N_Q}(n_I, n_Q) = \frac{1}{2\pi\sigma^2}\exp\left(-\frac{n_I^2 + n_Q^2}{2\sigma^2}\right) \quad (5.143)$$

Consequentemente, a probabilidade do evento conjunto em que N_I se situa entre n_I e $n_I + dn_I$, e em que N_Q se situa entre n_Q e $n_Q + dn_Q$ (isto é, o par de variáveis aleatórias N_I e N_Q se situa conjuntamente dentro da área sombreada da Figura 5.27a) é dada por

$$f_{N_I,N_Q}(n_I, n_Q)\, dn_I\, dn_Q = \frac{1}{2\pi\sigma^2}\exp\left(-\frac{n_I^2 + n_Q^2}{2\sigma^2}\right) dn_I\, dn_Q \quad (5.144)$$

Definamos a transformação (ver Figura 5.27a)

$$n_I = r\cos\psi \quad (5.145)$$

$$n_Q = r\,\text{sen}\,\psi \quad (5.146)$$

No limite, podemos igualar as duas áreas incrementais mostradas sombreadas nas Figuras 5.27a e 5.27b e, dessa forma, escrever

$$dn_I\, dn_Q = r\, dr\, d\psi \quad (5.147)$$

Agora, sejam R e Ψ as variáveis aleatórias obtidas observando-se (no mesmo tempo t) os processos aleatórios representados pela envoltória $r(t)$ e pela fase $\psi(t)$, respectivamente. Então, substituindo as Equações (5.145) a (5.147) em (5.144), descobrimos que a probabilidade de as variáveis aleatórias R e Ψ situarem-se conjuntamente dentro da área sombreada da Figura 5.27b é igual a

$$\frac{r}{2\pi\sigma^2}\exp\left(-\frac{r^2}{2\sigma^2}\right)dr\,d\psi$$

Ou seja, a função densidade de probabilidade conjunta de R e Ψ é

$$f_{R,\Psi}(r,\psi) = \frac{r}{2\pi\sigma^2}\exp\left(-\frac{r^2}{2\sigma^2}\right) \qquad (5.148)$$

Esta função densidade de probabilidade é independente do ângulo ψ, o que significa que as variáveis aleatórias R e Ψ são estatisticamente independentes. Podemos, dessa forma, expressar $f_{R,\Psi}(r,\psi)$ como o produto de $f_R(r)$ e $f_\Psi(\psi)$. Em particular, a variável aleatória Ψ que representa a fase é *uniformemente distribuída* dentro da faixa de 0 a 2π, como mostrado por

$$f_\Psi(\psi) = \begin{cases} \dfrac{1}{2\pi}, & 0 \le \psi \le 2\pi \\ 0, & \text{caso contrário} \end{cases} \qquad (5.149)$$

Isto deixa a função densidade de probabilidade da variável aleatória R como

$$f_R(r) = \begin{cases} \dfrac{r}{\sigma^2}\exp\left(-\dfrac{r^2}{2\sigma^2}\right), & r \ge 0 \\ 0, & \text{caso contrário} \end{cases} \qquad (5.150)$$

em que σ^2 é a variância do ruído de banda estreita $n(t)$ original. Diz-se que uma variável aleatória com uma função densidade de probabilidade como a da Eq. (5.150) possui uma *distribuição de Rayleigh*.

Por conveniência de apresentação gráfica, sejam

$$v = \frac{r}{\sigma} \qquad (5.151)$$

$$f_V(v) = \sigma f_R(r) \qquad (5.152)$$

Então podemos reescrever a distribuição de Rayleigh da Eq. (5.150) na *forma normalizada*

$$f_V(v) = \begin{cases} v\exp\left(-\dfrac{v^2}{2}\right), & v \ge 0 \\ 0, & \text{caso contrário} \end{cases} \qquad (5.153)$$

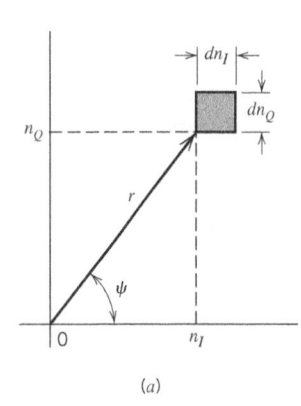

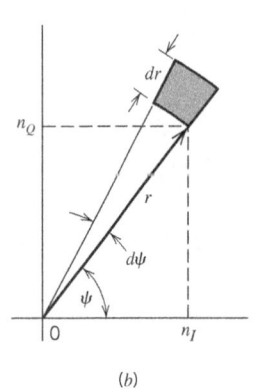

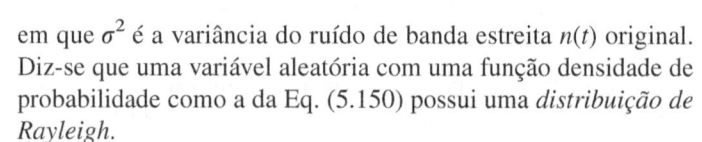

Figura 5.27 Ilustração do sistema de coordenadas para a representação do ruído de banda estreita: (*a*) em termos de componentes em fase e em quadratura, e (*b*) em termos de envoltória e fase.

A Eq. (5.153) é plotada na Figura 5.28. O valor de pico da distribuição $f_V(v)$ ocorre em $v = 1$ e é igual a 0,607. Notemos também que, diferentemente da distribuição gaussiana, a distribuição de Rayleigh vale zero para valores negativos de v. Isso ocorre porque a envoltória $r(t)$ pode assumir apenas valores não negativos.

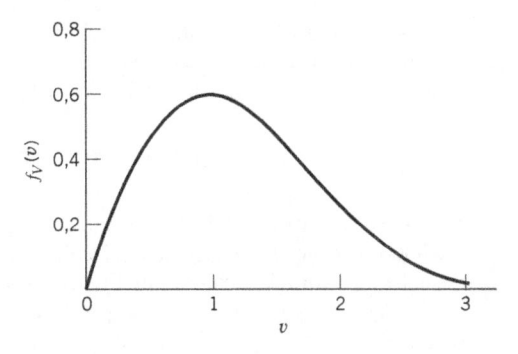

Figura 5.28 Distribuição de Rayleigh normalizada.

EXEMPLO 5.18   Sinal senoidal mais ruído de banda estreita

Suponhamos que adicionemos o sinal senoidal $A\cos(2\pi f_c t)$ ao ruído de banda estreita $n(t)$, em que tanto A quanto f_c são constantes. Assumamos que a frequência da onda senoidal é a mesma da frequência de portadora nominal do ruído. Uma função amostral da onda senoidal mais ruído é, dessa forma, expressa por

$$x(t) = A\cos(2\pi f_c t) + n(t) \tag{5.154}$$

Representando o ruído de banda estreita $n(t)$ em termos de suas componentes em fase e em quadratura em torno da frequência de portadora f_c, podemos escrever

$$x(t) = n'_I(t)\cos(2\pi f_c t) - n_Q(t)\operatorname{sen}(2\pi f_c t) \tag{5.155}$$

em que

$$n'_I(t) = A + n_I(t) \tag{5.156}$$

Assumamos que $n(t)$ seja gaussiano com média zero e variância σ^2. Consequentemente, podemos estabelecer o seguinte:

1. $n'_I(t)$ e $n_Q(t)$ são gaussianos e estatisticamente independentes.
2. A média de $n'_I(t)$ é A e a média de $n_Q(t)$ é zero.
3. A variância tanto de $n'_I(t)$ quanto de $n_Q(t)$ é σ^2.

Podemos, portanto, expressar a função densidade de probabilidade conjunta das variáveis aleatórias N'_I e N_Q, correspondendo a $n'_I(t)$ e $n_Q(t)$, como se segue:

$$f_{N'_I, N_Q}(n'_I, n_Q) = \frac{1}{2\pi\sigma^2}\exp\left[-\frac{(n'_I - A)^2 + n_Q^2}{2\sigma^2}\right] \tag{5.157}$$

Seja $r(t)$ a envoltória de $x(t)$ e seja $\psi(t)$ a sua fase. A partir da Eq. (5.155), verificamos, desse modo, que

$$r(t) = \{[n'_I(t)]^2 + n_Q^2(t)\}^{1/2} \tag{5.158}$$

e

$$\psi(t) = \tan^{-1}\left[\frac{n_Q(t)}{n'_I(t)}\right] \tag{5.159}$$

Seguindo um procedimento similar àquele descrito para a derivação da distribuição de Rayleigh, descobrimos que a função densidade de probabilidade conjunta das variáveis aleatórias R e Ψ, correspondendo a $r(t)$ e $\psi(t)$ para algum tempo t fixo, é dada por

$$f_{R,\Psi}(r,\psi) = \frac{r}{2\pi\sigma^2}\exp\left(-\frac{r^2+A^2-2Ar\cos\psi}{2\sigma^2}\right) \qquad (5.160)$$

Vemos que neste caso, entretanto, não podemos expressar a função densidade de probabilidade conjunta $f_{R,\Psi}(r,\psi)$ como um produto $f_R(r)f_\Psi(\psi)$. Isso ocorre porque agora temos um termo envolvendo os valores de ambas as variáveis aleatórias multiplicadas juntamente, como $r\cos\psi$. Consequentemente, R e Ψ são variáveis aleatórias dependentes para valores não nulos de amplitude A da componente de onda senoidal.

Infelizmente, a presença da componente senoidal no sinal de entrada $x(t)$ complica o passo matemático que nos leva da função densidade de probabilidade conjunta $f_{R,\Psi}(r,\psi)$ às distribuições marginais associadas: $f_R(r)$ e $f_\Psi(\psi)$. Para fins de simplificação, utilizemos o raciocínio intuitivo para percebermos as formas limite da marginal $f_R(r)$, dependendo do valor associado à amplitude A da componente senoidal:

1. Quando A for pequeno em comparação com a envoltória $r(t)$ do ruído para todo t, isto é, quando a "relação sinal-ruído" de $x(t)$ for baixa, então a Eq. (5.160) resultará na aproximação

$$f_R(r) \approx \frac{r}{2\pi\sigma^2}\exp\left(-\frac{r^2}{2\sigma^2}\right), \qquad r(t) \ll A$$

2. Quando A for grande em comparação com a envoltória $r(t)$ do ruído para todo t, isto é, quando a "relação sinal-ruído" de $x(t)$ for baixa, então podemos desprezar o termo composto $2Ar\cos\psi$ em comparação com a soma (r^2+A^2) no expoente da Eq. (5.160). Essa equação resultará na aproximação

$$f_R(r) = \frac{r}{2\pi\sigma^2}\exp\left(-\frac{r^2+A^2}{2\sigma^2}\right), \qquad r(t) \gg A$$

que pode ser vista como "aproximadamente gaussiana" na vizinhança de $r = A$.

Na Figura 5.29 está plotada a distribuição marginal real $f_R(r)$ *versus* r para diferentes valores da amplitude senoidal A, em que introduzimos as seguintes definições:

$$v = \frac{r}{\sigma} \qquad (5.161)$$

$$a = \frac{A}{\sigma} \qquad (5.162)$$

$$f_V(v) = \sigma f_R(r) \qquad (5.163)$$

A distribuição normalizada da Figura 5.29 é chamada de *distribuição de Rician*. Essa figura claramente mostra a evolução da distribuição de Rician de uma distribuição de Rayleigh (para A pequeno) para uma distribuição aproximadamente gaussiana (para A grande).

A derivação da distribuição de Rician, $f_R(r)$, requer conhecimento da função de Bessel modificada, que é discutida no Apêndice. Para detalhes da derivação de $f_R(r)$, recomenda-se ao leitor o Problema 5.34.

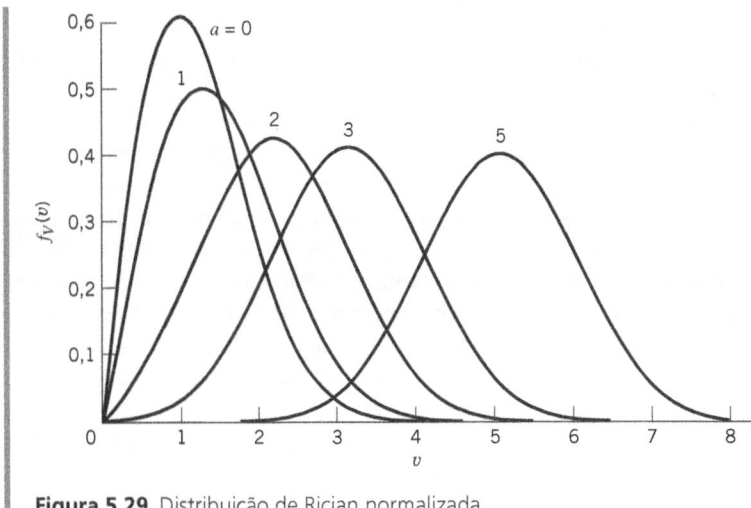

Figura 5.29 Distribuição de Rician normalizada.

Relevância física das distribuições de Rayleigh e de Rician

Em termos físicos a distribuição de Rayleigh, plotada na Figura 5.28, é quase realizada em um meio que consiste em um número grande de *espalhadores* nele distribuídos aleatoriamente. O meio poderia ser excitado por um sinal de alta frequência (isto é, onda curta) gerado por um transmissor, e a soma composta da reflexão dos espalhadores constitui a entrada do receptor localizado a alguma distância do transmissor.

Pelo mesmo motivo, a distribuição de Rician, plotada na Figura 5.29, é quase realizada no meio há pouco descrito acrescido de um caminho que conecta diretamente o receptor ao transmissor. O que efetivamente estamos dizendo é que se tivermos um meio que consiste em um grande número de espalhadores que estejam localizados aleatoriamente no espaço, então a distribuição probabilística subjacente do meio pode ser aproximada pela distribuição de Rayleigh. Se, por outro lado, o meio dos espalhadores localizados aleatoriamente também inclui um *caminho direto* do transmissor até o receptor, então a distribuição subjacente desse novo meio é aproximada pela distribuição de Rician.

5.12 Exemplo temático – modelo estocástico de um canal de rádio móvel

Uma situação em que a teoria da probabilidade e os processos aleatórios exercem um importante papel em comunicações é na análise do desempenho de rádio móvel. Utilizamos o termo "rádio móvel" para englobar formas de comunicações sem fio internas (*indoor*) e externas (*outdoor*) em que o receptor ou o transmissor de rádio é capaz de se mover, sem considerar se ele realmente se moverá ou não. Devido à natureza complexa e variável do canal de rádio móvel, não é possível utilizar uma abordagem determinística para a sua caracterização. Além do mais, é necessário se valer da utilização de medições e análises estatísticas[10].

Os principais problemas de propagação encontrados na utilização de rádio celular em áreas construídas devem-se ao fato de que a antena ou a unidade móvel pode se situar bem abaixo dos prédios vizinhos. Em termos simples, não existe percurso em "visão direta" até a estação base. Em seu lugar, a propagação de rádio acontece principalmente por meio de espalhamento a partir das superfícies dos prédios vizinhos e por difração sobre eles e/ou ao redor deles, como ilustrado na Figura 5.30. O ponto importante a se notar na Figura 5.30 é que a energia alcança a antena receptora por meio de mais de um percurso. Consequentemente, falamos do *fenômeno multipercurso* no sentido de que várias ondas de rádio que chegam alcançam sua destinação a partir de diferentes direções e com diferentes atrasos de tempo.

Para entender a natureza do fenômeno multipercurso, consideremos primeiro um ambiente "estático" multipercurso envolvendo um receptor estacionário e um sinal transmitido que consiste em um sinal de banda estreita (por exemplo, portadora senoidal não modulada). Assumamos que duas versões atenuadas do sinal transmitido cheguem sequencialmente ao receptor. O efeito do atraso de tempo diferencial é introduzir um deslocamento de fase relativo entre as duas componentes do sinal recebido. Podemos, dessa forma, identificar um dos dois casos extremos que podem surgir:

- O deslocamento de fase relativo é zero e, nesse caso, as duas componentes se somam construtivamente, como ilustrado na Figura 5.31*a*.
- O deslocamento de fase relativo é de 180° e, nesse caso, as duas componentes se somam destrutivamente, como ilustrado na Figura 5.31*b*.

Entre esses dois casos extremos existe uma variedade de situações em que podemos obter interferência parcialmente construtiva ou destrutiva. Notemos que o des-

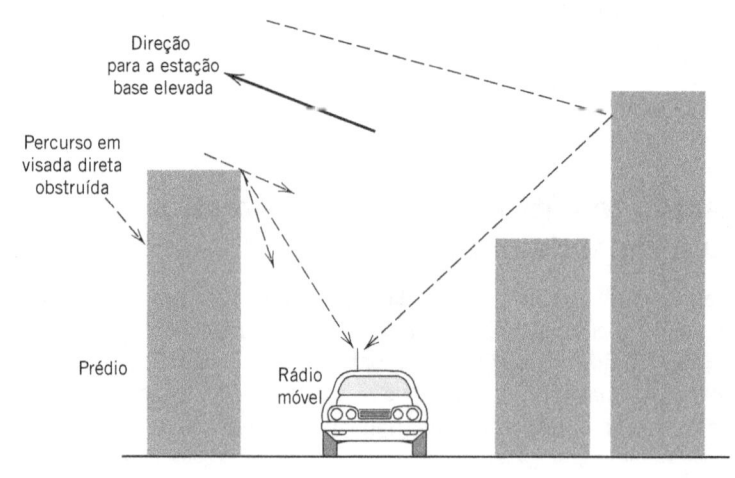

Figura 5.30 Ilustração do mecanismo de propagação de rádio em áreas urbanas. (Retirado de Parsons, 1992.)

locamento de fase relativo dos dois sinais variará com a posição, já que o atraso de tempo relativo também varia com a posição.

O resultado líquido é que a envoltória do sinal recebido varia com a posição de uma maneira complicada, como mostrado pelo registro experimental da envoltória do sinal recebido em uma área urbana que é apresentado na Figura 5.32. Essa figura claramente mostra a natureza desvanecente do sinal recebido. A envoltória do sinal recebido na Figura 5.32 é medida em dBm. A unidade dBm é definida como $10 \log_{10}(P/P_0)$, com P denotando a potência medida e $P_0 = 1$ miliwatt. No caso da Figura 5.32, P é a potência instantânea no sinal recebido.

Distribuição de envoltória para sinais de banda estreita desvanecidos

No caso geral típico da Figura 5.32, há N versões do sinal transmitido $s(t)$ que chegam ao receptor, em que no máximo uma delas pode ser de percurso direto. A atenuação e a fase dos sinais recebidos são normalmente distribuídas aleatoriamente. Nesse caso, o sinal recebido pode ser modelado, na ausência de ruído como

$$r(t) = \sum_{n=1}^{N} \text{Re}[A_n \tilde{s}(t) \exp(j2\pi f_c t + \theta_n)] \quad (5.164)$$

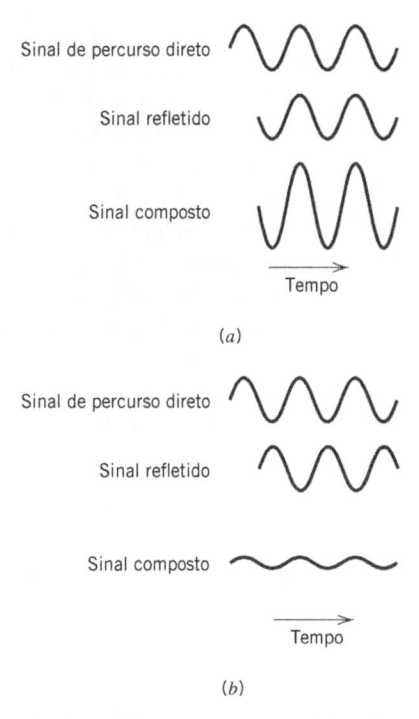

Figura 5.31 (a) Forma construtiva e (b) forma destrutiva do fenômeno de multipercurso para sinais senoidais.

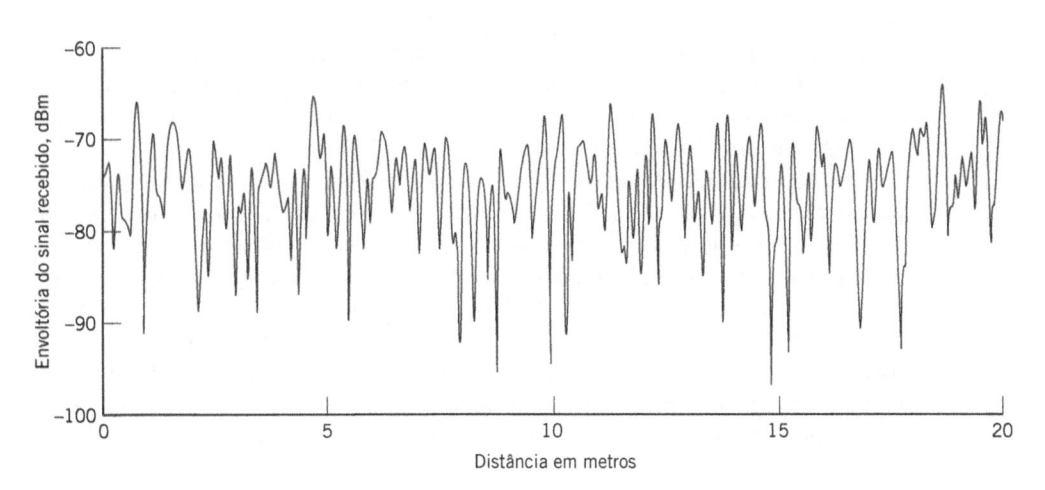

Figura 5.32 Gravação experimental da envoltória de um sinal recebido em uma área urbana. (Retirado de Parsons, 1992.)

em que $\tilde{s}(t)$ é a envoltória complexa do sinal transmitido; A_n e θ_n são a atenuação e a rotação de fase do n-ésimo percurso de sinal. As N versões diferentes do sinal viajarão ao longo de diferentes percursos do transmissor ao receptor e, dessa forma, em geral, terão diferentes comprimentos de percurso. A diferença de comprimento de percurso se traduz em um atraso de tempo relativo Δt_n, para $n > 1$, em relação ao menor percurso (que assume-se corresponder a $n = 1$). Na prática, esse atraso relativo é normalmente da ordem de microssegundos ou menos. O efeito do atraso de tempo na fase é $\Delta\phi_n = f_c \Delta t_n$, e assume-se que essa diferença de fase está incluída na componente aleatória θ_n. Por seu efeito sobre sinal, assumimos que o sinal é suficientemente estreito em banda de modo que $s(t) \approx s(t + \Delta t_n)$ para os atrasos de tempo relativos esperados.

Com estas considerações, a envoltória complexa do sinal recebido $r(t)$ pode, dessa forma, ser representada como

$$\tilde{r}(t) = \sum_{n=1}^{N} A_n \exp(j\theta_n) \tilde{s}(t) \tag{5.165}$$

O lado direito da Eq. (5.165) pode ser expresso como

$$\tilde{r}(t) = \tilde{s}(t) \sum_{n=1}^{N} [a_n + jb_n] \tag{5.166}$$

em que $a_n = A_n \cos(\theta_n)$ e $b_n = A_n \text{sen}(\theta_n)$. É razoável assumir que a_n e b_n possuem aproximadamente a mesma distribuição, de modo que para N grande, as suas somas se aproximam de variáveis aleatórias gaussianas devido ao *teorema do limite central*. Dessa forma, fazemos a aproximação

$$\tilde{r}(t) \approx [X + jY]\tilde{s}(t) \tag{5.167}$$

em que X e Y são variáveis aleatórias gaussianas independentes e identicamente distribuídas. De interesse prático é a distribuição da amplitude do sinal. De acordo com a Seção 5.11, a amplitude $Z = \sqrt{X^2 + Y^2}$, em que X e Y são variáveis aleatórias gaussianas de média zero e independentes, possui uma *distribuição de Rayleigh*. Ou seja, a amplitude devida ao desvanecimento em qualquer instante de tempo é uma variável aleatória com uma distribuição de Rayleigh.

Na Figura 5.33, plotamos a distribuição de Rayleigh em escala logarítmica para comparação com as medidas experimentais do sinal de potência mostrado na Figura 5.32. Por inspeção da Figura 5.32, o nível de potência médio parece estar em torno de -73 dBm. Como uma aproximação grosseira, o sinal cai 10 dB abaixo desse nível, ou seja, abaixo de -83 dBm, em torno de 10% do tempo. A partir da curva teórica, descobrimos que a probabilidade de que um sinal desvanecido de Raylegh esteja 10 dB ou mais abaixo do valor *rms* é de 10%, de acordo, portanto, com as medições. A envoltória do sinal da Figura 5.32 cai 20 dB abaixo do nível médio muito menos frequentemente e, a partir da curva teórica, essa situação deveria ocorrer em 1% do tempo. Esse resultado teórico concorda qualitativamente com as observações.

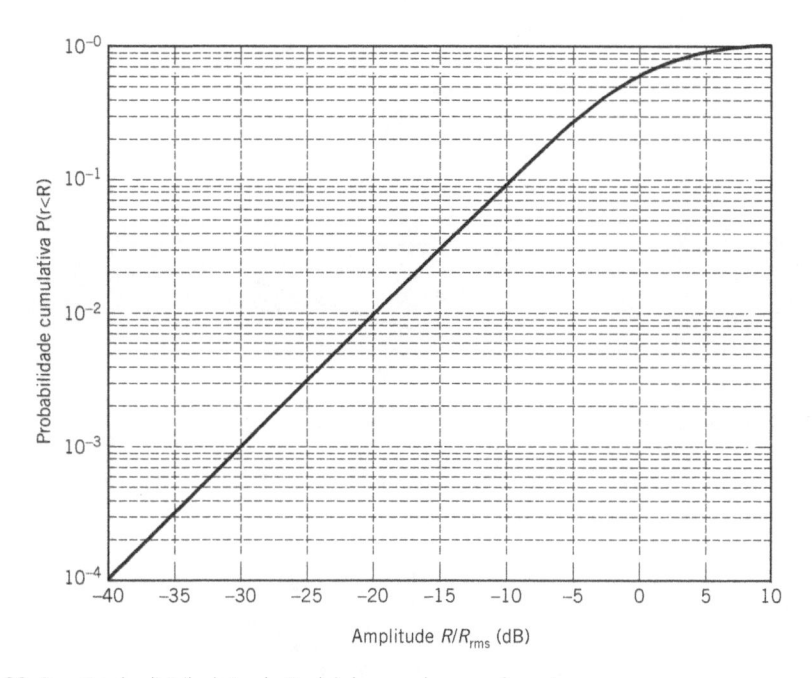

Figura 5.33 Função de distribuição de Rayleigh com desvanecimento.

Autocorrelação da envoltória de sinais de banda estreita desvanecidos

Se o receptor de rádio estiver se movendo, então o desvanecimento variará também com o tempo, e pode ser considerado um processo aleatório. Para caracterizar o processo de desvanecimento, precisamos ajustar o modelo para considerar o movimento do receptor. Quando um receptor se move em relação a uma fonte de sinal, ocorre uma mudança na frequência do sinal recebido proporcional à velocidade do receptor na direção da fonte. Para sermos específicos, consideremos a situação ilustrada na Figura 5.34, em que assume-se que o receptor se move ao longo da linha AA' com uma velocidade constante, v. Assume-se também que o sinal recebido é devido a uma onda de rádio de um espalhador identificado por S. Seja Δt o tempo que se leva para que o receptor se mova de um ponto A para um ponto A'. Utilizando a notação descrita na Figura 5.34, deduzimos que a mudança incremental no comprimento do percurso da onda de rádio é

$$\begin{aligned}\Delta l &= d \cos \alpha \\ &= v\Delta t \cos \alpha\end{aligned} \quad (5.168)$$

em que α é o ângulo espacial entre a onda de rádio que chega e a direção de movimento do receptor. Correspondentemente, a mudança no ângulo de fase do sinal recebido no ponto A' com relação ao ângulo no ponto A é dada por

$$\begin{aligned}\Delta \phi &= -\frac{2\pi}{\lambda}\Delta l \\ &= -\frac{2\pi v \Delta t}{\lambda} \cos \alpha\end{aligned} \quad (5.169)$$

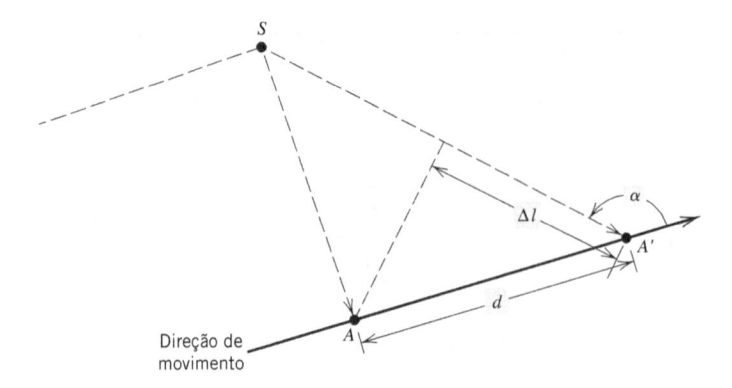

Figura 5.34 Ilustração do desvio Doppler. (Retirado de Parsons, 1992.)

em que λ é o comprimento de onda da onda de rádio. A mudança aparente na frequência, ou o *desvio Doppler* é, portanto,

$$\Delta f = -\frac{1}{2\pi} \frac{\Delta \phi}{\Delta t}$$
$$= \frac{v}{\lambda} \cos \alpha \tag{5.170}$$

O desvio Doppler Δf é positivo (resultando em um aumento na frequência) quando as ondas de rádio chegam pela frente da unidade móvel, e é negativo quando as ondas de rádio chegam por detrás da unidade móvel.

Com percursos múltiplos refletidos, cada um terá uma frequência levemente diferente baseada no seu ângulo de chegada no receptor em comparação com a direção do movimento do receptor. Consequentemente, o modelo para a *envoltória complexa* do sinal recebido para um receptor em movimento será

$$\tilde{r}(t) = \sum_{n=1}^{N} A_n \exp[j(2\pi f_n t + \theta_n)]\tilde{s}(t) \tag{5.171}$$

em que f_n é a frequência Doppler do n-ésimo raio espalhado. Podemos caracterizar o comportamento do processo aleatório computando a autocorrelação da envoltória complexa.

$$R_r(\tau) = \mathbf{E}[\tilde{r}(t)\tilde{r}*(t+\tau)]$$
$$= \mathbf{E}\left[\left\{\sum_{n=1}^{N} A_n \exp(j(2\pi f_n t + \theta_n))\right\}\left\{\sum_{n=1}^{N} A_n \exp(-j(2\pi f_n(t+\tau) + \theta_n))\right\}\right] \tag{5.172}$$
$$\times \mathbf{E}[\tilde{s}(t)\tilde{s}*(t+\tau)]$$

Na segunda linha da Eq. (5.172) podemos separar a autocorrelação do processo com desvanecimento da autocorrelação do sinal devido ao fato de termos assumido independência. Focando no processo $F = \sum_{n=1}^{N} A_n \exp[j(2\pi f_n t + \theta_n)]$, descobrimos que

$$R_F(\tau) = \mathbf{E}\left[\sum_{n=1}^{N} A_n^2 \exp[-j(2\pi f_n \tau)]\right] \tag{5.173}$$

que resulta da simplificação da segunda última linha da Eq. (5.172). Sob condições adequadas, podemos avaliar a esperança na Eq. (5.173) (ver Problema 5.33) para obtermos

$$R_F(\tau) = P_0 J_0(2\pi f_D \tau) \tag{5.174}$$

em que P_0 é a potência recebida média, $J_0(\ )$ é a *função de Bessel de ordem zero*, e f_D é a *frequência Doppler máxima* para a dada velocidade do receptor. O Doppler máximo é obtido ajustando-se $\alpha = 0$ na Eq. (5.170). Na Figura 5.35 plotamos a versão normalizada da função de autocorrelação da Eq. (5.174) *versus* o parâmetro $f_D\tau$. A função é simétrica em τ e mostra que ao longo de curtas distâncias ($f_D\tau$ pequeno) o sinal com desvanecimento é fortemente correlacionado.

Novamente, é bom para o nosso entendimento compararmos o resultado medido da Figura 5.32 com o resultado teórico da Figura 5.35. A partir da Eq. (5.172), a distância d percorrida à velocidade v é

$$d = v\tau = \lambda(f_D\tau)$$

Se, por exemplo, a frequência de portadora para a medição da Figura 5.32 for $f_c = 900$ MHz, então $\lambda = 0{,}33$ metros. Já que a autocorrelação teórica indica uma forte correlação para $|f_D\tau| < 0{,}25$, no eixo de distância da Figura 5.32, esperamos uma forte correlação ao longo da faixa $0{,}25\lambda \approx 0{,}08$ metros; e esse é realmente o caso. Ao longo de distâncias maiores, há muito pouca correlação no processo de desvanecimento.

Em aplicações na engenharia, esses modelos estatísticos são ferramentas de projeto úteis em um grande número de áreas. Se, por exemplo, a comunicação de

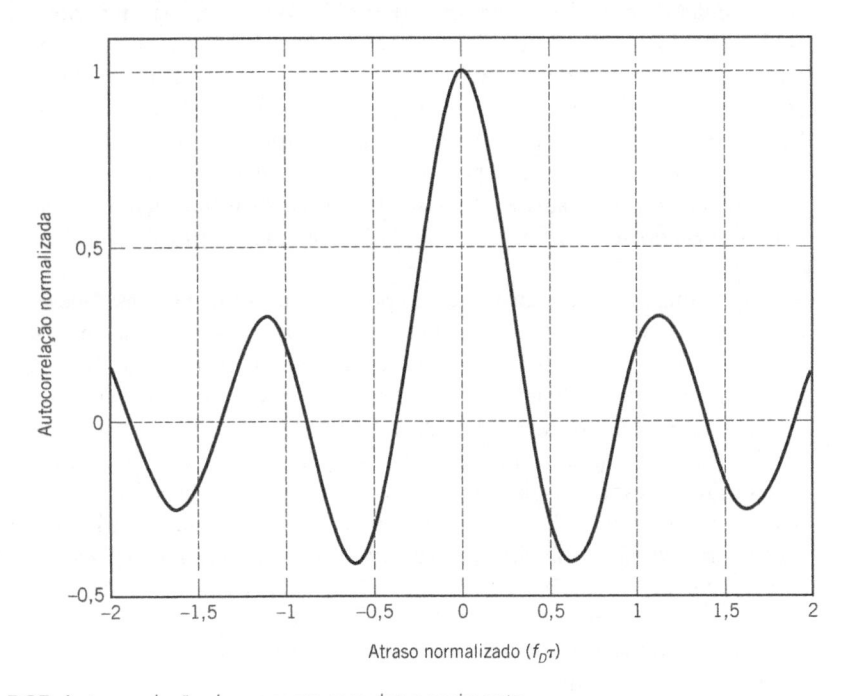

Figura 5.35 Autocorrelação de processo com desvanecimento.

banda estreita sobre canal móvel for confiável em 99% do tempo, então esses resultados indicam que o projeto deve incluir 20 dB de margem de potência, a não ser que haja outros métodos de compensação da perda do sinal devida ao desvanecimento. Um método de compensação da perda por desvanecimento é através da *codificação para correção direta de erros* (*FEC*) (discutida no Capítulo 10) em combinação com um dispositivo conhecido como *intercalador*, que distribui de maneira pseudoaleatória os *bits* antes da transmissão (e um intercalador inverso é aplicado aos *bits* no receptor). Muitas formas de FEC trabalham melhor se os *bits* adjacentes são desvanecidos independentemente. Dessa forma, os resultados de autocorrelação para a envoltória com desvanecimento fornecem um importante parâmetro para o projeto do intercalador.

Neste exemplo, consideramos apenas as características de desvanecimento de um sinal de banda estreita em que as diferenças de comprimento de percurso dos raios dos múltiplos percursos diferentes tinham efeito desprezível. Esta situação é normalmente referenciada como *uniforme em frequência* ou simplesmente *desvanecimento uniforme*, uma vez que os efeitos são uniformes ao longo de todas as frequências do sinal. Em um caso mais geral, com sinais de largura de banda maiores, o canal multipercurso pode ser modelado com uma resposta ao impulso $h(t)$ no caso estático e uma resposta ao impulso variante no tempo $h(t,\tau)$ no caso dinâmico, resultando, dessa forma, em características de desvanecimento mais complicadas.

5.13 Resumo e discussão

Muito do material apresentado neste capítulo lidou com a caracterização de uma classe particular de processos aleatórios conhecidos por serem estacionários no sentido amplo e ergódicos. A implicação da estacionariedade no sentido amplo é que podemos desenvolver uma descrição parcial de um processo aleatório em termos de dois parâmetros de média de conjunto: (1) uma média que independe do tempo, e (2) uma função de autocorrelação que depende apenas da diferença entre os tempos em que as duas observações do processo são feitas[11]. A ergodicidade nos permite utilizar médias temporais como "estimativas" desses parâmetros. As médias temporais são computadas utilizando-se uma função amostral (isto é, uma realização única) do processo aleatório.

Outro importante parâmetro de um processo aleatório é a densidade espectral de potência. A função de autocorrelação e a densidade espectral de potência constituem um par de transformada de Fourier. As fórmulas que definem a densidade espectral de potência em termos da função de autocorrelação e vice-versa são conhecidas como as relações de Einstein-Wiener-Khintchine.

Na Tabela 5.1 apresentamos um resumo gráfico das funções de autocorrelação e das densidades espectrais de potência de alguns processos aleatórios importantes estudados neste capítulo. Em todos os processos descritos nessa tabela foram assumidas média zero e variância unitária. Essa tabela deve dar ao leitor uma percepção para (1) a interação entre a função de autocorrelação e a densidade espectral de potência de um processo aleatório, e (2) o papel da filtragem linear na mudança da forma da função de autocorrelação ou, de maneira equivalente, da densidade espectral de potência de um processo de ruído branco.

TABELA 5.1 Resumo gráfico das funções de autocorrelação e das densidades espectrais de potência de processos aleatórios de média zero e variância unitária

Tipo de processo $X(t)$	Função de autorrelação $R_X(t)$	Densidade espectral de potência, $S_X(f)$
Processo senoidal de frequência unitária e fase aleatória		
Onda binária aleatória de duração de símbolo unitária		
Ruído branco processado por um filtro RC passa-baixas		
Ruído branco processado por um filtro passa-baixas ideal		
Ruído branco processado por um filtro passa-faixa ideal		
Ruído branco processado por um filtro RLC		

A última parte do capítulo tratou de processos de ruído gaussianos e de banda estreita, que é o tipo de ruído filtrado encontrado na etapa de entrada (*front end*) de uma forma idealizada de receptor de comunicação. Gaussianidade significa que a variável aleatória obtida observando-se a saída do filtro em um tempo fixo tem uma distribuição gaussiana. A natureza de banda estreita do ruído significa que ele pode ser representado em termos de uma componente em fase e uma componente em quadratura. Ambas as componentes são processos passa-baixas e gaussianos, cada um com média zero e variância igual à do ruído de banda estreita original. Alternativamente, um ruído de banda estreita gaussiano pode ser representado em termos de uma envoltória com distribuição de Rayleigh e uma fase uniformemente distribuída. Cada uma dessas representações possui sua própria área de aplicação, como mostrado nos capítulos subsequentes do livro.

O material apresentado neste capítulo esteve inteiramente restringido a processos aleatórios *reais*. Ele pode ser generalizado para processos aleatórios *complexos*. Um processo aleatório complexo comumente encontrado é um processo passa-baixas gaussiano complexo, que surge na representação equivalente de um ruído gaussiano de banda estreita $n(t)$. Da Seção 5.11, notamos que $n(t)$ é unicamente determinado em termos da componente em fase $n_I(t)$ e da componente em quadratura $n_Q(t)$. De maneira equivalente, podemos representar o ruído de banda estreita $n(t)$ em termos da envoltória complexa $\tilde{n}(t)$ definida como $n_I(t) + jn_Q(t)$.

Notas e referências

1. Para um tratamento introdutório da teoria da probabilidade por si mesma, ver Hamming (1991). Para um tratamento introdutório de probabilidade e processos aleatórios com ênfase em engenharia, ver Leon-Garcia (1994), Helstrom (1990) e Papoulis (1984).
2. Há uma outra classe importante de processos aleatórios comumente encontrada na prática, cujas funções de média e de autocorrelação exibem *periodicidade*, como em

$$\mu_X(t_1 + T) = \mu_X(t_1)$$
$$R_X(t_1 + T, t_2 + T) = R_X(t_1, t_2)$$

    para todo t_1 e t_2. Um processo aleatório $X(t)$ que satisfaça esse par de condições é dito ser *cicloestacionário* (no sentido amplo). Modelar o processo $X(t)$ como cicloestacionário adiciona uma nova dimensão, denominada período T, para a descrição parcial do processo. Exemplos de processos cicloestacionários incluem um sinal de televisão obtido efetuando-se a varredura linear de um campo de vídeo aleatório, e um processo modulado obtido variando-se a amplitude, a fase ou a frequência de uma portadora senoidal. Para uma discussão detalhada de processos cicloestacionários, ver Franks (1969), pp. 204-214, e o artigo de Gardner e Franks (1975).
3. Para um tratamento mais detalhado de ergodicidade, ver Gray e Davisson (1986).
4. Tradicionalmente, as Eqs. (5.91) e (5.92) são mencionadas na literatura como as relações de Wiener-Khintchine, em reconhecimento ao trabalho pioneiro feito por Norbert Wiener e A. I. Khintchine. A descoberta de um artigo esquecido escrito por Albert Einstein sobre a análise de séries temporais (apresentada na reunião da Sociedade Suíça de Física, em fevereiro de 1914, na Basileia) revela que Einstein discutia a função de autocorrelação e a sua relação com o conteúdo espectral de uma série, muitos anos antes de Wiener e Khintchine. Uma tradução para o inglês do artigo de Einstein foi reproduzida na *IEEE ASSP*

Magazine, volume 4, outubro de 1987. Essa edição específica também contém artigos de W. A. Gardner e A. M. Yaglom, os quais desenvolvem o trabalho original de Einstein.

5. Para mais detalhes a respeito da estimação do espectro de potência, ver Box e Jenkins (1986), Marple (1987) e Kay (1988).
6. Para um tratamento detalhado do ruído elétrico, ver Van der Ziel (1970) e a coleção de artigos editados por Gupta (1977).
7. Um tratamento introdutório do ruído impulsivo é apresentado em Helstrom (1990).
8. O ruído térmico foi estudado pela primeira vez experimentalmente por J. B. Johnson em 1928, e por isso ele é às vezes chamado de "ruído de Johnson". Os experimentos de Johnson foram confirmados teoricamente por Nyquist (1928).
9. A presença de ruído em um receptor pode também ser medida em termos da chamada *figura de ruído*. A relação entre a figura de ruído e temperatura de ruído equivalente pode ser encontrada em Haykin e Moher (2005).
10. A discussão de técnicas tento analíticas quanto estatísticas de caracterização da propagação pode ser encontrada em Parsons (1992).
11. A caracterização estatística de sistemas de comunicação apresentada neste livro se resume aos dois primeiros momentos; média e a função de autocorrelação (de maneira equivalente, função de autocovariância) do processo aleatório pertinente. Entretanto, quando um processo aleatório é transmitido através de um sistema não linear, informações valiosas estarão contidas em momentos de ordem mais elevada do processo de saída resultante. Os parâmetros utilizados para caracterizar momentos de ordem mais elevada no domínio do tempo são chamados de *cumulantes*; suas transformadas de Fourier multidimensionais são chamadas de *poliespectros*. Para uma discussão de cumulantes e poliespectros de ordem mais elevada e sua estimação, ver os artigos de Brillinger (1965) e Nikias e Raghuveer (1987).

Problemas

5.1

(a) Mostre que a função característica de uma variável aleatória gaussiana X de média μ_X e variância σ_X^2 é

$$\phi_X(v) = \exp\left(jv\mu_X - \tfrac{1}{2}v^2\sigma_X^2\right)$$

(b) Utilizando o resultado da parte (a), mostre que o n-ésimo momento central dessa variável aleatória gaussiana é

$$E[(X-\mu_X)^n] = \begin{cases} 1 \times 3 \times 5 \ldots (n-1)\sigma_X^n & \text{para } n \text{ par} \\ 0 & \text{para } n \text{ ímpar} \end{cases}$$

5.2 Uma variável aleatória X com distribuição gaussiana de média zero e variância σ_X^2 é transformada por um retificador linear por partes caracterizado pela relação entrada-saída (ver Figura P5.1):

$$Y = \begin{cases} X, & X \geq 0 \\ 0, & X < 0. \end{cases}$$

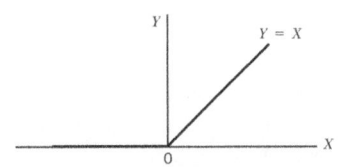

Figura P5.2

A função densidade de probabilidade da nova variável aleatória Y é descrita por

$$f_Y(y) = \begin{cases} 0, & y < 0 \\ k\delta(y), & y = 0 \\ \dfrac{1}{\sqrt{2\pi}\sigma_X}\exp\left(-\dfrac{y^2}{2\sigma_X^2}\right), & y > 0 \end{cases}$$

(a) Explique as razões físicas para a forma funcional desse resultado.

(b) Determine o valor da constante k que pondera a função $\delta(y)$.

5.3 Um sinal binário que tem valores ± 1 é detectado na presença de ruído gaussiano branco aditivo de média zero e variância σ^2. Qual é a função densidade de probabilidade do sinal observado na entrada do detector? Derive uma expressão para a probabilidade de que o sinal observado seja maior do que um limiar α especificado.

5.4 Considere um processo aleatório $X(t)$ definido por

$$X(t) = \text{sen}(2\pi f t)$$

em que a frequência f é uma variável aleatória uniformemente distribuída ao longo do intervalo $(0,W)$. Mostre que $X(t)$ é não estacionário. *Dica*: Examine as funções amostrais específicas do processo aleatório $X(t)$ para a frequência, digamos, $f = W/4$, $W/2$ e W.

5.5 Para um processo aleatório complexo $Z(t)$, definamos a função de autocorrelação como

$$R_Z(\tau) = \mathbf{E}[Z^*(t)Z(t+\tau)]$$

em que $*$ representa a conjugação complexa. Derive as propriedades dessa autocorrelação complexa correspondentes às Eqs. (5.64), (5.65) e (5.67).

5.6 Para o processo aleatório complexo $Z(t) = Z_I(t) + jZ_Q(t)$ em que $Z_I(t)$ e $Z_Q(t)$ são processos aleatórios de valor real dados por

$$Z_I(t) = A\cos(2\pi f_1 t + \theta_1)$$

e

$$Z_Q(t) = A\cos(2\pi f_2 t + \theta_2)$$

em que θ_1 e θ_2 são uniformemente distribuídos ao longo de $[-\pi,\pi]$. Qual é a autocorrelação de $Z(t)$? Supondo $f_1 = f_2$? Supondo $\theta_1 = \theta_2 = \theta$?

5.7 Sejam X e Y variáveis aleatórias com distribuição gaussiana e independentes, cada uma com média zero e variância unitária. Definamos o processo gaussiano

$$Z(t) = X\cos(2\pi t) + Y\text{sen}(2\pi t)$$

(a) Determine a função densidade de probabilidade conjunta das variáveis aleatórias $Z(t_1)$ e $Z(t_2)$ obtidas observando-se $Z(t)$ nos tempos t_1 e t_2, respectivamente.

(b) O processo $Z(t)$ é estacionário? Por quê?

5.8 Prove as seguintes duas propriedades da função de autocorrelação $R_X(\tau)$ de um processo aleatório $X(t)$:

(a) Se $X(t)$ contiver uma componente dc igual a A, então $R_X(\tau)$ conterá uma componente constante igual a A^2.

(b) Se $X(t)$ contiver uma componente senoidal, então $R_X(\tau)$ também conterá uma componente senoidal de mesma frequência.

5.9 A onda quadrada $x(t)$ da Figura P5.9 de amplitude constante A, período T_0 e atraso t_d representa a função amostral de um processo aleatório $X(t)$. O atraso é aleatório, descrito pela função densidade de probabilidade

$$f_{T_d}(t_d) = \begin{cases} \dfrac{1}{T_0}, & -\dfrac{1}{2}T_0 \leq t_d \leq \dfrac{1}{2}T_0 \\ 0, & \text{caso contrário} \end{cases}$$

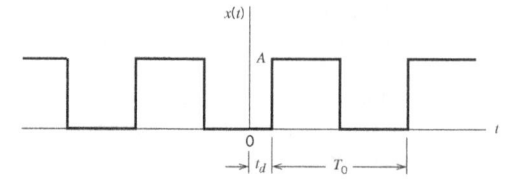

Figura P5.9

(a) Determine a função densidade de probabilidade da variável aleatória $X(t_k)$ obtida observando-se o processo aleatório $X(t)$ no tempo t_k.

(b) Determine a média e a função de autocorrelação de $X(t)$ utilizando média de conjunto.

(c) Determine a média e a função de autocorrelação de $X(t)$ utilizando média temporal.

(d) Estabeleça se $X(t)$ é ou não estacionário no sentido amplo. Em que sentido ele é ergódico?

5.10 Uma onda binária consiste em uma sequência aleatória de símbolos 1 e 0, similar à descrita no Exemplo 5.8, com uma diferença básica: o símbolo 1 agora é representado por um pulso de amplitude A volts e o símbolo 0 é representado por zero volts. Todos os outros parâmetros são os mesmos que antes. Mostre que para essa nova onda binária aleatória $X(t)$:

(a) A função de autocorrelação é

$$R_X(\tau) = \begin{cases} \dfrac{A^2}{4} + \dfrac{A^2}{4}\left(1 - \dfrac{|\tau|}{T}\right), & |\tau| < T \\ \dfrac{A^2}{4}, & |\tau| \geq T \end{cases}$$

(b) A densidade espectral de potência é

$$S_X(f) = \frac{A^2}{4}\delta(f) + \frac{A^2 T}{4}\text{sinc}^2(fT)$$

Qual é a potência percentual contida na componente dc da onda binária?

5.11 Um processo aleatório $Y(t)$ consiste em uma componente dc de $\sqrt{3/2}$ volts, uma componente periódica $g(t)$ e uma componente aleatória $X(t)$. A função de autocorrelação de $Y(t)$ é mostrada na Figura P5.11.

(a) Qual é a potência média da componente periódica $g(t)$?
(b) Qual é a potência média da componente aleatória $X(t)$?

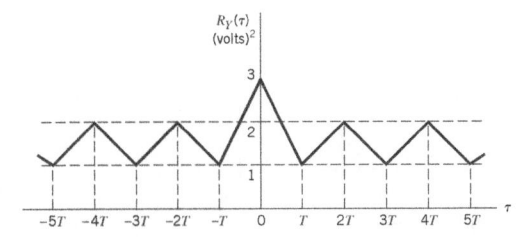

Figura P5.11

5.12 Considere um par de processos aleatórios $X(t)$ e $Y(t)$ estacionários no sentido amplo. Mostre que as correlações cruzadas $R_{XY}(\tau)$ e $R_{YX}(\tau)$ desses processos têm as seguintes propriedades:

(a) $R_{XY}(\tau) = R_{YX}(-\tau)$
(b) $|R_{XY}(\tau)| \leq \frac{1}{2}[R_X(0) + R_Y(0)]$

5.13 Considere dois filtros lineares conectados em cascata como na Figura P5.13. Seja $X(t)$ um processo estacionário no sentido amplo com função de autocorrelação $R_X(\tau)$. O processo aleatório que aparece na saída do primeiro filtro é $V(t)$ e o que aparece na saída do segundo filtro é $Y(t)$.

(a) Encontre a função de autocorrelação de $Y(t)$.
(b) Encontre a função de correlação cruzada entre $R_{VY}(\tau)$ de $V(t)$ e $Y(t)$.

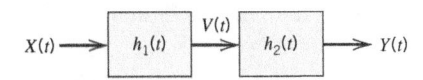

Figura P5.13

5.14 Um processo aleatório $X(t)$ estacionário no sentido amplo é aplicado a um filtro linear invariante no tempo de resposta ao impulso $h(t)$, produzindo uma saída $Y(t)$.

(a) Mostre que a função de correlação cruzada $R_{YX}(\tau)$ da saída $Y(t)$ e da entrada $X(t)$ é igual à resposta ao impulso $h(\tau)$ convolvida com a função de autocorrelação $R_X(\tau)$ da entrada, como mostrada por

$$R_{YX}(\tau) = \int_{-\infty}^{\infty} h(u) R_X(\tau - u)\, du$$

Mostre que a segunda função de correlação cruzada $R_{XY}(\tau)$ é igual a

$$R_{XY}(\tau) = \int_{-\infty}^{\infty} h(-u) R_X(\tau - u)\, du$$

(b) Encontre as densidades espectrais cruzadas $S_{YX}(f)$ e $S_{XY}(f)$.
(c) Assumindo que $X(t)$ seja um processo de ruído branco com média zero e densidade espectral de potência $N_0/2$, mostre que

$$R_{YX}(\tau) = \frac{N_0}{2} h(\tau)$$

Comente a importância prática desse resultado.

5.15 A densidade espectral de potência de um processo aleatório $X(t)$ é mostrada na Figura P5.15.

(a) Determine e esboce a função de autocorrelação $R_X(\tau)$ de $X(t)$.
(b) Qual é a potência dc contida em $X(t)$?
(c) Qual é a potência ac contida em $X(t)$?
(d) Que taxas de amostragem produzirão amostras descorrelacionadas de $X(t)$? As amostras são estatisticamente independentes?

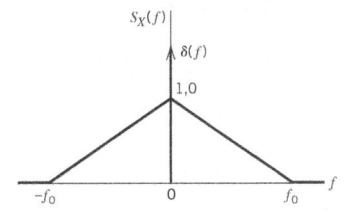

Figura P5.15

5.16 Um par de processos de ruído $n_1(t)$ e $n_2(t)$ são relacionados por

$$n_2(t) = n_1(t)\cos(2\pi f_c t + \theta) - n_1(t)\text{sen}(2\pi f_c t + \theta)$$

em que f_c é uma constante, e θ é o valor de uma variável aleatória Θ cuja função densidade de probabilidade é definida por

$$f_\Theta(\theta) = \begin{cases} \dfrac{1}{2\pi}, & 0 \leq \theta \leq 2\pi \\ 0, & \text{caso contrário} \end{cases}$$

O processo de ruído $n_1(t)$ é estacionário e sua densidade espectral de potência é como mostrado na Figura P5.16. Encontre e plote a densidade espectral de potência correspondente de $n_2(t)$.

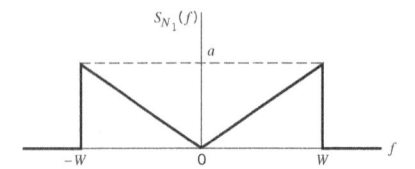

Figura P5.16

5.17 Um *sinal telegráfico aleatório* $X(t)$, caracterizado pela função de autocorrelação

$$R_X(\tau) = \exp(-2v|\tau|)$$

em que v é uma constante, é aplicado ao filtro passa-baixas RC da Figura P5.17. Determine a densidade espectral de potência e a função de autocorrelação do processo aleatório na saída do filtro.

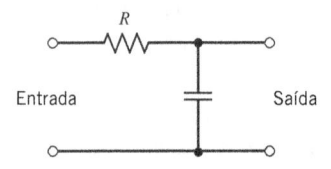

Figura P5.17

5.18 A saída de um oscilador é descrita por

$$X(t) = A \cos(2\pi f t - \Theta),$$

em que A é uma constante, e f e Θ são variáveis aleatórias independentes. A função densidade de probabilidade de Θ é definida por

$$f_\Theta(\theta) = \begin{cases} \dfrac{1}{2\pi}, & 0 \leq \theta \leq 2\pi \\ 0, & \text{caso contrário} \end{cases}$$

Encontre a densidade espectral de potência de $X(t)$ em termos da função densidade de probabilidade da frequência f. O que acontece a essa densidade espectral de potência quando a frequência f assume um valor constante?

5.19 Um processo estacionário gaussiano $X(t)$ tem valor médio zero e densidade espectral de potência $S_X(f)$. Determine a função densidade de probabilidade de uma variável aleatória obtida observando-se o processo $X(t)$ em algum tempo t_k.

5.20 Um processo gaussiano de média zero e variância σ_X^2 é passado através de um retificador de onda completa, que é descrito pela relação entrada-saída da Figura P5.20. Mostre que a função densidade de probabilidade de uma variável aleatória $Y(t_k)$, obtida observando-se o processo aleatório $Y(t)$ na saída do retificador no tempo t_k, é como se segue.

$$f_{Y(t_k)}(y) = \begin{cases} \sqrt{\dfrac{2}{\pi}} \dfrac{1}{\sigma_X} \exp\left(-\dfrac{y^2}{2\sigma_X^2}\right), & y \geq 0 \\ 0, & y < 0 \end{cases}$$

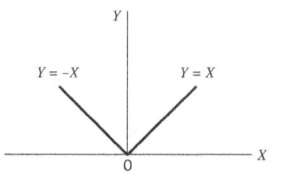

Figura P5.20

5.21 Seja $X(t)$ um processo de valor médio zero, estacionário e gaussiano, com função de autocorrelação $R_X(\tau)$. Esse processo é aplicado a um dispositivo de lei quadrática, definida pela relação entrada-saída

$$Y(t) = X^2(t)$$

em que $Y(t)$ é a saída.

(a) Mostre que a média de $Y(t)$ é $R_X(0)$.
(b) Mostre que a função de autocovariância de $Y(t)$ é $2R_X^2(\tau)$.

5.22 Um processo estacionário gaussiano $X(t)$ com média μ_X e variância σ_X^2 é passado por dois filtros lineares com respostas ao impulso $h_1(t)$ e $h_2(t)$, produzindo processos $Y(t)$ e $Z(t)$, como mostrado na Figura P5.22.

(a) Determine a função densidade de probabilidade conjunta das variáveis aleatórias $Y(t_1)$ e $Z(t_2)$.
(b) Quais condições são necessárias e suficientes para garantir que $Y(t_1)$ e $Z(t_2)$ sejam estatisticamente independentes?

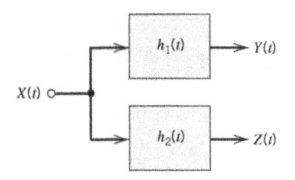

Figura P5.22

5.23 Um processo estacionário gaussiano com média zero e densidade espectral de potência $S_X(f)$ é aplicado a um filtro linear cuja resposta ao impulso $h(t)$ é mostrada na Figura P5.23. Uma amostra Y é tomada do processo aleatório na saída do filtro no tempo T.

(a) Determine a média e a variância de Y.
(b) Qual é a função densidade de probabilidade de Y?

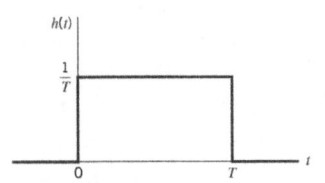

Figura P5.23

5.24 Considere um processo de ruído branco gaussiano de média zero e densidade espectral de potência $N_0/2$ que seja aplicado à entrada do filtro passa-altas RL mostrado na Figura P5.24.

(a) Encontre a função de autocorrelação e a densidade espectral de potência do processo aleatório na saída do filtro.
(b) Quais são a média e a variância dessa saída?

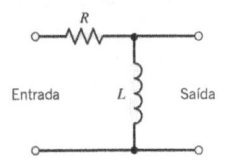

Figura P5.24

5.25 Um ruído branco $w(t)$ de densidade espectral de potência $N_0/2$ é aplicado a um filtro passa-baixas de *Butterworth* de ordem n, cuja resposta em magnitude é definida por

$$|H(f)| = \frac{1}{[1 + (f/f_0)^{2n}]^{1/2}}$$

(a) Determine a largura de banda equivalente de ruído para esse filtro passa-baixas.
(b) Qual é o valor limitador da largura de banda equivalente de ruído quando n se aproxima do infinito?

5.26 O processo de ruído impulsivo $X(t)$ definido pela Eq. (5.114) é estacionário. Por quê?

5.27 Um ruído branco gaussiano de média zero e densidade espectral de potência $N_0/2$ é aplicado ao esquema de filtragem mostrado na Figura P5.27. O ruído na saída do filtro passa-baixas é denotado por $n(t)$.

(a) Encontre a densidade espectral de potência e a função de autocorrelação de $n(t)$.
(b) Encontre a média e a variância de $n(t)$.
(c) Qual é a taxa em que $n(t)$ pode ser amostrado de modo que as amostras resultantes sejam essencialmente descorrelacionadas?

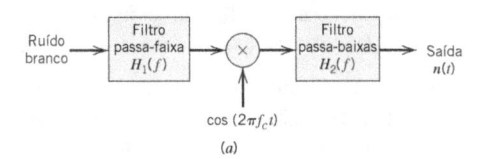

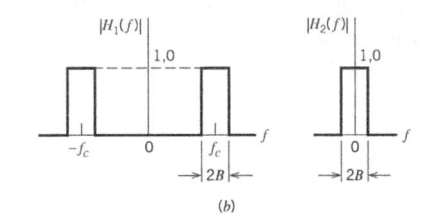

Figura P5.27

5.28 Seja $X(t)$ um processo estacionário com média zero, função de autocorrelação $R_X(\tau)$ e densidade espectral de potência $S_X(f)$. Somos solicitados a encontrar um filtro linear com resposta ao impulso $h(t)$, tal que a saída do filtro seja $X(t)$ quando a entrada é um ruído branco de média zero de densidade espectral de potência $N_0/2$.

(a) Determine a condição que a resposta ao impulso $h(t)$ deve satisfazer a fim de atingir essa exigência.
(b) Qual é a condição correspondente sobre a função de transferência $H(f)$ do filtro?
(c) Utilizando o critério de Paley-Wiener (ver Seção 2.7), encontre a exigência sobre $S_X(f)$ para que esse filtro seja causal.

5.29 A densidade espectral de potência de um ruído de banda estreita $n(t)$ é como mostrada na Figura P5.29. A frequência de portadora é 5 Hz.

(a) Encontre as densidades espectrais de potência das componentes em fase e em quadratura de $n(t)$.

(b) Encontre as suas densidades espectrais cruzadas.

5.30 Considere um ruído gaussiano $n(t)$ com média zero e densidade espectral de potência $S_N(f)$ mostrado na Figura P5.30.

(a) Encontre a função densidade de probabilidade da envoltória de $n(t)$.

(b) Quais são a média e a variância dessa envoltória?

5.31 No analisador de ruído da Figura 5.25a, os filtros passa-baixas são ideais com uma largura de banda igual à metade da do ruído de banda estreita $n(t)$ aplicado à entrada. Utilizando esse esquema, obtenha os seguintes resultados:

(a) A Equação (5.136), que define as densidades espectrais de potência da componente do ruído em fase $n_I(t)$ e da componente do ruído em quadratura $n_Q(t)$ em termos da densidade espectral de potência de $n(t)$.

(b) A Equação (5.137), que define as densidade espectrais cruzadas de $n_I(t)$ e $n_Q(t)$.

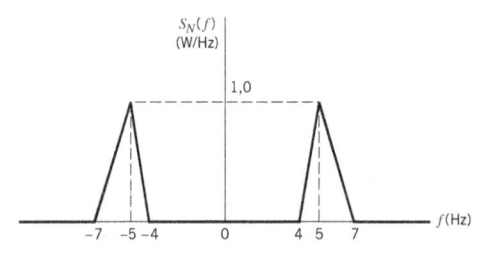

Figura P5.29

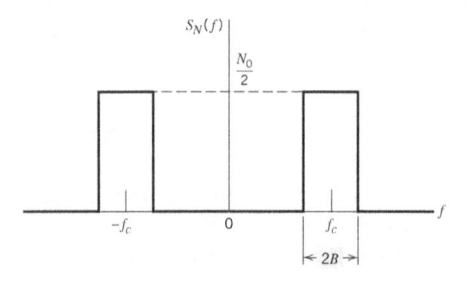

Figura P5.30

5.32 Assumamos que o ruído de banda estreita $n(t)$ seja gaussiano e sua densidade espectral de potência $S_N(f)$ seja simétrica em relação à frequência de banda média f_c. Mostre que as componentes em fase e em quadratura de $n(t)$ são estatisticamente independentes.

5.33

(a) Um transmissor na posição $x = 0$ emite o sinal $A\cos(2\pi f_c t)$. O sinal viaja à velocidade da luz de modo que o sinal em um ponto sobre o eixo x é dado por

$$r(t,x) = A(x)\cos\left[2\pi f_c\left(t - \frac{x}{c}\right)\right]$$

Se o receptor começar na posição x_0 e se mover à velocidade v ao longo do eixo x, que desvio Doppler na frequência f_D será observado?

(b) As frequências do desvio Doppler dos caminhos refletidos na Eq. (5.173) são proporcionais ao ângulo de radiação relativo à direção de movimento, ou seja

$$f_n = f_D \cos \psi_n$$

em que f_D é o desvio Doppler máximo. Se o ângulo multipercurso ψ_n for uniformemente distribuído ao longo de $[-\pi,\pi]$, calcule $E[\exp(j2\pi f_n t)]$. Utilize esse resultado para provar a Eq. (5.174).

5.34 A *função de Bessel modificada de primeira espécie e de ordem zero* é definida por

$$I_0(x) = \frac{1}{2\pi}\int_0^{2\pi} \exp(x\cos\psi)\,d\psi$$

Utilizando essa fórmula, mostre que a distribuição marginal $f_R(r)$ derivada da distribuição conjunta da Eq. (5.160) é definida por

$$f_R(r) = \frac{r}{\sigma^2}\exp\left(-\frac{r^2 + A^2}{2\sigma^2}\right)I_0\left(\frac{Ar}{\sigma^2}\right)$$

Consequentemente, derive a distribuição de Rician normalizada

$$f_V(v) = v\exp\left(\frac{v^2 + a^2}{2}\right)I_0(av)$$

que é utilizada para plotar as curvas da Figura 5.29.

Problemas computacionais

5.35 Para demonstrar o teorema do limite central, utilize o Matlab para computar 20.000 amostras de $Z = \sum_{n=1}^{5} X_n$, em que X_n é uma variável aleatória uniformemente distribuída ao longo de $[-1, +1]$. Estime a função densidade de probabilidade correspondente formando um histograma com os resultados. Compare esse histograma (escalonado para área unitária) com a função densidade gaussiana que tenha a mesma média e variância. Qual é o erro relativo entre as duas funções densidade em 0σ, 1σ, 2σ, 3σ e 4σ?

5.36 Um processo de ruído gaussiano de banda estreita é amostrado à frequência de Nyquist. As amostras da envoltória complexa desse processo são dadas por

$$\tilde{n}^k = n_I^k + j n_Q^k$$

em que $\{n_I^k\}$ e $\{n_Q^k\}$ são variáveis aleatórias gaussianas, brancas e independentes com variância $\sigma^2 = 1$. Essas amostras são processadas pelo filtro de tempo discreto

$$\hat{y}^{k+1} = a\hat{y}^k + \hat{n}^k$$

utilizando o seguinte *script* em Matlab

```
a = 0.8;
sigma = 1;
K = 1000;
n = sigma * randn(K,1) + j * sigma * randn(K,1);
y = filter(1, [1 −a], n);
```

(a) Quais são a média e a variância da saída? Quais são os valores teóricos?

(b) A saída é gaussiana? Justifique sua resposta a partir das simulações e teoricamente. (*Dica*: utilize a função *hist* no Matlab).

(c) Qual é a função de autocorrelação de tempo discreto da saída do filtro? Calcule teoricamente e utilizando uma média temporal da saída do filtro. Plote o último resultado.

Capítulo 6
RUÍDO EM SISTEMAS DE MODULAÇÃO DE ONDAS CONTÍNUAS (CW)

6.1 Introdução

Nos Capítulos 3 e 4, caracterizamos técnicas de modulação de onda contínua (CW) [isto é, modulação em amplitude (AM) e modulação em frequência (FM)] inteiramente a partir de uma perspectiva determinística. Em seguida, no Capítulo 5, equipamo-nos com ferramentas matemáticas necessárias para a caracterização estatística de sinais aleatórios e de ruído. Estamos agora prontos para prosseguir no estudo de sistemas de modulação CW avaliando os efeitos do ruído em seu desempenho, e por meio disso desenvolver um entendimento mais profundo das comunicações analógicas.

Para empreender uma análise do ruído em sistemas de modulação CW, precisamos fazer uma série de coisas. Em primeiro lugar, entretanto, precisamos ter um *modelo de receptor*. Na formulação de tal modelo, a prática comum é modelar o ruído do receptor (ruído do canal) como *aditivo*, *branco* e *gaussiano*. Essas considerações simplificadoras nos permitem obter um entendimento básico da maneira como o ruído afeta o desempenho do receptor. Além disso, ela fornece uma estrutura (*framework*) para a comparação dos desempenhos em relação a ruído dos diferentes esquemas de modulação-demodulação CW.

O conteúdo deste capítulo está organizado como se segue. Na Seção 6.2, descreveremos um modelo de receptor e definiremos algumas medidas quantitativas relacionadas com o desempenho em relação a ruído. Logo após temos duas seções sobre ruído em receptores AM, denominados receptores de banda lateral dupla e portadora suprimida e receptores de modulação em amplitude padrão. Em seguida, discutiremos ruído em receptores FM, cuja análise é uma tarefa mais difícil. Este capítulo será concluído com uma avaliação comparativa do desempenho em relação a ruído de sistemas AM e FM.

6.2 Modelo de receptor

A ideia de *modelagem* é fundamental para o estudo de todos os sistemas físicos, incluindo sistemas de comunicação. Por meio de modelagem, melhoramos o nosso entendimento das capacidades e limitações de um sistema. Na formulação de um modelo de receptor para o estudo do ruído nos sistemas de modulação CW, precisamos manter os seguintes pontos em mente:

- O modelo fornece uma descrição adequada da forma do ruído de receptor que é de interesse comum.

- O modelo leva em consideração a filtragem inerente e as características de modulação do sistema.
- O modelo é suficientemente simples de modo que uma análise estatística seja possível.

Para a situação em mãos, pretendemos utilizar o *modelo de receptor* da Figura 6.1, mostrado em sua forma mais básica. Na figura, $s(t)$ denota o sinal modulado que chega e $w(t)$ denota o ruído na etapa de entrada (*front-end*) do receptor. O *sinal recebido* é, portanto, feito da soma de $s(t)$ e $w(t)$; esse é o sinal com o qual o receptor deve trabalhar. O *filtro passa-faixa* no modelo da Figura 6.1 representa a ação de filtragem combinada dos amplificadores sintonizados utilizados no receptor real com o propósito de amplificação do sinal antes da demodulação. A largura de banda desse filtro passa-faixa é apenas grande o suficiente para passar o sinal modulado $s(t)$ sem distorção. Assim como para o *demodulador* no modelo da Figura 6.1, os seus detalhes naturalmente dependem do tipo de modulação utilizada.

Ao se fazer a análise de ruído de um sistema de comunicação, a prática usual é assumir que o ruído $w(t)$ é *aditivo*, *branco* e *gaussiano*. Para muitos receptores de comunicação, essa suposição é muito precisa para a faixa de frequências de interesse. Ela também simplifica convenientemente alguns dos cálculos matemáticos. Dessa forma, permitimos que a densidade espectral de potência do ruído $w(t)$ seja denotada por $N_0/2$, definida tanto para frequências positivas quanto negativas. Ou seja, N_0 é a *potência de ruído média por unidade de largura de banda medida na etapa de entrada do receptor*. Também supomos que o filtro passa-faixa no modelo do receptor da Figura 6.1 é ideal, tendo uma largura de banda igual à largura de banda de transmissão B_T do sinal modulado $s(t)$ e uma frequência de banda média igual à frequência de portadora f_c. A última suposição é justificada para modulação de banda lateral dupla e portadora suprimida (DSB-SC), modulação em amplitude padrão (AM) e modulação e frequência (FM). Os casos de modulação de banda lateral única (SSB) e de modulação de banda lateral vestigial (VSB) requerem considerações especiais. Tomando a frequência de banda média do filtro passa-faixa como a mesma frequência de portadora f_c, podemos modelar a densidade espectral de potência $S_N(f)$ do ruído $n(t)$, resultante da passagem do ruído branco $w(t)$ através do filtro, como mostrado na Figura 6.2. Tipicamente, a frequência de portadora f_c é grande em comparação com a largura de banda de transmissão B_T. Podemos, portanto, tratar o *ruído filtrado* $n(t)$ como um ruído de banda estreita representado na forma canônica

$$n(t) = n_I(t)\cos(2\pi f_c t) - n_Q(t)\operatorname{sen}(2\pi f_c t) \tag{6.1}$$

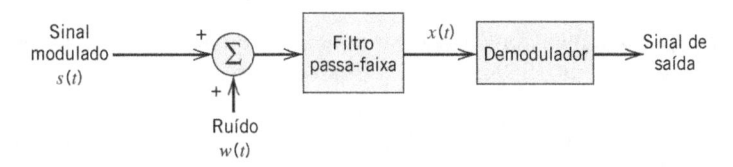

Figura 6.1 Modelo de receptor ruidoso.

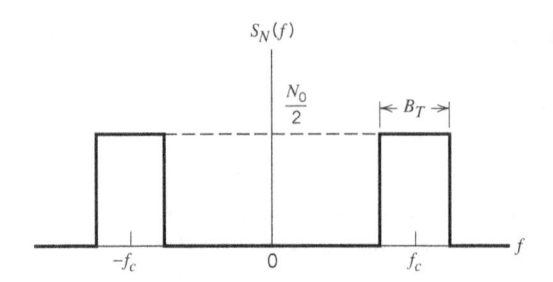

Figura 6.2 Característica idealizada de um ruído processado por um filtro passa-faixa.

em que $n_I(t)$ é a *componente de ruído em fase* e $n_Q(t)$ é a *componente de ruído em quadratura*, ambas medidas em relação à onda portadora $A_c \cos(2\pi f_c t)$. O sinal filtrado $x(t)$ disponível para demodulação é definido por

$$x(t) = s(t) + n(t) \qquad (6.2)$$

Os detalhes de $s(t)$ dependem do tipo de modulação utilizada, mas em qualquer caso a potência de ruído média na entrada do demodulador será igual à área total sob a curva da densidade espectral de potência $S_N(f)$. A partir da Figura 6.2 podemos facilmente ver que a potência de ruído média é igual a $N_0 B_T$. Dado o formato de $s(t)$, podemos também determinar a potência média do sinal na entrada do demodulador. Com o sinal modulado $s(t)$ e o sinal filtrado $n(t)$ aparecendo aditivamente na entrada do demodulador de acordo com a Eq. (6.2), podemos seguir adiante e definir uma *relação sinal-ruído de entrada*, $(SNR)_I$, *como a razão entre a potência média do sinal modulado $s(t)$ e a potência média do ruído filtrado $n(t)$*.

Uma medida mais útil de desempenho em relação a ruído, entretanto, é a *relação sinal-ruído de saída*, $(SNR)_O$, *definida como a razão entre a potência média do sinal de mensagem demodulado e a potência média do ruído, ambas medidas na saída do receptor*. A relação sinal-ruído de saída fornece uma medida intuitiva para descrever a fidelidade com que o processo de demodulação no receptor recupera o sinal de mensagem a partir do sinal modulado na presença de ruído aditivo. Para tal critério ser bem definido, o sinal de mensagem e a componente de ruído devem aparecer *aditivamente* na saída do receptor. Essa condição é perfeitamente válida no caso de um receptor que utiliza detecção coerente. Por outro lado, quando o receptor utiliza detecção de envoltória como em AM completa, ou discriminação de frequência como em FM, temos que assumir que a potência média do ruído filtrado $n(t)$ é relativamente baixa para justificar a utilização da relação sinal-ruído de saída como uma medida do desempenho do receptor.

A relação sinal-ruído de saída depende, dentre outros fatores, do tipo de modulação utilizada no transmissor e do tipo de demodulação utilizada no receptor. Desse modo, é informativo comparar as relações sinal-ruído de saída para diferentes sistemas de modulação-demodulação. Entretanto, para essa comparação ser de valor significativo, ela deve ser feita conforme o que está aqui descrito:

- O sinal modulado $s(t)$ transmitido por cada sistema possui a mesma potência média.
- O ruído $w(t)$ na etapa de entrada do receptor tem a mesma potência média medida na largura de banda W da mensagem.

Consequentemente, como uma estrutura de referência nós definimos a *relação sinal-ruído de canal*, $(SNR)_C$, *como a razão entre a potência média do sinal modulado e a potência média do ruído na largura de banda da mensagem, ambas medidas na entrada do receptor*. Essa relação pode ser vista como a relação sinal-ruído que resulta de uma *transmissão de banda base* (*direta*) do sinal de mensagem $m(t)$ sem modulação, como modelado na Figura 6.3. Aqui, supõe-se que (1) a potência da mensagem na entrada do filtro passa-baixas é ajustada para ser a mesma que a potência média do sinal modulado, e (2) o filtro passa-baixas passa o sinal de mensagem e rejeita o ruído fora dessa faixa.

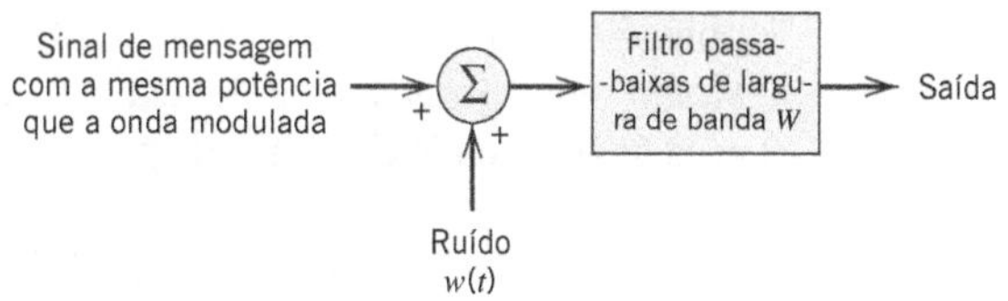

Figura 6.3 O modelo de transmissão de banda base, supondo um sinal de mensagem de largura de banda W, utilizado para o cálculo da relação sinal-ruído de canal.

Para o propósito de comparação dos diferentes sistemas de modulação de onda contínua (CW), *normalizamos* o desempenho do receptor dividindo a relação sinal-ruído de saída pela relação sinal-ruído de canal. Definimos, assim, uma *figura de mérito* para o receptor como se segue:

$$\text{Figura de mérito} = \frac{(\text{SNR})_O}{(\text{SNR})_C} \quad (6.3)$$

Claramente, quanto maior for o valor da figura de mérito, maior será o desempenho do receptor em relação a ruído. A figura de mérito pode ser igual a um, menor do que um ou maior do que um, dependendo do tipo de modulação utilizada.

Nas próximas três seções, utilizaremos as ideias descritas aqui para realizar uma análise de ruído de (1) receptores DSB-SC utilizando detecção coerente, (2) receptores AM utilizando detecção de envoltória e (3) receptores FM utilizando discriminação de frequência. Também consideraremos questões relacionadas que surgem quando sob altos níveis de ruído. Esses receptores pertencem a típicos sistemas de modulação CW que exibem diferente comportamento em relação a ruído.

6.3 Ruído em receptores DSB-SC

A análise de ruído de um receptor DSB-SC que utiliza detecção coerente é o mais simples dos casos mencionados acima. A Figura 6.4 mostra o modelo de um receptor DSB-SC que utiliza um detector coerente. A utilização de detecção coerente requer a multiplicação do sinal filtrado $x(t)$ por uma onda senoidal $\cos(2\pi f_c t)$ gerada localmente seguida de uma filtragem passa-baixas do produto. Para simplificar a análise, supomos que a amplitude da onda senoidal gerada localmente seja unitária. Para esse esquema de demodulação operar satisfatoriamente, entretanto, é necessário que o oscilador local esteja sincronizado tanto em fase quanto em frequência com o oscilador que gera a onda portadora no transmissor. Assumimos que essa sincronização já foi alcançada.

A componente DSB-SC do sinal filtrado $x(t)$ é expressa como

$$s(t) = CA_c \cos(2\pi f_c t) m(t) \quad (6.4)$$

em que $A_c \cos(2\pi f_c t)$ é a onda portadora senoidal e $m(t)$ é o sinal de mensagem. Na expressão para $s(t)$ na Eq. (6.4), incluímos um *fator de escala C dependente do sistema*, cujo propósito é garantir que a componente de sinal $s(t)$ seja medida nas mesmas unidades em que a componente de ruído aditivo $n(t)$. Suponhamos que $m(t)$ seja a função amostral de um processo estacionário de média zero, cuja densidade espectral de potência $S_M(f)$ seja limitada a uma frequência máxima W; ou seja, W é a *largura de banda da mensagem*. A potência média P do sinal de mensagem é a área total sob a curva da densidade espectral de potência, como mostrado por

$$P = \int_{-W}^{W} S_M(f)\, df \tag{6.5}$$

A onda portadora é estatisticamente independente do sinal de mensagem. Para enfatizar essa independência, a portadora deveria incluir uma fase aleatória que é uniformemente distribuída ao longo de 2π radianos. Na equação que define $s(t)$, esse ângulo de fase aleatório foi omitido por conveniência de apresentação. Utilizando o resultado do Exemplo 12 do Capítulo 5 sobre um processo modulado aleatório, podemos expressar a potência média da componente de sinal modulado DSB-SC $s(t)$ como $C^2 A_c^2 P/2$. Com uma densidade espectral de potência de $N_0/2$, a potência média do ruído na largura de banda da mensagem W é igual a WN_0. A relação sinal-ruído de canal do sistema de modulação DSB-SC é, portanto,

$$(\text{SNR})_{C,\text{DSB}} = \frac{C^2 A_c^2 P}{2WN_0} \tag{6.6}$$

em que a constante C^2 no numerador garante que a relação seja adimensional.

Em seguida, desejamos determinar a relação sinal-ruído de saída do sistema. Utilizando a representação de banda estreita do sinal filtrado $n(t)$, o sinal total na entrada do detector coerente pode ser expresso como

$$\begin{aligned}x(t) &= s(t) + n(t) \\ &= CA_c \cos(2\pi f_c t)\, m(t) + n_I(t)\cos(2\pi f_c t) - n_Q(t)\operatorname{sen}(2\pi f_c t)\end{aligned} \tag{6.7}$$

em que $n_I(t)$ e $n_Q(t)$ são as componentes em fase e em quadratura de $n(t)$ com relação à portadora. A saída do componente modulador multiplicador do detector coerente é, portanto,

$$\begin{aligned}v(t) &= x(t)\cos(2\pi f_c t) \\ &= \frac{1}{2} CA_c m(t) + \frac{1}{2} n_I(t) \\ &\quad + \frac{1}{2}[CA_c m(t) + n_I(t)]\cos(4\pi f_c t) - \frac{1}{2} A_c n_Q(t)\operatorname{sen}(4\pi f_c t)\end{aligned}$$

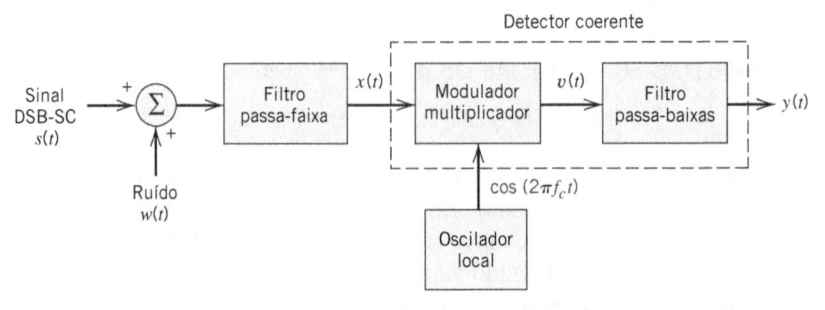

Figura 6.4 Modelo de um receptor DSB-SC que utiliza detecção coerente.

O filtro passa-baixas no detector coerente remove as componentes de alta frequência de $v(t)$, resultando em uma saída do receptor

$$y(t) = \frac{1}{2}CA_c m(t) + \frac{1}{2}n_I(t) \qquad (6.8)$$

A Eq. (6.8) indica o que se segue:

1. O sinal de mensagem $m(t)$ e a componente de ruído em fase $n_I(t)$ do sinal filtrado $n(t)$ aparecem aditivamente na saída do receptor.
2. A componente em quadratura $n_Q(t)$ do ruído $n(t)$ é completamente rejeitada pelo detector coerente.

Esses dois resultados são independentes da relação sinal-ruído de entrada. Assim, a detecção coerente distingue-se de outras técnicas de demodulação na importante propriedade: a componente de mensagem de saída permanece íntegra e a componente de ruído sempre aparece aditivamente com a mensagem, independentemente da relação sinal-ruído de entrada.

A componente de sinal de mensagem na saída do receptor é $CA_c m(t)/2$. Portanto, a potência média dessa componente pode ser expressa como $C^2 A_c^2 P/4$, em que P é a potência média do sinal de mensagem original $m(t)$ e C é o fator de escala dependente do sistema referido anteriormente.

No caso da modulação DSB-SC, o filtro passa-faixa na Figura 6.4 possui uma largura de banda B_T igual a $2W$ a fim de acomodar as bandas laterais superior e inferior do sinal modulado $s(t)$. Segue-se, portanto, que a potência média do ruído filtrado $n(t)$ é $2WN_0$. A partir da Propriedade 5 do ruído de banda estreita descrito na Seção 5.11, sabemos que a potência média da componente (passa-baixas) de ruído em fase $n_I(t)$ é a mesma que a do sinal filtrado $n(t)$ (passa-faixa). Uma vez que a partir da Eq. (6.8) a componente de ruído na saída do receptor é $n_I(t)/2$, segue-se que a potência média do ruído na saída do receptor é

$$\left(\frac{1}{2}\right)^2 2WN_0 = \frac{1}{2}WN_0$$

A relação sinal-ruído de saída para um receptor DSB-SC que utiliza detecção coerente é, portanto,

$$(\text{SNR})_O = \frac{C^2 A_c^2 P/4}{WN_0/2} \qquad (6.9)$$

$$= \frac{C^2 A_c^2 P}{2WN_0}$$

Utilizando as Eqs. (6.6) e (6.9), obtemos a figura de mérito

$$\left.\frac{(\text{SNR})_O}{(\text{SNR})_C}\right|_{\text{DSB-SC}} = 1 \qquad (6.10)$$

Notemos que o fator C^2 é comum para as relações sinal-ruído de saída e de canal e, portanto, é cancelado na avaliação da figura de mérito.

Notemos também que na saída do detector coerente no receptor da Figura 6.4 utilizando modulação DSB-SC, as bandas laterais do sinal transladadas somam-se coerentemente, ao passo que as bandas laterais de ruído transladadas somam-se de maneira não coerente. Isso significa que a relação sinal-ruído de saída nesse receptor é o dobro da relação sinal-ruído na entrada do detector coerente.

6.4 Ruído em receptores AM

A próxima análise de ruído que realizaremos será para um sistema de modulação em amplitude que utiliza um detector de envoltória no receptor, como mostrado no modelo da Figura 6.5. Em um sinal AM completo, ambas as bandas laterais e a portadora são transmitidas como mostrado por

$$s(t) = A_c[1 + k_a m(t)] \cos(2\pi f_c t) \tag{6.11}$$

em que $A_c \cos(2\pi f_c t)$ é a onda portadora, $m(t)$ é o sinal de mensagem e k_a é uma constante que determina a percentagem de modulação. Na expressão para o sinal modulado em amplitude na Eq. (6.11), é razoável assumir que a amplitude da portadora A_c possui as mesmas unidades que o ruído aditivo. Supõe-se então que o fator k_a tem as unidades necessárias para fazer com que o restante da expressão seja adimensional.

Assim como para o receptor DSB-SC, realizamos a análise de ruído do receptor AM primeiro determinando a relação sinal-ruído de canal, e em seguida a relação sinal-ruído de saída.

A potência média da componente de portadora no sinal AM $s(t)$ é $A_c^2/2$. A potência média da componente que carrega a informação $A_c k_a m(t) \cos(2\pi f_c t)$ é $A_c^2 k_a^2 P/2$, em que P é a potência média do sinal de mensagem $m(t)$. A potência média do sinal AM completo $s(t)$ é, portanto, igual a $A_c^2(1 + k_a^2 P)/2$. Assim como para o sistema DSB-SC, a potência média do ruído na largura de banda do sinal de mensagem é WN_0. A relação sinal-ruído de canal para AM é, portanto,

$$(\text{SNR})_{C,\text{AM}} = \frac{A_c^2(1 + k_a^2 P)}{2WN_0} \tag{6.12}$$

Para avaliar a relação sinal-ruído de saída, primeiro representamos o sinal filtrado $n(t)$ em termos de suas componentes em fase e em quadratura. Podemos, portanto, definir o sinal filtrado $x(t)$ aplicado ao detector de envoltória no modelo de receptor da Figura 6.5 como se segue:

$$\begin{aligned} x(t) &= s(t) + n(t) \\ &= [A_c + A_c k_a m(t) + n_I(t)]\cos(2\pi f_c t) - n_Q(t)\text{sen}(2\pi f_c t) \end{aligned} \tag{6.13}$$

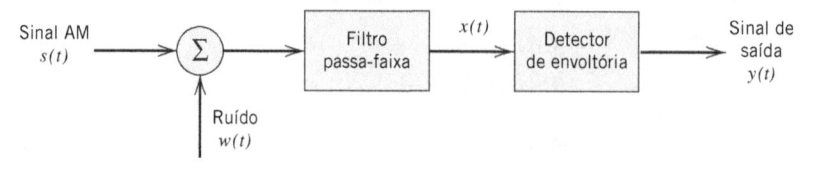

Figura 6.5 Modelo de um receptor AM ruidoso.

É informativo representarmos as componentes que envolvem o sinal $x(t)$ por meio de fasores, como na Figura 6.6a. A partir desse diagrama fasorial, a saída do receptor é facilmente obtida como

$$y(t) = \text{envoltória de } x(t)$$
$$= \{[A_c + A_c k_a m(t) + n_I(t)]^2 + n_Q^2(t)\}^{1/2} \quad (6.14)$$

O sinal $y(t)$ define a saída de um detector de envoltória ideal. A fase de $x(t)$ não é de interesse para nós, porque um detector de envoltória ideal é totalmente insensível a variações na fase de $x(t)$.

A expressão que define $y(t)$ é um tanto complexa e necessita ser simplificada de alguma maneira para permitir a obtenção de resultados mais claros. Especificamente, gostaríamos de aproximar a saída $y(t)$ como a soma de um termo de mensagem mais um termo devido ao ruído. Em geral, isso é muito difícil de se conseguir. Entretanto, quando a potência média da portadora for grande em comparação com a potência média do ruído, de modo que o receptor opere satisfatoriamente, então o termo de sinal $A_c[1 + k_a m(t)]$ será grande em comparação com os termos de ruído $n_I(t)$ e $n_Q(t)$, pelo menos na maior parte do tempo. Então, podemos aproximar a saída $y(t)$ como (ver Problema 6.7)

$$y(t) \simeq A_c + A_c k_a m(t) + n_I(t) \quad (6.15)$$

A presença do termo dc ou constante A_c na saída do detector de envoltória $y(t)$ da Eq. (6.15) decorre da demodulação da onda portadora transmitida. Podemos ignorar esse termo, entretanto, porque ele não porta relação alguma com o sinal de entrada $m(t)$. De qualquer forma, ele pode ser removido simplesmente por meio de um capacitor de bloqueio. Dessa forma, se desprezarmos o termo dc A_c na Eq. (6.15), descobriremos que, com exceção dos fatores de escala, o restante possui uma forma similar à saída de um receptor DSB-SC que utiliza detecção coerente. Consequentemente, a relação sinal-ruído de saída de um receptor AM que utiliza um detector de envoltória será aproximadamente

$$(\text{SNR})_{O,\text{AM}} \simeq \frac{A_c^2 k_a^2 P}{2WN_0} \quad (6.16)$$

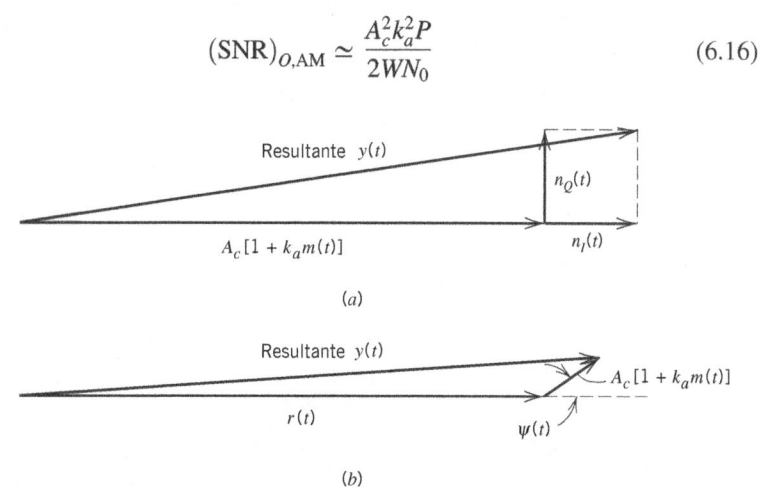

Figura 6.6 (a) Diagrama fasorial para onda AM mais ruído de banda estreita para o caso de relação portadora-ruído elevada. (b) Diagrama fasorial para onda AM mais ruído de banda estreita para o caso de relação portadora-ruído baixa.

Entretanto, a Eq. (6.16) será válida apenas se as duas condições seguintes forem satisfeitas:

1. A potência média do ruído é pequena em comparação com a potência média de portadora na entrada do detector de envoltória.
2. A sensibilidade à amplitude k_a é ajustada para uma percentagem de modulação menor que ou igual a 100%.

Utilizando as Eqs. (6.12) e (6.16), obtemos a seguinte figura de mérito para a modulação em amplitude:

$$\left.\frac{(\text{SNR})_O}{(\text{SNR})_C}\right|_{\text{AM}} \simeq \frac{k_a^2 P}{1 + k_a^2 P} \tag{6.17}$$

Dessa forma, ao passo que a figura de mérito de um receptor DSB-SC ou SSB que utiliza detecção coerente seja sempre unitária, a figura de mérito correspondente de um receptor AM que utiliza detecção de envoltória é sempre menor que a unidade. Em outras palavras, o *desempenho em relação a ruído de um receptor AM é sempre inferior ao de um receptor DSB-SC*. Isso se deve ao desperdício de potência de transmissor, o qual resulta de se transmitir a portadora como uma componente da onda AM.

EXEMPLO 6.1 Modulação de único tom

Consideremos o caso especial de uma onda senoidal de frequência f_m e amplitude A_m como a onda modulante, como mostrado por

$$m(t) = A_m \cos(2\pi f_m t)$$

A onda AM correspondente é

$$s(t) = A_c[1 + \mu \cos(2\pi f_m t)]\cos(2\pi f_c t)$$

em que $\mu = k_a A_m$ é o fator de modulação. A potência média da onda modulante $m(t)$ é (supondo um resistor de carga de 1 ohm)

$$P = \frac{1}{2}A_m^2$$

Portanto, utilizando a Eq. (6.17), obtemos

$$\left.\frac{(\text{SNR})_O}{(\text{SNR})_C}\right|_{\text{AM}} = \frac{\frac{1}{2}k_a^2 A_m^2}{1 + \frac{1}{2}k_a^2 A_m^2} \tag{6.18}$$

$$= \frac{\mu^2}{2 + \mu^2}$$

Quando $\mu = 1$, o que corresponde a uma modulação de 100%, obtemos uma figura de mérito igual a 1/3. Isso significa que, se os outros fatores forem iguais, um sistema AM (que utiliza detecção de envoltória) deve transmitir três vezes mais potência média do que um sistema de portadora suprimida (que utiliza detecção coerente) para obter a mesma qualidade de desempenho em relação a ruído.

Efeito de limiar

Quando a relação sinal-ruído for pequena em comparação com a unidade, o termo de ruído predominará e o desempenho do detector de envoltória diferirá completamente daquilo que acabamos de descrever. Nesse caso, será mais conveniente representar o ruído de banda estreita $n(t)$ em termos de sua envoltória $r(t)$ e fase $\psi(t)$, como mostrado por

$$n(t) = r(t)\cos[2\pi f_c t + \psi(t)] \qquad (6.19)$$

O diagrama fasorial correspondente para a entrada do detector $x(t) = s(t) + n(t)$ é mostrado na Figura 6.6b, em que utilizamos a envoltória de ruído como referência, porque ela é agora o termo dominante. Ao fasor de ruído $r(t)$, acrescentamos um fasor que representa o termo de sinal $A_c[1 + k_a m(t)]$, com o ângulo entre eles sendo igual à fase relativa $\psi(t)$ entre o ruído $n(t)$ e a portadora $\cos(2\pi f_c t)$. Na Figura 6.6b, supomos que a relação portadora-ruído é tão baixa que a amplitude da portadora A_c é pequena em comparação com a envoltória do ruído $r(t)$, pelo menos na maior parte do tempo. Então, podemos desprezar a componente em quadratura do sinal em relação ao ruído e, dessa forma, descobrimos diretamente a partir da Figura 6.6b que a saída do detector de envoltória é aproximadamente

$$y(t) \simeq r(t) + A_c \cos[\psi(t)] + A_c k_a m(t)\cos[\psi(t)] \qquad (6.20)$$

Essa relação revela que quando a relação portadora-ruído for baixa, a saída do detector não possuirá qualquer componente estritamente proporcional ao sinal de mensagem $m(t)$. O último termo da expressão que define $y(t)$ contém o sinal de mensagem $m(t)$ multiplicado pelo ruído na forma de $\cos[\psi(t)]$. Lembramos que, conforme visto na Seção 5.12, a fase $\psi(t)$ do ruído de banda estreita $n(t)$ é uniformemente distribuída ao longo do intervalo de 2π radianos. Segue-se, portanto, que temos uma completa perda de informação porque a saída do detector não contém o sinal de mensagem $m(t)$ em absoluto. A perda da mensagem em um detector de envoltória que opera com uma baixa relação portadora-ruído é denominada *efeito de limiar*. Por *limiar* entendemos *um valor da relação portadora-ruído abaixo do qual o desempenho em relação a ruído de um detector se deteriora com muito mais rapidez do que proporcionalmente à relação portadora-ruído*. É importante reconhecer que todo detector não linear (por exemplo, o detector de envoltória) exibe um efeito de limiar. Por outro lado, tal efeito *não* ocorre em um detector coerente.

6.5 Ruído em receptores FM

Finalmente, voltamos nossa atenção à análise de ruído de um sistema de modulação em frequência (FM) para o qual utilizamos o modelo de receptor mostrado na Figura 6.7. Como anteriormente, o ruído $w(t)$ é modelado como um ruído branco gaussiano de média zero e densidade espectral de potência $N_0/2$. O sinal FM recebido $s(t)$ tem uma frequência de portadora f_c e largura de transmissão B_T, tanto que somente uma quantidade desprezível de potência situa-se fora da faixa de frequência $f_c \pm B_T/2$ para frequências positivas.

Assim como no caso AM, o filtro passa-faixa tem uma frequência de banda média f_c e largura de banda B_T e, portanto, o sinal FM passa essencialmente sem distorção.

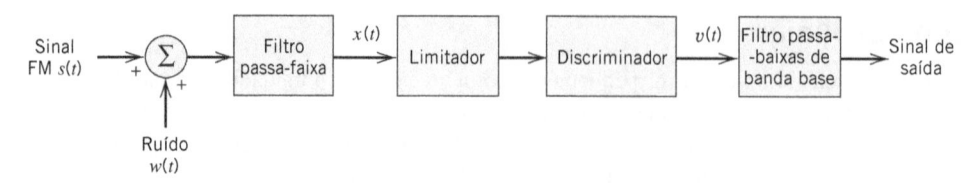

Figura 6.7 Modelo de um receptor FM ruidoso.

Comumente, B_T é pequeno em comparação com a frequência de banda média f_c, de forma que podemos utilizar a representação de banda estreita para $n(t)$, a versão filtrada do ruído de receptor $w(t)$, em termos de suas componentes em fase e em quadratura.

Em um sistema FM, a informação de mensagem é transmitida por meio de variações da frequência instantânea de uma onda portadora senoidal e sua amplitude se mantém constante. Portanto, quaisquer variações da amplitude da portadora na entrada do receptor devem ser resultantes de ruído ou interferência. O *limitador* de amplitude, depois do filtro passa-faixa no modelo de receptor da Figura 6.7, é utilizado para remover variações da amplitude, cortando a onda modulada na saída do filtro quase no eixo zero. A onda retangular resultante é arredondada por outro filtro passa-faixa que é parte integrante do modulador, suprimindo assim harmônicos da frequência de portadora. Dessa forma, a saída do filtro é novamente senoidal, com uma amplitude praticamente independente da amplitude da portadora na entrada do receptor.

O discriminador no modelo da Figura 6.7 consiste em dois componentes:

1. Um *circuito em rampa* ou *diferenciador* com uma função de transferência puramente imaginária que varia linearmente com a frequência. Ela produz uma onda modulada na qual tanto a amplitude quanto a frequência variam de acordo com o sinal de mensagem.
2. Um detector de envoltória que recupera a variação de amplitude e, dessa forma, reproduz o sinal de mensagem.

O circuito em rampa e o detector de envoltória são normalmente implementados como partes integrantes de uma única unidade física.

O *filtro de pós-detecção*, rotulado como "filtro passa-baixas de banda base" na Figura 6.7, possui uma largura de banda grande apenas o suficiente para acomodar a componente de frequência mais elevada do sinal de mensagem. Esse filtro remove as componentes de ruído fora de banda na saída do discriminador e, assim, mantém o efeito do ruído de saída em um mínimo.

O ruído filtrado $n(t)$ na saída do filtro passa-faixa na Figura 6.7 é definido em termos de suas componentes em fase e em quadratura por

$$n(t) = n_I(t)\cos(2\pi f_c t) - n_Q(t)\text{sen}(2\pi f_c t)$$

De maneira equivalente, podemos expressar $m(t)$ em termos de sua envoltória e fase como

$$n(t) = r(t)\cos[(2\pi f_c t) + \psi(t)] \tag{6.21}$$

em que a envoltória é

$$r(t) = [n_I^2(t) + n_Q^2(t)]^{1/2} \tag{6.22}$$

e a fase é

$$\psi(t) = \tan^{-1}\left[\frac{n_Q(t)}{n_I(t)}\right] \quad (6.23)$$

A envoltória $r(t)$ tem uma distribuição de Rayleigh, e a fase $\psi(t)$ é uniformemente distribuída ao longo do intervalo de 2π radianos (ver Seção 5.11).

O sinal FM $s(t)$ que chega é definido por

$$s(t) = A_c \cos\left[2\pi f_c t + 2\pi k_f \int_0^t m(\tau)\, d\tau\right] \quad (6.24)$$

em que A_c é a amplitude da portadora, f_c é a frequência de portadora, k_f é a sensibilidade à frequência e $m(t)$ é o sinal de mensagem. Observemos que, como acontece com a AM padrão, na FM não há qualquer necessidade de introduzir um fator de escala na definição do sinal modulado $s(t)$, uma vez que é razoável supormos que sua amplitude A_c tenha as mesmas unidades que a componente de ruído aditivo $n(t)$. Para prosseguirmos, definimos

$$\phi(t) = 2\pi k_f \int_0^t m(\tau)\, d\tau \quad (6.25)$$

Assim, podemos expressar $s(t)$ na forma simples

$$s(t) = A_c \cos[2\pi f_c t + \phi(t)] \quad (6.26)$$

O sinal ruidoso na saída do filtro passa-faixa é, portanto,

$$\begin{aligned}x(t) &= s(t) + n(t) \\ &= A_c \cos[2\pi f_c t + \phi(t)] + r(t)\cos[2\pi f_c t + \psi(t)]\end{aligned} \quad (6.27)$$

É informativo representar $x(t)$ por meio de um diagrama fasorial, como na Figura 6.8. Nesse diagrama, utilizamos o termo de sinal como referência. A fase $\theta(t)$ do fasor resultante que representa $x(t)$ é obtida diretamente da Figura 6.8 como

$$\theta(t) = \phi(t) + \tan^{-1}\left\{\frac{r(t)\operatorname{sen}[\psi(t) - \phi(t)]}{A_c + r(t)\cos[\psi(t) - \phi(t)]}\right\} \quad (6.28)$$

A envoltória de $x(t)$ não é de interesse para nós, porque quaisquer variações de envoltória na saída do filtro passa-baixas são eliminadas pelo limitador.

Nossa motivação é determinar o erro na frequência instantânea da onda portadora causado pela presença do ruído filtrado $n(t)$. Supondo que o discriminador seja ideal, sua saída é proporcional a $\theta'(t)/2\pi$, em que $\theta'(t)$ é a derivada de $\theta(t)$ em relação ao tempo. Em vista da complexidade da expressão que define $\theta(t)$, entretanto, precisamos fazer certas aproximações simplificadoras, de modo que nossa análise possa produzir resultados úteis.

Suponhamos que a relação portadora-ruído medida na entrada do discriminador seja grande em comparação com a unidade. Seja R a variável aleatória obtida observando-se (em algum tempo fixo) o processo de envoltória com função amostral $r(t)$ [devido ao ruído $n(t)$]. Então, pelo menos na maior parte do tempo, a variável aleatória R é pequena em comparação com a amplitude da portadora A_c, e então a expressão para a fase $\theta(t)$ simplifica-se consideravelmente como se segue:

$$\theta(t) \simeq \phi(t) + \frac{r(t)}{A_c} \operatorname{sen}[\psi(t) - \phi(t)] \tag{6.29}$$

ou, utilizando a expressão para $\phi(t)$ dada na Eq. (6.25),

$$\theta(t) \simeq 2\pi k_f \int_0^t m(t)\, dt + \frac{r(t)}{A_c} \operatorname{sen}[\psi(t) - \phi(t)] \tag{6.30}$$

A saída do discriminador é, portanto,

$$v(t) = \frac{1}{2\pi} \frac{d\theta(t)}{dt}$$

$$\simeq k_f m(t) + n_d(t) \tag{6.31}$$

em que o termo de ruído $n_d(t)$ é definido por

$$n_d(t) = \frac{1}{2\pi A_c} \frac{d}{dt} \{ r(t) \operatorname{sen}[\psi(t) - \phi(t)] \} \tag{6.32}$$

Dessa forma, vemos que, uma vez que a relação portadora-ruído seja elevada, a saída do discriminador $v(t)$ consistirá no sinal de mensagem original ou onda modulante $m(t)$ multiplicado pelo fator constante k_f, mais uma componente de ruído aditivo $n_d(t)$. Consequentemente, podemos utilizar a relação sinal ruído de saída como a definimos anteriormente para acessar a qualidade de desempenho do receptor. Entretanto, antes de fazermos isto, é instrutivo verificarmos se podemos simplificar a expressão que define o ruído $n_d(t)$.

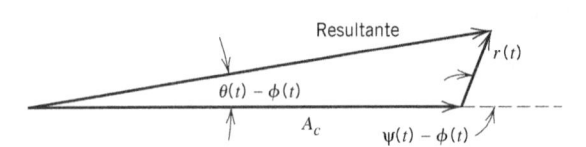

Figura 6.8 Diagrama fasorial para onda FM mais ruído de banda estreita para o caso de relação portadora-ruído elevada.

A partir do diagrama fasorial da Figura 6.8, notamos que o efeito de variações na fase $\psi(t)$ do ruído de banda estreita aparece combinado com o termo de sinal $\phi(t)$. Sabemos que a fase $\psi(t)$ é uniformemente distribuída ao longo do intervalo de 2π radianos. Portanto, seria tentador supormos que a diferença de fase $\psi(t) - \phi(t)$ também seja uniformemente distribuída ao longo do intervalo de 2π radianos. Se tal suposição fosse verdadeira, então o ruído $n_d(t)$ na saída do discriminador seria independente do sinal modulante e dependeria apenas das características da portadora e do ruído de banda estreita. Considerações teóricas mostram que essa suposição se justifica desde que a relação portadora-ruído seja elevada. Então, podemos simplificar a Eq. (6.32) como:

$$n_d(t) \simeq \frac{1}{2\pi A_c} \frac{d}{dt} \{ r(t) \operatorname{sen}[\psi(t)] \} \tag{6.33}$$

Entretanto, a partir das equações definidoras para $r(t)$ e $\psi(t)$, notamos que a componente em quadratura $n_Q(t)$ do ruído filtrado $n(t)$ é

$$n_Q(t) = r(t) \operatorname{sen}[\psi(t)] \tag{6.34}$$

Portanto, podemos reescrever a Eq. (6.33) como

$$n_d(t) \simeq \frac{1}{2\pi A_c} \frac{dn_Q(t)}{dt} \tag{6.35}$$

Isso significa que *o ruído aditivo $n_d(t)$ que aparece na saída do discriminador é efetivamente determinado pela amplitude da portadora A_c e pela componente em quadratura $n_Q(t)$ do ruído de banda estreita $n(t)$.*

A relação sinal-ruído de saída é definida como a razão entre a potência média do sinal de saída e a potência média do ruído de saída. Da Eq. (6.31), vemos que a componente de mensagem na saída do discriminador e, portanto, a saída do filtro passa-baixas, é $k_f m(t)$. Consequentemente, a potência média do sinal de saída é igual a $k_f^2 P$, em que P é a potência média do sinal de mensagem $m(t)$.

Para determinar a potência média do ruído de saída, notamos que o ruído $n_d(t)$ na saída do discriminador é proporcional à derivada no tempo da componente de ruído em quadratura $n_Q(t)$. Uma vez que a diferenciação de uma função em relação ao tempo corresponde à multiplicação de sua transformada de Fourier por $j2\pi f$, segue-se que podemos obter o processo de ruído $n_d(t)$ passando $n_Q(t)$ através de um filtro linear com uma função de transferência igual a

$$\frac{j2\pi f}{2\pi A_c} = \frac{jf}{A_c}$$

Isso significa que a densidade espectral de potência $S_{N_d}(f)$ do ruído $n_d(t)$ está relacionada com a densidade espectral de potência $S_{N_Q}(f)$ da componente de ruído em quadratura $n_Q(t)$ como se segue:

$$S_{N_d}(f) = \frac{f^2}{A_c^2} S_{N_Q}(f) \tag{6.36}$$

Uma vez que o filtro passa-faixa no modelo de receptor da Figura 6.7 possui uma resposta em frequência caracterizada pela largura de banda B_T e pela frequência de banda média f_c, segue-se que o ruído de banda estreita $n(t)$ terá uma característica de densidade espectral de potência que possui a mesma forma. Isso significa que a componente em quadratura $n_Q(t)$ do ruído de banda estreita $n(t)$ terá a característica de passa-baixas ideal mostrada na Figura 6.9a. A densidade espectral de potência correspondente do ruído $n_d(t)$ é mostrada na Figura 6.9b; ou seja,

$$S_{N_d}(f) = \begin{cases} \dfrac{N_0 f^2}{A_c^2}, & |f| \le \dfrac{B_T}{2} \\ 0, & \text{caso contrário} \end{cases} \tag{6.37}$$

No modelo de receptor da Figura 6.7, a saída do discriminador é seguida de um filtro passa-baixas com uma largura de banda igual à largura de banda da mensagem W. Para FM de banda larga, geralmente verificamos que W é menor do que $B_T/2$, em que B_T é a largura de banda de transmissão do sinal FM. Isso significa que as componentes de ruído $n_d(t)$ fora de banda serão rejeitadas. Portanto, a densidade espectral de potência $S_{N_o}(f)$ do ruído $n_o(t)$ que aparece na saída do receptor é definida por

$$S_{N_o}(f) = \begin{cases} \dfrac{N_0 f^2}{A_c^2}, & |f| \leq W \\ 0, & \text{caso contrário} \end{cases} \quad (6.38)$$

como mostrado na Figura 6.9c. A potência média do ruído de saída é determinada integrando-se a densidade espectral de potência $S_{N_o}(f)$ de $-W$ a W. Dessa forma, obtemos o resultado:

Potência média do ruído de saída $= \dfrac{N_0}{A_c^2} \displaystyle\int_{-W}^{W} f^2 \, df$

$$= \dfrac{2N_0 W^3}{3A_c^2} \quad (6.39)$$

Notemos que a potência média do ruído de saída é inversamente proporcional à potência da portadora média $A_c^2/2$. Consequentemente, em um sistema FM, o aumento da potência da portadora produz um efeito de *atenuação do ruído*.

Anteriormente, determinamos a potência média do sinal de saída como $k_f^2 P$. Portanto, dado que a relação portadora-ruído seja elevada, podemos dividir essa potência média do sinal de saída pela potência média do ruído de saída da Eq. (6.39) para obtermos a relação sinal-ruído de saída

$$(\text{SNR})_{O,\text{FM}} = \dfrac{3A_c^2 k_f^2 P}{2N_0 W^3} \quad (6.40)$$

A potência média no sinal modulado $s(t)$ é $A_c^2/2$, e a potência média de ruído na largura de banda da mensagem é WN_0. Dessa forma, a relação sinal-ruído de canal é

$$(\text{SNR})_{C,\text{FM}} = \dfrac{A_c^2}{2WN_0} \quad (6.41)$$

Dividindo a relação sinal-ruído de saída pela relação sinal-ruído de canal, obtemos a seguinte figura de mérito para a modulação em frequência:

$$\left. \dfrac{(\text{SNR})_O}{(\text{SNR})_C} \right|_{\text{FM}} = \dfrac{3k_f^2 P}{W^2} \quad (6.42)$$

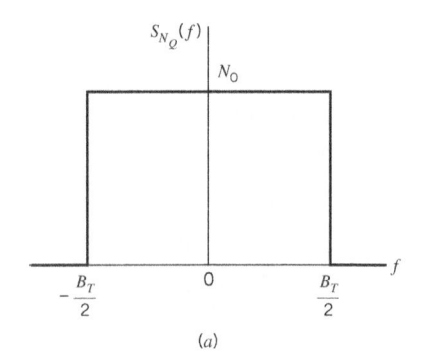

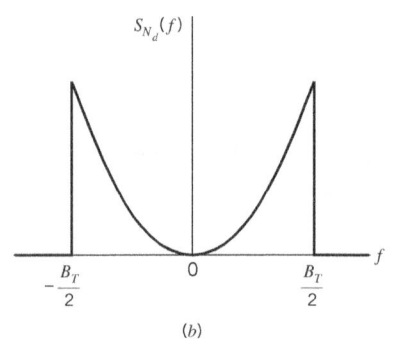

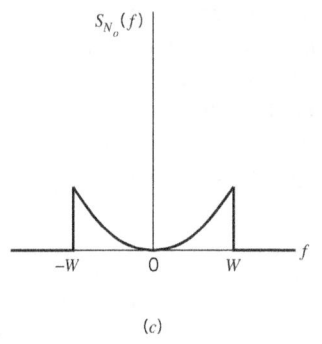

Figura 6.9 Análise de ruído do receptor FM. (a) Densidade espectral de potência da componente em quadratura $n_Q(t)$ do ruído de banda estreita $n(t)$. (b) Densidade espectral de potência do ruído $n_d(t)$ na saída do discriminador. (c) Densidade espectral de potência do ruído $n_o(t)$ na saída do receptor.

Da Seção 4.3, lembramos que o desvio de frequência Δf é proporcional à sensibilidade à frequência k_f do modulador. Além disso, por definição, o coeficiente de desvio D é igual ao desvio de frequência Δf dividido pela largura de banda da mensagem W. Em outras palavras, o coeficiente de desvio D é proporcional à razão $k_f P^{1/2}/W$. Segue-se, portanto, a partir da Eq. (6.42), que a figura de mérito de um sistema FM de banda larga é uma função quadrática do coeficiente de desvio. Agora, em FM de banda larga, a largura de banda de transmissão B_T é aproximadamente proporcional ao coeficiente de desvio. Consequentemente, podemos afirmar que *quando a relação portadora-ruído for alta, um aumento na largura de banda de transmissão B_T proporcionará um aumento quadrático na relação sinal-ruído de saída ou na figura de mérito do sistema* FM. O ponto importante a notarmos nessa observação é que, diferentemente da modulação em amplitude, a utilização da modulação em frequência constitui um mecanismo prático para a troca de um aumento na largura de banda de transmissão por um melhor desempenho em relação a ruído.

EXEMPLO 6.2 Modulação de único tom

Consideremos o caso de uma onda senoidal de frequência f_m como o sinal modulante, e suponhamos um desvio de frequência máximo Δf. O sinal FM modulado é, dessa forma, definido por

$$s(t) = A_c \cos\left[2\pi f_c t + \frac{\Delta f}{f_m} \text{sen}(2\pi f_m t)\right]$$

Portanto, podemos escrever

$$2\pi k_f \int_0^t m(\tau)\, d\tau = \frac{\Delta f}{f_m} \text{sen}(2\pi f_m t)$$

Diferenciando ambos os lados em relação ao tempo e resolvendo para $m(t)$, obtemos

$$m(t) = \frac{\Delta f}{k_f} \cos(2\pi f_m t)$$

Consequentemente, a potência média do sinal de mensagem $m(t)$, desenvolvida sobre uma carga de 1 ohm, é

$$P = \frac{(\Delta f)^2}{2k_f^2}$$

Substituindo esse resultado na fórmula para a relação sinal-ruído de saída dada na Eq. (6.40), obtemos

$$(\text{SNR})_{O,\text{FM}} = \frac{3A_c^2(\Delta f)^2}{4N_0 W^3}$$

$$= \frac{3A_c^2 \beta^2}{4N_0 W}$$

em que $\beta = \Delta f/W$ é o índice de modulação. Utilizando a Eq. (6.42) para avaliar a figura de mérito correspondente, obtemos

$$\left.\frac{(\text{SNR})_O}{(\text{SNR})_C}\right|_{\text{FM}} = \frac{3}{2}\left(\frac{\Delta f}{W}\right)^2$$
$$= \frac{3}{2}\beta^2 \qquad (6.43)$$

É importante notarmos que o índice de modulação $\beta = \Delta f/W$ é determinado pela largura de banda W do filtro passa-baixas de pós-detecção e não se relaciona com a frequência da mensagem senoidal f_m, exceto quando esse filtro for geralmente escolhido para passar o espectro da mensagem desejada; isso é simplesmente uma questão de projeto coerente. Para uma largura de banda de sistema W especificada, a frequência de mensagem senoidal f_m pode situar-se em qualquer lugar entre 0 e W e produzir a mesma relação sinal-ruído de saída.

É especialmente interessante compararmos os desempenhos em relação ao ruído de sistemas AM e FM. Uma maneira perspicaz de fazer essa comparação é considerarmos as figuras de mérito dos dois sistemas baseados em um sinal modulante senoidal. Para um sistema AM que opera com um sinal modulante senoidal e modulação de 100%, temos (do Exemplo 6.1)

$$\left.\frac{(\text{SNR})_O}{(\text{SNR})_C}\right|_{\text{AM}} = \frac{1}{3}$$

Comparando essa figura de mérito com o resultado correspondente descrito na Eq. (6.43) para um sistema FM, vemos que a utilização da modulação em frequência oferece a possibilidade de um desempenho em relação ao ruído melhor que o da modulação em amplitude quando

$$\frac{3}{2}\beta^2 > \frac{1}{3}$$

isto é,

$$\beta > \frac{\sqrt{2}}{3} = 0{,}471$$

Podemos, portanto, considerar $\beta = 0{,}5$ como uma definição aproximada da *transição entre FM de banda estreita e FM de banda larga*. Essa afirmação, baseada nas considerações sobre ruído, também confirma mais uma observação similar que foi feita na Seção 4.3 quando estudamos a largura de banda de ondas FM.

Efeito de captura

A capacidade inerente de um sistema FM para minimizar os efeitos de sinais indesejados (por exemplo, ruído, como discutido acima) também se aplica à *interferência* produzida por um outro sinal modulado em frequência cujo conteúdo de frequência está próximo da frequência de portadora da onda FM desejada. Entretanto, a supressão de interferência em um receptor FM funciona bem somente quando a interferência é mais fraca do que a entrada desejada. Quando a interferência é a mais forte das duas, o receptor trava no sinal mais forte e, assim, suprime a entrada FM desejada. Quando elas são aproximadamente iguais em força, o receptor flutua de um lado para outro entre elas. Esse fenômeno é conhecido como o *efeito de captura*, que descreve uma outra característica distinta da modulação em frequência.

Efeito de limiar de FM

A fórmula da Eq. (6.40), que define a relação sinal-ruído de saída de um receptor FM, só será válida se a relação portadora-ruído, medida na saída do discriminador, for elevada em comparação com a unidade. Descobriu-se experimentalmente que quando a potência do ruído de entrada é elevada a fim de que a relação portadora-ruído seja diminuída, o receptor FM *sai de operação*. Primeiro, são ouvidos cliques individuais na saída do receptor, e à medida que a relação portadora-ruído decresce ainda mais, os cliques se fundem rapidamente em um *som crepitante* ou *com estalidos*. Próximo ao ponto de ruptura, a Eq. (6.40) começa a falhar, prevendo valores da relação sinal-ruído de saída maiores do que os reais. Esse fenômeno é conhecido como o *efeito de limiar*.[1] O limiar é definido como a relação portadora-ruído mínima que resulta em um melhoramento do sinal FM que não se deteriora significativamente em relação ao valor predito pela fórmula de sinal-ruído usual, supondo uma pequena potência de ruído.

Para uma discussão qualitativa do efeito de limar de FM, consideremos primeiro o caso em que não há qualquer sinal presente, de forma que a onda portadora não seja modulada. Então o sinal composto na entrada do discriminador de frequência é

$$x(t) = [A_c + n_I(t)]\cos(2\pi f_c t) - n_Q(t)\text{sen}(2\pi f_c t) \tag{6.44}$$

em que $n_I(t)$ e $n_Q(t)$ são as componentes em fase e em quadratura do ruído de banda estreita $n(t)$ com relação à onda portadora. O diagrama fasorial da Figura 6.10 exibe as relações de fase entre as várias componentes de $x(t)$ na Eq. (6.44). À medida que as amplitudes e as fases de $n_I(t)$ e $n_Q(t)$ se modificam com o tempo de forma aleatória, o ponto P_1 [a ponta do fasor que representa $x(t)$] vagueia em torno do ponto P_2 (a ponta do fasor que representa a portadora). Quando a relação portadora-ruído é grande, $n_I(t)$ e $n_Q(t)$ são normalmente muito menores do que a amplitude da portadora A_c e, assim, o ponto errante P_1 na Figura 6.10 passa a maior parte do tempo próximo ao ponto P_2. Dessa forma, o ângulo $\theta(t)$ é aproximadamente igual a $n_Q(t)/A_c$ a menos de um múltiplo inteiro de 2π. Por outro lado, quando a relação portadora-ruído é baixa, o ponto errante P_1 ocasionalmente passa nas vizinhanças da origem e $\theta(t)$ pode aumentar ou diminuir em 2π radianos. A Figura 6.11 ilustra, de maneira aproximada, como as excursões em $\theta(t)$, representadas na Figura 6.11a, produzem componentes similares a impulsos em $\theta'(t) = d\theta/dt$. A saída do discriminador $v(t)$ é igual a $\theta'(t)/2\pi$. Essas componentes similares a impulsos possuem diferentes alturas, dependendo de quão próximo o ponto errante P_1 chega à origem O, mas todos possuem áreas aproximadamente iguais a $\pm 2\pi$ radianos, como ilustrado na Figura 6.11b. Quando o sinal mostrado na Figura 6.11b passa através do filtro passa-baixas de pós-detecção, componentes correspondentes similares a impulsos, porém alargados, são excitados na saída do receptor e são ouvidos como cliques, que são produzidos somente quando $\theta(t)$ se modifica em $\pm 2\pi$ radianos.

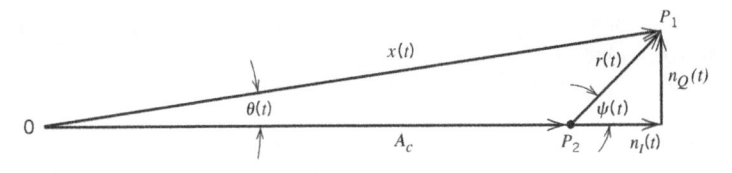

Figura 6.10 Interpretação em diagrama fasorial da Eq. (6.44).

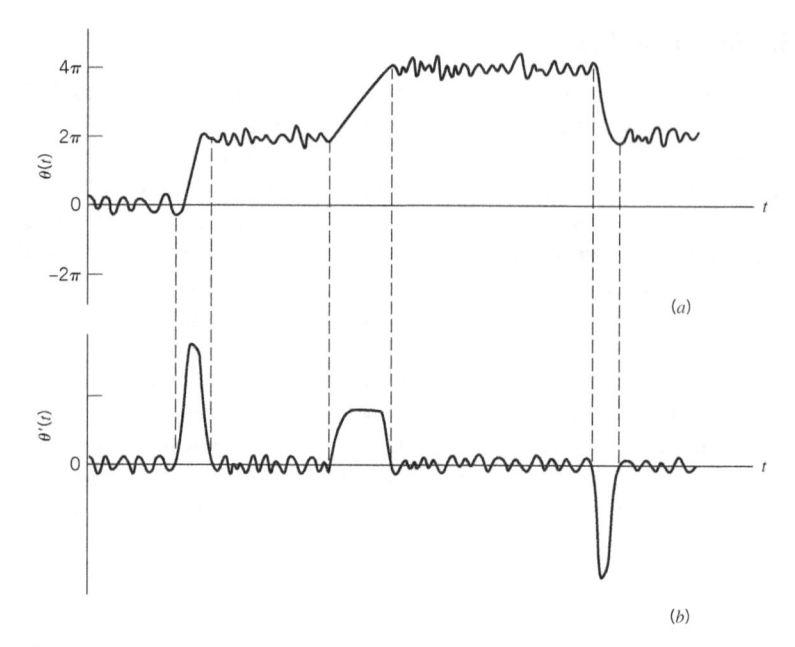

Figura 6.11 Ilustração de componentes similares a impulsos em $\theta'(t) = d\theta(t)/dt$ produzidos por modificações de 2π em $\theta(t)$; (a) e (b) são gráficos de $\theta(t)$ e $\theta'(t)$, respectivamente.

A partir do diagrama fasorial da Figura 6.10, podemos deduzir as condições necessárias para que ocorram cliques. Ocorre um clique de movimento positivo quando a envoltória $r(t)$ e a fase $\psi(t)$ do ruído de banda estreita $n(t)$ satisfazem as seguintes condições:

$$r(t) > A_c$$
$$\psi(t) < \pi < \psi(t) + d\psi(t)$$
$$\frac{d\psi(t)}{dt} > 0$$

Essas condições garantem que a fase $\theta(t)$ do fasor resultante $x(t)$ se modifique em 2π radianos no incremento de tempo dt, durante o qual a fase do ruído de banda estreita aumenta em $d\psi(t)$. De maneira similar, as condições para que um clique de movimento negativo ocorra são as seguintes:

$$r(t) > A_c$$
$$\psi(t) > -\pi > \psi(t) + d\psi(t)$$
$$\frac{d\psi(t)}{dt} < 0$$

Essas condições garantem que $\theta(t)$ se modifica em -2π radianos durante o incremento de tempo dt.

Para caracterizar o desempenho de limiar, seja a *relação portadora-ruído* definida por:

$$\rho = \frac{A_c^2}{2B_T N_0} \qquad (6.45)$$

Conforme ρ decresce, o número médio de cliques por unidade de tempo aumenta. Quando esse número se torna consideravelmente grande, diz-se que ocorre o limiar.

A relação sinal-ruído de saída é calculada da seguinte maneira:

1. O sinal de saída é tomado como a saída do receptor medida na ausência de ruído. A potência média do sinal de saída é calculada supondo-se uma modulação senoidal que produz um desvio de frequência Δf igual a $B_T/2$, de forma que a portadora oscila de um lado para outro ao longo de toda a banda de frequência de entrada.
2. A potência média de ruído de saída é calculada quando não há qualquer sinal presente; ou seja, a portadora não é modulada e não se impõem quaisquer restrições ao valor da relação portadora-ruído ρ.

Nessas bases, a teoria[2] resulta na curva I da Figura 6.12, que apresenta um gráfico da relação sinal-ruído de saída *versus* a relação portadora-ruído quando a razão $B_T/2W$ é igual a 5. Essa curva mostra que a relação sinal-ruído de saída difere consideravelmente de uma função linear da relação portadora-ruído ρ quando ρ é inferior a mais ou menos 10 dB. A curva II da Figura 6.12 mostra o efeito da modulação sobre a relação sinal-ruído de saída quando o sinal modulante (suposto senoidal) e o ruído estão presentes ao mesmo tempo. A potência média do sinal de saída pertencente à curva II pode ser efetivamente considerada a mesma que a da curva I. A potência média do ruído de saída, entretanto, depende fortemente da presença do sinal modulante, que é responsável pelo visível afastamento entre a curva II e a curva I. Em particular, verificamos que à medida que ρ decresce a partir do infinito, a relação sinal-ruído de saída se afasta consideravelmente de uma função linear de ρ quando ρ é aproximadamente 11 dB. Além disso, quando o sinal está presente, a modulação da portadora resultante tende a aumentar o número médio de cliques por segundo. Experimentalmente, verifica-se que cliques ocasionais são ouvidos na saída do receptor a uma relação portadora-ruído de aproximadamente 13 dB, que parece ser levemente maior do que a indicada pela teoria. Além disso, é interessante observar que o aumento no número médio de cliques por segundo tende a fazer com que a relação sinal-ruído caia um pouco mais nitidamente abaixo do nível de limiar na presença de modulação.

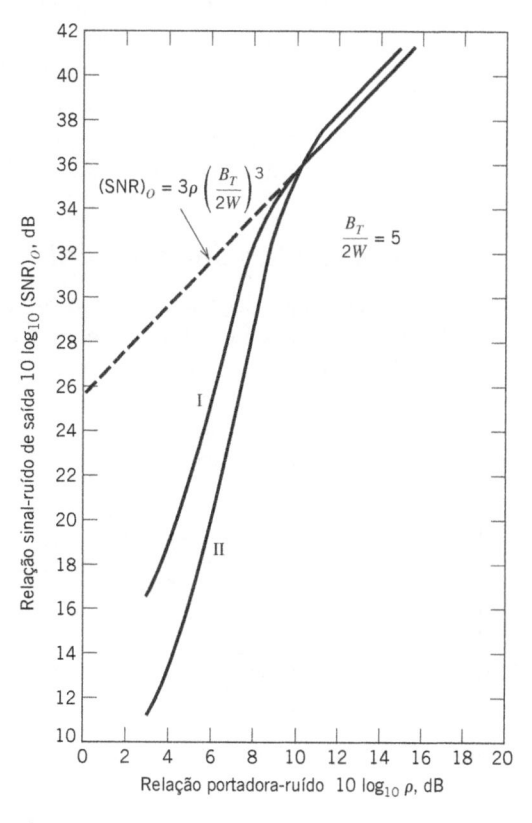

Figura 6.12 Dependência entre a relação sinal-ruído de saída e a relação portadora-ruído de entrada. Na curva I, a potência média de ruído de saída é calculada supondo-se uma portadora não modulada. Na curva II, a potência média de ruído de saída é calculada supondo-se uma portadora modulada senoidalmente. Tanto a curva I quanto a curva II são calculadas a partir da teoria.

A partir da discussão precedente, podemos concluir que os efeitos de limiar em receptores FM podem ser evitados na maioria dos casos práticos de interesse se a relação portadora-ruído ρ for igual a ou maior do que 20 ou, de maneira equivalente, 13 dB. Dessa forma, utilizando a Eq. (6.45), descobrimos que a perda de mensagem na saída do discriminador é desprezível se

$$\frac{A_c^2}{2B_T N_0} \geq 20$$

ou, de maneira equivalente, se a potência média transmitida $A_c^2/2$ satisfizer a condição

$$\frac{A_c^2}{2} \geq 20 B_T N_0 \qquad (6.46)$$

Para utilizar essa fórmula, podemos proceder da seguinte maneira:

1. Para um índice de modulação β e uma largura de banda de mensagem W especificados, determinamos a largura de banda de transmissão da onda FM, B_T, utilizando a curva universal da Figura 4.9 ou a regra de Carson.
2. Para uma potência média de ruído especificada por largura de banda unitária, N_0, utilizamos a Eq. (6.46) para determinar o valor mínimo da potência média transmitida $A_c^2/2$ que é necessário para operar acima do limiar.

Redução do limiar de FM

Em certas aplicações, tais como comunicações espaciais utilizando modulação em frequência, existe particular interesse em reduzir o limiar de ruído em um receptor FM de forma que este possa operar satisfatoriamente com a mínima potência de sinal possível. A redução de limiar em receptores FM pode ser obtida utilizando-se um demodulador FM com realimentação negativa (comumente referido como um *demodulador FMFB*), ou utilizando-se um *demodulador PLL*. Tais dispositivos são chamados de *demoduladores de limiar estendido*, cuja ideia é ilustrada na Figura 6.13. A extensão de limiar mostrada nessa figura é medida em relação ao discriminador de frequência padrão (isto é, um discriminador sem realimentação).

O diagrama de blocos de um demodulador FMFB[3] é mostrado na Figura 6.14. Vemos que o oscilador local do receptor FM convencional foi substituído por um oscilador controlado por tensão (VCO), cuja frequência de saída instantânea é controlada pelo si-

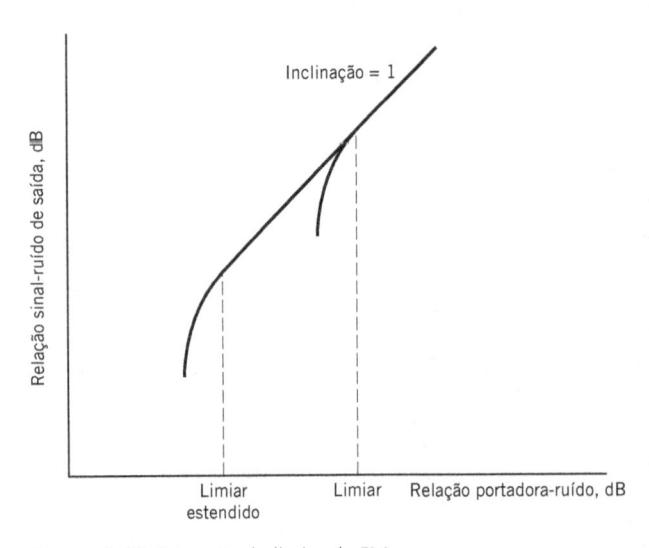

Figura 6.13 Extensão do limiar de FM.

nal demodulado. Para entendermos a operação desse receptor, suponhamos por enquanto que o VCO seja removido do circuito e que o laço de realimentação seja deixado aberto. Suponhamos que um sinal FM de banda larga seja aplicado à entrada do receptor, e um segundo sinal FM, proveniente da mesma fonte, mas cujo índice de modulação seja uma fração menor, seja aplicado ao terminal de misturador alimentado pelo VCO. A saída do misturador consistiria na componente de frequência dada pela diferença, porque a componente de frequência dada pela soma é removida pelo filtro passa-faixa. O desvio de frequência da saída do misturador seria pequeno, apesar de o desvio das duas ondas FM de entrada ser grande, uma vez que a diferença entre seus desvios instantâneos é pequena. Consequentemente, os índices de demodulação se subtrairiam e a onda FM resultante na saída do misturador teria um índice de demodulação menor. A onda FM com índice de modulação reduzido pode ser passada através de um filtro passa faixa, cuja largura de banda precisa ser somente uma fração daquela

Stephen O. Rice (1907-1986)
Stephen Rice era membro da equipe técnica do Laboratório Bell de Nova Jersey em 1945 quando publicou o primeiro artigo sobre os efeitos do ruído nos sinais de comunicação analógicos. Esse artigo clássico, dividido em três partes, é notável por sua exposição matemática detalhada de ruídos aleatórios e suas propriedades. Foi na Parte III do artigo que a distribuição de um sinal senoidal somada ao ruído gaussiano foi derivada pela primeira vez. A distribuição, conhecida como a distribuição Rice, leva o seu nome.
  Em 1963, Rice fez outra contribuição significativa ao formular uma aproximação heurística para analisar o fenômeno de limiar experienciado na saída do receptor FM devido ao ruído. Esse fenômeno, difícil de ser analisado em termos matemáticos, se manifesta no constante aumento de cliques produzidos na saída do receptor FM conforme diminui a relação sinal-ruído em sua entrada. Essa segunda contribuição é notável pela grande concordância entre a teoria e a prática.

para a FM de banda larga, e depois demodulada em frequência. Fica claro agora que o segundo sinal FM de banda larga aplicado ao misturador pode ser obtido realimentando-se a saída do discriminador de frequência no VCO.

Agora será mostrado que a relação sinal-ruído de um receptor FMFB é a mesma que a do receptor convencional de FM com o mesmo sinal de entrada e potência de ruído se a relação sinal-ruído for suficientemente grande. Suponhamos por um instante que não haja qualquer realimentação no demodulador. Na presença combinada de uma portadora não modulada $A_c\cos(2\pi f_c t)$ e de um ruído de banda estreita

$$n(t) = n_I(t)\cos(2\pi f_c t) - n_Q(t)\operatorname{sen}(2\pi f_c t)$$

a fase do sinal composto $x(t)$ na entrada do limitador-discriminador é aproximadamente igual a $n_Q(t)/A_c$, supondo que a relação portadora-ruído seja elevada. A envoltória de $x(t)$ não é de interesse para nós, porque o limitador elimina todas as suas variações. Dessa forma, o sinal composto na entrada do discriminador de frequência consiste em

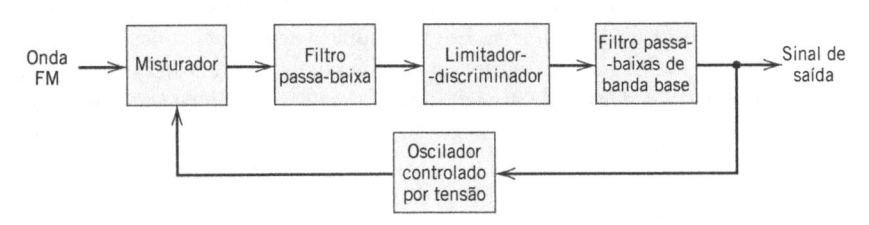

Figura 6.14 Demodulador FMFB.

uma onda modulada em fase de pequeno índice, com modulação derivada a partir da componente $n_Q(t)$ de ruído que está em quadratura de fase com a portadora. Quando a realimentação é aplicada, o VCO gera um sinal modulado em frequência que reduz o índice de modulação em fase da onda na saída do filtro passa-faixa, ou seja, a componente em quadratura $n_Q(t)$ do ruído. Dessa forma, vemos que, contanto que a relação portadora-ruído seja suficientemente grande, o receptor FMFB não responde à componente de ruído em fase $n_I(t)$, mas demodula a componente de ruído em quadratura $n_Q(t)$ exatamente do mesmo modo como demodularia o sinal modulado. O sinal e o ruído de quadratura são reduzidos na mesma proporção pela realimentação aplicada, o que resulta em a relação sinal-ruído de banda base ser independente da realimentação. Para relações portadora-ruído grandes, a relação sinal-ruído de banda base de um receptor FMFB é, então, a mesma que a de um receptor FM convencional.

A razão pela qual o receptor FMFB é capaz de estender o limiar é que, diferentemente de um receptor FM convencional, ele utiliza uma parcela muito importante de informação *a priori*, a saber, que apesar de a frequência de portadora da onda FM da entrada geralmente ter desvios de frequência muito grandes, sua taxa de variação estará na taxa de banda base. Um demodulador FMFB é essencialmente um *filtro de rastreamento* que pode rastrear somente a frequência de um sinal FM de banda larga que varia lentamente e, como consequência, responde somente a uma banda estreita de ruído centrada em torno da frequência instantânea da portadora. A largura de banda de ruído a que o receptor FMFB responde é precisamente a banda de ruído que o VCO rastreia. O resultado final é que um receptor FMFB é capaz de realizar uma extensão de limiar da ordem de 5-7 dB, o que representa uma melhoria significativa no projeto de sistemas FM de potência mínima.

À semelhança do demodulador FMFB, o PLL (discutido no Capítulo 4) também é um filtro de rastreamento e, como tal, a largura de banda do ruído a que ele responde é precisamente a banda do ruído rastreada pelo VCO. De fato, o demodulador PLL[4] fornece uma capacidade de extensão de limiar com um circuito relativamente simples. Infelizmente, a quantidade de extensão de limiar não é previsível por nenhuma teoria existente e depende de parâmetros do sinal. Em termos aproximados, uma melhoria de alguns decibéis (da ordem de 2 ou 3) é obtida em aplicações comuns, o que não é tão bom quanto um demodulador FMFB.

6.6 Pré-ênfase e deênfase em FM

Na Seção 6.5, mostramos que a densidade espectral de potência do ruído na saída de um receptor FM tem uma dependência de lei quadrática com a frequência de operação; isso é ilustrado na Figura 6.15a. Na Figura 6.15b, incluímos a densidade espectral de potência de uma típica fonte de mensagem; sinais de áudio e vídeo geralmente possuem espectros dessa forma. Em particular, vemos que a densidade espectral de potência da mensagem costuma cair consideravelmente em frequências mais altas. Por outro lado, a densidade espectral de potência do ruído de saída eleva-se rapidamente. Dessa forma, em torno de $f = \pm W$, a densidade espectral relativa da mensagem é muito baixa, ao passo que o ruído de saída, em comparação, é bastante elevado. Claramente, a mensagem não utiliza, de maneira eficiente, a banda de frequência designada para ela. Pode parecer que uma maneira de melhorar o desempenho em relação ao ruído do sistema seja reduzir ligeiramente a largura de banda do filtro passa-baixas de pós-detecção, de forma a se rejeitar uma grande quantidade de potência de ruído enquanto se perde somente uma pequena quantidade de potência da mensagem. Entretanto, essa abordagem normalmente não é satisfatória, porque a distorção da mensagem provocada pela reduzida largura de banda do filtro, apesar de ser leve, pode não ser tolerável. Por exemplo, no caso da música, consideramos que, não obstante as notas de alta frequência contribuírem somente com uma fração muito pequena da potência total, ainda assim elas contribuem consideravelmente de um ponto de vista estético.

Uma abordagem mais satisfatória para a utilização da banda de frequência permitida baseia-se na utilização de *pré-ênfase* no transmissor e de *deênfase* no receptor, como ilustrado na Figura 6.16. Nesse método, enfatizamos artificialmente as componentes de alta frequência do sinal de mensagem antes da modulação no transmissor e, portanto, antes que o ruído seja introduzido no receptor. Com efeito, as frações de baixa frequência e alta frequência da densidade espectral de potência da mensagem são equalizadas de maneira que a mensagem ocupe completamente a banda de frequência designada para ela. Então, na saída do discriminador no receptor, realizamos a operação inversa deenfatizando as componentes de alta frequência, de modo a restaurar a distribuição de potência do sinal original da mensagem. Em tal processo, as componentes de alta frequência do ruído na saída do discriminador também são reduzidas, aumentando assim a relação sinal-ruído de saída do sistema efetivamente. Esse processo de pré-ênfase e deênfase é amplamente utilizado em transmissão e recepção de rádio FM comercial.

A fim de produzir uma versão sem distorções da mensagem original na saída do receptor, o filtro de pré-ênfase no transmissor e o filtro de deênfase no receptor deveriam, idealmente, ter funções de transferência que fossem uma a inversa da outra. Ou seja, se $H_{pe}(f)$ designar a função de transferência do filtro de pré-ênfase, então, em termos ideais, a função de transferência $H_{de}(f)$ do filtro de deênfase deve ser (ignorando-se atrasos de transmissão)

$$H_{de}(f) = \frac{1}{H_{pe}(f)}, \qquad -W \le f \le W \qquad (6.47)$$

Essa escolha de funções de transferência faz com que a potência média da mensagem na saída do receptor independa do procedimento de pré-ênfase e de deênfase.

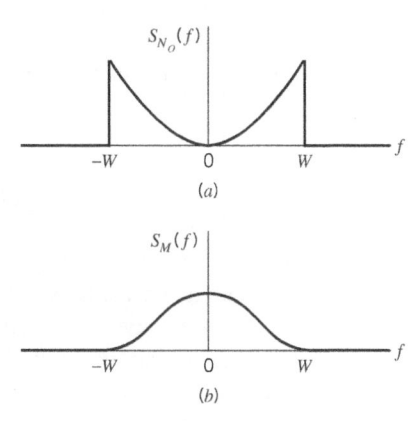

Figura 6.15 (a) Densidade espectral de potência do ruído na saída de um receptor FM. (b) Densidade espectral de potência de um sinal de mensagem típico.

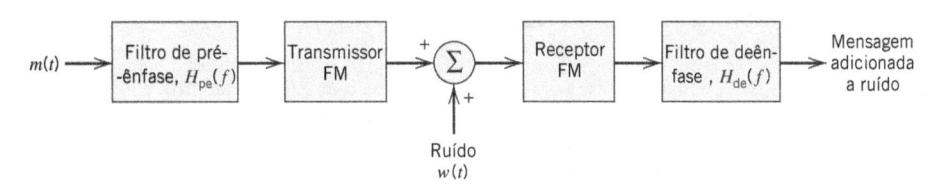

Figura 6.16 Utilização de pré-ênfase e deênfase em um sistema FM.

A partir de nossa análise de ruído anterior em sistemas FM, supondo uma relação portadora-ruído elevada, a densidade espectral de potência do ruído $n_d(t)$ na saída do discriminador é

$$S_{N_d}(f) = \begin{cases} \dfrac{N_0 f^2}{A_c^2}, & |f| \le \dfrac{B_T}{2} \\ 0, & \text{caso contrário} \end{cases} \quad (6.48)$$

Portanto, a densidade espectral de potência modificada do ruído na saída do filtro de deênfase é igual a $|H_{de}(f)|^2 S_{N_d}(f)$. Reconhecendo, como antes, que o filtro passa-baixas de pós-detecção tem uma largura de banda W que, em geral, é inferior $B_T/2$, descobrimos que a potência média do ruído modificado na saída do receptor é como se segue:

$$\begin{pmatrix} \text{Potência média do ruído} \\ \text{de saída com deênfase} \end{pmatrix} = \frac{N_0}{A_c^2} \int_{-W}^{W} f^2 |H_{de}(f)|^2 \, df \quad (6.49)$$

Uma vez que a potência média da mensagem na saída do receptor, em termos ideais, não é afetada pelo procedimento de pré-ênfase e deênfase, segue-se que a melhoria na relação sinal-ruído de saída produzida pela utilização de pré-ênfase no transmissor e deênfase no receptor é definida por

$$I = \frac{\text{potência média do ruído de saída sem pré-ênfase e deênfase}}{\text{potência média do ruído de saída com pré-ênfase e deênfase}} \quad (6.50)$$

Mostramos anteriormente que a potência média do ruído de saída sem pré-ênfase e deênfase é igual a $(2N_0 W^3 / 3A_c^2)$. Portanto, depois do cancelamento de termos em comum, podemos expressar o fator de melhoria I como

$$I = \frac{2W^3}{3 \int_{-W}^{W} f^2 |H_{de}(f)|^2 \, df} \quad (6.51)$$

Deve ser enfatizado que esse fator de melhoria supõe o uso de uma relação portadora-ruído elevada na entrada do discriminador no receptor.

EXEMPLO 6.3

Um filtro de pré-ênfase simples que enfatiza altas frequência e é comumente utilizado na prática é definido pela função de transferência

$$H_{pe}(f) = 1 + \frac{jf}{f_0}$$

Essa função de transferência é realizada aproximadamente pelo circuito de amplificador RC mostrado na Figura 6.17a, dado que $R \ll r$ e $2\pi f C r \ll 1$ dentro da banda de frequência de interesse. O amplificador na Figura 6.17a pretende compensar a atenuação introduzida pelo circuito RC em baixas frequências. O parâmetro de frequência f_0 é $1/(2\pi Cr)$.

O filtro de deênfase correspondente no receptor é definido pela função de transferência

$$H_{de}(f) = \frac{1}{1 + jf/f_0}$$

que pode ser realizada utilizando-se o circuito RC simples da Figura 6.17b.

A melhoria na relação sinal-ruído de saída do receptor FM, resultante da utilização dos filtros de pré-ênfase e de deênfase da Figura 6.17, é, portanto,

$$I = \frac{2W^3}{3\int_{-W}^{W} \frac{f^2 df}{1 + (f/f_0)^2}}$$

$$= \frac{(W/f_0)^3}{3[(W/f_0) - \tan^{-1}(W/f_0)]} \quad (6.52)$$

Em transmissão de FM comercial, tipicamente temos $f_0 = 2,1$ kHz, e podemos razoavelmente supor que $W = 15$ kHz. Esse conjunto de valores produz I = 22, que corresponde a um aumento de 13 dB na relação sinal-ruído de saída do receptor. A relação sinal ruído de saída de um receptor FM sem pré-ênfase e deênfase tipicamente é 40-50 dB. Vemos, portanto, que utilizando os filtros simples de pré-ênfase e deênfase mostrados na Figura 6.17, podemos melhorar significativamente o desempenho em relação ao ruído do receptor.

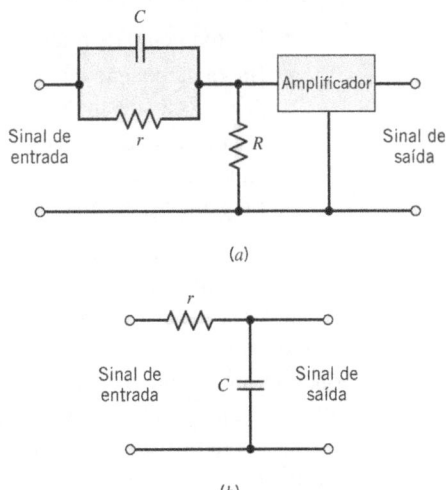

Figura 6.17 (a) Filtro de pré-ênfase. (b) Filtro de deênfase.

A utilização dos filtros simples de pré-ênfase e deênfase *lineares* descritos acima é um exemplo de como o desempenho de um sistema FM pode ser melhorado explorando-se as diferenças entre as características dos sinais e do ruído no sistema. Esses filtros simples também encontram aplicação em gravações em fita de áudio. Especificamente, técnicas de pré-ênfase e deênfase *não lineares* têm sido aplicadas com sucesso em gravações em fita. Essas técnicas[5] (conhecidas como sistemas *Dolby-A*, *Dolby-B* e *DBX*) utilizam uma combinação de filtragem e compressão de faixa dinâmica para reduzir os efeitos de ruído, particularmente quando o nível de sinal é baixo.

6.7 Exemplo temático – orçamento de um *link* de satélite FM

Nas seções anteriores deste capítulo, mostramos como determinar a SNR de saída de um demodulador, conhecendo a SNR na entrada do receptor, para um certo número de estratégias de modulação. Uma parcela crítica do projeto da camada física de um sistema de comunicação é a determinação da SNR na entrada do receptor. Essa parte do *link* de comunicação é abordada nesta seção utilizando-se um sistema de satélite geoestacionário como exemplo.

Em um sistema de comunicação via satélite geoestacionário, um sinal é transmitido de uma estação terrestre através do canal de subida até o satélite, amplificado em um *transponder* (isto é, circuitos eletrônicos) a bordo do satélite e depois retransmitido do satélite através do canal de descida para outra estação terrestre, como ilustrado na Figura 6.18b. A primeira geração de satélites de comunicação normalmente utilizava a banda de frequência de 6 GHz para o canal de subida e 4 GHz para o canal de descida. A utilização dessas bandas de frequência oferece as seguintes vantagens:

- Equipamento de micro-ondas relativamente barato.
- Baixa atenuação devido à chuva – a chuva é a principal causa atmosférica de degradação de sinal.
- Insignificante ruído cósmico de fundo – o ruído cósmico de fundo (devido a emissões de ruído aleatórias provenientes de fontes galácticas, solares e terrestres) atinge seu nível mais baixo entre 1 e 10 Ghz.

Entretanto, a interferência de rádio limita as aplicações de satélites de comunicação que operam na banda de 6/4 GHz, porque as frequências de transmissão dessa banda coincidem com as utilizadas para sistemas terrestres de micro-ondas. Esse problema é eliminado nos mais sofisticados satélites de comunicação de "segunda geração" que operam na banda de 14/12 GHz. Além disso, a utilização dessas frequências mais altas torna possível construir antenas menores e, portanto, menos dispendiosas.

O diagrama de blocos da Figura 6.19 mostra os componentes básicos de um *transponder* de canal único de um satélite de comunicação simples. Essa estrutura é algumas vezes referida como um satélite "*bent-pipe*", ou tubo dobrado, uma vez que ele simplesmente amplifica e redireciona o sinal que chega. Satélites mais avançados incluem processamento digital de sinais a bordo. Especificamente, a saída da antena receptora do canal de subida é aplicada à conexão em cascata dos seguintes componentes:

- Filtro passa-faixa, projetado para separar o sinal recebido dentre os diferentes canais de rádio.
- Amplificador de baixo ruído.
- Conversor de frequência descendente, cujo propósito é converter o sinal de radiofrequência (RF) recebido para a frequência de canal de descida desejada.

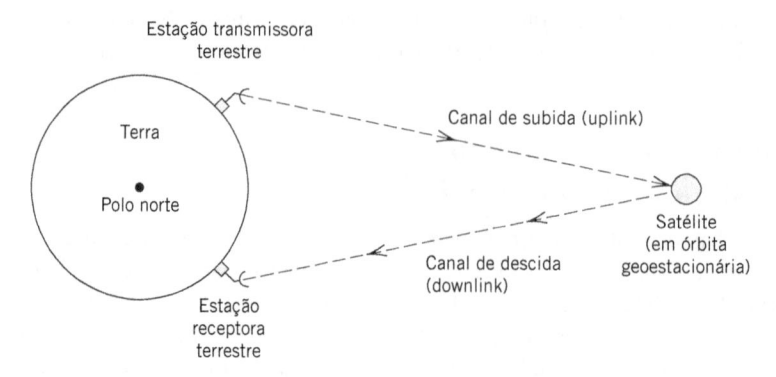

Figura 6.18 Sistema de comunicação via satélite.

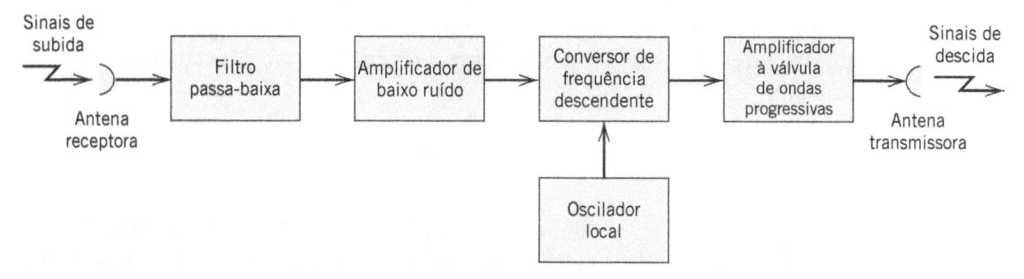

Figura 6.19 Diagrama de blocos do *transponder*.

- Um amplificador, que fornece um ganho elevado ao longo de uma banda ampla de frequências. Os satélites anteriores utilizavam amplificadores à válvula de ondas progressivas (TWT). Os satélites modernos normalmente utilizam amplificadores de estado sólido.

A configuração do canal mostrada na Figura 6.19 utiliza uma única translação de frequência. Outras configurações de *transponder* são possíveis.

Análise de *link* de rádio

Uma questão importante que surge no projeto de sistemas de comunicação via satélite é o da análise do orçamento do *link*. Como seu nome implica, um orçamento de *link*, ou mais precisamente, "orçamento da potência do *link*", é a totalização de todos os ganhos e perdas incidentes na operação de um *link* de comunicação. Em especial, a folha de balanço que constitui o orçamento do *link* fornece uma contabilidade detalhada de três itens definidos de maneira ampla:

1. Distribuição dos recursos disponíveis ao transmissor e ao receptor.
2. Fontes responsáveis pela perda de potência do sinal.
3. Fontes de ruído.

Colocando todos esses itens juntos no orçamento do *link*, chegamos a uma estimativa do procedimento para avaliação do desempenho do *link* de rádio, que pode ser tanto do canal de subida quanto do canal de descida de um sistema de comunicação via satélite.

A equação de Friis

O primeiro passo na formulação de um orçamento de *link* é calcular a potência do sinal recebido. A transmissão de rádio é caracterizada pela geração de um sinal elétrico no transmissor que representa a informação desejada, a propagação das ondas de rádio correspondentes através do espaço, e a estimação, no receptor, da informação transmitida a partir do sinal elétrico recuperado. O sistema de transmissão é caracterizado pelas antenas que convertem sinais elétricos em ondas de rádio e pela propagação das ondas de rádio através do espaço.

Para transmissão *em espaço livre*, o que implica que há um percurso direto desobstruído entre o transmissor e o receptor, a potência do sinal recebido é dada pela *equação de Friis*

$$P_R = \frac{P_T G_T G_R}{L_p} \quad (6.53)$$

em que P_T é a potência transmitida e P_R é a potência recebida. Os parâmetros G_T e G_R representam os ganhos das antenas transmissora e receptora, respectivamente. Para uma antena *whip* pequena, esses ganhos são normalmente próximos da unidade; entretanto, para as antenas parabólicas ("em forma de prato") normalmente utilizadas em comunicações via satélite, os ganhos podem ser muito grandes. O denominador representa a atenuação do sinal, referida como *perda de percurso*, entre o transmissor e o receptor. Para transmissão em espaço livre, a perda de percurso L_p entre duas antenas é dada por

$$L_p = \left(\frac{4\pi R}{\lambda}\right)^2 \quad (6.54)$$

em que R é a distância entre o transmissor e o receptor, e λ é o comprimento de onda da transmissão. Para simplificar a avaliação da equação de Friis, muitas vezes a escrevemos como a seguinte relação em decibéis

$$P_R(dB) = P_T(dB) + G_T(dB) + G_R(dB) - L_p(dB) \quad (6.55)$$

em que $X(dB) = 10 \log_{10}(X)$. A equação de Friis é a equação fundamental do *planejamento de link*. Essa equação relaciona a potência recebida com a potência transmitida levando em consideração as características de transmissão do *link* de rádio. O termo $P_T G_T$ é algumas vezes expresso como

$$\text{EIRP} = P_T G_T \quad (6.56)$$

em que EIRP é a *potência irradiada efetiva referenciada a uma fonte isotrópica*. Uma fonte isotrópica transmite uniformemente em todas as direções, ao passo que uma antena direcional consegue seu ganho focando a potência em uma direção. Então a EIRP descreve a potência equivalente que uma antena deveria irradiar se ela transmitisse uniformemente em todas as direções. Há uma suposição implícita, nas Eqs. (6.55) e (6.56), de que as antenas transmissora e receptora estão apontando uma para a outra.

Ruído de receptor

Para completar a análise de orçamento do *link*, precisamos determinar a potência média do ruído no sinal recebido. Como descrito na Seção 5.10, normalmente, a fonte principal de ruído em uma transmissão é o ruído térmico, devido ao movimento aleatório dos elétrons na etapa de entrada do receptor, onde o sinal é mais fraco. Isso é certamente o caso para *links* via satélite, e as etapas de entrada do receptor são projetadas para incluir amplificadores de ruído muito baixo (LNAs). O nível de ruído em receptores de satélite é minimizado a uma extensão tal que a contribuição desses amplificadores seja simplesmente expressa como um equivalente de temperatura, T_e.

Dizer que um receptor tem uma temperatura de ruído equivalente de T_e implica que o ruído devido ao receptor é branco ao longo da largura de banda de interesse e possui uma densidade de ruído dada por

$$N(f) = kT_e. \quad (6.57)$$

Uma vez que o ruído é branco, podemos combiná-lo com o sinal recebido para definir uma quantidade conhecida como a relação portadora-ruído, C/N_0. A C/N_0 pode ser expressa como

$$\frac{C}{N_0} = \frac{P_R}{kT_e} \quad (6.58)$$

A relação portadora-ruído é muitas vezes utilizada em orçamentos de *link* porque ela é uma medida genérica de desempenho que é independente da modulação utilizada e da largura de banda. Ela pode ser igualmente utilizada tanto em sistemas analógicos quanto digitais.

SNR do demodulador

Uma das metas de um sistema de comunicação é entregar a mensagem com uma qualidade especificada. A medida de qualidade que utilizamos neste capítulo é a relação sinal-ruído na saída do demodulador. Uma vez que C/N_0 é conhecida, podemos utilizar os resultados deste capítulo para modulação AM e FM (e nos capítulos posteriores para modulação digital) para determinar a SNR de saída. Sabendo a qualidade requerida, podemos determinar a relação sinal-ruído necessária na entrada do demodulador, e conhecendo a largura de banda, podemos determinar a relação de densidade portadora-ruído, C/N_0.

Figura de ruído

Um método alternativo de expressar a contribuição de ruído por um amplificador ou receptor é a *figura de ruído*. A figura de ruído F é definida como *a razão entre a potência de ruído de saída total disponível por unidade de largura de banda e a sua porção decorrente somente da fonte*. A figura de ruído é, em geral, dependente da frequência, sendo definida matematicamente como

$$F = \frac{S_{NO}(f)}{G(f)S_{NS}(f)}$$

em que $S_{NO}(f)$ é a potência de ruído disponível na saída do dispositivo, $S_{NS}(f)$ é a potência de ruído disponível a partir da fonte na entrada do dispositivo e $G(f)$ é o ganho do dispositivo disponível. *Potência disponível* implica que a potência máxima pode ser entregue a uma carga externa quando a fonte e as impedâncias de carga são emparelhadas. Essa definição reconhece que o ruído de saída de um dispositivo de duas portas é constituído de duas contribuições, uma decorrente da fonte e outra decorrente do próprio dispositivo.

Em muitos casos, o ruído da fonte e do dispositivo são brancos e o ganho do dispositivo é aproximadamente constante ao longo da faixa de frequência de interesse, e, consequentemente, F é uma constante, e a potência do ruído em uma largura de banda fixa B pode ser expressa como

$$N_0 B = F k T_0 B$$

em que kT_0 é a densidade de potência de ruído térmico à temperatura nominal T_0. Dessa forma, a densidade de ruído adicionada pelo dispositivo é $(F-1)kT_0$, que é igual a kT_e, em que T_e é a *temperatura de ruído equivalente*.

Exemplo de *link* de satélite

Para ilustrar os conceitos introduzidos sob a análise de *link* de rádio, consideremos o seguinte problema. Um *transponder* de satélite com largura de banda de 30 MHz retransmite um sinal de televisão utilizando modulação FM. A EIRP do canal de descida é 32 dBW. Essa potência é suficiente para fornecer SNR de 36 dB na saída do receptor? Suponhamos que a estação receptora terrestre tenha um sistema de temperatura de ruído de 100 K e utilize uma antena parabólica de ganho 52dB.

Começamos a resolver esse problema utilizando a equação de Friis para calcular a força do sinal recebido; a única incógnita na Eq. (6.55) é a perda de percurso, que é dada pela Eq. (6.54). Para um satélite geoestacionário, a distância entre o satélite e a estação terrestre pode variar de 36.000 km, quando o satélite estiver diretamente acima, até 41.000 km quando o satélite estiver a 10° de elevação. Suponhamos o pior caso de 41.000 km de distância. Suponhamos também que a transmissão ocorre em 4 GHz, como seria típico de um satélite de primeira geração que utilizasse transmissão FM. Substituindo esses valores supostos na Eq. (6.54) com $\lambda = c f$, descobrimos que a perda de percurso é

$$L_p = \left(\frac{4\pi R}{\lambda}\right)^2$$

$$= \left(\frac{4\pi(4{,}1 \times 10^7)}{(3 \times 10^8/4 \times 10^9)}\right)^2$$

$$= 4{,}7 \times 10^{19}$$

$$\approx 196{,}7 \text{ dB} \tag{6.59}$$

Substituindo esse resultado na equação de Friis [Eq. (6.55)], descobrimos que a potência recebida, expressa em decibéis, é

$$P_R = 32 + 52 - 196{,}7$$

$$= -112{,}7 \text{ dBW} \tag{6.60}$$

Para determinar a relação de densidade portadora-ruído, devemos combinar P_R com o ruído do receptor de acordo com a Eq. (6.58) para obtermos, em decibéis,

$$\frac{C}{N_0}(\text{dBHz}^{-1}) = P_R(\text{dBW}) - 10\log_{10} k(\text{dBWHz}^{-1}\text{K}^{-1}) - 10\log_{10} T_e(\text{dBK})$$

$$= -112{,}7 + 228{,}6 - 20 \tag{6.61}$$

$$= 95{,}9 \text{ dBHz}^{-1}$$

Conhecendo a C/N_0, utilizamos a equação de FM [Eq. (6.40)] para calcular a SNR de vídeo na saída do demodulador FM, obtendo

$$(\text{SNR})_{O,\text{FM}} = \frac{3k_f^2 P}{W^3}\left(\frac{A_c^2}{2N_0}\right)$$

$$\simeq \frac{3D^2}{W}\left(\frac{C}{N_0}\right) \tag{6.62}$$

em que o coeficiente de desvio D é dado por [ver a discussão que a acompanha a Eq. (6.42)]

$$D = \frac{\Delta f}{W} \approx \frac{k_f P^{1/2}}{W} \tag{6.63}$$

TABELA 6.1 Orçamento de *link* para o canal de descida do satélite FM

Parâmetro	Unidades	Valor
EIRP	dBW	32
Perda em espaço livre	dB	196,7
Ganho da antena receptora	dB	52
Temperatura de ruído do sistema	dBK	20
Constante de Boltzmann	dBWHz^{-1}K^{-1}	-228,6
C/N_0 recebida	dBHz^{-1}	95,9
SNR de vídeo demodulado	dB	41,5
SNR de vídeo necessária	dB	36

Para estimar o coeficiente de desvio, lembremos da Seção 3.6 que a largura de banda de banda base de um sinal de televisão analógico é $W = 4,5$ MHz (incluindo a componente de áudio). Além disso, a largura de banda do *transponder* do satélite de 30 MHz limita a largura de banda de transmissão a $B_T = 30$ MHz. Utilizando a regra de Carson da Eq. (4.38) com f_m trocado por W (ver a discussão precedente ao Exemplo 4.4) determinamos o desvio de frequência máximo Δf a partir da fórmula

$$B_T = 2(W + \Delta f) \quad (6.64)$$

para ser 10,5 MHz. Dessa forma, $D = \Delta f/W = 2,33$. Substituindo D e W na Eq. (6.62), obtemos

$$(\text{SNR})_{O,\text{FM}} = 10 \log_{10}\left(\frac{3D^2}{W}\right) + 95,9 \quad (6.65)$$
$$= 41,5 \text{ dB}$$

como a SNR de vídeo. Podemos resumir esses cálculos no orçamento de *link* da Tabela 6.1.

O orçamento de *link* indica que, para a EIRP de satélite dada, a SNR de vídeo demodulado deveria ser 5,5 dB maior do que o necessário. Essa potência ou SNR em acesso é muitas vezes referida como *margem*. Na prática, existem muitos fatores que reduzirão a margem disponível. Alguns desses fatores incluem: (a) perdas devido à implementação não ideal do demodulador; (b) contribuições para o ruído devido a uma porção do canal de subida da transmissão; e (c) perdas devido a atenuações atmosféricas do sinal. Em um orçamento de *link* mais detalhado, esses fatores podem ser incluídos.

É desnecessário dizer que a essência da análise do *link* de comunicação apresentada nesta seção também se aplica a outros *links* de rádio. É por essa razão que o tratamento da análise do *link* de rádio apresentado nesta seção é de natureza genérica. Na prática, o projeto é normalmente iterativo com a SNR de saída sendo dada como uma exigência, e relações de compromisso são feitas entre a EIRP do satélite, o tamanho da antena e a temperatura de ruído do sistema para alcançar essa exigência.

6.8 Resumo e discussão

Concluímos a análise de ruído de sistemas de modulação CW apresentando uma comparação dos méritos relativos de cada técnica de modulação diferente. Para essa comparação, assumimos que a modulação é produzida por uma onda senoidal. Para a comparação ser significativa, também assumimos que todos os sistemas de modulação diferentes operam com exatamente a mesma relação sinal-ruído de canal. Ao fazermos essa comparação, é informativo mantermos em mente a exigência de largura de banda de transmissão do sistema de modulação em questão. Tendo isso em vista, utilizamos uma *largura de banda de transmissão normalizada* definida por

$$B_n = \frac{B_T}{W} \tag{6.66}$$

em que B_T é a largura de banda de transmissão do sinal modulado e W é a largura de banda da mensagem. Dessa forma, podemos fazer as seguintes observações:

1. Em um sistema de AM completa que utiliza detecção de envoltória, a relação sinal-ruído de saída, assumindo modulação senoidal, é dada por [ver Eq. (6.20)]

$$(\text{SNR})_O = \frac{\mu^2}{2 + \mu^2}(\text{SNR})_C$$

   Essa relação está plotada como a curva I na Figura 6.20, assumindo-se $\mu = 1$. Nessa curva, também incluímos o efeito de limar de AM. Já que em um sistema de AM completa ambas as bandas laterais são transmitidas, a largura de banda de transmissão normalizada B_n é igual a 2.

2. No caso de um sistema de modulação DSB-SC que utiliza detecção coerente, a relação sinal-ruído de saída é dada por [ver Eq. (6.10)]

$$(\text{SNR})_O = (\text{SNR})_C$$

   Essa relação está plotada como a curva II na Figura 6.20. Vemos, portanto, que o desempenho em relação a ruído de um sistema DSB-SC, que utiliza detecção coerente, é superior em 4,8 dB àquele do sistema de AM completa que utiliza detecção de envoltória. Deve-se notar que o sistema DSB-SC não exibe efeito de limiar.

3. Em um sistema de FM que utiliza um discriminador convencional, a relação sinal-ruído de saída, assumindo-se modulação senoidal, é dada por [ver Eq. (6.43)]

$$(\text{SNR})_O = \frac{3}{2}\beta^2(\text{SNR})_C$$

   em que β é o índice de modulação. Essa relação está plotada como as curvas III e IV na Figura 6.20, correspondendo a $\beta = 2$ e $\beta = 5$, respectivamente. Em cada caso, incluímos uma melhoria de 13 dB, que é tipicamente obtida utilizando-se pré-ênfase no transmissor e deênfase no receptor, como descrito na Seção 6.6. Para determinar a exigência de largura de banda de transmissão, utilizamos a curva universal da Figura 4.9 e, então, descobrimos que

$B_n = 8$ para $\beta = 2$
$B_n = 16$ para $\beta = 5$

Vemos então que, em comparação com o sistema DSB-SC, utilizando FM de banda larga, obtemos uma melhoria na relação sinal-ruído de saída igual a 20,8 dB para uma largura de banda normalizada $B_n = 8$, e um melhoramento de 28,8 dB para $B_n = 16$. Isso claramente ilustra a melhoria no desempenho em relação ao ruído que é alcançável utilizando-se FM de banda larga. Entretanto, o preço que devemos pagar por essa melhoria é a largura de banda de transmissão excessiva. Isso, naturalmente, assumindo-se que os sistemas FM que operam acima do limiar para a melhoria em relação ao ruído sejam realizáveis.

Um ponto importante para concluirmos nossa discussão é que, diferentemente da modulação em amplitude, a modulação em frequência oferece uma relação de compromisso entre a largura de banda de transmissão e uma melhoria no desempenho em relação ao ruído. Essa relação de compromisso segue uma lei quadrática, que é o melhor que podemos fazer com modulação CW (isto é, comunicações analógicas). No próximo capítulo, descreveremos a modulação por codificação de pulso, que é básica para a transmissão de sinais analógicos portadores de informação por um sistema de comunicação digital, e que pode, de fato, sair-se muito melhor.

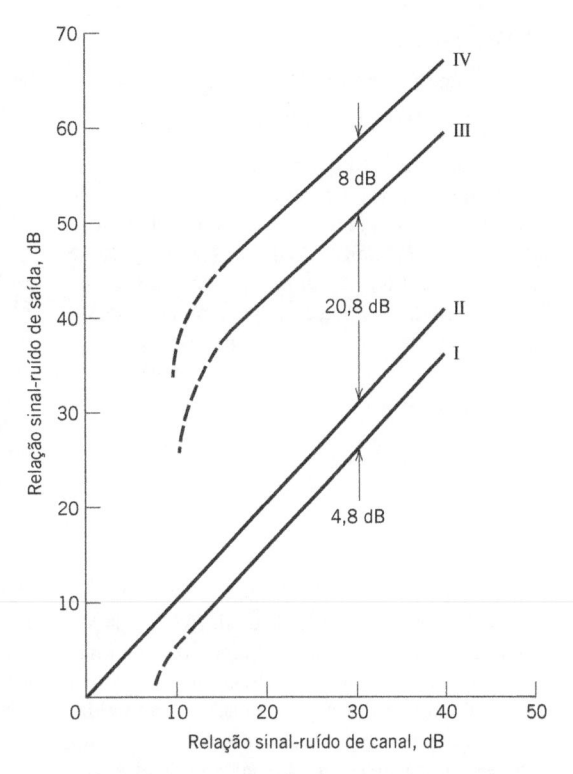

Figura 6.20 Comparação do desempenho em relação ao ruído de vários sistemas de modulação CW. Curva I: AM padrão, $\mu = 1$. Curva II: DSB-SC. Curva III: FM, $\beta = 2$. Curva IV: FM, $\beta = 5$. (As curvas III e IV incluem uma melhoria de pré-ênfase e deênfase de 13 dB.)

Notas e referências

1. Para uma discussão detalhada do efeito de limiar em receptores FM, ver Rice (1963) e Schwartz, Bennett e Stein (1966, pp. 129-163).
2. A Figura 6.12 é adaptada de Rice (1963). A validade da curva teórica II nessa figura foi confirmada experimentalmente; ver Schwartz, Bennett e Stein (1966, p. 153).
3. O tratamento do demodulador FMFB apresentado na Seção 6.5 é baseado no artigo de Enloe (1962); ver também Roberts (1977, pp. 166-181).
4. Para uma discussão completa dos efeitos de limiar em PLLs, ver Gardner (1979, pp. 178-196) e Roberts (1977, pp. 200-202).
5. Para uma descrição detalhada dos sistemas Dolby mencionados na última parte da Seção 6.7, ver Stremler (1990, pp. 732-734).

Problemas

6.1 A função amostral
$$x(t) = A_c \cos(2\pi f_c t) + w(t)$$
é aplicada ao filtro RC passa-baixas da Figura P6.1. A amplitude A_c e a frequência f_c da componente senoidal são constantes, e $w(t)$ é um ruído branco gaussiano de média zero e densidade espectral de potência $N_0/2$. Encontre uma expressão para a relação sinal-ruído de saída com a componente senoidal de $x(t)$ vista como o sinal de interesse.

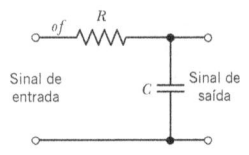

Figura P6.1

6.2 Suponha a seguir que a função amostral $x(t)$ do Problema 6.1 seja aplicada ao filtro LRC passa-faixa da Figura P6.2, que está sintonizado na frequência f_c da componente senoidal. Assuma que o fator Q do filtro é alto em comparação com a unidade. Encontre uma expressão para a relação sinal-ruído de saída tratando a componente senoidal de $x(t)$ como o sinal de interesse.

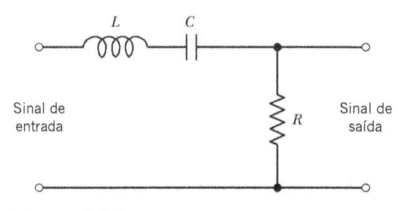

Figura P6.2

6.3 Um sinal modulado DSB-SC é transmitido sobre um canal ruidoso, com a densidade espectral de potência do ruído sendo como mostrada na Figura P6.3. A largura de banda da mensagem é 4 kHz e a frequência de portadora é 200 kHz. Assumindo que a potência média da onda modulada é 10 watts, determine a relação sinal-ruído de saída do receptor.

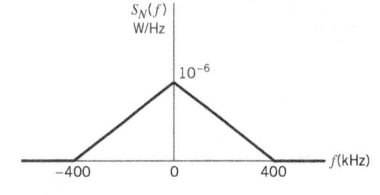

Figura P6.3

6.4 Avalie as funções de autocorrelação e de correlação cruzada das componentes em fase e em quadratura do ruído de banda estreita na entrada do detector coerente para o sistema DSB-SC.

6.5 Em um receptor que utiliza detecção coerente, a onda senoidal gerada pelo oscilador local sofre de um erro de fase $\theta(t)$ em relação à onda portadora $\cos(2\pi f_c t)$. Assumindo que $\theta(t)$ seja uma função amostral de um processo gaussiano de média zero e variância σ_Θ^2, e que na maior parte do tempo o valor máximo de $\theta(t)$ seja pequeno em comparação com a unidade, encontre o erro quadrático médio da saída do receptor para modulação DSB-SC. O erro quadrático médio é definido como o valor esperado da diferença quadrática entre a saída do receptor e a componente de sinal de mensagem da saída do receptor.

6.6 A potência média de ruído por unidade de largura de banda medida na etapa de entrada de um receptor AM é 10^{-3} watt por Hz. A onda modulante é senoidal, com uma potência de portadora de 80 kilowatts, e uma potência de banda lateral de 10 kilowatts por banda lateral. A largura de banda da mensagem é 4 kHz. Assumindo-se a utilização de um detector de envoltória no receptor, determine a relação sinal-ruído de saída do sistema. Por quantos decibéis esse sistema é inferior a um sistema de modulação DSB-SC?

6.7 Considere a saída de um detector de envoltória definida pela Eq. (6.14), a qual é reproduzida aqui por conveniência:

$$y(t) = \{[A_c + A_c k_a m(t) + n_I(t)]^2 + n_Q^2(t)\}^{1/2}$$

(a) Assuma que a probabilidade do evento

$$|n_Q(t)| > \varepsilon A_c |1 + k_a m(t)|$$

seja igual ou menor do que δ_1, quando $\varepsilon \ll 1$. Qual é a probabilidade de que o efeito da componente em quadratura $n_Q(t)$ seja desprezível?

(b) Suponha que k_a seja ajustado em relação ao sinal de mensagem $m(t)$ tal que a probabilidade do evento

$$A_c[1 + k_a m(t)] + n_I(t) < 0$$

seja igual δ_2. Qual é a probabilidade de que a aproximação

$$y(t) \simeq A_c[1 + k_a m(t)] + n_I(t)$$

seja válida?

(c) Comente sobre a significância do resultado na parte (b) para o caso em que δ_1 e δ_2 sejam ambos pequenos em comparação com a unidade.

6.8 Uma portadora não modulada de amplitude A_c e frequência f_c e um ruído branco limitado em banda são somados e então passados através de um detector de envoltória ideal. Assuma que a densidade espectral do ruído seja de altura $N_0/2$ e largura de banda $2W$, centrada em torno da frequência de portadora f_c. Determine a relação sinal-ruído de saída para o caso em que a relação portadora-ruído seja alta.

6.9 Um receptor AM, operando com um sinal modulante senoidal e 80% de modulação, tem uma relação sinal-ruído de saída de 30 dB.

(a) Qual é a relação portadora-ruído correspondente.

(b) Em quantos decibéis podemos reduzir a relação portadora-ruído a fim de que o sistema opere logo acima do limiar?

6.10 Considere um sistema de modulação em fase (PM), com a onda modulada definida por

$$s(t) = A_c \cos[2\pi f_c t + k_p m(t)]$$

em que k_p é uma constante e $m(t)$ é o sinal de mensagem. O ruído aditivo $n(t)$ na entrada do detector de fase é

$$n(t) = n_I(t) \cos(2\pi f_c t) - n_Q(t) \operatorname{sen}(2\pi f_c t)$$

Assumindo que a relação portadora-ruído na entrada do detector seja alta em comparação com a unidade, determine (a) a relação sinal-ruído de saída e (b) a figura de mérito do sistema. Compare seus resultados com o sistema FM para o caso de modulação senoidal.

6.11 Um sistema FDM utiliza modulação de banda lateral única para combinar 12 sinais de vozes independentes e então utiliza modulação em frequência para transmitir o sinal de banda base composto. Cada sinal de voz tem uma potência média P e ocupa a banda de frequência 0,3-3,4 kHz; o sistema aloca para isso uma largura de banda de 4 kHz. Para cada sinal de voz, apenas a banda lateral inferior é transmitida. As ondas subportadoras utilizadas para o primeiro estágio de modulação são definidas por

$$c_k(t) = A_k \cos(2\pi k f_0 t), \qquad 0 \le k \le 11$$

O sinal recebido consiste em um sinal FM transmitido somado a um ruído gaussiano de média zero e densidade espectral de potência $N_0/2$.

(a) Esboce a densidade espectral de potência do sinal produzido na saída do discriminador de frequência, mostrando tanto a componente de sinal quanto a de ruído.

(b) Encontre a relação entre as amplitudes das subportadoras A_k de modo que os sinais de voz modulados tenham relações sinal-ruído iguais.

6.12 Na discussão do efeito de limiar de FM apresentada na Seção 6.5, descrevemos as condições para cliques de movimento positivo e de movimento negativo em termos da envoltória $r(t)$ e da fase $\psi(t)$ do ruído de banda estreita $n(t)$. Reformule essas condições em termos da componente em fase $n_I(t)$ e da componente em quadratura $n_Q(t)$ de $n(t)$.

6.13 Utilizando o filtro de pré-ênfase mostrado na Figura 6.17a e um sinal de voz como onda modulante, um transmissor FM produz um sinal que é essencialmente modulado em frequência pelas frequências de áudio mais baixas e modulado em fase pelas frequências de áudio mais altas. Explique as razões para esse fenômeno.

6.14 Suponha que as funções de transferência dos filtros de pré-ênfase e de deênfase de um sistema FM sejam escalonadas como se segue:

$$H_{pe}(f) = k\left(1 + \frac{jf}{f_0}\right)$$

e

$$H_{de}(f) = \frac{1}{k}\left(\frac{1}{1 + jf/f_0}\right)$$

O fator de escala k é escolhido de modo que a potência média do sinal de mensagem enfatizado é a mesma que a do sinal de mensagem original $m(t)$.

(a) Encontre o valor de k que satisfaz essa exigência para o caso em que a densidade espectral de potência do sinal de mensagem $m(t)$ é

$$S_M(f) = \begin{cases} \dfrac{S_0}{1 + (f/f_0)^2}, & -W \le f \le W \\ 0, & \text{caso contrário} \end{cases}$$

(b) Qual é o valor correspondente do fator de melhoria I produzido utilizando-se o par de filtros de pré-ênfase e deênfase? Compare essas relações com a obtida no Exemplo 6.3. O fator de melhoria é definido pela Eq. (6.50).

6.15 Um sistema de modulação em fase (PM) utiliza um par de filtros de pré-ênfase e deênfase definidos pelas funções de transferência

$$H_{pe}(f) = 1 + \frac{jf}{f_0}$$

e

$$H_{de}(f) = \frac{1}{1 + (jf/f_0)}$$

Mostre que a melhoria na relação sinal-ruído produzida pela utilização desse par de filtros é

$$I = \frac{W/f_0}{\tan^{-1}(W/f_0)}$$

em que W é a largura de banda da mensagem. Avalie essa melhoria para o caso em que $W = 15$ kHz e $f_0 = 2{,}1$ kHz, e compare o seu resultado com o valor correspondente para um sistema FM.

Problemas computacionais

6.16 Utilizando o modelo em Matlab de um modulador AM e de um detector de envoltória desenvolvido no Problema 3.25, faça o seguinte:

(a) Simule a modulação e a detecção de uma onda modulante de 400 Hz que tem um índice de modulação de 50%. Mantenha uma cópia dessa saída do demodulador livre de ruído como uma referência.

(b) Adicione ruído de banda estreita ao sinal antes da demodulação de modo que a SNR de canal seja 30 dB.

(c) Compare a saída do demodulador, causada por uma entrada ruidosa, com a saída livre de ruído. Calcule o erro quadrático médio entre as duas e estime a SNR de saída utilizando isso.

Repita o problema para SNRs de canal de 20 dB e 10 dB. Em que SNR de canal a detecção de envoltória deixa de funcionar?

6.17 Utilizando o modelo em Matlab de um modulador FM e de um discriminador de envoltória desenvolvido nos Problemas 4.26 e 4.28, faça o seguinte:

(a) Simule a modulação e a detecção de uma onda modulante de 1 kHz que tem um índice de modulação de 2. Mantenha uma cópia dessa saída do demodulador livre de ruído como uma referência.

(b) Adicione ruído de banda estreita ao sinal antes da demodulação de modo que a SNR de canal seja 30 dB.

(c) Compare a saída do demodulador, causada por uma entrada ruidosa, com a saída livre de ruído. Calcule o erro quadrático médio entre as duas e estime a SNR de saída utilizando isso.

Repita para SNRs de canal de 20, 15 e 10 dB. Em que SNR de canal a discriminação de frequência deixa de funcionar?

A TRANSIÇÃO DE ANALÓGICO PARA DIGITAL

Capítulo

7

7.1 Introdução

Na modulação de onda contínua (CW), estudada nos Capítulos 3 e 4, algum parâmetro da onda portadora senoidal varia continuamente de acordo com o sinal de mensagem. As formas de modulação CW, tanto em amplitude quanto angular, foram originalmente desenvolvidas no início do século XX tendo-se as fontes analógicas, normalmente de voz, em mente. Como o entendimento da transmissão digital melhorou no período das décadas de 1930 a 1960, veio o reconhecimento de que a transmissão digital possuía muitas vantagens sobre a transmissão de informação analógica. Entretanto, somente a partir da década de 1970, com os desenvolvimentos em eletrônica do estado sólido, em microeletrônica e em integração em grande escala, é que surgiram as capacidades adequadas para se utilizar a transmissão digital de uma maneira eficiente e econômica.

O primeiro passo nessa evolução da transmissão analógica para a digital é conversão das fontes de informação comuns, tais como voz e música, que são inerentemente analógicas, para a representação digital. Essa conversão de analógico para digital e a representação da informação analógica como uma sequência de pulsos será o foco deste capítulo.

No primeiro passo de analógico para digital, uma fonte analógica é amostrada em tempos discretos. As amostras analógicas resultantes são, então, transmitidas por meio da modulação de pulso analógica. Consequentemente, o capítulo começará com uma descrição do processo de amostragem, e essa será seguida por uma discussão da modulação por amplitude de pulso, a qual é a forma mais simples de modulação de pulso analógica. Essa, por sua vez, será seguida por uma descrição da modulação por posição de pulso, que é uma outra forma importante de modulação de pulso.

No segundo passo de analógico para digital, uma fonte analógica não é apenas amostrada em tempos discretos, mas as próprias amostras são também quantizadas em níveis discretos. Consequentemente, começaremos esse segundo passo com uma discussão sobre quantização. Descreveremos, em seguida, dois métodos para representar digitalmente uma fonte analógica: a modulação por codificação de pulso e a modulação delta.

Historicamente, a conversão de uma fonte de informação analógica, tal como voz ou vídeo, para uma representação digital e sua subsequente transmissão eram muitas vezes implementadas como um único passo. Isso está em contraste com a moderna abordagem por camadas para comunicações, em que os diferentes aspectos do processo de comunicação são claramente separados. Como um resultado dessa história, a nomenclatura pode causar confusão em alguns momentos. Por exemplo, a modulação por codificação de pulso descreve tanto um método para representar digitalmente uma fonte analógica quanto um método para transmitir aquela informação ao longo de um canal de banda base. Para os propósitos deste capítulo, consideraremos as técnicas descritas como métodos para representar digitalmente fontes analógicas. Essas representações digitais poderão, então, ser utilizadas com uma variedade de técnicas de modulação, e não apenas com transmissão de banda base.

7.2 Por que digitalizar fontes analógicas?

A introdução a este capítulo fez alusão a várias vantagens da transmissão de informação digital em relação à analógica. Muitas dessas vantagens serão descritas em detalhes técnicos nos capítulos seguintes, mas as explicaremos aqui brevemente:

- Os sistemas digitais são menos sensíveis a ruído do que os analógicos. Para transmissão de longas distâncias, o sinal pode ser efetivamente regenerado sem erros, em diferentes pontos ao longo do percurso, e então transmitido ao longo da distância restante.
- Com os sistemas digitais, é mais fácil integrar diferentes serviços, por exemplo, vídeo e a trilha sonora que o acompanha dentro de um mesmo esquema de transmissão.
- O esquema de transmissão pode ser relativamente independente da fonte. Por exemplo, um esquema de transmissão digital que transmite voz a 10 kbps poderia também ser utilizado para transmitir dados de computador a 10 kbps.
- Os circuitos para manipular sinais digitais são mais fáceis de se repetir e os circuitos digitais são menos sensíveis a efeitos físicos tais como vibração e temperatura.
- Os sinais digitais são mais simples de se caracterizar e tipicamente não possuem a mesma faixa de amplitude e variabilidade que os sinais analógicos. Isso torna o *hardware* associado mais fácil de se projetar.

Enquanto quase todos os meios (por exemplo, cabos, ondas de rádio, fibras ópticas) podem ser utilizados tanto para transmissão analógica quanto para transmissão digital, as técnicas digitais oferecem estratégias para uma utilização mais eficiente daqueles meios:

- Várias estratégias de compartilhamento de meio, conhecidas como técnicas de multiplexação, são mais facilmente implementadas com as estratégias de transmissão digital.
- Existem técnicas para a eliminação de redundância de uma transmissão digital, de forma a se minimizar a quantidade de informação que precisa ser transmitida. Essas técnicas se encontram dentro da ampla classificação de codificação de fonte, algumas das quais discutiremos no Capítulo 10.
- Existem técnicas para a adição de redundância controlada a uma transmissão digital, de modo que erros que ocorram durante a transmissão possam ser corrigidos no receptor sem qualquer informação adicional. Essas técnicas se encontram dentro da categoria geral de codificação de canal, que será descrita no Capítulo

10. Como um exemplo, uma técnica de correção direta de erros que é relativamente simples para os padrões de hoje pode reduzir uma taxa de erro de 7% na saída do canal para algo tão pequeno quanto 0,001% na saída do decodificador.
- As técnicas digitais facilitam a especificação de padrões complexos que podem ser compartilhados em base de escala mundial. Isso permite o desenvolvimento de componentes de comunicação com muitas características diferentes (por exemplo, um telefone celular) e sua interoperação com um componente diferente (por exemplo, uma estação base) produzido por um fabricante diferente.
- Outras técnicas de compensação de canal, como a equalização, especialmente em versões adaptativas, são mais fáceis de se implementar com técnicas de transmissão digital.

Deve-se enfatizar que a maior parte dessas vantagens para a transmissão digital se apóia na disponibilidade de microeletrônica de baixo custo. Isso contrabalança a vantagem original da transmissão analógica para o transporte de uma grande quantidade de informação de uma maneira muito simples.

7.3 O processo de amostragem

Muito do material sobre a representação de sinais e sistemas abordado até este estágio do livro foi dedicado a sinais e sistemas que são contínuos tanto no tempo quanto na frequência. Em vários pontos do Capítulo 2, entretanto, consideramos a representação de sinais periódicos. Em particular, referindo-nos à Eq. (2.88), vemos que a transformada de Fourier de um sinal periódico de período T_0 consiste em uma sequência infinita de funções delta que ocorrem em múltiplos inteiros da frequência fundamental $f_0 = 1/T_0$. Com base nessa observação, podemos afirmar que tornar um sinal periódico no domínio do tempo tem o efeito de amostrar o seu espectro no domínio da frequência. Podemos ir um passo adiante invocando a propriedade da dualidade da transformada de Fourier, e, dessa forma, fazer a observação de que amostrar um sinal no domínio do tempo tem o efeito de tornar o seu espectro periódico no domínio da frequência. Essa última questão é o assunto desta seção.

O *processo de amostragem* é geralmente descrito no domínio do tempo. Sendo assim, é uma operação fundamental para o processamento digital de sinais e para as comunicações digitais. Por meio da utilização do processo de amostragem, um sinal analógico é convertido em uma sequência correspondente de amostras que normalmente são espaçadas uniformemente no tempo. Claramente, para que tal procedimento tenha uma utilidade prática, é necessário que escolhamos a taxa de amostragem apropriada, a fim de que a sequência de amostras defina de maneira única o sinal analógico original. Essa é a essência do teorema da amostragem, que é derivado a seguir.

Consideremos um sinal arbitrário $g(t)$ de energia finita, o qual é especificado para todo tempo. Um segmento do sinal $g(t)$ é mostrado na Figura 7.1a. Suponhamos que amostremos um sinal $g(t)$ instantaneamente e a uma taxa uniforme, uma vez a cada T_s segundos. Consequentemente, obtemos uma sequência infinita de amostras espaçadas de T_s segundos e denotada por $\{g(nT_s)\}$, em que n assume todos os possíveis valores inteiros. Referimo-nos a T_s como o *período de amostragem*, e ao seu inverso, $f_s = 1/T_s$, como a *taxa de amostragem*. Essa forma ideal de amostragem é denominada *amostragem instantânea*.

Seja $g_\delta(t)$ o sinal obtido ponderando-se individualmente os elementos de uma sequência periódica de funções delta de Dirac espaçadas de T_s segundos pela sequência de números $\{g(nT_s)\}$, como mostrado por (ver Figura 7.1b)

$$g_\delta(t) = \sum_{n=-\infty}^{\infty} g(nT_s)\delta(t - nT_s) \qquad (7.1)$$

Referimo-nos a $g_\delta(t)$ como o *sinal amostrado ideal*. O termo $\delta(t - nT_s)$ representa uma função delta posicionada no tempo $t = nT_s$. A partir da definição função delta, apresentada no Capítulo 2, lembramo-nos de que tal função idealizada possui área unitária. Podemos, portanto, ver o fator multiplicativo $g(nT_s)$ na Eq. (7.1) como uma "massa" atribuída à função $\delta(t - nT_s)$. A função delta ponderada dessa maneira é aproximada por um pulso retangular de duração Δt e amplitude $g(nT_s)\Delta t$; quanto menor tornarmos Δt, melhor será a aproximação.

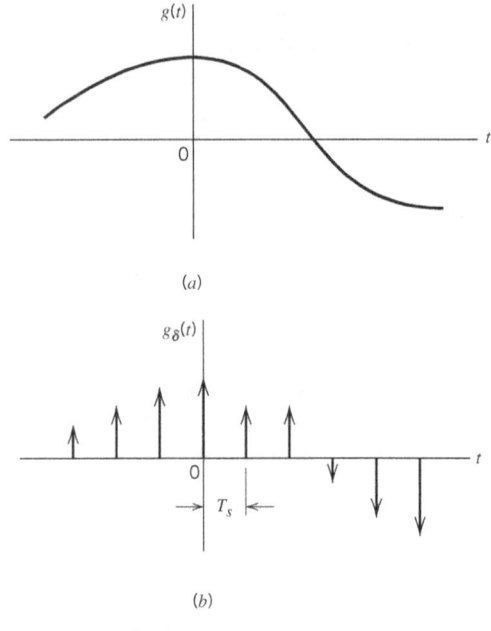

Figura 7.1 O processo de amostragem. (a) Sinal analógico. (b) Versão amostrada instantaneamente do sinal.

O sinal amostrado ideal $g_\delta(t)$ tem uma forma matemática similar à da transformada de Fourier de um sinal periódico. Isso é facilmente estabelecido comparando-se a Eq. (7.1) para $g_\delta(t)$ com a transformada de Fourier de um sinal periódico dada na Eq. (2.88). Essa correspondência sugere que podemos determinar a transformada de Fourier de um sinal amostrado ideal $g_\delta(t)$ aplicando a propriedade da dualidade da transformada de Fourier ao par de transformada da Eq. (2.88). Fazendo isso, e utilizando o fato de que uma função delta é uma função par do tempo, obtemos o resultado:

$$g_\delta(t) \rightleftharpoons f_s \sum_{m=-\infty}^{\infty} G(f - mf_s) \qquad (7.2)$$

em que $G(f)$ é a transformada de Fourier do sinal original $g(t)$ e f_s é a taxa de amostragem. A Eq. (7.2) afirma que *o processo de amostrar uniformemente um sinal de tempo contínuo de energia finita resulta em um espectro periódico como período igual à taxa de amostragem.*

Outra expressão útil para a transformada de Fourier de um sinal amostrado ideal $g_\delta(t)$ pode ser obtida tomando-se a transformada de Fourier em ambos os lados da Eq. (7.1) e observando-se que a transformada de Fourier da função delta $\delta(t - nT_s)$ é igual a $\exp(-j2\pi fT_s)$. Seja $G_\delta(f)$ a transformada de Fourier de $g_\delta(t)$. Podemos escrever, portanto,

$$G_\delta(f) = \sum_{n=-\infty}^{\infty} g(nT_s)\exp(-j2\pi nfT_s) \qquad (7.3)$$

Essa relação é denominada *transformada de Fourier de tempo discreto* e foi brevemente discutida no Capítulo 2. Ela pode ser vista como uma representação complexa da série de Fourier da função de frequência periódica $G_\delta(f)$, em que a sequência de amostras $\{g(nT_s)\}$ define os coeficientes da expansão.

As relações, como são derivadas aqui, aplicam-se a qualquer sinal de tempo contínuo $g(t)$ de energia finita e duração infinita. Suponhamos, entretanto, que o sinal $g(t)$ seja *estritamente limitado em banda*, sem quaisquer componentes de frequência maiores do que W hertz. Ou seja, a transformada de Fourier $G(f)$ do sinal $g(t)$ tem a propriedade de que $G(f)$ é zero para $|f| \geq W$, como ilustrado na Figura 7.2a; a forma do espectro mostrado nessa figura serve apenas como ilustração. Suponhamos também que escolhamos o período de amostragem $T_s = 1/2W$. Então, o espectro correspondente $G_\delta(f)$ do sinal amostrado $g_\delta(t)$ é como mostrado na Figura 7.2b. Substituir $T_s = 1/2W$ na Eq. (7.3) resulta em

$$G_\delta(f) = \sum_{n=-\infty}^{\infty} g\left(\frac{n}{2W}\right) \exp\left(-\frac{j\pi n f}{W}\right) \quad (7.4)$$

A partir da Eq. (7.2), vemos facilmente que a transformada de $g_\delta(t)$ também pode ser expressa como

$$G_\delta(f) = f_s G(f) + f_s \sum_{\substack{m=-\infty \\ m \neq 0}}^{\infty} G(f - mf_s) \quad (7.5)$$

Consequentemente, sob as duas condições seguintes:

1. $G(f) = 0$ para $|f| \geq W$
2. $f_s = 2W$

Descobrimos a partir da Eq. (7.5) que

$$G(f) = \frac{1}{2W} G_\delta(f), \quad -W < f < W \quad (7.6)$$

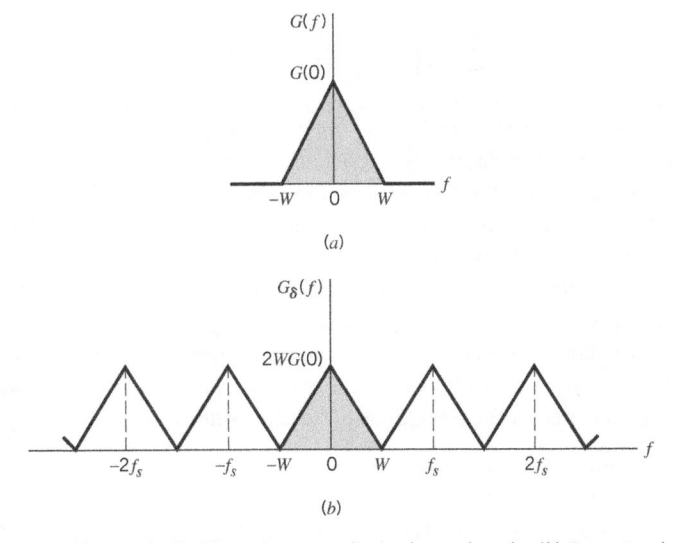

Figura 7.2 (a) Espectro de um sinal $g(t)$ estritamente limitado em banda. (b) Espectro de uma versão amostrada de $g(t)$ para um período de amostragem $T_s = 1/2W$.

Substituindo a Eq. (7.4) na Eq. (7.6), também podemos escrever

$$G(f) = \frac{1}{2W} \sum_{n=-\infty}^{\infty} g\left(\frac{n}{2W}\right) \exp\left(-\frac{j\pi n f}{W}\right), \quad -W < f < W \quad (7.7)$$

Portanto, se os valores da amostra $g(n/2W)$ do sinal $g(t)$ forem especificados para todo tempo, então a transformada de Fourier $G(f)$ do sinal será determinada de maneira única utilizando-se a transformada de Fourier de tempo discreto da Eq. (7.7). Uma vez que $g(t)$ se relaciona com $G(f)$ pela transformada inversa de Fourier, segue-se que o próprio sinal $g(t)$ é determinado de maneira única pelos valores da amostra $g(n/2W)$ para $-\infty < n < \infty$. Em outras palavras, a sequência $\{g(n/2W)\}$ possui toda a informação contida em $g(t)$.

Consideremos em seguida o problema da reconstrução do sinal $g(t)$ a partir da sequência dos valores da amostra $[g(n/2W)]$. Substituindo a Eq. (7.7) na fórmula da transformada inversa de Fourier que define $g(t)$ em termos de $G(f)$, obtemos

$$g(t) = \int_{-\infty}^{\infty} G(f) \exp(j2\pi f t) \, df$$

$$= \int_{-W}^{W} \frac{1}{2W} \sum_{n=-\infty}^{\infty} g\left(\frac{n}{2W}\right) \exp\left(-\frac{j\pi n f}{W}\right) \exp(j2\pi f t) \, df$$

Intercambiando a ordem do somatório e da integração:

$$g(t) = \sum_{n=-\infty}^{\infty} g\left(\frac{n}{2W}\right) \frac{1}{2W} \int_{-W}^{W} \exp\left[j2\pi f\left(t - \frac{n}{2W}\right)\right] df \quad (7.8)$$

O termo integral na Eq. (7.8) é facilmente avaliado, produzindo o resultado final

$$g(t) = \sum_{n=-\infty}^{\infty} g\left(\frac{n}{2W}\right) \frac{\text{sen}(2\pi W t - n\pi)}{(2\pi W t - n\pi)}$$

$$= \sum_{n=-\infty}^{\infty} g\left(\frac{n}{2W}\right) \text{sinc}(2Wt - n), \quad -\infty < t < \infty \quad (7.9)$$

A Eq. (7.9) fornece uma *fórmula de interpolação* para a reconstrução do sinal original $g(t)$ a partir da sequência de valores da amostra $\{g(n/2W)\}$, com a função sinc($2Wt$) exercendo o papel de *função de interpolação*. Cada amostra é multiplicada por uma versão atrasada da função de interpolação, e todas as formas de onda resultantes são somadas para se obter $g(t)$. Olhando para a Eq. (7.9) de uma outra maneira, ela representa a convolução (ou filtragem) do trem de impulsos $g_\delta(t)$ dado pela Eq. (7.1) com a resposta ao impulso sinc($2Wt$). Consequentemente, qualquer resposta ao impulso que exerça o mesmo papel que a função sinc($2Wt$) é também referida como um *filtro de reconstrução*.

Agora podemos estabelecer o *teorema da amostragem* para sinais estritamente limitados de energia finita em duas partes equivalentes:

1. *Um sinal limitado em banda de energia finita, que possui apenas componentes de frequência menores do que W hertz, é descrito de maneira completa especificando-se os seus valores em instantes de tempo separados por 1/2W segundos.*

2. *Um sinal limitado em banda de energia finita, que possui apenas componentes de frequência menores do que W hertz, pode ser completamente recuperado a partir do conhecimento de suas amostras tomadas à taxa de 2W amostras por segundo.*

A taxa de amostragem de $2W$ amostras por segundo, para um sinal de largura de banda de W hertz, é denominada *taxa de Nyquist*; seu inverso $1/2W$ (medido em segundos) é denominado *intervalo de Nyquist*.

A derivação do teorema da amostragem, como descrita aqui, baseia-se na suposição de que o sinal $g(t)$ é estritamente limitado em banda. Na prática, todavia, um sinal portador de informação *não* é estritamente limitado em banda, o que resulta em algum grau de subamostragem encontrado. Consequentemente, algum *falseamento* (*aliasing*) é produzido pelo processo de amostragem. O falseamento refere-se ao fenômeno de uma componente de alta frequência no espectro do sinal aparentemente assumir a identidade de uma frequência mais baixa no espectro de sua versão amostrada, como ilustrado na Figura 7.3. O espectro com falseamento mostrado pela curva sólida na Figura 7.3*b* pertence a uma versão

Família Whittaker, pai e filho

A origem exata do teorema da amostragem possui uma história própria e intrigante. O mais antigo e mais citado artigo sobre o assunto é o de E. T. Whittaker, publicado em 1915. Neste artigo, Whittaker descreveu uma ideia que ele denominou *função cardinal,* que foi subsequentemente renomeada em 1929 como *série cardinal* por seu filho, J. M. Whittaker. Em seu artigo de 1915, o Whittaker pai mostrou (entre outras descobertas) que se uma função de tempo é limitada em banda, então a série cardinal é aplicável àquela função.

O *teorema da amostragem*, com esse mesmo nome, é mencionado (talvez pela primeira vez) no artigo de 1949 de Shannon sobre teoria da informação. Para a derivação do teorema, o leitor é direcionado a outro artigo de Shannon também escrito em 1949, intitulado *Communication in the presence of noise*. Nesse outro artigo, Shannon faz referência a um livro de J. M. Whittaker intitulado *Interpolation Function Theory*, publicado em 1935.

Para uma pesquisa mais detalhada sobre a história do teorema da amostragem, ver o Capítulo 1 do livro de Marks (1991), que, interessantemente, se chama *Introduction to Shannon Sampling and Interpolation Theory*.

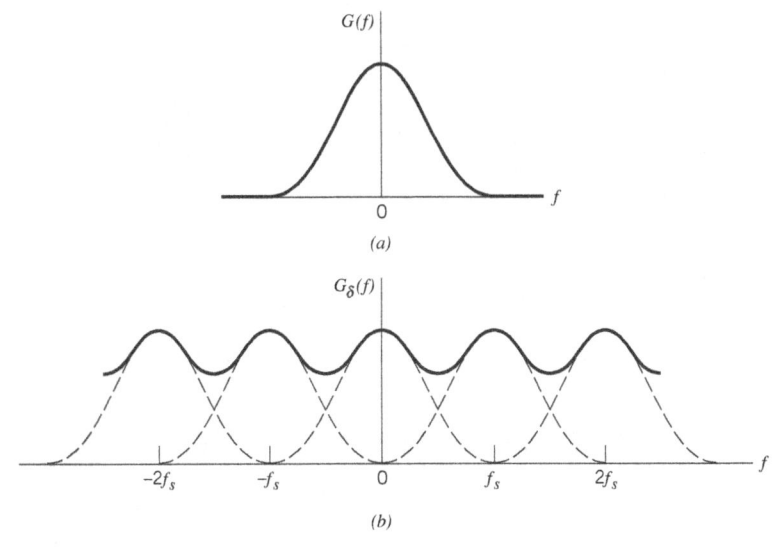

Figura 7.3 (a) Espectro de um sinal, (b) espectro de uma versão subamostrada do sinal que exibe o fenômeno de falseamento.

"subamostrada" do sinal de mensagem representado pelo espectro da Figura 7.3a. Para combater os efeitos de falseamento na prática, podemos utilizar duas medidas corretivas, como descrito aqui:

1. Antes da amostragem, um *filtro antifalseamento passa-baixas* é utilizado para atenuar aquelas componentes de alta frequência do sinal que não são essenciais para a informação transportada por ele.
2. O sinal filtrado é amostrado a uma taxa ligeiramente mais elevada que a taxa de Nyquist.

A utilização de uma taxa de amostragem maior do que a taxa de Nyquist também tem o efeito benéfico de facilitar o projeto de um *filtro de reconstrução* utilizado para recuperar o sinal original a partir de sua versão amostrada. Consideremos o exemplo de um sinal de mensagem que tenha sido processado por um filtro antifalseamento (passa-baixas), resultando no espectro mostrado na Figura 7.4a. O espectro correspondente da versão amostrada instantaneamente do sinal é mostrado na Figura 7.4b, supondo uma taxa de amostragem maior do que a taxa de Nyquist. De acordo com

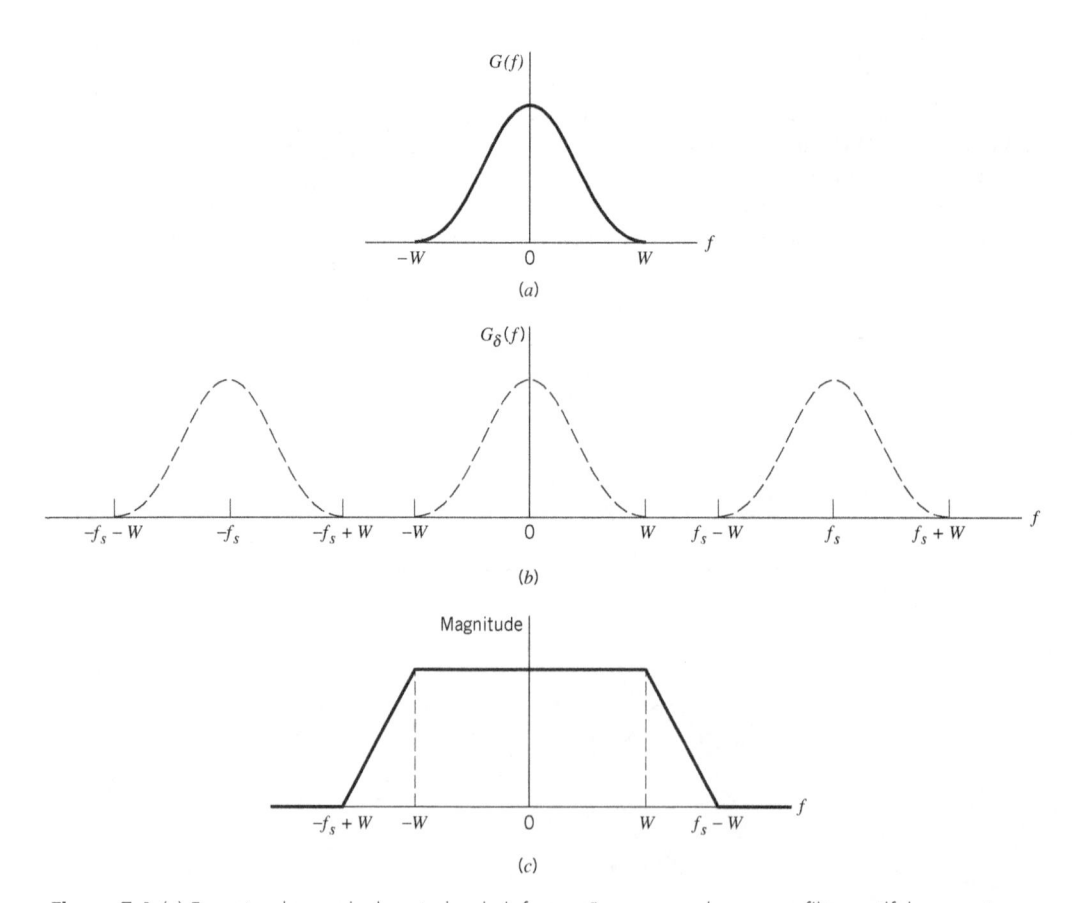

Figura 7.4 (a) Espectro de um sinal portador de informação processado por um filtro antifalseamento. (b) Espectro de uma versão instantaneamente amostrada do sinal, supondo a utilização de uma taxa de amostragem maior do que a taxa de Nyquist. (c) Resposta em magnitude do filtro de reconstrução.

a Figura 7.4*b*, vemos facilmente que o projeto de um filtro de reconstrução pode ser especificado da seguinte maneira (ver Figura 7.4*c*):

- O filtro de reconstrução é passa-baixas com uma banda passante que se estende de $-W$ a W, que é determinada pelo filtro antifalseamento.
- O filtro possui uma banda de transição que se estende (para frequências positivas) de W a $f_s - W$, em que f_s é a taxa de amostragem.

O fato de o filtro de reconstrução ter uma banda de transição bem definida significa que ele é fisicamente realizável. Isso deve ser comparado à implementação de um filtro de reconstrução ideal, correspondente à função sinc($2Wt$), que seria necessário se o sinal não fosse sobreamostrado.

7.4 Modulação por amplitude de pulso

Agora que entendemos a essência do processo de amostragem, estamos prontos para definir formalmente a modulação por amplitude de pulso, que é a forma mais simples e mais básica de modulação de pulso analógica. Na *modulação por amplitude de pulso* (PAM), *as amplitudes de pulsos regularmente espaçados entre si variam proporcionalmente aos valores da amostra correspondente de um sinal de mensagem contínuo*; os pulsos podem ser de forma retangular ou de alguma outra forma apropriada. A modulação por amplitude de pulso como é definida aqui é, até certo grau, similar à amostragem natural, em que o sinal de mensagem é multiplicado por um trem periódico de pulsos retangulares. Entretanto, na amostragem natural, o topo de cada pulso retangular modulado varia com o sinal de mensagem, enquanto que em PAM ele se mantém plano. A amostragem natural é explorada no Problema 7.1.

A forma de onda de um sinal PAM é ilustrada na Figura 7.5. A curva tracejada nessa figura representa a forma de onda de um sinal de mensagem $m(t)$, e a sequência de pulsos retangulares modulados em amplitude exibida como linhas sólidas representa o sinal PAM $s(t)$ correspondente. Há duas operações envolvidas na geração do sinal PAM:

1. *Amostragem instantânea* do sinal de mensagem $m(t)$ a cada T_s segundos, em que a taxa de amostragem $f_s = 1/T_s$ é escolhida de acordo com o teorema da amostragem.
2. *Prolongamento* da duração de cada amostra assim obtida até certo valor constante T.

Na tecnologia de circuitos digitais, essas duas operações são chamadas de "amostrar e reter" (*sample and hold*). Uma razão importante para prolongar intencionalmente a duração de cada amostra é evitar a utilização de uma largura de banda de canal excessiva, uma vez que a largura de banda é inversamente proporcional à duração do pulso. Entretanto,

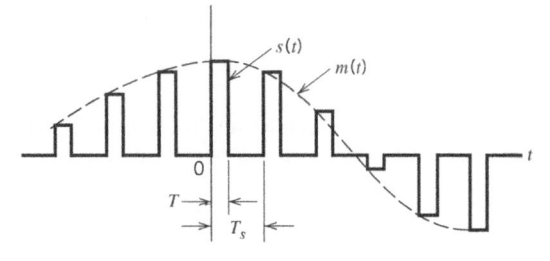

Figura 7.5 Amostras de topo plano.

deve-se tomar cuidado com quão longa tornamos a duração da amostra T, como revela a análise seguinte.

Seja $s(t)$ a sequência de pulsos de topo plano, gerada conforme descrito na Figura 7.5. Consequentemente, podemos expressar o sinal PAM como

$$s(t) = \sum_{n=-\infty}^{\infty} m(nT_s)h(t - nT_s) \qquad (7.10)$$

em que T_s é o *período de amostragem* e $m(nT_s)$ é o valor de amostra de $m(t)$ obtido no tempo $t = nT_s$. O $h(t)$ é um pulso retangular padrão de amplitude unitária e duração T, definido da seguinte maneira (ver Figura 7.6a)

$$h(t) = \begin{cases} 1, & 0 < t < T \\ \dfrac{1}{2}, & t = 0,\ t = T \\ 0, & \text{caso contrário} \end{cases} \qquad (7.11)$$

Por definição, a versão amostrada instantaneamente de $m(t)$ é dada por

$$m_\delta(t) = \sum_{n=-\infty}^{\infty} m(nT_s)\delta(t - nT_s) \qquad (7.12)$$

em que $\delta(t - nT_s)$ é uma função delta deslocada no tempo. Portanto, convoluindo $m_\delta(t)$ com o pulso $h(t)$, obtemos

$$\begin{aligned} m_\delta(t) \star h(t) &= \int_{-\infty}^{\infty} m_\delta(\tau)h(t - \tau)\,d\tau \\ &= \int_{-\infty}^{\infty} \sum_{n=-\infty}^{\infty} m(nT_s)\delta(\tau - nT_s)h(t - \tau)\,d\tau \qquad (7.13) \\ &= \sum_{n=-\infty}^{\infty} m(nT_s) \int_{-\infty}^{\infty} \delta(\tau - nT_s)h(t - \tau)\,d\tau \end{aligned}$$

Utilizando a propriedade de peneiramento da função delta, obtemos, dessa forma,

$$m_\delta(t) \star h(t) = \sum_{n=-\infty}^{\infty} m(nT_s)h(t - nT_s) \qquad (7.14)$$

A partir das Eqs. (7.10) e (7.14), segue-se que o sinal PAM $s(t)$ é matematicamente equivalente à convolução de $m_\delta(t)$, a versão amostrada instantaneamente de $m(t)$, com o pulso $h(t)$, como mostrado por

$$s(t) = m_\delta(t) \star h(t) \qquad (7.15)$$

Tomando a transformada de Fourier dos dois lados da Eq. (7.15) e reconhecendo que a convolução de duas funções do tempo se transforma na multiplicação de suas respectivas transformadas, obtemos

$$S(f) = M_\delta(f)H(f) \qquad (7.16)$$

em que $S(f) = F[s(t)]$, $M_\delta(f) = F[m_\delta(t)]$ e $H(f) = F[h(t)]$ como ilustrado nas Figuras 7.7a, b e c. A partir da Eq. (7.2), notamos que a transformada de Fourier $M_\delta(f)$ se relaciona com a transformada de Fourier $M(f)$ do sinal de mensagem original $m(t)$ da seguinte maneira:

$$M_\delta(f) = f_s \sum_{k=-\infty}^{\infty} M(f - kf_s) \quad (7.17)$$

em que $f_s = 1/T_s$ é a taxa de amostragem. Portanto, a substituição da Eq. (7.17) em (7.16) resulta em

$$S(f) = f_s \sum_{k=-\infty}^{\infty} M(f - kf_s) H(f) \quad (7.18)$$

Dado um sinal PAM $s(t)$ cuja transformada de Fourier seja definida na Eq. (7.18), como recuperamos o sinal de mensagem original $m(t)$? Como um primeiro passo nessa reconstrução, podemos passar $s(t)$ através de um filtro passa-baixas cuja resposta em frequência é definida na Figura 7.4c; supomos aqui que o sinal de mensagem se limite a uma largura de banda de W e que a taxa de amostragem f_s seja maior do que a taxa de Nyquist de $2W$. Então, a partir da Eq. (7.18), descobrimos que o espectro da saída do filtro resultante é igual a $M(f)H(f)$. Essa saída é equivalente a passarmos o sinal de mensagem original $m(t)$ através de outro filtro passa-baixas de função de transferência $H(f)$, como ilustrado na Figura 7.7d.

A partir da Eq. (7.11), notamos que a transformada de Fourier do pulso retangular $h(t)$ é dada por

$$H(f) = T\text{sinc}(fT)\exp(-j\pi fT) \quad (7.19)$$

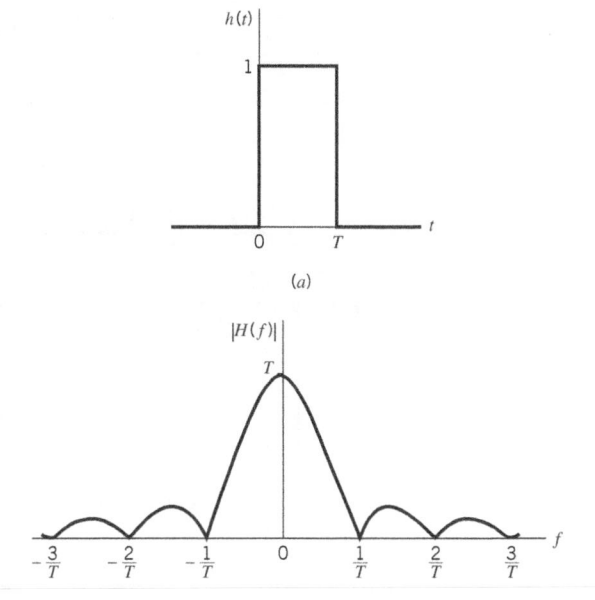

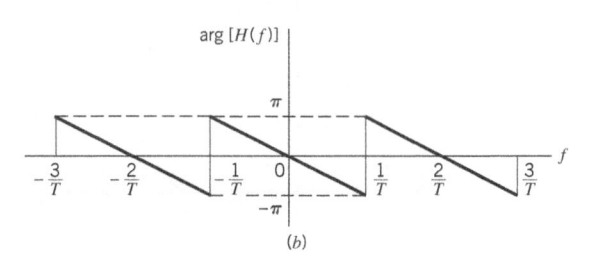

Figura 7.6 (a) Pulso retangular $h(t)$. (b) Espectro $H(f)$.

a qual está plotada na Figura 7.6b. Vemos, portanto, que ao utilizar amostras de topo plano para gerar um sinal PAM introduzimos tanto uma *distorção de amplitude* quanto um *atraso de T/2*. Esse efeito é, de fato, similar à variação na transmissão com a frequência que é provocada pelo tamanho finito da varredura na televisão. Consequentemente, a distorção provocada pela utilização da modulação por amplitude de pulso para transmitir um sinal analógico portador de informação é referida como *efeito de abertura*.

Essa distorção pode ser corrigida conectando-se um *equalizador* em cascata com o filtro de reconstrução passa-baixas, como mostrado na Figura 7.8. O equalizador

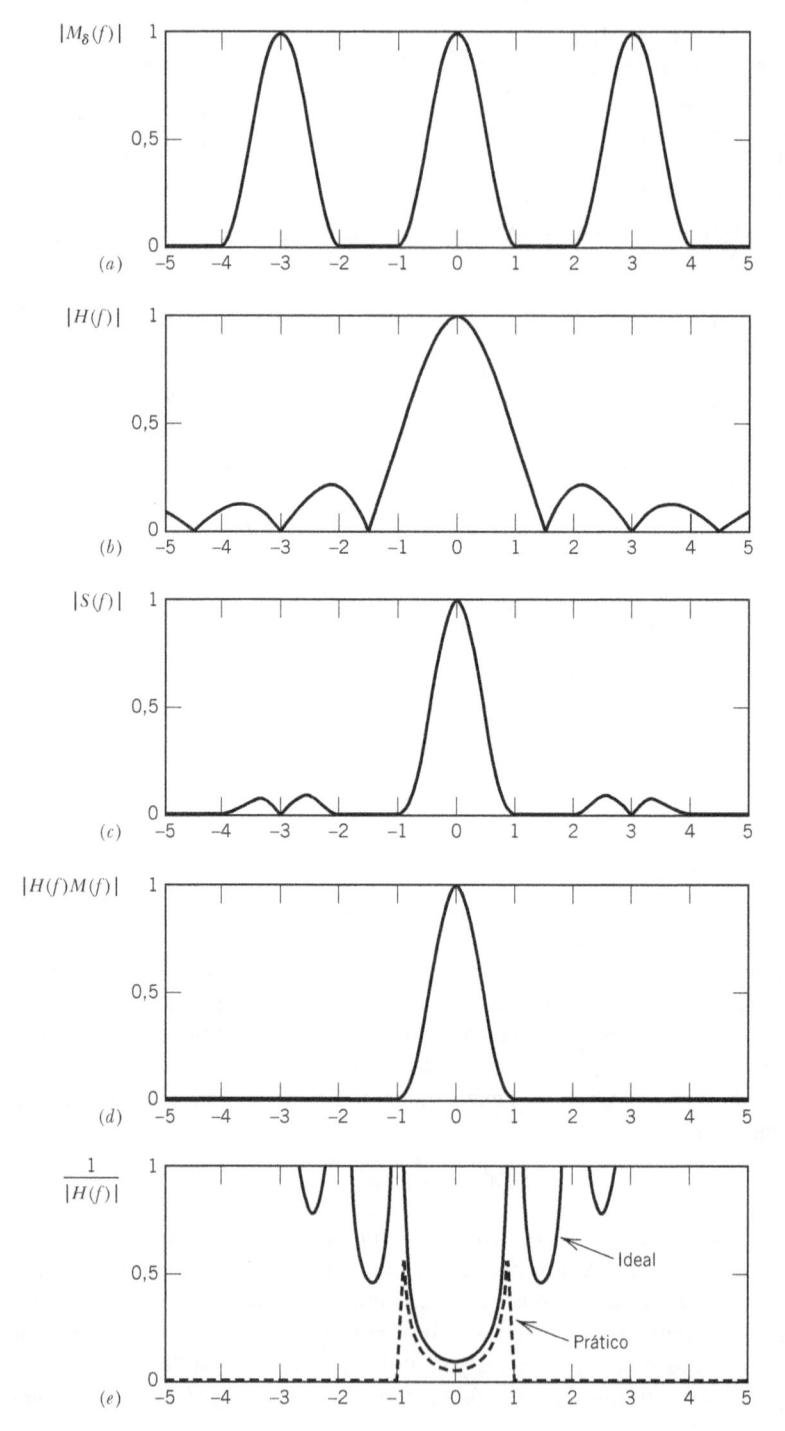

Figura 7.7 (a) Espectro do sinal amostrado. (b) Espectro do filtro passa-baixas. (c) Espectro transmitido. (d) Espectro após a filtragem do receptor. (e) Espectro do equalizador.

Sinal PAM $s(t)$ → Filtro de reconstrução → Equalizador → Sinal de mensagem $m(t)$

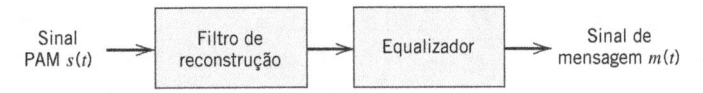

Figura 7.8 Recuperação de $m(t)$ a partir do sinal PAM $s(t)$.

tem o efeito de diminuir a perda na banda do filtro de reconstrução quando a frequência se eleva de maneira a compensar o efeito de abertura. Em termos ideais, a resposta em magnitude do equalizador é dada por

$$\frac{1}{|H(f)|} = \frac{1}{T\mathrm{sinc}(fT)} = \frac{\pi f}{\mathrm{sen}(\pi fT)}$$

como ilustrado na Figura 7.7e. Essa figura exibe a forma ideal da equalização necessária para o exemplo aqui considerado. A curva tracejada incluída nessa figura ilustra a estrutura (*framework*) para um equalizador prático.

A seguir, algumas observações finais: a transmissão de um sinal PAM impõe requisitos de fato rigorosos sobre as respostas em magnitude e em fase do canal devido à duração relativamente curta dos pulsos transmitidos. Além disso, o desempenho em relação a ruído de um sistema PAM jamais pode ser melhor do que a transmissão de sinal em banda base. Consequentemente, verificamos que para transmissão em longas distâncias, o PAM seria usado somente como um meio de processamento de mensagem para multiplexação por divisão de tempo, a partir da qual é feita uma conversão subsequente em uma outra forma de modulação de pulso. O conceito de multiplexação por divisão de tempo será discutido na próxima seção.

7.5 Multiplexação por divisão de tempo

O teorema da amostragem fornece a base para transmitir a informação contida em um sinal de mensagem $m(t)$ limitado em banda como uma sequência de amostras de $m(t)$ tomadas uniformemente a uma taxa que é geralmente um pouco mais elevada do que a taxa de Nyquist. Uma característica importante do processo de amostragem é a *conservação do tempo*. Ou seja, a transmissão das amostras da mensagem ocupa o canal de comunicação de forma periódica durante apenas uma fração do intervalo de amostragem e, dessa maneira, parte do intervalo de tempo entre amostras adjacentes é liberada para ser utilizada por outras fontes de mensagens independentes em um modo de tempo compartilhado. Desse modo, obtemos um *sistema de multiplexação por divisão de tempo* (TDM), o qual possibilita a utilização conjunta de um canal de comunicação comum por muitas fontes de mensagem independentes sem interferência mútua entre elas.

O conceito de TDM é ilustrado pelo diagrama de blocos mostrado na Figura 7.9. Cada sinal de mensagem de entrada é primeiro restringido em largura de banda por um filtro passa-baixas antifalseamento para remover as frequências que não são essenciais para uma representação adequada do sinal. As saídas dos filtros passa-baixas são então aplicadas a um *comutador*, que é geralmente implementado utilizando-se circuitos de chaveamento eletrônico. A função do comutador é dupla: (1) tomar uma amostra estreita de cada uma das N mensagens de entrada a uma taxa f_s que é ligeira-

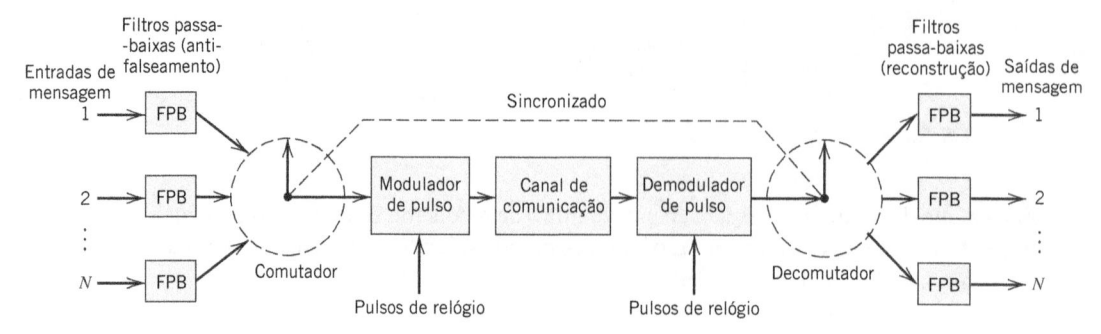

Figura 7.9 Diagrama de blocos do sistema TDM.

mente maior do que $2W$, em que W é a frequência de corte do filtro antifalseamento, e (2) intercalar sequencialmente essas N amostras dentro do intervalo de amostragem T_s. De fato, a segunda função é a essência da operação de multiplexação por divisão de tempo. Depois do processo de comutação, o sinal multiplexado é aplicado a um *modulador de pulso*, cuja finalidade é transformar o sinal multiplexado em uma forma apropriada à transmissão por um canal comum. Está claro que a utilização da multiplexação por divisão de tempo introduz um fator de expansão de largura de banda N, porque o esquema deve concentrar N amostras obtidas de N fontes de mensagem independentes em um intervalo de tempo igual a um intervalo de amostragem. No lado receptor do sistema, o sinal recebido é aplicado a um *demodulador de pulso*, o qual executa a operação inversa do modulador de pulso. As amostras estreitas produzidas na saída do demodulador de pulso são distribuídas aos filtros de reconstrução passa-baixas apropriados por meio de um decomutador, o qual opera em *sincronismo* como o comutador no transmissor. Essa sincronização é essencial para uma operação satisfatória do sistema. A maneira como ela é implementada depende naturalmente do método de modulação de pulso utilizado para transmitir a sequência de amostras multiplexada.

7.6 Modulação por posição de pulso

Em um sistema de modulação de pulso, podemos utilizar a largura de banda aumentada consumida pelos pulsos para obter um melhoramento no desempenho em relação a ruído, representando os valores de amostra do sinal de mensagem por alguma outra propriedade do pulso que não seja a amplitude. *Na modulação por duração de pulso (PDM), as amostras do sinal de mensagem são utilizadas para variar a duração dos pulsos individuais.* Essa forma de modulação é também referida como *modulação por largura de pulso* ou *modulação por comprimento de pulso*. O sinal modulante pode variar o tempo de ocorrência da borda de subida, da borda de descida, ou de ambas as bordas do pulso. Na Figura 7.10c, a borda de descida de cada pulso varia de acordo com o sinal de mensagem, supostamente senoidal, como mostrado na Figura 7.10a. A portadora de pulsos periódica é mostrada na Figura 7.10b.

Na PDM, pulsos longos gastam uma potência considerável enquanto não portam qualquer informação adicional. Se essa potência não utilizada for subtraída da PDM a fim de que somente transições de tempo sejam preservadas, obtemos um tipo mais eficiente de modulação de pulso conhecido como *modulação por posição de pulso* (PPM). Na *PPM, a posição de um pulso em relação ao seu tempo de ocorrência não modulado varia de acordo com o sinal de mensagem*, como ilustrado na Figura 7.10d para o caso de modulação senoidal.

Seja T_s a duração da amostra. Utilizando a amostra $m(nT_s)$ de um sinal de mensagem $m(t)$ para modular a posição do n-ésimo pulso, obtemos o sinal PPM

$$s(t) = \sum_{n=-\infty}^{\infty} g(t - nT_s - k_p m(nT_s))$$

(7.20)

em que k_p é a sensibilidade do modulador por posição de pulso e $g(t)$ denota o pulso padrão de interesse. Claramente, os diferentes pulsos que constituem o sinal PPM $s(t)$ devem ser *estritamente não sobrepostos*; uma condição suficiente para que essa exigência seja satisfeita é

$$g(t) = 0, \qquad |t| > \frac{T_s}{2} - k_p |m(t)|_{\text{máx}}$$

(7.21)

que, por sua vez, requer que

$$k_p |m(t)|_{\text{máx}} < \frac{T_s}{2}$$

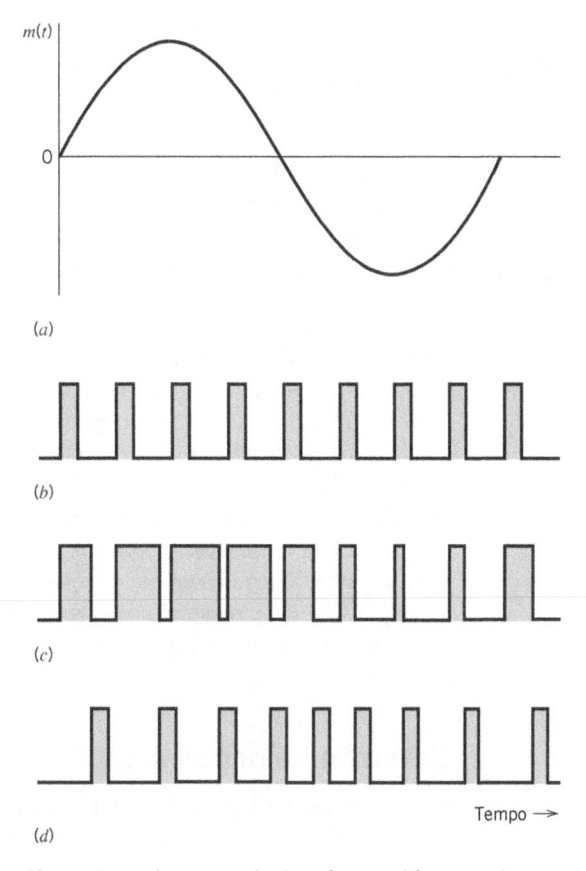

(7.22)

Figura 7.10 Ilustração de duas formas diferentes de modulação por tempo de pulso para o caso de uma onda modulante senoidal. (a) Onda modulante. (b) Portadora de pulsos. (c) Onda PDM. (d) Onda PPM.

Quanto mais próximo for $k_p|m(t)|_{\text{máx}}$ da metade da duração da amostra T_s, o pulso padrão $g(t)$ deverá ser mais estreito a fim de garantir que os pulsos individuais do sinal PPM $s(t)$ não interfiram um com o outro, e maior será a largura de banda ocupada pelo sinal PPM. Supondo-se que a Eq. (7.21) seja satisfeita, e que não haja interferência entre pulsos adjacentes do sinal PPM $s(t)$, então as amostras $m(nT_s)$ do sinal podem ser recuperadas perfeitamente. Além disso, se o sinal de mensagem $m(t)$ for estritamente limitado em banda, segue-se do teorema da amostragem que o sinal de mensagem original $m(t)$ poderá ser recuperado a partir do sinal PPM $s(t)$ sem distorção.

Geração de ondas PPM

O sinal PPM descrito pela Eq. (7.20) pode ser gerado utilizando-se o sistema descrito na Figura 7.11. O sinal de mensagem $m(t)$ é primeiramente convertido em um sinal

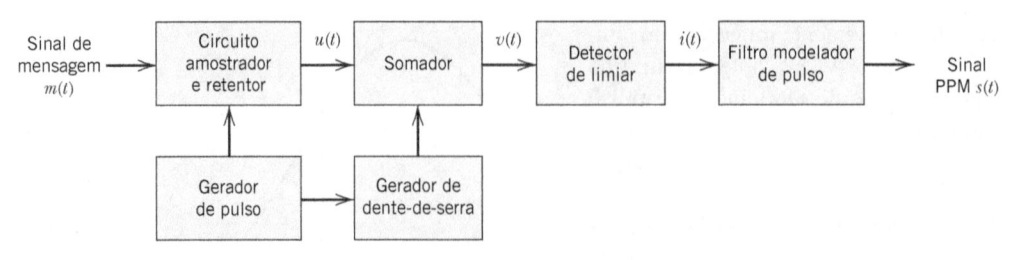

Figura 7.11 Diagrama de blocos de um gerador PPM.

PAM por meio de um circuito amostrador e retentor, que gera uma forma de onda em escada $u(t)$. Notemos que a duração de pulso T do circuito amostrador e retentor é a mesma que a duração da amostragem T_s. Essa operação é ilustrada na Figura 7.12b para o sinal de mensagem $m(t)$ mostrado na Figura 7.12a. Em seguida, o sinal $u(t)$ é adicionado a uma onda dente-de-serra (mostrada na Figura 7.12c), resultando no sinal combinado $v(t)$ mostrado na Figura 7.12d. O sinal combinado $v(t)$ é aplicado a um *detector de limiar* que produz um pulso muito estreito (quase um impulso) a cada vez em que $v(t)$ cruza o zero na direção dos valores negativos. A sequência resultante de "impulsos" $i(t)$ é mostrada na Figura 7.12e. Finalmente, o sinal PPM $s(t)$ é gerado utilizando-se a sequência de impulsos para excitar um filtro cuja resposta é definida pelo pulso padrão $g(t)$.

Detecção de ondas PPM

Consideremos uma onda PPM $s(t)$ com amostragem uniforme, como definido nas Eqs. (7.20) e (7.21) e suponhamos que o sinal de mensagem (modulante) $m(t)$ seja estritamente limitado em banda. A operação de um tipo de receptor PPM pode ocorrer da seguinte maneira:

- Converta a onda PPM recebida em uma onda PDM com a mesma modulação.
- Integre essa onda PDM utilizando um dispositivo com um tempo de integração finito, desse modo calculando a área sob cada pulso da onda PDM.
- Amostre a saída do integrador a uma taxa uniforme para produzir uma onda PAM, cujas amplitudes de pulso serão proporcionais às amostras do sinal $m(nT_s)$ da onda PPM $s(t)$ original.
- Finalmente, demodule a onda PAM para recuperar o sinal de mensagem $m(t)$.

Todas as operações aqui descritas são lineares. Além disso, um receptor PPM prático inclui um dispositivo não linear chamado de *fatiador* ao final da etapa de entrada. A característica entrada-saída de um fatiador ideal é mostrada na Figura 7.13, em que o nível de fatiamento é normalmente ajustado em aproximadamente metade do pico da amplitude de pulso da onda PPM recebida. A função do fatiador é preservar as posições das bordas dos pulsos recebidos (modificados pelo ruído) e remover todo o restante. Ele o faz produzindo pulsos quase "retangulares", com bordas de subida e de descida nitidamente abruptas nos mesmos instantes das bordas correspondentes dos pulsos recebidos. Dessa forma, em um sentido amplo, o fatiador atua como um "dispositivo limpador de ruído", de modo que o nível de ruído final na saída do receptor seja bastante reduzido, eliminando-se todo o ruído na onda PPM recebida, exceto na vizinhança das bordas de subida e de descida.

A saída do fatiador é diferenciada e submetida a uma retificação de meia onda, resultando em um pulso muito curto (aproximadamente um impulso) a cada vez que a amplitude de um pulso na onda PPM recebida passar pelo nível de fatiamento. A Figura 7.14a mostra o n-ésimo pulso de uma onda PPM, e a Figura 7.14b mostra o pulso curto produzido (pelas operações aqui descritas) quando o pulso passa pelo nível de fatiamento. Na Figura 7.14c um atraso apropriado é aplicado ao pulso curto, e o pulso PDM correspondente é mostrado na Figura 7.14d.

Tendo convertido a onda PPM recebida (ruidosa) em uma onda PDM com a mesma modulação, o receptor então prossegue com a reconstrução do sinal de banda base original $m(t)$ da maneira descrita.

Ruído em modulação por posição de pulso

Em um sistema PPM, a informação transmitida está contida nas posições relativas dos pulsos modulados. A presença de ruído aditivo afeta o desempenho de tal sistema falsificando o tempo em que se presume que os pulsos modulados ocorrem. A imunidade a ruído pode ser estabelecida fazendo-se com que o pulso cresça tão rapidamente que o intervalo durante o qual o ruído possa exercer qualquer perturbação seja muito pequeno. De fato, o ruído aditivo não teria nenhum efeito nas posições de pulso se os pulsos recebidos fossem perfeitamente retangulares, porque a presença de ruído introduz apenas perturbações verticais. Entretanto, a recepção de pulsos perfeitamente retangulares implica uma largura de banda de canal infinita, o que é naturalmente impraticável. Dessa forma, com uma largura de banda de canal finita na prática, verificamos que os pulsos recebidos possuem um tempo de subida finito, e então o desempenho do receptor PPM é afetado pelo ruído.

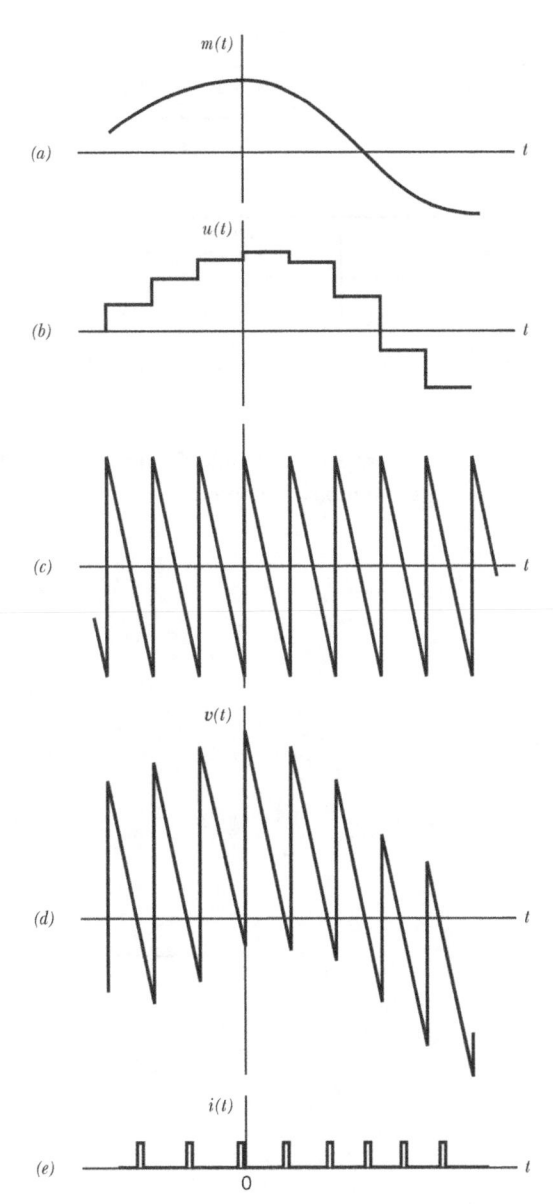

Figura 7.12 Geração de um sinal PPM. (a) Sinal de mensagem. (b) Aproximação em escada do sinal de mensagem. (c) Onda dente-de-serra. (d) Onda composta obtida adicionando-se (b) e (c). (e) Sequência de "impulsos" utilizada para gerar o sinal PPM.

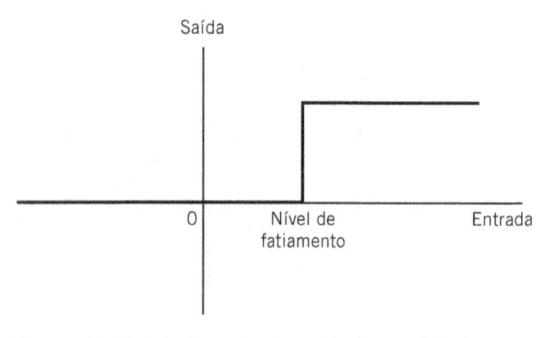

Figura 7.13 Relação entrada-saída de um fatiador.

Assim como para um sistema de modulação CW, o desempenho em relação a ruído de um sistema PPM pode ser descrito em termos da relação sinal-ruído de saída. Além disso, para descobrir o melhoramento em relação ao ruído produzido pelo PPM em relação à transmissão em banda base do sinal de mensagem, podemos utilizar a figura de mérito definida como a relação sinal-ruído de saída do sistema PPM dividida pela relação sinal-ruído de canal. Ilustramos essa avaliação considerando o exemplo de um sistema PPM que utiliza um pulso de cosseno elevado e modulação senoidal.

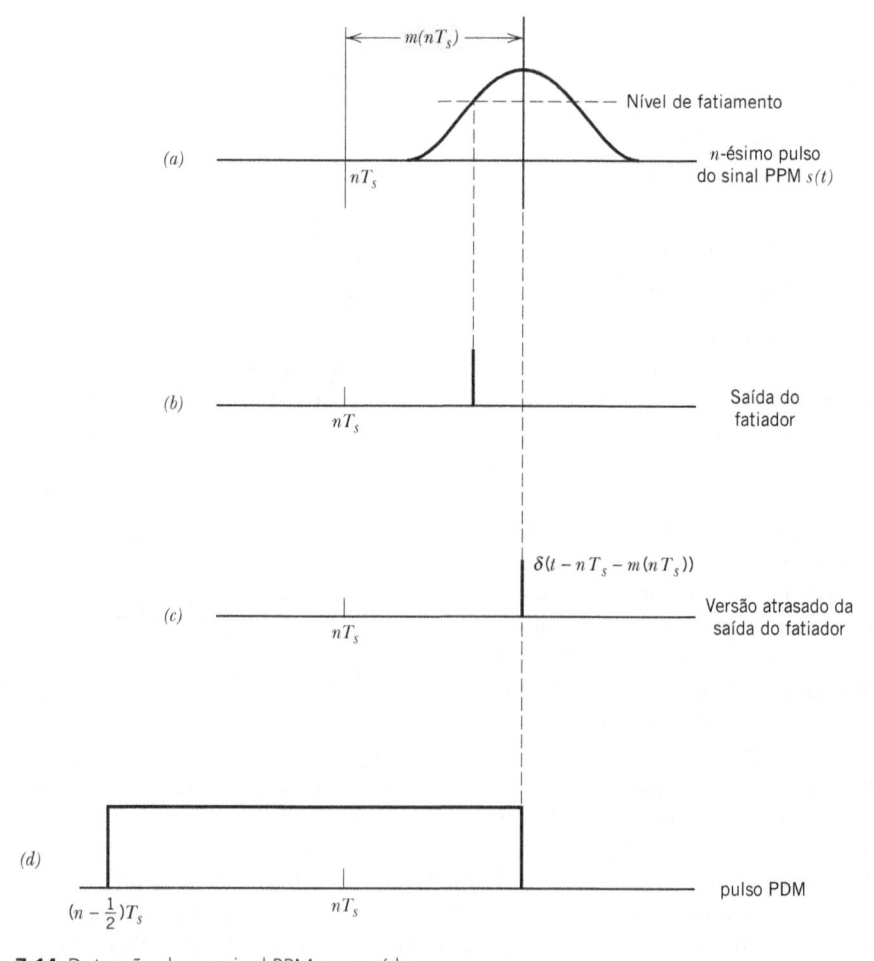

Figura 7.14 Detecção de um sinal PPM sem ruído.

EXEMPLO 7.1 Relações sinal-ruído de um sistema PPM utilizando modulação senoidal

Consideremos um sistema PPM cujo trem de pulsos, na ausência de modulação, é como mostrado na Figura 7.15a. Supõe-se que o pulso padrão da portadora seja um *pulso de cosseno elevado*, que é um tipo de pulso conveniente para análise. Esse pulso, centrado em $t = 0$ e denotado como $g(t)$, é definido por

$$g(t) = \frac{A}{2}[1 + \cos(\pi B_T t)], \quad -T \le t \le T \tag{7.23}$$

em que $B_T = 1/T$. O tempo de ocorrência de tal pulso pode ser determinado aplicando-se o pulso a um fatiador com a característica de amplitude entrada-saída mostrada na Figura 7.13 e em seguida observando-se a saída do fatiador. Supomos que o nível de fatiamento esteja ajustado em metade do pico da amplitude de pulso, nominalmente, $A/2$, como na Figura 7.15a. Para entradas abaixo do nível de fatiamento a saída vale zero, e para entradas acima do nível de fatiamento a saída é constante e diferente de zero.

A transformada de Fourier do pulso $g(t)$ é dada por

$$G(f) = \frac{A \operatorname{sen}(2\pi f/B_T)}{2\pi f(1 - 4f^2/B_T^2)}$$

Como indicado na Figura 7.16, essa transformada tem os seus primeiros nulos em $f = \pm B_T$ e é pequena fora desse intervalo, de modo que a largura de banda de transmissão necessária para passar tal pulso pode ser considerada essencialmente igual a B_T.

Seja a oscilação pico a pico na posição de um pulso denotada por T_s. Então, em resposta a uma onda modulante senoidal com carga plena, a amplitude pico a pico da saída do receptor será KT_s, em que K é uma constante determinada pelos circuitos do receptor. O valor quadrático médio (*rms*) da saída do receptor será $KT_s/2\sqrt{2}$, e a potência média do sinal correspondente na saída do receptor (supondo-se uma carga de 1 ohm) será dada por

$$\left(\frac{KT_s}{2\sqrt{2}}\right)^2 = \frac{K^2 T_s^2}{8}$$

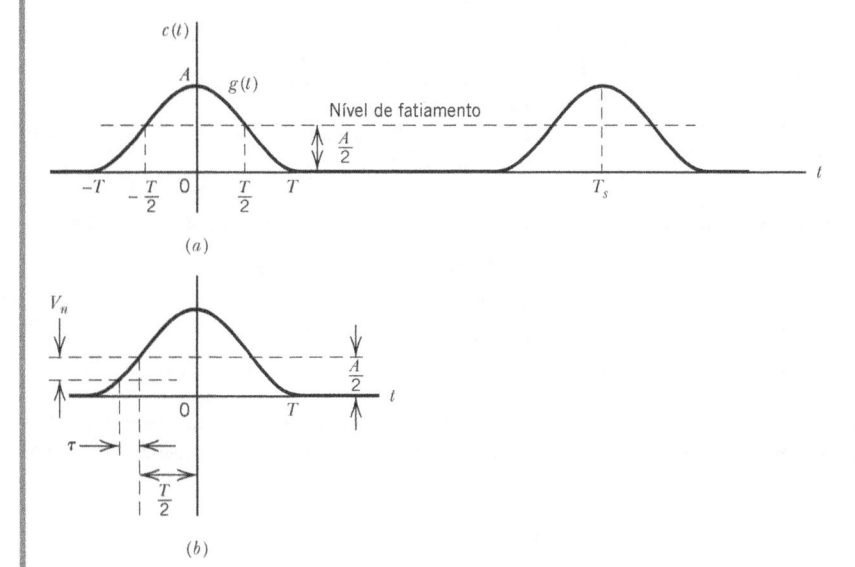

Figura 7.15 Análise de ruído de um sistema PPM. (a) Trem de pulsos não modulado. (b) Ilustração do efeito do ruído no tempo de detecção do pulso.

Na presença de ruído aditivo, tanto a amplitude quanto a posição do pulso serão perturbados. Variações aleatórias na amplitude de pulso serão removidas pelo fatiador. Variações aleatórias na posição de pulso devidas a ruído permanecerão, todavia, desse modo contribuindo para o ruído na saída do receptor. Suponhamos que, na entrada do receptor, a potência de ruído seja pequena em comparação com a potência de pulso máxima. Então, se em um instante de tempo particular a amplitude do ruído for V_n, o tempo da detecção de pulso será substituído por uma pequena quantidade τ como representado na Figura 7.15b. Para uma aproximação de primeira ordem, V_n/τ será igual à inclinação do pulso $g(t)$ no tempo $t = -T/2$. Dessa forma, utilizando a Eq. (7.23), obtemos

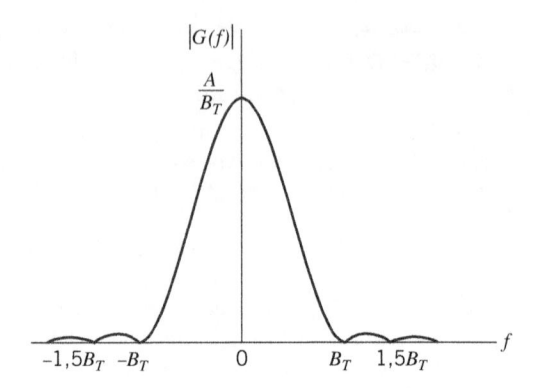

Figura 7.16 Espectro de magnitude de um pulso de cosseno elevado.

$$\frac{V_n}{\tau} = \left.\frac{dg(t)}{dt}\right|_{t=-T/2}$$

$$= \frac{\pi B_T A}{2}$$

Resolvendo essa equação para τ, temos

$$\tau = \frac{2V_n}{\pi B_T A} \tag{7.24}$$

O erro τ na posição do pulso $g(t)$ produzirá uma potência média de ruído na saída do receptor igual a $K^2 \mathbf{E}[\tau^2]$, em que $\mathbf{E}$ é o operador esperança estatística. Supondo que o ruído na etapa de entrada do receptor tenha uma densidade espectral de potência $N_0/2$, descobrimos que o valor quadrático médio de V_n em uma largura de banda B_T é dado por

$$\mathbf{E}[V_n^2] = B_T N_0 \tag{7.25}$$

Utilizando as Eqs. (7.24) e (7.25), obtemos o seguinte resultado:

$$\text{Potência média de ruído de saída} = K^2 \mathbf{E}[\tau^2]$$
$$= \frac{4K^2 N_0}{\pi^2 B_T A^2} \tag{7.26}$$

A relação sinal-ruído de saída, assumindo-se uma modulação senoidal com carga plena, será, portanto,

$$(\text{SNR})_O = \frac{K^2 T_s^2/8}{4K^2 N_0/\pi^2 B_T A^2}$$

$$= \frac{\pi^2 B_T T_s^2 A^2}{32 N_0} \tag{7.27}$$

A potência média transmitida P em um sistema PPM é independente da modulação aplicada. Consequentemente, podemos determinar P calculando a potência média em um único pulso da onda PPM ao longo de período de amostragem T_s, como mostrado por

$$P = \frac{1}{T_s}\int_{-T_s/2}^{T_s/2} g^2(t)\, dt$$

$$= \frac{3A^2}{4T_s B_T} \tag{7.28}$$

A potência média de ruído em uma largura de banda de mensagem W é igual a WN_0. A relação sinal-ruído de canal é, portanto,

$$(\text{SNR})_C = \frac{3A^2/4T_s B_T}{WN_0}$$

$$= \frac{3A^2}{4T_s B_T W N_0}$$

(7.29)

Dessa forma, a figura de mérito de um sistema PPM que utiliza um pulso de cosseno elevado é a seguinte:

$$\text{Figura de mérito} = \frac{(\text{SNR})_O}{(\text{SNR})_C}$$

$$= \frac{\pi^2}{24} B_T^2 T_s^3 W$$

(7.30)

Supondo que o sinal de mensagem seja amostrado à taxa de Nyquist, temos $T_s = 1/2W$. Então, descobrimos a partir da Eq. (7.30) que o valor correspondente da figura de mérito será $(\pi^2/192)(B_T/W)^2$, que é maior do que a unidade se $B_T > 4{,}41W$. Vemos também que a figura de mérito de um sistema PPM é proporcional ao quadrado da largura de banda de transmissão normalizada B_T/W.

Na análise de ruído apresentada aqui para PPM, supusemos que a potência média de ruído aditivo na etapa de entrada do receptor é pequena em comparação com a potência de pulso máxima. Em particular, supõe-se que há dois cruzamentos do nível de fatiamento para cada pulso, um para a borda de subida e outro para a borda de descida. Todavia, um ruído gaussiano terá picos ocasionais que produzem cruzamentos adicionais do nível de fatiamento, e assim esses picos de ruído ocasionais serão confundidos com pulsos de mensagem. A análise ignora os *falsos pulsos* produzidos pelos picos elevados de ruído. É evidente que esses falsos pulsos apresentam uma probabilidade de ocorrência finita, apesar de pequena, quando o ruído é gaussiano, não importando quão pequeno seja o desvio padrão em comparação com a amplitude máxima dos pulsos. Quando a largura de banda de transmissão cresce indefinidamente, o crescimento resultante da potência média de ruído eventualmente faz com que os falsos pulsos ocorram muitas vezes, causando, desse modo, a perda do sinal de mensagem desejado na saída do receptor. Dessa forma, verificamos na prática que um sistema PPM sofre de um *efeito de limiar*.

Compensação largura de banda-ruído

No contexto de desempenho em relação a ruído, um sistema PPM representa a forma ótima da modulação de pulso analógica. A análise de ruído de um sistema PPM apresentada no exemplo precedente revelou que a modulação por posição de pulso (PPM) e a modulação em frequência (FM) exibem um desempenho similar em relação a ruído, conforme é resumido aqui:

1. Ambos os sistemas possuem uma figura de mérito proporcional ao quadrado da largura de banda de transmissão normalizada em relação à largura de banda de mensagem.

2. Ambos os sistemas exibem um efeito de limiar quando a relação sinal-ruído decresce.

A implicação prática do ponto 1 é que, em termos da compensação do aumento da largura de banda de transmissão pela melhoria do desempenho em relação a ruído, o melhor que podemos fazer em modulação de onda contínua (CW) e em sistemas de modulação de pulso analógicos é seguir uma *lei quadrática*. A questão que surge nesse ponto da discussão é a seguinte: Podemos produzir uma compensação melhor do que uma lei quadrática? A resposta é um enfático sim, e a *modulação de pulso digital* é o caminho para isso. O uso de tal método representa um afastamento radical da modulação CW.

Há dois processos fundamentais envolvidos na geração de uma representação de pulso digital de um sistema analógico: *amostragem* e *quantização*. O processo de amostragem se ocupa com a representação de tempo discreto do sinal de mensagem; para sua aplicação apropriada, temos que seguir o teorema da amostragem descrito na Seção 7.3. O processo de quantização se ocupa com a representação de amplitude discreta do sinal de mensagem; a quantização é um novo processo cujos detalhes serão descritos na Seção 7.8. Por ora, é suficiente dizer que a utilização combinada da amostragem e da quantização permite a transmissão de um sinal de mensagem em forma codificada. Isso, por sua vez, torna possível a realização de uma *lei exponencial* para a compensação largura de banda-ruído, que também será demonstrada na Seção 7.8.

7.7 Exemplo temático – PPM em rádio impulsivo[1]

Sistemas de transmissão digital tradicionais tentam minimizar a largura de banda do sinal transmitido. Consequentemente, uma filtragem muitas vezes é aplicada aos pulsos retangulares para reduzir a largura de banda ocupada. Entretanto, um método que não segue essa filosofia e que recentemente atraiu a atenção é conhecido como *rádio impulsivo*. Com essa técnica, a informação é enviada por meio de pulsos muito estreitos que são bem espaçados no tempo. Uma vez que as larguras dos pulsos são muito estreitas, o espectro do sinal resultante é muito amplo e, consequentemente, essa técnica é uma forma de *transmissão de rádio em ultra banda larga* (UWB) ou *rádio impulsivo*.

Um tipo de pulso utilizado para rádio impulsivo é o *monociclo gaussiano*, que é baseado

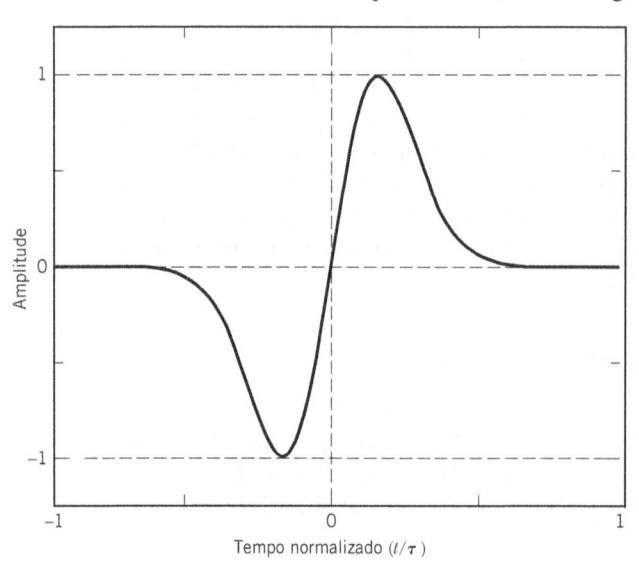

Figura 7.17 Ilustração de um monociclo gaussiano utilizado para rádio impulsivo.

na primeira derivada do pulso gaussiano. A forma de onda do monociclo gaussiano é dada por

$$v(t) = A\frac{t}{\tau}\exp\left\{-6\pi\left(\frac{t}{\tau}\right)^2\right\} \qquad (7.31)$$

em que A é um fator de escala de amplitude e τ é a constante de tempo do pulso. O sinal, normalizado para amplitude unitária, é representado na Figura 7.17. Ele consiste em um lóbulo negativo seguido por um lóbulo positivo, com uma largura de pulso total de aproximadamente τ. Para aplicações de rádio impulsivo, a largura de pulso τ tipicamente está entre 0,20 e 1,50 nanossegundos.

O espectro de uma sequência desses pulsos pode ser obtido a partir da transformada de Fourier de um pulso individual e esse espectro é mostrado na Figura 7.18. O eixo de frequência na Figura 7.18 foi normalizado em termos da constante de tempo τ. Para $\tau = 1,0$ nanossegundo, esse eixo de frequência varia de 0 a 5GHz.

Há diversos métodos para modular digitalmente tal onda impulsiva. Um método é a *modulação por posição de pulso*, como representado na Figura 7.19. Com esse método, há uma separação temporal nominal T_p entre pulsos sucessivos. Para transmitir um símbolo binário "0", o pulso é transmitido ligeiramente mais cedo ($-T_c$). Para transmitir um símbolo binário "1", o pulso é transmitido ligeiramente mais tarde ($+T_c$). O receptor detecta esse *instante anterior/posterior* e, consequentemente, demodula o sinal. Separações típicas entre pulsos (T_p) variam de 1.000 nanossegundos para algo tão pequeno quanto 25 nanossegundos, resultando em taxas de transmissão de dados que variam de 1 a 40 megabits por segundo.

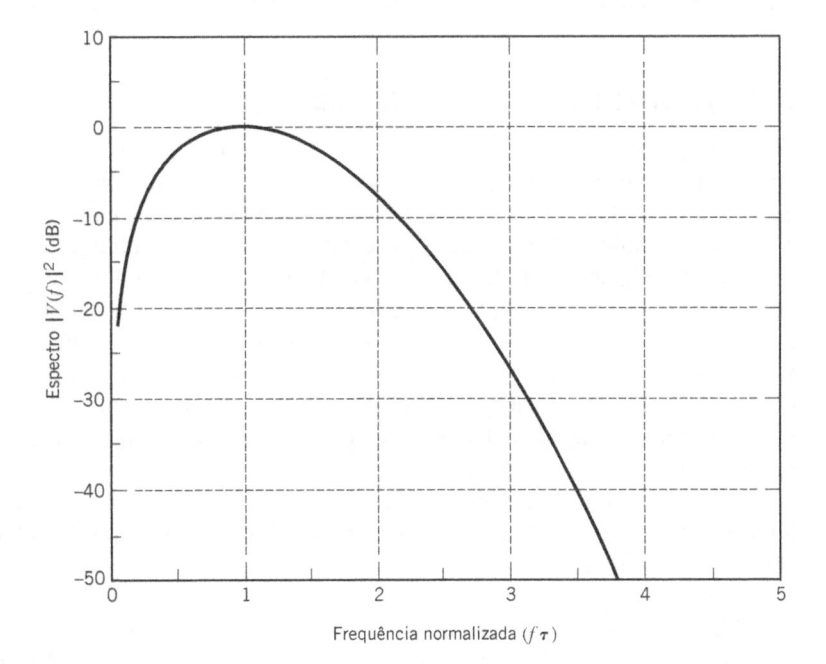

Figura 7.18 Espectro de magnitude de um monociclo gaussiano.

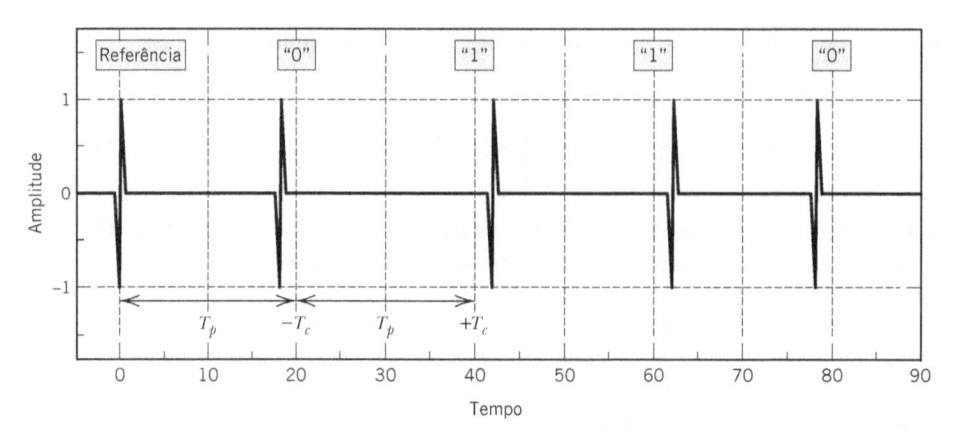

Figura 7.19 Modulação por posição de pulso de rádio impulsivo.

A natureza UWB do sinal modulado apresenta aspectos bons e ruins. Uma vez que a potência do sinal está espalhada ao longo de uma largura de banda grande, a quantidade de potência que se encontra em um canal particular qualquer de banda estreita será pequena.

Entretanto, tal potência está presente em todos esses canais de banda estreita. Consequentemente, há uma preocupação de que rádios UWB causarão interferência prejudicial em serviços de rádio de banda estreita existentes que ocupem o mesmo espectro de rádio. Como uma consequência, embora o rádio UWB tenha sido permitido em várias jurisdições, há limites rigorosos para a potência que pode ser transmitida. Devido a essas limitações sobre a potência transmitida, o rádio UWB é limitado a aplicações de curta distância, tipicamente menor do que algumas centenas de metros.

7.8 O processo de quantização

Um sinal contínuo, como o de voz, possui uma faixa contínua de amplitudes e, portanto, suas amostras possuem uma faixa de amplitude contínua. Em outras palavras, dentro da faixa de amplitude finita do sinal, encontramos um número infinito de níveis de amplitude. De fato, não é necessário transmitir as amplitudes exatas das amostras. Qualquer sentido humano (o ouvido ou o olho), como um receptor final, pode detectar apenas diferenças de intensidade finitas. Isso significa que o sinal contínuo original pode ser *aproximado* por um sinal construído de amplitudes discretas selecionadas de um conjunto disponível com base em um critério de erro mínimo. Claramente, se determinarmos os níveis de amplitude discreta com um espaçamento suficientemente pequeno, podemos tornar o sinal aproximado praticamente indistinguível do sinal contínuo original.

A *quantização* de amplitude é definida como o processo de transformar a amplitude da amostra $m(nT_s)$ de um sinal de mensagem $m(t)$ no tempo $t = nT_s$ em uma amplitude discreta $v(nT_s)$ tomada de um conjunto *finito* de amplitudes possíveis. Neste livro, supomos que o processo de quantização é *sem memória* e *instantâneo*, o que significa que a transformação no tempo $t = nT_s$ não é afetada por amostras anteriores ou posteriores do sinal de mensagem. Essa forma simples de quantização, apesar de não ser ótima, é comumente utilizada na prática.

Quando lidamos com um quantizador sem memória, podemos simplificar a notação eliminando o índice de tempo. Dessa forma, podemos utilizar o símbolo m no lugar de $m(nT_s)$, como indicado no diagrama de blocos de um quantizador mostrado na Figura 7.20a. Então, como mostrado na Figura 7.20b, a amplitude do sinal m será especificada pelo índice k se ela se situar dentro do intervalo

$$\mathcal{I}_k: \{m_k < m \leq m_{k+1}\}, \qquad k = 1, 2, \ldots, L \qquad (7.32)$$

em que L é o número total de níveis de amplitude utilizados no quantizador. As amplitudes discretas m_k, $k = 1, 2,\ldots, L$, são chamadas de *níveis de decisão* ou *limiares de decisão*. Na saída do quantizador, o índice k é transformado em uma amplitude v_k que representa todas as amplitudes do intervalo $\mathcal{I}_k$; as amplitudes v_k, $k = 1, 2,\ldots, L$, são chamadas de *níveis de representação* ou *níveis de reconstrução*, e o espaçamento entre dois níveis de representação adjacentes é chamado de *quantum* ou *tamanho de degrau*. Dessa forma, a saída do quantizador v será igual a v_k se a amostra do sinal de entrada m pertencer ao intervalo $\mathcal{I}_k$. O mapeamento (ver Figura 7.20a)

$$v = g(m) \qquad (7.33)$$

é a característica do quantizador, que é uma função escada, por definição.

Os quantizadores podem ser do tipo *uniforme* (linear) ou *não uniforme* (não linear). Em um quantizador uniforme, os níveis de representação são uniformemente espaçados; caso contrário, o quantizador será não uniforme. Nesta seção, consideraremos apenas os quantizadores uniformes; os quantizadores não uniformes serão considerados na próxima seção. A característica do quantizador também pode ser do tipo *meio-piso* ou *meio-degrau*. A Figura 7.21a mostra a característica entrada-saída de um quantizador uniforme do tipo meio-piso, o qual é assim denominado porque a origem se situa no meio do piso do degrau do gráfico escada. A Figura 7.21b mostra a característica entrada-saída correspondente de um quantizador uniforme do tipo meio-degrau, no qual a origem se situa no meio de um degrau do gráfico escada. Notemos que tanto o quantizador uniforme do tipo meio-piso quanto o do tipo meio-degrau ilustrados na Figura 7.21 são *simétricos* em relação à origem.

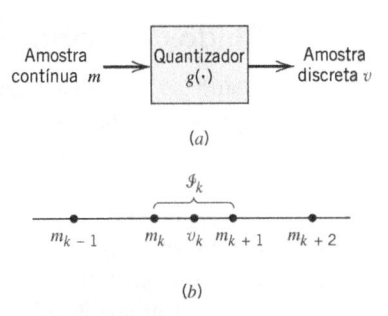

Figura 7.20 Descrição de um quantizador sem memória.

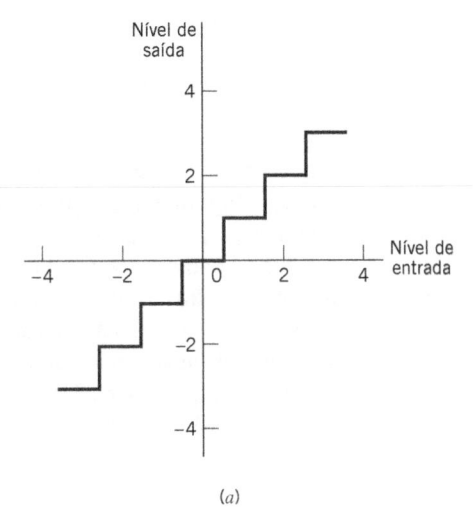

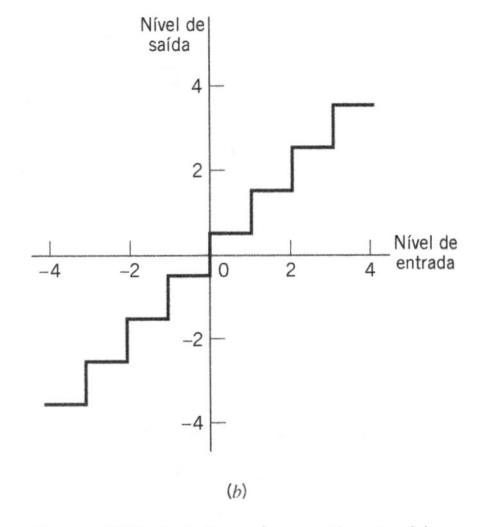

Figura 7.21 Dois tipos de quantização: (a) meio-piso e (b) meio-degrau.

Ruído de quantização

A utilização da quantização introduz um erro definido entre o sinal de entra m e o sinal de saída v. Esse erro é chamado de *ruído de quantização*. A Figura 7.22 ilustra uma variação típica do ruído de quantização como uma função do tempo, supondo a utilização de um quantizador uniforme do tipo meio-piso.

Seja a entrada do quantizador m o valor da amostra de uma variável aleatória M de média zero (se a entrada tiver uma média diferente de zero, sempre podemos removê-la subtraindo a média da entrada e adicionando-a novamente após a quantização). Um quantizador $g(\cdot)$ mapeia a variável aleatória M de entrada de amplitude contínua em uma variável aleatória V discreta; seus respectivos valores de amostra m e v são relacionados pela Eq. (7.33). Seja o erro de quantização denotado pela variável aleatória Q com valor de amostra q. Dessa forma, podemos escrever

$$q = m - v \tag{7.34}$$

ou, de maneira correspondente,

$$Q = M - V \tag{7.35}$$

Com a entrada M tendo média zero, e supondo-se que o quantizador seja simétrico, como na Figura 7.21, segue-se que a saída do quantizador V e, portanto, o erro de quantização Q, também terão média zero. Dessa forma, para uma caracterização estatística parcial do quantizador em termos da relação sinal-ruído de saída, precisamos apenas encontrar o valor quadrático médio do erro de quantização Q.

Consideremos então uma entrada m de amplitude contínua na faixa $(-m_{máx}, m_{máx})$. Supondo um quantizador uniforme do tipo meio-degrau ilustrado na Figura 7.21b, descobrimos que o tamanho do degrau do quantizador é dado por

$$\Delta = \frac{2m_{máx}}{L} \tag{7.36}$$

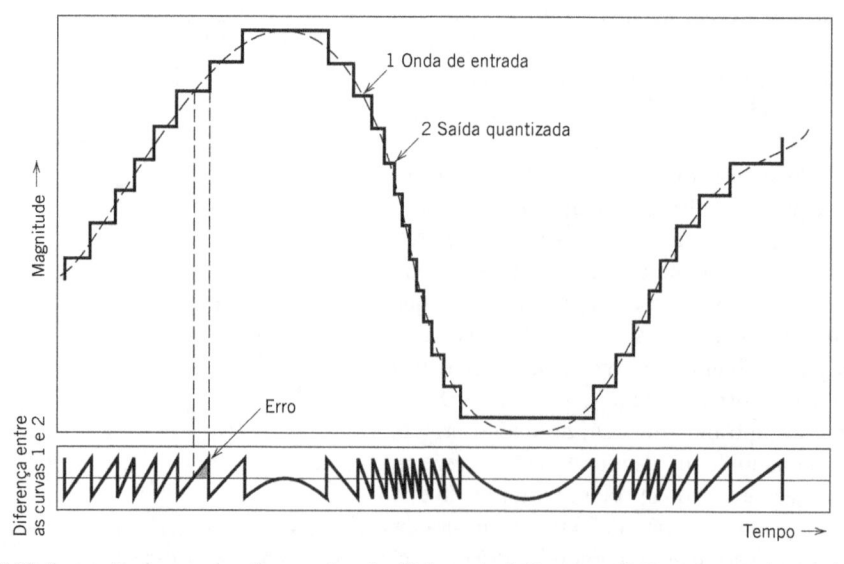

Figura 7.22 Ilustração do processo de quantização. (Adaptado de Bennett, 1948, com autorização da AT&T.)

em que L é o número total de níveis de representação. Para um quantizador uniforme, o erro de quantização terá os seus valores de amostra limitados por $-\Delta/2 \leq q \leq \Delta/2$. Se o degrau Δ for suficientemente pequeno (isto é, se o número de níveis de representação for significativamente grande), será razoável supormos que o erro de quantização Q é uma variável aleatória *uniformemente distribuída*, e que o efeito interferente do ruído de quantização sobre a entrada do quantizador será similar ao do ruído térmico. Dessa forma, podemos expressar a função densidade de probabilidade do erro de quantização como se segue:

$$f_Q(q) = \begin{cases} \dfrac{1}{\Delta}, & -\dfrac{\Delta}{2} < q \leq \dfrac{\Delta}{2} \\ 0, & \text{caso contrário} \end{cases} \quad (7.37)$$

Para que isso seja verdadeiro, entretanto, devemos assegurar que o sinal que chega *não* sobrecarregue o quantizador. Então, sendo a média do erro de quantização igual a zero, sua variância σ_Q^2 será dada pelo valor quadrático médio

$$\sigma_Q^2 = \int_{-\Delta/2}^{\Delta/2} q^2 f_Q(q)\, dq = \mathbf{E}[Q^2] \quad (7.38)$$

Substituindo a Eq. (7.37) na (7.38), obtemos

$$\begin{aligned}\sigma_Q^2 &= \frac{1}{\Delta} \int_{-\Delta/2}^{\Delta/2} q^2\, dq \\ &= \frac{\Delta^2}{12}\end{aligned} \quad (7.39)$$

Tipicamente, o número L-ário k, que denota o k-ésimo nível de representação do quantizador é transmitido para o receptor em forma binária. Sendo R o número de *bits por amostra* utilizados na construção do código binário, podemos então escrever

$$L = 2^R \quad (7.40)$$

ou, de maneira equivalente,

$$R = \log_2 L \quad (7.41)$$

Consequentemente, substituindo a Eq. (7.40) na (7.36), obtemos o tamanho do degrau

$$\Delta = \frac{2 m_{\text{máx}}}{2^R} \quad (7.42)$$

Dessa forma, a utilização da Eq. (7.42) na (7.39) produz

$$\sigma_Q^2 = \frac{1}{3} m_{\text{máx}}^2 \, 2^{-2R} \quad (7.43)$$

Seja P a potência média do sinal de mensagem $m(t)$. Podemos então expressar a *relação sinal-ruído de saída* de um quantizador uniforme como

$$(\text{SNR})_O = \frac{P}{\sigma_Q^2}$$

$$= \left(\frac{3P}{m_{\text{máx}}^2}\right) 2^{2R} \qquad (7.44)$$

A Eq. (7.44) mostra que a relação sinal-ruído de saída do quantizador cresce *exponencialmente* com o aumento do número de *bits* por amostra, R. Reconhecendo que um aumento em R exige um aumento proporcional na largura de banda do canal (transmissão) B_T, vemos que a utilização de um código binário para a representação de um sinal de mensagem (como na modulação por codificação de pulso) constitui um método mais eficiente que a modulação em frequência (FM) e a modulação por posição de pulso (PPM) para compensar o crescimento da largura de banda do canal pela melhoria do desempenho em relação a ruído. Ao fazermos essa afirmação, supomos que os sistemas FM e PPM sejam limitados pelo ruído de receptor, considerando que o sistema de modulação com codificação binária seja limitado pelo ruído de quantização. Temos mais a dizer sobre essa última questão na Seção 7.9.

EXEMPLO 7.2   Sinal modulante senoidal

Consideremos o caso especial de um sinal modulante senoidal de amplitude A_m com carga plena, que utiliza todos os níveis de representação fornecidos. A potência média do sinal é (supondo uma carga de 1 ohm)

$$P = \frac{A_m^2}{2}$$

A faixa total da entrada do quantizador é $2A_m$, porque o sinal modulante oscila entre $-A_m$ e A_m. Portanto, podemos definir $m_{\text{máx}} = A_m$, caso em que a utilização da Eq. (7.43) resulta na potência média (variância) do ruído de quantização como

$$\sigma_Q^2 = \tfrac{1}{3} A_m^2 2^{-2R}$$

Dessa forma, a relação sinal-ruído de saída de um quantizador uniforme, para um tom de teste com carga plena, é

$$(\text{SNR})_O = \frac{A_m^2/2}{A_m^2 2^{-2R}/3} = \frac{3}{2}(2^{2R}) \qquad (7.45)$$

Expressando a relação sinal-ruído em decibéis, obtemos

$$10 \log_{10}(\text{SNR})_O = 1{,}8 + 6R \qquad (7.46)$$

Para vários valores de L e R, os valores correspondentes da relação sinal-ruído são dados na Tabela 7.1. A partir da tabela 7.1, podemos fazer uma rápida estimativa do número de *bits* por amostra necessário para uma relação sinal-ruído de saída desejada.

TABELA 7.1 Relação sinal-ruído de quantização para um número variável de níveis de representação

Número de níveis de representação, L	Número de *bits* por amostra, R	Relação sinal-ruído (dB)
32	5	31,8
64	6	37,8
128	7	43,8
256	8	49,8

7.9 Modulação por codificação de pulso[2]

Com os processos de amostragem e quantização à nossa disposição, estamos agora prontos para descrever a modulação por codificação de pulso, a qual, como mencionamos anteriormente, é a forma mais básica de modulação de pulso digital. Na *modulação por codificação de pulso (PCM) um sinal de mensagem é representado por uma sequência de pulsos codificados, que é realizada representando-se o sinal na forma discreta tanto em termos de tempo quanto de amplitude.* As operações básicas executadas no transmissor de um sistema PCM são a *amostragem*, a *quantização* e a *codificação*, como mostrado na Figura 7.23a; o filtro passa-baixas antes da amostragem é incluído para impedir o falseamento do sinal de mensagem. As operações de quantização e codificação são geralmente executadas no mesmo circuito, o qual é denominado *conversor analógico-digital*. As operações básicas no receptor são a *regeneração* dos sinais com anomalias, a *decodificação* e a *reconstrução* do trem de amostras quantizadas, como mostrado na Figura 7.23c. A regeneração também ocorre em pontos intermediários ao longo do percurso de transmissão quando necessário, como indicado na Figura 7.23b. Quando a multiplexação por divisão de tempo é utilizada, torna-se necessário sincronizar o receptor com transmissor para que todo o sistema opere satisfatoriamente. No que se seque, descreveremos as várias operações que constituem um sistema PCM.

Amostragem

O sinal de mensagem de entrada é amostrado com um trem de pulsos retangulares estreitos de forma a aproximar ao máximo o processo de amostragem instantânea. Para assegurar uma reconstrução perfeita do sinal de mensagem no receptor, a taxa de amostragem deve ser maior do que o dobro da maior componente de frequência W do sinal de mensagem, de acordo com o teorema da amostragem. Na

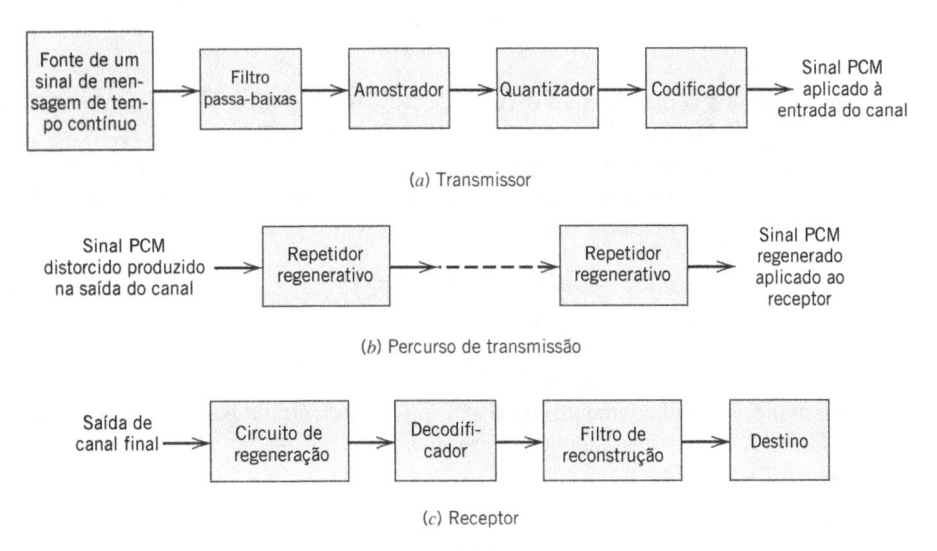

Figura 7.23 Os elementos básicos de um sistema PCM.

prática, um filtro antifalseamento (passa-baixas) é utilizado na etapa de entrada do amostrador para excluir frequências maiores do que W antes da amostragem. Dessa forma, a aplicação da amostragem permite a redução do sinal de mensagem continuamente variável (de duração finita) a um número limitado de valores discretos por segundo.

Quantização

A versão amostrada do sinal de mensagem é então quantizada, fornecendo assim uma nova representação do sinal que é discreta tanto em termos de tempo quanto de amplitude. O processo de quantização pode seguir uma lei uniforme, como a descrita na Seção 7.8. Em certas aplicações, entretanto, é preferível utilizar uma separação variável entre os níveis de representação. Por exemplo, a faixa de tensão coberta por sinais de voz, dos picos de conversa em voz alta às passagens fracas em voz baixa, está na ordem de 1.000 para 1. Utilizando-se um *quantizador não uniforme* com a característica de o tamanho do degrau crescer à medida em que a separação entre a origem e a característica de amplitude entrada-saída aumentar, os grande degraus do quantizador possibilitarão excursões do sinal de voz em grandes intervalos de amplitude que ocorrem com pequena frequência. Em outras palavras, as passagens fracas, as quais necessitam de mais proteção, são favorecidas à custa das passagens altas. Dessa maneira, uma precisão percentual quase uniforme é obtida ao longo da maior parte da faixa de amplitude do sinal de entrada, resultando em um menor número de degraus necessários do que se fosse utilizado um quantizador uniforme.

A utilização de um quantizador não uniforme equivale a passar o sinal de banda base através de um *compressor* e depois aplicar o sinal comprimido a um quantizador uniforme. Uma forma particular de lei de compressão que é utilizada na prática é a chamada *lei μ^3*, definida por

$$|v| = \frac{\log(1 + \mu|m|)}{\log(1 + \mu)} \quad (7.47)$$

em que m e v são as tensões de entrada e saída normalizadas, e μ é uma constante positiva. Na Figura 7.24a, plotamos a lei μ para três diferentes valores de μ. O caso da quantização uniforme corresponde a $\mu = 0$. Para um dado valor de μ, o inverso da inclinação da curva de compressão, que define os degraus de quantização, é dado pela derivada de $|m|$ em relação a $|v|$; ou seja,

$$\frac{d|m|}{d|v|} = \frac{\log(1 + \mu)}{\mu}(1 + \mu|m|) \quad (7.48)$$

Vemos, portanto, que a lei μ não é estritamente linear nem estritamente logarítmica, mas é aproximadamente linear para níveis de entrada baixos correspondentes a $\mu|m| \ll 1$, e aproximadamente logarítmica em níveis de entrada elevados correspondentes a $\mu|m| \gg 1$.

Outra lei de compressão que é utilizada na prática é a chamada *lei A*, definida por

$$|v| = \begin{cases} \dfrac{A|m|}{1 + \log A}, & 0 \leq |m| \leq \dfrac{1}{A} \\ \dfrac{1 + \log(A|m|)}{1 + \log A}, & \dfrac{1}{A} \leq |m| \leq 1 \end{cases}$$

(7.49)

que está plotada na Figura 7.24b. Valores práticos de A (como de μ no caso da lei μ) tendem a estar na vizinhança de 100. O caso da quantização uniforme corresponde a $A = 1$. O inverso da inclinação dessa curva de compressão é dado pela derivada de $|m|$ em relação a $|v|$, como mostrado por

$$\dfrac{d|m|}{d|v|} = \begin{cases} \dfrac{1 + \log A}{A}, & 0 \leq |m| \leq \dfrac{1}{A} \\ (1 + \log A)|m|, & \dfrac{1}{A} \leq |m| \leq 1 \end{cases}$$

(7.50)

Dessa forma, os passos de quantização ao longo do segmento linear central, que possuem o efeito dominante sobre sinais pequenos são diminuídos pelo fator $A/(1 + \log A)$. Isso está tipicamente em torno de 25 dB na prática, quando em comparação com a quantização uniforme.

Para restaurar as amostras de sinal ao seu nível relativo correto, devemos, naturalmente, utilizar um dispositivo no receptor com uma característica complementar ao compressor. Tal dispositivo é chamado de *expansor*. Idealmente, as leis de compressão e expansão são exatamente inversas, de forma que, com exceção do efeito de quantização, a saída do expansor é igual à entrada do compressor. A combinação de um *compressor* e um *expansor* é chamada de *compander**.

Em sistemas PCM reais, o circuito de compressão/expansão (*companding*) não produz uma réplica exata das curvas de compressão não lineares mostradas na Figura 7.24. Mais propriamente, ele fornece uma aproximação *linear por partes* para a curva desejada. Utilizando um número suficiente de segmentos lineares, pode-se aproximar muito bem a curva de compressão real. Essa forma de aproximação é ilustrada no Exemplo 7.3 ao fim da seção.

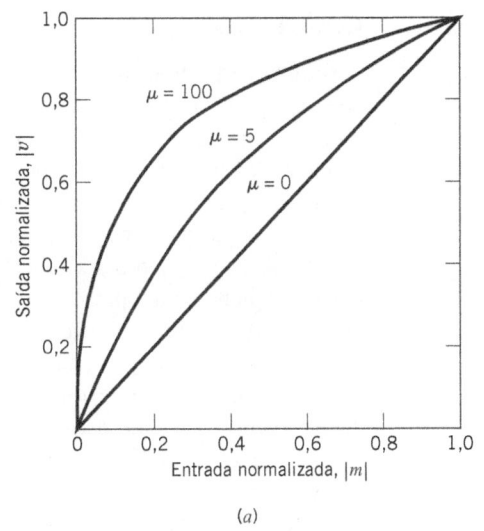

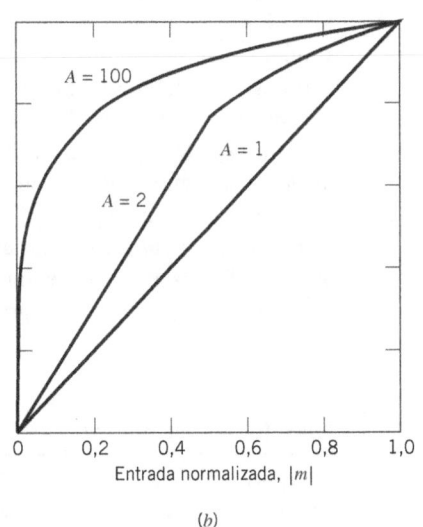

Figura 7.24 Leis de compressão. (a) Lei μ. (b) Lei A.

---

* N. de T.: *Compander* é a contração dos termos em inglês *comp*ressor e exp*ander*.

Codificação

Ao combinar os processos de amostragem e quantização, a especificação de um sinal de mensagem (banda base) contínuo torna-se limitado a um conjunto discreto de valores, mas não na forma mais apropriada para a transmissão por uma linha telefônica ou canal de rádio. A fim de explorarmos as vantagens da amostragem e da quantização para o propósito de tornar o sinal transmitido mais robusto a ruído, interferência e outras deteriorações de canal, precisamos utilizar um *processo de codificação* para traduzir o conjunto discreto de valores em uma forma de sinal mais apropriada. Qualquer plano para representar cada um desses conjuntos discretos de valores como um arranjo particular de eventos discretos é chamado de *código*. Um dos eventos discretos em um código é chamado de *elemento de código* ou *símbolo*. Por exemplo, a presença ou ausência de um pulso é um símbolo. Um arranjo particular de símbolos utilizado em um código para representar um único valor do conjunto discreto é chamado de *palavra-código* ou *caractere*.

Em um código binário, cada símbolo pode ser qualquer um de dois valores ou tipos, tal como a presença ou ausência de um pulso. Os dois símbolos de um código binário são costumeiramente denotados como 0 e 1. Em um *código ternário*, cada símbolo pode ser um de três valores ou tipos distintos, e assim por diante para outros códigos. Entretanto, *a vantagem máxima sobre os efeitos de ruído em um meio de transmissão é obtida utilizando-se um código binário, porque um símbolo binário suporta um nível relativamente elevado de ruído e é fácil de ser regenerado*. Suponhamos que, em um código binário, cada palavra-código consiste em R *bits*: bit é um acrônimo de *binary digit* (dígito binário); dessa forma, R denota o número de *bits por amostra*. Então, utilizando tal código, podemos representar um total de 2^R números distintos. Por exemplo, uma amostra quantizada em um dos 256 níveis pode ser representada por uma palavra-código de 8 *bits*.

TABELA 7.2 Sistema numérico binário para $R = 4$

Número ordinal do nível de representação	Número de nível expresso como soma de potências de 2	Número binário
0		0000
1	2^0	0001
2	2^1	0010
3	$2^1 + 2^0$	0011
4	2^2	0100
5	$2^2 + 2^0$	0101
6	$2^2 + 2^1$	0110
7	$2^2 + 2^1 + 2^0$	0111
8	2^3	1000
9	$2^3 + 2^0$	1001
10	$2^3 + 2^1$	1010
11	$2^3 + 2^1 + 2^0$	1011
12	$2^5 + 2^2$	1100
13	$2^3 + 2^2 + 2^0$	1101
14	$2^3 + 2^2 + 2^1$	1110
15	$2^3 + 2^2 + 2^1 + 2^0$	1111

Há diversas maneiras de estabelecer uma correspondência biunívoca entre níveis de representação e palavras-código. Um método conveniente é expressar o número ordinal do nível de representação como um número binário. No sistema numérico binário, cada dígito tem um valor posicional que é uma potência de 2, como ilustrado na Tabela 7.2 para o caso de 4 *bits* por amostra (isto é, $R = 4$).

Códigos de linha

É em um *código de linha* que um fluxo binário de dados assume uma representação elétrica. Qualquer um dos diversos códigos de linha pode ser utilizado para a representação elétrica de um fluxo de dados binários. A Figura 7.25 exibe as formas de onda de cinco códigos de linha importantes para o exemplo do fluxo de dados 01101001. Os códigos de linha muitas vezes utilizam a terminologia *não retorno a zero* (NRZ) e *retorno a zero* (RZ). Retorno a zero implica que a forma de pulso utilizada para representar o *bit* sempre retorna a 0 volts ou ao nível neutro antes do final do *bit*. Não retorno a zero indica que o pulso não necessariamente retorna ao nível neutro antes do final do *bit*. Os cinco códigos de linha ilustrados na Figura 7.25 são descritos aqui:

1. Sinalização unipolar NRZ. Nesse código de linha, o símbolo 1 é representado pela transmissão de um pulso de amplitude A correspondente à duração do símbolo, e o símbolo 0 é representado pelo desligamento do pulso, como na Figura 7.25a. Este código de linha também é referido como *sinalização liga-desliga* (*on-off*). Uma desvantagem da sinalização liga-desliga é o gasto de potência devido ao nível DC transmitido.

2. Sinalização polar NRZ. Neste segundo código de linha, os símbolos 1 e 0 são representados pela transmissão de pulsos de amplitude $+A$ e $-A$, respectivamente, como ilustrado na Figura 7.25b. Este código de linha é relativamente fácil de se gerar e é mais eficiente em termos de potência do que a sua contraparte unipolar.

3. Sinalização unipolar RZ. Neste código de linha, o símbolo 1 é representado por um pulso retangular de amplitude A e de largura de meio-símbolo, e o símbolo 0 é representado pela ausência de pulso, como ilustrado na Figura 7.25c. Uma característica atraente deste código é a presença de funções delta em $f = 0, \pm 1/T_b$ no espectro de potência do sinal transmitido, que podem ser utilizadas para a recuperação do *bit* de temporização no receptor. Entretanto, sua desvantagem é que ele exige 3 dB a mais de potência do que a sinalização polar RZ para a mesma probabilidade de erro de símbolo. Essa questão será abordada no Capítulo 8.

4. Sinalização Bipolar Retorno a Zero (BRZ). Este código de linha utiliza três níveis de amplitude, como indicado na Figura 7.25d. Especificamente, pulsos positivos e negativos de igual amplitude (isto é, $+A$ e $-A$) são utilizados alternadamente para o símbolo 1, com cada pulso tendo uma largura de meio-símbolo; a ausência de pulso é utilizada para representar o símbolo 0. Uma propriedade útil da sinalização BRZ é que o espectro de potência do sinal transmitido não possui componente DC e possui componentes de baixa frequência relativamente insignificantes para o caso em que os símbolos 1 e 0 ocorrem com igual probabilidade. Este código de linha também é chamado de sinalização com *inversão de marca alternada* (AMI).

Dados binários 0   1   1   0   1   0   0   1

5. Fase dividida (Código Manchester). Neste método de sinalização, ilustrado na Figura 7.25e, o símbolo 1 é representado por um pulso positivo de amplitude A seguido de um pulso negativo de amplitude −A, com ambos os pulsos sendo da largura de meio-símbolo. Para o símbolo 0, as polaridades desses dois pulsos são invertidas. O código Manchester suprime a componente DC e possui componentes de baixa frequência relativamente insignificantes, independentemente da estatística do sinal. Essa propriedade é essencial em algumas aplicações.

Codificação diferencial

Este método é utilizado para codificar informação em termos de transições de sinal. Em particular, uma transição é utilizada para designar o símbolo 0 no fluxo de dados binários de entrada, enquanto que a ausência de transição é utilizada para designar o símbolo 1, como ilustrado na Figura 7.26. Na Figura 7.26b, mostramos um fluxo de dados codificados diferencialmente para o exemplo de dados especificado na Figura 7.26a. O fluxo de dados binários original aqui utilizado é o mesmo que aquele utilizado na Figura 7.25. A forma de onda dos dados codificados

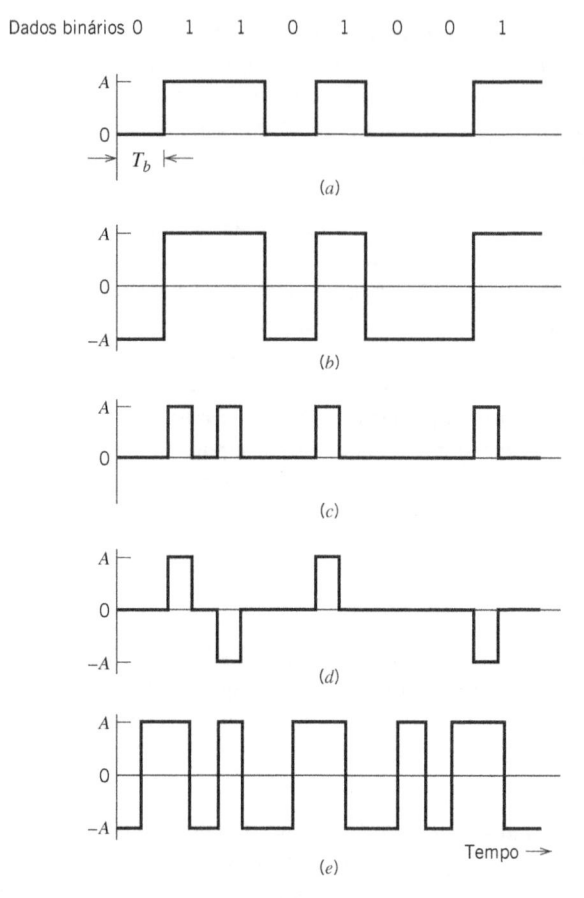

Figura 7.25 Códigos de linha para as representações elétricas de dados binários. (a) Sinalização unipolar NRZ. (b) Sinalização polar NRZ. (c) Sinalização unipolar RZ. (d) Sinalização bipolar RZ. (e) Fase dividida (*split-phase*) ou código Manchester.

diferencialmente é mostrada na Figura 7.26c, supondo a utilização de sinalização unipolar NRZ. A partir da Figura 7.26, é evidente que um sinal codificado diferencialmente pode ser invertido sem que isso afete sua interpretação. A informação binária

(a) Dados binário originais   0   1   1   0   1   0   0   1

(b) Dados codificados   1   0   0   0   1   1   0   1   1
    diferencialmente

(c) Forma de onda

Bit de referência

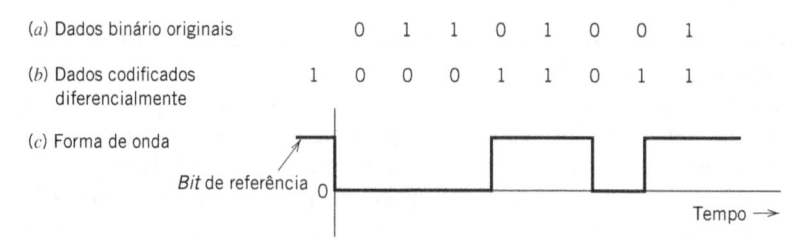

Figura 7.26 (a) Dados binários originais. (b) Dados codificados diferencialmente, supondo-se *bit* de referência 1. (c) Forma de onda de dados codificados diferencialmente utilizando-se sinalização unipolar NRZ.

original é recuperada simplesmente comparando-se a polaridade de símbolos binários adjacentes para estabelecer se ocorreu ou não uma transição. Notemos que a codificação diferencial exige a utilização de um *bit* de referência antes de se iniciar o processo de codificação. Na Figura 7.26, o símbolo 1 é utilizado como o *bit* de referência.

Regeneração

A característica mais importante de qualquer sistema digital reside na sua capacidade de controlar os efeitos de distorção e ruído, produzidos pela transmissão de um sinal digital através de um canal. Essa capacidade é realizada reconstruindo-se o sinal por meio de uma cadeia de *repetidores regenerativos* localizados a distâncias suficientemente curtas ao longo da rota de transmissão. Como ilustrado na Figura 7.27, três funções básicas são realizadas por um repetidor regenerativo: *equalização*, *temporização* e *tomada de decisão*. O equalizador modela os pulsos recebidos de maneira a compensar os efeitos de distorção de amplitude e fase, produzidos pelas características de transmissão do canal. O circuito de temporização fornece um trem de pulsos periódico, derivado dos pulsos recebidos, para amostrar os pulsos equalizados em instantes de tempo em que a relação sinal-ruído é máxima. Cada amostra assim extraída é comparada com um *limiar* predeterminado no dispositivo de tomada de decisão. Em cada intervalo de *bit*, é tomada uma decisão quanto ao símbolo recebido ser um 1 ou um 0, baseando-se no fato de o limiar ser ultrapassado ou não. Se o limiar for excedido, um novo pulso limpo representando o símbolo 1 será transmitido para o próximo repetidor. Caso contrário, um novo pulso limpo representando o símbolo 0 será transmitido. Dessa maneira, o acúmulo de distorção e ruído na faixa de operação de um repetidor será completamente removido, desde que a perturbação não seja muito grande a ponto de causar erro no processo de tomada de decisão. Idealmente, com exceção do atraso, o sinal regenerado é exatamente igual ao sinal transmitido originalmente. Na prática, entretanto, o sinal regenerado se diferencia do sinal original por duas razões principais:

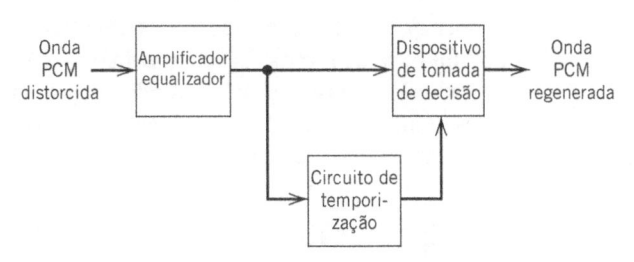

Figura 7.27 Diagrama de blocos de um repetidor regenerativo.

1. A presença inevitável de ruído de canal e interferência faz com que o repetidor tome decisões erradas ocasionalmente, introduzindo assim *erros de bits* no sinal regenerado.
2. Se o espaçamento entre os pulsos recebidos se desviar de seu valor atribuído, uma tremulação (*jitter*) será introduzida na posição do pulso regenerado, causando distorção.

Decodificação

A primeira operação no receptor é regenerar (isto é, remodelar e limpar) os pulsos recebidos uma última vez. Esses pulsos limpos são então reagrupados em palavras-código e decodificados (isto é, passam por um mapeamento inverso) em um sinal PAM quantizado. O processo de *decodificação* envolve a geração de um pulso cuja amplitude é a soma linear de todos os pulsos na palavra código, sendo cada pulso ponderado por seu valor posicional ($2^0, 2^1, 2^2, 2^3,..., 2^{R-1}$) no código, em que R é o número de *bits* por amostra.

Filtragem

A operação final é recuperar o sinal de mensagem passando a saída do decodificador por um filtro de reconstrução passa-baixas, cuja frequência de corte é igual à largura de banda de mensagem W. Supondo-se que o percurso de transmissão seja livre de erros, o sinal recuperado não incluirá ruído, com exceção da distorção inicial introduzida pelo processo de quantização.

Multiplexação

Em aplicações que utilizam PCM, é natural multiplexar diferentes fontes de mensagem por divisão de tempo, por meio de que cada fonte mantém sua individualidade ao longo da jornada do transmissor ao receptor. Essa individualidade é responsável pela relativa facilidade com que as fontes de mensagem podem ser retiradas de um sistema de multiplexação por divisão de tempo ou reinseridas nele. À medida que o número de fontes de mensagem independentes aumenta, o intervalo de tempo alocado para cada fonte precisa ser reduzido, uma vez que todas elas devem ser acomodadas em um intervalo de tempo igual ao inverso da taxa de amostragem. Isso significa, por sua vez, que a duração permitida de uma palavra-código que representa uma única amostra é reduzida. Entretanto, tende a ser mais difícil gerar e transmitir pulsos quando sua duração é reduzida. Além disso, se os pulsos se tornarem muito breves, anomalias no meio de transmissão começarão a interferir na operação apropriada do sistema. Consequentemente, na prática, é necessário restringir o número de fontes independentes de mensagem que possam ser incluídas em um grupo de divisão de tempo.

EXEMPLO 7.3 Multiplexação por divisão de tempo, PCM e o sistema T1

Neste exemplo, descrevemos as características importantes de um sistema conhecido como o Sistema de Portadora T1, que é projetado para acomodar 24 canais de voz, inicialmente para curtas distâncias, utilizado em peso em áreas metropolitanas. O Sistema T1 teve como pioneiro o *Bell System* nos Estados Unidos no começo da década de 1960, e com a sua introdução, começaram as mudanças para as facilidades da comunicação digital. O Sistema T1 foi adotado para utilização em toda parte nos Estados Unidos, Canadá e Japão.

Um sinal de voz é essencialmente limitado a uma banda de 300 a 3.100 Hz, porque as frequências fora dessa banda não contribuem muito para a eficiência da articulação. De fato, circuitos telefônicos que respondem apenas para essa faixa de frequências fornecem um serviço bastante satisfatório. Consequentemente, é habitual passar o sinal de voz através de um filtro passa-baixas com uma frequência de corte de aproximadamente 3,1 kHz antes da amostragem. Por essa razão, com $W = 3,1$ kHz, o valor nominal da taxa de Nyquist será 6,2 kHz. O sinal de voz filtrado é normalmente amostrado a uma taxa ligeiramente mais elevada, nominalmente 8 kHz, que é a taxa de amostragem padrão em sistemas de telefonia.

Para a compressão/expansão (*companding*), os Sistemas T1 utilizam uma característica linear por partes (que consiste em 15 segmentos lineares) para aproximar a lei μ logarítmica da Eq. (7.47) com a constante $\mu = 255$. Há um total de 255 níveis de amplitude associados com essa característica de compressão/expansão. Para acomodar esse número de níveis de representação, cada um dos 24 canais de voz utiliza um código binário com uma palavra de 8 *bits* de sinal PCM.

Os diferentes canais de voz são combinados utilizando-se uma estratégia de multiplexação por divisão de tempo (TDM), descrita na Seção 7.5. Cada quadro (*frame*) do sinal multiplexado consiste em 24 palavras de 8 *bits*, uma para cada fonte de voz, mais um *bit* único que é adicionado ao final do quadro para sincronização. Consequentemente, cada quadro consiste em um total de $(24 \times 8) + 1 = 193$ *bits*. Com uma taxa de amostragem de 8 kHz para cada canal de voz, cada quadro tem um período de 125 μs. Correspondentemente, a duração de cada *bit* é igual 0,647 μs e a taxa de transmissão resultante é de 1,544 *megabits* por segundo.

O Sistema de Portadora T1 é lento para os padrões atuais de rede de transmissão via cabo (*wireline*), todavia os princípios básicos ainda se aplicam. As redes metropolitanas modernas são mais apropriadas para utilizar linhas de transmissão de fibra ótica e a rede T1 foi substituída pela *rede óptica síncrona* (SONET)[4]. Entretanto, a SONET utiliza um esquema de multiplexação por divisão de tempo digital com um tamanho de quadro básico de 125 μs. O quadro básico contém 6.480 *bits*, e a taxa de SONET mínima é de 51,84 *megabits* por segundo.

7.10 Modulação delta[5]

Em algumas aplicações, a necessidade de largura de banda aumentada de PCM é um motivo para preocupação. Nesta seção, discutiremos um método alternativo de representar digitalmente fontes de informação analógicas, chamada *modulação delta*.

Na modulação delta (DM), um sinal de amostragem de entrada é superamostrado (isto é, a uma taxa muito maior do que a taxa de Nyquist) para aumentar intencionalmente a correlação entre as amostras adjacentes do sinal. Isso é feito para permitir a utilização de uma estratégia de quantização simples para a construção do sinal codificado.

Em sua forma básica, a DM fornece uma *aproximação em escada* da versão superamostrada do sinal de mensagem, como ilustrado na Figura 7.28a. A diferença entre a entrada e a aproximação é quantizada somente em dois níveis, a saber, $\pm \Delta$, correspondentes a diferenças positivas e negativas, respectivamente. Dessa forma, se a aproximação se situar abaixo do sinal em qualquer período de amostragem, ela será aumentada em Δ. Por outro lado, se a aproximação de situar acima do sinal, ela será diminuída em Δ. Desde que o sinal não varie muito rapidamente de uma amostra para outra, verificamos que a aproximação em escada permanece dentro de $\pm \Delta$ do sinal de entrada.

Denotando o sinal de entrada como $m(t)$, e sua aproximação em escada como $m_q(t)$, o princípio básico da modulação delta pode ser formalizado no seguinte conjunto de relações de tempo discreto:

$$e(nT_s) = m(nT_s) - m_q(nT_s - T_s) \qquad (7.51)$$

$$e_q(nT_s) = \Delta \, \text{sgn}[e(nT_s)] \qquad (7.52)$$

$$m_q(nT_s) = m_q(nT_s - T_s) + e_q(nT_s) \qquad (7.53)$$

em que T_s é o período de amostragem; $e(nT_s)$ é um sinal de erro que representa a diferença entre o valor da amostra presente $m(nT_s)$ do sinal de entrada e a aproximação mais recente, isto é, $m_q(nT_s - T_s)$; e $e_q(nT_s)$ é a versão quantizada de $e(nT_s)$. A saída do quantizador $e_q(nT_s)$ é, finalmente, codificada para produzir o sinal DM desejado.

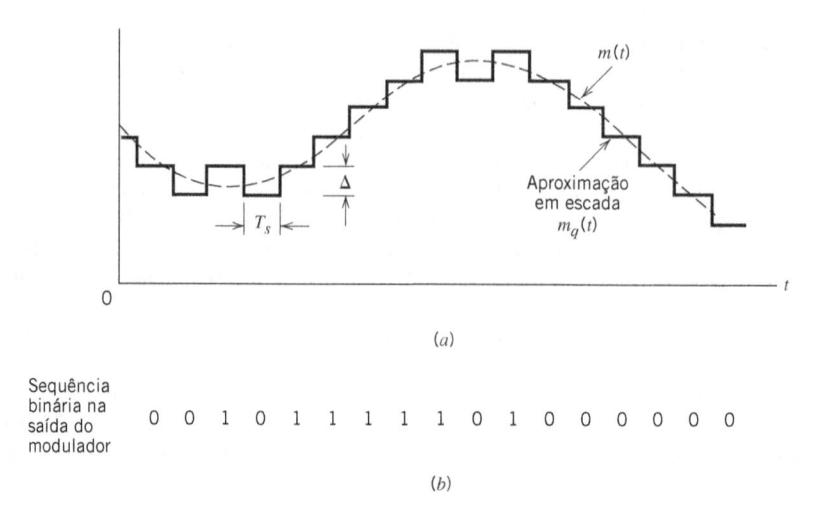

Figura 7.28 Ilustração da modulação delta.

A Figura 7.28a ilustra a maneira como a aproximação em escada $m_q(t)$ segue variações no sinal de entrada $m(t)$ de acordo com as Eqs. (7.51) a (7.53), e a Figura 7.28b exibe a sequência binária correspondente na saída do modulador delta. É evidente que em um sistema de modulação delta a taxa de transmissão de informação é simplesmente igual à taxa de amostragem $f_s = 1/T_s$.

A principal virtude da modulação delta é sua simplicidade. Ela pode ser gerada aplicando-se a versão amostrada do sinal de mensagem a um codificador digital que envolve um *comparador*, um *quantizador* e um *acumulador* interconectados, como mostrado na Figura 7.29a. Os detalhes do modulador decorrem diretamente das Eqs. (7.51) a (7.53). O comparador calcula a diferença entre suas duas entradas. O quantizador consiste em um *limitador rígido* com uma relação entrada-saída que é uma versão escalonada da função sinal. A saída do quantizador é, então, aplicada a um acumulador, produzindo o resultado

$$m_q(nT_s) = \Delta \sum_{i=1}^{n} \text{sgn}[e(iT_s)]$$
$$= \sum_{i=1}^{n} e_q(iT_s) \quad (7.54)$$

que é obtido resolvendo-se as Eqs. (7.52) e (7.53) para $m_q(nT_s)$. Dessa forma, no instante de amostragem nT_s, o acumulador incrementa a aproximação em um passo Δ em uma direção positiva ou negativa, dependendo do sinal algébrico do sinal de erro $e(nT_s)$. Se o sinal de entrada $m(nT_s)$ for maior do que a aproximação mais recente $m_q(nT_s)$, um incremento positivo $+\Delta$ será aplicado à aproximação. Se, por outro lado, o sinal de entrada for menor, um incremento negativo $-\Delta$ será aplicado à aproximação. Dessa maneira, o acumulador faz o melhor que pode para rastrear as amostras de entrada um passo (de amplitude $+\Delta$ ou $-\Delta$) de cada vez. No receptor mostrado na Figura 7.29b, a aproximação em escada $m_q(t)$ é reconstruída passando-se a sequência de pulsos positivos e negativos, produzidos na saída do decodificador, através de um

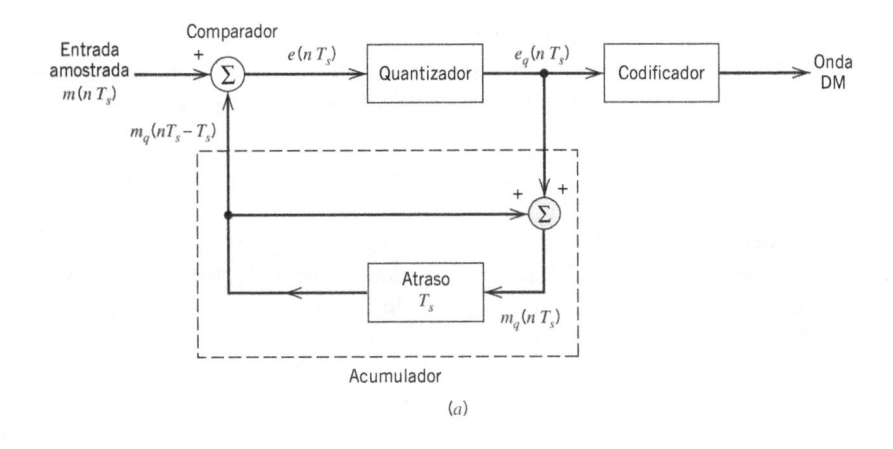

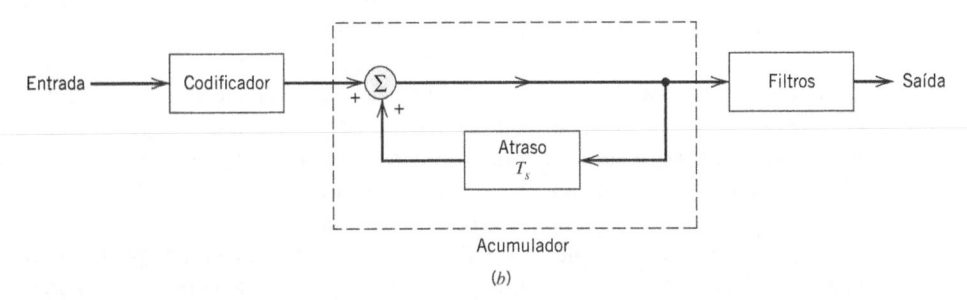

Figura 7.29 Sistema de modulação delta. (a) Codificador analógico-digital. (b) Decodificador digital-analógico.

acumulador de uma maneira similar à usada no transmissor. O ruído de quantização fora da banda na forma de onda em escada de alta frequência $m_q(t)$ é rejeitado ao passar por um filtro passa-baixas, como na Figura 7.29b, com uma largura de banda igual à da mensagem original.

A modulação delta está sujeita a dois tipos de erro de quantização: (1) distorção por sobrecarga de inclinação e (2) ruído granular. Primeiro discutiremos a causa da distorção por sobrecarga de inclinação, e depois o ruído granular.

Observamos que a Eq. (7.53) é o equivalente digital da integração, no sentido em que ela representa o acúmulo de incrementos positivos e negativos de magnitude Δ. Além disso, denotando o erro de quantização por $q(nT_s)$, como mostrado por

$$m_q(nT_s) = m(nT_s) + q(nT_s) \tag{7.55}$$

observamos, a partir da Eq. (7.51), que a entrada do quantizador é

$$e(nT_s) = m(nT_s) - m(nT_s - T_s) - q(nT_s - T_s) \tag{7.56}$$

Dessa forma, exceto pelo erro de quantização $q(nT_s - T_s)$, a entrada do quantizador é uma *primeira diferença retroativa* do sinal de entrada, que pode ser vista como uma aproximação digital à derivada do sinal de entrada ou, de maneira equivalente, como o inverso do processo de integração digital. Se considerarmos a inclinação máxima da forma de onda da entrada original $m(t)$, torna-se claro que, para que a sequência de amostras $\{m_q(nT_s)\}$ se eleve tão rapidamente quanto a sequência de amostras de entrada $\{m(nT_s)\}$ em uma região de inclinação máxima de $m(t)$, exigimos que a condição

$$\frac{\Delta}{T_s} \geq \text{máx} \left| \frac{dm(t)}{dt} \right| \tag{7.57}$$

seja satisfeita. Caso contrário, descobriremos que o passo Δ é pequeno demais para que a aproximação em escada $m_q(t)$ siga um segmento íngreme da forma de onda de entrada $m(t)$, fazendo com que $m_q(t)$ se situe atrás de $m(t)$, como ilustrado na Figura 7.30. Essa condição é chamada de *sobrecarga de inclinação*, e o erro de quantização resultante é chamado de (ruído) *distorção por sobrecarga de inclinação*. Notemos que, como a inclinação máxima da aproximação em escada $m_q(t)$ é fixada pelo passo Δ, aumentos e reduções em $m_q(t)$ tendem a ocorrer ao longo de linhas retas. Por essa razão, um modulador delta que utiliza um tamanho de passo fixo é muitas vezes referido como um *modulador delta linear*.

Em contraste com a distorção por sobrecarga de inclinação, o *ruído granular* ocorre quando o passo Δ é muito grande em relação às características de inclinação local de uma forma de onda de entrada $m(t)$, fazendo, desse modo, com que a aproximação em escada $m_q(t)$ varie em torno de um segmento relativamente plano da forma de onda de entrada; esse fenômeno também é ilustrado na Figura 7.30. O ruído granular é análogo ao ruído de quantização em um sistema PCM.

Assim, vemos que há uma necessidade de se ter um passo grande para acomodar uma ampla faixa dinâmica, enquanto que um passo pequeno é requerido para uma representação precisa de sinais de nível relativamente baixo. Portanto, é evidente que a escolha do passo ótimo que minimize o valor quadrático médio do erro de quantização em um modulador delta linear será o resultado de um compromisso entre distorção por sobrecarga de inclinação e ruído granular. Para melhorar o desempenho, precisamos fazer com que o modulador delta seja "adaptativo", no sentido de que o passo varie de acordo com o sinal de entrada.

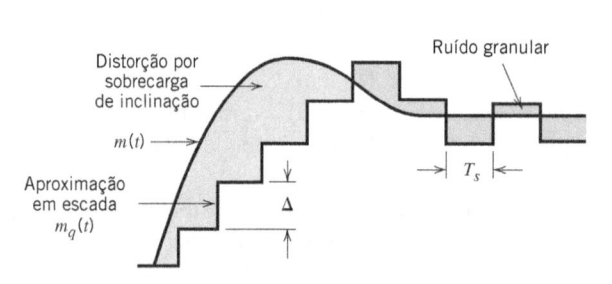

Figura 7.30 Ilustração do erro de quantização na modulação delta.

Modulação delta-sigma

Como mencionado anteriormente, a entrada do quantizador na forma convencional de modulação delta pode ser vista como uma aproximação da *derivada* do sinal de mensagem de entrada. Esse comportamento acarreta uma desvantagem da modulação delta em que perturbações na transmissão, tais como ruído, resultam em um erro cumulativo no sinal demodulado. Essa desvantagem pode ser superada *integrando-se* o sinal de mensagem antes da modulação delta. O uso da integração da maneira aqui descrita acarreta, também, os seguintes efeitos benéficos:

- O conteúdo de baixa frequência do sinal de entrada é pré-enfatizado.

- A correlação entre amostras adjacentes da entrada do modulador delta aumenta, o que tende a melhorar o desempenho global do sistema por meio da redução da variância do sinal de erro na entrada do quantizador.
- O projeto do receptor é simplificado.

Um esquema de modulação delta que incorpora integração como sua entrada é chamado de *modulação delta-sigma* (D-ΣM). Para sermos mais precisos, entretanto, ela deveria ser chamada de *modulação sigma-delta*, porque a integração é executada, de fato, antes da modulação delta. Todavia, a primeira terminologia é a comumente utilizada na literatura.

A Figura 7.31*a* mostra o diagrama de blocos de um sistema de modulação delta-sigma. Nesse diagrama, o sinal de mensagem $m(t)$ é definido em sua forma de tempo contínuo, o que significa que o modulador de pulso agora consiste em um limitador rígido seguido de um multiplicador; esse último componente é também alimentado por um gerador de pulso externo (relógio) para produzir um sinal codificado de 1 *bit*. A utilização de integração na entrada do transmissor evidentemente exige uma ênfase inversa (diferenciação) do sinal no receptor. A necessidade dessa diferenciação é, entretanto, eliminada devido ao seu cancelamento por integração no receptor DM convencional. Dessa forma, o receptor de um sistema de modulação delta-sigma consiste simplesmente em um filtro passa-baixas, como indicado na Figura 7.31*a*.

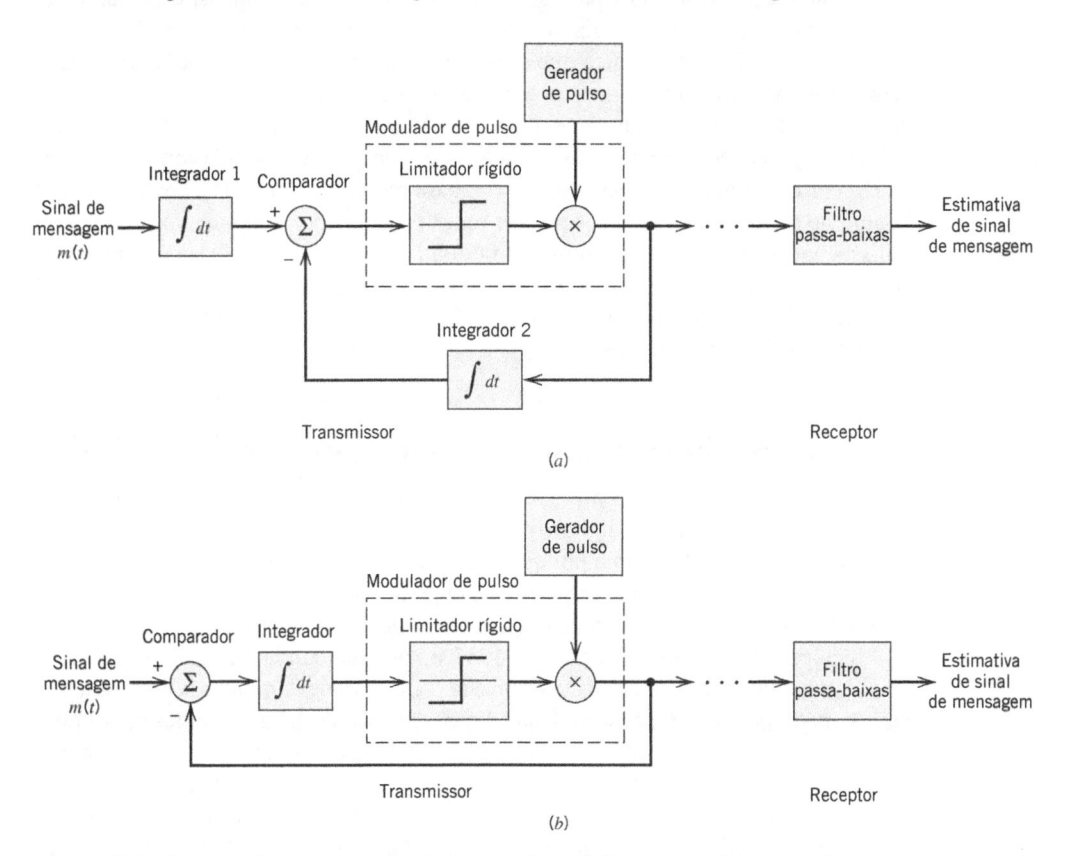

Figura 7.31 Duas versões equivalentes do sistema de modulação delta-sigma.

Além disso, notemos que a integração é basicamente uma operação linear. Consequentemente, podemos simplificar o projeto do transmissor combinando os dois integradores 1 e 2 na Figura 7.31*a* em um único integrador situado depois do comparador, como mostrado na Figura 7.31*b*. Essa última forma do sistema de modulação delta-sigma não é apenas mais simples do que a da Figura 7.31*a*, como também fornece uma interpretação interessante da modulação delta-sigma como uma versão "suavizada" da modulação por codificação de pulsos de 1 bit. O termo *suavidade* refere-se ao fato de que a saída do comparador é integrada antes da quantização, e o termo 1 *bit* simplesmente reafirma que o quantizador consiste em um limitador rígido com apenas dois níveis de representação.

A razão para a investigação da modulação delta é a sua exigência de largura de banda reduzida em comparação com PCM. Para aplicações em telefonia, um sistema PCM típico pode utilizar uma taxa de amostragem de 8 kHz com uma representação de 8 *bits* para uma taxa total de símbolos binários de 64 kHz. Conforme vimos, a modulação delta utiliza uma representação de 1 *bit*, todavia, sobreamostra o sinal. Típicas taxas de sobreamostragem para a modulação delta variam de 16 a 32 kHz, dependendo da qualidade de voz desejada. Dessa forma, a modulação delta pode fornecer uma largura de banda de rede que economiza de 50% a 75% em relação a PCM à custa de uma implementação mais complicada.

Existem outros métodos para a conversão de fontes analógicas, especialmente voz, em uma representação digital. Por exemplo, a *modulação por codificação de pulso diferencial* é uma técnica que é uma combinação de modulação delta e PCM como descrevemos acima. Todas as técnicas aqui consideradas, exceto a modulação delta, consideram que as amostras da fonte analógica são independentes umas das outras. Codificações de voz mais avançadas ou técnicas *vocoder* fazem uso da natureza correlacionada das amostras de voz para reduzir ainda mais as exigências de largura de banda. Essas técnicas muitas vezes processam um *jato de voz* de 10 a 30 milissegundos, e constroem um modelo do jato de voz que pode ser comunicado à outra extremidade com apenas alguns *bits*. Dessa maneira, a exigência padrão de 64 kbps de PCM pode ser reduzida para algo tão pequeno quanto 2,4 kbps, dependendo da qualidade de voz que é aceitável.

7.11 Exemplo temático – digitalização de vídeo e MPEG[6]

Como indicado na discussão precedente, quando uma fonte produz amostras correlacionadas, um esquema de digitalização que aproveita a vantagem dessa correlação pode ser mais eficiente do que um que não o faz. Neste exemplo temático, consideraremos como uma fonte de vídeo analógica pode ser convertida eficientemente em uma representação digital, na preparação para a transmissão digital.

Técnicas modernas de compressão de vídeo oferecem uma forma de se representar vídeo de uma maneira eficiente e robusta. Em um nível simplista, vídeo pode ser representado por três dimensões. Duas dimensões são espaciais e representam uma imagem estática, enquanto que a terceira dimensão é temporal e representa como a imagem evolui no tempo. Na prática, a imagem estática é representada por mais três dimensões referidas como as componentes de luminância (brilho) e duas de crominância (cor) [similar às três componentes vermelha, verde e azul (RGB) de um sinal de vídeo analógico]. O padrão MPEG aproveita a vantagem do alto grau de correlação espacial e temporal que é esperado em um sinal de vídeo a fim de reduzir o número de *bits* necessários para representar o sinal.

O que descreveremos a seguir é uma interpretação simplista do processamento complexo que ocorre no padrão de compressão de vídeo MPEG-1. A interpretação é exibida no diagrama de blocos da Figura 7.32. O processamento que é mostrado na Figura 7.32 é aplicado a cada uma das três componentes de luminância e crominância separadamente.

O primeiro passo é a amostragem do sinal de vídeo. Diferentemente da amostragem de um sinal de voz, que consiste em uma única amostra por unidade de tempo, uma amostra de um sinal de vídeo é uma matriz $N \times M$ de elementos de imagem ou *pels*[7] por unidade de tempo correspondente a uma imagem estática completa. Essa matriz amostra é referida como um *quadro de vídeo*. De fato, três de tais matrizes devem ser obtidas, uma para a componente de luminância e duas para as componentes de crominância.

Assim como para sinais de voz, a qualidade do sinal reconstruído depende da taxa de amostragem ou taxa de quadros. A qualidade do sinal e a largura de banda requerida para transmiti-lo ou armazená-lo devem ser consideradas em conjunto. O padrão MPEG aproveita a vantagem do fato de que o olho humano é menos sensível a mudanças de crominância do que em luminância e utiliza uma taxa de quadros menor para sinais de crominância. Típicas taxas de quadros para sinais de luminância podem variar de 15 a 60 quadros por segundo, e para sinais de crominância essa taxa pode ser de um quarto desse valor. No receptor, um decodificador utiliza interpolação[8] para construir as amostras de crominância faltantes e recriar o sinal de vídeo.

O algoritmo de codificação em MPEG codifica o primeiro quadro de uma sequência de vídeo no *modo de codificação intraquadro* (imagem-I). Cada quadro subsequente é codificado utilizando *predição interquadro* (imagem-P) – em que os dados do quadro I ou P anterior são utilizados para predição.

Para o primeiro quadro (imagem-I), a *transformada de cosseno discreta* (DCT) é aplicada a cada bloco de *pels* 8×8. Matematicamente, essa transformada bidimensional é definida por

$$X(k_1, k_2) = \sum_{m_1=0}^{M_1-1} \sum_{m_2=0}^{M_2-1} x(m_1, m_2) \cos\left(\frac{k_1\pi}{M_1}(m_1 + 0,5)\right) \cos\left(\frac{k_2\pi}{M_2}(m_2 + 0,5)\right) \quad (7.58)$$

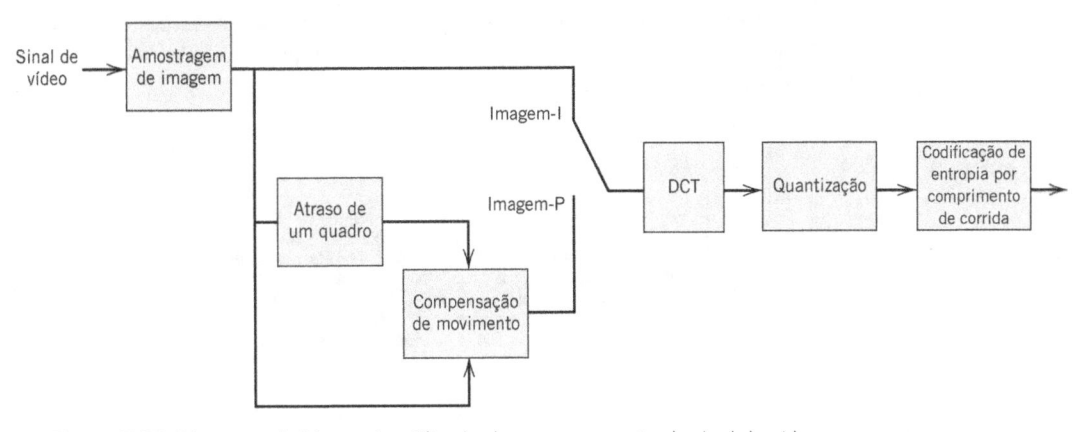

Figura 7.32 Diagrama de blocos simplificado do processamento de sinal de vídeo.

em que (m_1, m_2) são as coordenadas no domínio espacial e (k_1, k_2) são as coordenadas no domínio da transformada. Para uma transformada 8×8, $M_1 = M_2 = 8$ e k_1 e k_2 variam de 0 a 7. A DCT se relaciona fortemente com a *transformada de Fourier discreta* e a razão de se aplicar a DCT é que ela identifica de maneira precisa a correlação espacial dos *pels* dentro do bloco 8×8, de maneira similar a como a transformada de Fourier identifica as componentes de frequência de um sinal. A saída da DCT bidimensional pode se parecer com algo como o que é mostrado na Figura 7.33. Devido à elevada correlação espacial, apenas um número pequeno de coeficientes da DCT é significativo, tipicamente aqueles próximos do elemento (0,0).

Os coeficientes para cada bloco DCT são então quantizados, e em seguida apenas os coeficientes não nulos resultantes (e sua posição) são transmitidos para cada bloco 8×8 do primeiro quadro. O método para a codificação dos coeficientes quantizados e sua posição utiliza uma técnica de compressão de dados avançada conhecida como *codificação de entropia por comprimento de corrida* (ver Capítulo 10).

Para a codificação de imagens-P subsequentes, o quadro de imagem-I ou -P anterior é armazenado. O primeiro passo nesse processo é identificar correlação no domínio do tempo. Correlação no domínio do tempo corresponde ao movimento de um *pel* ou de um bloco de *pels* na mesma direção. Para identificar esse movimento, a imagem é particionada em *macroblocos* de *pels* 16×16. A imagem armazenada e a nova imagem são correlacionadas e um vetor de movimento é identificado para cada macrobloco 16×16.

Um erro de predição de compensação de movimento é calculado subtraindo-se cada *pel*, em um macrobloco, de sua contraparte deslocada no quadro anterior. O processamento dos erros de predição segue então os mesmos passos que o da primeira imagem. Uma DCT de cada um dos blocos 8×8 é realizada, e os resultados são quantizados. Uma vez que se espera que a correlação temporal seja alta, os erros de predição serão pequenos e a maior parte dos coeficientes da DCT quantizados valerá zero. Para as imagens-P, apenas os vetores de movimento para cada macrobloco e o número pequeno de coeficientes da DCT não nulos devem ser transmitidos. Os dados transmitidos para imagens-P são tipicamente muito menores do que para imagens-I.

Os padrões MPEG -1, -2 e -3, e assim por diante, apresentam características para aumentar ainda mais a taxa de *bits* e a robustez da transmissão. Por exemplo:

- O transmissor pode indicar que não há mudança em um macrobloco particular e, portanto, não haverá necessidade de se transmitir a informação correspondente.
- Ao longo de um canal de transmissão pobre, o transmissor pode transmitir imagens-I a intervalos regulares para compensar qualquer acúmulo de erros de transmissão no decodificador.

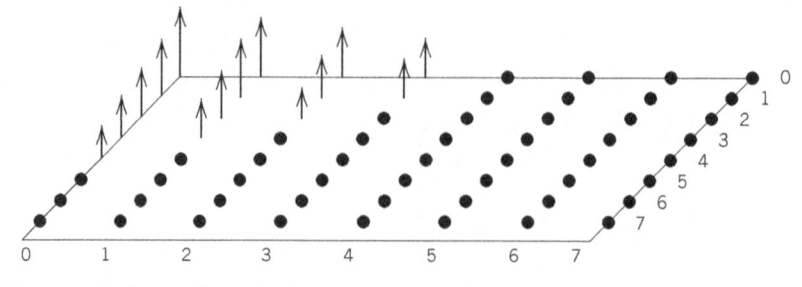

Figura 7.33 Exemplo de transformada de cosseno discreta 8×8.

A partir dessa simples descrição, deve ficar claro que há muitas formas de se ajustar a qualidade de vídeo e a correspondente largura de banda necessária para a transmissão, como por exemplo, a escolha da resolução das imagens $N \times M$, a taxa de quadros, e a quantização utilizada para os coeficientes da DCT. Dessa maneira, a família de padrões MPEG oferece qualidades de vídeo variáveis com taxas de *bit* que excursionam de 64 kbps a 10 Mbps.

Esse exemplo temático ilustra muitas das técnicas que descrevemos neste e nos capítulos anteriores, incluindo análise e processamento de sinais utilizando transformadas de Fourier, teoria da amostragem e da quantização, bem como a representação eficiente de dados utilizando técnicas de codificação diferencial (predição).

7.12 Resumo e discussão

Neste capítulo, introduzimos dois processos fundamentais e complementares:

- *Amostragem*, que opera no domínio do tempo. O processo de amostragem é o *link* entre uma forma de onda analógica e sua representação de tempo discreto.
- *Quantização*, que opera no domínio da amplitude. O processo de quantização é o *link* entre uma forma de onda analógica e sua representação de amplitude discreta.

O processo de amostragem baseia-se no *teorema da amostragem*, que afirma que um sinal estritamente limitado em banda sem quaisquer componentes de frequência maiores do que W Hz é representado unicamente por uma sequência de amostras tomadas a uma taxa uniforme maior do que a taxa de Nyquist de duas amostras por segundo. O processo de quantização explora o fato de que qualquer sentido humano, como receptor final, pode detectar apenas diferenças de intensidade finitas.

O processo de amostragem é o primeiro passo na conversão de uma fonte de informação analógica em uma representação digital. A *modulação de pulso analógica* é a maneira natural de se representar o sinal amostrado. A característica que permite a distinção entre a modulação de pulso analógica e digital é que a modulação de pulso analógica mantém uma representação de amplitude contínua da informação, ao passo que a *modulação de pulso digital* emprega a quantização para fornecer uma representação do sinal de mensagem que é discreta tanto no tempo quanto na amplitude.

A modulação de pulso analógica resulta da variação de algum parâmetro de um pulso, tal como a amplitude, a duração ou a posição, casos em que falamos de modulação por amplitude de pulso (PAM), modulação por duração de pulso (PDM) ou modulação por posição de pulso (PPM), respectivamente. Apesar de a PPM ser mais eficiente do que a PDM e a PAM quando utilizada para transmitir a informação, ela ainda se encontra aquém do sistema ideal para a compensação entre largura de banda de transmissão para melhoria de desempenho em relação a ruído.

A modulação de pulso digital representa fontes de informação analógicas como uma sequência de pulsos quantizados que se faz possível por meio da utilização combinada de amostragem e quantização. A modulação por codificação de pulso, em que o sinal quantizado é muitas vezes representado como uma palavra de código binário, é um método comum de se representar sinais analógicos tais como voz e vídeo. A modulação delta é um segundo método útil de se representar digitalmente uma fonte analógica que tem a vantagem de requisitos de largura de banda reduzidos.

Em um sentido estrito, o termo "modulação de pulso" é um nome aplicado erroneamente, já que em todas as suas diferentes formas, sejam elas analógicas ou digitais, elas são técnicas de *codificação de fonte*, ou seja, métodos de se representar digitalmente informação analógica. A representação digital resultante é um sinal de banda base e, consequentemente, pode ser transmitida ao longo de um canal de banda base de largura de banda adequada. De fato, essa é a razão de essas técnicas serem muitas vezes consideradas tanto esquemas de transmissão quanto esquemas de codificação de fonte.

Também é importante reconhecer que as técnicas de modulação de pulso são dissipativas no sentido de que alguma informação é perdida como um resultado da representação do sinal que elas realizam. Por exemplo, na modulação por amplitude de pulso, a prática comum é utilizar filtragem antifalseamento (passa-baixas) antes da amostragem; ao se fazer isso, alguma informação é perdida em virtude do fato de que as componentes de alta frequência que não são consideradas essenciais são removidas pelo filtro. A natureza dissipativa da modulação de pulso é vista mais nitidamente na modulação por codificação de pulso, que é caracterizada pela geração de ruído de quantização (isto é, distorção). A sequência de pulsos codificados não apresenta exatamente a precisão infinita necessária para se representar amostras contínuas. Todavia, a perda de informação incorrida pela utilização de um processo de modulação de pulso está *sob o controle do projetista*, de maneira que ela pode ser feita pequena o suficiente para não ser discernível pelo usuário final.

Este capítulo foi uma introdução a métodos de se representar digitalmente fontes analógicas. No Capítulo 8, abordaremos métodos para transmitir essa informação digital ao longo de canais de banda base.

Notas e referências

1. Para um tratamento detalhado da modelagem matemática de rádio impulsivo, ver o artigo de Win e Scholtz (1998).
2. O livro de Jayant e Noll (1984) apresenta o tratamento mais completo da modulação por codificação de pulso, da modulação por codificação de pulso diferencial, da modulação delta e de suas variantes.
3. A lei μ utilizada para a compressão de sinais é descrita em Smith (1957). A lei μ é utilizada nos Estados Unidos, no Canadá e no Japão. Na Europa, a lei A é utilizada para a compressão de sinais. Essa lei de compressão é descrita em Cattermole (1969, pp. 133-140). Para uma discussão da lei μ e da lei A, ver também o artigo de Kaneko (1970).
4. Para mais informações sobre transmissão via fibra ótica e SONET, ver Keiser (2000).
5. Ver o livro de Jayant e Noll (1984) para mais discussões das várias formas de modulação delta.
6. Uma descrição mais detalhada dos padrões de codificação MPEG pode ser encontrada em Sikora (1997).
7. Inicialmente, o termo *pixel* era a abreviação para um elemento de imagem. Agora, o termo mais utilizado é *pel*.
8. A interpolação linear é um método bem conhecido de se estimar amostras interinas. Estratégias de interpolação mais complexas podem ter efeitos benéficos, como redução do dano causado por ruído. Ver Crochiere e Rabiner (1983).

Problemas

7.1 Um sinal de banda estreita possui uma largura de banda de 10 kHz centrado em torno de uma frequência de portadora de 100 kHz. Propõe-se que se represente esse sinal na forma de tempo discreto por meio da amostragem de suas componentes em fase e em quadratura individualmente. Qual é a taxa de amostragem mínima que pode ser usada para essa representação? Justifique sua resposta. Como você reconstruiria o sinal de banda estreita original a partir das versões amostradas de suas componentes em fase e em quadratura?

7.2 Na *amostragem natural*, um sinal analógico $g(t)$ é multiplicado por um trem periódico de pulsos retangulares $c(t)$. Dado que a frequência de repetição do pulso desse trem periódico seja f_s e a duração de cada pulso retangular seja T (como $f_s T \gg 1$), faça o seguinte:

(a) Encontre o espectro do sinal $s(t)$ que resulta da utilização da amostragem natural. Você pode assumir que o tempo $t = 0$ corresponde ao ponto médio de um pulso retangular em $c(t)$.

(b) Mostre que o sinal original $g(t)$ pode ser recuperado exatamente a partir de sua versão amostrada naturalmente, desde que as condições do teorema da amostragem sejam satisfeitas.

7.3 Especifique a taxa de Nyquist e o intervalo de Nyquist para cada um dos seguintes sinais:

(a) $g(t) = \text{sinc}(200t)$
(b) $g(t) = \text{sinc}^2(200t)$
(c) $g(t) = \text{sinc}(200t) + \text{sinc}^2(200t)$

7.4

(a) Plote o espectro de uma onda PAM produzida pelo sinal modulante

$$m(t) = A_m \cos(2\pi f_m t)$$

supondo uma frequência de modulação $f_m = 0{,}25$ Hz, período de amostragem $T_s = 1$s e duração de pulso $T = 0{,}45$s.

(b) Utilizando um filtro de reconstrução ideal, plote o espectro da saída do filtro. Compare esse resultado com a saída que seria obtida se não houvesse qualquer efeito de abertura.

7.5 Nesse problema, avaliamos a equalização necessária para o efeito de abertura em um sistema PAM. A frequência de operação é $f = f_s/2$, que corresponde à componente de frequência mais alta do sinal de mensagem para uma taxa de amostragem igual à taxa de Nyquist. Plote $1/\text{sinc}(0{,}5T/T_s)$ versus T/T_s e disso encontre a equalização necessária quando $T/T_s = 0{,}1$.

7.6 Considere um sinal PAM transmitido através de um canal com ruído branco gaussiano e largura de banda $B_T = 1/2T_s$, em que T_s é o tempo de amostragem. O ruído é de média zero e densidade espectral de potência $N_0/2$. O sinal PAM utiliza um pulso padrão $g(t)$ com sua transformada de Fourier definida por

$$G(f) = \begin{cases} \dfrac{1}{2B_T}, & |f| < B_T \\ 0, & |f| > B_T \end{cases}$$

Considerando uma onda modulante senoidal com carga plena, mostre que a PAM e a transmissão do sinal de banda base possuem relações sinal-ruído iguais para a mesma potência média transmitida.

7.7 Vinte e quatro sinais de voz são amostrados uniformemente e em seguida multiplexados por divisão de tempo. A operação de amostragem utiliza amostras de topo plano com duração de 1 μs. A operação de multiplexação inclui provisão para sincronização por meio da adição de um pulso extra de amplitude suficiente e de duração, também, de 1 μs. A componente de frequência mais alta de cada sinal de voz é 3,4 kHz.

(a) Supondo uma taxa de amostragem de 8 kHz, calcule o espaçamento entre pulsos sucessivos do sinal multiplexado.

(b) Repita seu cálculo supondo a utilização da taxa de amostragem de Nyquist.

7.8 Doze diferentes sinais de mensagem, cada um com uma largura de banda de 10 kHz, devem ser multiplexados e transmitidos. Determine a largura de banda mínima necessária para cada método se o método multiplexação/modulação utilizado for

(a) FDM, SSB.
(b) TDM, PAM.

7.9 Um sistema de *telemetria* PAM envolve a multiplexação de quatro sinais de entrada: $s_i(t)$, $i = 1, 2, 3, 4$. Dois dos sinais $s_1(t)$ e $s_2(t)$ possuem larguras de banda de 80 Hz cada, ao passo que os dois sinais restantes $s_3(t)$ e $s_4(t)$ possuem larguras de banda de 1 kHz cada. Os sinais $s_3(t)$ e $s_4(t)$ são, cada um, amostrados à taxa de 2400 amostras por segundo. Essa taxa de amostragem é dividida por 2^R (isto é, uma potência inteira de 2) a fim de se derivar a taxa de amostragem para $s_1(t)$ e $s_2(t)$.

(a) Encontre o valor máximo de R.

(b) Utilizando o valor de R encontrado na parte (a), projete um sistema de multiplexação que multiplexe primeiro $s_1(t)$ e $s_2(t)$ em uma nova sequência, $s_5(t)$, e depois multiplexe $s_3(t)$, $s_4(t)$ e $s_5(t)$.

7.10 O trem de pulsos não modulado em um sistema PPM é como mostrado na Figura P7.10. O nível de fatiamento no receptor é ajustado em $A/2$.

(a) Supondo uma onda modulante senoidal com carga plena e ruído na entrada do receptor de média zero e densidade espectral de potência $N_0/2$, determine a relação sinal-ruído de saída e a figura de mérito do sistema. Assuma uma relação pulso-ruído máxima elevada.

(b) Para o caso de quando o sinal de mensagem for amostrado à sua taxa de Nyquist, encontre o valor da largura de banda de transmissão para a qual a figura de mérito do sistema será maior que a unidade.

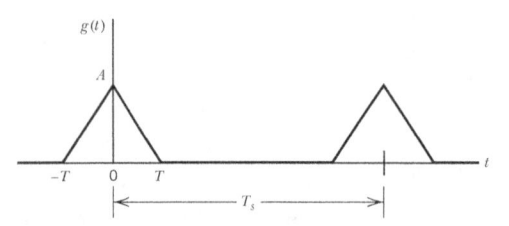

Figura P7.10

7.11 Considere a Figura P7.11, que mostra um trem de pulsos não modulado para PDM. O pulso PDM consiste em um pulso retangular de duração D, o qual é precedido e seguido por segmentos de subida e de descida que são idênticos às metades correspondentes do pulso PPM mostrado na Figura 7.15. O fatiador no receptor é ajustado para metade da amplitude de pulso máxima, removendo-se todos os efeitos de ruído à exceção do deslocamento do tempo de detecção de borda por uma pequena quantidade τ similar àquela avaliada para o sistema PPM no Exemplo 7.1. Assuma que uma borda do pulso de modulação por duração seja fixada por meio de uma referência livre de ruído.

(a) Encontre a relação sinal-ruído de saída do sistema PDM.

(b) Encontre sua relação sinal-ruído de canal.

(c) Compare a figura de mérito para o sistema PDM com aquela do sistema PPM correspondente.

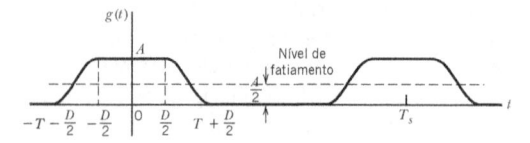

Figura P7.11

7.12

(a) Um sinal senoidal, com uma amplitude de 3,25 volts, é aplicado a um quantizador uniforme do tipo meio-piso cuja saída assuma os valores 0, ± 1, ± 2, ± 3 volts. Esboce a forma de onda da saída do quantizador resultante para um ciclo completo da entrada.

(b) Repita essa avaliação para quando o quantizador for do tipo meio-degrau cuja saída assuma os valores $\pm 0,5$, $\pm 1,5$, $\pm 2,5$, $\pm 3,5$ volts.

7.13 Considere as seguintes sequências de 1s e 0s:

(a) Uma sequência alternada de 1s e 0s.

(b) Uma longa sequência de 1s seguida por uma longa sequência de 0s.

(c) Uma longa sequência de 1s seguida de um único zero e depois uma longa sequência de 1s.

Esboce a forma de onda para cada uma dessas sequências utilizando os seguintes métodos de representação dos símbolos 1 e 0:

(1) Sinalização liga-desliga.

(2) Sinalização bipolar retorno a zero.

7.14 O sinal

$$m(t) = 6\,\text{sen}(2\pi t)\ \text{volts}$$

é transmitido utilizando-se um sistema PCM binário de 4 *bits*. O quantizador é do tipo meio-degrau, com um passo de 1 volt. Esboce a onda PCM resultante para um ciclo completo da entrada. Assuma uma taxa de amostragem de quatro amostras por segundo, com amostras tomadas em $t = \pm 1/8$, $\pm 3/8$, $\pm 5/8$,... segundos.

7.15 A Figura P7.15 mostra um sinal em que os níveis de amplitude de $+1$ volt e -1 volt são utilizados para representar os símbolos binários 1 e 0, respectivamente. A palavra código utilizada consiste em três *bits*. Encontre a versão amostrada de um sinal analógico a partir do qual é obtido esse sinal PCM.

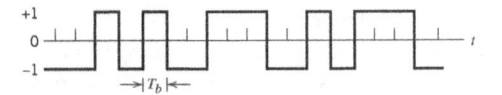

Figura P7.15

7.16 Considere um quantizador uniforme caracterizado pela relação entrada-saída ilustrada na Figura 7.21a. Suponha que uma variável aleatória de distribuição gaussiana com média zero e variância unitária seja aplicada à entrada desse quantizador.

(a) Qual é a probabilidade de que a amplitude da entrada se situe fora da faixa de –4 a +4?

(b) Utilizando o resultado da parte (a), mostre que a relação sinal-ruído de saída do quantizador é dada por

$$(\text{SNR})_O = 6R - 7{,}2\text{dB}$$

em que R é o número de *bits* por amostra. Especificamente, você pode supor que a entrada do quantizador se estenda de –4 a +4. Compare o resultado da parte (b) com aquele obtido no Exemplo 7.2.

7.17 Um sistema PCM que utiliza um quantizador uniforme é seguido de um codificador binário de 7 *bits*. A taxa de *bits* do sistema é igual 50×10^6 b/s.

(a) Qual é a máxima largura de banda de mensagem para a qual o sistema opera satisfatoriamente?

(b) Determine a relação sinal-ruído de quantização quando uma onda modulante senoidal com carga plena de frequência 1 MHz é aplicada à entrada.

7.18 Mostre que, com um quantizador uniforme, o valor quadrático médio do erro de quantização é aproximadamente igual a $(1/12)\Sigma_i \Delta_i^2 p_i$ em que Δ_i é o i-ésimo passo e p_i é a probabilidade de que a amplitude do sinal de entrada se situe dentro do i-ésimo intervalo. Assuma que o passo Δ_i seja pequeno comparado com a excursão do sinal de entrada.

7.19 Considere uma cadeia de $(n-1)$ repetidores regenerativos, com um total de n decisões sequenciais tomadas sobre uma onda binária, incluindo a decisão final tomada no receptor. Suponha que qualquer símbolo binário transmitido através do sistema tenha uma probabilidade independente p_1 de ser invertido por qualquer repetidor. Seja p_n a probabilidade de que um símbolo binário esteja errado depois da transmissão através do sistema completo.

(a) Mostre que

$$p_n = \tfrac{1}{2}[1 - (1 - 2p_1)^n]$$

(b) Se p_1 for muito pequeno e n não for demasiadamente grande, qual será o valor correspondente de p_n?

7.20 Considere um sinal de teste $m(t)$ definido por uma função tangente hiperbólica:

$$m(t) = A \tanh(\beta t)$$

em que A e β são constantes. Determine o passo mínimo Δ, para a modulação delta desse sinal, que é necessário para se evitar sobrecarga de inclinação.

7.21 Considere uma onda senoidal de frequência f_m e amplitude A_m, aplicada a um modulador delta de passo Δ. Mostre que a distorção por sobrecarga de inclinação ocorrerá se

$$A_m > \frac{\Delta}{2\pi f_m T_s}$$

em que T_s é o período de amostragem. Qual é a potência máxima que pode ser transmitida sem distorção por sobrecarga de inclinação?

7.22 Um modulador delta linear é projetado para operar em sinais de voz limitados a 3,4 kHz. As especificações do modulador são as seguintes:

- Taxa de amostragem = $10 f_{Nyquist}$, em que $f_{Nyquist}$ é a taxa de Nyquist do sinal de voz.
- Passo $\Delta = 100$ mV.

O modulador é testado com um sinal senoidal de 1 kHz. Determine a amplitude máxima desse sinal de teste permissível para que se evite sobrecarga de inclinação.

Problemas computacionais

7.23 O sinal

$$s(t) = \text{sen}(400\,\pi t) + 0{,}5\cos(12000\,\pi t)$$

é amostrado a uma taxa de 10 kHz.

(a) Qual é o espectro do sinal amostrado?

(b) Utilize o seguinte *script* em Matlab para simular o espectro amostrado. Explique os resultados.

```
Fs = 10;              %Taxa de amostragem (kHz)
Ts = I/Fs;            %Período de amostragem (ms)
t = [0: Ts: 100];     %Período de observação (ms)
s = sin(2*pi*2*t)+ 0.5*cos(2*pi*6*t);

FFTsize = 1024;
spec = fftshift(abs(fft(s,FFTsize)).^2);
freq = [-Fs/2 : Fs/FFTsize: Fs/2];
freq = freq(1:end-1);
plot(freq,spec)
xtabel('Frequency(kHz)')
ylabel('Amplitude Spectrum')
```

(c) Como o espectro amostrado varia se a taxa de amostragem variar para 11 kHz? Por quê?

7.24

(a) Determine a expressão matemática para a porção de expansão de um *compander* de lei μ.

(b) O sinal

$$s(t) = 10 \exp(-t) + \text{sen}(2\pi t)$$

é amostrado a uma taxa de 20 Hz ao longo do intervalo de 0 a 20 segundos. O sinal é quantizado em seguida.

(i) Se uma quantização de 8 *bits* for realizada sem compressão/expansão, determine o erro quadrático médio (*rms*) entre o sinal quantizado e o sinal não quantizado.

(ii) Se uma quantização de 8 *bits* for realizada com um *compander* de lei μ com μ = 255, determine o erro *rms* entre o sinal não quantizado e o sinal quantizado após a expansão.

Utilize o seguinte *script* em Matlab como um guia para o cálculo do erro quadrático médio.

```
Fs = 20;              % Taxa de amostragem (Hz)
Ts = 1/Fs;            % Período de amostragem (s)

t = [0: Ts: 20]; % Período de observação (s)
s = 10*exp(-t) + sin(2*pi*t);

% --- Compressão ----
mu = 100;
s = s/max(abs(s)+eps);   % normaliza o nível do sinal
s_mu = log(1+mu*abs(s))/log(1+mu).* sign(s);
                         % compressão de lei mu

% --- Quantização ----
Q = 8;                   % número de bits de quantização
s_mu_q = floor(2^(Q-1)*s_mu);   % não uniforme
                         % quantização para 256 níveis (-128...127)

% --- Expansão ------
s_mu_r = (exp(log(1+mu)*abs(s_mu_q)/2^(Q-1))-1)/...
    mu.* sign(s_mu_q);

% --- Comparação --------
plots(s-s_mu_r)
rms_mu = sqrt(mean((s-s_mu_r).^2))
```

(c) Como os resultados da parte (b) variam se diminuirmos ou aumentarmos o período de observação? Por quê? O que isso implica em termos de compressão/expansão?

(d) Como os resultados da parte (b) variam se diminuirmos ou aumentarmos o número de níveis de quantização?

7.25 Utilize os *scripts* em Matlab dos dois problemas anteriores para calcular o espectro das versões quantizada e não quantizada do seguinte sinal

$$s(t) = \text{sen}(2\pi t) + 0{,}5 \cos(\pi t/2)$$

Suponha uma taxa de amostragem de 20 Hz com uma quantização uniforme de 8 *bits* e uma janela de observação de 20 segundos. Descreva as diferenças entre os espectros dos sinais quantizado e não quantizado. Como os resultados variam se uma quantização de 6 *bits* for utilizada ao invés de uma quantização de 8 *bits*? E de 4 *bits*? Sugira o que pode ser feito às amostras quantizadas a fim de que se aproxime melhor o espectro do sinal original.

7.26 A modulação delta é aplicada ao sinal do Problema 7.25. A taxa de amostragem é aumentada por um fator de quatro para $F_s = 80$ Hz. Utilizando os *scripts* em Matlab dos problemas anteriores como um guia, construa um *script* em Matlab para determinar a representação de modulação delta do sinal, e para reconstruir o sinal.

(a) Que passo minimiza o erro *rms* entre o sinal reconstruído e o sinal não quantizado?

(b) Qual é o erro *rms* com a modulação delta sobre uma janela de observação de 20 segundos? Compare-o ao erro *rms* com a quantização uniforme e $F_s = 20$ Hz.

(c) Para qual taxa de amostragem o erro *rms* da modulação delta é aproximadamente igual ao da amostragem uniforme? Comente sobre os tipos de sinais para os quais a modulação delta seria mais adequada.

(d) Quais dificuldades um modulador delta teria com o sinal do Problema 7.24?

Capítulo 8

TRANSMISSÃO DIGITAL EM BANDA BASE

8.1 Introdução

No capítulo anterior, descrevemos técnicas para a conversão de informação analógica, tal como voz e vídeo, em uma forma digital. Outras informações, como um texto, arquivos de computador e programas, possuem uma representação digital natural (normalmente binária). Neste capítulo, estudaremos a transmissão de dados digitais (de qualquer origem) por um *canal de banda base*[1]. A transmissão de dados por um canal de banda base que utiliza modulação será abordada no próximo capítulo.

Dados digitais possuem um espectro amplo com um conteúdo de baixa frequência significativo. A transmissão em banda base de sinais digitais, portanto, exige a utilização de um canal passa-baixas com uma largura de banda grande o suficiente para acomodar o conteúdo de frequência essencial do fluxo de dados. Entretanto, o canal é tipicamente *dispersivo* no sentido de que a sua resposta em frequência se afasta daquela de um filtro passa-baixas ideal. O resultado da transmissão de dados por esse tipo de canal é que cada pulso recebido é afetado de alguma forma pelos pulsos adjacentes, provocando assim o surgimento de uma forma comum de interferência denominada *interferência intersimbólica* (ISI). A interferência intersimbólica é a principal fonte de erros de *bits* no fluxo de dados reconstruído no receptor. Para corrigi-lo, é necessário que se exerça controle sobre a forma do pulso em todo o sistema. Dessa forma, grande parte do material deste capítulo dedica-se à *modelação de pulso* de uma forma ou de outra.

Outra fonte de erros de *bits* em um sistema de transmissão de dados em banda base é o ubíquo *ruído de receptor* (ruído de canal). Naturalmente, ruído e ISI surgem no sistema ao mesmo tempo. Entretanto, para entendermos como eles afetam o desempenho do sistema, propomo-nos a considerá-los separadamente. Dessa forma, começaremos o capítulo descrevendo um resultado fundamental em teoria de comunicação, que trata da *detecção* de uma forma de onda conhecida que esteja imersa em ruído branco aditivo. O dispositivo para a detecção ótima de tal pulso envolve a utilização de um filtro linear invariante no tempo conhecido como *filtro casado*[2], assim chamado porque sua resposta ao impulso é casada com o sinal de entrada.

8.2 Pulsos de banda base e detecção com filtro casado

No Capítulo 7, apresentamos alguns códigos de linha para a transmissão de dados binários. Os exemplos incluíam sinalização liga-desliga e sinalização bipolar retorno a zero. Esses códigos de linha foram introduzidos no contexto de PCM, mas podem ser utilizados com quaisquer fluxos de dados binários. Cada código de linha tem as suas vantagens e desvantagens, mas eles podem ser caracterizados, em geral, como diferentes formas de pulsos de banda base. Na Figura 8.1, mostramos os espectros de potência dos códigos de linha introduzidos anteriormente. Notemos que:

- Os espectros de potência são longas sequências de *bits* aleatórios com um dado código de linha em que 0 e 1 são equiprováveis. O sinal resultante forma um processo aleatório e o cálculo dos espectros de potência baseia-se nas técnicas introduzidas no Capítulo 5. O Exemplo 5.1 é um caso. Para o cálculo analítico dos espectros de potência da Figura 8.1, recomenda-se ao leitor o Problema 8.3.
- O eixo de frequência dos espectros de potência foi normalizada em relação a T_b, que denota o período de *bit*, e a potência média é normalizada para a unidade. A largura de banda nominal do sinal é da mesma ordem de magnitude de $1/T_b$ e está centrada em torno da origem.

Para o momento, assumiremos que a resposta em frequência do canal seja relativamente ideal e tenha pouco efeito sobre a forma do pulso transmitido. Isto é, os espectros dos sinais transmitidos mostrados na Figura 8.1 chegam inalterados ao receptor. A transmissão a uma taxa de dados pequena por um cabo curto é um exemplo de tal canal de banda base ideal, mas há outras situações em que esse modelo é aplicável. Nesse caso ideal, o pulso transmitido $g(t)$ para cada *bit* não é afetado pela transmissão, exceto pela adição de ruído branco na entrada do receptor, como ilustrado na Figura 8.2. Isso ilustra o problema básico de detecção – um pulso transmitido por um canal que é corrompido com ruído aditivo na entrada do receptor.

Filtro casado

Consideremos o modelo de receptor mostrado na Figura 8.1, envolvendo um filtro linear invariante no tempo de resposta ao impulso $h(t)$. A entrada $x(t)$ do filtro consiste em um pulso $g(t)$ corrompido por ruído branco aditivo $w(t)$, como mostrado por

$$x(t) = g(t) + w(t) \qquad 0 \le t \le T \tag{8.1}$$

em que T é um intervalo de observação arbitrário. O sinal de pulso $g(t)$ pode representar um símbolo binário 1 ou 0 em um sistema de comunicação digital. O $w(t)$ é a função amostral de um processo de ruído branco de média zero e densidade espectral de potência $N_0/2$. Supõe-se que o receptor tenha conhecimento da forma de onda do sinal de pulso $g(t)$. A fonte de incerteza reside no ruído branco. A função do receptor é detectar o sinal de pulso $g(t)$ de maneira ótima, dado o sinal recebido $x(t)$. Para satisfazer essa exigência, precisamos otimizar o projeto do filtro a fim de minimizar os efeitos de ruído na sua saída e, desse modo, melhorar a detecção do sinal de pulso $g(t)$.

Uma vez que o filtro é linear, a saída resultante $y(t)$ pode ser expressa como

$$y(t) = g_o(t) + n(t) \tag{8.2}$$

em que $g_o(t)$ e $n(t)$ são produzidos pelo sinal e pelas componentes de ruído da entrada $x(t)$, respectivamente. Uma maneira simples de descrever a exigência de que a com-

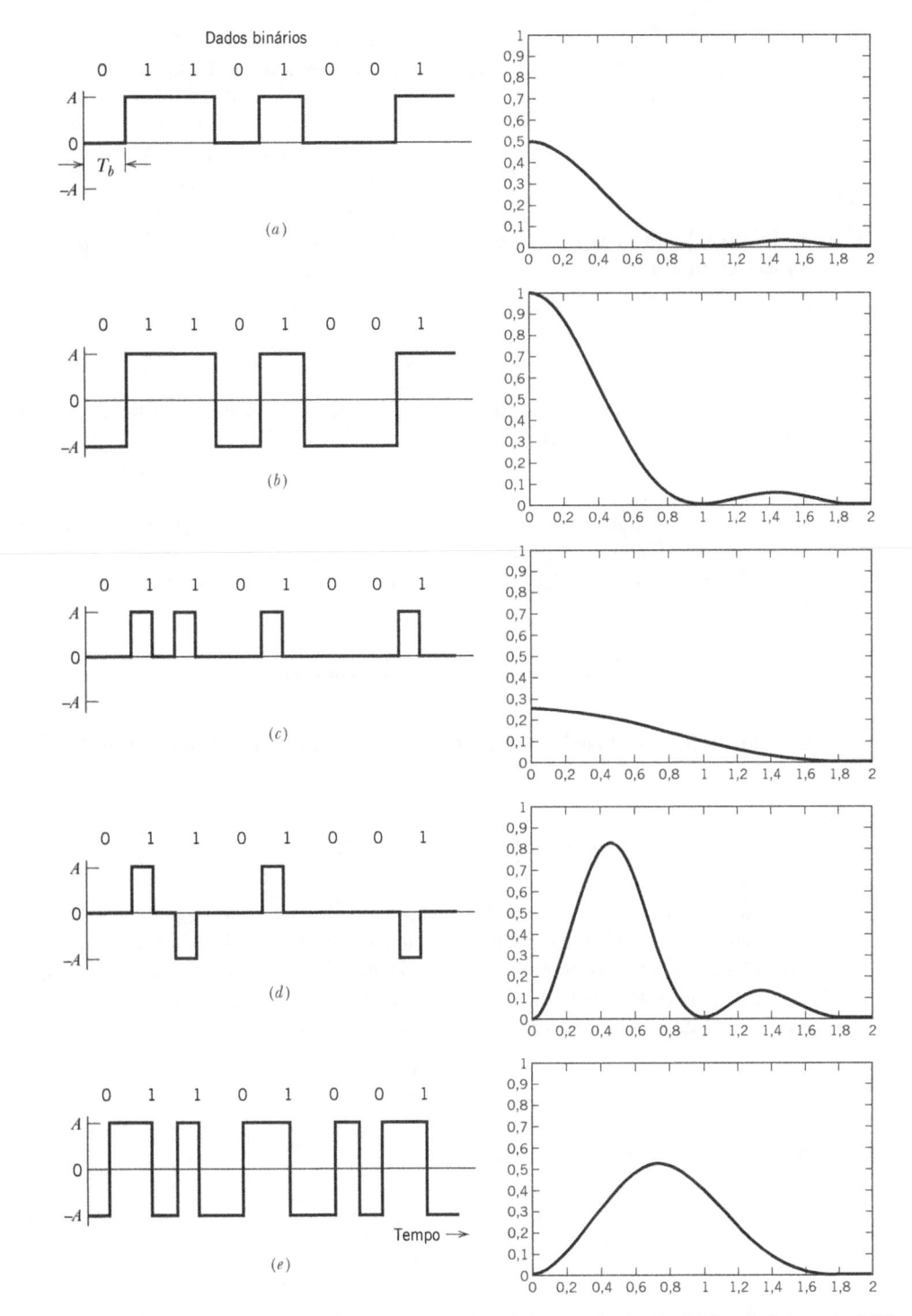

Figura 8.1 (a) Código de linha unipolar NRZ e seu espectro de magnitude. (b) Código de linha polar NRZ e seu espectro de magnitude. (c) Código de linha unipolar RZ e seu espectro de magnitude. (d) Código de linha bipolar RZ e seu espectro de magnitude. (e) Código de linha Manchester e seu espectro de magnitude.

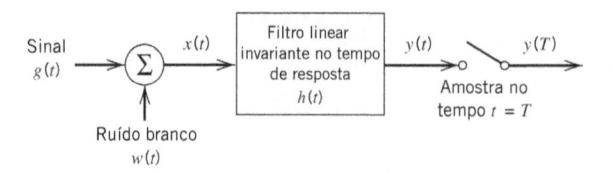

Figura 8.2 Receptor linear.

ponente de saída $g_o(t)$ seja consideravelmente maior do que a componente de ruído de saída $n(t)$ é fazer com que o filtro torne a potência instantânea no sinal de saída $g_o(t)$, medida no tempo $t = T$, tão grande quanto possível em comparação com a potência média do ruído de saída $n(t)$. Isso é equivalente a maximizar a relação *sinal-ruído de pico do pulso*, definida como

$$\eta = \frac{|g_o(T)|^2}{\mathbf{E}[n^2(t)]} \tag{8.3}$$

em que $|g_o(T)|^2$ é a potência instantânea no sinal de saída, $\mathbf{E}$ é o operador esperança estatística, e $\mathbf{E}[n^2(t)]$ é a medida da potência média de ruído de saída. A exigência é especificar a resposta ao impulso $h(t)$ do filtro de forma que a relação sinal ruído na Eq. (8.3) seja maximizada.

Seja $G(f)$ a transformada de Fourier do sinal conhecido $g(t)$, e seja $H(f)$ a função de transferência do filtro. Então, a transformada de Fourier do sinal de saída $g_o(t)$ é igual a $H(f)G(f)$ e $g_o(t)$, ele próprio, é dado pela transformada inversa de Fourier

$$g_o(t) = \int_{-\infty}^{\infty} H(f)G(f)\exp(j2\pi ft)\, df \tag{8.4}$$

Consequentemente, quando a saída do filtro é amostrada no tempo $t = T$, temos (na ausência de ruído de receptor)

$$|g_o(T)|^2 = \left| \int_{-\infty}^{\infty} H(f)G(f)\exp(j2\pi fT)\, df \right|^2 \tag{8.5}$$

Consideremos em seguida o efeito na saída do filtro devido ao ruído $w(t)$ agindo isoladamente. A densidade espectral de potência $S_N(f)$ do ruído de saída $n(t)$ é igual à densidade espectral de potência do ruído de entrada $w(t)$ vezes o quadrado da magnitude da função de transferência $H(f)$ (ver Seção 4.10). Uma vez que $w(t)$ é branco com densidade espectral de potência $N_0/2$, segue-se que

$$S_N(f) = \frac{N_0}{2}|H(f)|^2 \tag{8.6}$$

A potência média do ruído de saída $n(t)$ é, portanto,

$$\begin{aligned}\mathbf{E}[n^2(t)] &= \int_{-\infty}^{\infty} S_N(f)\, df \\ &= \frac{N_0}{2} \int_{-\infty}^{\infty} |H(f)|^2\, df\end{aligned} \tag{8.7}$$

Dessa forma, substituindo as Eqs. (8.5) e (8.7) em (8.3), podemos reescrever a expressão para a relação sinal-ruído de pico como

$$\eta = \frac{\left| \int_{-\infty}^{\infty} H(f)G(f)\exp(j2\pi T)\, df \right|^2}{\dfrac{N_0}{2} \int_{-\infty}^{\infty} |H(f)|^2 df} \qquad (8.8)$$

Nosso problema é encontrar, para um dado $G(f)$, a forma particular da função de transferência $H(f)$ do filtro que torne η um máximo. Para encontrar a solução para esse problema de otimização, aplicamos um resultado matemático conhecido como a desigualdade de Schwarz ao numerador da Eq. (8.8).

A *desigualdade de Schwarz* afirma que se tivermos duas funções complexas $\phi_1(x)$ e $\phi_2(x)$ da variável x que satisfaçam as condições

$$\int_{-\infty}^{\infty} |\phi_1(x)|^2\, dx < \infty$$

e

$$\int_{-\infty}^{\infty} |\phi_2(x)|^2\, dx < \infty$$

então podemos escrever

$$\left| \int_{-\infty}^{\infty} \phi_1(x)\phi_2(x)\, dx \right|^2 \leq \int_{-\infty}^{\infty} |\phi_1(x)|^2\, dx \int_{-\infty}^{\infty} |\phi_2(x)|^2\, dx \qquad (8.9)$$

A igualdade em (8.9) vale se, e somente se, tivermos

$$\phi_1(x) = k\phi_2^*(x) \qquad (8.10)$$

em que k é uma constante arbitrária e o asterisco denota conjugação complexa.

Retornando ao problema presente, vemos facilmente que ao invocar a desigualdade de Schwarz (8.9) e definir $\phi_1(x) = H(f)$ e $\phi_2(x) = G(f)\exp(j2\pi fT)$, o numerador na Eq. (8.8) pode ser reescrito como

$$\left| \int_{-\infty}^{\infty} H(f)G(f)\exp(j2\pi fT)\, df \right|^2 \leq \int_{-\infty}^{\infty} |H(f)|^2\, df \int_{-\infty}^{\infty} |G(f)|^2\, df \qquad (8.11)$$

Utilizando essa relação na Eq. (8.8), podemos redefinir a relação sinal-ruído de pico de pulso como

$$\eta \leq \frac{2}{N_0} \int_{-\infty}^{\infty} |G(f)|^2\, df \qquad (8.12)$$

O lado direito dessa relação não depende da função de transferência $H(f)$ do filtro, mas apenas da energia do sinal e da densidade espectral de potência do ruído. Consequentemente, a relação sinal-ruído de pico de pulso η será um máximo quando $H(f)$ for escolhido a fim de que valha a igualdade; ou seja,

$$\eta_{\text{máx}} = \frac{2}{N_0} \int_{-\infty}^{\infty} |G(f)|^2\, df \qquad (8.13)$$

Correspondentemente, $H(f)$ assume seu valor ótimo denotado por $H_{opt}(f)$. Para encontrar esse valor ótimo, utilizamos a Eq. (8.10), a qual, na situação presente, produz

$$H_{opt}(f) = kG^*(f)\exp(-j2\pi fT) \qquad (8.14)$$

em que $G^*(f)$ é o complexo conjugado da transformada de Fourier do sinal de entrada $g(t)$, e k é um fator de escala de dimensões apropriadas. Essa relação estabelece que, exceto pelo fator $k \exp(-j2\pi ft)$, a função de transferência do filtro ótimo é igual ao complexo conjugado do espectro do sinal de entrada.

A Eq. (8.14) especifica o filtro ótimo no domínio da frequência. Para caracterizá-lo no domínio do tempo, tomamos a transformada inversa de Fourier de $H_{opt}(f)$ na Eq. (8.14) para obter a resposta ao impulso do filtro ótimo como

$$h_{opt}(t) = k\int_{-\infty}^{\infty} G^*(f)\exp[-j2\pi f(T-t)]\,df \qquad (8.15)$$

Uma vez que, para o sinal real $g(t)$, temos $G^*(f) = G(-f)$, podemos reescrever a Eq. (8.15) como

$$\begin{aligned}h_{opt}(t) &= k\int_{-\infty}^{\infty} G(-f)\exp[-j2\pi f(T-t)]\,df \\ &= kg(T-t)\end{aligned} \qquad (8.16)$$

A Eq. (8.16) mostra que a resposta ao impulso do filtro ótimo, exceto pelo fator de escala, é uma versão invertida no tempo e atrasada do sinal de entrada $g(t)$; ou seja, ele é "casado" com o sinal de entrada. Um filtro linear invariante no tempo definido dessa maneira é chamado de *filtro casado*. Notemos que na sua derivação, a única suposição que fizemos a respeito do ruído de entrada $w(t)$ é que ele é estacionário e branco com média zero e densidade espectral de potência $N_0/2$.

Propriedades dos filtros casados

Notamos que um filtro, casado com um sinal de pulso $g(t)$ de duração T, é caracterizado por uma resposta ao impulso que é uma versão invertida no tempo e atrasada do sinal de entrada $g(t)$, como mostrado por

$$h_{opt}(t) = kg(T-t)$$

Em outras palavras, a resposta ao impulso $h_{opt}(t)$ é unicamente definida, exceto pelo atraso T e pelo fator de escala k, pela forma de onda do sinal de pulso $g(t)$ com o qual o filtro é casado. No domínio da frequência, o filtro casado é caracterizado por uma função de transferência que é, exceto por um fator de atraso, o complexo conjugado da transformada de Fourier do sinal de entrada $g(t)$, como mostrado por

$$H_{opt}(f) = kG^*(f)\exp(-j2\pi fT)$$

O resultado mais importante no cálculo do desempenho dos sistemas de processamento de sinais que utilizam filtros casados talvez seja o seguinte:

- *A relação sinal-ruído de pico de pulso de um filtro casado depende apenas da razão entre a energia do sinal e a densidade espectral de potência do ruído branco na entrada do filtro.*

Para demonstrar essa propriedade, considere um filtro casado com sinal conhecido $g(t)$. A transformada de Fourier da saída do filtro casado resultante $g_o(t)$ é

$$\begin{aligned} G_o(f) &= H_{\text{opt}}(f)G(f) \\ &= kG^*(f)G(f)\exp(-j2\pi fT) \\ &= k|G(f)|^2 \exp(-j2\pi fT) \end{aligned} \quad (8.17)$$

Utilizando a Eq. (8.17) na fórmula para a transformada inversa de Fourier, descobrimos que a saída do filtro no tempo $t = T$ é

$$\begin{aligned} g_o(T) &= k \int_{-\infty}^{\infty} G_o(f) \exp(j2\pi fT)\, df \\ &= k \int_{-\infty}^{\infty} |G(f)|^2\, df \end{aligned}$$

Utilizando o teorema de Rayleigh da energia, esse resultado se reduz a

$$g_o(T) = kE \quad (8.18)$$

em que E é a energia do sinal de pulso $g(t)$. Em seguida, substituindo a Eq. (8.14) na (8.7), descobrimos que a potência média do ruído de saída é

$$\begin{aligned} \mathbf{E}[n^2(t)] &= \frac{k^2 N_0}{2} \int_{-\infty}^{\infty} |G(f)|^2 df \\ &= k^2 N_0 E/2 \end{aligned} \quad (8.19)$$

em que, novamente, fizemos uso do teorema de Rayleigh da energia. Portanto, a relação sinal-ruído de pico de pulso tem o valor máximo

$$\eta_{\text{máx}} = \frac{(kE)^2}{(k^2 N_0 E/2)} = \frac{2E}{N_0} \quad (8.20)$$

Da Eq. (8.20), vemos que a dependência da forma de onda do sinal de entrada foi completamente removida pelo filtro casado. Consequentemente, ao avaliarmos a capacidade de um receptor de filtro casado para combater ruído branco gaussiano aditivo, descobrimos que todos os sinais que possuem a mesma energia são igualmente efetivos. Notemos que o sinal de energia E é expresso em joules e a densidade espectral de potência $N_0/2$ é expressa em watts por hertz, de forma que a relação $2E/N_0$ é adimensional; entretanto, as duas quantidades apresentam diferentes significados físicos. Referimo-nos a E/N_0 como a relação *energia do sinal-densidade espectral de ruído*.

EXEMPLO 8.1 Filtro casado para pulso retangular

Consideremos um sinal $g(t)$ na forma de um pulso retangular de amplitude A e duração T, como mostrado na Figura 8.3a. Neste exemplo, a resposta ao impulso $h(t)$ do filtro casado tem exatamente a mesma forma de onda que o próprio sinal. O sinal de saída $g_o(t)$ do filtro casado produzido em reposta ao sinal de entrada $g(t)$ tem uma forma de onda triangular, como mostrado na Figura 8.3b.

O valor máximo do sinal de saída $g_o(t)$ é igual a kA^2T, que é a energia do sinal de entrada escalonada pelo fator k; esse valor máximo ocorre em $t = T$, como indicado na Figura 8.3b.

Para o caso especial de um pulso retangular, o filtro casado pode ser implementado utilizando-se um circuito conhecido como *circuito integrador com descarga*, cujo diagrama de blocos é mostrado na Figura 8.4. O integrador calcula a área sob o pulso retangular e a saída resultante é então amostrada no tempo $t = T$, em que T é a duração do pulso. Imediatamente após $t = T$, o integrador é restabelecido à sua condição inicial; por isso, o nome do circuito. A Figura 8.3c mostra a forma de onda de saída do circuito integrador com descarga correspondente ao pulso retangular da Figura 8.3a. Vemos que, para $0 \leq t \leq T$, a saída desse circuito apresenta a *mesma forma de onda* que aparece na saída do filtro casado.

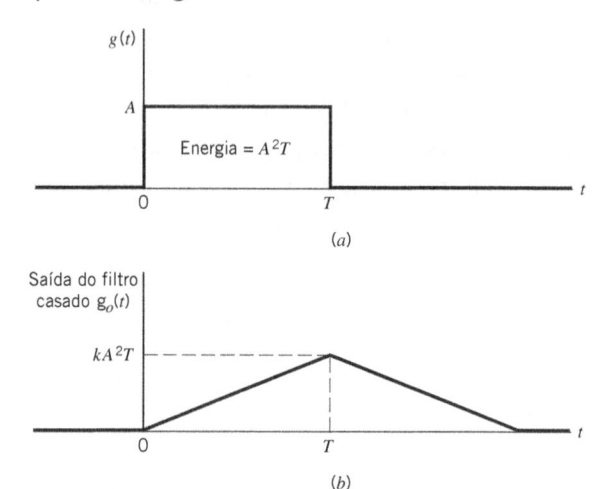

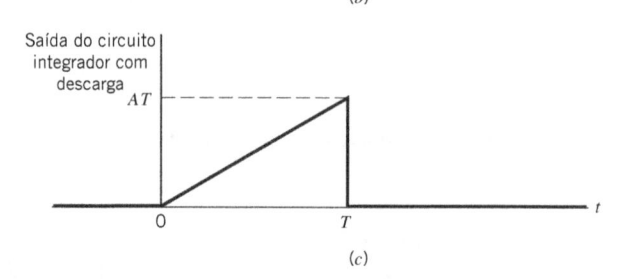

Figura 8.3 (a) Pulso retangular. (b) Saída do filtro casado. (c) Saída do integrador.

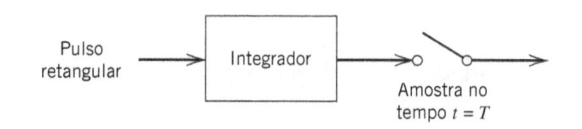

Figura 8.4 Circuito integrador com descarga.

8.3 Probabilidade de erro devido ao ruído

Agora que estamos equipados com o filtro casado como o detector ótimo de um pulso conhecido em meio a ruído branco aditivo, estamos prontos para derivar uma fórmula para a taxa de erro decorrente do ruído no sistema.

Para procedermos com a análise, consideremos um sistema de transmissão binário baseado na *sinalização polar não retorna a zero* (NRZ). Nessa forma de sinalização, o símbolos 1 e 0 são representados por pulsos retangulares positivos e negativos de igual amplitude e igual duração. O ruído é modelado como um *ruído branco gaus-*

siano aditivo $w(t)$ de média zero e densidade espectral de potência $N_0/2$; a suposição de gaussianidade é necessária para cálculos posteriores. No intervalo de sinalização $0 \leq t \leq T_b$, o sinal recebido é, desse modo, escrito da seguinte forma:

$$x(t) = \begin{cases} +A + w(t), & \text{símbolo 1 foi enviado} \\ -A + w(t), & \text{símbolo 0 foi enviado} \end{cases} \quad (8.21)$$

em que T_b é a *duração do bit*, e A é a *amplitude do pulso transmitido*. Supõe-se que o receptor tenha adquirido conhecimento dos tempos de início e de final de cada pulso transmitido; em outras palavras, o receptor tem conhecimento prévio da informação da forma do pulso, mas não de sua polaridade. Dado o sinal ruidoso $x(t)$, é necessário que o receptor tome uma decisão, em cada intervalo de sinalização, acerca do símbolo transmitido, se for um 1 ou um 0.

A estrutura do receptor utilizada para realizar esse processo de tomada de decisão é mostrada na Figura 8.5. Ele consiste em um filtro casado seguido de um amostrador e, finalmente, um dispositivo de decisão. O filtro é casado com um pulso retangular de amplitude A e duração T_b, explorando a informação de tempo de *bits* disponível ao receptor. A presença de ruído de receptor adiciona aleatoriedade à saída do filtro casado.

Seja y o valor de amostra obtido no final de um intervalo de sinalização. O valor de amostra y é comparado com um *limiar* λ predefinido no dispositivo de decisão. Se o limiar for excedido, o receptor tomará uma decisão em favor do símbolo 1; se não, a decisão será tomada em favor do símbolo 0. Adotamos a convenção de que quando o valor de amostra y for exatamente igual ao limiar λ, o receptor simplesmente faz um sorteio para definir qual símbolo foi transmitido; tal decisão é a mesma obtida lançando-se uma moeda justa, cujo resultado não alterará a probabilidade média de erro.

Existem dois tipos possíveis de erro a serem considerados:

1. O símbolo 1 é escolhido quando, na verdade, um 0 foi transmitido; referimo-nos a esse erro como um *erro do primeiro tipo*.
2. O símbolo 0 é escolhido quando, na verdade, um 1 foi transmitido; referimo-nos a esse erro como um *erro do segundo tipo*.

Para determinar a probabilidade média de erro, consideraremos essas duas situações separadamente.

Suponhamos que o símbolo 0 tenha sido enviado. Então, de acordo com a Eq. (8.21), o sinal recebido é

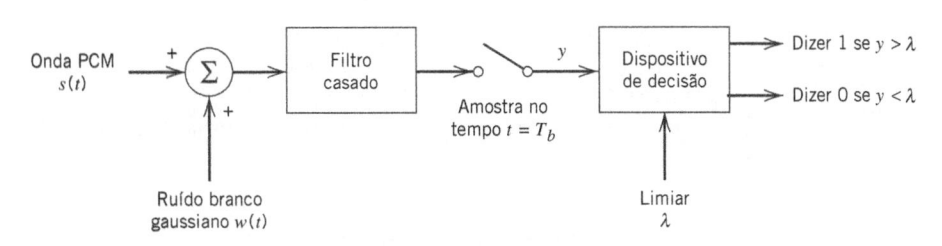

$$x(t) = -A + w(t), \quad 0 \leq t \leq T_b \quad (8.22)$$

Figura 8.5 Receptor para transmissão em banda base de uma onda binária utilizando sinalização NRZ.

Correspondentemente, a saída do filtro casado, amostrada no tempo $t = T_b$, é dada por (à luz do Exemplo 8.1 com kAT_b ajustado igual à unidade por conveniência de apresentação)

$$y = \int_0^{T_b} x(t)\,dt$$
$$= -A + \frac{1}{T_b}\int_0^{T_b} w(t)\,dt \qquad (8.23)$$

a qual representa o valor de amostra de uma variável aleatória Y. Em virtude do fato de o ruído $w(t)$ ser branco e gaussiano, podemos caracterizar a variável aleatória Y da seguinte maneira:

- A variável aleatória Y tem distribuição gaussiana com uma média de $-A$.
- A variância da variável aleatória Y é

$$\sigma_Y^2 = \mathbf{E}[(Y+A)^2]$$
$$= \frac{1}{T_b^2}\mathbf{E}\left[\int_0^{T_b}\int_0^{T_b} w(t)w(u)\,dt\,du\right]$$
$$= \frac{1}{T_b^2}\int_0^{T_b}\int_0^{T_b} \mathbf{E}[w(t)w(u)]\,dt\,du \qquad (8.24)$$
$$= \frac{1}{T_b^2}\int_0^{T_b}\int_0^{T_b} R_W(t,u)\,dt\,du$$

em que $R_W(t,u)$ é a função de autocorrelação do ruído branco $w(t)$. Uma vez que $w(t)$ é branco com uma densidade espectral de potência $N_0/2$, temos

$$R_W(t,u) = \frac{N_0}{2}\delta(t-u) \qquad (8.25)$$

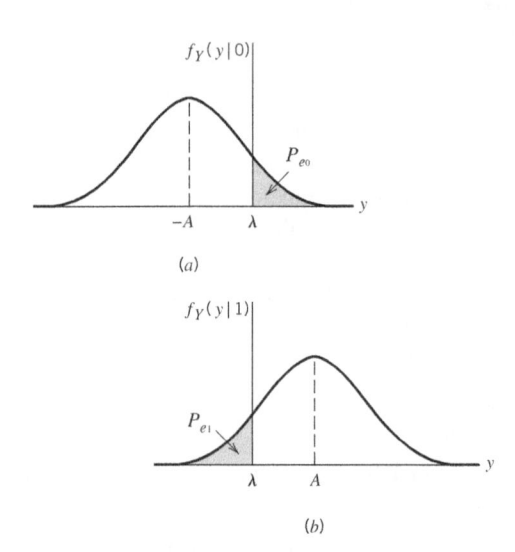

Figura 8.6 Análise do efeito de ruído de canal em um sistema binário. (a) Função densidade de probabilidade da variável aleatória Y na saída do filtro casado quando um 0 é transmitido. (b) Função densidade de probabilidade de Y quando um 1 é transmitido.

em que $\delta(t-u)$ é uma função delta de Dirac deslocada no tempo. Consequentemente, a substituição da Eq. (8.25) na (8.24) resulta em

$$\sigma_Y^2 = \frac{1}{T_b^2}\int_0^{T_b}\int_0^{T_b} \frac{N_0}{2}\delta(t-u)\,dt\,du$$
$$= \frac{N_0}{2T_b} \qquad (8.26)$$

A função densidade de probabilidade da variável aleatória Y, dado que o símbolo 0 foi enviado, é, portanto,

$$f_Y(y|0) = \frac{1}{\sqrt{\pi N_0/T_b}}\exp\left(-\frac{(y+A)^2}{N_0/T_b}\right) \qquad (8.27)$$

Essa função está plotada na Figura 8.6a. Seja P_{e0} a *probabilidade condicional de erro, dado que o símbolo 0 tenha sido enviado*. Essa probabilidade é definida pela área sombreada sob a curva de $f_Y(y|0)$ do limiar λ até o infinito, que corresponde à faixa de valores assumidos por y para uma decisão em favor do símbolo 1. Na ausência de ruído, a saída do filtro casado y amostrada no tempo $t = T_b$ é igual a $-A$. Na presença de ruído, y ocasionalmente assume um valor maior do que λ, e nesse caso um erro é cometido. A probabilidade desse erro, condicional ao envio do símbolo 0, é definida por

$$P_{e0} = P(y > \lambda | \text{o símbolo 0 foi enviado})$$

$$= \int_\lambda^\infty f_Y(y|0)\, dy \qquad (8.28)$$

$$= \frac{1}{\sqrt{\pi N_0/T_b}} \int_\lambda^\infty \exp\left(-\frac{(y+A)^2}{N_0/T_b}\right) dy$$

Para prosseguir adiante, precisamos determinar um valor apropriado para o limiar λ. Tal determinação exige o conhecimento das *probabilidades a priori* dos símbolos binários 0 e 1, denotadas por p_0 e p_1, respectivamente. É claro que devemos sempre ter

$$p_0 + p_1 = 1 \qquad (8.29)$$

No que se segue, suposemos que os símbolos 0 e 1 ocorrem com igual probabilidade, caso em que temos

$$p_0 = p_1 = \frac{1}{2} \qquad (8.30)$$

Além disso, na ausência de ruído, notamos que o valor amostrado da saída do filtro casado é $-A$ quando o símbolo 0 for enviado, e $+A$ quando o símbolo 1 for enviado. Dessa forma, à luz da Eq. (8.30), é razoável ajustar o limiar no ponto médio entre esses dois valores, ou seja,

$$\lambda = 0 \qquad (8.31)$$

Dessa forma, a Eq. (8.28) para a probabilidade condicional de erro do primeiro tipo assume a forma

$$P_{e0} = \frac{1}{\sqrt{\pi N_0/T_b}} \int_0^\infty \exp\left(-\frac{(y+A)^2}{N_0/T_b}\right) dy \qquad (8.32)$$

Definamos uma nova variável

$$z = \frac{y+A}{\sqrt{N_0/2T_b}} \qquad (8.33)$$

Então, podemos reformular a Eq. (8.32) como

$$P_{e0} = \frac{1}{\sqrt{2\pi}} \int_{\sqrt{2E_b/N_0}}^\infty \exp(-z^2/2)\, dz \qquad (8.34)$$

> **Função complementar de erro**
>
> A função Q é a mais comumente usada por engenheiros de comunicação para determinar a área sob as caudas da distribuição Gaussiana. A distribuição Gaussiana exerce um papel em muitos campos e a *função complementar de erro* definida por
>
> $$\text{erfc}(u) = \frac{2}{\sqrt{\pi}} \int_u^\infty \exp(-z^2)\, dz$$
>
> é igualmente muito utilizada. A função complementar de erro está intimamente ligada à função Q, como mostrado por
>
> $$Q(u) = \frac{1}{2}\text{erfc}\left(\frac{u}{\sqrt{2}}\right)$$
>
> Com essa transformação, tabelas e aproximações para $\text{erfc}(u)$ também podem ser utilizadas para calcular $Q(u)$.

em que E_b é a *energia por bit do sinal transmitido*, definida por

$$E_b = A^2 T_b \qquad (8.35)$$

Neste ponto, verificamos que é conveniente introduzir a definição da chamada função Q.

$$Q(u) = \frac{1}{\sqrt{2\pi}} \int_u^\infty \exp(-z^2/2)\, dz \qquad (8.36)$$

Finalmente, podemos reformular a probabilidade condicional de erro P_{e0} em termos da função Q como se segue:

$$P_{e0} = Q\left(\sqrt{\frac{2E_b}{N_0}}\right) \qquad (8.37)$$

Assumamos, em seguida, que o símbolo 1 tenha sido transmitido. Dessa vez, a variável aleatória gaussiana Y representada pelo valor de amostra y da saída do filtro casado tem média $+A$ e variância $N_0/2T_b$. Notemos que, em comparação com a situação de quando o símbolo 0 foi enviado, a média da variável aleatória mudou mas a variância é a mesma de antes. A função densidade de probabilidade condicional, dado que o símbolo 1 foi enviado, é, portanto,

$$f_Y(y|1) = \frac{1}{\sqrt{\pi N_0/T_b}} \exp\left(-\frac{(y-A)^2}{N_0/T_b}\right) \qquad (8.38)$$

que está plotada na Figura 8.6b. Seja P_{e1} a *probabilidade condicional de erro, dado que o símbolo 1 foi enviado*. Essa probabilidade é definida pela área sombreada sob a curva de $f_Y(y|1)$ que se estende de $-\infty$ até o limiar λ, que corresponde à faixa de valores assumidos por y para uma decisão em favor do símbolo 0. Na ausência de ruído, a saída do filtro casado amostrada no tempo $t = T_b$ é igual a $+A$. Na presença de ruído, y ocasionalmente assume um valor menor do que λ, e nesse caso um erro é cometido. A probabilidade desse erro, condicional ao envio do símbolo 1, é definida por

$$\begin{aligned} P_{e1} &= P(y < \lambda | \text{símbolo 1 foi enviado}) \\ &= \int_{-\infty}^\lambda f_Y(y|1)\, dy \\ &= \frac{2}{\sqrt{\pi N_0/T_b}} \int_{-\infty}^\lambda \exp\left(-\frac{(y-A)^2}{N_0/T_b}\right) dy \end{aligned} \qquad (8.39)$$

Ajustando o limiar em $\lambda = 0$, como antes, e fazendo

$$\frac{y - A}{\sqrt{N_0/2T_b}} = -z$$

descobrimos facilmente que $P_{e1} = P_{e0}$. Esse resultado é de fato uma consequência do ajuste do limiar ao ponto médio entre $-A$ e $+A$, que foi justificado anteriormente na suposição de que os símbolos 0 e 1 são equiprováveis. Um canal para o qual as probabilidades de erro condicionais P_{e1} e P_{e0} são iguais é dito ser *binário simétrico*.

Para determinar a probabilidade média do erro de símbolo no receptor, notemos que os dois possíveis tipos de erro acima considerados são eventos mutuamente exclusivos, no sentido de que, se o receptor, em um instante de amostragem particular, escolher o símbolo 1, então o símbolo 0 não pode aparecer, e vice-versa. Além disso, P_{e0} e P_{e1} são probabilidades condicionais com P_{e0} supondo que o símbolo 0 foi enviado e P_{e1} assumindo que o símbolo 1 foi enviado. Dessa forma, a *probabilidade de erro de símbolo média* P_e no receptor é dada por

$$P_e = p_0 P_{e0} + p_1 P_{e1} \tag{8.40}$$

em que p_0 e p_1 são as probabilidades *a priori* dos símbolos binários 0 e 1, respectivamente. Uma vez que $P_{e1} = P_{e0}$ e $p_0 = p_1 = \frac{1}{2}$, de acordo com a Eq. (8.30), obtemos

$$P_e = P_{e1} = P_{e0}$$

ou

$$P_e = Q\left(\sqrt{\frac{2E_b}{N_0}}\right) \tag{8.41}$$

Mostramos, então, que *a probabilidade de erro de símbolo média com sinalização binária depende somente de E_b/N_0*, a razão entre a energia por bit do sinal transmitido e a densidade espectral do ruído.

Na Figura 8.7, utilizamos a fórmula da Eq. (8.41) para plotar a probabilidade de erro de símbolo média P_e *versus* a relação adimensional E_b/N_0. Essa figura mostra que a probabilidade de erro P_e decresce muito rapidamente à medida que a relação E_b/N_0 aumenta, de modo que eventualmente um aumento muito pequeno na energia do sinal transmitido tornará a recepção de pulsos binários quase livres de erro. Notemos, entretanto, que em termos práticos o aumento na energia do sinal deve ser visto no contexto de qual é o patamar; por exemplo, um aumento de 3 dB em E_b/N_0 é muito mais fácil de se implementar quando E_b tem um valor pequeno do que quando o seu valor é de alguma ordem de magnitude maior.

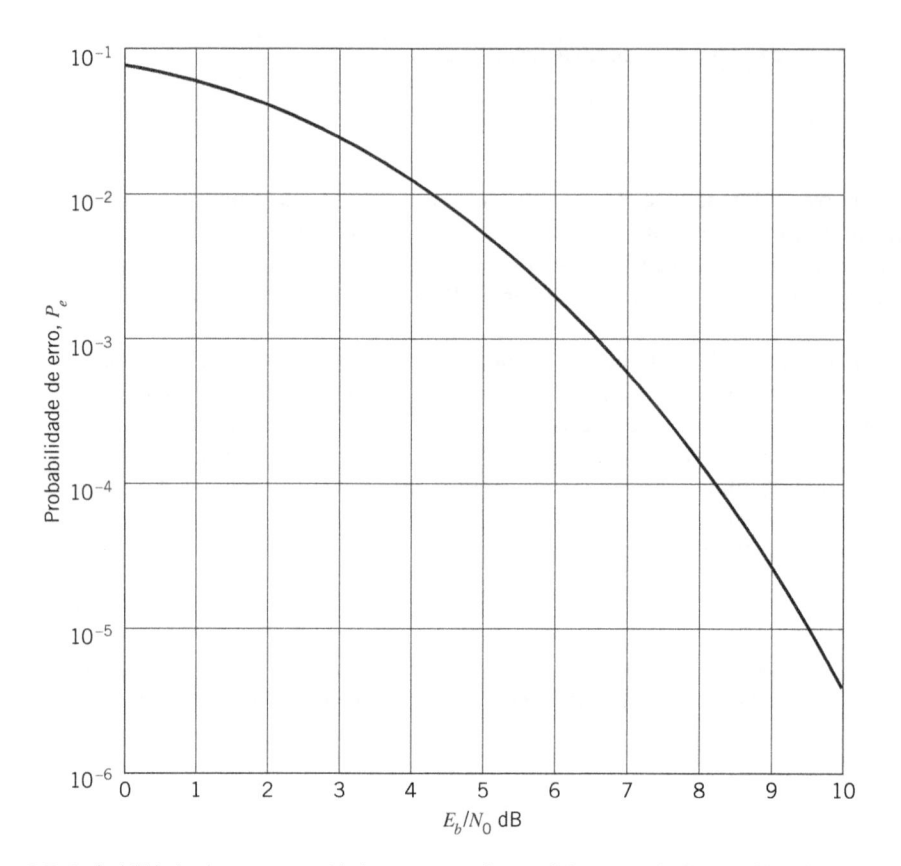

Figura 8.7 Probabilidade de erro em ruído branco gaussiano aditivo com sinalização binária.

8.4 Interferência intersimbólica

A próxima fonte de erros de *bits* em um sistema de transmissão de pulsos em banda base que desejamos estudar é a interferência intersimbólica (ISI), que surge quando um canal de comunicação é *dispersivo*. Quando dizemos que um canal é dispersivo, queremos dizer que ele possui um espectro em magnitude dependente da frequência. Na seção anterior, assumimos que o canal era ideal, o que significava que o seu espectro em magnitude era uma constante no domínio da frequência. O exemplo mais simples de um canal dispersivo é o *canal limitado em banda*. Por exemplo, um canal limitado em banda do tipo parede de tijolo passa todas as frequências $|f| < W$ sem distorção, enquanto bloqueia todas as frequências $|f| > W$. Embora os meios de comunicação muitas vezes não apresentem esse tipo de característica abrupta, o canal limitado em banda é um bom modelo para muitas situações práticas em que muitos sinais devem compartilhar o meio de comunicação utilizando uma estratégia FDM, e, dessa forma, cada sinal deve ser limitado em largura de banda para evitar interferências com sinais adjacentes na frequência.

Primeiramente, entretanto, precisamos tratar de uma questão fundamental: dada uma forma de pulso de interesse, como a utilizamos para transmitir dados na forma M-ária? A resposta está no uso de *modulação de pulso discreta*, em que a amplitude, duração ou posição dos pulsos transmitidos varia de maneira discreta de acordo com o fluxo de dados em questão. Entretanto, para a transmissão em banda base de sinais digitais, a *modulação por amplitude de pulso* (PAM) *discreta* é um dos esquemas mais eficientes em termos de potência e utilização de largura de banda. Portanto, limitaremos nossa atenção a sistemas PAM discretos. Iniciaremos o estudo considerando primeiramente o caso de dados binários; posteriormente no capítulo, consideraremos o caso mais geral de dados *M*-ários.

Consideremos então um *sistema PAM binário de banda base*, cuja forma genérica é mostrada na Figura 8.8. A sequência binária $\{b_k\}$ de entrada consiste em símbolos 1 e 0, cada um de duração T_b. O *modulador de amplitude de pulso* transforma essa sequência binária em uma nova sequência de pulsos curtos (que se aproximam de um impulso unitário), cuja amplitude a_k é representada na forma polar

$$a_k = \begin{cases} +1 & \text{se o símbolo } b_k \text{ é } 1 \\ -1 & \text{se o símbolo } b_k \text{ é } 0 \end{cases} \quad (8.42)$$

A sequência de pulsos curtos assim produzida é aplicada a um *filtro de transmissão* de resposta ao impulso $g(t)$, produzindo o sinal transmitido (ver Seção 2.11).

$$s(t) = \sum_k a_k g(t - kT_b) \quad (8.43)$$

O sinal $s(t)$ é modificado em consequência da transmissão através do canal de resposta ao impulso $h(t)$. Além disso, o canal adiciona ruído aleatório ao sinal na entrada do receptor. O sinal ruidoso $x(t)$ passa, em seguida, por um filtro de *recepção* de resposta ao impulso $c(t)$. A saída do filtro resultante $y(t)$ é amostrada *sincronicamente* como o transmissor, sendo os instantes de amostragem determinados por um *sinal de relógio* ou *de temporização* que geralmente é extraído da saída do filtro de recepção. Finalmente, a sequência de amostras assim obtida é utilizada para reconstruir a sequência de dados original por meio de um *dispositivo de decisão*. Especificamente, a amplitude de cada amostra é comparada com um *limiar* λ. Se o limiar λ for excedido, uma decisão é tomada em favor do símbolo 1. Se o limiar λ não for excedido, uma decisão é tomada em favor do símbolo 0. Se a amplitude da amostra for exatamente igual ao limiar, o lançamento de uma moeda justa determinará qual símbolo foi transmitido (isto é, o receptor simplesmente fará uma suposição aleatória).

A saída do filtro de recepção é escrita como

$$y(t) = \mu \sum_k a_k p(t - kT_b) + n(t) \quad (8.44)$$

em que μ é um fator de escala e o pulso $p(t)$ deve ser definido. Para sermos precisos, um atraso de tempo arbitrário t_0 deveria ser incluído no argumento do pulso $p(t - kT_b)$ na Eq. (8.44) para representar o efeito de atraso de transmissão através do sistema. Para simplificar a exposição, igualamos esse atraso a zero na Eq. (8.44) sem perda de generalidade.

O pulso escalonado $\mu p(t)$ é obtido por uma dupla convolução que envolve a resposta ao impulso $g(t)$ do filtro de transmissão, a resposta ao impulso $h(t)$ do canal e a resposta ao impulso $c(t)$ do filtro de recepção, como mostrado por

$$\mu p(t) = g(t) \star h(t) \star c(t) \quad (8.45)$$

em que a estrela denota convolução. Assumimos que o pulso $p(t)$ seja *normalizado* definindo

$$p(0) = 1 \tag{8.46}$$

o que justifica a utilização de μ como um fator de escala para considerar as mudanças de amplitude incorridas no curso da transmissão do sinal através do sistema.

Uma vez que a convolução no domínio do tempo é transformada em multiplicação no domínio da frequência, podemos utilizar a transformada de Fourier para modificar a Eq. (8.45) para a forma equivalente

$$\mu P(f) = G(f)H(f)C(f) \tag{8.47}$$

em que $P(f)$, $G(f)$, $H(f)$ e $C(f)$ são as transformadas de Fourier de $p(t)$, $g(t)$, $h(t)$ e $c(t)$, respectivamente.

Finalmente, o termo $n(t)$ na Eq. (8.44) é o ruído produzido na saída do filtro de recepção devido ao ruído aditivo $w(t)$ na entrada do receptor. É costumeiro modelar $w(t)$ como um ruído branco gaussiano de média zero.

A saída do filtro de recepção $y(t)$ é amostrada no tempo $t_i = iT_b$ (com i assumindo valores inteiros), produzindo [à luz da Eq. (8.46)]

$$\begin{aligned} y(t_i) &= \mu \sum_{k=-\infty}^{\infty} a_k p[(i-k)T_b] + n(t_i) \\ &= \mu a_i + \mu \sum_{\substack{k=-\infty \\ k \neq i}}^{\infty} a_k p[(i-k)T_b] + n(t_i) \end{aligned} \tag{8.48}$$

Na Eq. (8.48), o primeiro termo μa_i representa a contribuição do i-ésimo *bit* transmitido. O segundo termo representa o efeito residual de todos os outros *bits* transmitidos na decodificação do i-ésimo *bit*; esse efeito residual devido à ocorrência de pulsos antes e depois do instante de amostragem t_i é chamado de interferência intersimbólica (ISI). O último termo $n(t_i)$ representa a amostra de ruído no tempo t_i.

Na ausência tanto de ISI quanto de ruído, observamos a partir da Eq. (8.48) que

$$y(t_i) = \mu a_i$$

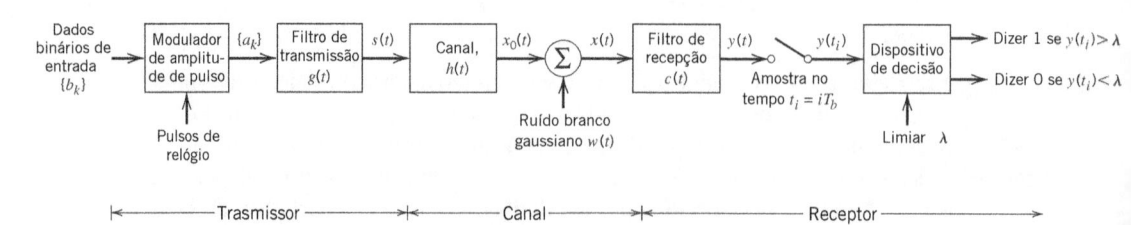

Figura 8.8 Sistema de transmissão de dados binários em banda base.

o que mostra que, sob essas condições ideais, o *i*-ésimo *bit* transmitido é decodificado corretamente. A presença inevitável de ISI e ruído no sistema, entretanto, introduz erros no dispositivo de decisão na saída do receptor. Portanto, no projeto dos filtros de transmissão e recepção, o objetivo é minimizar os efeitos de ruído e ISI e, dessa forma, entregar os dados digitais ao seu destino à menor taxa de erros possível.

Quando a relação sinal-ruído for elevada, como no caso de um sistema de telefonia, por exemplo, a operação do sistema é bastante limitada pela ISI, ao invés de o ser pelo ruído; em outras palavras, podemos ignorar $n(t_i)$. Nas duas seções seguintes, vamos supor que essa condição é válida de modo a podermos focar nossa atenção na ISI e nas técnicas para seu controle. Em particular, desejamos determinar a forma de onda do pulso $p(t)$ para a qual a ISI será completamente eliminada. Antes de fazer isso, consideremos um exemplo de ISI e um método para caracterizá-la.

EXEMPLO 8.2   A natureza dispersiva de um canal telefônico

Um canal de comunicação em banda base para transmissão de dados que facilmente vem à mente é um canal telefônico. O canal telefônico é geralmente caracterizado por uma relação sinal-ruído elevada. Entretanto, o canal é *limitado em banda*, como ilustrado na Figura 8.9 para uma típica conexão de chamada. A Figura 8.9*a* mostra a perda de inserção do canal plotada *versus* a frequência; a *perda de inserção* (em dB) é definida como $\log_{10}(P_0/P_2)$ em que P_2 é a potência entregue a uma carga pelo canal, e P_0 é a potência entregue à mesma carga quando ela é conectada diretamente à fonte (isto é, o canal é removido). A Figura 8.9*b* mostra a plotagem correspondente da resposta em fase e do atraso de grupo *versus* a frequência; para a definição de atraso de envoltória, ver Seção 2.11. A Figura 8.9 claramente ilustra a natureza *dispersiva* do canal telefônico.

Essa natureza dispersiva muitas vezes conduz à interferência intersimbólica. Para ilustração, consideremos que escolhamos um dos códigos de linha supracitados para a transmissão de dados por esse canal. Antes de escolhermos o código de linha, notemos duas propriedades do canal telefônico da Figura 8.9:

- A banda passante do canal é interrompida rapidamente após 3,5 kHz. Esse fato sugere a utilização de um código de linha com um espectro estreito, de modo que possamos maximizar a taxa de dados.
- O canal não passa componente *dc*. Por essa razão, pode ser preferível utilizar um código de linha que não tenha componente *dc*, tal como a sinalização bipolar (RZ) ou o código Manchester.

Essas duas propriedades sugerem duas escolhas contraditórias para o código de linha: (*a*) o polar NRZ, que possui um espectro estreito; e (*b*) o código Manchester, que não possui componente *dc*. Na Figura 8.10*a*, mostramos o sinal de dados original utilizando o código de linha polar NRZ e o sinal resultante após passá-lo através do canal na ausência de ruído quando a taxa de *bits* é de 1600 *bits* por segundo (bps). Claramente existe distorção do sinal. Em particular, longas cadeias de símbolos de mesma polaridade fazem com que o sinal tenda em direção a zero volts. Essa tendência é devida ao fato de que o canal não passa componente *dc*; entretanto, o sinal transmitido é ainda reconhecível. Quando utilizamos o código de linha Manchester a 1600 bps, o problema de tendência não é evidente, mas há uma pequena quantidade de distorção no sinal.

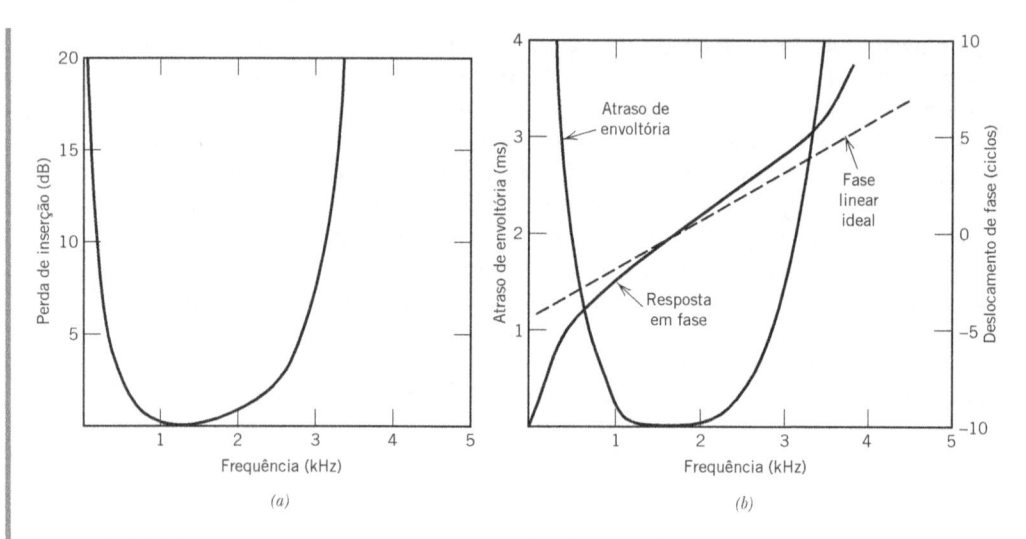

Figura 8.9 (a) Característica de uma típica conexão de chamada. (b) Atraso de envoltória e resposta em fase de uma típica conexão de chamada. (Bellamy, 1982)

Na Figura 8.11, fornecemos os resultados para os mesmos dois códigos de linha, mas a uma taxa de 3200 bps. Com a taxa mais rápida, a tendência ao se utilizar o código de linha polar NRZ fica menos evidente, mas ainda há distorção observável no sinal. Com o código de linha Manchester, há distorção considerável do sinal em comparação com o original. Atribui-se isso ao fato de o espectro do código de linha de Manchester de 3200 bps ter conteúdo espectral significativo fora dos limites de banda desse canal telefônico.

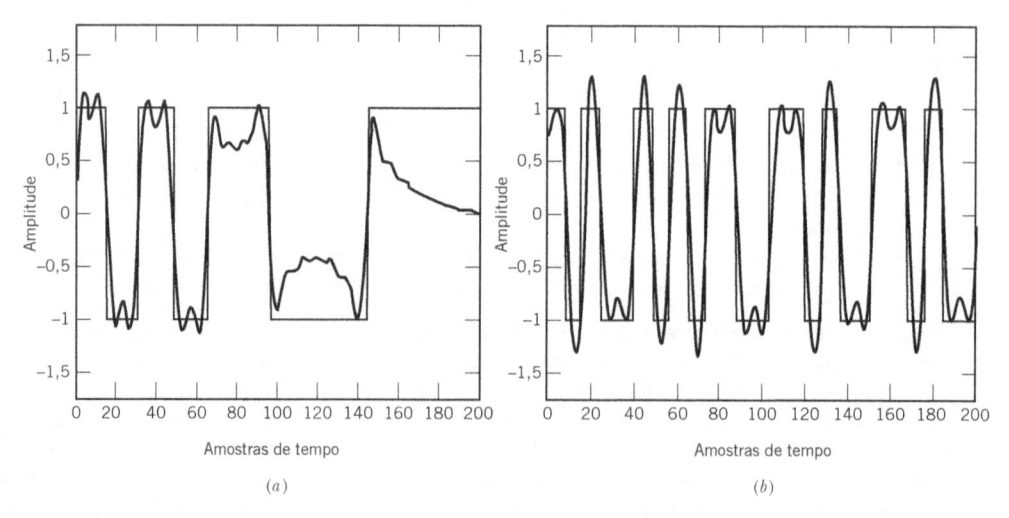

Figura 8.10 Transmissão de dados por um canal telefônico a 1600 bps: (a) código de linha polar NRZ e (b) código de linha Manchester.

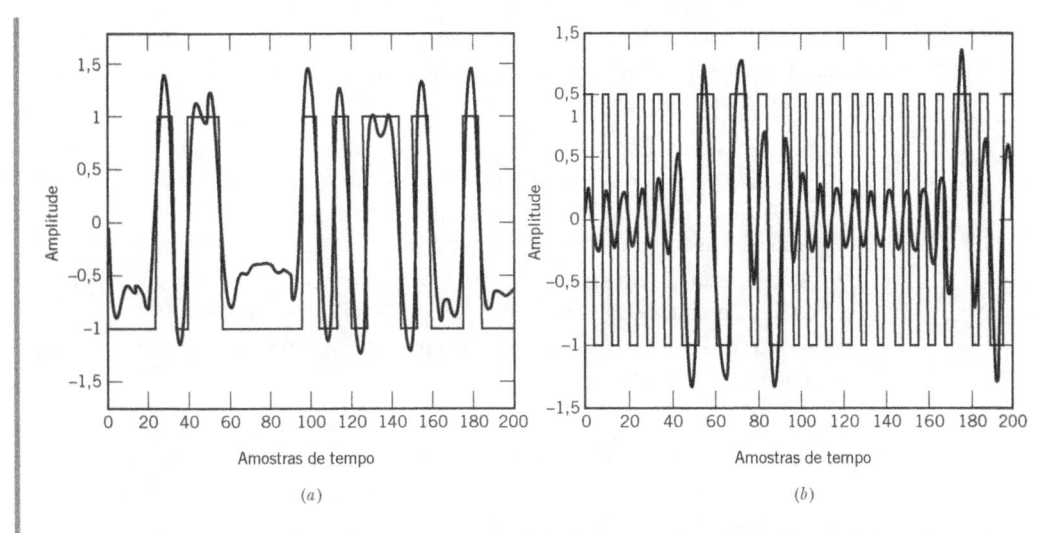

Figura 8.11 Transmissão de dados por um canal telefônico a 3200 bps: (a) código de linha polar NRZ e (b) código de linha Manchester.

8.5 Padrão ocular

A discussão da Seção 8.4 e o Exemplo 8.1 ilustraram qualitativamente os efeitos da interferência intersimbólica (ISI) sobre o desempenho de um sistema de transmissão de pulsos em banda base. Uma ferramenta operacional para a avaliação dos efeitos da ISI de uma maneira mais perspicaz é o chamado *padrão ocular*. O padrão ocular é definido como a superposição sincronizada de todas as possíveis realizações do sinal de interesse (por exemplo, sinal recebido, saída do receptor) vistas dentro de um intervalo de sinalização particular. O padrão ocular deriva seu nome do fato de ele se assemelhar ao olho humano para ondas binárias. A região interior do padrão ocular é chamada de *abertura ocular*.

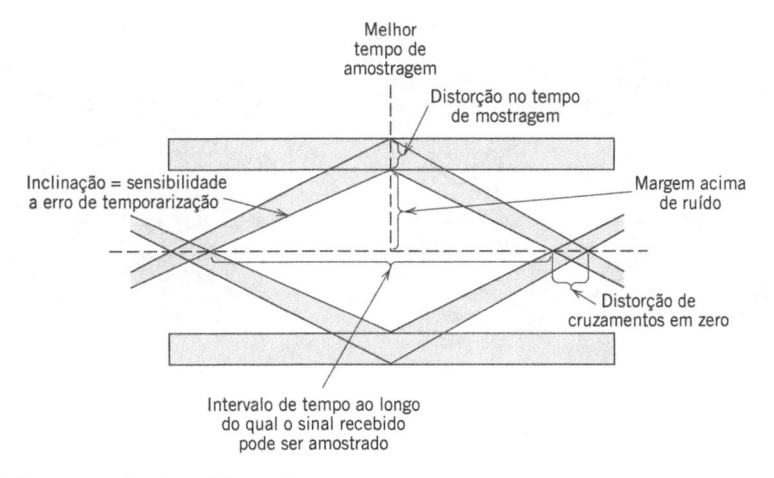

Figura 8.12 Interpretação do padrão ocular.

Um padrão ocular fornece muitas informações úteis sobre o desempenho de um sistema de transmissão de dados, como descrito na Figura 8.12. Especificamente, podemos fazer as seguintes observações:

- A largura da abertura ocular define o *intervalo de tempo sobre o qual o sinal recebido pode ser amostrado sem erro de interferência intersimbólica*. É evidente que o tempo preferido para amostragem é o instante de tempo em que o olho está aberto ao máximo.
- A *sensibilidade do sistema a erros de temporização* é determinada pela taxa de fechamento do olho quando o tempo de amostragem varia.
- A altura da abertura ocular, em um tempo de amostragem especificado, define a *margem de ruído* do sistema.

Quando o efeito da interferência intersimbólica for severo, traços da porção superior do padrão ocular cruzarão traços da porção inferior, resultando em um olho completamente fechado. Em tal situação, é impossível que se evitem erros devido à presença de interferência intersimbólica no sistema.

No caso de um sistema M-ário, o padrão ocular contém $(M-1)$ aberturas oculares empilhadas verticalmente uma sobre a outra, em que M é o número de níveis de amplitude discreta, utilizado para construir o sinal transmitido. Em um sistema estritamente linear com dados verdadeiramente aleatórios, todas essas aberturas oculares seriam idênticas. Na prática, entretanto, é possível discernir muitas vezes assimetrias nos padrões oculares, as quais são causadas pelas não linearidades no canal de comunicação.

EXEMPLO 8.3 Diagramas oculares para sistemas binários e quaternários

As Figuras 8.13a e 8.13b mostram os diagramas oculares para um sistema de transmissão PAM em banda base simulado utilizando-se $M = 2$ e $M = 4$, respectivamente. O canal não apresenta limitação de largura de banda, e os símbolos-fonte utilizados são gerados aleatoriamente. Um pulso que tem um espectro cosseno elevado é utilizado em ambos os casos. Falaremos mais sobre esse tipo de pulso na próxima seção. Em ambos os casos, vemos que os olhos estão abertos, indicando operação confiável do sistema. De fato, no ponto de amostragem ideal, não há interferência intersimbólica, o que é uma das propriedades dessa forma de pulso.

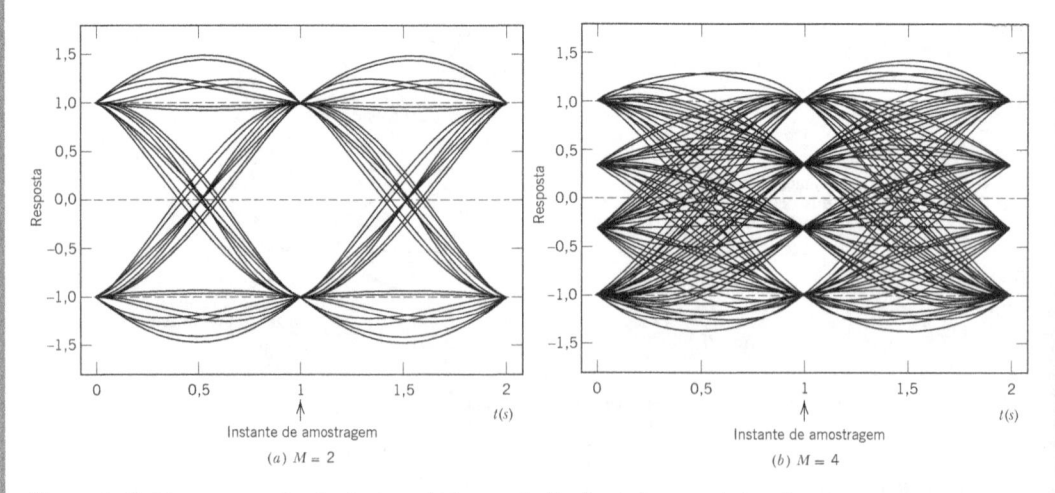

Figura 8.13 Diagrama ocular do sinal recebido sem limitação de largura de banda.

As Figuras 8.14a e 8.14b mostram os diagramas oculares para esses sistemas de transmissão de pulsos em banda base utilizando-se os mesmos parâmetros de sistema como antes, mas dessa vez sob uma condição de largura de banda limitada. Especificamente, o canal é agora modelado por um *filtro de Butterworth* passa-baixas, cuja resposta em frequência é definida por

$$|H(f)| = \frac{1}{1 + (f/f_0)^{2N}}$$

em que N é a ordem do filtro e f_0 é a sua frequência de corte de 3 dB. Para os resultados de simulação mostrados na Figura 8.14, um filtro de ordem 5 e f_0 igual a 55% da taxa de símbolos foi utilizado. Notemos que a largura de banda de 3 dB do pulso transmitido é 50% da taxa de símbolos, então apesar de a frequência de corte da largura de banda do canal ser maior do que a largura de banda de 3 dB do sinal, o seu efeito sobre a banda passante é observado em um decrescimento do tamanho da abertura ocular. Em vez dos valores distintos no tempo de amostragem ideal (como mostrado na Figura 8.13), agora há uma região borrada. Se a largura de banda do canal fosse reduzida ainda mais, o olho se fecharia ainda mais até que, finalmente, nenhuma abertura ocular distinta fosse reconhecível.

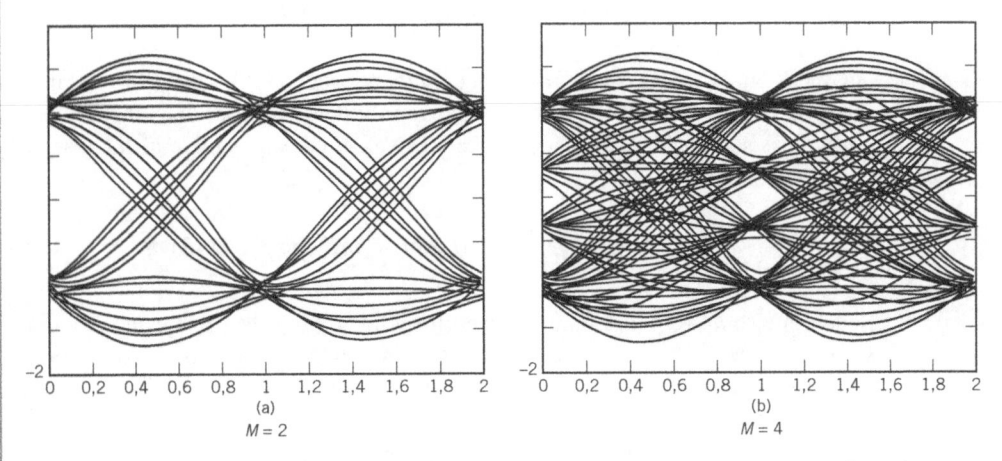

Figura 8.14 Diagrama ocular do sinal recebido utilizando uma resposta de canal limitada em largura de banda.

8.6 Critério de Nyquist para transmissão sem distorção

Na prática, tipicamente verificamos que a função de transferência de um canal e a forma do pulso transmitido são especificadas, e o problema é determinar as funções de transferência dos filtros de transmissão e recepção, de modo a se reconstruir a sequência de dados binários original $\{b_k\}$. O receptor faz isso *extraindo* e em seguida *decodificando* a sequência correspondente de coeficientes $\{a_k\}$ a partir da saída $y(t)$. A *extração* envolve a amostragem da saída $y(t)$ no tempo $t = iT_b$. A *decodificação* exige que a contribuição do pulso ponderado $a_k p(iT_b - kT_b)$ para $k = i$ seja *livre* de ISI causada pela sobreposição de caudas de todas as outras contribuições de pulso ponderados representados por $k \neq i$. Isso, por sua vez, exige que *controlemos* o pulso global $p(t)$, como mostrado por

$$p(iT_b - kT_b) = \begin{cases} 1, & i = k \\ 0, & i \neq k \end{cases} \tag{8.49}$$

em que $p(0) = 1$, por normalização. Se $p(t)$ satisfizer as condições da Eq. (8.49), a saída do receptor $y(t_i)$ dada na eq. (8.48) será simplificada para (ignorando-se o termo de ruído)

$$y(t_i) = \mu a_i \quad \text{para todo } i$$

o que implica interferência intersimbólica nula. Consequentemente, a condição da Eq. (8.49) garante *recepção perfeita na ausência de ruído*.

Do ponto de vista de projeto, é instrutivo transformarmos a condição da Eq. (8.49) para o domínio da frequência. Consideremos então a sequência de amostras $\{p(nT_b)\}$, em que $n = 0, \pm 1, \pm 2,...$. A partir da discussão apresentada no Capítulo 7 sobre o processo de amostragem, lembramos que a amostragem no domínio do tempo produz periodicidade no domínio da frequência. Em particular, podemos escrever

$$P_\delta(f) = R_b \sum_{n=-\infty}^{\infty} P(f - nR_b) \tag{8.50}$$

em que $R_b = 1/T_b$ é a taxa de *bits* dada em *bits* por segundo (b/s); $P_\delta(f)$ é a transformada de Fourier de uma sequência periódica infinita de funções delta de período T_b, cujas áreas são ponderadas pelos respectivos valores de amostra de $p(t)$. Ou seja, $P_\delta(f)$ é dado por

$$P_\delta(f) = \int_{-\infty}^{\infty} \sum_{m=-\infty}^{\infty} [p(mT_b) \, \delta(t - mT_b)] \exp(-j2\pi ft) \, dt \tag{8.51}$$

Seja o inteiro $m = i - k$. Então, $i = k$ corresponde a $m = 0$ e, do mesmo modo, $i \neq k$ corresponde a $m \neq 0$. Consequentemente, impondo a condição da Eq. (8.49) aos valores de amostra de $p(t)$ na integral da Eq. (8.51), obtemos

$$\begin{aligned} P_\delta(f) &= \int_{-\infty}^{\infty} p(0) \, \delta(t) \exp(-j2\pi ft) \, dt \\ &= p(0) \end{aligned} \tag{8.52}$$

em que fizemos uso da propriedade de peneiramento da função delta. Uma vez que a partir da Eq. (8.46) temos $p(0) = 1$, segue-se a partir das Eqs. (8.50) e (8.52) que a condição para interferência intersimbólica nula é satisfeita se

$$\sum_{n=-\infty}^{\infty} P(f - nR_b) = T_b \tag{8.53}$$

Podemos agora estabelecer o critério de Nyquist para *transmissão em banda base sem distorção* na ausência de ruído: *A função da frequência $P(f)$ elimina a interferência intersimbólica para amostras tomadas em intervalos Tb, desde que ela satisfaça a Eq. (8.53)*. Observemos que $P(f)$ se refere ao sistema global, incorporando o filtro de transmissão, o canal e o filtro de recepção de acordo com a Eq. (8.47).

Canal de Nyquist ideal

A maneira mais simples de satisfazer a Eq. (8.53) é especificar a função da frequência $P(f)$ para que ela seja da forma de uma *função retangular*, como mostrado por

$$P(f) = \begin{cases} \dfrac{1}{2W}, & -W < f < W \\ 0, & |f| > W \end{cases} \quad (8.54)$$

$$= \frac{1}{2W}\text{rect}\left(\frac{f}{2W}\right)$$

em que a largura de banda do sistema global W é definida por

$$W = \frac{R_b}{2} = \frac{1}{2T_b} \quad (8.55)$$

De acordo com a solução descrita pelas Eqs. (8.54) e (8.55), nenhuma frequência de valor absoluto que exceda metade da taxa de *bits* é necessária. Consequentemente, uma forma de onda do sinal que produz interferência intersimbólica nula é definida pela *função sinc*:

$$p(t) = \frac{\text{sen}(2\pi Wt)}{2\pi Wt} \quad (8.56)$$

$$= \text{sinc}(2Wt)$$

Harry Nyquist (1889-1976)
Nyquist nasceu na Suécia e imigrou para os Estados Unidos em 1907. Como engenheiro do Bell Labs, ele fez contribuições importantes em muitas áreas, incluindo o ruído Johnson-Nyquist e a estabilidade de realimentação de amplificadores (teorema de estabilidade de Nyquist). As duas áreas em que ele fez contribuições significativas para a teoria da comunicação resultaram de suas investigações sobre transmissão através de um canal telegráfico.
  Em 1927, Nyquist determinou que o número de pulsos que podem ser transmitidos em um canal telegráfico é limitado a duas vezes a largura de banda do canal – atualmente conhecido como o teorema da amostragem de Nyquist-Shannon. Na mesma investigação, Nyquist igualmente determinou os critérios que a forma de pulso deve satisfazer para atingir esse limite – atualmente conhecidos como o primeiro, o segundo e o terceiro critério de Nyquist. Ele também propôs filtros de cosseno elevado como exemplos de uma forma de pulso que satisfazem seu primeiro critério.
  Nyquist foi um inventor prolífico e é creditado com mais de 150 patentes em sua carreira. Alguns creditaram a Nyquist e a Claude Shannon a maioria dos avanços teóricos das comunicações modernas.

O valor especial da taxa de *bits* $R_b = 2W$ é chamado de *taxa de Nyquist*. Correspondentemente, o sistema de transmissão de pulsos em banda base ideal descrito pela Eq. (8.54) no domínio da frequência ou, de maneira equivalente, pela Eq. (8.56) no domínio do tempo, é chamado de *canal de Nyquist ideal*.

As Figuras 8.15*a* e 8.15*b* mostram plotagens de $P(f)$ e $p(t)$, respectivamente. Na Figura 8.15*a*, a forma normalizada da função da frequência $P(f)$ está plotada para frequências positivas e negativas. Na Figura 8.15*b*, também incluímos os intervalos de sinalização e os instantes de amostragem centralizados correspondentes. A função $p(t)$ pode ser vista como a resposta ao impulso de um filtro passa-baixas ideal com resposta em magnitude na banda passante $1/2W$ e largura de banda W. A função $p(t)$ tem seu valor máximo na origem e cruza o zero em múltiplos inteiros da duração de *bit* T_b. É evidente que, se a forma de onda recebida $y(t)$ for amostrada nos instantes de tempo $t = 0$, $\pm T_b$, $\pm 2T_b$,..., os pulsos definidos por $\mu p(t - iT_b)$ com amplitude arbitrária μ e índice $i = 0$, ± 1, ± 2,..., não interferirão entre si. Essa condição é ilustrada na Figura 8.16 para a sequência binária 1011010.

Embora a utilização do canal de Nyquist ideal realmente implique economia em largura de banda porque resolve o problema da interferência intersimbólica nula com a mínima largura de banda possível, há duas dificuldades práticas que o tornam um objetivo indesejável para o projeto de sistemas:

É necessário que a característica de amplitude de $P(f)$ seja plana de $-W$ a W e zero fora dessa faixa. Isso é fisicamente irrealizável devido às transições abruptas nos extremos da banda $\pm W$.

A função $p(t)$ decresce com $1/|t|$ para $|t|$ grande, resultando em uma taxa de decaimento lenta. Isso também é causado pela descontinuidade de $P(f)$ em $\pm W$. Em consequência, praticamente não há qualquer margem de erro nos tempos de amostragem no receptor.

Para avaliar o efeito desse *erro de temporização*, consideremos a amostra de $y(t)$ em $t = \Delta t$, em que Δt é o erro de temporização. Para simplificar a exposição, podemos igualar o tempo de amostragem correto t_i a zero. Na ausência de ruído, temos, dessa forma,

$$y(\Delta t) = \mu \sum_k a_k p(\Delta t - kT_b)$$

$$= \mu \sum_k a_k \frac{\text{sen}[2\pi W(\Delta t - kT_b)]}{2\pi W(\Delta t - kT_b)} \quad (8.57)$$

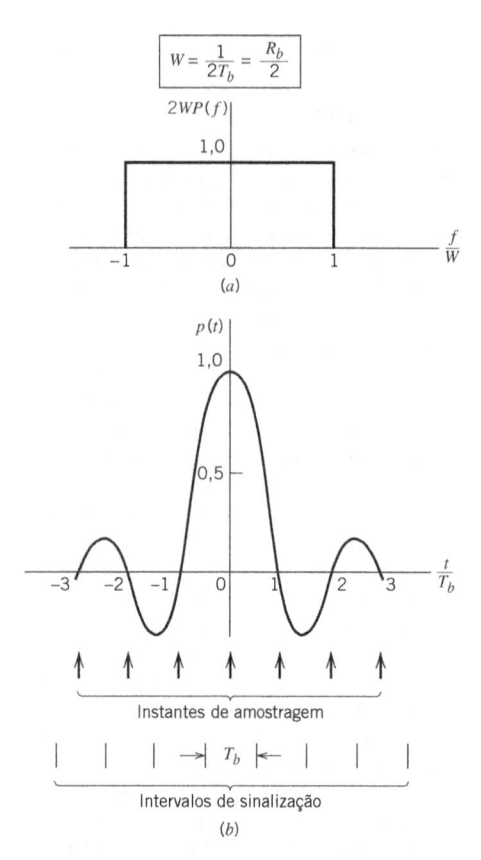

Figura 8.15 (a) Resposta em magnitude ideal. (b) Forma de pulso básico ideal.

Uma vez que $2WT_b = 1$, por definição, podemos reescrever a Eq. (8.57) como

$$y(\Delta t) = \mu a_0 \,\text{sinc}(2\pi W \Delta t) + \frac{\mu \,\text{sen}(2\pi W \Delta t)}{\pi} \sum_{\substack{k \\ k \neq 0}} \frac{(-1)^k a_k}{(2W\Delta t - k)}$$

(8.58)

O primeiro termo no lado direito da Eq. (8.58) define o símbolo desejado, ao passo que a série restante representa a interferência intersimbólica causada pelo erro de temporização Δt ao se amostrar a saída $y(t)$. Infelizmente, é possível que essa série divirja, causando assim decisões errôneas no receptor.

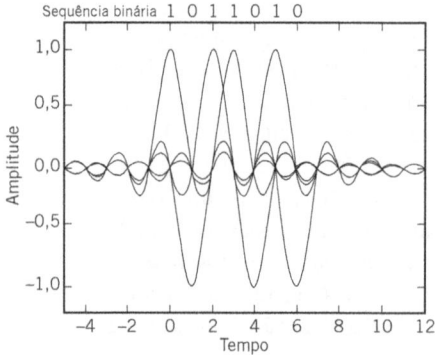

Figura 8.16 Uma série de pulsos sinc correspondentes à sequência 1011010.

Espectro cosseno elevado

Podemos superar as dificuldades práticas encontradas com o canal de Nyquist ideal estendendo a largura de banda do valor mínimo $W = R_b/2$ até um valor ajustável entre W e $2W$. Especificamos agora a função da frequência $P(f)$ para satisfazer uma condição mais elaborada do que a do canal de Nyquist ideal. Especificamente, mantemos três termos da Eq. (8.53) e restringimos a banda de frequência de interesse a $[-W,W]$, como mostrado por

$$P(f) + P(f - 2W) + P(f + 2W) = \frac{1}{2W}, \quad -W \leq f \leq W \quad (8.59)$$

Podemos imaginar várias funções limitadas em banda que satisfazem a Eq. (8.59). Uma forma particular de $P(f)$ que incorpora muitas características desejáveis é fornecida por um *espectro cosseno elevado*. Essa característica de frequência consiste em uma porção *plana* e em uma porção *em decaimento* que apresenta uma forma senoidal, da seguinte maneira:

$$P(f) = \begin{cases} \dfrac{1}{2W}, & 0 \leq |f| < f_1 \\ \dfrac{1}{4W}\left\{1 - \text{sen}\left[\dfrac{\pi(|f| - W)}{2W - 2f_1}\right]\right\}, & f_1 \leq |f| < 2W - f_1 \\ 0, & |f| \geq 2W - f_1 \end{cases} \quad (8.60)$$

O parâmetro de frequência f_1 e a largura de banda W se relacionam por

$$\alpha = 1 - \frac{f_1}{W} \quad (8.61)$$

O parâmetro α é chamado de *fator de decaimento*; ele indica a *largura de banda excessiva* sobre a solução ideal, W. Especificamente, a largura de banda de transmissão B_T é definida por $2W - f_1 = W(1 + \alpha)$.

A resposta em frequência $P(f)$, normalizada pela sua multiplicação por $2W$, está plotada na Figura 8.17a para três valores de α, a saber, 0, 0,5 e 1. Vemos que, para $\alpha = 0,5$ ou 1, a função $P(f)$ é gradualmente atenuada em comparação com o canal de Nyquist ideal (isto é, $\alpha = 0$) e é, portanto, mais fácil de ser implementada na prática. Além disso, a função $P(f)$ exibe simetria ímpar em relação à largura de banda de Nyquist W, tornando possível satisfazer a condição da Eq. (8.59).

A reposta no tempo $p(t)$ é a transformada inversa de Fourier da função $P(f)$. Consequentemente, usando a $P(f)$ definida na Eq. (8.60), obtemos o resultado (ver Problema 8.10)

$$p(t) = \left[\text{sinc}(2Wt)\right]\left(\frac{\cos(2\pi\alpha Wt)}{1 - 16\alpha^2 W^2 t^2}\right) \quad (8.62)$$

que está plotada na Figura 8.17b para $\alpha = 0, 0,5$ e $|t| < 3T_b$.

A função $p(t)$ consiste no produto de dois fatores: o fator $\text{sinc}(2Wt)$ que caracteriza o canal de Nyquist ideal e um segundo fator que decresce com $1/|t|^2$ para $|t|$ grande. O primeiro fator garante cruzamentos em zero de $p(t)$ nos instantes de amostragem

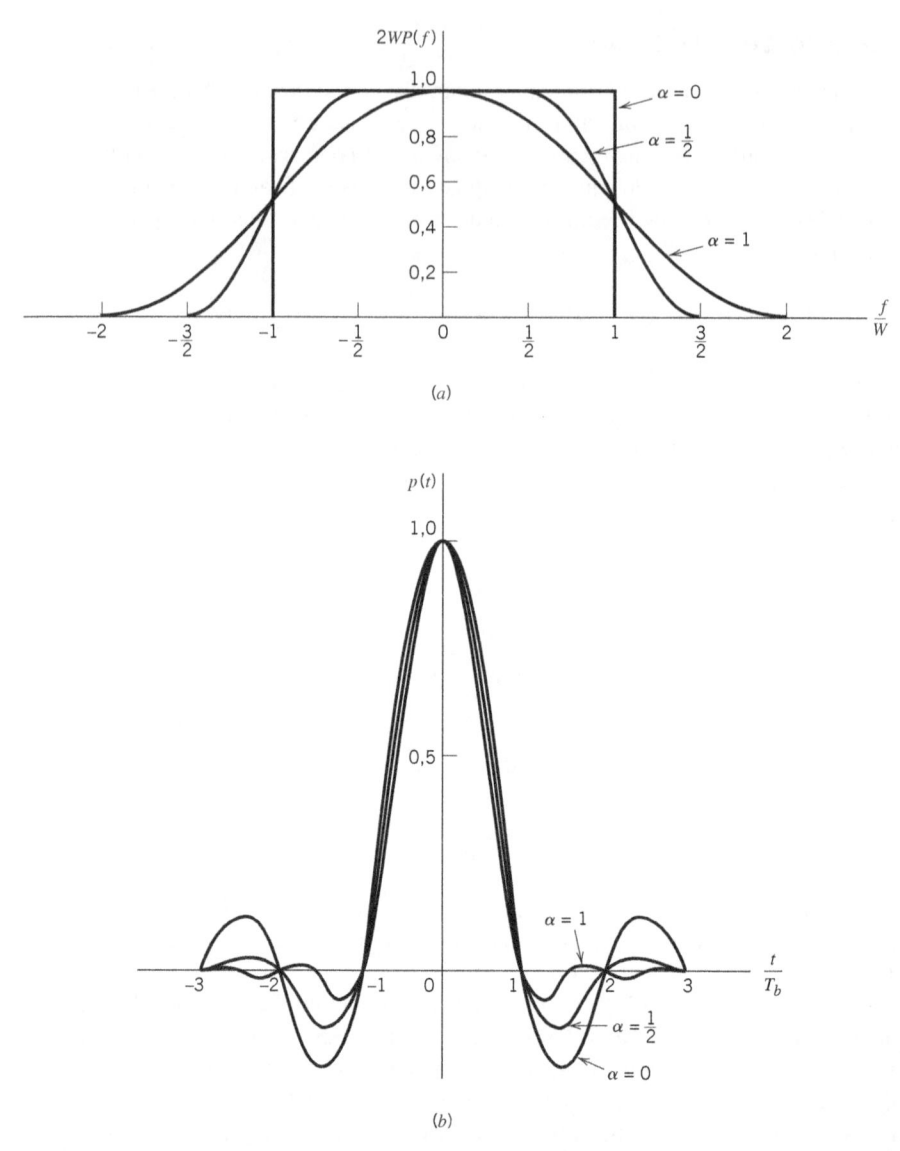

Figura 8.17 Respostas para diferentes valores de decaimento. (a) Resposta em frequência. (b) Resposta no tempo.

desejados de tempo $t = iT$, sendo i um número inteiro (positivo ou negativo). O segundo fator reduz as caudas do pulso consideravelmente abaixo daquilo que é obtido do canal de Nyquist ideal, de forma que a transmissão de ondas binárias que utilizam esses pulsos é relativamente insensível a erros de tempo de amostragem. De fato, para $\alpha = 1$, temos o decaimento mais gradual em termos de que as amplitudes das caudas oscilatórias de $p(t)$ são as menores. Dessa forma, a quantidade de interferência intersimbólica resultante de erros de temporização decresce à medida que o fator de decaimento α cresce de zero à unidade.

O caso especial em que $\alpha = 1$ (isto é, $f_1 = 0$) é conhecido como característica de *decaimento de cosseno completo*, para o qual a resposta em frequência da Eq. (8.60) se simplifica para

$$P(f) = \begin{cases} \dfrac{1}{4W}\left[1 + \cos\left(\dfrac{\pi f}{2W}\right)\right], & 0 < |f| < 2W \\ 0, & |f| \geq 2W \end{cases} \quad (8.63)$$

Correspondentemente, a resposta no tempo $p(t)$ se simplifica para

$$p(t) = \frac{\operatorname{sinc}(4Wt)}{1 - 16W^2 t^2} \quad (8.64)$$

A resposta no tempo exibe duas propriedades interessantes:

1. Em $t = \pm T_b/2 = \pm 1/4W$, temos $p(t) = 0{,}5$; ou seja, a largura de pulso medida em meia amplitude é exatamente igual à duração de *bit* T_b.
2. Existem cruzamentos em zero em $t = \pm 3T_b/2, \pm 5T_b/2,\ldots$, além dos cruzamentos em zero usuais nos tempos de amostragem $t = \pm T_b, \pm 2T_b,\ldots$.

Essas duas propriedades são extremamente úteis na extração de um sinal de temporização, a partir do sinal recebido, com o propósito de sincronização. Entretanto, o preço pago por essa propriedade desejável é a utilização de uma largura de banda de canal que é o dobro daquela necessária para o canal de Nyquist ideal correspondente a $\alpha = 0$.

EXEMPLO 8.4 Requisito de largura de banda do sistema T1

No Exemplo 7.3 do Capítulo 7, descrevemos o formato de sinal para o Sistema de Portadora T1 que é utilizado para multiplexar 24 entradas de voz independentes, com base em uma palavra PCM de 8 *bits*. Foi mostrado que a duração de *bit* do sinal resultante da multiplexação por divisão de tempo (incluindo um *bit* de enquadramento) é

$$T_b = 0{,}647\ \mu s$$

Supondo-se a utilização de um canal de Nyquist ideal, segue-se que a mínima largura de banda de transmissão B_T do sistema T1 é (para $\alpha = 0$)

$$B_T = W = \frac{1}{2T_b} = 772\ \text{kHz}$$

Entretanto, um valor mais realístico para a largura de banda de transmissão necessária é obtido utilizando-se uma característica de decaimento de cosseno completo com $\alpha = 1$. Nesse caso, descobrimos que

$$B_T = W(1 + \alpha) = 2W = \frac{1}{T_b} = 1{,}544\ \text{MHz}$$

É interessante comparar o requisito de largura de banda de transmissão do Sistema T1 com o requisito de largura de banda mínimo de um sistema de multiplexação por divisão de frequência (FDM) correspondente. Lembramos, do Capítulo 3, de que todas as técnicas de modulação CW que utilizam uma modulação de banda lateral única (SSB) exigem a mínima largura de banda possível. Dessa forma, para acomodar um sistema FDM que utiliza modulação SSB para transmitir 24 entradas de voz independentes, e supondo uma largura de banda de 4 kHz para cada entrada de voz, o canal deve fornecer a largura de banda de transmissão

$$B_T = 24 \times 4 = 96 \text{ kHz}$$

Isso é mais do que uma ordem de grandeza menor do que o requisito de largura de banda do Sistema T1.

ISI controlada

Tratamos a interferência intersimbólica como um fenômeno indesejável que produz um desempenho de sistema degradado. Todavia, podemos projetar sistemas com interferência intersimbólica controlada de modo que possamos alcançar uma taxa de sinalização igual à taxa de Nyquist de $2W$ símbolos por segundos em um canal de largura de banda de W Hertz. Tais esquemas são chamados de *codificação em nível correlativo* ou de *sinalização de resposta parcial*. O projeto desses esquemas baseia-se nas seguintes premissas: uma vez que a interferência intersimbólica introduzida no sinal transmitido é conhecida, seus efeitos podem ser interpretados no receptor de uma maneira determinística.

A codificação em nível correlativo pode ser considerada como um método prático de se alcançar a taxa teórica de sinalização máxima utilizando-se filtros realizáveis.

8.7 Transmissão PAM *M*-ária em banda base

No sistema PAM binário de banda base da Figura 8.8, o modulador de amplitude de pulso produz pulsos binários, isto é, pulsos com um de dois níveis de amplitude possíveis. Por outro lado, em um *sistema PAM M-ário de banda base*, o modulador de amplitude de pulso produz um de M níveis de amplitude possíveis, com $M > 2$, como ilustrado na Figura 8.18a para o caso de um sistema *quaternário* ($M = 4$) e a sequência binária de dados 0010110111. A representação elétrica correspondente para cada um dos quatro pares de *bits* possíveis é mostrada na Figura 8.18b. Em um sistema *M*-ário, a fonte de informação emite uma sequência de símbolos de um alfabeto que consiste em M símbolos. Cada nível de amplitude na saída do modulador de amplitude de pulso corresponde a um símbolo distinto, de forma que há M níveis de amplitude distintos a serem transmitidos. Consideremos então um sistema PAM *M*-ário com um alfabeto de sinais que contém M símbolos igualmente prováveis e estatisticamente independentes, com a duração de símbolo denotada por T segundos. Referimo-nos a $1/T$ como a *taxa de sinalização* do sistema, que é expressa em *símbolos por segundo* ou *bauds*. É instrutivo relacionar a taxa de sinalização desse sistema àquela de um sistema PAM binário equivalente para o qual o valor de M é 2 e os símbolos binários sucessivos 1 e 0 são igualmente prováveis e estatisticamente independentes, com a duração de qualquer um dos símbolos denotada por T_b segundos. Sob as condições aqui descritas, o sistema PAM binário produz informação a uma taxa de $1/T_b$ *bits* por segundo. Observamos também que, no caso de um sistema PAM quaternário, por exemplo, os quatro símbolos possíveis podem ser identificados como os pares de *bits* 00, 01, 10 e 11. Dessa forma, vemos que cada símbolo representa 2 *bits* de informação, e 1 *baud* é igual a 2 *bits* por segundo. Podemos generalizar esse resultado estabelecendo que, em um sistema PAM *M*-ário, um *baud* é igual a $\log_2 M$

bits por segundo, e a duração de símbolo T do sistema PAM M-ário se relaciona com a duração de *bit* T_b do sistema PAM binário equivalente como

$$T = T_b \log_2 M \qquad (8.65)$$

Portanto, em uma determinada largura de banda de canal, descobrimos que ao utilizar um sistema PAM M-ário, somos capazes de transmitir informação a uma taxa que é $\log_2 M$ mais rápida do que o sistema PAM binário correspondente. Entretanto, para realizar a mesma probabilidade média de erro de símbolos, um sistema PAM M-ário exige mais potência transmitida. Especificamente, verificamos que para M muito maior do que 2 e uma probabilidade de erro de símbolos pequena em comparação com 1, a potência transmitida deve ser aumentada por um fator de $M^2/\log_2 M$, em comparação com um sistema PAM binário.

Em um sistema M-ário de banda base, antes de tudo, a sequência de símbolos emitida pela fonte de informação é convertida em um trem de pulsos PAM de M níveis por um modulador de amplitude de pulso na entrada do transmissor. Em seguida, como acontece com o sistema PAM binário, o trem de pulsos é modelado por um filtro de transmissão e depois transmitido pelo canal de comunicação, que corrompe a forma de onda do sinal com ruído e distorção. O sinal recebido passa através de um filtro de recepção e depois é amostrado a uma taxa apropriada em sincronismo com o transmissor. Cada amostra é comparada com valores de *limiar* pré-definidos (também chamados de níveis de *fatiamento*), e uma decisão é tomada em relação a qual símbolo foi transmitido. Portanto, descobrimos que os projetos do modulador de pulso e do dispositivo de tomada de decisão em um sistema PAM M-ário são mais complexos do que os de um sistema PAM binário. Interferência intersimbólica, ruído e sincronização imperfeita fazem com que erros apareçam na saída do receptor. Os filtros de transmissão e recepção são projetados para minimizar esses erros. Os procedimentos utilizados para o projeto desses filtros são similares àqueles discutidos nas Seções 8.4 e 8.6 para sistemas PAM binários de banda base. Em particular, a forma e o pulso de cosseno elevado, que é livre de ISI para sinalização binária, é igualmente livre de ISI para sinalização M-ária.

Figura 8.18 Saída de um sistema quaternário. (*a*) Forma de onda. (*b*) Representação dos quatro pares de *bits* possíveis.

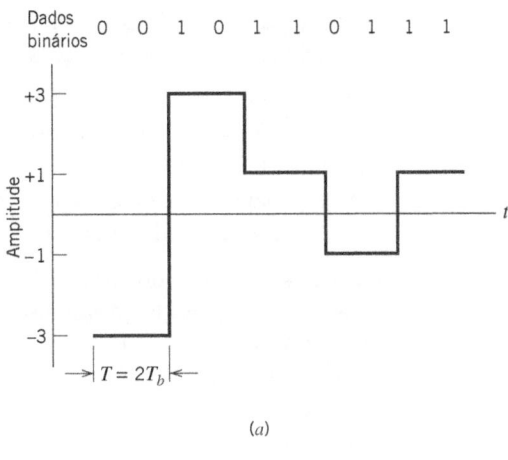

Dibit	Amplitude
00	−3
01	−1
11	+1
10	+3

8.8 Equalização TDL

No Exemplo 8.2, vimos como um canal limitado em banda tal como um canal telefônico pode afetar a transmissão em alta velocidade de dados digitais. Uma abordagem eficiente para a transmissão em alta velocidade de dados digitais por um canal utiliza uma combinação de duas operações de processamento de sinais básicas:

- PAM discreta, que envolve a codificação das amplitudes de pulsos sucessivos em um trem de pulsos periódico com um conjunto discreto de níveis de amplitude possíveis.
- Um esquema de modulação linear, que oferece conservação da largura de banda para transmitir o trem de pulsos codificado por um canal telefônico.

Na etapa de recepção do sistema, o sinal recebido é demodulado e amostrado sincronamente, e depois algumas decisões são tomadas em relação a quais símbolos em particular foram transmitidos.

Como um resultado da dispersão da forma de pulso pelo canal limitado em banda, verificamos que o número de níveis de amplitude detectáveis é muitas vezes mais limitado pela interferência intersimbólica do que pelo ruído aditivo. Em princípio, se o canal for precisamente conhecido, é sempre possível, virtualmente, fazer com que a interferência intersimbólica nos instantes de amostragem seja arbitrariamente pequena utilizando-se um par adequado de filtros de transmissão e recepção, de modo a se controlar a forma de onda global da maneira descrita anteriormente. O filtro de transmissão é colocado diretamente antes do modulador, ao passo que o filtro de recepção é colocado diretamente depois do demodulador.

Na prática, entretanto, raramente temos conhecimento prévio das características exatas do canal. Além disso, há um inevitável problema de imprecisão que surge na implementação física dos filtros de transmissão e recepção. O resultado líquido de todos esses efeitos é que haverá alguma distorção residual devida à ISI que será um fator limitante da taxa de dados do sistema. Para compensar a distorção residual intrínseca, podemos utilizar um processo conhecido como equalização. O filtro utilizado para a realização de tal processo é chamado de equalizador.

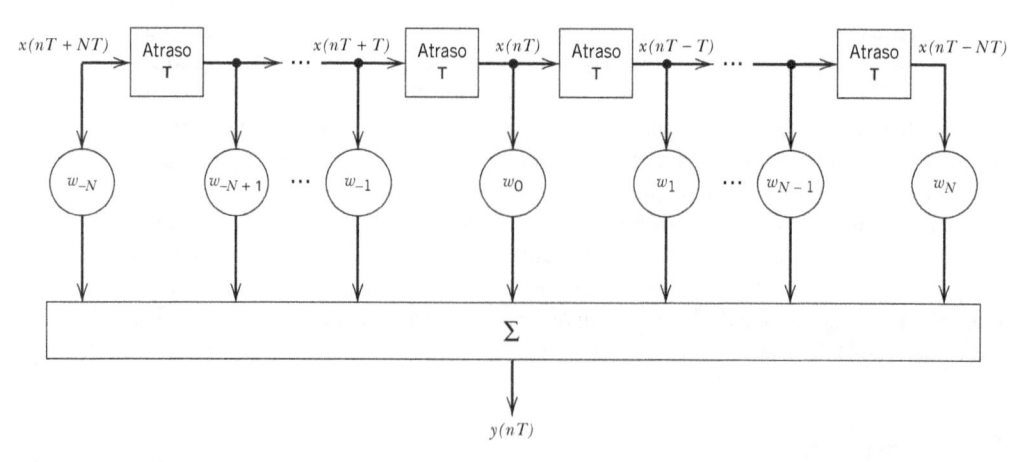

Figura 8.19 Filtro TDL.

Um dispositivo que se adequa bem ao projeto de um equalizador linear é o filtro TDL*, como representado na Figura 8.19. Por simetria, o número de *taps* é escolhido para ser $(2N+1)$, com os pesos denotados por $w_{-N},..., w_{-1}, w_0, w_1,..., w_N$. A resposta ao impulso do equalizador TDL é, portanto,

$$h(t) = \sum_{k=-N}^{N} w_k \delta(t - kT) \qquad (8.66)$$

em que $\delta(t)$ é a função delta de Dirac, e o atraso T é escolhido para ser igual à duração de símbolo.

Suponhamos que o equalizador TDL seja conectado em cascata com um sistema linear cuja resposta ao impulso é $c(t)$, como representado na Figura 8.20. Seja $p(t)$ a resposta ao impulso do sistema equalizado. Então, $p(t)$ é igual à convolução de $c(t)$ e $h(t)$, como mostrado por

$$p(t) = c(t) \star h(t)$$
$$= c(t) \star \sum_{k=-N}^{N} w_k \delta(t - kT)$$

Intercambiando a ordem do somatório e da convolução:

$$p(t) = \sum_{k=-N}^{N} w_k c(t) \star \delta(t - kT)$$
$$= \sum_{k=-N}^{N} w_k c(t - kT) \qquad (8.67)$$

em que utilizamos a propriedade de peneiramento da função delta. Avaliando a Eq. (8.67) nos instantes de amostragem $t = nT$, obtemos a *soma de convolução discreta*

$$p(nT) = \sum_{k=-N}^{N} w_k c((n-k)T) \qquad (8.68)$$

Notemos que a sequência $\{p(nT)\}$ é maior do que $\{c(nT)\}$.

Para eliminarmos completamente a interferência intersimbólica, precisamos satisfazer o critério de Nyquist para transmissão sem distorção descrito na Eq. (8.49), com T utilizado no lugar de T_b. Assume-se que $p(t)$ seja definido de tal maneira que a condição de normalização $p(0) = 1$ seja satisfeita de acordo com a Eq. (8.46). Dessa forma, para que não haja nenhuma interferência intersimbólica, exigimos que

$$p(nT) = \begin{cases} 1, & n = 0 \\ 0, & n \neq 0 \end{cases}$$

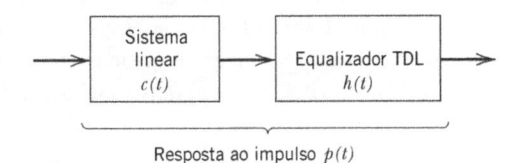

Figura 8.20 Conexão em cascata de um sistema linear e um equalizador TDL.

---

* N. de T.: Do inglês *Tapped-Delay-Line*.

Mas a partir da Eq. (8.68), notamos que há apenas $(2N+1)$ coeficientes ajustáveis à nossa disposição. Consequentemente, essa condição ideal pode apenas ser satisfeita aproximadamente, da seguinte maneira:

$$p(nT) = \begin{cases} 1, & n = 0 \\ 0, & n = \pm 1, \pm 2, \ldots, \pm N \end{cases} \quad (8.69)$$

Para simplificar a notação, seja a n-ésima amostra da resposta ao impulso $c(t)$ escrita como

$$c_n = c(nT) \quad (8.70)$$

Dessa forma, impondo a condição da Eq. (8.69) sobre a soma de convolução discreta da Eq. (8.68), obtemos um conjunto de $(2N+1)$ equações simultâneas:

$$\sum_{k=-N}^{N} w_k \, c_{n-k} = \begin{cases} 1, & n = 0 \\ 0, & n = \pm 1, \pm 2, \ldots, \pm N \end{cases} \quad (8.71)$$

De maneira equivalente, podemos escrever em formato matricial

$$\begin{bmatrix} c_0 & \cdots & c_{-N+1} & c_{-N} & c_{-N-1} & \cdots & c_{-2N} \\ & & & & & & \\ c_{N-1} & \cdots & c_0 & c_{-1} & c_{-2} & \cdots & c_{-N-1} \\ c_N & \cdots & c_1 & c_0 & c_{-1} & \cdots & c_{-N} \\ c_{N+1} & \cdots & c_2 & c_1 & c_0 & \cdots & c_{-N+1} \\ & & & & & & \\ c_{2N} & \cdots & c_{N+1} & c_N & c_{N-1} & \cdots & c_0 \end{bmatrix} \begin{bmatrix} w_{-N} \\ \vdots \\ w_{-1} \\ w_0 \\ w_1 \\ \vdots \\ w_N \end{bmatrix} = \begin{bmatrix} 0 \\ \vdots \\ 0 \\ 1 \\ 0 \\ \vdots \\ 0 \end{bmatrix} \quad (8.72)$$

Um equalizador TDL descrito pela Eq. (8.71) ou, de maneira equivalente, pela Eq. (8.72) é referido como um *equalizador zero-forcing*. Tal equalizador é ótimo no sentido de que ele elimina a distorção de pico (interferência intersimbólica). Ele também apresenta a boa característica de ser relativamente fácil de se implementar. Em teoria, quanto maior o equalizador (isto é, permitir que N se aproxime do infinito), mais o sistema se aproximará da condição ideal especificada pelo critério de Nyquist para transmissão sem distorção.

A estratégia *zero-forcing* descrita acima funciona bem no laboratório, onde temos acesso ao sistema a ser equalizado e conhecemos os coeficientes do sistema $c_{-N},\ldots, c_{-1}$, $c_0, c_1,\ldots, c_N$ que serão necessários para a solução da Eq. (8.72). Em uma rede de telecomunicações, o canal é muitas vezes variante no tempo. Para perceber a capacidade de transmissão de um canal variante no tempo, existe a necessidade de uma *equalização adaptativa*. O processo de equalização é dito ser adaptativo quando o equalizador se ajusta contínua e automaticamente, utilizando informação extraída do sinal de entrada. A equalização adaptativa está além do escopo dessa introdução à equalização, mas é suficiente dizer que a maioria dos equalizadores utilizados na prática são adaptativos.

8.9 Exemplo temático – 100BASE-TX – transmissão de 100Mbps via par trançado[3]

Uma das formas dominantes de Ethernet rápida, referida como 100BASE-TX, transmite até 100 Mbps via dois *pares de fios de cobre trançados*, comumente referidos como cabo de Categoria 5. O *link* de comunicação possui um máximo de 100 metros em comprimento e tipicamente um par de fios trançados é utilizado em cada direção.

Com 100BASE-TX, o fluxo de dados é processado através de diversos estágios de codificação antes de ser transmitido. No primeiro estágio, quatro *bits* são codificados em binário para cinco *bits* a fim de se produzir uma série de zeros e uns no formato NRZ. Essa codificação é referida como codificação 4B5B e os *bits* de saída são temporizados a uma taxa de símbolos de 125 MHz. Esse mapeamento de quatro *bits* para cinco *bits* cria transições de sinal extras que fornecem uma informação de temporização para o sinal. Por exemplo, uma sucessão de quatro *bits* tal como 0000 não contém transições e isso causa problemas de temporização para o receptor. A codificação 4B5B resolve esse problema atribuindo a cada bloco de quatro *bits* consecutivos uma palavra equivalente de cinco *bits*. Essas palavras de cinco *bits* são predeterminadas em um dicionário e elas podem ser escolhidas para garantir que haverá pelo menos uma transição por bloco de *bits*. Uma limitação do código 4B5B é que mais *bits* são necessários para enviar a mesma informação. A saída NRZ de uma codificação 4B5B é mostrada na Figura 8.21*a*.

O segundo estágio de codificação converte o formato NRZ em um formato conhecido NRZ inverso em um ou NRZI. Com o formato NRZI, a informação está contida nas transições de sinal, e não nos níveis de tensão, e, por isso, trata-se de uma forma de codificação diferencial. Com o formato NRZI, um 1 produz um pulso retangular de meia largura no nível de tensão corrente seguido por um pulso de meia largura no outro nível de tensão; e um 0 é representado por nenhuma mudança no nível de tensão corrente. Um exemplo de uma codificação NRZI de um sinal NRZ é mostrado na Figura 8.21*b*. A codificação diferencial significa que o nível absoluto não é importante no processo de detecção, mas sim que mudanças no nível determinam os *bits* transmitidos.

No terceiro estágio de codificação, os *bits* NRZI são convertidos em um formato de três níveis conhecido como MLT-3. Com essa codificação de três níveis a porção zero se mantém inalterada, mas a porção positiva do sinal NRZI fica alternando entre níveis de tensão positivo e negativo depois de cada zero. Um exemplo da conversão dos *bits* NRZI em uma representação MLT-3 é mostrado na Figura 8.21*c*. O formato multinível reduz a frequência fundamental dos dados de 62,5 MHz para 31,25 MHz. Essa redução no espectro do sinal torna o sinal transmitido menos sensível a limitações de largura de banda do canal.

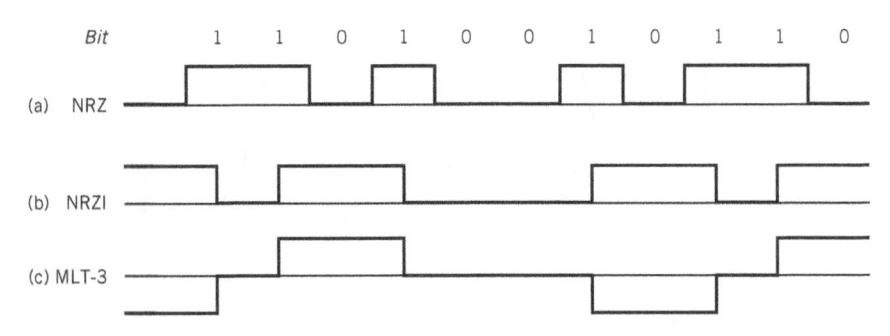

Figura 8.21 A tradução entre diferentes códigos de linha utilizados como 100BASE-TX.

A transmissão via *pares trançados* de fios de cobre a taxas de 100 Mbps e maiores apresenta muitos desafios. Entre esses desafios estão:

- A atenuação do sinal ao longo de 100 metros de pares trançados é considerável e aumenta significativamente com a frequência e a temperatura e também é afetada por magnetismo.
- Há um *eco* potencial da extremidade oposta do cabo que pode degradar o desempenho.
- Uma vez que o sistema transmite e recebe simultaneamente (*full duplex*), através de pares trançados adjacentes, há a possibilidade de diafonia (*crosstalk*) entre o par trançado de transmissão e o par trançado de recepção. Se o acoplamento de diafonia ocorrer próximo da entrada de recepção, ele é conhecido como *paradiafonia*; caso contrário, ele é chamado de *telediafonia*.

Realizando-se o processamento apropriado do sinal, tal como a equalização, o cancelamento de eco e de diafonia, muitos desses problemas podem ser mitigados. Para ilustrar, abordaremos a seguir a natureza dispersiva do canal através da equalização.

A forma de pulso utilizada para 100BASE-TX não é especificada analiticamente, mas sim em termos da duração e dos tempos de subida e de descida. Em particular, o pulso tem largura de 16 nanossegundos e precisa ter tempos de subida e de descida entre 3 e 5 nanossegundos. O tempo de subida (e de descida) é definido como o tempo entre 10 e 90% da amplitude máxima. Um exemplo de tal pulso é mostrado na Figura 8.22.

Em 100BASE-TX, o receptor deve tolerar um canal (isto é, um cabo de par trançado) que apresenta a característica de atenuação mostrada na Figura 8.23 para um cabo de 100 metros. Essa característica indica uma pequena quantidade de atenuação em baixas frequências (em que os pares traçados são utilizados para comunicações de telefone analógicas ao longo de distâncias muito maiores), mas a atenuação aumenta rapidamente quando a frequência excede 1 MHz.

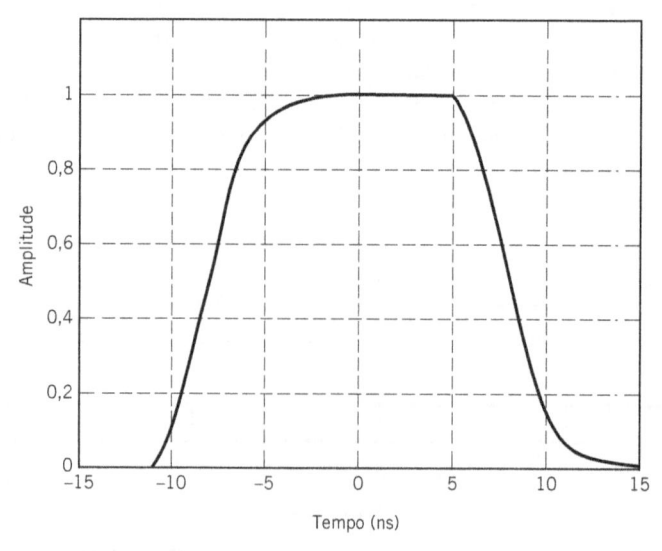

Figura 8.22 Exemplo de forma de pulso para 100BASE-TX.

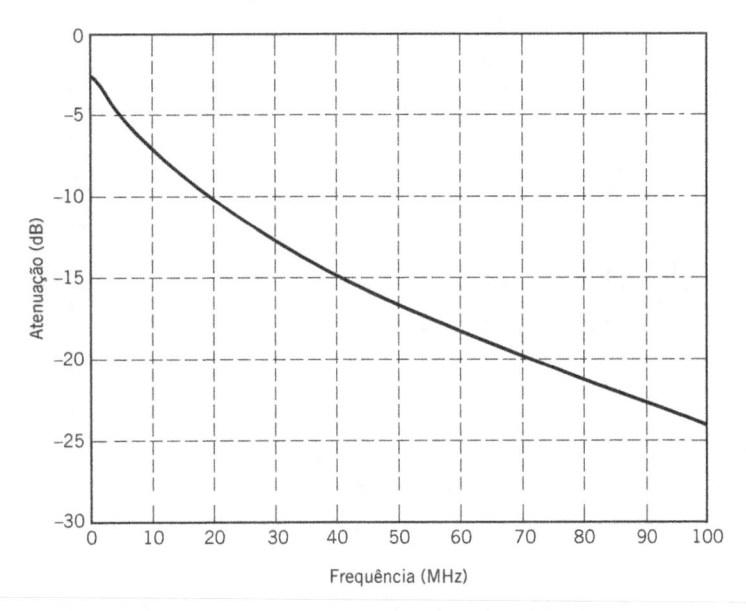

Figura 8.23 Pior caso de característica de atenuação de cabo para 100BASE-TX.

Para ilustrar o efeito que tal canal teria sobre o desempenho, simulamos o efeito da transmissão de dados com a forma de pulso da Figura 8.22 através de um canal que tem uma resposta ao impulso aproximadamente correspondente ao espectro de magnitude da Figura 8.23. O diagrama ocular do sinal transmitido (antes do canal) é mostrado na Figura 8.24a, enquanto que o diagrama ocular após o canal é mostrado na Figura 8.24b. O canal causou um fechamento significativo do olho, reduzindo a sua tolerância a ruído e a outras formas de distorção.

O padrão 100BASE-TX assume que o receptor utilizará equalização para compensar os efeitos do canal. Por exemplo, podemos aplicar as técnicas do equalizador *zero-forcing* descritas na Seção 8.8 a esse caso. Em particular, a resposta do sistema é simplesmente a convolução da forma de pulso transmitida e da resposta ao impulso do canal. O resultado da convolução é então amostrado em intervalos espaçados entre si de T em torno do pico, sendo T o período de símbolo de 16 nanossegundos. Essa amostragem fornece as amostras $\{c_{-2N},..., c_0,..., c_{2N}\}$ para serem utilizadas no cálculo do equalizador na Eq. (8.72). Para esse exemplo, selecionamos $N = 1$, correspondendo a um equalizador de 3 *taps*. Os *taps* do equalizador calculados são $\{w_{-1}, w_0, w_1\}$ = $\{-0,41, 1,87, -0,39\}$, sujeitos a escalonamento. Se esse equalizador de 3 *taps* com espaçamento T for aplicado ao sinal recebido, então o diagrama ocular da Figura 8.24c será obtido. A equalização claramente aumenta a abertura ocular, implicando uma detecção de dados mais robusta por meio do aumento da tolerância do sinal a ruído e a outras distorções.

Este exemplo temático demonstrou que com projeto adequado e processamento digital de sinais apropriado, é possível transmitir dados a taxas elevadas através de canais bastante não ideais.

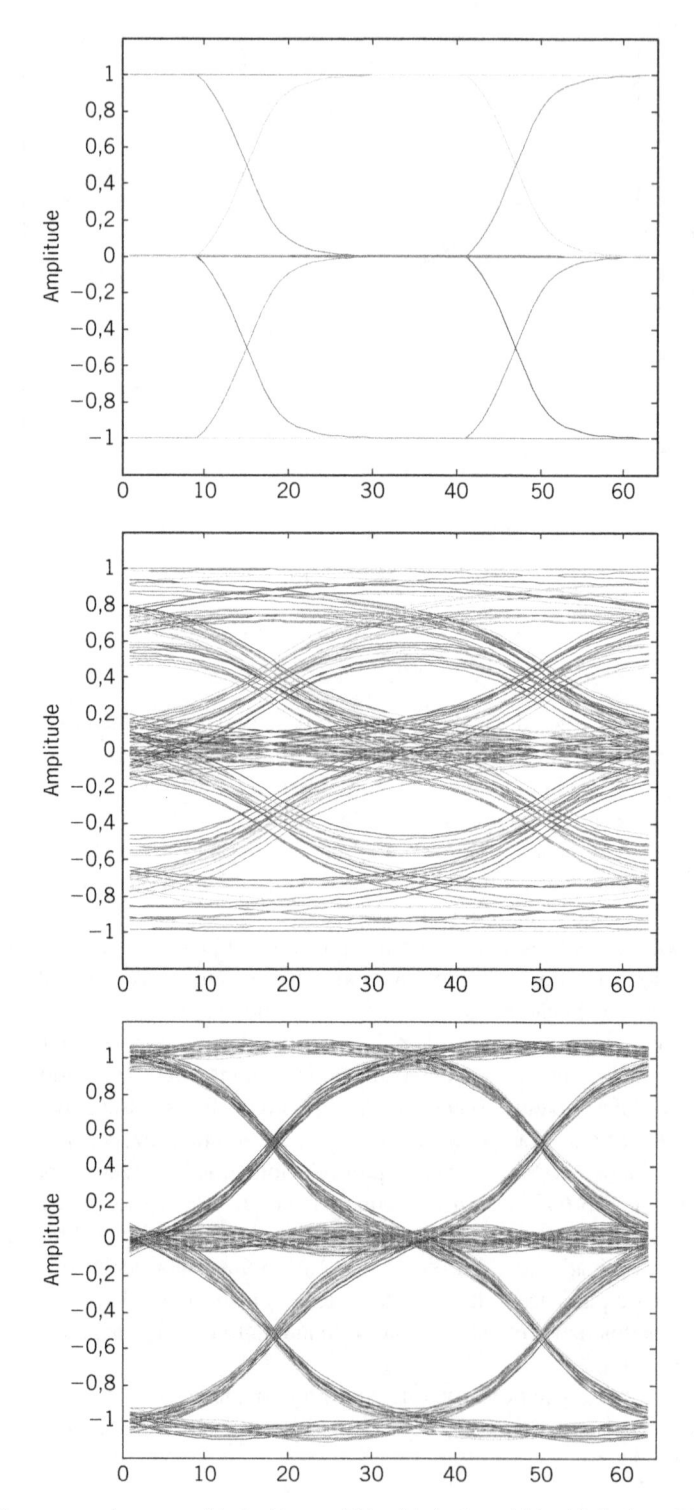

Figura 8.24 Digramas oculares para (*a*) sinal transmitido; (*b*) sinal recebido; (*c*) sinal recebido equalizado.

8.10 Resumo e discussão

Neste capítulo, estudamos os efeitos de ruído e interferência intersimbólica sobre o desempenho de sistemas de transmissão de pulso em banda base. A interferência intersimbólica (ISI) é diferente de ruído porque é uma forma de interferência *dependente do sinal* que surge devido a desvios na resposta em frequência de um canal em relação a um filtro passa-baixas ideal (canal de Nyquist). Ela desaparece quando o sinal transmitido é desligado. O resultado desses desvios é que o pulso correspondente a um símbolo de dados particular é afetado (1) pelas extremidades de cauda dos pulsos que representam os símbolos anteriores e (2) pelas extremidades frontais dos pulsos que representam os símbolos subsequentes.

Dependendo da relação sinal-ruído recebida, podemos distinguir três diferentes situações que podem surgir em sistemas de transmissão de pulsos em banda base para canais com características fixas:

1. *O efeito da ISI é desprezível em comparação com o do ruído.* O procedimento adequado nesse caso é utilizar um filtro casado, que é o filtro linear ótimo invariante no tempo para maximizar a relação sinal-ruído de pico do pulso.
2. *A relação sinal-ruído recebida é suficientemente elevada para se ignorar o efeito de ruído.* Nesse caso, precisamos nos proteger contra os efeitos de ISI na reconstrução dos dados transmitidos no receptor. Em particular, deve-se controlar a forma do pulso recebido. Esse objetivo de projeto pode ser atingido por uma de duas maneiras:
   - Utilizando um espectro cosseno elevado para a resposta em frequência global do sistema de transmissão de pulsos em banda base.
   - Utilizando codificação em nível correlativo ou sinalização de resposta parcial que adiciona ISI ao sinal transmitido de uma maneira controlada.
3. *Tanto a ISI quanto o ruído são significativos.* A solução para essa terceira situação exige a otimização conjunta dos filtros de transmissão e recepção. De maneira breve, uma forma de pulso adequada é primeiro utilizada para reduzir a ISI a zero nos instantes de amostragem, e em seguida a desigualdade de Schwarz é invocada para se maximizar a relação sinal-ruído de saída nos instantes de amostragem.

Entretanto, quando o canal é aleatório no sentido de ser um conjunto de realizações físicas possíveis, o que é frequentemente o caso em um ambiente de telecomunicações, o uso de projetos de filtros fixos baseados nas características médias do canal pode não ser adequado. Em situações desse tipo, a abordagem preferida é utilizar um equalizador posicionado após o filtro de recepção no receptor. O propósito do equalizador é compensar as variações na resposta em frequência do canal. Introduzimos o filtro TDL como um método bastante efetivo de se implementar a equalização. O projeto de tal equalizador exige o conhecimento do canal e das características dos filtros de transmissão e recepção. Na prática, um método de se estimar a resposta ao impulso combinada do sistema é transmitir uma sequência conhecida no começo da transmissão. Para canais que possam ser variantes no tempo, foram desenvolvidos algoritmos que ajustam automaticamente os *taps* durante o curso da transmissão; tal processo é conhecido como *equalização adaptativa*. Um equalizador adaptativo é capaz de lidar com os efeitos combinados de ISI e de ruído de receptor em um ambiente não estacionário. Seu valor prático reside no fato de que quase todo modem (modulador-demodulador) em uso comercial atualmente para transmissão de dados por um canal telefônico de faixa de voz utiliza um equalizador adaptativo.

Notas e referências

1. Os livros clássicos sobre transmissão de pulsos em banda base são de Lucky, Salz e Weldon (1968) e Sunde (1969). Para um tratamento detalhado de diferentes aspectos do assunto, ver Gitlin, Hayes e Weinstein (1992), Proakis (2001) e Benedetto, Biglieri e Castellani (1987).
2. Para um material de revisão sobre filtros casados e suas propriedades, ver os artigos de Turin (1960, 1976).
3. As exigências para transmissão de 100 Mbps para aplicações de internet são descritas nos padrões: IEEE Std. 802.3 – 2005, Part 3; e ANSI X3.263 (1995).

Problemas

8.1 Considere o sinal $s(t)$ mostrado na Figura P8.1.

(a) Determine a resposta ao impulso do filtro casado para esse sinal e esboce-a como uma função do tempo.
(b) Plote a saída do filtro casado como uma função do tempo.
(c) Qual é o valor máximo da saída?

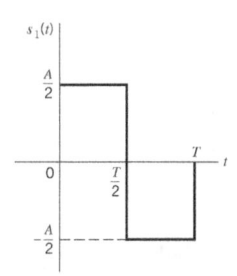

Figura P8.1

8.2 Propõe-se que seja implementado um filtro casado na forma de um filtro TDL com um conjunto de taps $\{w_k, k = 0, 1,..., K\}$. Dado um sinal $s(t)$ de duração T segundos com o qual o filtro é casado, encontre o valor de w_k. Suponha que o sinal seja uniformemente amostrado.

8.3 Neste problema, derive as fórmulas utilizadas para calcular os espectros de potência da Figura 8.1 para os cinco códigos de linha descritos na Seção 8.2. No caso de cada código de linha, a duração de bit é T_b e a amplitude de pulso A é condicionada para normalizar a potência média do código de linha à unidade como indicado na Figura 8.1. Suponha que o fluxo de dados seja gerado aleatoriamente, e que os símbolos 0 e 1 sejam equiprováveis.

Derive as densidades espectrais de potência desses códigos de linha como resumidas aqui:

(a) Sinais unipolares não retorna a zero:
$$S(f) = \frac{A^2 T_b}{4} \text{sinc}^2(f T_b)\left(1 + \frac{1}{T_b}\delta(f)\right)$$

(b) Sinais polares não retorna a zero:
$$S(f) = A^2 T_b \text{sinc}^2(f T_b)$$

(c) Sinais unipolares retorna a zero:
$$S(f) = \frac{A^2 T_b}{16} \text{sinc}^2\left(\frac{f T_b}{2}\right)\left[1 + \frac{1}{T_b}\sum_{n=-\infty}^{\infty} \delta\left(f - \frac{n}{T_b}\right)\right]$$

(d) Sinais bipolares retorna a zero:
$$S(f) = \frac{A^2 T_b}{4} \text{sinc}^2\left(\frac{f T_b}{2}\right)\text{sen}^2(\pi f T_b)$$

(e) Sinais com codificação Manchester:
$$S(f) = A^2 T_b \text{sinc}^2\left(\frac{f T_b}{2}\right)\text{sen}^2\left(\frac{\pi f T_b}{2}\right)$$

Consequentemente, confirme as plotagens espectrais mostradas na Figura 8.1.

8.4 Considere um pulso retangular definido por
$$g(t) = \begin{cases} A, & 0 \leq t \leq T \\ 0, & \text{caso contrário} \end{cases}$$

Propõe-se aproximar o filtro casado para $g(t)$ por um filtro passa-baixas ideal de largura de banda B; a maximização da relação sinal-ruído do pulso de pico é o objetivo primário.

(a) Determine o valor ótimo de B para o qual o filtro passa-baixas ideal fornece a melhor aproximação para o filtro casado.

(b) Por quantos decibéis o filtro passa-baixas ideal é pior do que o filtro casado?

8.5 Uma onda PCM utiliza sinalização liga-desliga para transmitir os símbolos 1 e 0; o símbolo 1 é representado por um pulso retangular de amplitude A e duração T_b. O ruído aditivo na entrada do receptor é branco e gaussiano, com média zero e densidade espectral de potência $N_0/2$. Supondo que os símbolos 1 e 0 ocorram com igual probabilidade, encontre uma expressão para a probabilidade de erro média na saída do receptor, utilizando um filtro casado como descrito na Seção 8.3.

8.6 Um sistema binário PCM que utiliza sinalização NRZ opera com uma probabilidade de erro média igual a 10^{-6}. Suponha que a taxa de sinalização seja dobrada. Encontre o novo valor da probabilidade de erro média. Ver o Apêndice para métodos de avaliação da função Q da Figura 8.7.

8.7 Um sinal de tempo contínuo é amostrado e depois transmitido como um sinal PCM. O ruído aleatório na entrada do dispositivo de decisão no receptor tem uma variância de 0,01 volts^2.

(a) Supondo a utilização de sinalização NRZ, determine a amplitude de pulso que deve ser recebida para que a taxa de erro média não exceda 1 *bit* em 10^8 *bits*.

(b) Se a presença adicionada de interferência fizer com que a taxa de erro se eleve para 1 *bit* em 10^6 *bits*, qual será a variância da interferência?

8.8 Em um sistema binário, os símbolos 0 e 1 possuem *probabilidades a priori* p_0 e p_1, respectivamente. A função densidade de probabilidade condicional da variável aleatória Y (com valor de amostra y) obtida amostrando-se a saída do filtro casado no receptor da Figura 8.5 ao final do intervalo de sinalização, desde que o símbolo 0 tenha sido transmitido, é denotada por $f_Y(y|0)$. De maneira similar, $f_Y(y|1)$ denota a função densidade de probabilidade condicional de Y, dado que o símbolo 1 tenha sido transmitido. Seja λ o limiar utilizado no receptor, de forma que se o valor de amostra y exceder λ, o receptor decidirá em favor do símbolo 1; caso contrário, ele decidirá em favor do símbolo 0. Mostre que o limiar ótimo λ_{opt}, para o qual a probabilidade de erro média é mínima, é dada pela solução de

$$\frac{f_Y(\lambda_{opt}|1)}{f_Y(\lambda_{opt}|0)} = \frac{p_0}{p_1}$$

8.9 A forma de pulso global $p(t)$ de um sistema PAM binário de banda base é definida por

$$p(t) = \mathrm{sinc}\left(\frac{t}{T_b}\right)$$

em que T_b é a duração de *bit* da entrada de dados binários. Os níveis de amplitude na saída do modulador de pulso são +1 ou –1, dependendo se o símbolo binário na entrada for 1 ou 0, respectivamente. Esboce a forma de onda na saída do filtro de recepção em resposta aos dados de entrada 001101001.

8.10 Determine a transformada inversa de Fourier da função da frequência $P(f)$ definida na Eq. (8.60).

8.11 Um sinal analógico é amostrado, quantizado e codificado em uma onda PCM binária. As especificações do sistema PCM incluem:

Taxa de amostragem = 8 kHz
Número de níveis de representação = 64

A onda PCM é transmitida por um canal de banda base que utiliza modulação por amplitude de pulso discreta. Determine a largura de banda mínima necessária para a transmitir a onda PCM se for permitido que cada pulso assuma o seguinte número de níveis de amplitude: 2, 4 e 8.

8.12 Considere um sistema PAM binário de banda base que é projetado para ter um espectro cosseno elevado $P(f)$. O pulso resultante $p(t)$ é definido na Eq. (8.62). Como esse pulso seria modificado se o sistema fosse projetado para ter uma resposta em fase linear?

8.13 Um computador transmite dados binários à taxa de 56 kb/s. A saída do computador é transmitida utilizando-se um sistema PAM binário de banda base que é projetado para ter um espectro cosseno elevado. Determine a largura de banda de transmissão necessária para cada um dos seguintes fatores de decaimento: $\alpha = 0{,}25,\ 0{,}5,\ 0{,}75,\ 1{,}0$.

8.14 Repita o Problema 8.13, dado que cada conjunto de três dígitos binários sucessivos na saída do computador seja codificado em um de oito níveis de amplitude possíveis, e o sinal resultante seja transmitido utilizando-se um sistema PAM de oito níveis projetado para ter um espectro cosseno elevado.

8.15 Um sinal analógico é amostrado, quantizado e codificado em uma onda binária PCM. O número de níveis de representação utilizados é 128. Um pulso de sincronização é adicionado ao final de cada palavra código que representa uma amostra do sinal analógico. A onda PCM resultante é transmitida por um canal de largura de banda 12 kHz utilizando-se um sistema PAM quaternário com espectro cosseno elevado. O fator de decaimento é unitário.

(a) Encontre a taxa (b/s) à qual a informação é transmitida através do canal.

(b) Encontre a taxa à qual o sinal analógico é amostrado. Qual é o valor máximo possível para a componente de frequência mais alta do sinal analógico?

8.16 Uma onda PAM binária é transmitida por um canal de banda base com uma largura de banda máxima absoluta de 75 kHz. A duração de *bit* é 10 μs. Encontre um espectro cosseno elevado que satisfaça essas exigências.

8.17 Um sistema de comunicação digital utiliza a exponencial unilateral como forma de pulso para transmitir dados

$$p(t) = \begin{cases} 0 & t < 0 \\ \exp(-t/\tau) & t \geq 0 \end{cases}$$

(a) Qual é o pior caso de interferência intersimbólica com essa forma de pulso se $\tau = T$, em que T é o período de símbolo?

(b) Se uma redução de 20% da abertura ocular devida à interferência intersimbólica for tolerável, qual é o valor ótimo de τ? Qual é a diferença em largura de banda de 3 dB do sinal com esse τ em comparação com $\tau = T$?

8.18 A combinação do transmissor e do canal produz um pulso cujo espectro em magnitude é definido por

$$H(f) = \exp(-|f|T)$$

Determine o espectro do filtro receptor ideal que eliminaria a interferência intersimbólica.

8.19 O espectro do pulso de cosseno elevado não é o único que satisfaz o critério de Nyquist. O espectro do pulso trapezoidal mostrado na Figura P8.19 também satisfaz esse critério.

(a) Calcule o pulso no domínio do tempo correspondente ao espectro mostrado na Figura P8.19. Compare os cruzamentos em zero desse pulso com aqueles do pulso cosseno elevado e do pulso sinc.

(b) Sugira um outro espectro de pulso que satisfaça o critério de Nyquist.

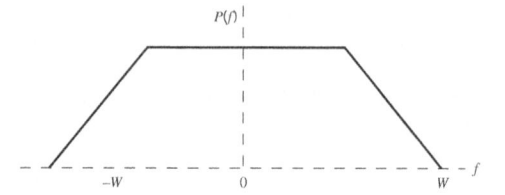

Figura P8.19

8.20 Considere um sistema M-ário de banda base que utiliza M níveis de amplitude discreta. O modelo de receptor é como mostrado na Figura P8.20, cuja operação é governada pelas seguintes suposições:

(a) A componente de sinal na onda recebida é

$$m(t) = \sum_n a_n \operatorname{sinc}\left(\frac{t}{T} - n\right)$$

em que $1/T$ é a taxa de sinalização em *bauds*.

(b) Os níveis de amplitude são $a_n = \pm A/2$, $\pm 3A/2, \ldots, \pm(M-1)A/2$ se M for par, e $a_n = 0$, $\pm A, \ldots, \pm(M-1)A/2$ se M for ímpar.

(c) Os M níveis são equiprováveis, e os símbolos transmitidos em intervalos de tempo adjacentes são estatisticamente independentes.

(d) O ruído $w(t)$ na entrada do receptor é branco e gaussiano com média zero e densidade espectral de potência $N_0/2$.

(e) O filtro passa-baixas é ideal com largura de banda $B = 1/2T$.

(f) Os níveis de limiar utilizados no dispositivo de decisão são $0, \pm A, \ldots, \pm(M-3)A/2$ se M for par e $\pm A/2, \pm 3A/2, \ldots, \pm(M-3)A/2$ se M for ímpar.

A probabilidade média de erro de símbolo nesse sistema é definida por

$$P_e = 2\left(1 - \frac{1}{M}\right)Q\left(\frac{A}{2\sigma}\right)$$

em que σ é o desvio padrão do ruído na entrada do dispositivo de decisão. Demonstre a validade dessa fórmula geral determinando P_e para os três casos seguintes: $M = 2, 3, 4$.

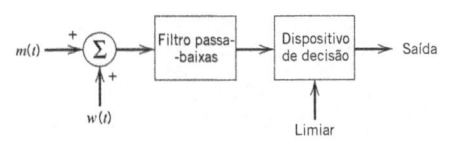

Figura P8.20

8.21 Suponha que em um sistema PAM M-ário de banda base com M níveis de amplitude igualmente prováveis, como descrito no Problema 8.20, a probabilidade média de erro de símbolo P_e seja menor do que 10^{-6}, de modo a tornar a ocorrência de erros de decodificação desprezível. Mostre que o valor mínimo da relação sinal-ruído em tal sistema é dado aproximadamente por

$$(\text{SNR})_{R,\text{mín}} \simeq 7{,}8(M^2 - 1)$$

8.22 Alguns sistemas de rádio sofrem de *distorção multipercurso*, que é causada pela existência de mais de um caminho de propagação entre o transmissor e o receptor. Considere um canal cuja saída, em resposta a um sinal $s(t)$, seja definida por (na ausência de ruído)

$$x(t) = K_1 s(t - t_{01}) + K_2 s(t - t_{02})$$

em que K_1 e K_2 são constantes, t_{01} e t_{02} representam atrasos de transmissão. Propõe-se a utilização do filtro TDL de três *taps* da Figura P8.22 para equalizar a distorção multipercurso produzida por esse canal.

(a) Avalie a função de transferência do canal.
(b) Avalie os parâmetros do filtro TDL em termos de K_1, K_2, t_{01}, t_{02}, supondo que $K_2 \ll K_1$ e $t_{02} > t_{01}$.

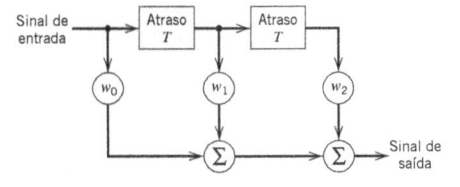

Figura P8.22

8.23 Seja a sequência $\{x(nT)\}$ uma entrada aplicada a um equalizador TDL. Mostre que a interferência intersimbólica é eliminada completamente pelo equalizador desde que a sua função de transferência satisfaça a condição

$$H(f) = \frac{T}{\sum_k X(f - k/T)}$$

em que T é a duração de símbolo.

Quando o número de *taps* no equalizador se aproxima do infinito, a função de transferência do equalizador se torna uma série de Fourier com coeficientes reais e pode, portanto, aproximar qualquer função no intervalo $(-1/2T, 1/2T)$. Demonstre essa propriedade do equalizador.

Problemas computacionais

8.24 O seguinte *script* em Matlab simula a transmissão de dados através do canal telefônico do Exemplo 8.2 utilizando um código de linha bipolar NRZ com uma taxa de símbolos de 1,6 kHz.

```
Fs  = 32;          % taxa de amostragem (kHz)
Rs  = 1.6;         % taxa de símbolos (kHz)
Ns  = Fs/Rs;       % número de amostras por símbolo
Nb  = 30;          % número de bits para simular

% - - - Modelo discreto B(z)/A(z) do canal telefônico - - -
A = [1.00,-2.838,3.143,-1.709,0.458,-0.049];
B = 0.1*[l,-l];

% - - - Forma de pulso dos dados - - - - -
pulse = [ones(1,Ns)];   % bipolar NRZ pulse
data = sign(randn(1,Nb));
Sig = pulse' * data;
Sig = Sig(:);

% - - - Passa o sinal através do canal - - - -
RxSig = filter(B,A,Sig);

% - - - Plota os resultados - - - - - - - - - - - - - - - - -
plot(real(RxSig))
hold on, plot(Sig,'r'). hold off
xtabel(' Amostras de tempo'), ylabel('Amplitude')
```

(a) Modifique o *script* para simular a transmissão de um código de linha Manchester a 1,6 kHz. Compare os seus resultados com aqueles do Exemplo 8.2. Aumente a taxa de dados para 3,2 kHz e repita.

(b) Processe a saída do canal com um filtro casado com a forma do pulso. Utilize a seguinte função em Matlab para plotar o diagrama ocular do sinal. Aumente o número de *bits* simulados quando plotar os diagramas oculares. Comente sobre a abertura ocular para os casos de 1,6 kHz e 3,2 kHz.

```
function b = ploteye(s,Ns);
%----------------------------------------
%
% s - sinal real
% Ns – taxa de sobreamostragem
%----------------------------------------
f = mod(length(s), Ns);
s = real(s(1:end-f));   % torna o comprimento múltiplo de Ns

%--- extrai os períodos de símbolo individuais do sinal ---
EyeSigRef  = reshape(s, Ns, length(s)/Ns);    % um
                                         símbolo por coluna
EyeSigm1   = EyeSigRef(Ns/2;Ns,1:end-2);  % última metade
                                         do símbolo precedente
EyeSig0    = EyeSigRef(: , 2;end-1);      % símbolo
                                         corrente
EyeSigp1   = EyeSigRef(1: Ns/2, 3:end);   % primeira metade do
                                         símbolo seguinte
EyeSig     = [EyeSigm1; EyeSig0; EyeSigp1];  % concatenar
                                         para a curva

L = size(EyeSig,1);
plot([0:L-1]/Ns,EyeSig)            % plota múltiplas curvas
```

(c) Modifique o *script* do código Manchester para produzir um código de linha M-ário com $M = 4$. Compare a abertura ocular com $M = 4$ para as taxas de símbolos de 1,6 kHz e 3,2 kHz. Comente sobre as limitações de se transmitir dados a uma taxa elevada.

8.25 O seguinte *script* em Matlab simula a transmissão de pulsos que possuem espectro cosseno elevado através de um canal com uma resposta ao impulso dada por

$$h(t) = \begin{cases} 0 & t < 0 \\ \exp(-t/\tau) & t \geq 0 \end{cases}$$

```
T      = 1;           % período de símbolo
Rs     = 1/T;         % taxa de símbolos
Ns     = 16;          % número de amostras por símbolo
Fs     = Rs*Ns;       % taxa de amostragem (kHz)
Nb     = 3000;        % número de bits para simular
alpha  = 1.0;         % decaimento do cosseno elevado

% --- Modelo discreto do canal telefônico ---
t = [0: 1/Fs: 5*T];
h = exp(-t / (T/2)) /Fs;   % resposta ao impulso escalonada pela
                          % taxa de amostragem

% --- Forma de pulso dos dados -----
pulse   = firrcos(5*Ns, Rs/2, Rs*alpha, Fs);   % 100
                                         % espectro cosseno elevado
data    = sign(randn(1,Nb));              % dados binários aleatórios
Udata   = [1; zeros(Fs-1, 1)] * data;     % dados de amostra
Udata   = Udata(:);                       % "
Sig     = filter (pulse, 1, Udata);       % dados em forma de pulso
Sig     = Sig( length(pulse)-1)/2: end);  % remove atraso de
                                         % filtro

% --- Passa o sinal através do canal ----
RxSig = filter(h, 1, Sig);

% --- Plota os resultados ---------------------
plot(real(RxSig))
hold on, plot(Sig, 'r'), hold off
xlabel('Amostras de tempo'), ylabel('Amplitude')
```

(a) Para $\tau = T/2$ em que T é o período de símbolo, simule a transmissão para os fatores de decaimento $\alpha = 0,5$ e $1,0$. Determine em quanto a abertura ocular fecha em cada caso e comente.

(b) Repita (a) para o caso $\tau = T$.

8.26 Para a parte (a) do Problema 8.25 com $\alpha = 0,5$, calcule um equalizador TDL fixo utilizando a técnica descrita na Seção 8.8 (o conjunto de equações lineares $\mathbf{C}w = b$ pode ser resolvido no Matlab utilizando-se a linha de comando $w = \text{inv}(\mathbf{C})b$).

(a) Calcule os coeficientes de um equalizador de 3 *taps* com espaçamento T e aplique a ele a saída da simulação e plote o diagrama ocular. Quantifique a melhoria na abertura ocular.

(b) Repita a parte (a) para um equalizador de 5 *taps* e comente sobre a relação de compromisso em se utilizar um equalizador de 3 *taps* versus um equalizador de 5 *taps*.

TÉCNICAS DE TRANSMISSÃO PASSA-FAIXA DIGITAL

Capítulo 9

9.1 Introdução

Na transmissão de pulsos em banda base, a qual estudamos no capítulo anterior, um fluxo de dados na forma de um sinal modulado por amplitude de pulso (PAM) discreta é transmitido diretamente por um canal passa-baixas. Uma questão de interesse particular na transmissão de pulsos em banda base é o projeto de um modelador de pulso para manter o problema da interferência intersimbólica (ISI) sob controle. Na transmissão digital passa-faixa, por outro lado, o fluxo de dados que chega é modulado em uma portadora (geralmente senoidal) com limites de frequência fixos impostos por um canal passa-faixa de interesse. A principal questão de interesse aqui é o projeto ótimo do receptor de modo a se minimizar a probabilidade de erro de símbolo média na presença de ruído de canal. Isso não significa, naturalmente, que o ruído não é de interesse na transmissão de pulsos em banda base, nem que a ISI não é de interesse em modulação de portadora digital. Evidencia, simplesmente, as questões que são de alta prioridade nesses dois domínios diferentes de transmissão de dados.

O canal de comunicação utilizado para a transmissão passa-faixa pode ser um *link* sem fio em uma rede de área local, um canal de satélite, ou similares. De qualquer forma, o processo de modulação que torna a transmissão possível envolve, de alguma maneira, a comutação (chaveamento) de amplitude, frequência ou fase de uma portadora senoidal, de acordo com os dados de entrada. Dessa forma, há três esquemas de sinalização conhecidos como chaveamento de amplitude (ASK), chaveamento de frequência (FSK) e chaveamento de fase (PSK), que podem ser vistos como casos especiais de modulação em amplitude, modulação em frequência e modulação em fase, respectivamente. Uma característica distinta dos sinais FSK e PSK é que, idealmente, ambos apresentam uma envoltória constante. Essa característica os torna insensíveis a não linearidades de amplitude comumente encontradas em *links* de rádio e canais de satélite. É por essa razão que verificamos que, na prática, os sinais FSK e PSK são preferidos aos sinais ASK para transmissão passa-faixa por canais não lineares.

Neste capítulo, estudaremos técnicas de modulação de portadora digital com ênfase nas seguintes questões: (1) projeto ótimo do receptor no sentido de se minimizar o número de erros, e (2) cálculo da probabilidade de erro de símbolo média na saída do receptor. Dois diferentes casos serão considerados no estudo: receptores coerentes e receptores não coerentes. No receptor coerente, um receptor está sincronizado em fase com o transmissor, enquanto que em um receptor não coerente não há sincronização de fase entre o oscilador local utilizado no receptor para a demodulação e o oscilador que fornece a portadora no transmissor para a modulação.

9.2 Modelos de transmissão passa-faixa

Antes de discutirmos estratégias de transmissão passa-faixa específicas, façamos uma revisão sobre sinais e sistemas passa-faixa. No Capítulo 2, introduzimos sinais passa-faixa e mostramos como eles poderiam ser estudados por meio de suas representações de *envoltória complexa* equivalentes. Em particular, ilustramos como um sinal passa-faixa poderia ser construído a partir de suas componentes passa-baixas *em fase* e *em quadratura*.

Essa construção é repetida na Figura 9.1, em que as componentes em fase e em quadratura, $g_I(t)$ e $g_Q(t)$, são utilizadas para modular as portadoras ortogonais $\cos(2\pi f_c t)$ e $\text{sen}(2\pi f_c t)$ para produzir o sinal passa-faixa $g(t)$. O *codificador de sinal* mostrado no lado esquerdo da Figura 9.1 mapeia os dados da fonte de mensagem em suas componentes em fase e em quadratura. São as diferenças em como esse mapeamento é realizado que determinam a estratégia de transmissão passa-faixa específica.

O sinal passa-faixa $g(t)$ é transmitido por um canal de comunicação antes de chegar ao seu destino. Na maioria das situações práticas, o canal atenua o sinal antes que ele alcance o receptor, como mostrado na Figura 9.2. Representamos essa atenuação por meio do fator A_c. Além da atenuação, assume-se que o canal de comunicação passa-faixa que acopla o transmissor ao receptor possui duas características:

1. O canal é linear. Muitas vezes assumimos que a largura de banda do canal é grande o suficiente para acomodar a transmissão do sinal modulado $g(t)$ com distorção desprezível ou nula. Em outras situações, os efeitos do canal passa-faixa podem ser modelados diretamente pelo efeito de sua resposta ao impulso de banda base complexa sobre a envoltória complexa do sinal, como descrito na Seção 2.10.

2. O sinal recebido $s(t)$ é perturbado por um processo estacionário de ruído branco gaussiano de média zero e densidade espectral de potência $N_0/2$. Uma função amostral desse processo de ruído é denotada por $w(t)$.

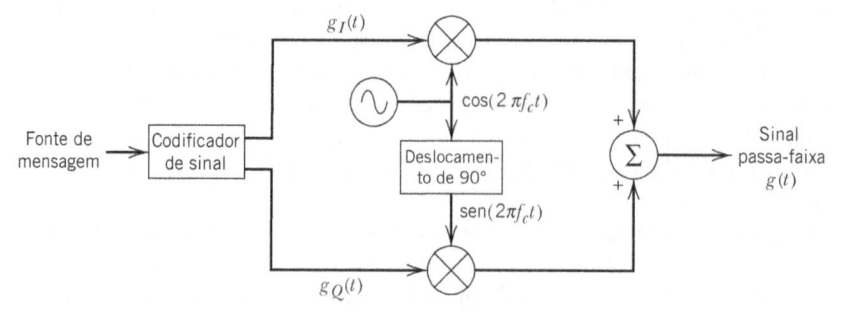

Figura 9.1 Diagrama de blocos que mostra a construção de um sinal passa-faixa a partir de suas componentes em fase e em quadratura.

A situação em que o canal apenas atenua o sinal e adiciona ruído, isto é,

$$x(t) = s(t) + w(t) \\ = A_c g(t) + w(t) \quad (9.1)$$

é um modelo razoável para muitos canais práticos. Referimo-nos a tal canal idealizado como um *canal de ruído branco gaussiano aditivo* (AWGN).

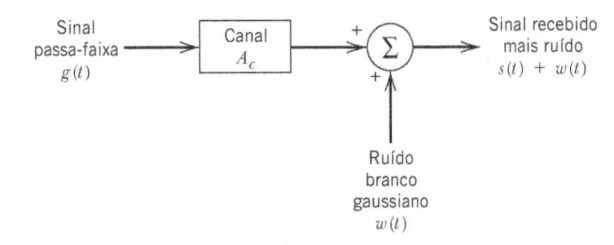

Figura 9.2 Diagrama de blocos que mostra um modelo de canal para transmissão passa-faixa.

Na Figura 9.3, mostramos a porção do receptor do modelo de transmissão passa-faixa. Todos os receptores incluem um filtro passa-faixa na etapa de entrada que passa o sinal sem distorção e converte o ruído branco em um *ruído de banda estreita* $n(t)$, como discutido na Seção 5.11. As componentes em fase e em quadratura desse sinal passa-faixa combinadas aditivamente com o ruído de banda estreita são derivados utilizando-se o conversor descendente I-Q que foi apresentado na Seção 2.9; esse conversor descendente consiste em um oscilador que produz duas senoides locais em fase com as portadoras ortogonais $\cos(2\pi f_c t)$ e $\text{sen}(2\pi f_c t)$, que são misturadas com o sinal de entrada. As saídas do misturador passam, em seguida, por um filtro passa-baixas para que se removam as componentes de alta frequência, restando os sinais em fase e em quadratura recebidos, $\frac{1}{2}[A_c g_I(t) + n_I(t)]$ e $\frac{1}{2}[A_c g_Q(t) + n_Q(t)]$, respectivamente. Receptores práticos também incluem diversos estágios de amplificação, mas uma vez que esses componentes amplificam tanto o sinal quanto o ruído, podemos excluí-los sem afetar os resultados.

Como descrito na Seção 5.11, os processos de ruído $n_I(t)$ e $n_Q(t)$ apresentam uma natureza passa-baixas. Em geral, se os filtros no sistema passam o sinal sem distorção, então esses processos serão *brancos ao longo da largura de banda do canal*. Uma vez que o detector está apenas interessado no sinal, podemos assumir que os processos de ruído $n_I(t)$ e $n_Q(t)$ são brancos sem limitação de largura de banda, e analisar a envoltória complexa de uma maneira similar à análise de um sinal de banda base recebido em ruído branco: a diferença é que a envoltória complexa e o ruído associado são processos de valor complexo, enquanto que um sinal de banda base é de valor real.

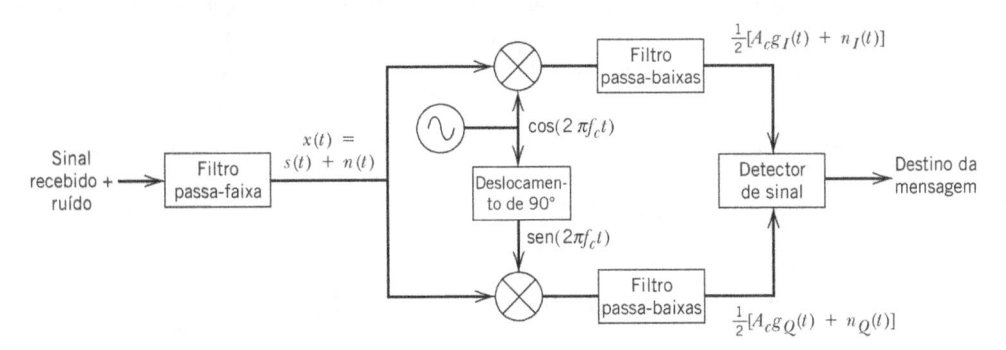

Figura 9.3 Diagrama de blocos que mostra a análise de um sinal passa-faixa em suas componentes em fase e em quadratura.

A característica diferenciadora do receptor passa-faixa é o *detector de sinal*, que depende de como a codificação do sinal é realizada, ou seja, depende da estratégia de transmissão específica. O receptor possui a tarefa de observar a representação complexa do sinal recebido, $[g_I(t) + n_I(t)] + j[g_Q(t) e n_Q(t)]$, durante T segundos e fazer a melhor estimativa do sinal transmitido correspondente $g_I(t) + jg_Q(t)$ ou, de maneira equivalente, decidir pelo símbolo de dado 0 ou 1, para dados binários.

Para simplificar esse tratamento, assumiremos que o receptor está *sincronizado no tempo* com o transmissor, o que significa que o receptor conhece os instantes de tempo em que a modulação muda de estado. Na prática, o receptor deve incluir um circuito de recuperação de temporização. Algumas vezes, também se assume que o receptor está sincronizado em fase com o transmissor. Em tal caso, falamos de *detecção coerente*, e nos referimos ao receptor como um *receptor coerente*. Por outro lado, pode não haver sincronismo de fase entre o transmissor e o receptor. Nesse segundo caso, falamos de *detecção não coerente*, e nos referimos ao receptor como um *receptor não coerente*. Neste capítulo, assumimos a existência de sincronismo no tempo. Entretanto, faremos a distinção entre detecção *coerente* e *não coerente*.

Em resumo, deve-se chamar a atenção para o fato de que nem todos os transmissores e receptores passa-faixa são implementados exatamente como mostrado nas Figuras 9.1 e 9.3. Algumas simplificações ou modificações podem ser feitas dependendo da tecnologia disponível e da estratégia de transmissão. Por exemplo:

- Algumas estratégias de transmissão utilizam apenas sinalização em fase. Isso geralmente implica que o *hardware* associado com o processamento da componente em quadratura seja removido.
- Um receptor pode realizar detecção não coerente em oposição à detecção coerente. A detecção não coerente implica que os osciladores utilizados para derivar as componentes em fase e em quadratura não precisam estar sincronizados em fase com a portadora que chega. De fato, com a detecção não coerente de algumas estratégias de transmissão, a mensagem pode muitas vezes ser recuperada diretamente do sinal passa-faixa sem a derivação das componentes em fase e em quadratura. Entretanto, essa implementação alterada não melhora o desempenho obtido.
- Em muitos receptores modernos, a derivação das componentes em fase e em quadratura é realizada com osciladores que não estão sincronizados em fase com o sinal que chega. Isso implica que pode haver uma rotação de fase ou até um pequeno erro de frequência nas componentes em fase e em quadratura recuperadas. Esses erros potenciais de fase e frequência são corrigidos por algoritmos de processamento digital de sinais que são parte da estratégia de detecção de sinal.

Como será mostrado em seguida, as comunicações passa-faixa são muito mais ricas do que as comunicações em banda base no sentido de que a modulação em quadratura oferece mais possibilidades para as técnicas de sinalização.

9.3 Transmissão de PSK e FSK binários[1]

Quando é preciso transmitir dados binários (por exemplo, obtidos pela digitalização de sinais de voz ou vídeo) por canais de comunicação passa-faixa como *links* de rádio ou canais de satélite, é necessário modular o sinal em uma onda portadora (geralmente senoidal) com limites de frequência fixos estabelecidos pelo canal particular. O processo de modulação corresponde à comutação ou chaveamento da amplitude, da frequência ou da fase entre qualquer um de dois valores possíveis correspondentes aos símbolos binários 0 e 1. Isso resulta em três técnicas de sinalização básicas, nominalmente, *chaveamento de amplitude* (ASK), *chaveamento de frequência* (FSK) e *chaveamento de fase* (PSK), como descrito abaixo:

1. Em um sistema ASK, o símbolo binário 1 é representado pela transmissão de uma onda portadora senoidal de amplitude e frequência fixas para a duração de *bit* de T_b segundos, enquanto que o símbolo binário 0 é representado pelo desligamento da portadora por T_b segundos, como ilustrado na Figura 9.4a. Por exemplo, um sinal ASK pode ser gerado aplicando-se a forma liga-desliga de representação para os dados binários de entrada, juntamente com a portadora, a um modulador multiplicador.
2. Em um sistema FSK, duas ondas senoidais de mesma amplitude, mas de frequências diferentes, são utilizadas para representar os símbolos binários 1 e 0. Um sinal FSK pode ser gerado aplicando-se uma forma bipolar de representação para os dados binários de entrada a um oscilador controlado por tensão, ou pelo chaveamento entre dois osciladores. A distinção matemática entre esses dois métodos pode ser considerada como o deslocamento da frequência com *fase contínua* ou *fase descontínua*, respectivamente. O caso de um sinal FSK com fase contínua é ilustrado na Figura 9.4b.

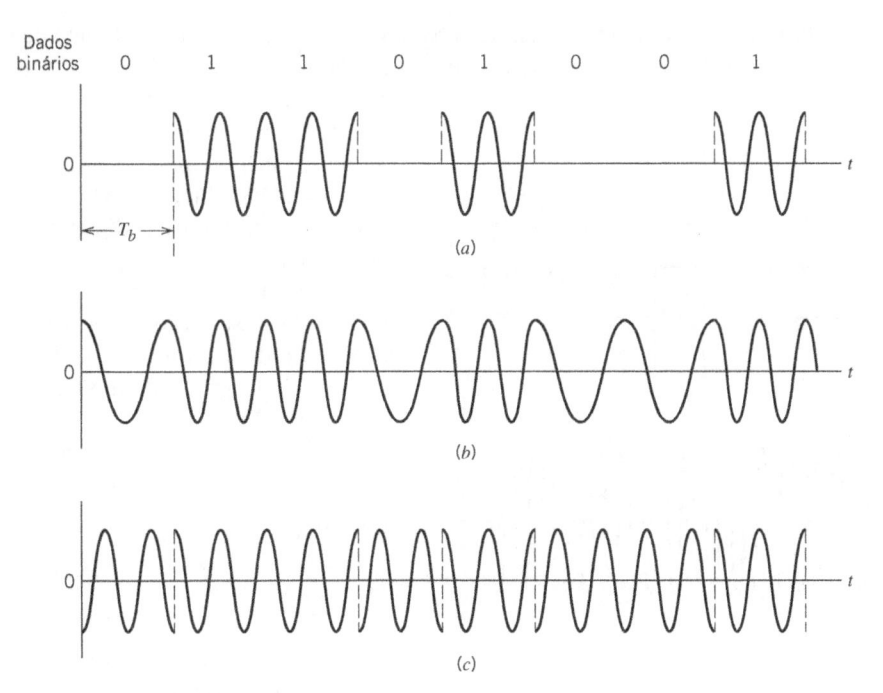

Figura 9.4 Ilustração das três formas básicas de sinalização de informação binária: (a) chaveamento de amplitude; (b) chaveamento de frequência com fase contínua; e (c) chaveamento de fase.

3. Em um sistema PSK, uma onda portadora senoidal de amplitude e frequência fixas é utilizada para representar tanto o símbolo 1 quanto o símbolo 0, exceto pelo fato de que quando o símbolo 0 é transmitido, a fase da portadora é deslocada de 180 graus, como ilustrado na Figura 9.4c. Por exemplo, um sinal PSK pode ser gerado representando-se os dados binários de entrada em uma forma bipolar e aplicando-os, juntamente com a portadora, a um modulador multiplicador.

É evidente, portanto, que os sinais ASK, FSK e PSK são casos especiais de ondas moduladas em amplitude, em frequência e em fase, respectivamente. É interessante notar que embora, em geral, não seja fácil fazer a distinção entre ondas moduladas em frequência e moduladas em fase (em um osciloscópio, digamos), esse não é caso para os sinais FSK e PSK, como pode ser facilmente verificado comparando-se as formas de onda nas partes *b* e *c* da Figura 9.4.

Para a modulação PSK binária (BPSK), os passos do processo de modulação podem ser separados como mostrado na Figura 9.5. Os dados binários são utilizados para se criar o código de linha da Figura 9.5b, que representa a componente em fase do sinal de banda base complexo $g_I(t)$. Para PSK binário, $g_Q(t) = 0$. A componente em fase modula uma portadora, como mostrado na Figura 9.1, para produzir o sinal passa-faixa $g(t) = g_I(t)\cos(2\pi f_c t)$ da Figura 9.5c. Em particular, o sinal PSK binário (BPSK) é descrito por

$$s_1(t) = A_c \cos(2\pi f_c t) \quad \text{para o símbolo 1}$$
$$s_0(t) = -A_c \cos(2\pi f_c t) \quad \text{para o símbolo 0} \quad (9.2)$$
$$= A_c \cos(2\pi f_c t + \pi)$$

Para a modulação ASK binária, os passos são similares, exceto pelo fato de que um código de linha unipolar é utilizado para representar os dados em banda base.

Para a modulação binária FSK, o equivalente de banda base complexo não pode ser representado como um simples código de linha. O FSK binário pode ser representado como um par de códigos de linha relacionados, $g_I(t)$ e $g_Q(t)$, que é um nível de complexidade além do observado em BPSK e ASK. Por essa razão, os primeiros transmissores FSK utilizaram moduladores FM ao invés do esquema de modulação linear mostrado na Figura 9.1.

O sinal FSK binário passa-faixa pode ser descrito diretamente como

$$s_1(t) = A_c \cos(2\pi f_1 t) \quad \text{para o símbolo 1}$$
$$s_0(t) = A_c \cos(2\pi f_0 t) \quad \text{para o símbolo 0}$$
$$(9.3)$$

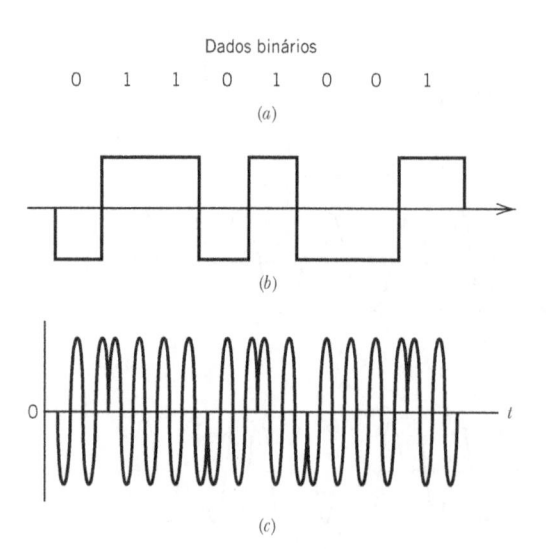

Figura 9.5 Os passos da modulação PSK binária: (a) dados binários, (b) código de linha bipolar; e (c) forma de onda PSK binária.

Se definirmos a frequência de portadora f_c como o ponto médio entre f_1 e f_0, isto é, $f_c = (f_1 + f_0)/2$, e assumirmos que $f_1 > f_0$, e, além disso, definirmos $\Delta f = (f_1 - f_0)/2$, então podemos representar o sinal FSK da Eq. (9.3) como

$$\begin{aligned} s_1(t) &= A_c \cos[2\pi(f_c + \Delta f)t] \\ &= \mathrm{Re}\{A_c \exp[j2\pi(f_c + \Delta f)t]\} \end{aligned} \quad \text{para o símbolo 1} \quad (9.4)$$

$$\begin{aligned} s_0(t) &= A_c \cos[2\pi(f_c - \Delta f)t] \\ &= \mathrm{Re}\{A_c \exp[j2\pi(f_c - \Delta f)t]\} \end{aligned} \quad \text{para o símbolo 0} \quad (9.5)$$

Por inspeção das Eqs. (9.4) e (9.5), identificamos os sinais equivalentes de banda base complexos como

$$\begin{aligned} g_I(t) + jg_Q(t) &= A_c \exp[-j2\pi\Delta ft] \quad \text{para o símbolo 1} \\ g_I(t) + jg_Q(t) &= A_c \exp[+j2\pi\Delta ft] \quad \text{para o símbolo 0} \end{aligned} \quad (9.6)$$

Embora esse equivalente de banda base complexo apresente uma descrição compacta, ele certamente difere dos códigos de linha de banda base que foram discutidos no Capítulo 8.

No que se segue, avaliaremos o desempenho das diferentes formas de receptores FSK e PSK na presença de ruído branco gaussiano aditivo. Para BPSK podemos aplicar a análise em banda base da Seção 8.3 diretamente. Entretanto, pela razão mencionada acima, essa análise não pode ser extrapolada para FSK. Consequentemente, nesta seção, utilizaremos uma abordagem mais genérica para analisar o desempenho do receptor e a aplicaremos tanto ao PSK quanto ao FSK. Para a análise de um sistema ASK, recomenda-se ao leitor o Problema 9.4.

Detecção coerente de sinais FSK e PSK

Sejam $s_0(t)$ e $s_1(t)$ sinais utilizados para se representar os símbolos binários 0 e 1, respectivamente. Podemos, então, fazer a distinção entre sinais FSK e PSK da seguinte maneira:

(a) *Sinais FSK*

$$\begin{aligned} s_1(t) &= A_c \cos(2\pi f_1 t), \quad \text{para o símbolo 1} \\ s_0(t) &= A_c \cos(2\pi f_0 t), \quad \text{para o símbolo 0} \end{aligned} \quad (9.7)$$

(b) *Sinais BPSK*

$$\begin{aligned} s_1(t) &= A_c \cos(2\pi f_c t), \quad \text{para o símbolo 1} \\ s_0(t) &= A_c \cos(2\pi f_c t + \pi), \quad \text{para o símbolo 0} \end{aligned} \quad (9.8)$$

Tanto na Eq. (9.7) quanto na Eq. (9.8), temos $0 \leq t \leq T_b$. Geralmente verificamos que no caso de sinais FSK, as frequências f_1 e f_0 são grandes em comparação com a taxa de *bits* $1/T_b$, ao passo que no caso de sinais PSK, f_c é grande em comparação com $1/T_b$. Dessa forma, é evidente que, tanto em sinais FSK quanto em sinais PSK, a mesma energia de sinal E_b é transmitida em um intervalo de *bit* T_b, como mostrado por

$$E_b = \int_0^{T_b} s_0^2(t)dt = \int_0^{T_b} s_1^2(t)dt$$
$$= \frac{A_c^2 T_b}{2}$$
(9.9)

Supondo que a frequência e a fase da portadora transmitida sejam conhecidas exatamente, podemos utilizar o receptor de correlação de dois percursos mostrado na Figura 9.6. Esse receptor utiliza dois correlacionadores ou filtros casados, um para o sinal transmitido $s_0(t)$ e outro para $s_1(t)$.

Para sinais FSK e PSK, as estruturas de receptor correspondentes são mostradas nas partes (*a*) e (*b*) da Figura 9.7, respectivamente. No caso de sinais PSK, o receptor se reduz a um caminho único, porque $s_0(t)$ é o negativo de $s_1(t)$. Na Figura 9.7, supõe-se também que o integrador conhece quando um intervalo de *bit* começa e termina.

Para avaliar o desempenho do receptor da Figura 9.7*a*, vamos supor que o ruído aditivo na etapa de entrada do receptor $w(t)$ é branco e gaussiano de média zero e densidade espectral de potência $N_0/2$. Dessa forma, o sinal recebido é definido por

$$H_0: \quad x(t) = s_0(t) + w(t)$$
$$H_1: \quad x(t) = s_1(t) + w(t)$$
(9.10)

em que as hipóteses H_0 e H_1 correspondem à transmissão dos símbolos 0 e 1, respectivamente.

A saída do receptor é dada por

$$l = \int_0^{T_b} x(t)[s_1(t) - s_0(t)]\, dt$$
(9.11)

A saída *l* é comparada com um nível de decisão de 0 volts. Se *l* for maior do que zero, o receptor escolhe o símbolo 1; caso contrário, ele escolhe o símbolo 0. Uma vez que o ruído $w(t)$ é uma função amostral de um processo gaussiano, segue-se a partir da

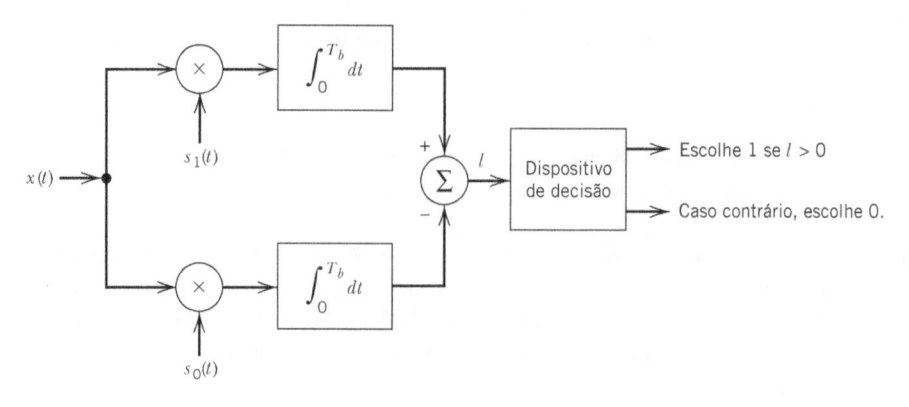

Figura 9.6 Receptor de correlação de dois percursos para o caso geral.

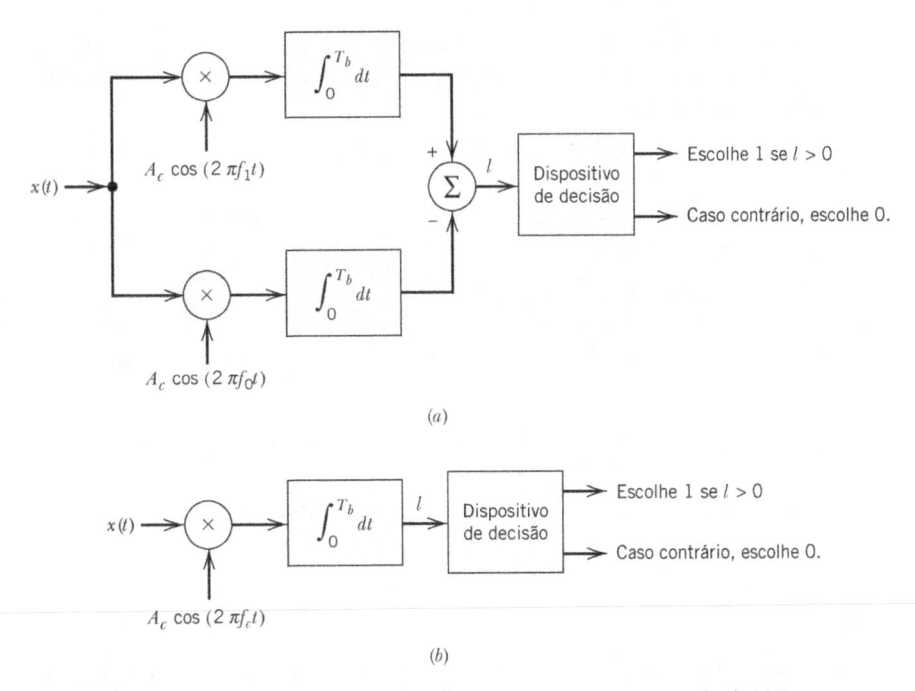

Figura 9.7 (a) Receptor coerente para sinais FSK. (b) Receptor coerente para sinais PSK.

definição de um processo gaussiano que a saída do receptor l é uma variável aleatória gaussiana. O valor médio de l depende de o símbolo 1 ou 0 ter sido transmitido. Suponhamos que sabemos que o símbolo 1 foi transmitido. Então, podemos escrever

$$H_1: \quad l = \int_0^{T_b} s_1(t)[s_1(t) - s_0(t)] \, dt + \int_0^{T_b} w(t)[s_1(t) - s_0(t)] \, dt \quad (9.12)$$

Uma vez que o ruído $w(t)$ é de média zero, segue-se a partir da Eq. (9.12) que a variável aleatória L, cujo valor é l, possui a média condicional

$$\begin{aligned} \mathbf{E}[L|H_1] &= \int_0^{T_b} s_1(t)[s_1(t) - s_0(t)] \, dt \\ &= E_b(1 - \rho) \end{aligned} \quad (9.13)$$

O parâmetro ρ é o *coeficiente de correlação* dos sinais $s_0(t)$ e $s_1(t)$, definido por

$$\begin{aligned} \rho &= \frac{\int_0^{T_b} s_0(t) s_1(t) \, dt}{\left[\int_0^{T_b} s_0^2(t) \, dt \int_0^{T_b} s_1^2(t) \, dt \right]^{1/2}} \\ &= \frac{1}{E_b} \int_0^{T_b} s_0(t) s_1(t) \, dt \end{aligned} \quad (9.14)$$

que possui um valor absoluto que é menor que ou igual à unidade. De maneira similar, podemos mostrar que a média condicional de L, dado que o símbolo 0 foi transmitido, é definida por

$$\mathbf{E}[L|H_0] = -E_b(1-\rho) \tag{9.15}$$

A variável aleatória L possui a mesma variância, independentemente de o símbolo 1 ou 0 ter sido transmitido, como mostrado por

$$\begin{aligned}\text{Var}[L] &= \mathbf{E}[\{L - E[L]\}^2] \\ &= \mathbf{E}\left[\int_0^{T_b}\int_0^{T_b} w(t)w(u)[s_1(t)-s_0(t)][s_1(u)-s_0(u)]\,dt\,du\right] \\ &= \int_0^{T_b}\int_0^{T_b}[s_1(t)-s_0(t)][s_1(u)-s_0(u)]R_W(t,u)\,dt\,du\end{aligned} \tag{9.16}$$

em que $R_W(t,u) = \mathbf{E}[W_t W_u]$ é a função de autocorrelação de $w(t)$. Uma vez que $w(t)$ é um processo de ruído branco, de densidade espectral $N_0/2$, temos

$$R_W(t,u) = \frac{N_0}{2}\delta(t-u) \tag{9.17}$$

Portanto, substituindo a Eq. (9.17) na Eq. (9.16), e utilizando a propriedade de peneiramento da função delta, obtemos

$$\begin{aligned}\text{Var}[l] &= \frac{N_0}{2}\int_0^{T_b}\int_0^{T_b}[s_1(t)-s_0(t)][s_1(u)-s_0(u)]\delta(t-u)\,dt\,du \\ &= \frac{N_0}{2}\int_0^{T_b}[s_1(t)-s_0(t)]^2\,dt \\ &= N_0 E_b(1-\rho)\end{aligned} \tag{9.18}$$

Suponhamos que os símbolos 1 e 0 ocorram com igual probabilidade. Um *erro do primeiro tipo* ocorre sempre que transmitimos o símbolo 0, mas a saída do receptor l é maior do que 0 volts e, portanto, o receptor escolhe o símbolo 1. Um *erro do segundo tipo* ocorre sempre que transmitimos o símbolo 1, mas a saída do receptor l é menor do que 0 volts e, portanto, o receptor escolhe o símbolo 0. A partir da simetria do receptor da Figura 9.6a, é evidente que as probabilidades de ambos os tipos de erros são iguais. Dessa forma, porque l é uma variável aleatória gaussiana de média $\pm E_b(1-\rho)$ e variância $N_0 E_b(1-\rho)$, verificamos que a probabilidade de erro média no receptor da Figura 9.6 é dada em termos da função Q pela fórmula (por analogia com a Seção 8.3)

$$\begin{aligned}P_e &= P(l>0|H_0) = P(l<0|H_1) \\ &= Q\left(\sqrt{\frac{E_b(1-\rho)}{N_0}}\right)\end{aligned} \tag{9.19}$$

No caso de um receptor PSK coerente, vemos a partir da Eq. (9.8) que $s_0(t) = -s_1(t)$. Substituindo essa relação na Eq. (9.14), obtemos $\rho = -1$. Um par de sinais $s_0(t)$ e $s_1(t)$ para o qual o coeficiente de correlação é $\rho = -1$ é dito ser formado por *sinais antípodas*. Dessa forma, fazendo-se $\rho = -1$ na Eq. (9.19), a probabilidade de erro em um sistema PSK que utiliza detecção coerente é dada como se segue:

$$P_e = Q\left(\sqrt{\frac{2E_b}{N_0}}\right) \quad (9.20)$$

Por outro lado, em um receptor coerente FSK para o qual as frequências de portadora f_0 e f_1 são suficientemente espaçadas entre si para que se justifique tratar $s_0(t)$ e $s_1(t)$ como *sinais ortogonais*, temos $\rho = 0$ (ver Problema 9.8). Portanto, fazendo-se $\rho = 0$ na Eq. (9.19), verificamos que a probabilidade de erro em um sistema FSK que utiliza detecção coerente é dada por

$$P_e = Q\left(\sqrt{\frac{E_b}{N_0}}\right) \quad (9.21)$$

Detecção coerente de sinais de chaveamento de frequência com fase contínua (CPFSK) baseada em decodifação de fase

Na detecção coerente de sinais FSK descrita acima, a informação de fase contida no sinal recebido não foi completamente explorada, uma vez que ela só foi utilizada para a sincronização entre o receptor e o transmissor. Mostraremos agora que, usando-se um sinal de *chaveamento de frequência com fase contínua* (CPFSK) e utilizando-se apropriadamente a informação de fase contida no sinal, é possível melhorar o desempenho em relação a ruído do receptor significativamente, mas à custa de aumento da complexidade do receptor.

Seja o sinal CPFSK definido por

$$s(t) = A_c \cos[2\pi f_c t + \phi(t)] \quad (9.22)$$

em que a fase $\phi(t)$ é uma função contínua do tempo t. A frequência de portadora nominal f_c é igual à média aritmética das duas frequência f_1 e f_0 que são utilizadas para representar os símbolos 1 e 0, respectivamente; isto é,

$$f_c = \frac{1}{2}(f_1 + f_0) \quad (9.23)$$

O sinal CPFSK faz a distinção entre os símbolos binários 1 e 0 da seguinte maneira:

$$s(t) = \begin{cases} A_c \cos[2\pi f_1 t + \phi(0)], & \text{para o símbolo 1} \\ A_c \cos[2\pi f_0 t + \phi(0)], & \text{para o símbolo 0} \end{cases} \quad (9.24)$$

em que $0 \leq t \leq T_b$. A fase $\phi(0)$, que denota o valor de $\phi(t)$ no tempo $t = 0$, depende da história passada do processo de modulação. Comparando as Eqs. (9.22) e (9.24), e utilizando a Eq. (9.23), verificamos que no intervalo $0 \leq t \leq T_b$ a fase $\phi(t)$ é uma função linear do tempo, como mostrado por

$$\phi(t) = \phi(0) \pm \frac{\pi h}{T_b} t \quad (9.25)$$

em que o sinal '+' corresponde ao símbolo 1 e o sinal '−' corresponde ao símbolo 0. O parâmetro h é definido por

$$h = T_b(f_1 - f_0) \qquad (9.26)$$

Referimo-nos a h como o *coeficiente de desvio* do sinal de chaveamento de frequência, medido em relação à taxa de *bits* $1/T_b$.

Quando a fase $\phi(t)$ é uma função contínua do tempo, o próprio sinal CPFSK $s(t)$ é também contínuo em todos os tempos, incluindo os instantes de chaveamento entre *bits*. A densidade espectral de um sinal CPFSK, produzido por uma sequência binária aleatória, decai no mínimo com o inverso da quarta potência da frequência em frequências distantes do centro da banda do sinal. Por outro lado, em um sinal FSK com fase descontínua, a densidade espectral decai fundamentalmente com o inverso do quadrado da frequência. *Consequentemente, um sinal CPFSK não produz tanta interferência fora da sua banda quanto um sinal FSK com fase descontínua*. Essa é uma característica desejável quando se está operando com uma limitação de largura de banda.

A partir da Eq. (9.25), verificamos que, no tempo $t = T_b$,

$$\phi(T_b) - \phi(0) = \begin{cases} \pi h, & \text{para o símbolo 1} \\ -\pi h, & \text{para o símbolo 0} \end{cases} \qquad (9.27)$$

Isto é, a transmissão do símbolo 1 aumenta a fase do sinal CPFSK $s(t)$ em πh radianos, ao passo que a transmissão do símbolo 0 a reduz em uma quantidade igual. Os valores possíveis de $\phi(t)$ são mostrados na Figura 9.8. É evidente, portanto, que o deslocamento de fase do sinal CPFSK é um múltiplo ímpar ou par de πh radianos em múltiplos ímpares ou pares da duração de *bit* T_b, respectivamente. Uma vez que to-

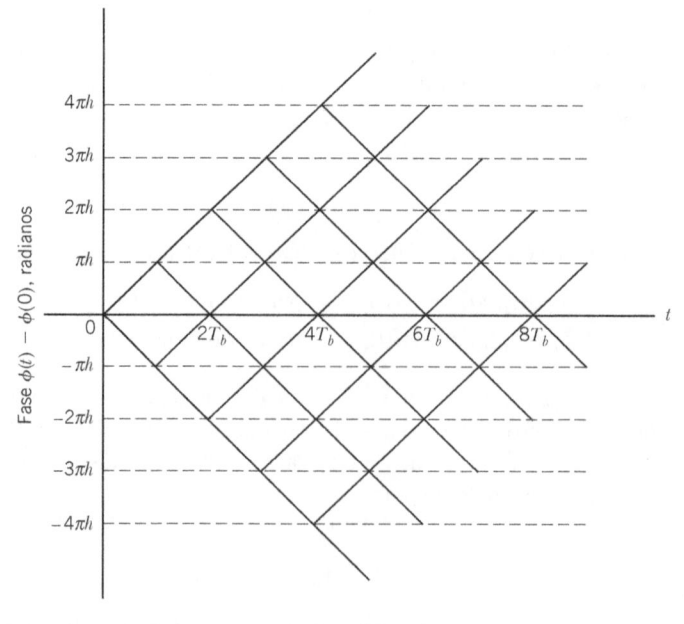

Figura 9.8 Possíveis valores de deslocamento de fase $\phi(t) - \phi(0)$.

dos os deslocamentos de fase são módulo 2π, o caso de $h = 1/2$ é de particular interesse, por que a fase pode assumir apenas os valores $\pm \pi/2$ em múltiplos ímpares de T_b e apenas os valores 0 e π em múltiplos pares de T_b. Isso é ilustrado na Figura 9.9 para t igual a $-T_b$, 0, T_b e $2T_b$. Chamamos esse caso especial com $h = 1/2$ de *chaveamento mínimo* (MSK)[2]. Cada caminho da esquerda para a direita através da treliça corresponde a uma entrada de sequência binária específica. Por exemplo, a linha em negrito mostrada na Figura 9.9 corresponde à sequência binária 011, com $\phi(-T_b) - \phi(0) = \pi/2$.

Utilizando a Eq. (9.22), podemos expressar o sinal MSK $s(t)$ em termos de suas componentes em fase e em quadratura da seguinte maneira:

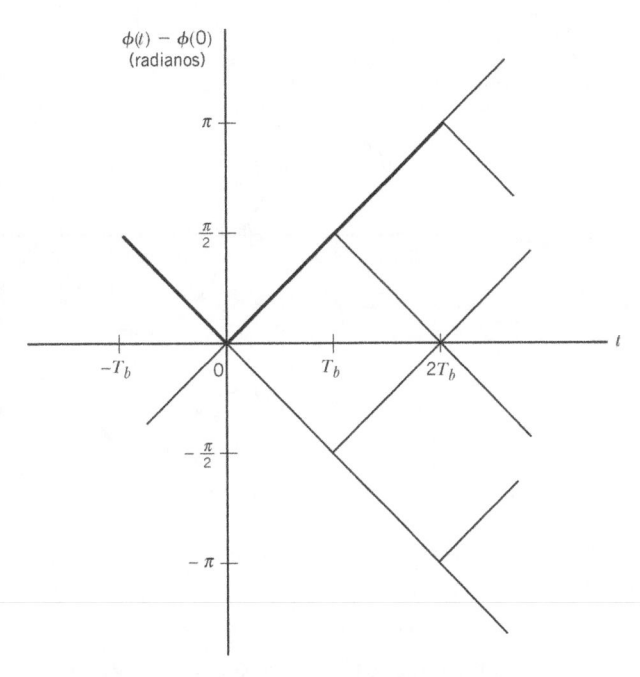

Figura 9.9 Possíveis valores do deslocamento de fase $\phi(t) - \phi(0)$ para o caso especial de $h = 1/2$.

$$s(t) = A_c \cos[\phi(t)]\cos(2\pi f_c t) - A_c \operatorname{sen}[\phi(t)]\operatorname{sen}(2\pi f_c t) \quad (9.28)$$

Consideremos primeiro a componente em fase $A_c \cos[\phi(t)]$. Com o coeficiente de desvio $h = 1/2$, temos, a partir da Eq. (9.25),

$$\phi(t) = \phi(0) \pm \frac{\pi}{2T_b} t, \qquad 0 \leq t \leq T_b \quad (9.29)$$

em que o sinal '+' corresponde ao símbolo 1 e o sinal '−' corresponde ao símbolo 0. Um resultado similar vale para $\phi(t)$ no intervalo $-T_b \leq t \leq 0$, exceto que o sinal algébrico não é necessariamente o mesmo em ambos os intervalos. Uma vez que a fase $\phi(0)$ é 0 ou π, dependendo da história passada do processo de modulação, verificamos que no intervalo dado $-T_b \leq t \leq T_b$, a polaridade de $\cos[\phi(t)]$ depende apenas de $\phi(0)$, independentemente da sequência de 1's e 0's transmitida antes ou depois de $t = 0$. Dessa forma, a componente em fase consiste em um pulso de semiciclo de cosseno definido da seguinte maneira:

$$A_c \cos[\phi(t)] = \pm A_c \cos\left(\frac{\pi}{2T_b} t\right), \qquad -T_b \leq t \leq T_b, \quad (9.30)$$

em que o sinal '+' corresponde a $\phi(0) = 0$ e o sinal '−' corresponde a $\phi(0) = \pi$. De uma maneira similar, podemos mostrar que, no intervalo $0 \leq t \leq 2T_b$, a componente em quadratura $A_c \operatorname{sen}[\phi(t)]$ consiste em um semiciclo de seno, cuja polaridade depende apenas de $\phi(T_b)$, da seguinte maneira:

$$A_c \operatorname{sen}[\phi(t)] = \pm A_c \operatorname{sen}\left(\frac{\pi}{2T_b} t\right), \qquad 0 \leq t \leq 2T_b, \quad (9.31)$$

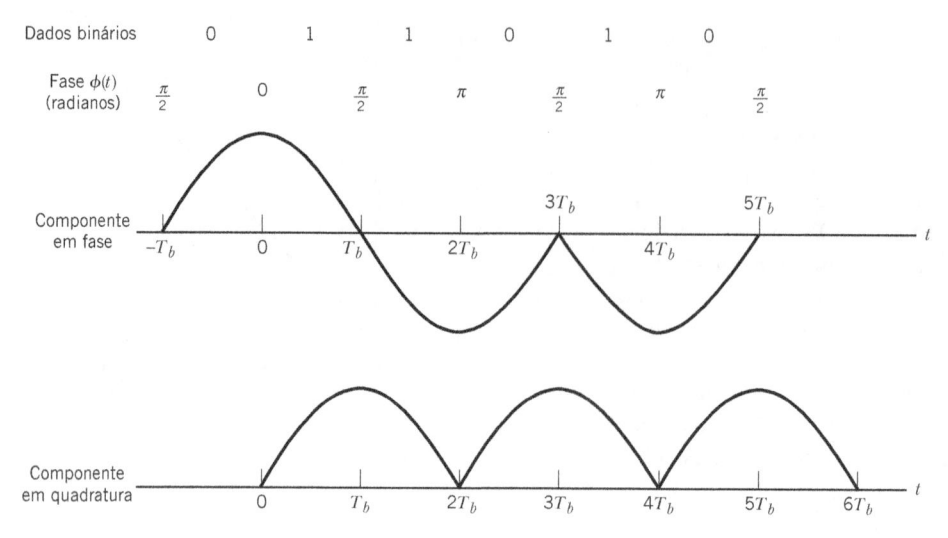

Figura 9.10 Formas de onda que ilustram as componentes em fase e em quadratura do sinal CPFSK com $h = \frac{1}{2}$.

em que o sinal '+' corresponde a $\phi(T_b) = \pi/2$ e o sinal '−' corresponde a $\phi(T_b) = -\pi/2$. A Figura 9.10 ilustra as formas de onda das componentes em fase e em quadratura de $s(t)$ para a sequência binária de entrada 011010, supondo-se que $\phi(-T_b) = \pi/2$. Notemos que ambas as componentes apresentam uma taxa de *bits* igual à metade da taxa de *bits* da sequência binária original.

Assumamos que o ruído aditivo $w(t)$ na entrada do receptor é branco e gaussiano, com média zero e densidade espectral de potência $N_0/2$. Então, o sinal MSK $x(t)$ recebido pode ser expresso na forma:

$$x(t) = \pm A_c \cos\left(\frac{\pi}{2T_b}t\right)\cos(2\pi f_c t) \pm A_c \sen\left(\frac{\pi}{2T_b}t\right)\sen(2\pi f_c t) + w(t) \quad (9.32)$$

No lado direito da Eq. (9.32), o primeiro sinal algébrico é positivo se $\phi(0) = 0$ e negativo se $\phi(0) = \pi$, ao passo que o segundo sinal algébrico é positivo se $\phi(T_b) = -\pi/2$ e negativo se $\phi(T_b) = \pi/2$. Para a detecção ótima dos estados de fase $\phi(0)$ e $\phi(T_b)$, utilizamos um par de filtros casados ou correlacionadores, como na Figura 9.11. O correlacionador no canal em fase compara $x(t)$ com o sinal de referência coerente $\cos(\pi t/2T_b)\cos(2\pi f_c t)$ no intervalo $-T_b \leq 1 \leq T_b$, resultando na saída

$$l_1 = \int_{-T_b}^{T_b} x(t)\cos\left(\frac{\pi}{2T_b}t\right)\cos(2\pi f_c t)\, dt \quad (9.33)$$

Se $l_1 > 0$, o receptor escolhe: $\phi(0) = 0$; caso contrário, ele escolhe $\phi(0) = \pi$. O correlacionador no canal em quadratura compara $x(t)$ com o sinal de referência coerente $\sen(\pi t/2T_b)\sen(2\pi f_c t)$ no intervalo $0 \leq t \leq 2T_b$, resultando na saída

$$l_2 = \int_0^{2T_b} x(t)\sen\left(\frac{\pi}{2T_b}t\right)\sen(2\pi f_c t)dt \quad (9.34)$$

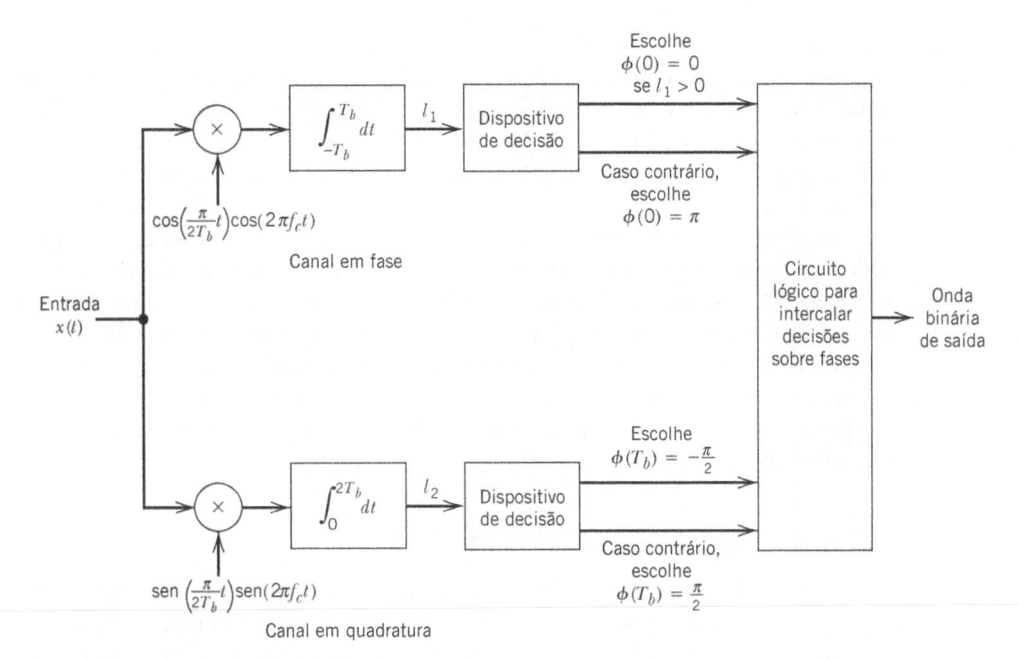

Figura 9.11 Receptor coerente para detecção de MSK.

Se $l_2 > 0$, o receptor escolhe $\phi(T_b) = -\pi/2$; caso contrário, ele escolhe $\phi(T_b) = \pi/2$. A sequência binária original é reconstruída intercalando-se apropriadamente as decisões de fase nas saídas em fase e em quadratura do correlacionador.

A partir da Eq. (9.32), notamos que os dois valores $\phi(0) = 0$ e $\phi(0) = \pi$ são representados por um par de sinais antípodas com energia igual a $A_c^2 T_b/2$ em uma duração de $2T_b$, que é a mesma energia E_b do sinal de entrada MSK por *bit* (de duração T_b). Assumimos que esses dois valores de $\phi(0)$ ocorrem com igual probabilidade. Então, aplicando a Eq. (9.19) com $\rho = -1$, verificamos que a probabilidade total de erro na saída do correlacionador em fase é dada por

$$P_{e1} = Q\left(\sqrt{\frac{2E_b}{N_0}}\right) \qquad (9.35)$$

De maneira similar, assumindo que os dois valores $\phi(T_b) = -\pi/2$ e $\phi(T_b) = \pi/2$ ocorrem com igual probabilidade, a probabilidade média de erro P_{e2} na saída do correlacionador em quadratura é igual a P_{e1}.

É possível mostrar que as variáveis aleatórias L_1 e L_2, cujos valores são denotados por l_1 e l_2, são descorrelacionadas. Elas também são gaussianas porque são derivadas do processo de ruído gaussiano $w(t)$ por uma operação de filtragem linear. Consequentemente, elas são estatisticamente independentes. Isso significa que os erros nas saídas dos dois correlacionadores também são independentes.

Dessa forma, comparando as Eqs. (9.20) e (9.35), vemos que a probabilidade de erro média em um sistema MSK é igual àquela de um sistema PSK coerente. Também é interessante notar que esse sinal MSK ocupa muito menos largura de banda do que um sinal FSK convencional. Em particular, assumindo-se que todos os pulsos de sinalização de banda base sejam equiprováveis, e que os símbolos transmitidos durante diferentes intervalos de tempo sejam estatisticamente independentes e igualmente distribuídos, verificamos que, para a sinalização retangular, 99% da potência média de um sinal MSK estará contida na largura de banda de $1,17/T_b$. O resultado é que ele pode transmitir dados a uma taxa duas vezes maior do que outros sinais FSK.

O receptor da Figura 9.11 supõe a disponibilidade dos sinais de referência coerentes $\cos(\pi t/2T_b)\cos(2\pi f_c t)$ e $\sen(\pi t/2T_b)\sen(2\pi f_c t)$. Esse par de sinais de referência pode ser recuperado a partir do sinal recebido de diversas maneiras; entretanto, se o esquema de modulação deve ser aplicado com sucesso, deveremos fornecer um método eficiente e preciso que seja essencialmente independente da modulação. Exceto por uma ambiguidade de fase de 180 graus, essa exigência pode ser satisfeita utilizando-se um *circuito de recuperação de portadora* que consiste em um dispositivo quadrático, um par de malhas de sincronismo de fase, um par de divisores de frequência, um somador e um subtrator.

Detecção não coerente de sinais FSK

Quando a simplicidade de implementação do receptor é de interesse primordial, desconsideramos completamente a informação de fase no sinal recebido e utilizamos uma detecção não coerente. Essa simplicidade é alcançada, entretanto, à custa de alguma degradação no desempenho em relação a ruído do sistema. Para a detecção não coerente de sinais FSK, o receptor consiste em um par de filtros casados seguidos por detectores de envoltória, como na Figura 9.12. As envoltórias assim obtidas são amostradas uma vez a cada T_b segundos. Sejam l_0 e l_1 as amostras de envoltória dos caminhos inferior e superior do receptor, respectivamente. Então, se $l_1 > l_0$, o receptor escolhe o símbolo 1. Caso contrário, ele escolhe o símbolo 0.

O cálculo da taxa de erro para a detecção não coerente de FSK envolve a aplicação das funções de distribuição de Rayleigh e de Rician;[3] essas distribuições per-

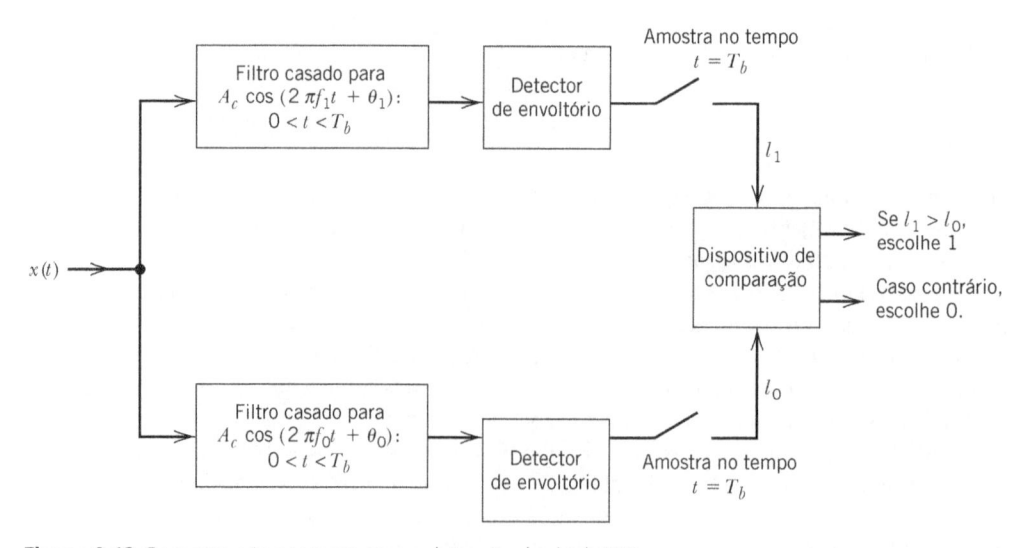

Figura 9.12 Receptor não coerente para a detecção de sinais FSK.

tencem, respectivamente, às variáveis aleatórias associadas com I_0 e I_1. Esse cálculo é abordado no Problema 9.23, entretanto, aqui mencionamos o resultado de que a probabilidade de erro média para FSK binário não coerente é

$$P_e = \frac{1}{2}\exp\left(-\frac{E_b}{2N_0}\right) \tag{9.36}$$

Essa fórmula da Eq. (9.36) e o FSK não coerente correspondem a um caso especial de modulação ortogonal não coerente.

Chaveamento de fase diferencial (DPSK)[4]

No receptor PSK coerente da Figura 9.4c, assumiu-se que ele estava perfeitamente sincronizado em frequência e tinha conhecimento exato da fase da portadora transmitida. Na prática, entretanto, frequentemente verificamos que o receptor não possui conhecimento exato dessa fase de portadora, ainda que ele possa ser capaz de estabelecer uma referência de fase em algum valor de θ radianos da fase exata. Dado que θ permanece essencialmente constante ao longo de um período de dois intervalos de *bit*, podemos resolver essa ambiguidade de fase utilizando *codificação diferencial*. Como descrito na Seção 7.9, na codificação diferencial, codificamos o conteúdo de informação digital de uma onda binária em termos de transição de sinal. Por exemplo, podemos utilizar o símbolo 0 para representar a transição em uma dada sequência binária (em relação ao *bit* anterior) e o símbolo 1 para representar a não ocorrência de transição. Uma técnica de sinalização que combina codificação diferencial com chaveamento de fase é conhecida como *chaveamento de fase diferencial* (DPSK). Dessa forma, utilizando-se DPSK, a informação digital é codificada não pela identificação absoluta de fase de portadora zero com o símbolo 1 e fase de 180 graus com o símbolo 0 (digamos), mas sim em termos da mudança de fase entre pulsos sucessivos no fluxo de dados binários. Por exemplo, o símbolo 1 é representado por uma mudança de fase zero do pulso anterior da sequência binária, ao passo que o símbolo 0 é representado por uma mudança de fase de 180 graus, como ilustrado na Figura 9.13, em que escolhemos arbitrariamente a fase zero para representar o *bit* de referência.

Dados binários		1	0	0	1	0	0	1	1	
Dados binários codificados diferencialmente	1	1	1	0	1	1	0	1	1	1
	↑									
	Bit de referência									
Fase do sinal DPSK (radianos)	0	0	0	π	0	0	π	0	0	0

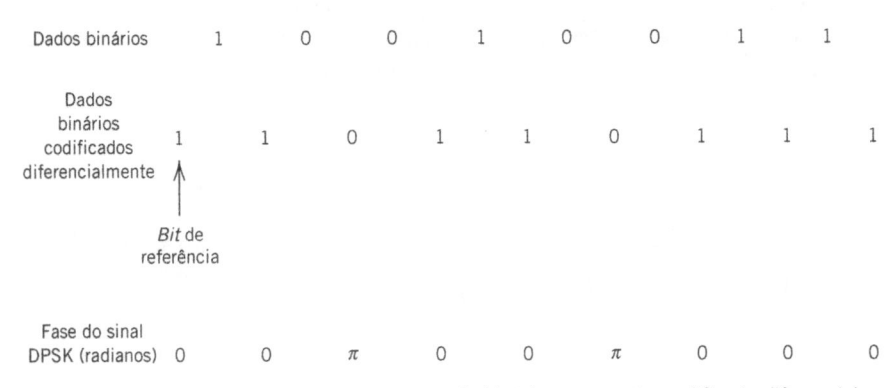

Figura 9.13 Ilustração da relação entre uma sequência binária, sua versão codificada diferencialmente e sua versão DPSK.

Para a detecção diferencialmente coerente de um sinal DPSK, podemos utilizar o receptor mostrado na Figura 9.14. Em qualquer instante de tempo, temos o sinal DPSK recebido como uma entrada do multiplicador e uma versão atrasada desse sinal, atrasada em uma duração de *bit* T_b, como a outra entrada. A saída do integrador é proporcional a cos ϕ, em que ϕ é a diferença entre os ângulos de fase de portadora do sinal DPSK recebido e da sua versão atrasada, medidos no mesmo intervalo de *bit*. Portanto, quando $\phi = 0$ (correspondendo ao símbolo 1), a saída do integrador é positiva; por outro lado, quando $\phi = \pi$, (correspondendo ao símbolo 0), a saída do integrador é negativa. Dessa forma, comparando-se a saída do integrador com o nível de decisão de 0 volts, o receptor da Figura 9.14 pode reconstruir a sequência binária, que, na ausência de ruído, é exatamente igual à entrada de dados binários original.

A principal diferença entre um sistema DPSK conforme a descrição acima e um sistema PSK coerente não é a codificação diferencial, que pode ser utilizada em qualquer caso, mas sim a maneira pela qual o sinal de referência é derivado para a detecção de fase do sinal recebido. Especificamente, em um receptor DPSK a referência é contaminada por ruído aditivo da mesma forma que o pulso de informação; isto é, ambos possuem a mesma relação sinal-ruído. Isso torna complicada a determinação da probabilidade de erro total utilizando-se detecção diferencialmente coerente de sinais PSK codificados diferencialmente. Portanto, o procedimento de obtenção dessa probabilidade não será mostrado aqui. O resultado é, entretanto,

$$P_e = \frac{1}{2}\exp\left(-\frac{E_b}{N_0}\right) \quad (9.37)$$

É interessante notar que, uma vez que em um receptor DPSK decisões são tomadas com base no sinal recebido em dois intervalos de *bit* sucessivos, há uma tendência de que os erros de *bit* ocorram em pares.

9.4 Sistemas de transmissão de dados *M*-ários

Nos sistemas de transmissão de dados binários considerados na seção anterior, podemos enviar apenas um de dois possíveis sinais, $s_0(t)$ e $s_1(t)$, durante cada intervalo de *bit* T_b. Por outro lado, em um *sistema de transmissão de dados M-ários*, podemos enviar apenas um de M sinais possíveis, $s_0(t)$, $s_1(t)$, $s_2(t)$,..., $s_{M-1}(t)$, durante cada intervalo de sinalização T. Para quase todas as aplicações, o número de sinais possíveis é $M = 2^n$, em que n é um inteiro, e o intervalo de sinalização é $T = nT_b$. É evidente que

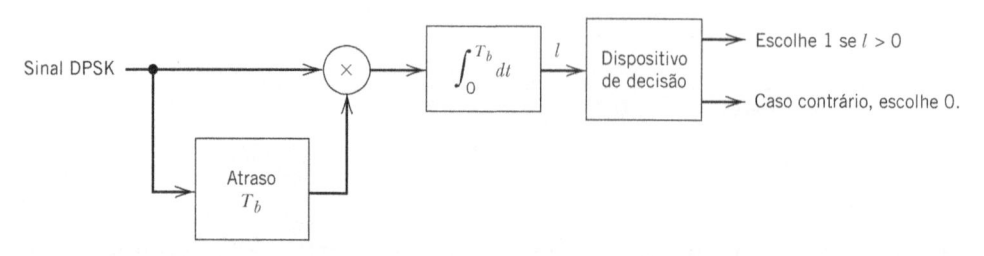

Figura 9.14 Receptor para detecção de sinais DPSK.

um sistema de transmissão de dados binários é um caso especial de um sistema de transmissão de dado M-ários. Cada um dos M sinais, $s_0(t)$, $s_1(t)$, $s_2(t)$,..., $s_{M-1}(t)$, é chamado de um *símbolo* do sistema. A taxa com a qual esses símbolos são transmitidos através do canal de comunicação é expressa em unidades de *bauds*.

Como vimos, PSK e ASK binários podem ser representados em banda base complexa como simples códigos de linha de dois níveis. Geometricamente, podemos ilustrar a representação em banda base complexa como os dois pontos de sinal mostrados na Figura 9.15a para ASK binário e na Figura 9.15b para PSK binário. Por extensão, ASK M-ário corresponde a PAM M-ária em banda base complexa e poderia ser representado como na Figura 9.15c.

Agora consideremos um esquema de modulação que utiliza sequências PAM M-árias para as componentes em fase e em quadratura, $g_I(t)$ e $g_Q(t)$. Isso poderia ser representado pelo diagrama no espaço de sinais bidimensional da Figura 9.15d. Esse tipo de modulação passa-faixa é referido como modulação de amplitude em quadratura (QAM). A modulação em quadratura para sinais analógicos foi discutida na Seção 3.3. A Figura 9.15d ilustra o exemplo de um sistema QAM 16-ário (16-QAM). Dessa forma, para esse esquema de modulação há $M = 16$ diferentes sinais $s_i(t)$, um para cada ponto na figura, e cada sinal representa quatro *bits*.

Se considerarmos o caso de 4-QAM ilustrado na Figura 9.15e, observamos que todos os pontos possuem a mesma amplitude em relação à origem. Uma amplitude constante implica que apenas a fase da portadora muda, então esse diagrama também poderia ser considerado chaveamento de quadrifase ou QPSK. A partir da Figura 9.15e, estamos a um pequeno passo da Figura 9.15f para PSK M-ário. Claramente, PSK M-ário, assim como FSK M-ário, não apresenta uma interpretação simples em termos de códigos de linha.

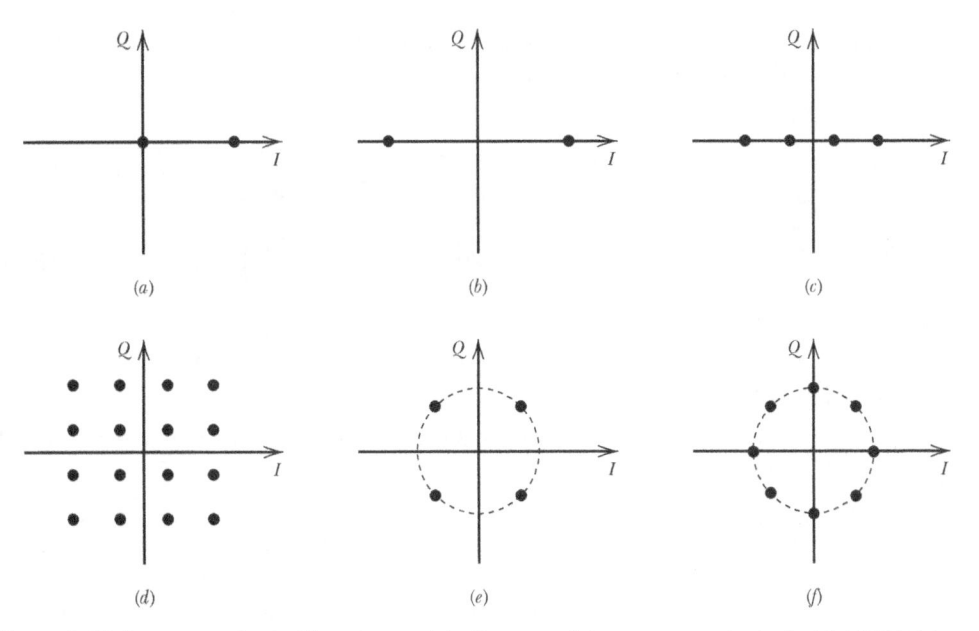

Figura 9.15 Representação de diferentes modulações passa-faixa no espaço de sinais: (a) ASK binário; (b) PSK binário; (c) M-ASK ($M = 4$); (d) M-QAM ($M = 16$); (e) 4-QAM e QPSK; e (f) M-PSK ($M = 8$).

Vladimir Kotelnikov (1908-2005)

Kotelnikov foi um pioneiro russo no campo da teoria da informação e da detecção. Também é conhecido por ter descoberto, independentemente de outros (como Whittaker, Nyquist e Shannon), o teorema da amostragem em 1933. Ele foi o primeiro a escrever uma declaração precisa sobre esse teorema em relação à transmissão de sinal. Foi um pioneiro no uso da teoria de sinais em modulação e comunicações, e seu trabalho foi fundamental para a interpretação geométrica dos sinais e da utilização da representação em *espaço de sinais* para desenvolver estruturas detectoras que são amplamente usadas em radares, em comunicações. Seu trabalho foi iluminado pelo seu tratado sobre a teoria da imunidade a ruído ótima. Kotelnikov também desempenhou um papel de liderança na radioastronomia. Em 1961, ele supervisionou um dos primeiros esforços em sondar o planeta Vênus com radar.

Essa representação geométrica de um sinal digital como um ponto no espaço é referida como a representação em *espaço de sinais*. Ela é análoga à utilização de um vetor, isto é, um fasor, para representar uma senoide em análise tradicional de circuitos. O conjunto de pontos que caracterizam uma dada técnica de modulação é conhecido como a *constelação* para aquela modulação.

Há formas M-árias de FSK também, que não são tão simples de se representar geometricamente. Com M-FSK, há M sinais possíveis $s_i(t) = A_c\cos(2\pi f_i t)$, em que cada sinal corresponde a uma frequência f_i diferente. Muitas vezes as frequências são escolhidas de modo que o espaçamento seja um múltiplo da taxa de símbolos,

$$\Delta f = f_{i+1} - f_i$$
$$= \frac{n}{T_b} \qquad (9.38)$$

Essa escolha apresenta vantagens de detecção que já descrevemos.

Chaveamento de quadrifase (QPSK)

Em um sistema de chaveamento de quadrifase, um dos quatro possíveis sinais é transmitido durante cada intervalo de sinalização T, com cada sinal unicamente relacionado a pares de *bits*. Por exemplo, podemos representar os quatro pares de *bits* possíveis 10, 00, 01 e 11 da seguinte maneira:

$$s_0(t) = \sqrt{2}A_c \cos\left(2\pi f_c t + \frac{\pi}{4}\right), \quad \text{para o par de } bits \text{ 11}$$

$$s_1(t) = \sqrt{2}A_c \cos\left(2\pi f_c t + \frac{3\pi}{4}\right), \quad \text{para o par de } bits \text{ 01}$$

$$s_2(t) = \sqrt{2}A_c \cos\left(2\pi f_c t + \frac{5\pi}{4}\right), \quad \text{para o par de } bits \text{ 00}$$

$$s_3(t) = \sqrt{2}A_c \cos\left(2\pi f_c t + \frac{7\pi}{4}\right), \quad \text{para o par de } bits \text{ 10}$$

$$(9.39)$$

em que $0 \leq t \leq T$. Ou seja, a portadora é transmitida com um dos quatro possíveis valores de fase, $\pm\pi/4$, $\pm 3\pi/4$, com cada fase correspondendo a um único par de *bits*, como ilustrado na Figura 9.16.

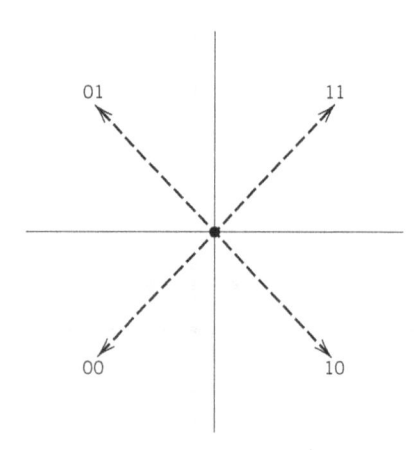

Figura 9.16 Ilustração dos quatro possíveis valores de fase, com cada um correspondendo a um único par de *bits*.

A Figura 9.17 mostra o diagrama de blocos de um transmissor QPSK, que consiste em um *conversor serial-paralelo*, um par de *moduladores multiplicadores*, um oscilador e um deslocador de fase para gerar as duas ondas portadoras em quadratura de fase, e um *somador*. A função do conversor serial-paralelo é representar cada par de *bits* sucessivo do fluxo de dados binários de entrada $m(t)$ em uma forma paralela. Formas de onda de sinal típicas são

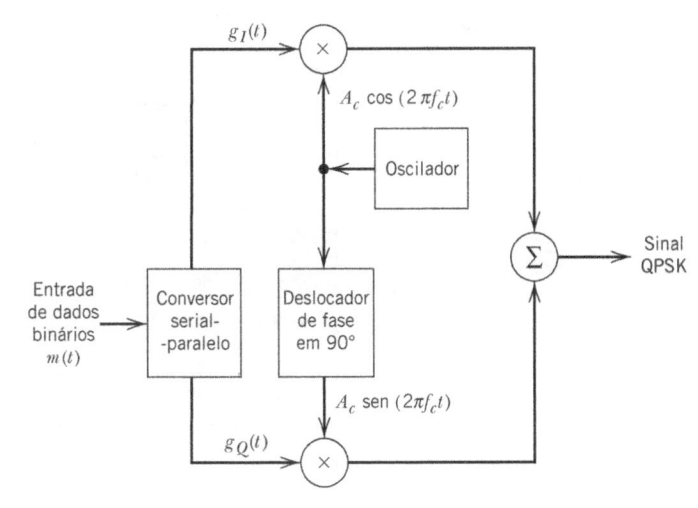

Figura 9.17 Transmissor QPSK.

mostradas na Figura 9.18. É evidente que o intervalo de sinalização T em um sistema QPSK é duas vezes maior que a duração de *bit* T_b do fluxo de dados binários de entrada $m(t)$. Ou seja, para uma dada taxa de *bits* $1/T_b$, um sistema QPSK exige metade da largura de banda de transmissão do sistema PSK binário correspondente. De maneira equivalente, para uma dada largura de banda de transmissão, um sistema QPSK transporta o dobro de *bits* de informação em relação ao sistema PSK binário correspondente. O receptor QPSK consiste em dois detectores binários ou correlacionadores conectados em paralelo como na Figura 9.19. Um correlacionador calcula o cosseno da fase da portadora, ao passo que o outro correlacionador calcula o seno da fase da portadora. Calculando-se os sinais algébricos das duas saídas dos correlacionadores, uma resolução única acerca de um dos ângulos de fase transmitidos é tomada. Dessa forma, podemos ver um sistema QPSK como dois sistemas PSK binários operando em paralelo, com as duas ondas portadoras em quadratura de fase. Esse é outro exemplo de multiplexação em quadratura, abordada no Capítulo 3.

Suponhamos que o ruído aditivo na entrada do receptor seja branco e gaussiano, com média zero e densidade espectral de potência $N_0/2$. Podemos expressar o sinal recebido como

$$x(t) = \pm A_c \cos(2\pi f_c t) \pm A_c \operatorname{sen}(2\pi f_c t) + w(t), \quad (9.40)$$
$$0 \leq t \leq T$$

dependendo de qual par de *bits*, em particular, é transmitido. Portanto, ao fim do intervalo de sinalização T, verificamos que a saída do correlacionador no canal em fase é

$$l_1 = \pm \frac{1}{2} A_c T + \int_0^T w(t)\cos(2\pi f_c t)\, dt, \quad (9.41)$$

ao passo que a saída do correlacionador no canal em quadratura é

$$l_2 = \pm \frac{1}{2} A_c T + \int_0^T w(t)\operatorname{sen}(2\pi f_c t)\, dt \quad (9.42)$$

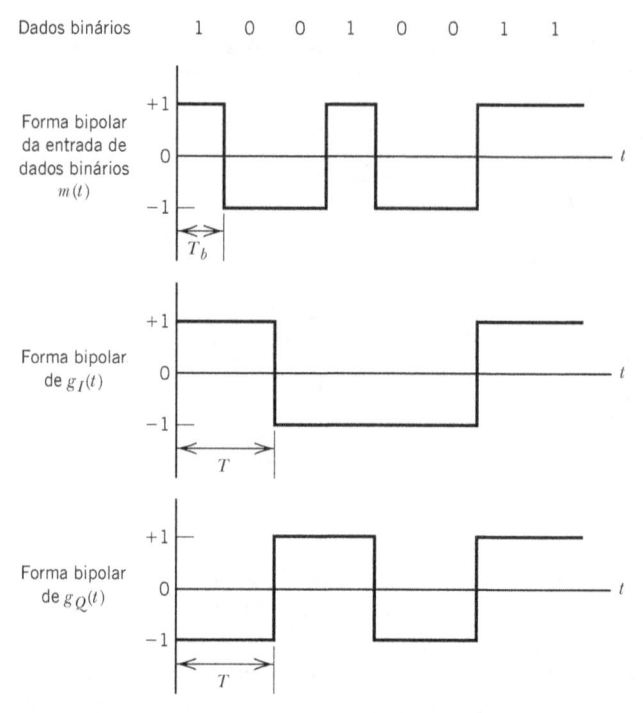

Figura 9.18 Ilustração do processo de conversão serial-paralelo.

As variáveis aleatórias L_1 e L_2, cujos valores são denotados por l_1 e l_2, são descorrelacionadas. Elas também são gaussianas porque são derivadas a partir do processo gaussiano $w(t)$ por meio de uma operação de filtragem linear. Consequentemente, elas são estatisticamente independentes.

A média de L_1 é dada pelo valor esperado

$$\mathbf{E}[L_1] = \pm \frac{A_c T}{2}, \qquad (9.43)$$

dependendo se há um símbolo 1 ou 0 na entrada do modulador multiplicador superior no transmissor da Figura 9.19. A variância de L_1 é dada por

$$\begin{aligned}
\text{Var}[L_1] &= \mathbf{E}\left[\left(\int_0^T w(t)\cos(2\pi f_c t)\, dt\right)^2\right] \\
&= \mathbf{E}\left[\int_0^T \int_0^T w(t)w(u)\cos(2\pi f_c t)\cos(2\pi f_c u)\, dt\, du\right] \\
&= \int_0^T \int_0^T \frac{N_0}{2}\delta(t-u)\cos(2\pi f_c t)\cos(2\pi f_c u)\, dt\, du \\
&= \frac{N_0}{2}\int_0^T \cos^2(2\pi f_c t)\, dt \qquad (9.44) \\
&= \frac{N_0 T}{4}
\end{aligned}$$

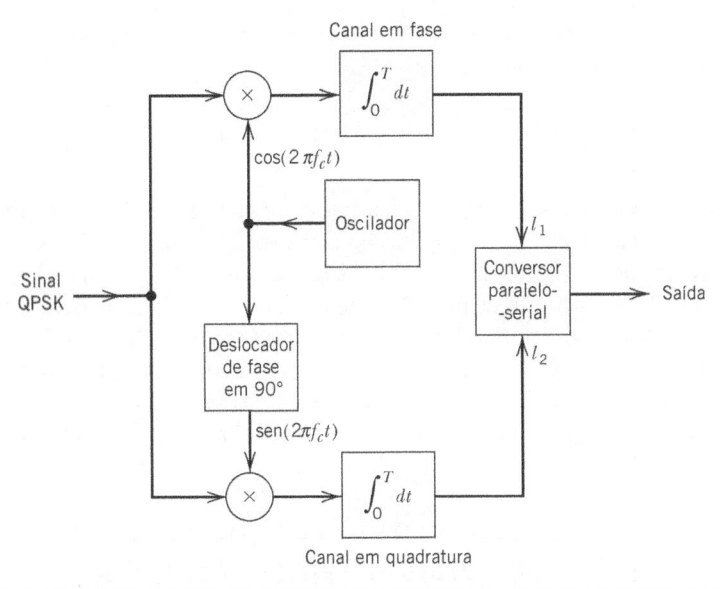

Figura 9.19 Receptor QPSK.

De maneira similar, para L_2, temos

$$\mathbf{E}[L_2] = \pm\frac{A_c T}{2} \qquad (9.45)$$

$$\mathrm{Var}[L_2] = \frac{N_0 T}{4} \qquad (9.46)$$

Seja P_{ei} a probabilidade de erro na saída do i-ésimo correlacionador no receptor da Figura 9.19, em que $i = 1$ corresponde ao correlacionador superior e $i = 2$ ao correlacionador inferior. Verificamos, então, que

$$P_{e1} = P_{e2} = Q\left(\sqrt{\frac{A_c^2 T}{N_0}}\right) \qquad (9.47)$$

utilizando um análise similar à da Seção 8.3.

Notamos, a partir da Eq. (9.39), que o sinal de energia por símbolo é

$$E = A_c^2 T \qquad (9.48)$$

Portanto, podemos reescrever a Eq. (9.47) como

$$P_{e1} = P_{e2} = Q\left(\sqrt{\frac{E}{N_0}}\right) \qquad (9.49)$$

Em um sistema QPSK, há dois *bits* por símbolo, de modo que a energia do sinal por símbolo é o dobro da energia do sinal por *bit*, isto é,

$$E = 2E_b \qquad (9.50)$$

Dessa forma, expressando a probabilidade de erro de *bit* média em termos da razão E_b/N_0, podemos escrever

$$P_e = Q\left(\sqrt{\frac{2E_b}{N_0}}\right) \qquad (9.51)$$

Para uma operação satisfatória do receptor na Figura 9.19, precisamos de um circuito de recuperação de portadora eficiente capaz de rastrear a fase da portadora sem se preocupar com quais dos sinais de dados modulam em fase a onda portadora. Um circuito de recuperação de portadora que satisfaz essa necessidade, exceto pela ambiguidade de fase, é a *malha de Costas de quatro fases*, que é uma extensão da malha de Costas convencional tratada no Capítulo 2. Alternativamente, podemos utilizar a *malha de quarta potência*, que envolve a elevação do sinal recebido à quarta potência e a utilização de um PLL para rastrear o quarto harmônico da portadora assim produzida.

9.5 Comparação de desempenho em relação a ruído de vários sistemas PSK e FSK

Ao longo deste capítulo, utilizamos a probabilidade global de se cometer um erro de *bit* como a figura de mérito para a avaliação do desempenho em relação a ruído de um sistema de comunicação digital. Deve-se notar, entretanto, que mesmo que dois sistemas apresentem a mesma probabilidade de erro de símbolo, seus desempenhos, do ponto de vista do usuário, podem ser bastante diferentes. Em particular, quanto maior o número de *bits* por símbolo, mais erros de *bits* se agruparão em conjuntos. Por exemplo, se a probabilidade de erro de símbolo for 10^{-3}, o número de símbolos esperados que ocorrerá entre quaisquer dois símbolos errôneos será 1000. Se cada símbolo representar um *bit* de informação (como em um sistema PSK binário ou FSK binário), o número de *bits* de separação entre dois *bits* errôneos será 1000. Se, por outro lado, houver 2 *bits* por símbolo (como em um sistema QPSK), a separação esperada será de 2000 *bits*. Naturalmente, um erro de símbolo geralmente cria mais *bits* de erro no segundo caso. Todavia, esse efeito de agrupamento pode tornar um sistema mais atraente do que outro, ainda que a taxa de erro de símbolo seja a mesma. Na análise final, o sistema preferível dependerá da aplicação particular.

Dois sistemas que tenham um número diferente de símbolos podem ser comparados de maneira significativa se eles utilizarem a mesma quantidade de energia para transmitir cada *bit* de informação. É a quantidade total de energia necessária para se transmitir a mensagem completa que representa o custo da transmissão, não a quantidade de energia particular necessária para se transmitir satisfatoriamente um símbolo particular. Consequentemente, para comparar os diferentes sistemas de transmissão de dados considerados acima, utilizaremos, como base de nossa comparação, a probabilidade de erro de *bit* expressa como uma função da razão entre a energia do sinal por *bit* e a potência média de ruído por unidade de largura de banda: isto é, E_b/N_0.

Na Tabela 9.1, resumimos as expressões para a probabilidade de erro de *bit* para PSK coerente, FSK coerente convencional com decodificação de 1 *bit*, MSK coerente, FSK não coerente, DPSK e QPSK. Na Figura 9.20, utilizamos essas expressões para plotar P_e como uma função de E_b/N_0. Na prática, a probabilidade de erro é tipicamente da ordem de 10^{-5}. Com base nas curvas da Figura 9.20, podemos fazer as seguintes afirmações:

1. As taxas de erro para todos os sistemas decrescem monotonicamente com o aumento dos valores de E_b/N_0.
2. Para qualquer valor de E_b/N_0, BPSK, QPSK e MSK produzem uma taxa de erro menor do que os outros sistemas.
3. PSK e DPSK coerentes requerem um E_b/N_0 que seja 3 dB inferior aos valores correspondentes do FSK coerente e do FSK não coerente convencionais, respectivamente, para realizar a mesma taxa de erro.
4. Em valores elevados de E_b/N_0, o DPSK e o FSK não coerente apresentam um desempenho quase tão bom (dentro de aproximadamente 1 dB) quanto o PSK coerente e o FSK coerente convencional, respectivamente, para a mesma taxa de *bits* e a mesma energia de sinal por *bit*.
5. Os sistemas QPSK transmitem, em uma dada largura de banda, o dobro de *bits* de informação em relação a um sistema BPSK coerente convencional com o mesmo desempenho de taxa de erro. Aqui, novamente, verificamos que um sistema QPSK exige um circuito de recuperação de portadora mais sofisticado do que um sistema BPSK.

A partir da Figura 9.20, também vemos que em valores elevados de Eb/N_0, temos aproximadamente uma diferença de 4 dB entre os melhores métodos de sinalização e o pior método de sinalização. Pode parecer que isso representa uma pequena melhoria na relação sinal-ruído em troca do aumento de complexidade do receptor quando se vai do FSK não coerente para o FSK

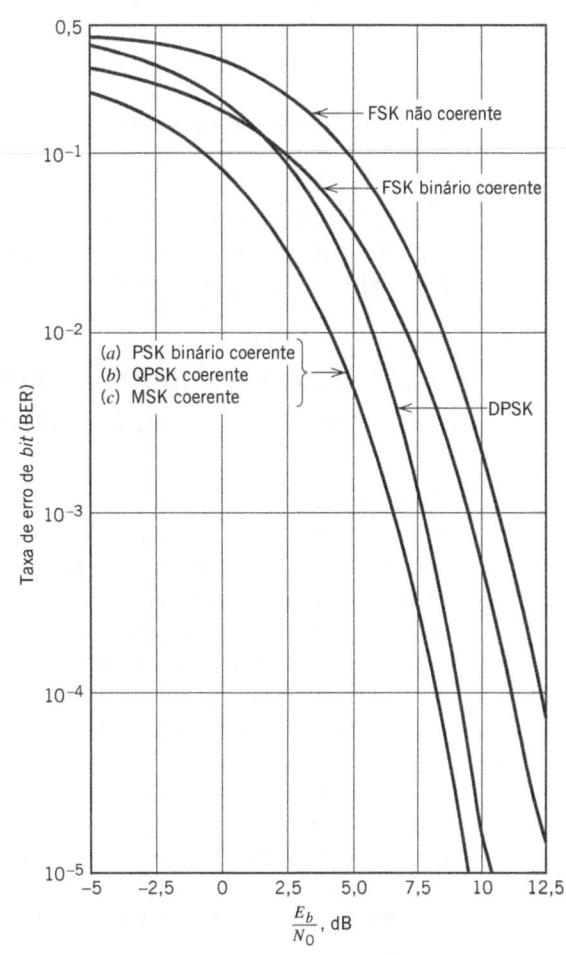

Figura 9.20 Comparação dos desempenhos em relação a ruído de diferentes sistemas PSK e FSK.

TABELA 9.1 Resumo das fórmulas para a probabilidade de erro de *bit* P_e para diferentes sistemas de transmissão de dados

	P_e
PSK coerente	$Q\left(\sqrt{\dfrac{2E_b}{N_0}}\right)$
FSK coerente (com decodificação de 1 *bit*)	$Q\left(\sqrt{\dfrac{E_b}{N_0}}\right)$
MSK	$Q\left(\sqrt{\dfrac{2E_b}{N_0}}\right)$
QPSK	$Q\left(\sqrt{\dfrac{2E_b}{N_0}}\right)$
FSK não coerente	$\dfrac{1}{2}\exp\left(-\dfrac{E_b}{2N_0}\right)$
DPSK	$\dfrac{1}{2}\exp\left(-\dfrac{E_b}{N_0}\right)$

coerente. Entretanto, em algumas aplicações em que a potência for escassa ou valiosa (por exemplo, em comunicações digitais via satélite), vale a pena economizar até mesmo 1 dB na relação sinal-ruído.

9.6 Exemplo temático – multiplexação por divisão de frequência ortogonal (OFDM)

Uma das suposições feitas no começo deste capítulo foi que o canal passa-faixa é linear e passa o sinal sem distorção. De fato, a análise feita ao longo do capítulo baseia-se nessa suposição. Na prática, a validade da suposição depende da aplicação de interesse e se torna menos verdadeira conforme a largura de banda do sinal aumenta. Um exemplo em que essa suposição deixa de valer são as redes de área local sem fio (WLAN) que fornecem o conhecido serviço *WiFi*.

A suposição de que o canal passa o sinal sem distorção implica que a resposta em magnitude do canal é plana no domínio da frequência. Na Figura 9.21, fornecemos um exemplo de resposta em magnitude de um canal de WLAN típico. As redes *WiFi* são projetadas para transmitir taxas de dados elevadas, até 54 *megabits* por segundo e maiores. Como consequência, os sinais correspondentes foram projetados para ocupar aproximadamente 20 MHz de largura de banda. Ao longo de uma largura de banda de 20 MHz, a resposta em magnitude mostrada na Figura 9.21 claramente não é constante. Entretanto, podemos também observar que ao longo de uma largura de banda pequena, digamos 300 kHz, a resposta em magnitude é aproximadamente constante.

Essa última observação sugere uma abordagem conhecida como *modulação multiportadora*. Com essa técnica de modulação, uma certa quantidade de portadoras é transmitida de maneira síncrona. Isso é ilustrado na Figura 9.22*a* para o caso de

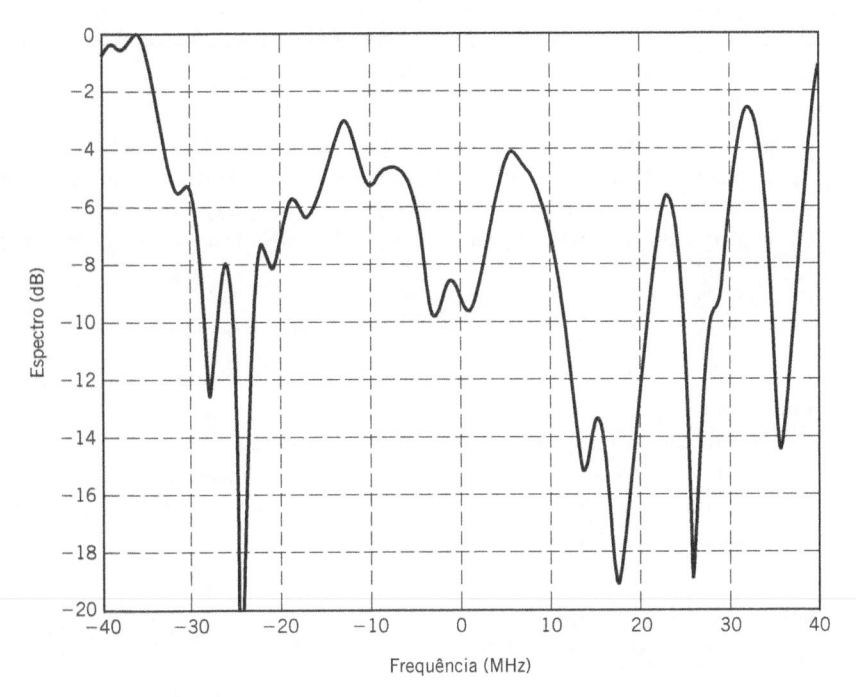

Figura 9.21 Exemplo de espectro em magnitude de um canal LAN sem fio.

portadoras não moduladas, e na Figura 9.22*b* para o caso de portadoras moduladas. Para manter a clareza, referiremos a essas portadoras individuais como *subportadoras* com frequências f_i e reservaremos o termo portadora para a frequência central do sinal agregado, f_c, quando ele for modulado para um sinal passa-faixa. Se a largura de banda de uma das subportadoras não moduladas for da ordem de 300 kHz ou menor, então o seu comportamento será similar àquele analisado neste capítulo.

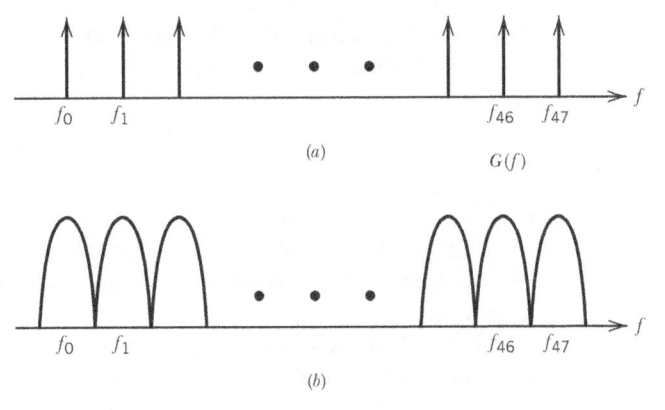

Figura 9.22 Ilustração conceitual de subportadoras de banda base complexa: (*a*) não moduladas, (*b*) moduladas.

Por motivos de ilustração, suponhamos que há 48 subportadoras. A largura de banda modulada para cada uma dessas subportadoras é ajustada em 312,5 kHz. Denotemos as frequências subportadoras como $f_0, f_1, ..., f_{47}$ e consideremos todas as subportadoras na sua forma complexa

$$\tilde{c}_n(t) = \exp(j2\pi f_n t) \qquad n = 0, 2, ..., 47 \qquad (9.52)$$

Em geral, a envoltória complexa da n-ésima subportadora pode ser representada como

$$\tilde{g}_n(t) = b_{k,n} p(t - kT), \qquad (k-1)T \leq t < kT \tag{9.53}$$

em que $p(t)$ é um pulso retangular e T é o período de símbolo. O coeficiente complexo $b_{k,n}$ é selecionado de acordo com a constelação selecionada. Por exemplo, para cada subportadora, a modulação poderia se BPSK, QPSK ou QAM M-ária. Se a modulação selecionada for QAM-16, então os $b_{k,n}$ serão selecionados a partir dos 16 elementos do conjunto

$$\{\pm 1 \pm j,\ \pm 3 \pm j,\ \pm 1 \pm 3j,\ \pm 3 \pm 3j\};$$

Em cada tempo de símbolo kT, um símbolo diferente é selecionado para ser transmitido.

Na prática, o fluxo de dados de entrada $\{d_l\}$ é demultiplexado em 48 fluxos paralelos representados por $\{b_{k,n}\}_{n=1}^{48}$, a 1/48 da taxa de dados de entrada. Então, a combinação da modulação de dados e da modulação de subportadora pode ser representada na forma de envoltória complexa da seguinte maneira:

$$\left.\begin{array}{l} \vdots \\ \tilde{s}_n(t) = b_{k,n} p(t - kT)\exp(j2\pi f_n t) \\ \tilde{s}_{n+1}(t) = b_{k,n+1} p(t - kT)\exp(j2\pi f_{n+1} t) \\ \vdots \end{array}\right\} \text{ para } (k-1)T \leq t < kT,\ n = 0, 1, \ldots, 47$$

$$\tag{9.54}$$

Cada termo da Eq. (9.54) contribui para o sinal passa-faixa, e o agregado é o sinal completo a ser transmitido pelo canal sem fio. A representação de envoltória complexa da combinação das 48 subportadoras para um período de símbolo T é dada por

$$\tilde{s}(t) = \sum_{n=0}^{47} \tilde{s}_n(t) \tag{9.55}$$

Esse processo é ilustrado na Figura 9.23. O fluxo de dados de entrada é modulado em QAM-16 e demultiplexado em 48 fluxos de dados separados. Após a modulação das subportadoras individuais, os fluxos de dados individuais são combinados novamente.

O sinal de banda base complexa agregado é, então, convertido em um sinal passa-faixa utilizando-se a abordagem convencional (ver Figura 9.1a), e matematicamente representado como

$$s(t) = \text{Re}[\tilde{s}(t)\exp(j2\pi f_c t)] \tag{9.56}$$

em que $\tilde{s}(t)$ é a envoltória complexa. Notemos que com esse esquema de modulação multiportadora, o número de *bits* transmitido por período de símbolo, T, é o número de subportadoras vezes o número de *bits* por símbolo modulado. Com a QAM-16 utilizada nesse exemplo, o número de *bits* por símbolo modulado é 48 × 4 = 192 *bits*.

À primeira vista, a combinação das Eqs. (9.54) e (9.55) parece ser uma estratégia de modulação complicada para se implementar. Entretanto, lembremos da transformada de Fourier discreta (DFT), que foi discutida no Capítulo 2. A DFT transforma um

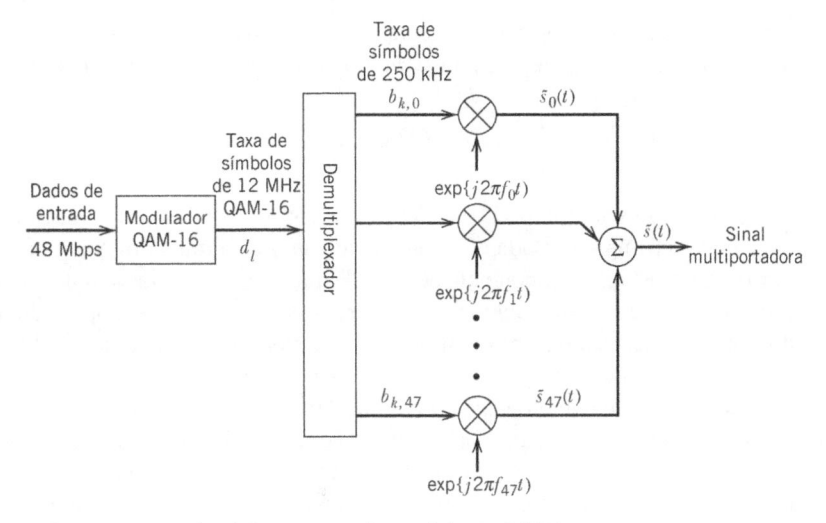

Figura 9.23 Ilustração conceitual do processo de modulação OFDM.

conjunto de amostras no domínio do tempo em um conjunto de amostras equivalente no domínio da frequência. A transformada de Fourier discreta inversa (IDFT) realiza a operação inversa. Esse par de transformadas é descrito matematicamente por

$$\left.\begin{aligned} \text{DFT:} \quad & b_n = \sum_{m=0}^{M-1} B_m \exp(-j2\pi mn/M) & n = 0, 1, \ldots, M-1 \\ \text{IDFT:} \quad & B_m = \frac{1}{M} \sum_{n=0}^{M-1} b_n \exp(j2\pi mn/M) & m = 0, 1, \ldots, M-1 \end{aligned}\right\} \quad (9.57)$$

em que as sequências $\{b_n\}$ e $\{B_m\}$ são as amostras no domínio do tempo e no domínio da frequência, respectivamente. Considerando a Eq. (9.54) no contexto da IDFT, façamos as seguintes suposições:

1. A forma de pulso $p(t)$ é retangular

$$p(t) = \begin{cases} 1, & 0 \leq t < T \\ 0, & \text{caso contrário} \end{cases}$$

2. As frequências das subportadoras são selecionadas de modo que

$$f_n = \frac{n}{T}, \quad \text{para } n = 0, 1, 2, \ldots, 47$$

3. Cada subportadora e a saída são amostradas M vezes por intervalo de símbolo, isto é, para $0 \leq t < T$ as amostras são dadas por

$$t = \frac{m}{M} T \quad \text{para } m = 0, 1, \ldots, M-1$$

Combinando essas três suposições com as Eqs. (9.54) e (9.55), obtemos para o k-ésimo período de símbolo as seguintes M amostras da forma de onda modulada

$$\tilde{s}\left(\frac{mT}{M}\right) = \sum_{n=0}^{47} b_{k,n} \exp(j2\pi mn/M), \qquad m = 0, 1, \ldots, M-1 \qquad (9.58)$$

Para fornecer a simetria da Eq. (9.57), deveríamos escolher $M = 48$. Entretanto, a DFT pode ser implementada eficientemente como uma transformada rápida de Fourier (FFT) se M for uma potência de dois. Em um sistema prático, o número de subportadoras pode ser aumentado para 64 para fornecer: (a) as 48 subportadoras de dados mencionadas acima; (b) um número de subportadoras adicionais utilizadas para propósitos de sincronização no receptor; e (c) um número de portadoras zero para fornecer uma banda de proteção contra interferência de canal adjacente.

Para resumir, as amostras da envoltória complexa do sinal multiportadora são dadas pela IDFT das subportadoras. A implementação típica do transmissor é mostrada na Figura 9.24a. Primeiro, o fluxo de dados binários de entrada passa por uma codificação de correção de erro direta (como será discutido no Capítulo 10), seguida de uma modulação QAM-16. Depois, o fluxo de dados se submete a uma conversão serial-paralela para que se criem 48 fluxos de dados independentes. Em seguida, esses fluxos de dados são combinados utilizando-se o algoritmo da transformada rápida de Fourier inversa (IFFT). A saída do algoritmo IFFT consiste nas amostras no domínio do tempo a serem transmitidas pelo canal. Além de apresentar as 48 subportadoras que transportam os dados, a Figura 9.24a mostra subportadoras adicionais, utilizadas pelo receptor para propósito de sincronização, rastreamento e banda de proteção.

A saída do algoritmo IFFT consiste em 64 amostras no tempo de uma envoltória complexa para cada período T, que passam por uma conversão paralela-serial e finalmente por uma conversão digital-analógica para que se facilite a transmissão do sinal multiportadora pelo canal sem fio. A Figura 9.24b representa a implementação correspondente do receptor, que segue uma sequência de operações na ordem inversa daquelas realizadas no transmissor da Figura 9.24a. Especificamente, para que se recupere o fluxo de dados binários de entrada original, o sinal recebido passa através dos seguintes processadores:

- Conversor analógico-digital
- Conversor serial-paralelo
- Algoritmo FFT de 64 pontos
- Conversor paralelo-serial
- Demodulador QAM-16
- Decodificador de correção de erro direta

A estratégia de modulação descrita no exemplo temático certamente apresenta um aspecto de multiplexação por divisão de frequência, como se pode ver a partir da Figura 9.20. O fato de que as subportadoras individuais são ortogonais é deixado como um exercício para que o leitor o demonstre. A consideração conjunta dessas duas afirmações justifica que o sistema de comunicação da Figura 9.24 seja referido como um *sistema de multiplexação por divisão de frequência ortogonal* (*OFDM*).

A OFDM é um exemplo de estratégia de modulação multicamada. Em um nível, as subportadoras formam uma base ortonormal para o espaço de sinais. Em um se-

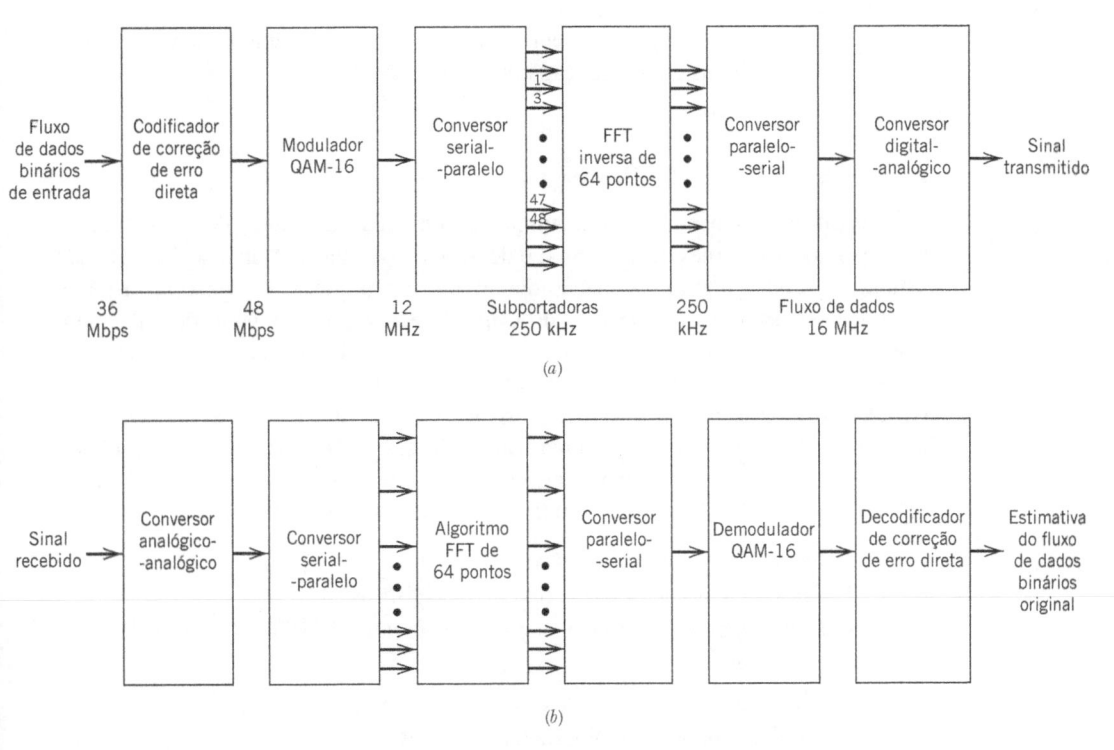

Figura 9.24 Diagrama de blocos do (a) transmissor OFDM e do (b) receptor OFDM.

gundo nível, cada subportadora possui o seu próprio espaço de sinais que é modulado em QAM-16. Os sistemas de modulação multicamada desse tipo são muito comuns. Uma camada é projetada para que se alcancem as exigências do resultado do processamento. Nesse caso, a QAM-16 é escolhida para fornecer o resultado do processamento desejado. Uma segunda camada é projetada para que se tire vantagem das (ou se compensem as) propriedades do meio de transmissão. Nesse caso, para compensar as características do canal sem fio. A modulação OFDM foi selecionada para utilização em muitos padrões de LAN sem fio, incluindo os IEEE 802.11a, g e n; bem como os padrões de transmissão digital de áudio. Alguns dos valores considerados para este exemplo vieram dos padrões IEEE 802.11a e g.

Para resumir, o exemplo temático de OFDM demonstrou as seguintes características desejáveis:

1. Esquemas de modulação digital espectralmente eficientes, como a QAM-16, podem ser representados simplesmente pelos seus equivalentes passa-baixas complexos.
2. Modulações de complexidade ainda maior, como a OFDM, podem ser apresentadas e entendidas facilmente em termos de seus equivalentes passa-baixas complexos.
3. O claro entendimento desses esquemas de modulação permite que tiremos vantagem das técnicas de processamento digital de sinais, como o algoritmo

da transformada rápida de Fourier, de modo a simplificar a implementação de alguns sistemas de modulação complicados.

9.7 Resumo e discussão

Neste capítulo, apresentamos uma análise sistemática dos efeitos de ruído sobre o desempenho de sistemas de transmissão de dados passa-faixa. A análise foi realizada primeiro revendo-se a representação de envoltória complexa de sinais passa-faixa. Um resultado importante que veio do Capítulo 8 sobre transmissão de pulsos em banda base foi a ideia de um receptor de correlação ou, de maneira equivalente, um receptor com filtro casado para a detecção ótima de um sinal conhecido em um canal AWGN. Esse resultado se estende diretamente para sistemas passa-faixa em que há uma variedade maior de esquemas de modulação. Em particular, mostramos a aplicação desse princípio básico à análise do desempenho da taxa de erro de *bit* para algumas técnicas de modulação digital importantes em um canal AWGN:

1. Técnicas de modulação coerente:
   - Chaveamento de fase binário coerente (BPSK)
   - Chaveamento de frequência binário coerente (BFSK)
   - Chaveamento mínimo coerente (MSK)
   - Chaveamento de quadrifase coerente (QPSK)
2. Técnicas de modulação binária não coerente:
   - Chaveamento de frequência binário não coerente
   - Chaveamento de fase diferencial

Essa apresentação foi seguida por uma breve discussão sobre técnicas de modulação *M*-ária coerente: chaveamento de fase *M*-ário, modulação de amplitude em quadratura e chaveamento de fase *M*-ário.

A partir da discussão apresentada neste capítulo, concluímos que a análise de desempenho de sistemas de transmissão de dados passa-faixa na presença de ruído branco gaussiano aditivo (AWGN) é bem entendida tanto para receptores coerentes quanto não coerentes. Em geral, verificamos que a taxa de erro de *bit* decresce exponencialmente com o aumento da relação sinal-ruído, E_b/N_0, no canal AWGN. Técnicas coerentes oferecem vantagens de desempenho que variam de um a três decibéis em relação às suas contrapartes não coerentes, mas à custa do aumento da complexidade requerida no receptor para recuperar a informação de sincronização contida no sinal recebido.

A seguir um comentário final: quando a análise de desempenho explícita de um sistema de transmissão passa-faixa desafia uma solução satisfatória, por exemplo, quando os efeitos não ideais como interferência intersimbólica ou interferência de canal adjacente estão presentes, a utilização de simulações computacionais será a única abordagem alternativa para a real avaliação do *hardware*. O procedimento de simulação envolve a formulação de um modelo equivalente de banda base complexo para o sistema, de acordo com as linhas descritas no Capítulo 2.

Notas e referências

1. Para uma revisão tutorial detalhada de diferentes técnicas de modulação digital (ASK, FSK e PSK) utilizando um ponto de vista geométrico, ver Arthurs e Dym, 1962. Ver também a seguinte lista de livros:

   Proakis (2001, Capítulo 5)
   Sklar (2001, Capítulo 4)
   Gibson (1989, Capítulo 11)
   Viterbi e Omura (1979, pp. 47–127)

2. O sinal MSK foi primeiramente descrito em Doelz e Heald (1961). Para uma revisão tutorial de MSK e comparação com QPSK, ver Pasupathy (1979). Uma vez que o espaçamento entre frequência é apenas a metade do espaçamento convencional de $1/T_b$ que é utilizado em detecção coerente de sinais FSK binários, esse esquema de sinalização é também referido como FSK rápido. Ver deBuda (1972).

3. O método padrão para a derivação da taxa de erro de *bit* para FSK binário não coerente, apresentado em Whalen (1971), e aquele para chaveamento de fase diferencial apresentado em Arthurs e Dym (1962), envolve a utilização da distribuição de Rician. Essa distribuição foi discutida no Capítulo 5.

4. O receptor ótimo para o chaveamento de fase diferencial é discutido em Simon e Divsalar (1992).

Problemas

9.1 A sequência 101101011 é utilizada para modular uma portadora passa-faixa. Esboce as formas de onda para os três casos de modulação por ASK, FSK e PSK binários.

9.2 Uma portadora passa-faixa $\cos(2\pi f_c t)$ é modulada utilizando-se um misturador linear (multiplicador) por um sinal digital $g(t)$ de valor real. Se o sinal $g(t)$ tiver o espectro de banda base $G(f)$, qual será o espectro modulado? Esboce esse espectro para o caso em que $g(t)$ é um código de linha bipolar NRZ.

9.3 Um par de portadoras ortogonais $\cos(2\pi f_c t)$ e $\text{sen}(2\pi f_c t)$ são moduladas linearmente pelo sinais de banda base digitais $g_I(t)$ e $g_Q(t)$ e combinadas em seguida.

(a) Desenvolva uma expressão para o espectro do sinal passa-faixa se $G_I(f)$ e $G_Q(f)$ forem os respectivos espectros de banda base.

(b) Suponha que $g_I(t)$ e $g_Q(t)$ sejam códigos de linha independentes do tipo bipolar NRZ. Esboce o espectro passa-faixa correspondente.

(c) Suponha que $g_I(t) = -g_Q(t)$. Como isso afeta o espectro passa-faixa?

(d) Suponha que $g_I(t)$ e $g_Q(t)$ correspondam a sequências independentes de pulsos, cada pulso tendo uma forma de cosseno elevado com fator de decaimento de 1,0. Esboce o espectro passa-faixa correspondente.

9.4 Na versão liga-desliga de um sistema ASK, o símbolo 1 é representado pela transmissão de uma portadora senoidal de amplitude $\sqrt{2E_b/T_b}$ em que E_b é a energia do sinal por *bit* e T_b é a duração de *bit*. O símbolo 0 é representado pelo desligamento de portadora. Suponha que os símbolos 1 e 0 ocorram com igual probabilidade. Para um canal AWGN:

(a) Forneça o diagrama de blocos para um receptor coerente para esse sinal ASK.

(b) Determine a probabilidade de erro média para esse sistema ASK com recepção coerente.

(c) Suponha que o símbolo 1 ocorra com probabilidade $\frac{2}{3}$ e o símbolo 0 ocorra com probabilidade $\frac{1}{3}$. Como o projeto do receptor e a probabilidade de erro mudariam se o objetivo fosse minimizar a probabilidade de erro total?

9.5 Um sinal PSK é aplicado a um correlacionador provido de uma referência de fase que se situa a ϕ radianos da fase de portadora exata. Determine o efeito do erro de fase ϕ sobre a probabilidade de erro média do receptor.

9.6 A componente de sinal de um sistema PSK coerente é definida por

$$s(t) = A_c k \operatorname{sen}(2\pi f_c t) \pm A_c \sqrt{1-k^2}\cos(2\pi f_c t)$$

em que $0 \leq t \leq T_b$, o sinal '+' corresponde ao símbolo 1 e o sinal '−' corresponde ao símbolo 0. O primeiro termo representa uma componente de portadora incluída com o propósito de sincronizar o receptor com o transmissor.

(a) Desenhe o espectro para o esquema descrito aqui. Que observações você pode fazer a respeito deste espectro?

(b) Mostre que, na presença de ruído branco gaussiano aditivo de média zero e densidade espectral de potência $N_0/2$, a probabilidade de erro média é

$$P_e = \frac{1}{2} Q\left(\sqrt{\frac{2E_b}{N_0}(1-k^2)}\right)$$

em que

$$E_b = \frac{1}{2} A_c^2 T_b$$

(c) Suponha que 10% da potência do sinal transmitido seja alocada para a componente de portadora. Determine a E_b/N_0 necessária para realizar uma probabilidade de erro igual a 10^{-4}.

(d) Compare esse valor de E_b/N_0 com o que é necessário para um sistema PSK convencional com a mesma probabilidade de erro.

9.7 Um sistema FSK transmite dados binários à taxa de $2{,}5\times 10^6$ bits por segundo. Durante o curso da transmissão, ruído branco gaussiano de média zero e densidade espectral de potência 10^{-20} watts por hertz é adicionado ao sinal. Na ausência de ruído, a amplitude da onda senoidal recebida para dígito 1 ou 0 é de 1 microvolt. Determine a probabilidade de erro de símbolo média para as seguintes configurações de sistema:

(a) FSK binário coerente.
(b) MSK coerente.
(c) FSK binário não coerente.

9.8

(a) Em um receptor FSK coerente, os sinais $s_1(t)$ e $s_0(t)$, que representam os símbolos 1 e 0, respectivamente, são definido por

$$s_1(t), s_0(t) = A_c \cos\left[2\pi\left(f_c \pm \frac{\Delta f}{2}\right)t\right], \quad 0 \leq t \leq T_b$$

Supondo que $f_c > \Delta f$, mostre que o coeficiente de correlação dos sinais $s_1(t)$ e $s_0(t)$ é dado aproximadamente por

$$\rho = \frac{\int_0^{T_b} s_1(t) s_0(t)\, dt}{\int_0^{T_b} s_1^2(t)\, dt} \simeq \operatorname{sinc}(2\,\Delta f T_b)$$

(b) Qual é o valor mínimo de desvio de frequência Δf para o qual os sinais $s_1(t)$ e $s_0(t)$ são ortogonais?

(c) Qual é o valor de Δf que minimiza a probabilidade de erro de símbolo média?

(d) Para o valor de Δf obtido na parte (c), determine o aumento em E_b/N_0 necessário para que o receptor FSK coerente tenha o mesmo desempenho em relação a ruído que um receptor PSK binário coerente.

9.9 Um sinal FSK binário com *fase descontínua* é definido por

$$s(t) = \begin{cases} \sqrt{\dfrac{2E_b}{T_b}}\cos\left[2\pi\left(f_c + \dfrac{\Delta f}{2}\right)t + \theta_1\right] & \text{para o símbolo 1} \\ \sqrt{\dfrac{2E_b}{T_b}}\cos\left[2\pi\left(f_c - \dfrac{\Delta f}{2}\right)t + \theta_2\right] & \text{para o símbolo 0} \end{cases}$$

em que E_b é a energia de sinal por *bit*, T_b é a duração de *bit*, e θ_1 e θ_2 são valores amostrais de variáveis aleatórias uniformemente distribuídas ao longo do intervalo de 0 a 2π. Na verdade, os dois osciladores que fornecem as frequências transmitidas $f_c \pm \Delta f/2$ operam independentemente um do outro. Assuma que $f_c \gg \Delta f$.

(a) Avalie a densidade espectral de potência do sinal FSK.

(b) Mostre que, para frequências bem afastadas da frequência de portadora f_c, a densidade espectral de potência decai com o inverso do quadrado da frequência.

9.10 Crie um diagrama de blocos para a geração do sinal CPFSK $s(t)$ utilizando a representação dada aqui:

$$s(t) = \sqrt{\dfrac{2E_b}{T_b}}\cos\left(\dfrac{\pi t}{T_b}\right)\cos(2\pi f_c t) \mp \sqrt{\dfrac{2E_b}{T_b}}\operatorname{sen}\left(\dfrac{\pi t}{T_b}\right)\operatorname{sen}(2\pi f_c t)$$

9.11 Dados binários são transmitidos através de um *link* de micro-ondas à taxa de 10^6 *bits* por segundo e a densidade espectral de potência do ruído na entrada do receptor é 10^{-10} watts por hertz. Encontre a potência de portadora média necessária para manter uma probabilidade de erro média $P_e \leq 10^{-4}$ para (a) PSK binário coerente e (b) DPSK.

9.12 Os valores de E_b/N_0 necessários para se realizar uma probabilidade de erro de *bit* média $P_e = 10^{-4}$ utilizando sistemas PSK binário coerente e FSK coerente (convencional) são iguais a 7,2 e 13,5, respectivamente. Utilizando a aproximação

$$Q(u) \approx \frac{1}{\sqrt{2\pi}u} \exp\left(-\frac{u^2}{2}\right)$$

determine a separação nos valores de E_b/N_0 para $P_e = 10^{-4}$, utilizando

(a) PSK binário coerente e DPSK.
(b) PSK binário coerente e QPSK.
(c) FSK binário coerente (convencional) e FSK binário não coerente.
(d) FSK binário coerente (convencional) e MSK coerente.

9.13 Um sistema ASK binário utiliza sinalização liga-desliga. Esboce um diagrama de blocos do receptor para detectar esse sinal.

9.14 Construa o diagrama de blocos de um transmissor DPSK que corresponde ao receptor DPSK da Figura 9.14. Em seguida, faça o seguinte:

(a) Aplique a sequência binária 1100100010 a esse transmissor e esboce a forma de onda resultante na saída do transmissor.
(b) Aplicando essa forma de onda ao receptor DPSK da Figura 9.14, mostre que, na ausência de ruído, a sequência binária original é reconstruída na saída do receptor.

9.15

(a) Dada a sequência binária de entrada 1100100010, esboce as formas de onda das componentes em fase e em quadratura de uma onda modulada obtida utilizando-se o QPSK com base no conjunto de sinal da Figura 9.16.
(b) Esboce a própria forma de onda QPSK para a sequência binária de entrada especificada na parte (a).

9.16 Sejam P_{eI} e P_{eQ} as probabilidades de erro de símbolo para os canais em fase e em quadratura de um sistema de banda estreita. Mostre que a probabilidade de erro de símbolo média para o sistema global é dada por

$$P_e = P_{eI} + P_{eQ} - P_{eI}P_{eQ}$$

9.17 Há duas maneiras de se detectar um sinal MSK. Uma maneira é utilizar um receptor coerente para considerar plenamente o conteúdo de informação de fase do sinal MSK. Uma outra maneira é utilizar um receptor não coerente e desconsiderar a informação de fase. O segundo método oferece a vantagem de simplicidade de implementação, à custa de um desempenho em relação a ruído degradado. Em quantos decibéis temos que aumentar a relação energia por *bit*-densidade de ruído E_b/N_0 no segundo caso a fim de obtermos uma probabilidade de erro de símbolo média igual a 10^{-5} em ambos os casos?

9.18

(a) Esboce as formas de onda das componentes em fase e em quadratura do sinal MSK em resposta à sequência binária de entrada 1100100010.
(b) Esboce a própria forma de onda MSK para a sequência binária especificada na parte (a).

9.19 Na Seção 9.5, comparamos os desempenhos em relação a ruído de PSK binário coerente, FSK binário coerente, QPSK, MSK, DPSK, e FSK não coerente utilizando a taxa de erro de *bit* como base de comparação. Neste problema, assumimos um ponto de vista diferente e utilizamos a probabilidade de erro de símbolo média, P_e, para fazer essa comparação. Plote P_e versus E_b/N_0 para cada um desses esquemas e comente o seu próprio resultado.

9.20 A Figura P9.20*a* mostra um receptor não coerente que utiliza um filtro casado para a detecção de um sinal senoidal de frequência conhecida, mas com fase aleatória, na presença de ruído branco gaussiano aditivo. Uma implementação alternativa desse receptor é sua mecanização no domínio da frequência como um *receptor analisador de espectro*, como na Figura P9.20*b*, em que o correlacionador calcula a função de autocorrelação de tempo finito $R_x(\tau)$ definida por

$$R_x(\tau) = \int_0^{T-\tau} x(t)x(t+\tau)\,dt, \qquad 0 \leq \tau \leq T$$

Mostre que a saída do detector de envoltória de lei quadrática amostrada no tempo $t = T$ na Figura P9.20a é o dobro da saída espectral do dispositivo de transformada de Fourier amostrada na frequência $f = f_c$ na Figura P9.20b.

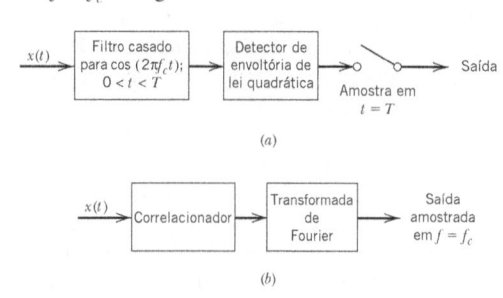

Figura P9.20

9.21

(a) Determine uma expressão para o espectro equivalente de banda base de um sinal PSK binário. (Suponha que um código de linha bipolar NRZ seja utilizado para a modulação.)

(b) Qual é a expressão analítica para a forma de pulso MSK? Assumindo que as componentes em fase e em quadratura de um sinal MSK sejam independentes, desenvolva uma expressão analítica para o espectro de um sinal MSK.

9.22 A *largura de banda equivalente de ruído* de um sinal passa-faixa é definida como o valor de largura de banda que satisfaz a relação

$$2BS(f_c) = P/2$$

em que $2B$ é a largura de banda equivalente de ruído centrada em torno da frequência de banda média f_c, $S(f_c)$ é o valor máximo da densidade espectral de potência do sinal em $f = f_c$ e P é a potência média do sinal. Mostre que as larguras de banda equivalentes de ruído de PSK, QPSK e MSK binários são as seguintes:

Tipo de modulação	Largura de banda de ruído/Taxa de *bits*
PSK binário	1,0
QPSK	0,5
MSK	0,62

9.23 Para o detector FSK não coerente da Figura 9.12, suponha que as frequências de sinalização f_0 e f_1 sejam ortogonais ao longo do período de símbolo T_b. Mostre que quando o sinal recebido for $x(t) = A_c \cos(2\pi f_1 t) + n(t)$ em que $n(t)$ é ruído branco gaussiano com densidade $N_0/2$:

(a) A saída do detector de envoltória inferior tem uma distribuição de Rayleigh dada por

$$p_{L_0}(l_0) = \begin{cases} \dfrac{2l_0}{N_0}\exp\left(-\dfrac{l_0^2}{N_0}\right) & l_0 \geq 0 \\ 0 & \text{caso contrário} \end{cases}$$

(b) A saída do detector de envoltória superior tem uma distribuição de Rician dada por

$$p_{L_1}(l_1) = \begin{cases} \dfrac{2l_1}{N_0}\exp\left(-\dfrac{l_1^2 + A_c^2}{N_0}\right) I_0\left(\dfrac{2A_c l_1}{N_0}\right) & l_1 \geq 0 \\ 0 & \text{caso contrário} \end{cases}$$

(c) Mostre que

$$P(L_0 > L_1) = \int_0^\infty P(L_0 > l_1 | l_1) p_{L_1}(l_1)\, dl_1$$
$$= \dfrac{1}{2}\exp\left(-\dfrac{A_c^2}{4N_0}\right)$$

Dica: Utilize os equivalentes de banda base complexos $l_0^2 = x_I^2 + x_Q^2$ e $l_1^2 = (x_I + A_c)^2 + x_Q^2$.

TEORIA DA INFORMAÇÃO E CODIFICAÇÃO

Capítulo

10

10.1 Introdução

Como mencionado no Capítulo 1 e reiterado ao longo do livro, o propósito de um sistema de comunicação é transmitir sinais de banda base portadores de informação de um lugar para outro através de um canal de comunicação. Nos capítulos precedentes do livro, descrevemos uma variedade de esquemas de modulação para atingir esse objetivo. Mas o que queremos dizer com o termo *informação*? Para abordar essa questão, precisamos invocar a teoria da informação[1]. Essa disciplina, que se baseia amplamente na matemática, trouxe contribuições fundamentais não somente para as comunicações, mas também para a ciência da computação, a física estatística, a inferência estatística e a probabilidade.

No contexto de comunicações, a teoria da informação lida com a modelagem matemática e a análise de um sistema de comunicação, ao invés de lidar com as fontes físicas e os canais físicos. Em particular, ela provê respostas a duas questões fundamentais (dentre outras):

- Qual é a complexidade irredutível abaixo da qual um sinal não pode ser comprimido?
- Qual é a taxa de transmissão definitiva para um sistema de comunicação confiável através de um canal ruidoso?

As respostas a essas questões encontram-se na *entropia* de uma fonte e na *capacidade* de um canal, respectivamente. A entropia é definida em termos do comportamento probabilístico de uma fonte de informação; ela recebe esse nome em deferência ao uso paralelo desse conceito na termodinâmica. A capacidade é definida como a habilidade intrínseca de um canal para transportar informação. Ela naturalmente se relaciona com as características de ruído do canal. Um resultado notável proveniente da teoria da informação é que se a entropia da fonte for menor do que a capacidade do canal, então uma comunicação isenta de erros através do canal será possível.

Este capítulo dedica-se a dois tópicos: teoria da informação e codificação para controle de erros. O estudo da teoria da informação provê os limites fundamentais no desempenho de um sistema de comunicação, por meio da especificação do número mínimo de *bits* por símbolo necessário para representar completamente a fonte, e da especificação da taxa máxima à qual a transmissão de informação pode ocorrer através do canal.

Baseando-se na teoria da informação, o estudo da codificação para controle de erros fornece métodos práticos de transmissão de informação de uma extremidade do sistema, a uma taxa e qualidade que sejam aceitáveis, para um usuário na outra extremidade. Definitivamente, o objetivo da codificação para controle de erros é se aproximar dos limites impostos pela teoria da informação que são restringidos por considerações práticas. Os dois parâmetros fundamentais do sistema disponíveis para o projetista são a potência do sinal transmitido e a largura de banda do canal. Esses dois parâmetros, juntamente com a densidade espectral de potência do ruído de receptor, determinam a relação energia de sinal por *bit*-densidade de potência de ruído E_b/N_0. Nos capítulos anteriores, mostramos que essa relação determina unicamente a taxa de erro de *bit* para um esquema de modulação particular. Considerações práticas geralmente impõem um limite para o valor que podemos atribuir a E_b/N_0. Consequentemente, na prática, muitas vezes chegamos a um esquema de modulação e descobrimos que não é possível fornecer uma qualidade de dados aceitável (isto é, taxa de erro suficientemente baixa). Para uma E_b/N_0 fixa, a opção prática disponível para modificar a qualidade dos dados de problemática para aceitável é utilizarmos *codificação para controle de erros*.

Uma outra motivação prática para a utilização da codificação é reduzir a E_b/N_0 necessária para uma taxa de erro fixa. Essa redução em E_b/N_0 pode, por sua vez, ser explorada para se reduzir a potência transmitida necessária ou para se reduzirem os custos de *hardware*, exigindo-se um tamanho de antena menor no caso de comunicações de rádio.

O controle de erro para a integridade de dados pode ser exercido por meio da correção direta de erros (FEC). O codificador FEC no transmissor aceita *bits* de mensagem e adiciona redundância de acordo com uma regra prescrita, produzindo assim dados codificados a uma taxa de *bits* mais elevada. O decodificador FEC no receptor explora a redundância para decidir quais *bits* de mensagem foram efetivamente transmitidos. O objetivo combinado do codificador e do decodificador de canal, trabalhando conjuntamente, é minimizar o efeito de ruído de canal.

Há muitos códigos diferentes de correção de erros (com raízes em diversas disciplinas matemáticas) que podemos utilizar. Neste capítulo, introduziremos quatro estratégias de FEC: códigos de bloco, códigos convolucionais, modulação codificada em treliça e códigos Turbo. A correção direta de erros não é o único método para a melhoria da qualidade da transmissão; uma outra abordagem muito importante conhecida como solicitação de correção automática (ARQ) é também largamente utilizada para solucionar o problema de controle de erros. A filosofia da ARQ é muito diferente da filosofia da FEC. Especificamente, a ARQ utiliza redundância para o propósito exclusivo de detecção de erro. Após a detecção, o receptor solicita uma repetição de transmissão, a qual necessita da utilização de um percurso de retorno (isto é, um canal de realimentação).

10.2 Incerteza, informação e entropia

Suponhamos que um *experimento probabilístico* envolva a observação da saída emitida por uma fonte discreta durante cada unidade de tempo (intervalo de sinalização). A saída da fonte é modelada como uma variável aleatória discreta, S, a qual assume símbolos de um *alfabeto* finito fixo

$$\mathcal{S} = \{s_0, s_1, \ldots, s_{K-1}\} \tag{10.1}$$

com probabilidades

$$P(S = s_k) = p_k, \quad k = 0, 1, \ldots, K-1 \quad (10.2)$$

Naturalmente, esse conjunto de probabilidades deve satisfazer a condição

$$\sum_{k=0}^{K-1} p_k = 1 \quad (10.3)$$

Suponhamos que os símbolos emitidos pela fonte durante intervalos de sinalização sucessivos sejam estatisticamente independentes. Uma fonte que tenha as propriedades que acabamos de descrever denomina-se *fonte discreta sem memória*, sem memória no sentido de que o símbolo emitido em qualquer tempo é independente das escolhas anteriores.

Podemos encontrar uma medida de quanta informação é produzida por tal fonte? Para responder essa pergunta, notemos que a ideia de informação está estreitamente relacionada com a da incerteza ou surpresa, como descrito a seguir.

Consideremos o evento $S = s_k$, o qual descreve a emissão de um símbolo s_k pela fonte com probabilidade p_k, como definido na Eq. (10.2). Claramente, se a probabilidade $p_k = 1$ e $p_i = 0$ para todo $i \neq k$, então não haverá surpresa e, portanto, nenhuma informação quando o símbolo s_k for emitido, uma vez que sabemos qual deverá ser a mensagem da fonte. Se, por outro lado, os símbolos da fonte ocorrerem com diferentes probabilidades, e a probabilidade p_k for baixa, então haverá mais surpresa e, portanto, informação quando o símbolo s_k for emitido pela fonte do que quando o símbolo s_i, $i \neq k$, com maior probabilidade, for emitido. Dessa forma, as palavras incerteza, surpresa e informação estão todas relacionadas. Antes de o evento $S = s_k$ ocorrer, há uma quantidade de incerteza. Quando o evento $S = s_k$ ocorre, há uma quantidade de surpresa. Após a ocorrência do evento $S = s_k$, há um ganho na quantidade de informação, cuja essência pode ser vista como a *resolução da incerteza*. Além disso, a quantidade de informação está relacionada com o *inverso* da probabilidade de ocorrência.

Definimos a quantidade de informação obtida depois de observarmos o evento $S = s_k$, que ocorre com probabilidade p_k, como a função *logarítmica*

$$I(s_k) = \log\left(\frac{1}{p_k}\right) \quad (10.4)$$

como ilustrado na Figura 10.1. A definição da Eq. (10.4) exibe as seguintes propriedades importantes que são intuitivamente satisfatórias:

1. $$I(s_k) = 0 \quad \text{para} \quad p_k = 1 \quad (10.5)$$
   Obviamente, se estivermos absolutamente *certos* do resultado de um evento, antes mesmo de ele ocorrer, não haverá *nenhum* ganho de informação.
2. $$I(s_k) \geq 0 \quad \text{para} \quad 0 \leq p_k \leq 1 \quad (10.6)$$
   Isso equivale a dizer que a ocorrência de um evento $S = s_k$ fornece alguma ou nenhuma informação, mas jamais provoca uma *perda* de informação.
3. $$I(s_k) > I(s_i) \quad \text{para} \quad p_k < p_i \quad (10.7)$$
   Isto é, quanto menos provável for um evento, mais informação obteremos quando ele ocorrer.

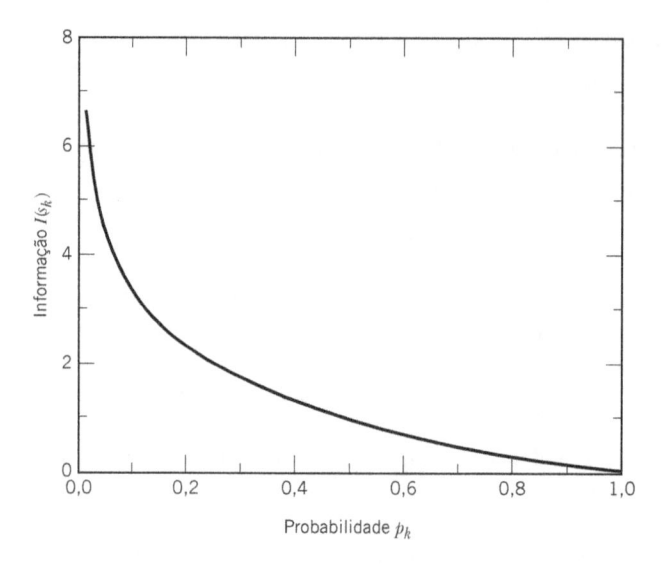

Figura 10.1 Informação associada com o evento $S = s_k$ de probabilidade p_k.

4. $I(s_k s_l) = I(s_k) + I(s_l)$ se s_k e s_l forem estatisticamente independentes.

A base do logaritmo na Eq. (10.4) é bem arbitrária. Todavia, é a prática padrão atual utilizar um logaritmo na base 2. A unidade resultante de informação é chamada de *bit* (uma contração de *bi*nary digi*t* – dígito binário). Dessa forma, escrevemos

$$I(s_k) = \log_2\left(\frac{1}{p_k}\right)$$
$$= -\log_2 p_k \quad \text{para } k = 0, 1, \ldots, K-1 \quad (10.8)$$

Quando $p_k = 1/2$, temos $I(s_k) = 1$. Consequentemente, *um bit é uma unidade de informação que ganhamos quando ocorre um de dois eventos possíveis e igualmente prováveis (isto é, equiprováveis)*. Notemos que a informação $I(s_k)$ é positiva, uma vez que o logaritmo de um número menor do que um, como uma probabilidade, é negativo.

A quantidade de informação $I(s_k)$ produzida pela fonte durante um intervalo de sinalização arbitrário depende do símbolo s_k emitido pela fonte naquele tempo. De fato, $I(s_k)$ é uma variável aleatória discreta que assume os valores $I(s_0), I(s_1), \ldots, I(s_{k-1})$ com probabilidades $p_0, p_1, \ldots, p_{k-1}$ respectivamente. A média de $I(s_k)$ ao longo do alfabeto fonte $\mathscr{S}$ é dada por

$$H(\mathscr{S}) = \mathbf{E}[I(s_k)]$$
$$= \sum_{k=0}^{K-1} p_k I(s_k) \quad (10.9)$$
$$= \sum_{k=0}^{K-1} p_k \log_2\left(\frac{1}{p_k}\right)$$

A importante quantidade $H(\mathscr{S})$ é chamada de *entropia*[2] de uma fonte discreta sem memória com alfabeto fonte $\mathscr{S}$. Ela é uma medida do *conteúdo médio de informação por símbolo fonte*. Notemos que a entropia $H(\mathcal{S})$ depende apenas das probabilidades dos símbolos no alfabeto $\mathcal{S}$ da fonte. Dessa forma, o símbolo $\mathcal{S}$ em $H(\mathcal{S})$ não é um argumento de uma função, mas sim uma indicação para uma fonte.

Algumas propriedades da entropia

Consideremos uma fonte discreta sem memória cujo modelo matemático é definido pelas Eqs. (10.1) e (10.2). A entropia $H(\mathcal{S})$ de tal fonte é limitada da seguinte maneira:

$$0 \leq H(\mathcal{S}) \leq \log_2 K \qquad (10.10)$$

em que K é o número de símbolos do alfabeto fonte $\mathcal{S}$. Além disso, podemos fazer duas afirmações:

1. $H(\mathcal{S}) = 0$, se e somente se a probabilidade $p_k = 1$ para algum k e as probabilidades restantes no conjunto forem todas iguais a zero; esse limite inferior para a entropia corresponde a *nenhuma incerteza*.
2. $H(\mathcal{S}) = \log_2 K$, se e somente se $p_k = 1/K$ para todo k (isto é, se todos os símbolos no alfabeto $\mathcal{S}$ forem *equiprováveis*); esse limite superior para a entropia corresponde à *máxima incerteza*.

EXEMPLO 10.1 Entropia de uma fonte binária sem memória

Para ilustrar as propriedades de $H(\mathcal{S})$, consideremos uma fonte binária para a qual o símbolo 0 ocorre com probabilidade p_0 e o símbolo 1 ocorre com probabilidade $p_1 = 1 - p_0$. Assumamos que a fonte seja sem memória, de forma que símbolos sucessivos emitidos por ela sejam estatisticamente independentes.

A entropia de tal fonte é igual a

$$\begin{aligned}H(\mathcal{S}) &= -p_0 \log_2 p_0 - p_1 \log_2 p_1 \\ &= -p_0 \log_2 p_0 - (1-p_0)\log_2(1-p_0) \; bits\end{aligned} \qquad (10.11)$$

Notemos que

1. Quando $p_0 = 0$, a entropia $H(\mathcal{S}) = 0$; isso decorre do fato de que $x \log x \to 0$ quando $x \to 0$.
2. Quando $p_0 = 1$, a entropia $H(\mathcal{S}) = 0$.
3. A entropia $H(\mathcal{S})$ atinge seu valor máximo, $H_{máx} = 1$ *bit*, quando $p_1 = p_0 = 1/2$, isto é, quando os símbolos 1 e 0 forem igualmente prováveis.

A função de p_0 dada no lado direito da Eq. (10.11) é frequentemente encontrada em problemas de teoria da informação. Portanto, é habitual atribuirmos um símbolo especial a essa função. Especificamente, definimos

$$\mathcal{H}(p_0) = -p_0 \log_2 p_0 - (1-p_0)\log_2(1-p_0) \quad (10.12)$$

Referimo-nos a $\mathcal{H}(p_0)$ como a *função entropia*. A distinção entre a Eq. (10.11) e a Eq. (10.12) deve ser cuidadosamente observada. A $H(\mathcal{H})$ da Eq. (10.11) fornece a entropia de uma fonte discreta sem memória com alfabeto fonte $\mathcal{H}$. A $\mathcal{H}(p_0)$ da Eq. (10.12), por outro lado, é uma função da probabilidade anterior p_0 definida no intervalo [0, 1]. Consequentemente, podemos plotar a função entropia $\mathcal{H}(p_0)$, como na Figura 10.2. A curva na Figura 10.2 salienta as observações feitas sob os pontos 1, 2 e 3.

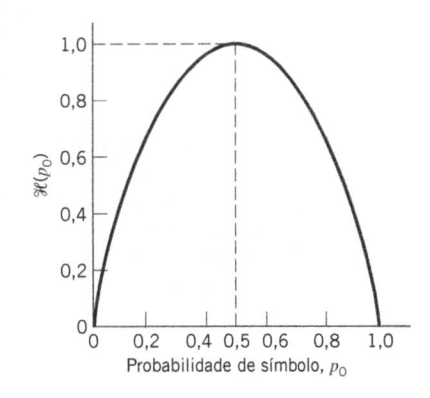

Figura 10.2 Função entropia $\mathcal{H}(p_0)$.

Extensão de uma fonte discreta sem memória

Ao discutirmos conceitos da teoria da informação, muitas vezes verificamos que é mais útil considerar *blocos* do que símbolos individuais, em que cada bloco consiste em n símbolos sucessivos da fonte. Podemos visualizar cada bloco como sendo produzido por uma *fonte estendida* com um alfabeto fonte $\mathscr{S}^n$ que possui K^n blocos *distintos*, em que K é o número de símbolos distintos no alfabeto $\mathscr{S}$ da fonte original. No caso de uma fonte discreta sem memória, os símbolos fonte são estatisticamente independentes. Consequentemente, a probabilidade de um símbolo fonte em $\mathscr{S}^n$ é igual ao produto das probabilidades dos n símbolos fonte em $\mathscr{S}$ que constituem o símbolo fonte particular em $\mathscr{S}^n$. Dessa forma, podemos esperar intuitivamente que $H(\mathscr{S}^n)$, a entropia da fonte estendida, seja igual a n vezes $H(\mathscr{S})$, a entropia da fonte original. Isto é, podemos escrever

$$H(\mathscr{S}^n) = nH(\mathscr{S}) \tag{10.13}$$

EXEMPLO 10.2 Extensão de segunda ordem de uma fonte discreta sem memória

Consideremos uma fonte discreta sem memória com alfabeto fonte $\mathscr{S} = \{s_0, s_1, s_2\}$ com as respectivas probabilidades

$$p_0 = \frac{1}{4}$$

$$p_1 = \frac{1}{4}$$

$$p_2 = \frac{1}{2}$$

Consequentemente, a utilização da Eq. (10.9) resulta na entropia da fonte como

$$H(\mathscr{S}) = p_0 \log_2\left(\frac{1}{p_0}\right) + p_1 \log_2\left(\frac{1}{p_1}\right) + p_2 \log_2\left(\frac{1}{p_2}\right)$$

$$= \frac{1}{4}\log_2(4) + \frac{1}{4}\log_2(4) + \frac{1}{2}\log_2(2)$$

$$= \frac{3}{2} \ bits$$

Consideremos em seguida a extensão de segunda ordem da fonte. Com um alfabeto fonte $\mathscr{S}$ que consiste em três símbolos, segue-se que o alfabeto fonte $\mathscr{S}^2$ da fonte estendida apresenta nove símbolos. A primeira linha da Tabela 10.1 apresenta os nove símbolos de $\mathscr{S}^2$, denotados como $\sigma_0, \sigma_1, ..., \sigma_8$. A segunda linha da tabela apresenta a composição desses nove símbolos em termos das sequências correspondentes de símbolos fonte s_0, s_1 e s_2, tomados dois a dois por vez. As probabilidades dos nove símbolos fonte da fonte estendida são apresentadas na última linha da tabela. Consequentemente, a utilização da Eq. (10.9) resulta na entropia da fonte estendida como

$$H(\mathscr{S}^2) = \sum_{i=0}^{8} p(\sigma_i) \log_2 \frac{1}{p(\sigma_i)}$$

$$= \frac{1}{16}\log_2(16) + \frac{1}{16}\log_2(16) + \frac{1}{8}\log_2(8) + \frac{1}{16}\log_2(16)$$

$$+ \frac{1}{16}\log_2(16) + \frac{1}{8}\log_2(8) + \frac{1}{8}\log_2(8) + \frac{1}{8}\log_2(8) + \frac{1}{4}\log_2(4)$$

$$= 3 \text{ bits}$$

Dessa forma, vemos que $H(\mathscr{S}^2) = 2H(\mathscr{S})$, de acordo com a Eq. (10.13).

10.3 Teorema da codificação de fonte

Um problema importante em comunicações é a representação *eficiente* dos dados gerados por uma fonte discreta. O processo pelo qual essa representação é realizada é chamado de *codificação de fonte*. O dispositivo que efetua a representação é chamado de *codificador de fonte*. Para que o codificador de fonte seja *eficiente*, precisamos ter conhecimento da estatística da fonte. Em particular, se alguns símbolos fonte forem conhecidos como mais prováveis do que outros, então poderemos explorar essa característica na geração de um *código da fonte* atribuindo palavras-código *curtas* a símbolos fonte *frequentes*, e palavras-código *longas* a símbolos fonte *raros*. Referimo-nos a tal código fonte como *código de tamanho variável*. O *código Morse* é um exemplo de um código de tamanho variável. No código Morse, as letras do alfabeto e os numerais são codificados em sequências de *marcas* e *espaços*, denotados como pontos "." e traços "-", respectivamente. Uma vez que na língua inglesa a letra E é mais frequente do que a letra Q, por exemplo, o código Morse codifica o E como um único ponto ".", a menor palavra do código, e codifica o Q como "- -. -", a palavra mais longa do código.

Nosso principal interesse é o desenvolvimento de um codificador de fonte eficiente que satisfaça dois requisitos funcionais:

1. Que as palavras-código produzidas pelo codificador estejam na forma *binária*.
2. Que o código da fonte seja *unicamente decodificável*, de modo que a sequência da fonte original possa ser reconstruída perfeitamente a partir da sequência binária codificada.

TABELA 10.1 Particularidades do alfabeto da extensão de segunda ordem de uma fonte discreta sem memória

Símbolos de $\mathscr{S}^2$	σ_0	σ_1	σ_2	σ_3	σ_4	σ_5	σ_6	σ_7	σ_8
Sequências de símbolos de $\mathscr{S}$	$s_0 s_0$	$s_0 s_1$	$s_0 s_2$	$s_1 s_0$	$s_1 s_1$	$s_1 s_2$	$s_2 s_0$	$s_2 s_1$	$s_2 s_2$
Probabilidade $p(\sigma_i)$, $i = 0,1,...,8$	$\frac{1}{16}$	$\frac{1}{16}$	$\frac{1}{8}$	$\frac{1}{16}$	$\frac{1}{16}$	$\frac{1}{8}$	$\frac{1}{8}$	$\frac{1}{8}$	$\frac{1}{4}$

Figura 10.3 Codificação de fonte.

Consideremos então o esquema mostrado na Figura 10.3, que representa uma fonte discreta sem memória cuja saída s_k é convertida pelo codificador da fonte em um bloco de 0s e 1s, denotado por b_k. Suponhamos que a fonte tenha um alfabeto com K símbolos diferentes e que o k-ésimo símbolo s_k ocorra com probabilidade p_k, $k = 0, 1,..., K-1$. Admitamos que a palavra-código binária atribuída ao símbolo s_k pelo codificador tenha tamanho l_k, medido em *bits*. Definimos o tamanho médio da palavra-código, $\bar{L}$, do codificador de fonte como

$$\bar{L} = \sum_{k=0}^{K-1} p_k l_k \tag{10.14}$$

Em termos físicos, o parâmetro $\bar{L}$ representa o *número médio de bits por símbolo fonte* utilizado no processo de codificação de fonte. Seja $L_{\text{mín}}$ o valor *mínimo* possível de $\bar{L}$. Definimos, então, a *eficiência de codificação* do codificador de fonte como

$$\eta = \frac{L_{\text{mín}}}{\bar{L}} \tag{10.15}$$

Com $\bar{L} \geq L_{\text{mín}}$, claramente temos $\eta \leq 1$. Diz-se que o codificador de fonte é *eficiente* quando η se aproxima da unidade.

Entretanto, como é determinado o valor mínimo $L_{\text{mín}}$? A resposta a essa questão fundamental está incorporada no primeiro teorema de Shannon: o *teorema da codificação de fonte*, que pode ser formulado da seguinte maneira:

Dada uma fonte discreta sem memória de entropia $H(\mathcal{S})$, o tamanho médio de palavra-código $\bar{L}$ para qualquer codificação de fonte sem distorção é limitado por

$$\bar{L} \geq H(\mathcal{S}) \tag{10.16}$$

Consequentemente, a entropia $H(\mathcal{S})$ representa um *limite fundamental* ao número médio de *bits* por símbolo fonte necessário para representar uma fonte discreta sem memória no sentido de que ele pode se tornar tão pequeno quanto a entropia $H(\mathcal{S})$, mas não menor do que ela. Dessa forma, com $L_{\text{mín}} = H(\mathcal{S})$, podemos reescrever a eficiência de um codificador de fonte em termos da entropia $H(\mathcal{S})$ como

$$\eta = \frac{H(\mathcal{S})}{\bar{L}} \tag{10.17}$$

10.4 Compressão de dados sem perdas

Uma característica comum dos sinais gerados pelas fontes físicas é que, em sua forma natural, eles contêm uma quantidade significativa de informação *redundante*, cuja transmissão, portanto, desperdiça importantes recursos de comunicação. Para uma transmissão *eficiente* de sinal, a *informação redundante deve ser removida antes da transmissão do sinal*. Essa operação é comumente realizada sobre o sinal na forma digital, e nesse caso a denominamos *compressão de dados sem perdas*. O código resultante de tal operação fornece uma representação da saída da fonte que não somente é eficiente em termos do número médio de *bits* por símbolo, mas também é exata no sentido de que os dados originais podem ser reconstruídos sem qualquer perda de informação. A entropia da fonte estabelece o limite fundamental para a remoção de redundância dos dados. Basicamente, a compressão de dados é obtida atribuindo-se descrições curtas aos resultados mais frequentes da saída da fonte e descrições mais longas aos menos frequentes.

Nesta seção, discutiremos alguns esquemas de codificação de fonte para a compressão de dados. Começaremos nossa discussão descrevendo um tipo de código de fonte conhecido como código de prefixo, que não somente é decodificável, mas também oferece a possibilidade de obtenção de um tamanho médio de palavra-código que pode se tornar arbitrariamente próximo da entropia da fonte.

Codificação de prefixo

Consideremos uma fonte discreta sem memória com alfabeto fonte $\{s_0, s_1, ..., s_{K-1}\}$ e estatísticas de fonte $\{p_0, p_1, ..., p_{K-1}\}$. Para que um código que representa a saída da fonte seja de uso prático, ele deve ser unicamente decodificável. Essa restrição garante que para cada sequência finita de símbolos emitida pela fonte, a sequência correspondente de palavras-código seja diferente da sequência de palavras-código correspondente a qualquer outra sequência da fonte. Estamos interessados especificamente em uma classe especial de códigos que satisfaçam uma restrição conhecida como *condição de prefixo*. Para definir a condição de prefixo, admitamos que a palavra-código atribuída ao símbolo fonte s_k seja denotada por $(m_{k_1}, m_{k_2}, ..., m_{k_n})$, em que os elementos individuais $m_{k_1}, ..., m_{k_n}$ são 0s e 1s, e n é o tamanho da palavra-código. A parte inicial da palavra-código é representada pelos elementos $m_{k_1}, ..., m_{k_i}$ para algum $i \leq n$. Qualquer sequência composta da parte inicial da palavra-código denomina-se *prefixo* da palavra-código. Um *código de prefixo* é definido como um código em que nenhuma palavra-código é o prefixo de qualquer outra palavra-código.

Para ilustrar o significado de um código de prefixo, consideremos os três códigos de fonte descritos na Tabela 10.2. O código I não é um código de prefixo uma vez que o *bit* 0, que é a palavra-código para s_0, é um prefixo de 00, a palavra-código para s_2. Da mesma forma, o *bit* 1, que é a palavra-código para s_1, é o prefixo de 11, a palavra-código para s_3. De maneira similar, podemos mostrar que o código III não é um código de prefixo, mas o código II sim.

Para decodificar uma sequência de palavras-código geradas a partir de um código de fonte de prefixo, o *decodificador de fonte* simplesmente começa do início da sequência e decodifica uma palavra-código de cada vez. Especificamente, ele

TABELA 10.2 Ilustração da definição de um código de prefixo

Símbolo fonte	Probabilidade de ocorrência	Código I	Código II	Código III
s_0	0,5	0	0	0
s_1	0,25	1	10	01
s_2	0,125	00	110	011
s_3	0,125	11	111	0111

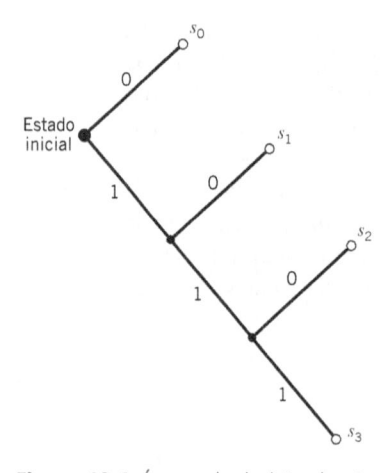

Figura 10.4 Árvore de decisão do código II para a Tabela 10.2.

monta o equivalente a uma *árvore de decisão*, que é um retrato gráfico das palavras-código no código de fonte particular. Por exemplo, a Figura 10.4 representa a árvore de decisão correspondente ao código II na Tabela 10.2. A árvore possui um *estado inicial* e quatro *estados terminais* correspondentes aos símbolos fonte s_0, s_1, s_2 e s_3. O decodificador sempre começa no estado inicial. O primeiro *bit* recebido movimenta o decodificador para o estado terminal s_0 se ele for 0, ou então para um segundo ponto de decisão se ele for 1, e assim por diante. Assim que cada terminal emite o seu símbolo, o decodificador retorna ao seu estado inicial. Notemos também que cada *bit* na sequência codificada recebida é examinado apenas uma vez. Por exemplo, a sequência codificada 1011111000... é facilmente decodificada como a sequência da fonte $s_1 s_3 s_2 s_0 s_0$.... O leitor é convidado a executar essa decodificação.

Um código de prefixo apresenta a importante propriedade de *sempre* ser unicamente decodificável. De fato, se um código de prefixo tiver sido construído para uma fonte discreta sem memória com alfabeto fonte $\{s_0, s_1,..., s_{K-1}\}$ e estatísticas de fonte $\{p_0, p_1,..., p_{K-1}\}$ e a palavra-código para o símbolo s_k tiver tamanho l_k, $k = 0, 1,..., K-1$, então os tamanhos das palavras-código satisfarão uma certa desigualdade conhecida como a *desigualdade de Kraft-McMillan*. Em termos matemáticos, podemos afirmar que

$$\sum_{k=0}^{K-1} 2^{-l_k} \leq 1 \qquad (10.18)$$

em que o fator 2 se refere à raiz (número de símbolos) no alfabeto binário. Inversamente, podemos afirmar que se os tamanhos das palavras-código de um código para uma fonte discreta sem memória satisfizerem a desigualdade de Kraft-McMillan, então um código de prefixo com esse tamanho de palavra-código pode ser construído.

Apesar de todos os códigos de prefixo serem unicamente decodificáveis, o inverso não é verdade. Por exemplo, o código III na Tabela 10.2 não satisfaz a condição de prefixo, e ainda assim é unicamente decodificável, uma vez que o *bit* 0 indica o começo de cada palavra-código no código.

Os códigos de prefixo são distinguíveis de outros códigos unicamente decodificáveis pelo fato de que o final de uma palavra-código é sempre reconhecível. Consequentemente, a decodificação de um prefixo pode ser realizada assim que a sequência binária que representa um símbolo fonte for completamente recebida. Por essa razão, os códigos de prefixo também são chamados de *códigos instantâneos*.

Dada uma fonte discreta sem memória de entropia $H(\mathcal{L})$, o tamanho médio da palavra-código $\bar{L}$ de um código de prefixo é delimitado da seguinte maneira:

$$H(\mathcal{L}) \leq \bar{L} < H(\mathcal{L}) + 1 \qquad (10.19)$$

O limite no lado esquerdo da Eq. (10.19) é satisfeito com a igualdade sob a condição de que o símbolo s_k seja emitido pela fonte com probabilidade

$$p_k = 2^{-l_k} \qquad (10.20)$$

em que l_k é o tamanho da palavra-código atribuída ao símbolo fonte s_k. Teremos então

$$\sum_{k=0}^{K-1} 2^{-l_k} \leq \sum_{k=0}^{K-1} p_k = 1$$

Sob essa condição, a desigualdade de Kraft-McMillan da Eq. (10.18) implica que podemos construir um código de prefixo, tal que o tamanho da palavra-código atribuída ao símbolo fonte s_k seja l_k. Para tal código, o tamanho médio da palavra-código é

$$\overline{L} = \sum_{k=0}^{K-1} \frac{l_k}{2^{l_k}} \tag{10.21}$$

e a entropia correspondente da fonte é

$$H(\mathcal{L}) = \sum_{k=0}^{K-1} \left(\frac{1}{2^{l_k}}\right) \log_2(2^{l_k})$$
$$= \sum_{k=0}^{K-1} \frac{l_k}{2^{l_k}} \tag{10.22}$$

Consequentemente, nesse caso especial, descobrimos a partir das Eqs. (10.21) e (10.22) que o código de prefixo é *casado* com a fonte, porque $\overline{L} = H(\mathcal{L})$.

Codificação de Huffman

Descreveremos em seguida uma classe importante de códigos de prefixo conhecidos como códigos de Huffman. A ideia básica por detrás da *codificação Huffman* é atribuir a cada símbolo de um alfabeto uma sequência de *bits* aproximadamente igual em tamanho à quantidade de informação transportada pelo símbolo em questão. O resultado final é um código de fonte cujo tamanho médio de palavra se aproxima do limite fundamental definido pela entropia de uma fonte discreta sem memória, a saber, $H(\mathcal{L})$. A essência do *algoritmo* utilizado para sintetizar o código de Huffman é substituir o conjunto existente de estatísticas de uma fonte discreta sem memória por um mais simples. O processo de *redução* continua passo a passo até que nos reste um conjunto final de somente duas estatísticas de fonte (símbolos), para o qual (0, 1) é um código ótimo. Começando desse código trivial, trabalhamos então de maneira regressiva e construímos desse modo o código Huffman para a fonte dada.

Especificamente, o *algoritmo de codificação* de Huffman prossegue da seguinte maneira:

1. Os símbolos fonte são listados em ordem de probabilidade decrescente. Os dois símbolos fonte de menor probabilidade são atribuídos a um 0 e a um 1. Essa parte do processo denomina-se etapa de *divisão*.
2. Esses dois símbolos fonte são vistos como se estivessem *combinados* em um novo símbolo com probabilidade igual à soma das duas probabilidades originais. (A lista de símbolos fonte e, portanto, de estatísticas de fonte, tem seu tamanho *reduzido* em uma unidade.) A probabilidade do novo símbolo é colocada na lista de acordo com seu valor.

3. O procedimento é repetido até que nos reste uma lista final de estatísticas de fonte (símbolos) de apenas dois para as quais um 0 ou um 1 é atribuído.

O código para cada símbolo fonte (original) é encontrado trabalhando-se regressivamente e acompanhando-se a sequência de 0s e 1s atribuídos a esse símbolo, bem como a seus sucessores.

Para o exemplo em questão, podemos fazer duas observações:

1. O tamanho médio de palavra-código $\overline{L}$ excede a entropia $H(\mathscr{L})$ por apenas 3,67%.
2. O tamanho médio de palavra-código $\overline{L}$ realmente satisfaz a Eq. (10.19).

Vale a pena observar que o processo de codificação de Huffman (isto é, a árvore de Huffman) não é único. Em especial, podemos citar duas variações no processo que

---

EXEMPLO 10.3 Algoritmo de Huffman

Os cinco símbolos do alfabeto de uma fonte discreta sem memória e suas probabilidades são mostradas nas duas colunas à esquerda da Figura 10.5a. Aplicando o algoritmo de Huffman, atingimos o fim dos cálculos em quatro passos, que resultam na *árvore de Huffman* mostrada na Figura 10.5a. As palavras-código do código de Huffman para a fonte estão tabuladas na Figura 10.5b. O tamanho médio de palavra-código é, portanto,

$$\overline{L} = 0{,}4(2) + 0{,}2(2) + 0{,}2(2) + 0{,}1(3) + 0{,}1(3)$$
$$= 2{,}2$$

A entropia da fonte discreta sem memória especificada é calculada da seguinte maneira [ver Eq. (10.9)]:

$$H(\mathscr{L}) = 0{,}4 \log_2\left(\frac{1}{0{,}4}\right) + 0{,}2 \log_2\left(\frac{1}{0{,}2}\right) + 0{,}2 \log_2\left(\frac{1}{0{,}2}\right)$$
$$+ 0{,}1 \log_2\left(\frac{1}{0{,}1}\right) + 0{,}1 \log_2\left(\frac{1}{0{,}1}\right)$$
$$= 0{,}52877 + 0{,}46439 + 0{,}46439 + 0{,}33219 + 0{,}33219$$
$$= 2{,}12193$$

Símbolo	Probabilidade	Palavra-código
s_0	0,4	00
s_1	0,2	10
s_2	0,2	11
s_3	0,1	010
s_4	0,1	011

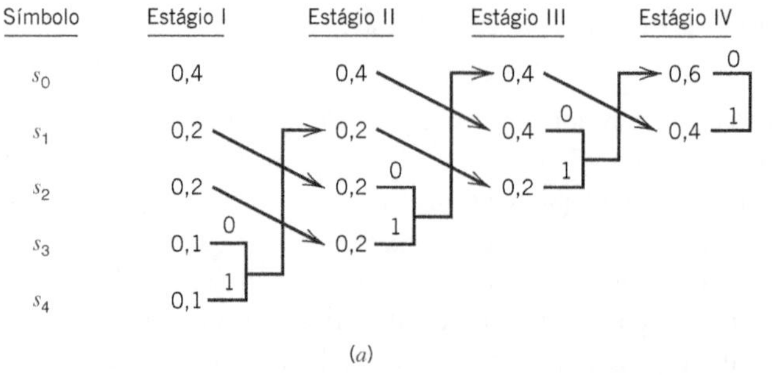

(b)

Figura 10.5 (a) Exemplo do algoritmo de codificação de Huffman. (b) Código de fonte.

são responsáveis pela não unicidade do código de Huffman. Primeiramente, em cada estágio de divisão na construção de um código de Huffman, há uma arbitrariedade na maneira como um 0 ou um 1 são atribuídos aos dois últimos símbolos fonte. Qualquer que seja a maneira como as atribuições são feitas, entretanto, as diferenças resultantes são triviais. Em segundo lugar, surge uma ambiguidade quando se descobre que a probabilidade de um símbolo *combinado* (obtido somando-se as duas últimas probabilidades pertinentes a um passo particular) é igual a outra probabilidade existente na lista. Podemos prosseguir colocando a probabilidade do novo símbolo o mais *alto* possível, como no Exemplo 10.3. Alternativamente, podemos colocá-lo o mais *baixo* possível (presume-se que, seja qual for o modo como a colocação é feita, alto ou baixo, ela será seguida consistentemente ao longo de todo o processo de codificação). No entanto, dessa vez, surgem diferenças notáveis no sentido de que as palavras-código no código de fonte resultante podem ter diferentes tamanhos. Todavia, o tamanho médio de palavra-código permanece o mesmo.

Como uma medida da variabilidade nos tamanhos das palavras-código de um código de fonte, definimos a *variância* do tamanho médio de palavra-código $\overline{L}$ ao longo do conjunto de símbolos fonte como

$$\sigma^2 = \sum_{k=0}^{K-1} p_k (l_k - \overline{L})^2 \qquad (10.23)$$

em que $p_0, p_1, ..., p_{K-1}$ são as estatísticas de fonte e l_k é o tamanho da palavra-código atribuída ao símbolo fonte s_k. Geralmente se descobre que quando um símbolo combinado é colocado o mais alto possível, o código de Huffman resultante possui uma variância σ^2 significativamente menor do que quando é colocado o mais baixo possível. Com base nisso, é razoável escolher o primeiro código de Huffman ao invés do último.

No Exemplo 10.3, um símbolo combinado foi colocado o mais alto possível. No Exemplo 10.4, apresentado a seguir, o símbolo combinado é colocado o mais baixo possível. Dessa forma, por meio da comparação dos resultados desses dois exemplos, nos capacitamos a apreciar as diferenças sutis e as similaridades entre os dois códigos de Huffman.

EXEMPLO 10.4 Não unicidade do algoritmo de Huffman

Consideremos novamente a mesma fonte discreta sem memória descrita no Exemplo 10.3. Dessa vez, entretanto, colocamos a probabilidade de um símbolo combinado o mais baixo possível. A árvore de Huffman resultante é mostrada na Figura 10.6a. Trabalhando regressivamente através dessa árvore e executando os vários passos, descobrimos que as palavras-código desse segundo código de Huffman para a fonte são como tabuladas na Figura 10.6b. O tamanho médio de palavra-código para o segundo código de Huffman é, portanto,

$$\overline{L} = 0{,}4(1) + 0{,}2(2) + 0{,}2(3) + 0{,}1(4) + 0{,}1(4)$$
$$= 2{,}2$$

que é exatamente o mesmo que foi obtido para o primeiro código de Huffman do Exemplo 10.3. Entretanto, como foi mencionado anteriormente, as palavras-código individuais do segundo código de Huffman apresentam tamanhos diferentes, em comparação com os seus correspondentes do primeiro código de Huffman.

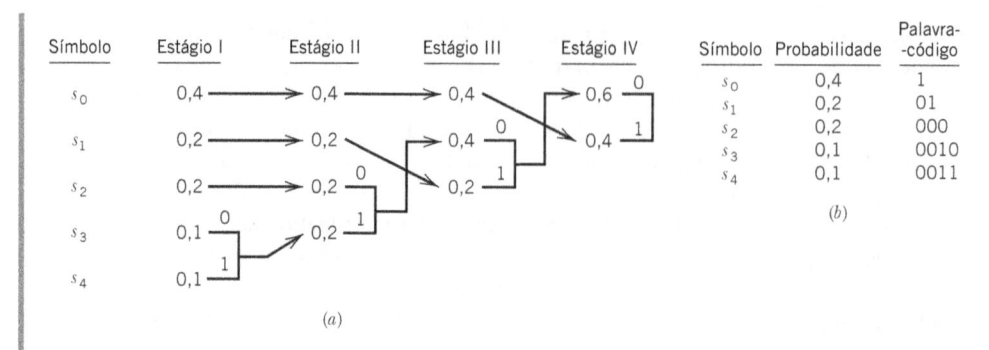

Símbolo	Estágio I	Estágio II	Estágio III	Estágio IV		Símbolo	Probabilidade	Palavra--código
s_0	0,4 →	0,4 →	0,4 →	0,6 → 0		s_0	0,4	1
s_1	0,2 →	0,2 →	0,4 → 0	0,4 → 1		s_1	0,2	01
s_2	0,2 →	0,2 → 0	0,2 → 1			s_2	0,2	000
s_3	0,1 → 0	0,2 → 1				s_3	0,1	0010
s_4	0,1 → 1					s_4	0,1	0011
(a)						(b)		

Figura 10.6 (a) Exemplo ilustrando a não unicidade do algoritmo de codificação de Huffman. (b) Outro código de fonte.

A utilização da Eq. (10.30) resulta na variância do primeiro código de Huffman obtido no Exemplo 10.3, como mostrado abaixo:

$$\sigma_1^2 = 0,4(2-2,2)^2 + 0,2(2-2,2)^2 + 0,2(2-2,2)^2$$
$$+ 0,1(3-2,2)^2 + 0,1(3-2,2)^2 = 0,16$$

Por outro lado, para o segundo código de Huffman obtido neste exemplo, temos, a partir da Eq. (10.30):

$$\sigma_2^2 = 0,4(1-2,2)^2 + 0,2(2-2,2)^2 + 0,2(3-2,2)^2$$
$$+ 0,1(4-2,2)^2 + 0,1(4-2,2)^2 = 1,36$$

Esses resultados confirmam que o código de Huffman de variância mínima é obtido colocando-se a probabilidade de um símbolo combinado o mais alto possível.

10.5 Exemplo temático – o algoritmo de Lempel-Ziv e a compressão de arquivos[3]

Uma desvantagem do algoritmo de Huffman é que ele exige o conhecimento de um modelo probabilístico da fonte. Infelizmente, na prática, as estatísticas da fonte nem sempre são conhecidas *a priori*. Além disso, ao modelar o texto, verificamos que as limitações de armazenamento impedem que o algoritmo de Huffman capture as relações de ordem mais elevada entre palavras e frases, comprometendo, assim, a eficiência do código. Para superar essas limitações práticas, podemos utilizar o algoritmo de Lempel-Ziv, que é intrinsecamente adaptativo.

O algoritmo de Lempel-Ziv é um esquema baseado em dicionário, apesar de ele diferir de esquemas similares no sentido de que ele utiliza o fluxo de entrada visto anteriormente como o dicionário. O codificador mantém uma *janela deslizante* que se desloca da esquerda para a direita ao longo do fluxo de entrada enquanto a sequência de dados vai sendo codificada. A janela deslizante é ilustrada na Figura 10.7. A janela é dividida em duas partes. A parte à esquerda é chamada de *armazenador de busca*. O armazenador de busca inclui os símbolos que foram codificados recentemente. Ele representa o dicionário. A parte à direita é chamada de *armazenador de espera*. A barra

←— *Texto codificado*... Polly picked a peck of pickled peppers. How man│y pickled peppers did Polly pick?... *Texto a ser lido* —→

                        Armazenador de busca   Armazenador de espera

(a)

...Polly picked a peck of pickled peppers. How many pick│led peppers did Polly pick?...

                        Armazenador de busca   Armazenador de espera

(b)

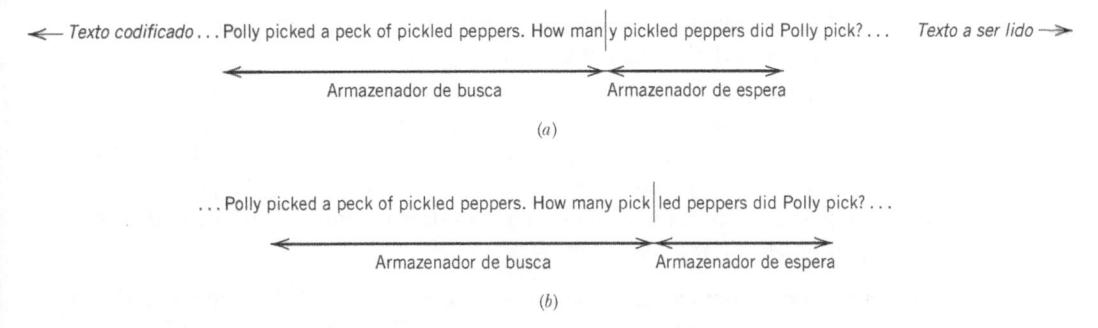

Figura 10.7 Ilustração dos armazenadores de busca e de espera.

vertical | na Figura 10.7a é a linha divisora (apontador) entre os dois armazenadores. Na prática, o armazenador de busca é tipicamente da ordem de *kilobytes*, enquanto que o armazenador de espera apresenta o tamanho de apenas dezenas de *bytes*. O algoritmo é ilustrado melhor por meio de um exemplo.

- O codificador lê o primeiro símbolo do armazenador de espera, nesse caso um **y**. Em seguida, ele varre o armazenador de busca da direita para a esquerda à procura de uma equivalência.
- Quando o codificador encontra uma equivalência para o **y**, ele determina quão longa essa equivalência é. Nesse caso, a primeira equivalência é encontrada a um *offset* de 43 a partir do apontador, e é de comprimento 6: **y pick**.
- O codificador continua a varrer o armazenador de busca à procura de equivalências e registra a maior sequência encontrada. Neste exemplo, o armazenador de busca possui apenas 47 *bytes* de tamanho e a maior equivalência ocorre a um *offset* de 43 a partir do apontador.

Uma vez que o armazenador de busca tenha sido varrido completamente, o codificador produz uma palavra-código que consiste em três partes:

- O *offset* a partir do apontador até a sequência mais longa que apresenta equivalência no armazenador de busca.
- O *tamanho* da cadeia de equivalência mais longa.
- O *próximo símbolo* na sequência de entrada após a equivalência.

Em seguida, a janela deslizante avança de modo que o apontador seja posicionado um caractere após a sequência de equivalência mais longa, como mostrado na Figura 10.7b. Na prática, o armazenador de busca pode ter tamanho de 4 *kilobytes*; dessa forma, um máximo de 12 *bits* é exigido para representar o *offset*. A equivalência máxima (comprimento) que pode ocorrer é o tamanho total do armazenador de espera. Se o armazenador de espera for limitado a 64 *bytes*, então esse tamanho pode ser representado por 6 *bits*. Para aplicações de texto, o próximo símbolo é normalmente representado como um *byte* ou 8 *bits*. Dessa forma, a palavra-código será de tamanho fixo total de 26 *bits*, mas pode representar um total de até 64 bytes de texto de entrada.

Há diversas situações práticas que ignoramos na descrição do algoritmo acima:

- Se o primeiro caractere no armazenador de espera não tiver sido visto antes, isto é, não estiver presente no armazenador de busca, então a palavra-código

será simplesmente representada por um *offset* 0, um tamanho 0 e o próximo símbolo será o novo caractere.
- A sequência de equivalência de máximo comprimento pode ocorrer em diversas posições no armazenador de busca. Qualquer uma dessas posições pode ser utilizada na palavra-código. Isso não interessa para o decodificador. Qualquer uma delas produzirá a mesma sequência de saída. (Alguns algoritmos mais avançados utilizam a primeira ocorrência uma vez que ela pode ser representada por menos *bits* em geral.)

O algoritmo de decodificação é muito mais simples do que o algoritmo de codificação, já que o decodificador sabe exatamente onde olhar no fluxo decodificado (armazenador de busca) para encontrar a sequência de equivalência. O decodificador começa com um armazenador de busca vazio (repleto de zeros), então:

- Para cada palavra-código recebida, o decodificador lê a sequência do armazenador de busca de posição e tamanho indicados e a adiciona à extremidade direita do armazenador de busca.
- O próximo caractere é então adicionado ao armazenador de busca.
- O armazenador de busca é então deslizado para a direita de modo que o apontador ocorra imediatamente após o último símbolo conhecido e o processo é repetido.

A partir do exemplo descrito aqui, notemos que, em contraste com a codificação de Huffman, o algoritmo de Lempel-Ziv utiliza códigos de tamanho fixo para representar um número variável de símbolos fonte. Se erros ocorrerem na transmissão de uma sequência de dados que tenha sido codificada com o algoritmo de Lempel-Ziv, a decodificação será sensível à propagação de erro. Para sequências de caracteres curtas, as sequências de equivalência encontradas no armazenador de busca não tendem a ser muito longas. Nesse caso, a saída do algoritmo de Lempel-Ziv pode ser uma sequência "comprimida", que é maior do que a sequência de entrada. O algoritmo de Lempel-Ziv atinge essa vantagem verdadeira apenas quando processa sequências de dados longas, por exemplo, arquivos grandes.

Por muito tempo, a codificação de Huffman não foi contestada como o algoritmo preferido para a compressão de dados sem perdas. Depois, o algoritmo de Lempel-Ziv superou quase completamente o de Huffman e se tornou o algoritmo padrão para a compressão de arquivos. Nos últimos anos, algoritmos de compressão de dados mais avançados foram desenvolvidos com base nas ideias de Huffman, Lempel e Ziv. Algumas dessas técnicas constroem modelos estatísticos adaptativos do texto de entrada enquanto ele é processado e os utilizam para a construção de palavras-código com base na minimização da entropia de uma alguma forma similar à abordagem de Huffman. Essas novas abordagens podem mais do que dobrar a compressão fornecida pelo algoritmo de Lempel-Ziv original em alguns casos, mas à custa de aumento de memória e de requerimentos de processamento para o codificador e o decodificador.

10.6 Canais discretos sem memória

Até este ponto do capítulo, preocupamo-nos com fontes discretas sem memória responsáveis pela geração de informação. A seguir, consideraremos a questão da transmissão de informação, com ênfase especial na confiabilidade. Começaremos a nossa discussão considerando um canal discreto sem memória, que é a contraparte de uma fonte discreta sem memória.

Um *canal discreto sem memória* é um modelo estatístico com uma entrada X e uma saída Y que é uma versão *ruidosa* de X; tanto X quanto Y são variáveis aleatórias. Em cada unidade de tempo, o canal aceita um símbolo de entrada X selecionado de um alfabeto $\mathcal{X}$ e, em resposta, emite um símbolo de resposta Y de um alfabeto $\mathcal{Y}$. Diz-se que o canal é discreto quando ambos os alfabetos $\mathcal{X}$ e $\mathcal{Y}$ são de tamanhos *finitos*. Diz-se que ele é sem memória quando o símbolo de saída atual depende *apenas* do símbolo de entrada atual e *não* de qualquer um dos anteriores.

A Figura 10.8 representa uma visualização de um canal discreto sem memória. O canal é descrito em termos de um *alfabeto de entrada*

$$\mathcal{X} = \{x_0, x_1, \ldots, x_{J-1}\}, \tag{10.24}$$

um *alfabeto de saída*

$$\mathcal{Y} = \{y_0, y_1, \ldots, y_{K-1}\}, \tag{10.25}$$

e um conjunto de *probabilidades de transição*

$$p(y_k|x_j) = P(Y = y_k|X = x_j) \quad \text{para todo } j \text{ e } k \tag{10.26}$$

Naturalmente, temos

$$0 \leq p(y_k|x_j) \leq 1 \quad \text{para todo } j \text{ e } k \tag{10.27}$$

Além disso, o alfabeto de entrada $\mathcal{X}$ e o alfabeto de saída $\mathcal{Y}$ não precisam ter o mesmo tamanho. Por exemplo, na codificação de canal, o tamanho K do alfabeto de saída $\mathcal{Y}$ pode ser maior do que o tamanho J do alfabeto de entrada $\mathcal{X}$; dessa forma, $K \geq J$. Por outro lado, podemos ter a situação em que o canal emite o mesmo símbolo quando qualquer um de dois símbolos de entrada é enviado, e nesse caso teremos $K \leq J$.

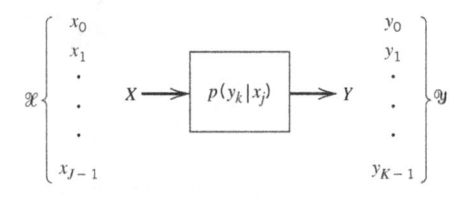

Figura 10.8 Canal discreto sem memória.

Um modo conveniente de descrever um canal discreto sem memória é organizar as várias probabilidades de transição do canal na forma de uma matriz, da seguinte maneira:

$$\mathbf{P} = \begin{bmatrix} p(y_0|x_0) & p(y_1|x_0) & \cdots & p(y_{K-1}|x_0) \\ p(y_0|x_1) & p(y_1|x_1) & \cdots & p(y_{K-1}|x_1) \\ \vdots & & & \vdots \\ p(y_0|x_{J-1}) & p(y_1|x_{J-1}) & & p(y_{K-1}|x_{J-1}) \end{bmatrix} \tag{10.28}$$

A matriz **P** J por K é chamada de *matriz de canal*. Notemos que cada *linha* da matriz de canal P corresponde a uma *entrada de canal fixa*, ao passo que cada coluna da matriz corresponde a uma *saída de canal fixa*. Notemos também que uma propriedade fundamental da matriz de canal **P**, como definida aqui, é que a soma dos elementos ao longo de qualquer linha da matriz é sempre igual a um; isto é,

$$\sum_{k=0}^{K-1} p(y_k|x_j) = 1 \quad \text{para todo } j \quad (10.29)$$

Suponhamos agora que as entradas para um canal discreto sem memória são selecionadas de acordo com a *distribuição de probabilidade* $\{p(x_j), j = 0, 1,..., J-1\}$. Em outras palavras, o evento segundo o qual a entrada de canal $X = x_j$ ocorre com probabilidade

$$p(x_j) = P(X = x_j) \quad \text{para } j = 0, 1, \ldots, J-1 \quad (10.30)$$

Depois de especificarmos a variável aleatória X que denota a entrada de canal, podemos agora especificar a segunda variável aleatória Y que denota a saída de canal. A *distribuição de probabilidade conjunta* das variáveis aleatórias X e Y é dada por

$$\begin{aligned} p(x_j, y_k) &= P(X = x_j, Y = y_k) \\ &= P(Y = y_k|X = x_j)P(X = x_j) \\ &= p(y_k|x_j)p(x_j) \end{aligned} \quad (10.31)$$

A *distribuição de probabilidade marginal* da variável aleatória de saída Y é obtida extraindo-se a média da dependência de $p(x_j, y_k)$ em x_j, como mostrado por

$$\begin{aligned} p(y_k) &= P(Y = y_k) \\ &= \sum_{j=0}^{J-1} P(Y = y_k|X = x_j)P(X = x_j) \\ &= \sum_{j=0}^{J-1} p(y_k|x_j)p(x_j) \quad \text{para } k = 0, 1, \ldots, K-1 \end{aligned} \quad (10.32)$$

As probabilidades $p(x_j)$ para $j = 0, 1,..., J-1$ são como as probabilidades *a priori* dos vários símbolos de entrada. A Eq. (10.32) estabelece que se conhecermos as probabilidades *a priori* $p(x_j)$ e a matriz de canal [isto é, a matriz de probabilidades de transição $p(y_k|x_j)$], então poderemos calcular as probabilidades $p(y_k)$ dos vários símbolos de saída.

EXEMPLO 10.5 Canal binário simétrico

O *canal binário simétrico* é de grande interesse teórico e importância prática. Ele é um caso especial do canal discreto sem memória com $J = K = 2$. O canal possui dois símbolos de entrada ($x_0 = 1, x_1 = 1$) e dois símbolos de saída ($y_0 = 0, y_1 = 1$). O canal é simétrico porque a probabilidade de se receber um 1 se um 0 for enviado é a mesma probabilidade de se receber um 0 se um 1 for enviado. A probabilidade de erro condicional é denotada por p. O *diagrama de probabilidade de transição* de um canal binário simétrico é como mostrado na Figura 10.9.

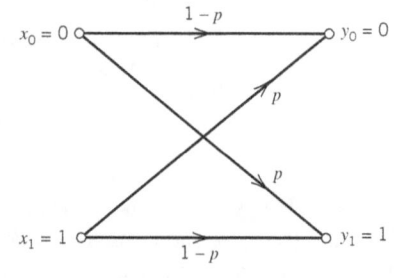

Figura 10.9 Diagrama de probabilidade de transição de um canal binário simétrico.

10.7 Capacidade de canal

É de interesse prático em muitas aplicações de comunicação o número de *bits* por segundo que podem ser transmitidos de maneira confiável através de um dado canal de comunicações. Nesta seção, forneceremos uma definição teórica dessa *capacidade de canal*, mas antes de fazer isso precisamos definir os dois conceitos de *entropia relativa* e *informação mútua*.

Dado que pensemos em uma saída de canal Y (selecionada de um alfabeto $\mathcal{Y}$) como uma versão ruidosa da entrada de canal X (selecionada de um alfabeto $\mathcal{X}$), e que a entropia $H(\mathcal{X})$ seja uma medida da incerteza prévia sobre X, como poderemos medir a incerteza sobre X depois de observarmos Y? Para responder essa questão, estenderemos as ideias desenvolvidas na Seção 10.2 definindo a *entropia condicional* de X selecionada do alfabeto $\mathcal{X}$, dado que $Y = y_k$. Especificamente, podemos escrever

$$H(\mathcal{X}|Y = y_k) = \sum_{j=0}^{J-1} p(x_j|y_k)\log_2\left[\frac{1}{p(x_j|y_k)}\right] \quad (10.33)$$

Essa quantidade é, ela própria, uma variável aleatória que assume os valores $H(\mathcal{X}|Y = y_0),..., H(\mathcal{X}|Y = y_{K-1})$ com probabilidades $p(y_0),..., p(y_{K-1})$, respectivamente. A média da entropia $H(\mathcal{X}|Y = y_k)$ sobre o alfabeto $\mathcal{Y}$ é dada, portanto, por

$$\begin{aligned} H(\mathcal{X}|\mathcal{Y}) &= \sum_{k=0}^{K-1} H(\mathcal{X}|Y = y_k)p(y_k) \\ &= \sum_{k=0}^{K-1}\sum_{j=0}^{J-1} p(x_j|y_k)p(y_k)\log_2\left[\frac{1}{p(x_j|y_k)}\right] \\ &= \sum_{k=0}^{K-1}\sum_{j=0}^{J-1} p(x_j, y_k)\log_2\left[\frac{1}{p(x_j|y_k)}\right] \end{aligned} \quad (10.34)$$

em que, na última linha, utilizamos a relação

$$p(x_i, y_k) = p(x_i|y_k)p(y_k) \quad (10.35)$$

A quantidade $H(\mathcal{X}|\mathcal{Y})$ é chamada de *entropia condicional*. Ela representa a *quantidade de incerteza restante acerca da entrada de canal após a saída de canal ter sido observada*.

Uma vez que a entropia $H(\mathcal{X})$ representa nossa incerteza sobre a entrada de canal *antes* de observarmos a saída de canal, e a entropia condicional $H(\mathcal{X}|\mathcal{Y})$ representa nossa incerteza *após* observarmos a saída de canal, segue-se que a diferença $H(\mathcal{X}) - H(\mathcal{X}|\mathcal{Y})$ deve representar nossa incerteza sobre a entrada de canal que é *resolvida* observando-se a saída de canal. Essa importante quantidade é chamada de *informação mútua* do canal. Denotando a informação mútua por $I(\mathcal{X};\mathcal{Y})$, podemos então escrever

$$I(\mathcal{X};\mathcal{Y}) = H(\mathcal{X}) - H(\mathcal{X}|\mathcal{Y}) \quad (10.36)$$

De maneira similar, podemos escrever

$$I(\mathcal{Y};\mathcal{X}) = H(\mathcal{Y}) - H(\mathcal{Y}|\mathcal{X}) \quad (10.37)$$

em que $H(\mathcal{Y})$ é a entropia da saída de canal e $H(\mathcal{Y}|\mathcal{X})$ é a entropia condicional da saída de canal dada a entrada de canal.

A informação mútua apresenta algumas propriedades:

- Ela é não negativa

$$I(\mathcal{X};\mathcal{Y}) \geq 0 \qquad (10.38)$$

- Ela é simétrica

$$I(\mathcal{X};\mathcal{Y}) = I(\mathcal{Y};\mathcal{X}) \qquad (10.39)$$

- Combinando-se as expressões para $H(\mathcal{X})$ e $H(\mathcal{X}|\mathcal{Y})$, pode-se mostrar que

$$\begin{aligned} I(\mathcal{X};\mathcal{Y}) &= \sum_{j=0}^{J-1} \sum_{k=0}^{K-1} p(x_j, y_k) \log_2 \left[\frac{p(x_j|y_k)}{p(x_j)} \right] \\ &= \sum_{j=0}^{J-1} \sum_{k=0}^{K-1} p(x_j, y_k) \log_2 \left[\frac{p(y_k|x_j)}{p(y_k)} \right] \end{aligned} \qquad (10.40)$$

A relação entre a entropia da fonte $H(\mathcal{X})$, a entropia condicional $H(\mathcal{X}|\mathcal{Y})$ e a informação mútua $I(\mathcal{X};\mathcal{Y})$ é ilustrada conceitualmente na Figura 10.10.

Consideremos um canal discreto sem memória com alfabeto de entrada $\mathcal{X}$, alfabeto de saída $\mathcal{Y}$ e probabilidades de transição $p(y_k|x_j)$. A informação mútua do canal é dada pela Eq. (10.40). Aqui, notemos que [ver Eq. (10.31)]

$$p(x_j, y_k) = p(y_k|x_j) p(x_j) \qquad (10.41)$$

Além disso, da Eq. (10.32), temos

$$p(y_k) = \sum_{j=0}^{J-1} p(y_k|x_j) p(x_j) \qquad (10.42)$$

Das Eqs. (10.40), (10.41) e (10.42), vemos que é necessário conhecer a distribuição de probabilidade de entrada $\{p(x_j)| j = 0, 1,..., J-1\}$ para podermos calcular a informação mútua $I(\mathcal{X};\mathcal{Y})$. A informação mútua de um canal, portanto, depende não apenas do canal, mas também da maneira como ele é utilizado.

A distribuição de probabilidade de entrada $\{p(x_j)\}$ obviamente é independente do canal. Podemos maximizar a informação mútua média $I(\mathcal{X};\mathcal{Y})$ do canal com relação a $\{p(x_j)\}$. Consequentemente, *definimos a capacidade de canal de um canal discreto sem memória como a informação mútua média máxima*

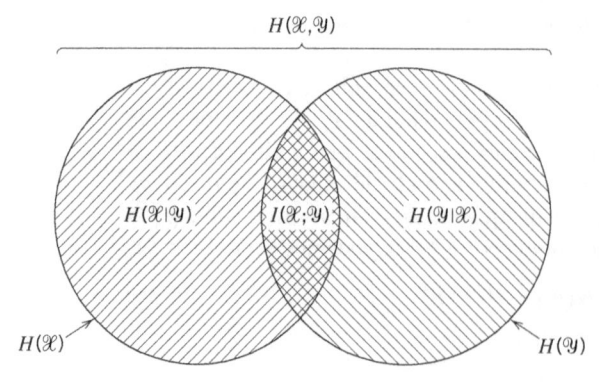

Figura 10.10 Ilustração das relações entre os vários parâmetros de canal.

$I(\mathcal{X};\mathcal{Y})$ em qualquer utilização particular do canal (isto é, intervalo de sinalização), em que a maximização ocorre sobre todas as distribuições de probabilidade de entrada possíveis $\{p(x_j)\}$ em $\mathcal{X}$. A capacidade de canal é comumente denotada por C. Dessa forma, escrevemos

$$C = \max_{\{p(x_j)\}} I(\mathcal{X};\mathcal{Y}) \tag{10.43}$$

A capacidade de canal é medida em *bits por utilização de canal*.

Notemos que a capacidade de canal C é uma função apenas das probabilidades de transição $p(y_k|x_j)$, que definem o canal. O cálculo de C envolve a maximização da informação mútua média $I(\mathcal{X};\mathcal{Y})$ sobre J variáveis [isto é, as probabilidades de entrada $p(x_0),...,p(x_{J-1})$] sujeita a duas restrições:

$$p(x_j) \geq 0 \text{ para todo } j$$

e

$$\sum_{j=0}^{J-1} p(x_j) = 1$$

Em geral, o problema variacional de se encontrar a capacidade de canal C é uma tarefa desafiadora.

EXEMPLO 10.6 Canal binário simétrico (revisitado)

Consideremos novamente o *canal binário simétrico*, que é descrito pelo *diagrama de probabilidade de transição* da Figura 10.9. Esse diagrama é unicamente definido pela probabilidade condicional de erro p.

A entropia $H(X)$ é maximizada quando a probabilidade de entrada de canal $p(x_0) = p(x_1) = 1/2$, em que x_0 e x_1 são 0 ou 1. A informação mútua $I(\mathcal{X};\mathcal{Y})$ é similarmente maximizada, de modo que podemos escrever

$$C = I(\mathcal{X};\mathcal{Y})|_{p(x_0) = p(x_1) = \frac{1}{2}}$$

A partir da Figura 10.9, temos

$$p(y_0|x_1) = p(y_1|x_0) = p$$

e

$$p(y_0|x_0) = p(y_1|x_1) = 1 - p$$

Portanto, substituindo essas probabilidades de transição de canal na Eq. (10.40) com $J = K = 2$ e depois definindo a probabilidade de entrada $p(x_0) = p(x_1)$ de acordo com a Eq. (10.43), descobrimos que a capacidade do canal binário simétrico é

$$C = 1 + p\log_2 p + (1-p)\log_2(1-p) \tag{10.44}$$

Utilizando a definição da função entropia dada na Eq. (10.12), podemos reduzir a Eq. (10.44) a

$$C = 1 - H(p)$$

Figura 10.11 Variação da capacidade de canal de um canal binário simétrico com probabilidade de transição p.

A capacidade de canal C varia com a probabilidade de erro (probabilidade de transição) p como mostrado na Figura 10.11, que é simétrica em torno de $p = 1/2$. Comparando a curva dessa figura com a da Figura 10.2, podemos fazer as seguintes observações:

1. Quando o canal é *livre de ruído*, permitindo-nos definir $p = 0$, a capacidade de canal C atinge o seu valor máximo de um *bit* por utilização de canal, que é exatamente a informação em cada entrada de canal. Nesse valor de p, a função entropia $H(p)$ atinge seu valor mínimo de zero.
2. Quando a probabilidade de erro condicional $p = 1/2$ se deve a ruído, a capacidade de canal C atinge seu valor mínimo de zero, ao passo que a função entropia $H(p)$ atinge o seu valor máximo igual à unidade; nesse caso, diz-se que o canal é *inutilizável*.

10.8 Teorema da codificação de canal

A presença inevitável de *ruído* em um canal causa discrepâncias (erros) entre as sequências de dados de saída e de entrada de um sistema de comunicação digital. Para um canal relativamente ruidoso, a probabilidade de erro pode assumir um valor maior do que 10^{-2}, o que significa que menos de 99 em 100 *bits* são recebidos corretamente. Para muitas aplicações, esse *nível de confiabilidade* é completamente inadequado. De fato, uma probabilidade de erro igual a 10^{-6} ou ainda menor é muitas vezes um requisito necessário. Para alcançar esse elevado nível de desempenho, podemos recorrer à utilização da codificação de canal.

O objetivo de projeto da codificação de canal é aumentar a imunidade de um sistema de comunicação digital a ruído de canal. Especificamente, a *codificação de canal* consiste no *mapeamento* da sequência de dados de entrada em uma sequência de entrada do canal, e no *mapeamento inverso* da sequência de saída do canal na sequência de dados de saída, de tal maneira que o efeito global do ruído de canal sobre o sistema seja minimizado. A primeira operação de mapeamento é realizada no transmissor por um *codificador de canal*, ao passo que a operação de mapeamento inverso é realizada no receptor por um *decodificador de canal*, como mostrado no diagrama de blocos da Figura 10.12; para simplificar a exposição, não incluímos a codificação de fonte (antes da codificação de canal) e a decodificação de fonte (depois da codificação de canal) na Figura 10.12.

O codificador de canal e o decodificador de canal na Figura 10.12 estão sob o controle do projetista e devem ser projetados para otimizar a eficiência global do sistema de comunicação. A abordagem a ser seguida é introduzir *redundância* no codificador de canal a fim de reconstruir a sequência original da fonte com a maior precisão possível. Dessa forma, em um sentido bem amplo, podemos ver a codificação de canal como o *dual* da codificação de fonte no sentido de que a primeira introduz redundância controlada para melhorar a confiabilidade, ao passo que a última reduz a redundância para melhorar a eficiência.

Para o propósito de nossa discussão presente sobre a codificação de canal, é suficiente restringir nossa atenção aos *códigos de bloco*. Nessa classe de códigos, a

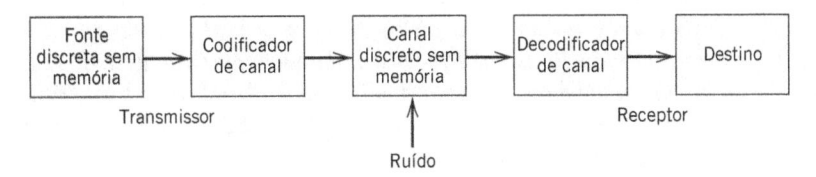

Figura 10.12 Diagrama de blocos de um sistema de comunicação digital.

sequência de mensagem é subdividida em blocos sequenciais, cada um com k *bits* de extensão, e cada bloco de k *bits* é *mapeado* em um bloco de n *bits*, em que $n > k$. O número de *bits* redundantes adicionados pelo codificador a cada bloco transmitido é $n - k$ *bits*. A razão k/n é chamada de *taxa de código*. Utilizando r para denotar a taxa de código, podemos escrever

$$r = \frac{k}{n}$$

em que, naturalmente, r é menor do que a unidade.

A reconstrução precisa da sequência original da fonte no destino exige que a *probabilidade média de erro de símbolo* seja arbitrariamente pequena. Isso suscita a seguinte questão importante: Existe um esquema de codificação de canal sofisticado tal que a probabilidade de que um *bit* de mensagem esteja errado seja menor do que qualquer número positivo ε (isto é, tão pequena quanto queiramos) e que, ainda assim, o esquema de codificação de canal seja eficiente em termos de que a taxa de código não precise ser demasiadamente pequena? A resposta a essa questão fundamental é um enfático "sim". De fato, a resposta a essa questão é dada pelo segundo teorema de Shannon em termos da capacidade de canal C, como é descrito no que se segue. Até este ponto, o *tempo* não exerceu um papel importante em nossa discussão a respeito da capacidade de canal. Suponhamos, então, que a fonte discreta sem memória na Figura 10.12 tenha o alfabeto fonte $\mathscr{S}$ e a entropia $H(\mathscr{S})$ *bits* por símbolo fonte e que a fonte emita símbolos uma vez a cada T_s segundos. Consequentemente, a *taxa de informação média* da fonte é $H(\mathscr{S})/T_s$ *bits* por segundo. O decodificador entrega símbolos decodificados do alfabeto fonte $\mathscr{S}$ ao destino e à mesma taxa da fonte de um símbolo a cada T_s segundos. O canal discreto sem memória tem uma capacidade de canal igual a C *bits* por utilização do canal. Suponhamos que o canal possa ser utilizado uma vez a cada T_c segundos. Logo, a *capacidade de canal por unidade de tempo* será C/T_s *bits* por segundo, que representa a taxa máxima de transferência de informação através do canal. Agora estamos prontos para formular o segundo teorema de Shannon, conhecido como o teorema da codificação de canal.

Especificamente, o *teorema da codificação de canal* para um canal discreto sem memória é formulado em duas partes, da seguinte maneira.

(a) *Seja um canal discreto sem memória com um alfabeto $\mathscr{S}$ que tenha entropia $H(\mathscr{S})$ e produza símbolos uma vez a cada T_s segundos. Seja um canal discreto sem memória que tenha capacidade C e seja utilizado uma vez a cada T_c segundos. Então, se*

$$\frac{H(\mathscr{S})}{T_s} \leq \frac{C}{T_c} \qquad (10.45)$$

existe um esquema de codificação para o qual a saída da fonte pode ser transmitida pelo canal e reconstruída com uma probabilidade de erro arbitrariamente pequena. O parâmetro C/T_c é chamado de taxa crítica. Quando a Eq. (10.45) é satisfeita com o sinal de igualdade, diz-se que o sistema está sinalizando à taxa crítica.

(b) Inversamente, se

$$\frac{H(\mathcal{S})}{T_s} > \frac{C}{T_c}$$

não é possível transmitir informação através do canal e reconstruí-la com uma probabilidade de erro arbitrariamente pequena.

O teorema da codificação de canal é o resultado mais importante da teoria da informação. O teorema especifica a capacidade de canal C como um *limite fundamental* para a taxa a que a transmissão de mensagens confiáveis e isentas de erro pode se desenvolver através de um canal discreto sem memória.

É importante notarmos que o teorema da codificação de canal não nos mostra como construir um bom código. Mais propriamente, o teorema pode ser caracterizado como uma *prova de existência*, no sentido de que ele nos diz que se a condição da Eq. (10.45) for satisfeita, então existirão bons códigos.

Aplicação do teorema da codificação de canal a canais binários simétricos

Consideremos uma fonte discreta sem memória que emita símbolos binários igualmente prováveis (0s e 1s) uma vez a cada T_s segundos. Com a entropia da fonte igual a 1 *bit* por símbolo fonte (ver Exemplo 10.1), a taxa de informação da fonte é $(1/T_s)$ *bits* por segundo. A sequência da fonte é aplicada a um codificador de canal com *taxa de código* r. O codificador de canal produz um símbolo a cada T_c segundos. Consequentemente, a *taxa de transmissão de símbolos codificados* é $(1/T_c)$ símbolos por segundo. O codificador de canal ocupa um canal simétrico binário a cada T_c segundos. Assim, a capacidade de canal por unidade de tempo é C/T_c bits por segundo, em que C é determinado pela probabilidade de transição de canal prescrita p de acordo com a Eq. (10.44). Consequentemente, o teorema da codificação de canal [parte (i)] implica que se

$$\frac{1}{T_s} \leq \frac{C}{T_c} \qquad (10.46)$$

a probabilidade de erro pode se tornar arbitrariamente baixa pela utilização de um esquema apropriado de codificação de canal. Entretanto, a relação T_c/T_s iguala à taxa de código do codificador de canal:

$$r = \frac{T_c}{T_s} \qquad (10.47)$$

Consequentemente, podemos reformular a condição da Eq. (10.46) simplesmente como

$$r \leq C \qquad (10.48)$$

Isto é, para $r \leq C$, existe um código (com taxa de código menor ou igual a C) capaz de atingir uma probabilidade de erro arbitrariamente baixa.

EXEMPLO 10.7 Código de repetição

Neste exemplo, apresentamos uma interpretação gráfica do teorema da codificação de canal. Mostramos também um aspecto surpreendente do teorema analisando rapidamente um esquema de codificação simples.

Consideremos primeiramente um canal binário simétrico com probabilidade de transição $p = 10^{-2}$. Para esse valor de p, verificamos a partir da Eq. (10.44) que a capacidade do canal $C = 0,9192$. Consequentemente, a partir do teorema da codificação de canal, podemos afirmar que para qualquer $\varepsilon > 0$ e $r \leq 0,9192$, existe um código de tamanho n suficientemente grande e taxa de código r, além de um algoritmo de decodificação apropriado, de forma que quando o fluxo de *bits* codificados é enviado através do canal dado, a probabilidade média de erro de decodificação do canal é menor do que ε. Esse resultado é ilustrado na Figura 10.13, onde plotamos a probabilidade média de erro *versus* a taxa de código r. Nessa figura, definimos arbitrariamente o valor limite $\varepsilon = 10^{-8}$.

Para colocar em evidência a importância desse resultado, consideremos em seguida um esquema de codificação simples que envolve a utilização de um *código de repetição*, no qual cada *bit* da mensagem é repetido diversas vezes. Admitamos que cada *bit* (0 ou 1) seja repetido n vezes, em que $n = 2m + 1$ é um inteiro ímpar. Por

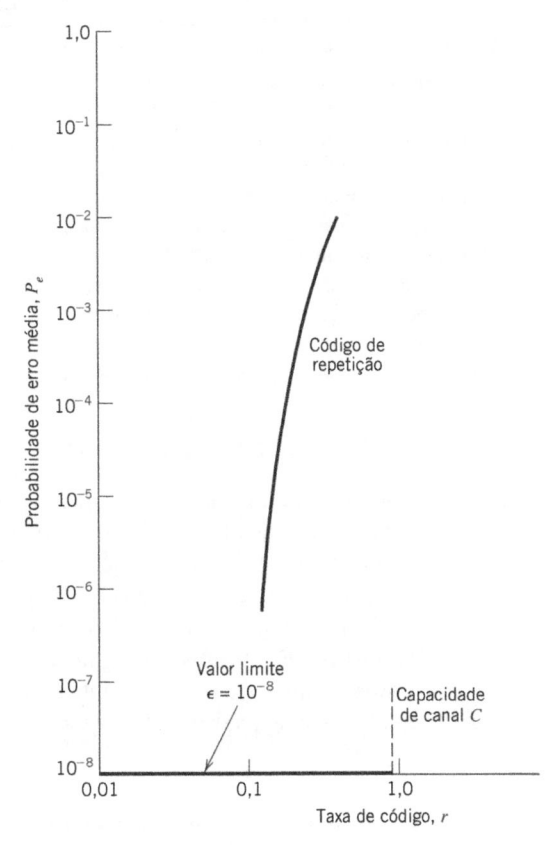

Figura 10.13 Ilustração da importância do teorema da codificação de canal.

exemplo, para $n = 3$, transmitimos 0 e 1 como 000 e 111, respectivamente. Intuitivamente, seria lógico utilizarmos a *regra da maioria* para a decodificação, que opera da seguinte maneira: *Se em um bloco de n bits recebidos (que representa um bit da mensagem), o número de 0s excede o número de 1s, o decodificador decidirá em favor de um 0. Caso contrário, ele decidirá em favor de um 1.* Consequentemente, ocorrerá um erro quando $m + 1$ ou mais *bits* dos $n = 2m + 1$ *bits* forem recebidos incorretamente. Devido à suposta natureza simétrica do canal, a *probabilidade de erro média* P_e é independente das probabilidades *a priori* de 0 e 1. Consequentemente, verificamos que P_e é dada por (ver Problema 10.24)

$$P_e = \sum_{i=m+1}^{n} \binom{n}{i} p^i (1-p)^{n-i} \qquad (10.49)$$

em que p é a probabilidade de transição do canal.

A Tabela 10.3 apresenta a probabilidade de erro média P_e para um código de repetição, que é calculada utilizando-se a Eq. (10.49) para diferentes valores da taxa de código r. Os valores dados aqui assumem a utilização de um canal binário simétrico com probabilidade de transição $p = 10^{-2}$. A melhoria da confiabilidade exibida na Tabela 10.3 é alcançada à custa da diminuição da taxa de código. Os resultados dessa tabela também estão plotados na curva rotulada como "código de repetição" na Figura 10.13. Essa curva ilustra a *troca de taxa de código por confiabilidade de mensagem*, que é uma característica dos códigos de repetição.

Este exemplo realça o resultado inesperado que nos é apresentado pelo teorema da codificação de canal. O resultado é que não é necessário fazer com que a taxa de código *r* se aproxime de zero (como no caso dos códigos de repetição) a fim de se obter uma operação cada vez mais confiável do *link* de comunicação. O teorema simplesmente exige que a taxa de código seja menor do que a capacidade de canal *C*.

TABELA 10.3 Probabilidade de erro média para código de repetição

Taxa de código $r = 1/n$	Probabilidade de erro média, P_e
1	10^{-2}
$\frac{1}{3}$	3×10^{-4}
$\frac{1}{5}$	10^{-6}
$\frac{1}{7}$	4×10^{-7}
$\frac{1}{9}$	10^{-8}
$\frac{1}{11}$	5×10^{-10}

10.9 Capacidade de um canal gaussiano

Nesta seção, utilizamos a ideia de informação mútua média para formular o teorema da capacidade de informação para *canais gaussianos limitados em banda e limitados em potência*. Para sermos específicos, consideremos um processo estacionário $X(t)$ de média zero que é limitado em banda a B hertz. Sejam X_k, $k = 1, 2,..., K$, variáveis aleatórias contínuas obtidas por amostragem uniforme do processo $X(t)$ à taxa de Nyquist de $2B$ amostras por segundo. Essas amostras são transmitidas em T segundos através de um canal ruidoso, também limitado em banda a B hertz. Consequentemente, o número de amostras, K, é dado por

$$K = 2BT \tag{10.50}$$

Referimo-nos a X_k como uma amostra do *sinal transmitido*. A saída do canal é perturbada por *ruído branco gaussiano aditivo* de média zero e densidade espectral de potência $N_0/2$. O ruído é limitado em banda a B hertz. Sejam as variáveis aleatórias contínuas Y_k, $k = 1, 2,..., K$, as amostras do sinal recebido, como mostrado por

$$Y_k = X_k + N_k, \quad k = 1, 2, \ldots, K \tag{10.51}$$

A amostra de ruído N_k é gaussiana com média zero e variância dada por

$$\sigma^2 = N_0 B \tag{10.52}$$

Suponhamos que as amostras Y_k, $k = 1, 2,..., K$ sejam estatisticamente independentes.

Um canal para o qual o ruído e o sinal recebidos são descritos nas Eqs. (10.51) e (10.52) é chamado de *canal gaussiano de tempo discreto sem memória*. Ele é modelado como na Figura 10.14. Para fazermos afirmações significativas sobre o canal, entretanto, temos que restringir a entrada de canal. Tipicamente, o transmissor é *limitado em potência*; portanto, é razoável definirmos a restrição como

$$\mathbf{E}[X_k^2] = P, \quad k = 1, 2, \ldots, K \tag{10.53}$$

em que P é a *potência média transmitida*. O *canal gaussiano limitado em potência* aqui descrito não é somente de importância teórica, mas também de importância prática, já que ele modela muitos canais de comunicação, inclusive *links* de rádio e *links* via satélite.

A *capacidade de informação* do canal é definida como o máximo da informação mútua entre a entrada de canal X_k e a saída de canal Y_k ao longo de todas as distribuições da entrada X_k que satisfazem a restrição de potência da Eq. (10.53). Seja $I(X_k;Y_k)$ a informação mútua média entre X_k e Y_k. Podemos, então, definir a capacidade de informação do canal como

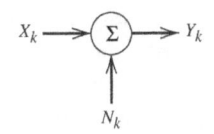

Figura 10.14 Modelo de um canal gaussiano de tempo discreto sem memória.

$$C = \max_{f_{X_k}(x)} \{I(X_k;Y_k): \mathbf{E}[X_k^2] = P\} \qquad (10.54)$$

em que a maximização é realizada em relação a $f_{X_k}(x)$, a função densidade de probabilidade de X_k.

A realização dessa otimização está além do escopo deste texto, mas o resultado é

$$C = \frac{1}{2}\log_2\left(1 + \frac{P}{\sigma^2}\right) \text{ bits por utilização} \qquad (10.55)$$

Com o canal utilizado K vezes para a transmissão de K amostras do processo $X(t)$ em T segundos, verificamos que a *capacidade de informação por unidade de tempo* é (K/T) vezes o resultado dado na Eq. (10.55). O número K é igual a $2BT$, como na Eq. (10.50). Consequentemente, podemos expressar a capacidade de informação por transmissão como

$$C = B\log_2\left(1 + \frac{P}{N_0 B}\right) \text{ bits por segundo} \qquad (10.56)$$

em que utilizamos a Eq. (10.52) para a variância de ruído σ^2.

Com base na fórmula da Eq. (10.56), podemos agora formular o terceiro (e mais famoso) teorema de Shannon, o *teorema da capacidade de informação*, da seguinte maneira:

A capacidade de informação de um canal contínuo de largura de banda de B hertz, perturbado por ruído branco gaussiano aditivo de densidade espectral de potência $N_0/2$ e limitado em largura de banda a B, é dada por

$$C = B\log_2\left(1 + \frac{P}{N_0 B}\right) \text{ bits por segundo}$$

em que P é a potência média transmitida.

O teorema da capacidade de informação é um dos resultados mais notáveis da teoria da informação porque, em uma fórmula única, ele realça mais vividamente a inter-relação entre os três parâmetros de sistema fundamentais: largura de banda de canal, potência média transmitida (ou, de maneira equivalente, potência média do sinal recebido) e densidade espectral de potência de ruído na saída do canal.

O teorema implica que, para uma dada potência média transmitida P e uma largura de banda de canal B, podemos transmitir informação à taxa de C *bits* por segundo, como definido na Eq. (10.56), com probabilidade de erro arbitrariamente pequena, empregando sistemas de codificação suficientemente complexos. Não é possível transmitir a uma taxa mais elevada do que C *bits* por segundo em qualquer sistema de codificação sem uma probabilidade de erro definida. Consequentemente, o teorema da capacidade de canal define o *limite fundamental* para a taxa de transmissão isenta de erros para um canal gaussiano limitado em potência e em banda. Para aproximar-se desse limite, entretanto, o sinal transmitido precisa ter propriedades estatísticas próximas das propriedades do ruído branco gaussiano.

Agora que temos uma compreensão intuitiva do teorema da capacidade de informação, podemos passar a discutir suas implicações no contexto de um canal gaussiano limitado tanto em potência quanto em largura de banda. Para que a discussão seja útil, entretanto, precisamos de uma estrutura ideal em relação à qual o desempenho de um sistema de comunicação prático possa ser avaliado. Para esse fim, introduzimos a noção de um *sistema ideal* definido como um sistema que transmite dados a uma taxa de *bits* R_b igual à capacidade de informação C. Então, podemos expressar a potência média transmitida como

$$P = E_b C \qquad (10.57)$$

em que E_b é a energia transmitida por *bit*. Consequentemente, o sistema ideal é definido pela equação

$$\frac{C}{B} = \log_2\left(1 + \frac{E_b}{N_0}\frac{C}{B}\right) \qquad (10.58)$$

De maneira equivalente, podemos definir a *relação energia de sinal por bit-densidade espectral de potência de ruído* E_b/N_0 em termos da *eficiência de largura de banda* C/B para o sistema ideal como

$$\frac{E_b}{N_0} = \frac{2^{C/B} - 1}{C/B} \qquad (10.59)$$

Um gráfico da eficiência de largura de banda R_b/B versus E_b/N_0 é chamado de *diagrama de eficiência de largura de banda*. Uma forma genérica desse diagrama é exibida na figura 10.15, em que a curva rotulada "limite da capacidade" corresponde ao sistema ideal para o qual $R_b = C$. Com base na Figura 10.15, podemos fazer as seguintes observações:

1. Para *largura de banda infinita*, a relação E_b/N_0 se aproxima do valor limite

$$\left(\frac{E_b}{N_0}\right)_\infty = \lim_{B\to\infty}\left(\frac{E_b}{N_0}\right) \qquad (10.60)$$

$$= \ln 2 = 0{,}693$$

Esse valor é chamado de *limite de Shannon*. Expresso em decibéis, ele é igual a $-1{,}6$ dB. O valor limite correspondente da capacidade de canal é obtido ao se permitir que a largura de banda de canal B da Eq. (10.56) se aproxime do infinito; desse modo, verificamos que

$$C_\infty = \lim_{B \to \infty} C$$
$$= \frac{P}{N_0} \log_2 e \qquad (10.61)$$

2. O *limite da capacidade*, definido pela curva correspondente à taxa de *bits* crítica $R_b = C$, separa combinações de parâmetros de sistema que possuem potencial para suportar transmissão isenta de erros ($R_b < C$) daquelas para as quais a transmissão isenta de erros não é possível ($R_b > C$). Essa última região é mostrada sombreada na Figura 10.15.
3. O diagrama realça potenciais *compensações* entre E_b/N_0, R_b/B e a probabilidade de erro de símbolo P_e. Em particular, podemos ver o ponto de operação se movendo ao longo de uma linha horizontal como uma compensação entre P_e versus E_b/N_0 para um valor de R_b/B fixo. Por outro lado, podemos ver o ponto de operação se movendo ao longo de uma linha vertical como uma compensação entre P_e versus R_b/B para um valor fixo de E_b/N_0.

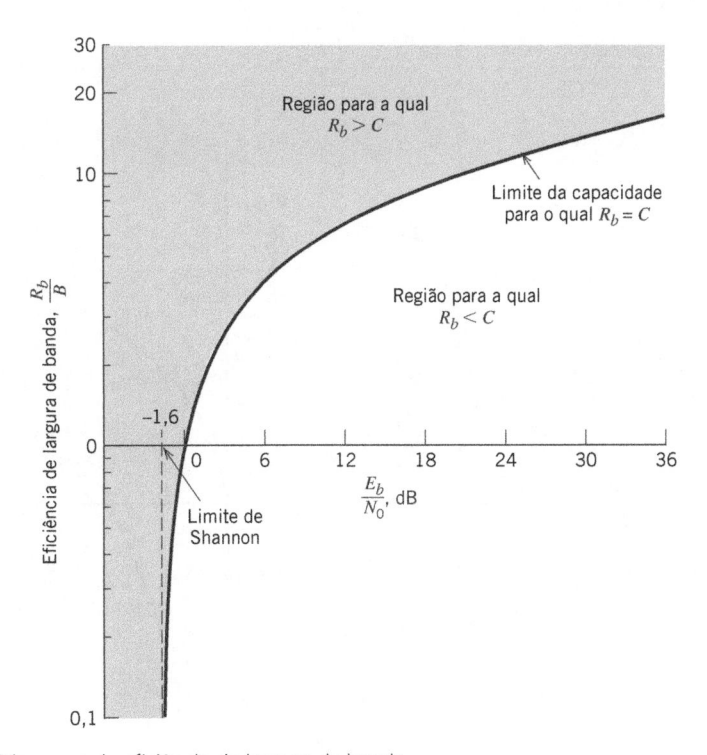

Figura 10.15 Diagrama de eficiência de largura de banda.

EXEMPLO 10.8 PSK M-ário e FSK M-ário

Neste exemplo, comparamos as capacidades de troca entre largura de banda e potência de sinais PSK M-ários e FSK M-ários à luz do teorema da capacidade de informação de Shannon. Consideremos primeiramente um sistema PSK M-ário coerente que emprega um conjunto *não ortogonal* de M sinais deslocados em fase para a transmissão de dados binários. Cada sinal no conjunto representa um símbolo com $\log_2 M$ bits. Utilizando a definição de largura de banda de nulo a nulo, podemos expressar a eficiência de largura de banda do PSK M-ário da seguinte maneira

$$\frac{R_b}{B} = \frac{\log_2 M}{2}$$

Na Figura 10.16a, mostramos os pontos de operação para diferentes números de níveis de fase $M = 2$, 4, 8, 16, 32, 64. Cada ponto corresponde a uma probabilidade de erro de símbolo média $P_e = 10^{-5}$. Na Figura, também incluímos o limite da capacidade para o sistema ideal. Observamos, a partir da Figura 10.16, que à medida que M é aumentado, a eficiência da largura de banda melhora, mas o valor de E_b/N_0 necessário para uma transmissão isenta de erro se afasta do limite de Shannon.

Consideremos em seguida um sistema FSK M-ário coerente que utiliza um conjunto *ortogonal* de M sinais deslocados em frequência para a transmissão de dados binários, sendo a separação entre frequências de sinais adjacentes fixada em $B = 1/2T$, em que T é o período de símbolo. A largura de banda de um sistema FSK M-ário é proporcional a M, o número de frequências. À semelhança do PSK M-ário, cada sinal no conjunto representa um símbolo com $\log_2 M$ bits. A eficiência de largura de banda do FSK M-ário é como se segue:

$$\frac{R_b}{B} = \frac{2 \log_2 M}{M}$$

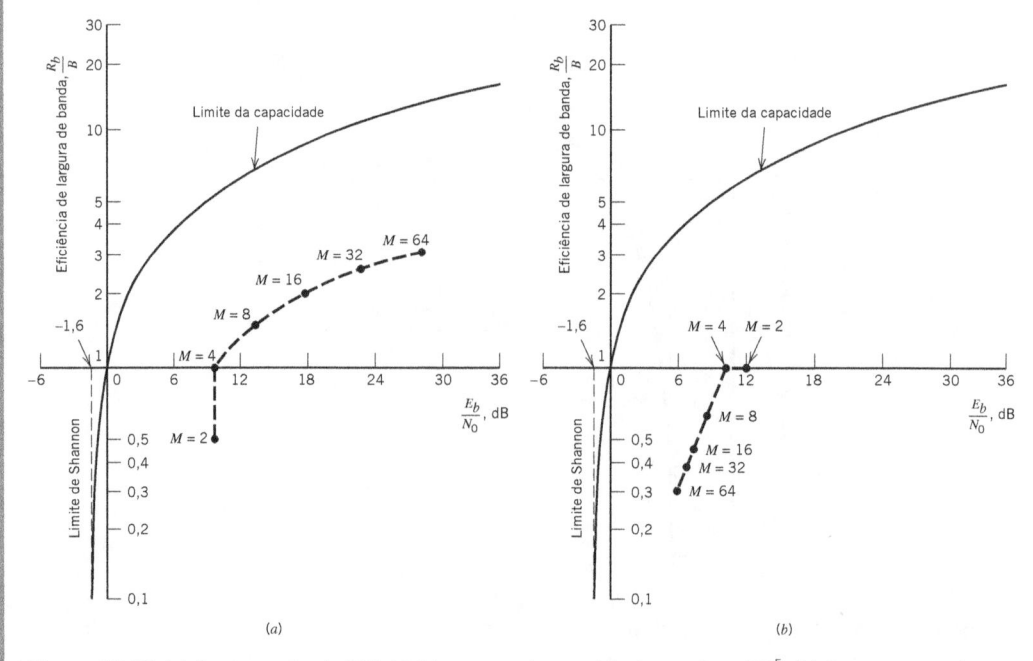

Figura 10.16 (a) Comparação de PSK M-ário com o sistema ideal para $P_e = 10^{-5}$. (b) Comparação de FSK M-ário com o sistema ideal para $P_e = 10^{-5}$.

Na Figura 10.16b, mostramos os pontos de operação para diferentes números de níveis de frequência M = 2, 4, 8, 16, 32, 64, para uma probabilidade de erro de símbolo média $P_e = 10^{-5}$. Na figura, também incluímos o limite da capacidade para o sistema ideal. Percebemos que ao aumentar M no FSK M-ário (ortogonal) geramos o efeito oposto ao do PSK M-ário (não ortogonal). Em especial, à medida que M aumenta, o que é equivalente a aumentar a necessidade de largura de banda, o ponto de operação se aproxima do limite de Shannon. Agora que entendemos o teorema da codificação de canal e suas implicações, possuímos a base para o estudo das técnicas de codificação para controle de erros, que ocuparão nossa atenção pelo resto do capítulo.

10.10 Codificação para controle de erros[4]

O *teorema da codificação de canal* afirma que se um canal discreto sem memória tiver capacidade C e uma fonte gerar informação a uma taxa menor do que C, então existe uma técnica de codificação tal que a saída da fonte pode ser transmitida através do canal com uma probabilidade de erro arbitrariamente baixa.

Dessa forma, o teorema da codificação de canal especifica a capacidade de canal C como um *limite fundamental* para a taxa a que a transmissão de mensagens confiáveis (isenta de erros) pode ocorrer através de um canal discreto sem memória. A questão que interessa não é a relação sinal-ruído, enquanto ela for suficientemente grande, mas sim como a entrada do canal é codificada.

A Figura 10.17a mostra um modelo de como essa codificação (e a correspondente decodificação) poderia ser incluída em um sistema de comunicação digital, uma abordagem conhecida como *correção direta de erros* (FEC).

A fonte discreta gera informação na forma de símbolos binários. O *codificador de canal* no transmissor aceita os *bits* de mensagem e adiciona *redundância* de acordo com uma regra prescrita, produzindo, dessa forma, dados codificados a uma taxa

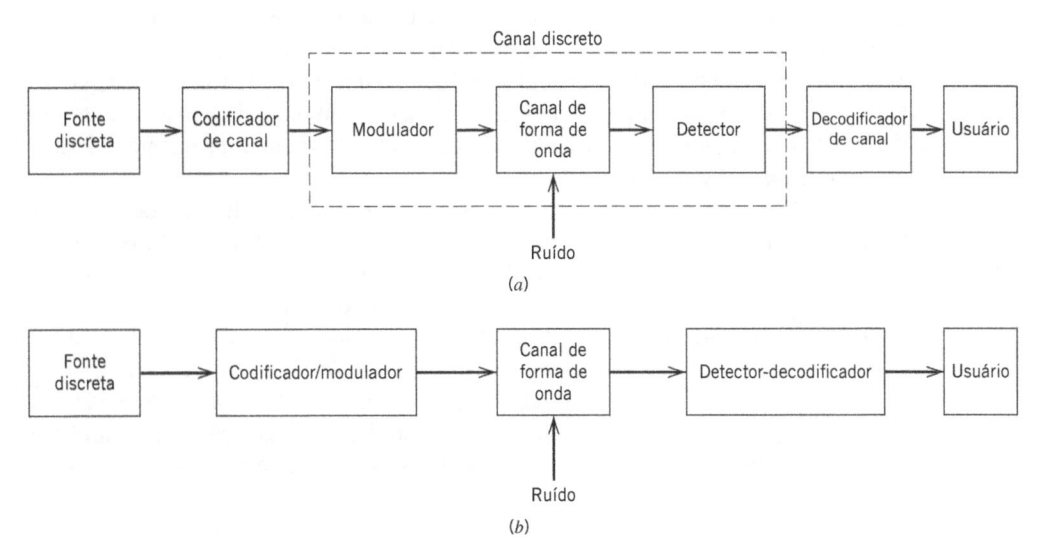

Figura 10.17 Modelos simplificados de sistema de comunicação digital. (a) Codificação e modulação realizadas separadamente. (b) Codificação e modulação combinadas.

de *bits* elevada. O *decodificador de canal* no receptor explora a redundância para decidir que *bits* de mensagem foram realmente transmitidos. A meta combinada do codificador e do decodificador de canal é minimizar o efeito do ruído de canal. Isto é, o número de erros entre a entrada do codificador de canal (derivada da fonte) e a saída do decodificador de canal (entregue ao usuário) é minimizado.

A adição de redundância nas mensagens codificadas implica a necessidade de aumento da largura de banda de transmissão. Além disso, a utilização de codificação para controle de erros adiciona *complexidade* ao sistema, especialmente para a implementação das operações de decodificação no receptor. Dessa forma, as compensações de projeto na utilização da codificação para controle de erros a fim de que se alcance um desempenho aceitável em relação a erros incluem considerações de largura de banda e de complexidade do sistema.

No modelo representado na Figura 10.17a, as operações de codificação de canal e de modulação são realizadas separadamente. Quando, entretanto, a eficiência de largura de banda é de interesse maior, o método mais efetivo de se implementar a codificação de correção direta para controle de erros é combiná-la com a modulação como uma função única, como mostrado na Figura 10.17b. Em tal abordagem, a codificação é redefinida como um processo de se impor certos padrões ao sinal transmitido.

A característica menos satisfatória do teorema da codificação de canal, entretanto, é sua natureza não construtiva. O teorema afirma a *existência de bons códigos*, mas não nos diz como encontrá-los. Estamos diante da tarefa de encontrar um bom código que garanta transmissão confiável de informação através do canal. As técnicas de codificação para controle de erros apresentadas neste capítulo tratam-se de diferentes métodos para se atingir esse importante requisito do sistema.

Retornando ao modelo da Figura 10.17a, diz-se que o canal de forma de onda é sem memória se a saída do detector em um dado intervalo depender apenas do sinal transmitido naquele intervalo, e não em qualquer transmissão anterior. Sob essa condição, podemos modelar a combinação do modulador, do canal de forma de onda e do detector como um *canal discreto sem memória*. O canal discreto sem memória é completamente descrito pelo conjunto de probabilidades de transição $p(j|i)$, em que i denota um símbolo de entrada do modulador, j denota um símbolo de saída do demodulador e $p(j|i)$ denota a probabilidade de se receber o símbolo j, dado que o símbolo i tenha sido transmitido (os canais discretos sem memória foram longamente descritos anteriormente na Seção 10.6).

O canal discreto sem memória mais simples resulta da utilização de símbolos binários de entrada e símbolos binários de saída. Quando codificação binária é utilizada, o modulador terá somente os símbolos binários 0 e 1 como entradas. Do mesmo modo, o decodificador terá apenas entradas binárias se for utilizada a quantização binária da saída do decodificador, isto é, uma *decisão rígida* será tomada na saída do demodulador em relação a qual símbolo foi realmente transmitido. Nessa situação, temos um *canal binário simétrico* (BSC) com um *diagrama de probabilidade de transição* como mostrado na Figura 10.18. O canal binário simétrico, supondo um ruído de canal modelado como ruído branco

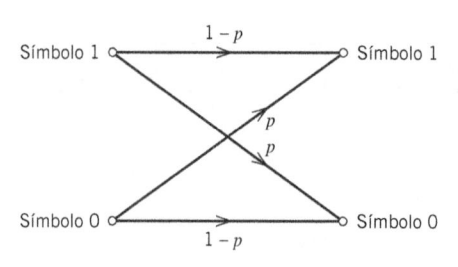

Figura 10.18 Diagrama de probabilidade de transição de um canal binário simétrico.

gaussiano aditivo (AWGN), é descrito completamente pela *probabilidade de transição p*.

A utilização de decisões rígidas antes da decodificação provoca uma perda irreversível de informação no receptor. Para reduzir essa perda, uma codificação com *decisão suave* é utilizada. Isso é alcançado incluindo-se um quantizador multinível na saída do demodulador, como ilustrado na Figura 10.19 para o caso de sinais PSK binários. A característica entrada-saída do quantizador é mostrada na Figura 10.20a. O modulador possui apenas os símbolos binários 0 e 1 como entradas, mas a saída do demodulador agora possui um alfabeto com Q símbolos. Supondo a utilização do quantizador da maneira descrita na Figura 10.20a, temos $Q = 8$. Tal canal é chamado de *canal discreto sem memória de saída Q-ária e entrada binária*. O diagrama de probabilidade de transição de canal correspondente é mostrado na Figura 10.20b. A forma dessa distribuição, e consequentemente o desempenho do decodificador, depende da localização dos níveis de representação do decodificador que, por sua vez, depende do nível do sinal e da variância do ruído. Consequentemente, o demodulador deve incorporar um controle de ganho automático caso se pretenda obter um quantizador multinível eficiente. Além disso, a utilização de decisões suaves complica a implementação do decodificador. Apesar disso, a decodificação com decisão suave oferece melhorias significativas no desempenho em relação à decodificação com decisão rígida.

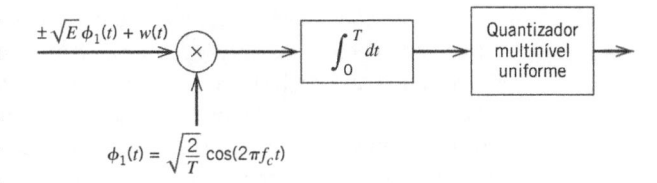

Figura 10.19 Canal discreto sem memória de saída Q-ária e entrada binária.

10.11 Códigos de bloco lineares

Diz-se que um código é *linear* se duas palavras-código quaisquer de um código puderem ser somadas em aritmética módulo 2 para produzir uma terceira palavra desse mesmo código. Consideremos então um código de bloco linear (n, k) em que k *bits* dos n *bits* de código sempre são idênticos à sequência de mensagem a ser transmitida. Os $n - k$ *bits* na porção restante são calculados a partir dos *bits* de mensagem de acordo com

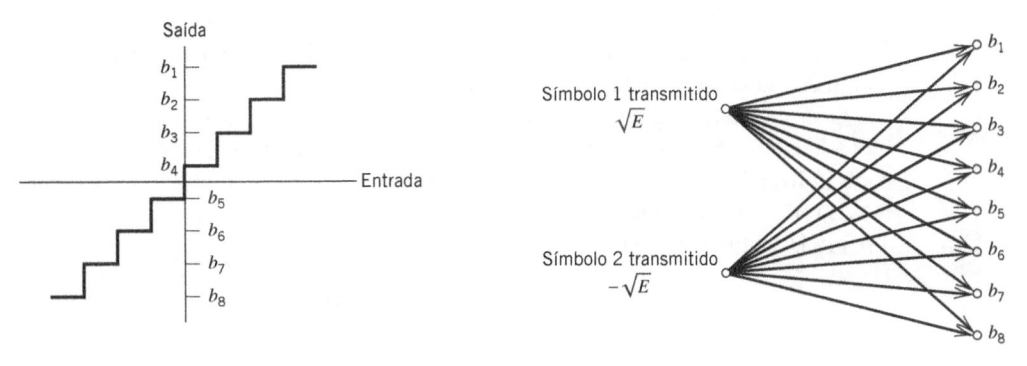

Figura 10.20 (a) Característica de transferência de um quantizador multinível. (b) Diagrama de probabilidade de transição de canal.

uma regra de codificação prescrita que determina a estrutura matemática do código. Consequentemente, esses $n - k$ bits são referidos como *bits de verificação de paridade generalizados* ou simplesmente *bits de paridade*. Os códigos de bloco em que os *bits* de mensagem são transmitidos de forma inalterada são chamados de *códigos sistemáticos*. Para aplicações que requeiram *tanto* detecção quanto correção de erros, a utilização de códigos de bloco sistemáticos simplifica a implementação do decodificador.

Admitamos que $m_0, m_1, ..., m_{k-1}$ constituam um bloco de k bits de mensagem arbitrários. Dessa forma, temos 2^k blocos de mensagem distintos. Suponhamos que essa sequência de *bits* de mensagem seja aplicada a um codificador de bloco linear, produzindo uma palavra-código de n bits cujos elementos são denotados por $c_0, c_1, ..., c_{n-1}$. Admitamos que $b_0, b_1, ..., b_{n-k-1}$ denotem os $(n - k)$ *bits* de paridade na palavra-código. Para que o código possua uma estrutura sistemática, uma palavra-código é dividida em duas partes, uma das quais é ocupada pelos *bits* de mensagem e outra pelos *bits* de paridade. Claramente, temos a opção de enviar os *bits* de mensagem de uma palavra-código antes dos *bits* de paridade, ou vice-versa. A primeira opção é ilustrada na Figura 10.21, e, na sequência, se supõe o seu uso.

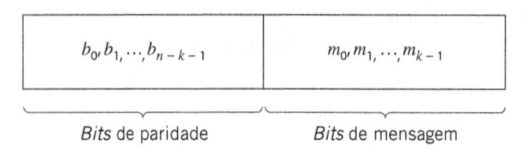

Figura 10.21 Estrutura de uma palavra-código.

De acordo com a representação da Figura 10.21, os $(n - k)$ *bits* mais à esquerda de uma palavra-código são idênticos aos *bits* de paridade correspondentes, e os k bits mais à direita da palavra-código são idênticos aos *bits* de mensagem correspondentes. Portanto, podemos escrever

$$c_i = \begin{cases} b_i, & i = 0, 1, \ldots, n - k - 1 \\ m_{i+k-n}, & i = n - k, n - k + 1, \ldots, n - 1 \end{cases} \tag{10.62}$$

Os $(n - k)$ *bits* de paridade são *somas lineares* dos k bits de mensagem, como mostrado pela relação generalizada em que $+$ se refere à adição módulo 2

$$b_i = p_{0i} m_0 + p_{1i} m_1 + \cdots + p_{k-1,i} m_{k-1} \tag{10.63}$$

em que os coeficientes são definidos da seguinte maneira:

$$p_{ij} = \begin{cases} 1 & \text{se } b_i \text{ depender de } m_j \\ 0 & \text{caso contrário} \end{cases} \tag{10.64}$$

Os coeficientes p_{ij} são escolhidos de tal maneira que as linhas da matriz geradora sejam linearmente independentes e que as equações de paridade sejam *únicas*.

O sistema das Eqs. (10.62) e (10.63) define a estrutura matemática do código de bloco linear (n, k). Esse sistema de equações pode ser reescrito em uma forma compacta utilizando-se notação matricial. Para prosseguir com essa reformulação, definimos o *vetor mensagem* **m** 1 por k, o vetor paridade **b** 1 por $(n - k)$ e o vetor código **c** 1 por n da seguinte maneira:

$$\mathbf{m} = [m_0, m_1, \ldots, m_{k-1}] \tag{10.65}$$

$$\mathbf{b} = [b_0, b_1, \ldots, b_{n-k-1}] \tag{10.66}$$

$$\mathbf{c} = [c_0, c_1, \ldots, c_{n-1}] \tag{10.67}$$

Notemos que todos os três vetores são *vetores linha*. A utilização de vetores linha é adotada neste capítulo com a finalidade de sermos coerentes com a notação comumente utilizada na literatura de codificação. Dessa forma, podemos reescrever o conjunto de equações simultâneas que definem os *bits* de paridade na forma matricial compacta:

$$\mathbf{b} = \mathbf{mP} \quad (10.68)$$

em que $\mathbf{P}$ é a *matriz de coeficientes* k por $(n - k)$ definida por

$$\mathbf{P} = \begin{bmatrix} p_{00} & p_{01} & \cdots & p_{0,n-k-1} \\ p_{10} & p_{11} & \cdots & p_{1,n-k-1} \\ \vdots & \vdots & & \vdots \\ p_{k-1,0} & p_{k-1,1} & \cdots & p_{k-1,n-k-1} \end{bmatrix} \quad (10.69)$$

em que p_{ij} é 0 ou 1.

A partir das definições dadas nas Eqs. (10.65)–(10.66), vemos que $\mathbf{c}$ pode ser expresso como um vetor linha particionado em termos dos vetores $\mathbf{m}$ e $\mathbf{b}$ da seguinte maneira:

$$\mathbf{c} = [\mathbf{b} \mid \mathbf{m}] \quad (10.70)$$

Consequentemente, substituindo-se a Eq. (10.68) na Eq. (10.70) e fatorando-se o vetor mensagem comum $\mathbf{m}$, obtemos

$$\mathbf{c} = \mathbf{m}[\mathbf{P} \mid \mathbf{I}_k] \quad (10.71)$$

em que $\mathbf{I}_k$ é a *matriz identidade* k por k:

$$\mathbf{I}_k = \begin{bmatrix} 1 & 0 & \cdots & 0 \\ 0 & 1 & \cdots & 0 \\ \vdots & \vdots & & \vdots \\ 0 & 0 & \cdots & 1 \end{bmatrix} \quad (10.72)$$

Definamos a *matriz geradora* k por n

$$\mathbf{G} = [\mathbf{P} \mid \mathbf{I}_k] \quad (10.73)$$

Dizemos que a matriz geradora $\mathbf{G}$ da Eq. (10.73) está na *forma canônica escalonada*, sendo que suas k linhas são linearmente independentes; isto é, não é possível expressar qualquer linha da matriz $\mathbf{G}$ como uma combinação linear das linhas remanescentes. Utilizando a definição da matriz geradora $\mathbf{G}$, podemos simplificar a Eq. (10.71) como

$$\mathbf{c} = \mathbf{mG} \quad (10.74)$$

O conjunto completo de palavras-código, referido simplesmente como *o código*, é gerado de acordo com a Eq. (10.74), permitindo-se que o vetor mensagem $\mathbf{m}$ varie ao longo do conjunto de todas as 2^k k-uplas (vetores 1 por k) binárias. Além disso, a soma de quaisquer duas palavras-código é uma outra palavra-código. Essa propriedade básica dos códigos de bloco lineares é chamada de *fechamento*. Para provar sua validade, consideremos um par de vetores código $\mathbf{c}_i$ e $\mathbf{c}_j$ correspondentes a um par de vetores mensagem $\mathbf{m}_i$ e $\mathbf{m}_j$, respectivamente. Utilizando a Eq. (10.74), podemos expressar a soma de $\mathbf{c}_i$ e $\mathbf{c}_j$ como

$$\mathbf{c}_i + \mathbf{c}_j = \mathbf{m}_i\mathbf{G} + \mathbf{m}_j\mathbf{G}$$
$$= (\mathbf{m}_i + \mathbf{m}_j)\mathbf{G}$$

A soma módulo 2 de $\mathbf{m}_i$ e $\mathbf{m}_j$ representa um novo vetor mensagem. Correspondentemente, a soma módulo 2 de $\mathbf{c}_i$ e $\mathbf{c}_j$ representa um novo vetor código.

Há uma outra maneira de se expressar a relação entre os *bits* de mensagem e os *bits* de verificação de paridade de um código de bloco linear. Seja $\mathbf{H}$ uma matriz $(n-k)$ por n, definida como

$$\mathbf{H} = \begin{bmatrix} \mathbf{I}_{n-k} | \mathbf{P}^T \end{bmatrix} \tag{10.75}$$

em que $\mathbf{P}^T$ é uma matriz $(n-k)$ por k, que representa a transposta da matriz de coeficientes $\mathbf{P}$, e $\mathbf{I}_{n-k}$ é a matriz identidade $(n-k)$ por $(n-k)$. Consequentemente, podemos realizar a seguinte multiplicação de matrizes particionadas:

$$\mathbf{HG}^T = \begin{bmatrix} \mathbf{I}_{n-k} | \mathbf{P}^T \end{bmatrix} \begin{bmatrix} \mathbf{P}^T \\ \mathbf{I}_k \end{bmatrix}$$
$$= \mathbf{P}^T + \mathbf{P}^T$$

em que utilizamos o fato de que a multiplicação de uma matriz retangular por uma matriz identidade de dimensões compatíveis deixa a matriz inalterada. Na aritmética de módulo 2, temos que $\mathbf{P}^T + \mathbf{P}^T = \mathbf{0}$, em que $\mathbf{0}$ denota uma matriz nula $(n-k)$ por k (isto é, uma matriz cujos elementos são todos iguais a zero). Consequentemente,

$$\mathbf{HG}^T = \mathbf{0} \tag{10.76}$$

De maneira equivalente, temos $\mathbf{GH}^T = \mathbf{0}$. Pós-multiplicando ambos os lados da Eq. (10.74) por $\mathbf{H}^T$, a transposta de $\mathbf{H}$, e utilizando em seguida a Eq. (10.76), obtemos

$$\mathbf{cH}^T = \mathbf{mGH}^T$$
$$= \mathbf{0} \tag{10.77}$$

A matriz $\mathbf{H}$ é chamada de *matriz de verificação de paridade* do código, e as equações especificadas pela Eq. (10.77) são chamadas de *equações de verificação de paridade*.

A equação geradora (10.74) e a equação de detecção de paridade (10.77) são básicas para a descrição e a operação de um código de bloco linear. Essas duas equações são representadas na forma de diagramas de blocos nas Figuras 10.22a e b, respectivamente.

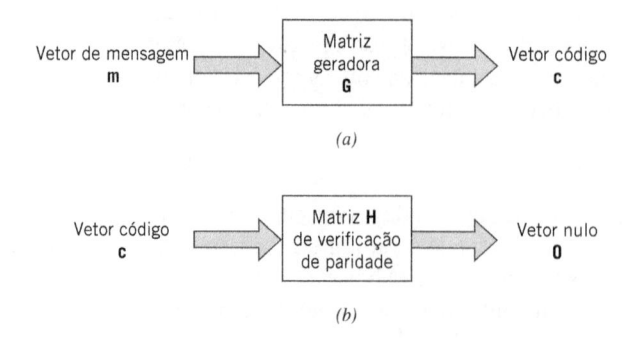

Figura 10.22 Representações em diagramas de blocos da equação geradora (10.74) e da equação de verificação de paridade (10.77).

EXEMPLO 10.9 Códigos de repetição

Os *códigos de repetição* representam os tipos mais simples de códigos de blocos lineares. Em particular, um *bit* de mensagem único é codificado em um bloco de *n bits* idênticos, produzindo um código de bloco (*n*, 1). Tal código permite a provisão de uma quantidade variável de redundância. Há apenas duas palavras-código no código: uma totalmente composta de zeros e uma totalmente composta de uns.

Consideremos, por exemplo, o caso de um código de repetição com $k = 1$ e $n = 5$. Nesse caso, temos quatro *bits* de paridade que são iguais ao *bit* de mensagem. Consequentemente, a matriz identidade $\mathbf{I}_k = 1$, e a matriz de coeficientes **P** consiste em um vetor 1 por 4 com todos os seus elementos iguais a 1. Correspondentemente, a matriz geradora é igual a um vetor linha com todos os elementos iguais a 1, como é mostrado por

$$\mathbf{G} = [1 \quad 1 \quad 1 \quad 1 \quad | \quad 1]$$

A transposta da matriz de coeficientes **P**, a saber, a matriz $\mathbf{P}^T$, consiste em um vetor 4 por 1 cujos elementos são todos iguais a 1. A matriz identidade $\mathbf{I}_{n-k}$ é uma matriz 4 por 4. Consequentemente, a matriz de verificação de paridade é igual a

$$\mathbf{H} = \begin{bmatrix} 1 & 0 & 0 & 0 & | & 1 \\ 0 & 1 & 0 & 0 & | & 1 \\ 0 & 0 & 1 & 0 & | & 1 \\ 0 & 0 & 0 & 1 & | & 1 \end{bmatrix}$$

Uma vez que o vetor mensagem consiste em um símbolo binário único, 0 ou 1, segue-se a partir da Eq. (10.74) que há apenas duas palavras-código: 00000 e 11111 no código de repetição (5, 1), como esperado. Notemos também que $\mathbf{HG}^T = \mathbf{0}$, módulo 2, de acordo com a Eq. (10.76).

Decodificação de síndrome - I

A matriz geradora **G** é utilizada na operação de codificação no transmissor. Por outro lado, a matriz **H** de verificação de paridade é utilizada na operação de decodificação no receptor. No contexto dessa última operação, seja **r** o *vetor recebido* 1 por *n* que resulta do envio de um vetor código **c** através de um canal ruidoso. Expressamos o vetor **r** como a soma do vetor código original **c** e um vetor **e**, como mostrado por

$$\mathbf{r} = \mathbf{c} + \mathbf{e} \qquad (10.78)$$

O vetor **e** é chamado de *vetor erro* ou *padrão de erro*. O *i*-ésimo elemento de **e** será igual a 0 se o elemento correspondente de **r** for o mesmo que o elemento de **c**. Por outro lado, o *i*-ésimo elemento de **e** será igual a 1 se o elemento correspondente de **r** for diferente do elemento de **c**, e nesse caso diz-se que ocorreu um erro na *i*-ésima localização. Isto é, para $i = 1, 2,..., n$, temos

$$e_i = \begin{cases} 1 & \text{se houver ocorrido um erro na } i\text{-ésima localização} \\ 0 & \text{caso contrário} \end{cases} \qquad (10.79)$$

Ao receptor cabe a tarefa de decodificar o vetor código **c** a partir do vetor recebido **r**. O algoritmo comumente utilizado para realizar essa operação de decodificação começa com o cálculo de um vetor 1 por $(n - k)$ chamado de *vetor síndrome de erro* ou simplesmente de *síndrome*[5]. A importância da síndrome reside no fato de que ela depende apenas do padrão de erro.

Dado um vetor recebido **r** 1 por *n*, a síndrome correspondente é formalmente definida como

$$\mathbf{s} = \mathbf{rH}^T \tag{10.80}$$

Consequentemente, a síndrome apresenta as seguintes propriedades importantes:

Propriedade 1
A síndrome depende apenas do padrão de erro, e não da palavra-código transmitida.

Para provar essa propriedade, primeiro utilizamos as Eqs. (10.78) e (10.80) e, em seguida, a Eq. (10.77) para obter

$$\begin{aligned}\mathbf{s} &= (\mathbf{c} + \mathbf{e})\mathbf{H}^T \\ &= \mathbf{cH}^T + \mathbf{eH}^T \\ &= \mathbf{eH}^T\end{aligned} \tag{10.81}$$

Consequentemente, a matriz de verificação de paridade **H** de um código permite que calculemos a síndrome **s**, que depende apenas do padrão de erro **e**.

Propriedade 2
Todos os padrões de erro que se diferenciam entre si por uma palavra-código possuem a mesma síndrome.

Para *k bits* de mensagem, há 2^k vetores código distintos denotados por $\mathbf{c}_i$, $i = 1,..., 2^k$. Correspondentemente, para qualquer padrão de erro **e**, definimos os 2^k vetores distintos $\mathbf{e}_i$ como

$$\mathbf{e}_i = \mathbf{e} + \mathbf{c}_i, \qquad i = 1, \ldots, 2^k \tag{10.82}$$

O conjunto de vetores $\{\mathbf{e}_i, i = 1,..., 2^k\}$ assim definido é chamado de *conjunto complementar* do código. Em outras palavras, um conjunto complementar possui exatamente 2^k elementos que se diferenciam [entre si] por um vetor código. Dessa forma, um código de bloco linear (n, k) possui 2^{n-k} conjuntos complementares possíveis. De qualquer forma, multiplicando ambos os lados da Eq. (10.82) pela matriz $\mathbf{H}^T$, obtemos

$$\begin{aligned}\mathbf{e}_i \mathbf{H}^T &= \mathbf{eH}^T + \mathbf{c}_i \mathbf{H}^T \\ &= \mathbf{eH}^T\end{aligned} \tag{10.83}$$

que é independente do índice *i*. Consequentemente, podemos afirmar que cada conjunto complementar do código é caracterizado por uma síndrome única.

Podemos colocar em perspectiva as Propriedades 1 e 2 expandindo a Eq. (10.81). Especificamente, com a matriz **H** tendo a forma sistemática dada na Eq. (10.75), em que a própria matriz **P** é definida pela Eq. (10.69), verificamos a partir da Eq. (10.81) que os $(n - k)$ elementos da síndrome **s** são combinações lineares dos n elementos do padrão de erro **e**, como mostrado por

$$s_1 = e_0 + e_{n-k}p_{00} + e_{n-k+1}p_{10} + \cdots + e_{n-1}p_{k-1,1}$$
$$s_2 = e_1 + e_{n-k}p_{01} + e_{n-k+1}p_{11} + \cdots + e_{n-1}p_{k-1,2}$$
$$\vdots$$
$$s_{n-k} = e_{n-k} + e_{n-k}p_{0,n-k+1} + \cdots + e_{n-1}p_{k-1,n-k}$$

(10.84)

Esse conjunto de $(n - k)$ equações lineares mostra claramente que a síndrome contém informação sobre o padrão de erro e, portanto, pode ser utilizada para detecção de erros. Entretanto, deve-se notar que o conjunto de equações é *subdeterminado*, no sentido de que temos mais incógnitas do que equações. Consequentemente, *não existe solução única para o padrão de erro*. Ao contrário, há 2^k padrões de erro que satisfazem a Eq. (10.84) e, portanto, resultam na mesma síndrome, de acordo com a Propriedade 2 e a Eq. (10.83); o padrão de erro verdadeiro é apenas uma das 2^k possíveis soluções. Em outras palavras, a informação contida na síndrome **s** sobre o padrão de erro **e** *não* é suficiente para que o decodificador calcule o valor exato do vetor código. Todavia, o conhecimento da síndrome **s** reduz a busca pelo padrão de erro **e** de 2^n para 2^{n-k} possibilidades. Em particular, cabe ao decodificador a tarefa de fazer a melhor seleção do conjunto complementar correspondente a **s**.

Considerações sobre distância mínima

Consideremos um par de vetores código $\mathbf{c}_1$ e $\mathbf{c}_2$ que possuem o mesmo número de elementos. A *distância de Hamming* $d(\mathbf{c}_1, \mathbf{c}_2)$ entre os vetores de tal par é definida como o número de localizações em que seus respectivos elementos se diferenciam entre si.

O *peso de Hamming* $w(\mathbf{c})$ de um vetor código **c** é definido como o número de elementos diferentes de zero no vetor código. De maneira equivalente, podemos afirmar que o peso de Hamming de um vetor código é a distância entre o vetor código e um vetor com todos os elementos iguais a zero.

A *distância mínima* $d_{\text{mín}}$ de um código de bloco linear é definida como a menor distância de Hamming entre quaisquer dois vetores código no código. Isto é, a distância mínima é igual ao menor peso de Hamming da diferença entre quaisquer dois vetores código. A partir da propriedade de fechamento dos códigos de bloco lineares, a soma (ou diferença) de dois vetores código é um outro vetor código. Consequentemente, podemos afirmar que *a distância mínima de um código de bloco linear é o menor peso de Hamming dos dois vetores não nulos no código*.

A distância mínima $d_{\text{mín}}$ se relaciona de maneira fundamental com a estrutura da matriz **H** de verificação de paridade do código. A partir da Eq. (10.77), sabemos que um código de bloco linear é definido pelo conjunto de todas as palavras-código para as quais $\mathbf{cH}^T = \mathbf{0}$, em que $\mathbf{H}^T$ é a transposta da matriz **H** de verificação de paridade. Admitamos que a matriz **H** seja expressa em termos de suas colunas da seguinte maneira:

$$\mathbf{H} = [\mathbf{h}_1, \mathbf{h}_2, \ldots, \mathbf{h}_n]$$

(10.85)

Então, para que um vetor código **c** satisfaça a condição $\mathbf{cH}^T = \mathbf{0}$, o vetor **c** deve possuir 1s em posições tais que as linhas correspondentes de $\mathbf{H}^T$ se somem resultando no vetor **0**. Entretanto, por definição, o número de 1s em um vetor código é o peso de Hamming do vetor código. Além disso, o menor peso de Hamming dos vetores código não nulos em um código de bloco linear é igual à distância mínima do código. Consequentemente, *a distância mínima de um código de bloco linear é definida pelo número mínimo de linhas da matriz* $\mathbf{H}^T$ *cuja soma é igual ao vetor nulo*.

A distância mínima de um código de bloco linear, $d_{\text{mín}}$, é um parâmetro importante do código. Especificamente, ela determina a capacidade de correção de erro do código. Suponhamos que um código de bloco linear (n, k) seja necessário para detectar e corrigir todos os padrões de erro (em um canal binário simétrico), cujo peso de Hamming é menor que ou igual a t. Isto é, se um vetor código $\mathbf{c}_i$ no código for transmitido e o vetor recebido for $\mathbf{r} = \mathbf{c}_i + \mathbf{e}$, exigiremos que a saída do decodificador seja $\hat{\mathbf{c}} = \mathbf{c}_i$, sempre que o padrão de erro **e** tenha um peso de Hamming $w(\mathbf{e}) \le t$. Suponhamos que os 2^k vetores código no código sejam transmitidos com igual probabilidade. Então, a melhor estratégia para o decodificador é escolher o vetor código mais próximo do vetor **r** recebido, isto é, aquele para o qual a distância de Hamming $d(\mathbf{c}_i, \mathbf{r})$ é a menor. Com tal estratégia, o decodificador será capaz de detectar e corrigir todos os padrões de erro com peso de Hamming $w(\mathbf{e}) \le t$, dado que a distância mínima do código seja igual a ou maior que $2t + 1$. Podemos demonstrar a validade desse requisito adotando uma interpretação geométrica do problema. Em especial, os vetores código 1 por n e o vetor recebido 1 por n são representados como pontos em um espaço n-dimensional. Suponhamos que se construa duas esferas, cada uma de raio t, em torno dos pontos que representam os vetores código $\mathbf{c}_i$ e $\mathbf{c}_j$. Admitamos que essas duas esferas sejam disjuntas, como representado na Figura 10.23*a*. Para que essa condição seja satisfeita, exigimos que $d(\mathbf{c}_i,\mathbf{c}_j) \ge 2t + 1$. Assim, se o vetor código $\mathbf{c}_i$ for transmitido e a distância de Hamming for $d(\mathbf{c}_i, \mathbf{r}) \le t$, está claro que o decodificador selecionará $\mathbf{c}_i$, uma vez que ele é o vetor código mais próximo do vetor recebido **r**. Se, por outro lado, a distância de Hamming for $d(\mathbf{c}_i, \mathbf{c}_j) \le 2t$, as duas esferas em torno de $\mathbf{c}_i$ e $\mathbf{c}_j$ intersecionarão, como representado na Figura 10.23*b*. Aqui vemos que, se $\mathbf{c}_i$ for transmitido, existirá um vetor recebido **r** tal que a distância de Hamming será $d(\mathbf{c}_i, \mathbf{r}) \le t$ e, ainda, **r** será tão próximo de $\mathbf{c}_j$ quanto de $\mathbf{c}_i$. Claramente, agora há a possibilidade de o decodificador selecionar o vetor $\mathbf{c}_j$, o que é um erro. Dessa forma, concluímos que *um código de bloco linear* (n, k) *detém o poder de corrigir todos os padrões de erro de peso t ou menor se, e somente se,*

$$d(\mathbf{c}_i, \mathbf{c}_j) \ge 2t + 1 \qquad \text{para todo } \mathbf{c}_i \text{ e } \mathbf{c}_j$$

Por definição, entretanto, a menor distância entre quaisquer dois vetores código é a distância mínima do código, $d_{\text{mín}}$. Portanto, podemos afirmar que *um código de bloco linear* (n, k) *de distância mínima* $d_{\text{mín}}$ *pode corrigir até t erros se, e somente se,*

$$t \le \left\lfloor \frac{1}{2}(d_{\text{mín}} - 1) \right\rfloor \tag{10.86}$$

em que $\lfloor \ \rfloor$ *denota o maior inteiro* menor do que ou igual à quantidade nele contida. A Equação (10.86) dá à capacidade de correção de erros de um código de bloco linear um significado quantitativo.

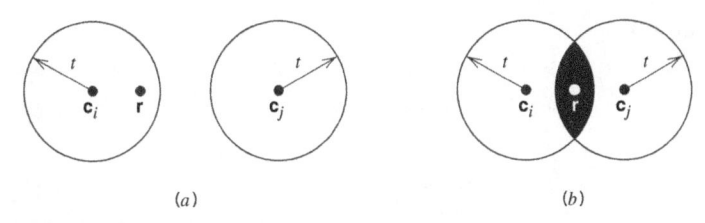

Figura 10.23 (a) Distância de Hamming $d(c_i, c_j)$. (b) Distância de Hamming $d(c_i, c_j)$.

Decodificação de síndrome – II

Agora estamos preparados para descrever um esquema de decodificação baseado em síndrome para códigos de bloco lineares. Sejam $c_1, c_2, ..., c_{2^k}$ os 2^k vetores código de um código de bloco linear (n, k). Seja **r** o vetor recebido, que pode assumir um de 2^n valores possíveis. Cabe ao receptor a tarefa de particionar os 2^n possíveis vetores recebidos em 2^k subconjuntos disjuntos $D_1, D_2, ..., D_{2^k}$ de tal maneira que o i-ésimo subconjunto D_i corresponda ao vetor código c_i para $1 \leq i \leq 2^k$. O vetor recebido **r** é decodificado em c_i se ele estiver no i-ésimo subconjunto. Para que a decodificação seja correta, **r** deve estar em um subconjunto que pertença ao vetor código c_i que foi enviado de fato.

Os 2^k subconjuntos aqui descritos constituem um *arranjo padrão* de código de bloco linear. Para construí-lo, podemos explorar a estrutura linear do código procedendo da seguinte maneira:

1. Os 2^k vetores código são colocados em uma linha com o vetor código nulo c_1 como o elemento mais à esquerda.
2. Um padrão de erro e_2 é selecionado e colocado sob c_1, e uma segunda linha é formada adicionando-se e_2 a cada um dos vetores código restantes na primeira linha; é importante que o padrão de erro escolhido como o primeiro elemento em uma linha não tenha aparecido anteriormente no arranjo padrão. (Notemos que $e_1 = 0$.)
3. O passo 2 é repetido até que todos os padrões de erro possíveis tenham sido contabilizados.

A Figura 10.24 ilustra a estrutura do arranjo padrão assim construído. As 2^k colunas desse arranjo representam os subconjuntos disjuntos $D_1, D_2, ..., D_{2^k}$. As 2^{n-k} linhas do arranjo representam os conjuntos complementares do código, e seus primeiros elementos $e_2, ..., e_{2^{n-k}}$ são chamados de *conjuntos complementares principais*.

Para um dado canal, a probabilidade de erro de decodificação é minimizada quando os padrões de erro mais prováveis (isto é, aqueles com a maior probabilidade de ocorrência) são escolhidos como os conjuntos complementares principais. No caso de um canal binário simétrico, quanto menor for peso de Hamming de um padrão de erro, mais provável de ocorrer ele será. Consequentemente, o arranjo padrão deve ser construído de modo que cada conjunto complementar principal tenha o mínimo peso de Hamming em seu conjunto complementar.

Agora podemos descrever um procedimento de decodificação para um código de bloco linear:

1. Para o vetor recebido **r**, calcule a síndrome $s = rH^T$.

$$\begin{array}{cccccc}
\mathbf{c}_1 = \mathbf{0} & \mathbf{c}_2 & \mathbf{c}_3 & \cdots & \mathbf{c}_i & \cdots & \mathbf{c}_{2^k} \\
\mathbf{e}_2 & \mathbf{c}_2 + \mathbf{e}_2 & \mathbf{c}_3 + \mathbf{e}_2 & \cdots & \mathbf{c}_i + \mathbf{e}_2 & \cdots & \mathbf{c}_{2^k} + \mathbf{e}_2 \\
\mathbf{e}_3 & \mathbf{c}_2 + \mathbf{e}_3 & \mathbf{c}_3 + \mathbf{e}_3 & \cdots & \mathbf{c}_i + \mathbf{e}_3 & \cdots & \mathbf{c}_{2^k} + \mathbf{e}_3 \\
\\
\mathbf{e}_j & \mathbf{c}_2 + \mathbf{e}_j & \mathbf{c}_3 + \mathbf{e}_j & \cdots & \mathbf{c}_i + \mathbf{e}_j & \cdots & \mathbf{c}_{2^k} + \mathbf{e}_j \\
\\
\mathbf{e}_{2^{n-k}} & \mathbf{c}_2 + \mathbf{e}_{2^{n-k}} & \mathbf{c}_3 + \mathbf{e}_{2^{n-k}} & & \mathbf{c}_i + \mathbf{e}_{2^{n-k}} & \cdots & \mathbf{c}_{2^k} + \mathbf{e}_{2^{n-k}}
\end{array}$$

Figura 10.24 Arranjo padrão para um código de bloco (n, k).

2. Dentro do conjunto complementar caracterizado pela síndrome **s**, identifique o conjunto complementar principal (isto é, o padrão de erro com maior probabilidade de ocorrência); denomine-o $\mathbf{e}_0$.
3. Calcule o vetor

$$\mathbf{c} = \mathbf{r} + \mathbf{e}_0 \tag{10.87}$$

como a versão decodificada do vetor recebido **r**.

Esse procedimento é chamado de *decodificação de síndrome*.

EXEMPLO 10.10 Códigos de Hamming

Consideremos uma família de códigos de bloco lineares que tenha os seguintes parâmetros:

Tamanho de bloco: $n = 2^m - 1$
Número de *bits* de mensagem: $k = 2^m - m - 1$
Número de *bits* de paridade: $n - k = m$

em que $m \geq 3$. Esses são os chamados *códigos de Hamming*.

Consideremos, por exemplo, o código de Hamming (7, 4) com $n = 7$ e $k = 4$, correspondendo a $m = 3$. A matriz geradora do código deve ter uma estrutura que esteja em concordância com a Eq. (10.73). A seguinte matriz representa uma matriz geradora apropriada para o código de Hamming (7, 4).

$$\mathbf{G} = \begin{bmatrix} 1 & 1 & 0 & | & 1 & 0 & 0 & 0 \\ 0 & 1 & 1 & | & 0 & 1 & 0 & 0 \\ 1 & 1 & 1 & | & 0 & 0 & 1 & 0 \\ 1 & 0 & 1 & | & 0 & 0 & 0 & 1 \end{bmatrix}$$
$$\quad\quad\underbrace{}_{\mathbf{P}} \; \underbrace{}_{\mathbf{I}_k}$$

A matriz de verificação de paridade correspondente é dada por

$$\mathbf{H} = \begin{bmatrix} 1 & 0 & 0 & | & 1 & 0 & 1 & 1 \\ 0 & 1 & 0 & | & 1 & 1 & 1 & 0 \\ 0 & 0 & 1 & | & 0 & 1 & 1 & 1 \end{bmatrix}$$
$$\quad\quad\underbrace{}_{\mathbf{I}_{n-k}} \; \underbrace{}_{\mathbf{P}^T}$$

Com $k = 4$, há $2^k = 16$ palavras de mensagem distintas, que estão listadas na Tabela 10.4. Para uma dada palavra de mensagem, a palavra-código correspondente é obtida utilizando-se a Eq. (10.74). Dessa forma, a aplicação dessa equação resulta nas 16 palavras-código listadas na Tabela 10.4.

Na Tabela 10.4, também listamos os pesos de Hamming das palavras-código individuais no código de Hamming (7, 4). Uma vez que o menor dos pesos de Hamming para as palavras-código diferentes de zero é 3, segue-se que a distância mínima do código é 3. De fato, os códigos Hamming possuem a propriedade de que a distância mínima é $d_{mín} = 3$, independentemente do valor atribuído ao número de *bits* de paridade *m*.

Para ilustrarmos a relação entre a distância mínima $d_{mín}$ e a estrutura da matriz **H** de verificação de paridade, consideremos a palavra código 0110100. Na matriz de multiplicação definida pela Eq. (10.77), os elementos diferentes de zero dessa palavra-código "peneiram" a segunda, a terceira e a quinta colunas da matriz **H**, produzindo

$$\begin{bmatrix} 0 \\ 1 \\ 0 \end{bmatrix} + \begin{bmatrix} 0 \\ 0 \\ 1 \end{bmatrix} + \begin{bmatrix} 0 \\ 1 \\ 1 \end{bmatrix} = \begin{bmatrix} 0 \\ 0 \\ 0 \end{bmatrix}$$

Podemos realizar cálculos similares para as 14 palavras-código não nulas restantes. Dessa forma, descobrimos que o menor número de colunas em **H** que se somam resultando em zero é 3, o que confirma a afirmação anterior de que $d_{mín} = 3$.

Uma propriedade importante dos códigos de Hamming é que eles satisfazem a condição da Eq. (10.86) com o sinal de igualdade, supondo-se que $t = 1$. Isso significa que os códigos de Hamming são *códigos perfeitos binários para correção de erros simples*.

Supondo padrões de erros simples, podemos formular os sete conjuntos complementares principais listados na coluna à direita da Tabela 10.5. As síndromes correspondentes, listadas na coluna à esquerda, são calculadas de acordo com a Eq. (10.81). A síndrome zero significa que não há erros de transmissão.

Suponhamos, por exemplo, que o vetor código [1110010] seja enviado, e o vetor recebido seja [1100010] com um erro no terceiro *bit*. Utilizando a Eq. (10.80), a síndrome é calculada como

$$\mathbf{s} = [1100010] \begin{bmatrix} 1 & 0 & 0 \\ 0 & 1 & 0 \\ 0 & 0 & 1 \\ 1 & 1 & 0 \\ 0 & 1 & 1 \\ 1 & 1 & 1 \\ 1 & 0 & 1 \end{bmatrix}$$

$$= [0 \ 0 \ 1]$$

Richard W. Hamming (1915-1998)

Quando Richard W. Hamming entrou para o Bell Labs., ele dividiu um escritório com Claude Shannon. Enquanto Shannon trabalhava na teoria da informação, Hamming trabalhava na teoria da codificação simultaneamente.

Em uma entrevista gravada em 1977, apenas três décadas após a descoberta do primeiro código binário, Hamming lembrou sua frustração em trabalhar com um computador a relé mecânico, ao qual ele só tinha acesso nos finais de semana: "Por dois finais de semana seguidos eu cheguei e descobri que todo o meu trabalho havia sido apagado e que nada havia sido foi feito... E então eu disse: "Maldição, se a máquina pode detectar um erro, porque ela não pode localizar a fonte do erro e corrigi-lo?". Foi essa pergunta que o levou à descoberta do primeiro código binário para correção de erros.

A história da origem da teoria da codificação possui uma controvérsia em si mesma. A publicação do artigo de Hamming no *Bell System Technical Journal* em 1949 ficou suspensa por um tempo devido a questões de patente. Naquele mesmo ano, Golay publicou um artigo no *Proceedings of the IRE* (mais tarde denominado IEEE), em que seus códigos (23,12) e (11,6) eram descritos. Para uma interessante exposição de como essa controvérsia se desenrolou, ver a última sessão do Capítulo 1 do livro de Thompson (1983).

TABELA 10.4 Palavras-código de um código de Hamming (7, 4)

Palavra de mensagem	Palavra-código	Peso da palavra	Palavra de mensagem	Palavra-código	Peso da palavra
0000	0000000	0	1000	1101000	3
0001	1010001	3	1001	0111001	4
0010	1110010	4	1010	0011010	3
0011	0100011	3	1011	1001011	4
0100	0110100	3	1100	1011100	4
0101	1100101	4	1101	0001101	3
0110	1000110	3	1110	0101110	4
0111	0010111	4	1111	1111111	7

A partir da Tabela 10.5, descobre-se que o conjunto complementar principal correspondente (isto é, o padrão de erro com a maior probabilidade de ocorrência) é [0010000], o que indica corretamente que o terceiro *bit* do vetor recebido está errado. Dessa forma, acrescentar esse padrão de erro ao vetor recebido, de acordo com a Eq. (10.87), produz o vetor código correto efetivamente enviado.

TABELA 10.5 Tabela de decodificação para o código de Hamming (7, 4) definido na Tabela 10.4

Síndrome	Padrão de erro
000	0000000
100	1000000
010	0100000
001	0010000
110	0001000
011	0000100
111	0000010
101	0000001

Código Dual. Dado um código de bloco linear, podemos definir seu *dual* da seguinte maneira. Calculando-se a transposta de ambos os lados da Eq. (10.76), temos

$$\mathbf{GH}^T = \mathbf{0}$$

em que $\mathbf{H}^T$ é a transposta da matriz de verificação de paridade do código e $\mathbf{0}$ é uma nova matriz nula. Essa equação sugere que todo código de bloco linear (n, k) com matriz geradora $\mathbf{G}$ e matriz de verificação de paridade $\mathbf{H}$ possui um *código dual* com parâmetros $(n, n - k)$, matriz geradora $\mathbf{H}$ e matriz $\mathbf{G}$ de verificação de paridade.

Códigos cíclicos

O conjunto de códigos de bloco lineares é grande. Uma subclasse importante de códigos de bloco lineares são os *códigos cíclicos*, que são caracterizados pelo fato de que qualquer deslocamento cíclico de uma palavra-código também é uma palavra-código. Exemplos importantes de códigos cíclicos são:

- Códigos de Hamming, dos quais já demos um exemplo.
- Códigos de tamanho máximo, que apresentam propriedades de autocorrelação muito boas e encontram muitas aplicações além da correção direta de erros.
- Códigos de verificação cíclica de redundância (CRC), que adicionam *bits* de paridade a uma transmissão com o propósito fundamental de permitir que o receptor determine, de maneira confiável, se quaisquer erros ocorreram na transmissão. Dessa forma, esses são códigos de *detecção de erros*.

- Os códigos de Bose-Chaudhuri-Hocquenghem (BCH) são uma família grande de códigos cíclicos. Os códigos BCH oferecem flexibilidade na escolha dos parâmetros de código, a saber, tamanho de bloco e taxa de código.
- Os códigos de Reed-Solomon (RS) são uma subclasse importante dos códigos BCH não binários. O codificador para um código RS difere de um codificador binário pelo fato de operar com múltiplos *bits* ao invés de operar com *bits* individuais. Um código RS (n, k) sempre satisfaz a condição $n - k = 2t$; essa propriedade torna a classe de códigos RS muita poderosa em termos de correção de erros.

Um tratamento detalhado dessas diferentes técnicas de codificação cíclicas está além do escopo da nossa presente discussão[6].

EXEMPLO 10.11 Desempenho BER de códigos cíclicos

Na Figura 10.25, comparamos o desempenho em termos de taxa de erro de *bit* (BER) de três técnicas de codificação cíclicas quando aplicadas a PSK binário transmitido através de um canal gaussiano. Os três códigos são o código de Hamming (7, 4), o código BCH (31, 16) e o código RS (31, 15). Discutimos o código de Hamming (7, 4) anteriormente. O código BCH (31, 16) adiciona 15 *bits* de paridade a 16 *bits* de informação para obter um código capaz de corrigir $t = 3$ erros. O código RS (31, 15) adiciona 16 símbolos de paridade, não *bits*, a 15 símbolos de informação, para produzir um código com $n - k = 16$; dessa forma, esse código pode corrigir 8 símbolos errôneos (não *bits*) em uma palavra-código.

A primeira observação da Figura 10.25 mostra que a correção direta de erros nem sempre melhora o desempenho. Em relações sinal-ruído baixas, a adição de correção direta de erros na verdade degrada o desempenho em termos de taxa de erro de *bit*; códigos mais fortes, como o RS (31, 15), causam mais degradação do que os códigos mais fracos. Com SNR suficiente, a FEC fornece alguma vantagem. O limiar de SNR em que esse cruzamento ocorre depende do código e da técnica de decodificação, como veremos a seguir. As técnicas de FEC que são decodificadas utilizando-se decisões suaves normalmente terão um ponto de cruzamento menor do que os códigos de bloco, que tipicamente utilizam decisões rígidas.

Acima do limiar de SNR, vemos que há uma melhoria progressiva no desempenho em termos de taxa de erro de *bit*, em relação ao PSK não codificado, com os três códigos. As taxas de código para os três códigos são 4/7, 16/31 e 15/31; isto é, todas as taxas de erro de *bit* são aproximadamente 1/2. Dessa forma, para cada código, aproximadamente a mesma proporção de *bits* redundantes é somada à transmissão. Apesar de os três códigos terem aproximadamente a mesma taxa de código, essa melhoria no desempenho é devida ao tamanho da palavra-código. O número de *bits* em cada palavra-código são 7, 31 e 155, respectivamente,

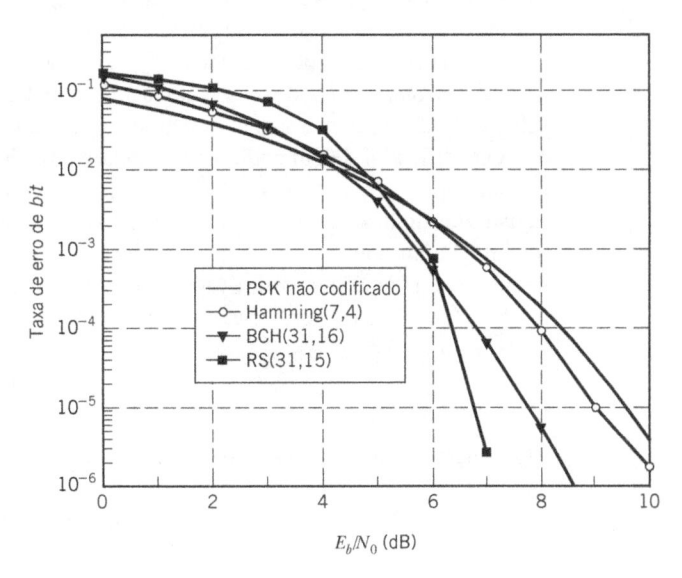

Figura 10.25 Desempenho BER simulado de PSK não codificado e codificado com FEC através de um canal gaussiano.

para cada um dos três códigos. Com projeto apropriado, um código maior pode apresentar capacidades de correção de erro proporcionalmente maiores devido às propriedades estatísticas do canal. Essa melhoria de desempenho é obtida à custa do aumento da complexidade do decodificador.

Devemos interpretar cuidadosamente o eixo horizontal da Figura 10.25. Quando lidamos com modulação não codificada, a quantidade E_b sempre representa a energia por *bit*. Quando utilizamos modulação codificada, há dois tipos de *bit*: os *bits de informação*, que são a entrada para o codificador FEC; e os *bits de canal*, que são a saída do codificador FEC. Uma vez que estamos interessados fundamentalmente na informação, admitimos que E_b representa a energia por *bit* de informação. A energia por *bit* de canal é dada, então, por $E_c = r\, E_b$, em que r é a taxa de código. Para modulação não codificada, os *bits* de informação e os *bits* de canal são os mesmos. Com essa definição, a utilização de E_b/N_0 como o eixo horizontal permite uma comparação justa do desempenho, em termos de taxa de erro de *bit*, da modulação não codificada e dos códigos FEC que possuem diferentes taxas de código.

Quando interpretados em termos da curva de capacidade da Figura 10.15, os três códigos, com aproximadamente a mesma taxa, correspondem a uma linha constante horizontal $r/B = 0{,}5$, abaixo da linha não codificada $r/B = 1$. A melhoria do desempenho com os três códigos diferentes significa mover-se para a esquerda nessa linha em direção ao limite da capacidade teórica.

No exemplo acima, não fizemos uma utilização completa das capacidades do esquema de codificação de Reed-Solomon, uma vez que ele é um esquema de codificação não binário aplicado a um esquema de modulação binário. Se, por exemplo, tivéssemos aplicado o código RS (31, 16) a um esquema de modulação M-ário, como um FSK 32, que possui 5 *bits* por tom de FSK, então uma melhoria ainda maior na taxa de *bit* de erro teria sido realizada.

10.12 Códigos convolucionais[7]

Na codificação em bloco, o codificador aceita um bloco de mensagem de k *bits* e gera uma palavra código de n *bits*. Dessa forma, as palavras-código são produzidas na base bloco a bloco. Claramente, deve-se preparar o decodificador para armazenar um bloco de mensagem inteiro antes de se gerar a palavra-código associada. Entretanto, há aplicações em que os *bits* de mensagem chegam *serialmente*, ao invés de em grandes blocos, e nesse caso o armazenamento pode ser indesejável. Em tais situações, a utilização de uma *codificação convolucional* pode ser o método preferido. Um codificador convolucional opera sobre a sequência de mensagem de entrada continuamente de forma serial.

O codificador de um código convolucional binário com taxa $1/n$, medida em *bits* por símbolo, pode ser visto como uma *máquina de estados finitos* que consiste em um registrador de deslocamento de M estágios com conexões prescritas a n somadores módulo 2 e um multiplexador que serializa as saídas dos somadores. Uma sequência de mensagem de L *bits* produz uma sequência de saída codificada de tamanho $n(L + M)$ *bits*. A *taxa de código* é dada, portanto, por

$$r = \frac{L}{n(L + M)} \quad bits/\text{símbolo} \tag{10.88}$$

Tipicamente, temos $L \gg M$. Consequentemente, a taxa de código é simplificada para

$$r \simeq \frac{1}{n} \quad bits/\text{símbolo} \tag{10.89}$$

O *comprimento de restrição* de um código convolucional, expresso em termos de *bits* de mensagem, é definido como o número de deslocamentos ao longo dos quais um único *bit* de mensagem pode influenciar a saída do codificador. Em um codificador com um registrador de deslocamento de M estágios, a *memória* do codificador é igual a M *bits* de mensagem e $K = M + 1$ deslocamentos são necessários para que um *bit* de mensagem entre no registrador de deslocamento e finalmente saia. Assim, o comprimento de restrição do codificador é K.

A Figura 10.26a mostra um codificador convolucional com $n = 2$ e $K = 3$. Consequentemente, a taxa de código desse codificador é 1/2. O codificador da Figura 10.26a opera sobre a sequência de mensagem de entrada, um *bit* por vez.

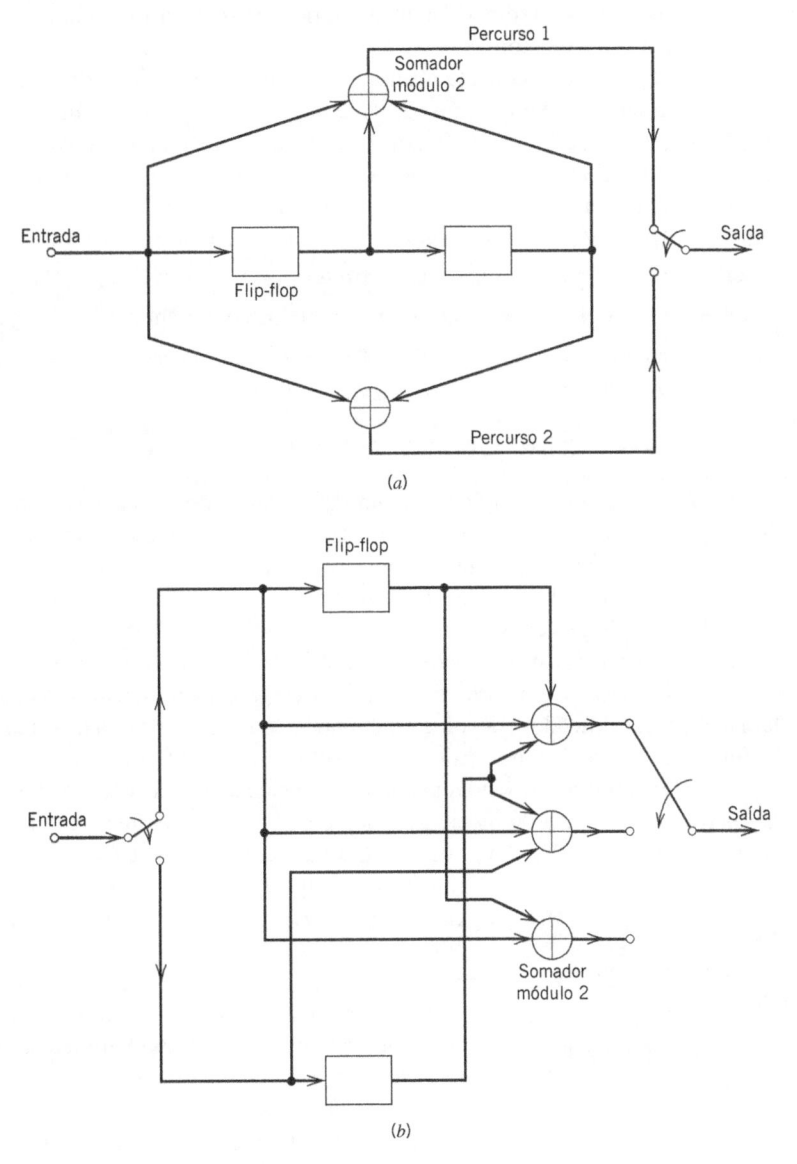

Figura 10.26 (a) Codificador convolucional com comprimento de restrição 3 e taxa $\frac{1}{2}$. (b) Codificador convolucional com comprimento de restrição 2 e taxa $\frac{2}{3}$.

Podemos gerar um código convolucional binário com taxa k/n utilizando k registradores de deslocamento separados com conexões prescritas a n somadores módulo 2, um multiplexador de entrada e um multiplexador de saída. Um exemplo de tal codificador é mostrado na Figura 10.26b, em que $k = 2$ e $n = 3$, e os dois registradores de deslocamento possuem $K = 2$ cada um. A taxa de código é 2/3. Nesse segundo exemplo, o codificador processa a sequência de mensagem de entrada, dois *bits* por vez.

Os códigos convolucionais gerados pelos codificadores da Figura 10.26 são códigos *não sistemáticos*. Diferentemente da codificação em bloco, a utilização de códigos não sistemáticos é ordinariamente preferida em relação aos códigos sistemáticos na codificação convolucional.

Cada percurso que conecta a saída à entrada de um codificador convolucional pode ser caracterizado em termos de sua *resposta ao impulso*, definida como a resposta daquele percurso a um símbolo 1 aplicado a sua entrada, com cada *flip-flop* no codificador fixado inicialmente no estado zero. De maneira equivalente, podemos caracterizar cada percurso em termos de um *polinômio gerador*, definido como a *transformada de atraso unitário* da resposta ao impulso. Para sermos específicos, admitamos que a *sequência geradora* $(g_0^{(i)}, g_1^{(i)}, g_2^{(i)}, \ldots, g_M^{(i)})$ denote a resposta ao impulso do i-ésimo percurso, em que os coeficientes $g_0^{(i)}, g_1^{(i)}, g_2^{(i)}, \ldots, g_M^{(i)}$ são iguais a 0 ou 1. Correspondentemente, o *polinômio gerador* do i-ésimo percurso é definido por

$$g^{(i)}(D) = g_0^{(i)} + g_1^{(i)}D + g_2^{(i)}D^2 + \cdots + g_M^{(i)}D^M \quad (10.90)$$

em que D denota a variável de atraso unitário e "+" corresponde à soma módulo 2. O codificador convolucional completo é descrito pelo conjunto de geradores polinomiais $\{g^{(1)}(D), g^{(2)}(D), \ldots, g^{(n)}(D)\}$. Tradicionalmente, diferentes variáveis são utilizadas para a descrição de códigos convolucionais e cíclicos, com D sendo comumente utilizado para códigos convolucionais e X para códigos cíclicos.

As propriedades estruturais de um codificador convolucional podem ser retratadas em forma gráfica como um diagrama de treliça. Uma treliça mostra claramente o fato de que o codificador convolucional associado é uma máquina de estados finitos. Definimos o *estado* de um codificador convolucional de taxa $1/n$ como os $(K-1)$ *bits* de mensagem armazenados no registrador de deslocamento do codificador. No tempo j, a parte da sequência de mensagem que contém os K bits mais recentes é escrita como $(m_{j-K+1}, \ldots, m_{j-1}, m_j)$, em que m_j é o *bit* atual. O estado de $(K-1)$ *bits* do codificador no tempo j é, portanto, escrito simplesmente como $(m_{j-1}, \ldots, m_{j-K+2}, m_{j-K+1})$. No caso do codificador convolucional simples da Figura 10.26a, temos $(K-1) = 2$. Consequentemente, o estado desse codificador pode assumir qualquer um de quatro valores possíveis, como descrito na Tabela 10.6. A treliça contém $(L + K)$ *níveis*, em que L é o comprimento da sequência de mensagem de entrada e K é o comprimento de restrição do código. Os níveis da treliça são rotulados como $j = 0, 1, \ldots, L + K - 1$ na Figura 10.27 para $K = 3$. O

TABELA 10.6 Tabela de estados para o codificador convolucional da Figura 10.26a

Estado	Descrição binária
a	00
b	10
c	01
d	11

EXEMPLO 10.12

Consideremos o codificador convolucional da Figura 10.26a, que possui dois caminhos numerados como 1 e 2 para facilitar a referência. A resposta ao impulso do percurso 1 é (1, 1, 1). Consequentemente, o polinômio gerador correspondente é dado por

$$g^{(1)}(D) = 1 + D + D^2$$

A resposta ao impulso do percurso 2 é (1, 0, 1). Consequentemente, o polinômio gerador correspondente é dado por

$$g^{(2)}(D) = 1 + D^2$$

Para a sequência de mensagem (10011), digamos, temos a representação polinomial

$$m(D) = 1 + D^3 + D^4$$

À semelhança da transformação de Fourier, a convolução no domínio do tempo é transformada em multiplicação no domínio D. Consequentemente, o polinômio de saída do percurso 1 é dado por

$$\begin{aligned} c^{(1)}(D) &= g^{(1)}(D)m(D) \\ &= (1 + D + D^2)(1 + D^3 + D^4) \\ &= 1 + D + D^2 + D^3 + D^6 \end{aligned}$$

A partir disso, deduzimos imediatamente que a sequência de saída do percurso 1 é (1111001). De maneira similar, o polinômio de saída do percurso 2 na Figura 10.26a é

$$\begin{aligned} c^{(2)}(D) &= g^{(2)}(D)m(D) \\ &= (1 + D^2)(1 + D^3 + D^4) \\ &= 1 + D^2 + D^3 + D^4 + D^5 + D^6 \end{aligned}$$

A sequência de saída do percurso 2 é, portanto, (1011111). Finalmente, multiplexando as duas sequências de saída dos percursos 1 e 2, obtemos a sequência codificada

$$\mathbf{c} = (11,\ 10,\ 11,\ 11,\ 01,\ 01,\ 11)$$

Notemos que a sequência de mensagem de tamanho $L = 5$ *bits* produz uma sequência codificada de tamanho $n(L + K - 1) = 14$ *bits*. Notemos também que, para que o registrador de deslocamento seja restabelecido ao seu estado inicial zero, uma sequência de finalização de $K - 1 = 2$ zeros é anexada ao último *bit* de entrada da sequência de mensagem. A sequência de finalização de $K - 1$ zeros é chamada de *cauda da mensagem* ou *flush bits*.

nível j é também referido como *profundidade j*; ambos os termos são utilizados de forma intercambiável. Os primeiros $(K - 1)$ níveis correspondem ao afastamento do codificador em relação ao estado inicial a, e os últimos $(K - 1)$ níveis correspondem ao retorno do codificador ao estado a. Claramente, nem todos os estados podem ser alcançados nessas duas partes da treliça. Entretanto, na parte central da treliça, para a qual o nível j se situa na faixa $K - 1 \leq j \leq L$, todos os estados do codificador são alcançáveis. Notemos também que a parte central da treliça exibe uma estrutura periódica fixa.

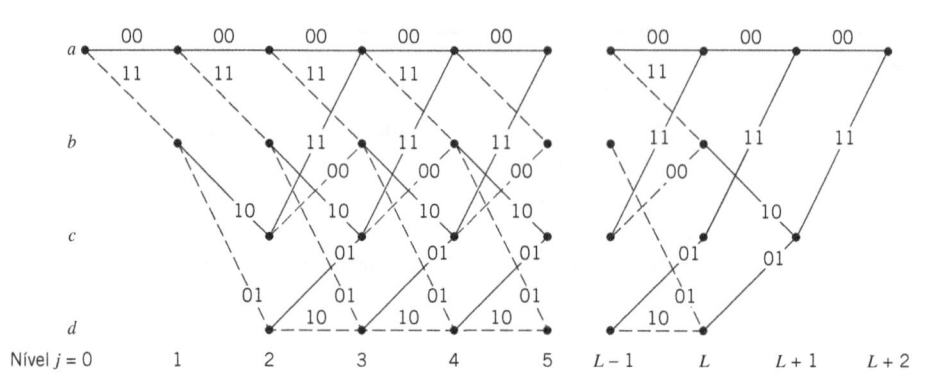

Figura 10.27 Treliça para o codificador convolucional da Figura 10.26a.

Decodificação de códigos convolucionais

Agora que entendemos a operação de um codificador convolucional, a próxima questão a ser considerada é a decodificação de um código convolucional. Seja **m** um vetor de mensagem e seja **c** o vetor código correspondente aplicado pelo codificador à entrada de um canal discreto sem memória. Seja **r** o vetor recebido, que pode diferir do vetor código transmitido devido a ruído de canal. Dado o vetor recebido **r**, é necessário que o decodificador faça uma estimativa $\hat{\mathbf{m}}$ do vetor de mensagem. Uma vez que há uma correspondência biunívoca entre o vetor de mensagem **m** e o vetor código **c**, o decodificador também pode produzir uma estimativa $\hat{\mathbf{c}}$ do vetor código. Podemos então fazer $\hat{\mathbf{m}} = \mathbf{m}$ se e somente se $\hat{\mathbf{c}} = \mathbf{c}$.

O objetivo do decodificador é minimizar a probabilidade de erro de decodificação. Para um canal binário simétrico, a regra de decodificação ótima é: *Escolha a estimativa $\hat{\mathbf{c}}$ que apresenta a menor distância de Hamming em relação ao vetor recebido* **r**. Isso é muitas vezes referido como um *decodificador de mínima distância* e é intuitivamente atraente. Essa estratégia de decodificação é também conhecida por ser ótima em termos de verossimilhança; dessa forma, é também referida como um *decodificador de máxima verossimilhança*.

Algoritmo de Viterbi

Relembremos a descrição em treliça de um código convolucional que foi fornecida na seção anterior. Uma palavra-código representa um caminho através da treliça que gera como saída um símbolo em cada transição entre dois nós. A equivalência entre a decodificação de máxima verossimilhança e a decodificação de distância mínima para um canal binário simétrico implica que podemos decodificar um código convolucional escolhendo um percurso no código em treliça cuja sequência de código difere da sequência recebida no menor número de lugares. Isto é, limitamos nossa escolha a possíveis percursos na representação em treliça do código.

Consideremos, por exemplo, o diagrama em treliça da Figura 10.27 para um código convolucional com taxa $r = 1/2$ e comprimento de restrição $K = 3$. Observamos que, no nível $j = 3$, há dois percursos que entram em qualquer um dos quatro nós na treliça. Além disso, esses dois percursos terão movimentos idênticos progressivos a partir de um dado ponto. Claramente, nesse ponto, um decodificador de mínima distância pode tomar uma decisão sobre qual desses dois percursos manter, sem qualquer perda de desempenho. Uma decisão similar pode ser tomada no nível $j = 4$, e assim por diante. Essa sequência de decisões é exatamente o que o *algoritmo de Viterbi* faz conforme ele percorre a treliça. O algoritmo opera calculando uma métrica ou discrepância para cada percurso possível na treliça. A métrica para um percurso particular é definida como a distância de Hamming entre a sequência codificada representada pelo percurso e a sequência recebida. Dessa forma, para cada nó (estado) na treliça da Figura 10.27, o algoritmo compara os dois percursos que chegam ao nó. O percurso com a menor métrica é mantido, e o outro percurso é descartado. O cálculo é repetido para cada nível j da treliça na faixa $M \leq j \leq L$, em que $M = K - 1$ é a memória do codificador e L é o comprimento da sequência de mensagem de entrada. Os percursos retidos pelo algoritmo são chamados de *percursos sobreviventes* ou *ativos*. Para um código convolucional de comprimento de restrição $K = 3$, por exemplo, não mais do que $2^{K-1} = 4$ percursos sobreviventes e suas métricas serão armazenados. Garante-se que essa lista de 2^{K-1} percursos sempre conterá a escolha de máxima verossimilhança.

O algoritmo de Viterbi pode também ser aplicado à decodificação de algoritmos convolucionais através de outros canais, como o canal gaussiano. Para o canal gaussiano, a distância é medida em termos da distância geométrica entre o símbolo transmitido e a estimativa do símbolo recebida, ao invés da distância de Hamming. O algoritmo de Viterbi é comumente utilizado em sistemas de comunicação digital. De fato, processadores de sinais digitais incluem instruções específicas para auxiliar a decodificação de Viterbi.

Distância livre e ganho de codificação assintótico de um código convolucional

O desempenho em relação à taxa de erro de *bit* de um código convolucional depende não apenas do algoritmo de decodificação utilizado, mas também das propriedades de distância do código. Nesse contexto, a medida mais importante da habilidade de um código convolucional em combater ruído de canal é a *distância livre*, denotada por d_{livre}. A distância livre de um código convolucional é definida como a distância de Hamming mínima entre duas palavras-código quaisquer no código. Assim como um código em bloco, um código convolucional com distância livre d_{livre} pode corrigir t erros se e somente se d_{livre} for maior do que $2t$. Investigações demonstraram que a distância livre de códigos convolucionais sistemáticos é normalmente menor do que para o caso de códigos convolucionais não sistemáticos, como indicado na Tabela 10.7.

Um limite para a taxa de erro de *bit* para códigos convolucionais pode ser obtido analiticamente; entretanto, os detalhes dessa avaliação estão além do escopo da nossa

TABELA 10.7 Distâncias livres máximas que podem ser obtidas com códigos convolucionais sistemáticos e não sistemáticos de taxa $\frac{1}{2}$

Comprimento de restrição K	Sistemático	Não sistemático
2	3	3
3	4	5
4	4	6
5	5	7
6	6	8
7	6	10
8	7	10

presente discussão. Aqui, simplesmente resumiremos um resultado assintótico para o canal de entrada binária com ruído branco gaussiano aditivo (AWGN), supondo a utilização de chaveamento de fase (PSK) binário com detecção coerente. Para o caso de um canal AWGN de entrada binária sem memória em que não há quantização de saída, a teoria mostra que, para valores elevados de E_b/N_0, a taxa de erro de *bit* para PSK binário com codificação convolucional é dominada pelo fator exponencial $\exp(-d_{\text{livre}} r E_b/N_0)$, em que os parâmetros são os mesmos definidos anteriormente. Consequentemente, nesse caso, descobrimos que o ganho de codificação assintótico, isto é, a vantagem sobre a transmissão não codificada com SNR elevada, é definido por

$$G_a = 10 \log_{10}(d_{\text{livre}} r) \text{dB} \qquad (10.91)$$

Como mencionado anteriormente, esse resultado supõe uma saída de demodulador não quantizada. Se decisões rígidas forem tomadas nas saídas do canal antes da decodificação, então tanto a teoria quanto a prática mostrarão uma perda de aproximadamente 2 dB no desempenho. A melhoria sem quantização, entretanto, é obtida à custa do aumento da complexidade do decodificador devido às exigências para que sinais analógicos sejam aceitos. O ganho de codificação assintótico para um canal AWGN de entrada binária é aproximado para algo em torno de 0,25 dB por um canal discreto sem memória de entrada binária e saída Q-ária com o número de níveis de representação $Q = 8$. Isso significa que podemos evitar a necessidade de um decodificador analógico se utilizarmos um decodificador de decisão suave que realiza a quantização de saída finita (tipicamente, $Q = 8$) e, ainda assim, obter um desempenho próximo do ótimo.

EXEMPLO 10.13 Desempenho BER de códigos convolucionais

Para ilustrar esses resultados assintóticos, plotamos o desempenho simulado dos códigos convolucionais de comprimento de restrição 3, 5, 7 e 9 na Figura 10.28 para realizar a comparação com o desempenho não codificado. Todos os códigos apresentam taxa igual a 1/2. Se compararmos a vantagem que esses códigos apresentam em relação ao desempenho não codificado em taxas de erro de *bit* baixas, digamos 10^{-5}, verificaremos que o ganho se aproxima daquele previsto pela Eq. (10.91) quando utilizarmos os valores correspondentes da Tabela 10.7 e $r = 1/2$. Notemos que E_b representa a energia por *bit* de informação, como descrito no Exemplo 10.11. Em relações sinal-ruído baixas, as curvas de desempenho dos códigos convolucionais se cruzam, e os códigos mais fracos apresentam melhor desempenho do que os códigos mais complexos; esse tipo de comportamento é muitas vezes observado em SNRs baixas. Notemos que em SNRs muito baixas, a codificação direta de erros apresenta um desempenho pior do que o PSK não codificado.

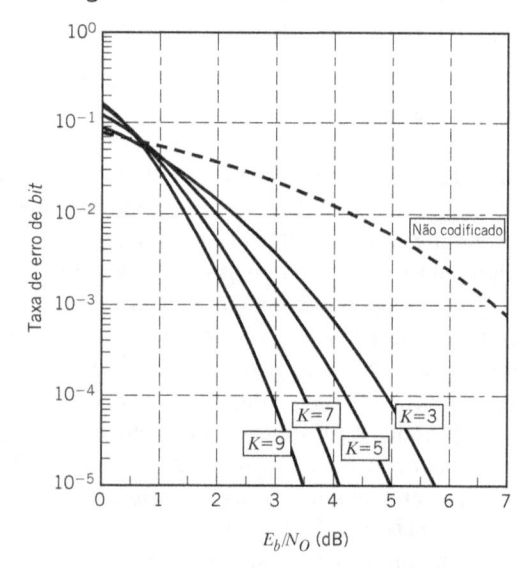

Figura 10.28 Desempenho BER simulado de códigos convolucionais de taxa 1/2 com comprimentos de restrição 3, 5, 7 e 9. Também está incluído a BER do PSK não codificado. (A BER não codificada é 10^{-5} em E_b/N_0 de 9,6 dB.)

10.13 Modulação codificada em treliça[8]

Na abordagem tradicional da codificação de canal descrita nas seções anteriores, a codificação e a modulação são realizadas separadamente no transmissor; o mesmo acontece com a decodificação e a detecção no receptor. Além disso, o controle de erros é dado pela transmissão de *bits* redundantes adicionais no código, o que tem o efeito de diminuir a taxa de *bits* de informação por largura de banda de canal. Isto é, a eficiência da largura de banda é compensada pelo aumento da eficiência de potência.

Para atingir uma utilização mais efetiva da largura de banda e da potência disponíveis, a codificação e a modulação precisam ser tratadas como uma única entidade. Podemos lidar com essa nova situação redefinindo a codificação como *o processo de impor certos padrões ao sinal transmitido*. De fato, essa condição inclui a ideia tradicional de codificação de paridade.

Códigos em treliça para canais limitados em banda resultam do tratamento da modulação e da codificação como uma entidade *combinada*, ao invés do tratamento como duas operações separadas. A combinação em si é referida como *modulação codificada em treliça* (TCM). Essa forma de sinalização apresenta três características básicas:

1. O número de pontos de sinal na constelação utilizada é maior do que o necessário para o formato de modulação de interesse com a mesma taxa de dados; os pontos adicionais permitem redundância na codificação para controle direto de erros sem sacrificar a largura de banda.
2. A codificação convolucional é utilizada para introduzir uma certa dependência entre pontos de sinal sucessivos, de modo que somente certos *padrões* ou *sequências de pontos de sinal* sejam transmitidos.
3. A decodificação com decisão suave é realizada no receptor, sendo a sequência de sinais permissível modelada como uma estrutura em treliça; daí o nome "códigos em treliça".

Esse último requisito é o resultado da utilização de uma constelação de sinais ampliada. Com o aumento da constelação, a probabilidade de erro de símbolo aumenta, para uma relação sinal-ruído fixa. Consequentemente, com a demodulação de decisão rígida enfrentaríamos uma perda antes de começar. A realização da decodificação com decisão suave na combinação de código e modulação em treliça ameniza esse problema.

Na presença de AWGN, a decodificação de máxima verossimilhança de códigos em treliça consiste em se encontrar um percurso particular através da treliça com *distância euclidiana quadrática mínima* para a sequência recebida. Dessa forma, no projeto de códigos em treliça, a ênfase está em se maximizar a distância euclidiana entre vetores código (ou, de maneira equivalente, palavras-código) em vez de se maximizar a distância de Hamming de um código de correção de erros. A razão para essa abordagem é que, exceto pela codificação convencional com PSK e QPSK binários, a maximização da distância de Hamming é diferente da maximização da distância euclidiana quadrática. Consequentemente, no que se segue, a distância euclidiana é adotada como a medida de distância de interesse. Além disso, embora seja possível um tratamento mais geral, a discussão se limita (por opção) ao caso de *constelações bidimensionais de pontos de sinal*. A implicação de tal escolha é restringir o desenvolvimento de códigos em treliça a esquemas de modulação em amplitude e/ou em fase multiníveis, como o PSK *M*-ário e a QAM *M*-ária.

A abordagem utilizada para projetar esse tipo de código em treliça envolve o particionamento de uma constelação *M*-ária de interesse sucessivamente em 2, 4, 8,... subconjuntos de tamanho *M*/2, *M*/4, *M*/8,..., tendo-se um aumento progressivamente maior da distância euclidiana mínima entre os seus respectivos pontos de sinal. Tal abordagem de projeto por *particionamento de conjuntos* representa a ideia chave na construção de técnicas de modulação eficientes para canais limitados em banda.

Na Figura 10.29, ilustramos o procedimento de particionamento considerando uma constelação circular que corresponde ao PSK-8. A figura representa a constelação em si e os 2 e 4 subconjuntos resultantes de dois níveis de particionamento. Esses subconjuntos compartilham a propriedade comum de que as distâncias euclidianas mínimas entre seus pontos individuais seguem um padrão crescente: $d_0 < d_1 < d_2$.

A Figura 10.30 ilustra o particionamento de uma constelação retangular correspondente a QAM-16. Aqui, novamente, vemos que os subconjuntos apresentam distâncias euclidianas internas crescentes: $d_0 < d_1 < d_2 < d_3$.

Com base nos subconjuntos resultantes dos particionamentos sucessivos de uma constelação bidimesional, podemos divisar esquemas de codificação relativamente simples e, ainda assim, muito eficientes. Especificamente, para enviarmos *n* bits/símbolo com modulação em quadratura (isto é, que possui componentes em fase e em quadratura), começamos com uma constelação bidimensional de 2^{n+1} pontos de sinal apropriada ao formato de modulação de interesse; um *grid* circular é utilizado para o PSK *M*-ário, e um *grid* retangular para a QAM *M*-ária. De qualquer forma, a constelação é particionada em 4 ou 8 subconjuntos. Um ou dois *bits* por símbolo chega(m) ao codificador convolucional binário a uma taxa de 1/2 ou 2/3, respectivamente; os dois ou três *bits* codificados por símbolo resultantes determinam a seleção de um subconjunto em particular. Os *bits* de dados não codificados restantes determi-

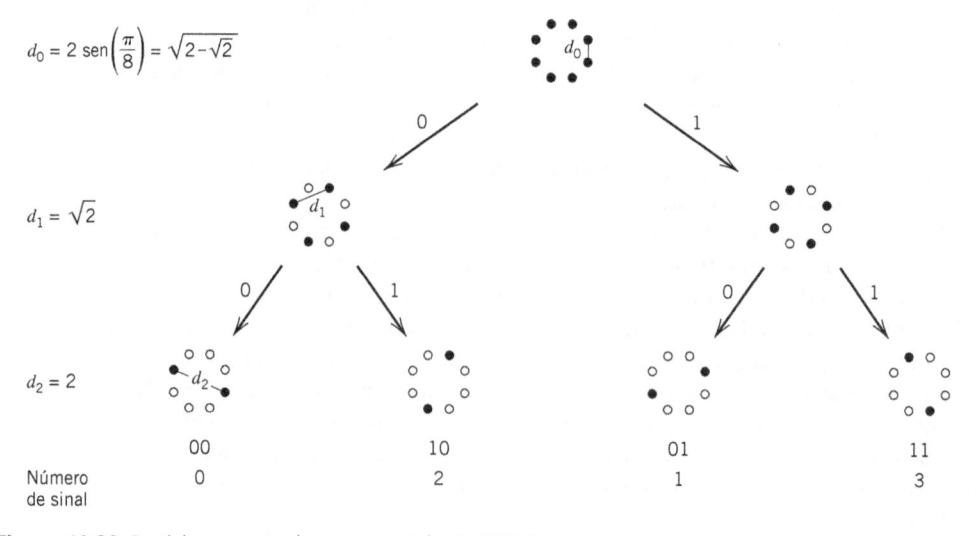

$d_0 = 2 \operatorname{sen}\left(\dfrac{\pi}{8}\right) = \sqrt{2-\sqrt{2}}$

$d_1 = \sqrt{2}$

$d_2 = 2$

Número de sinal

Figura 10.29 Particionamento de uma constelação PSK-8.

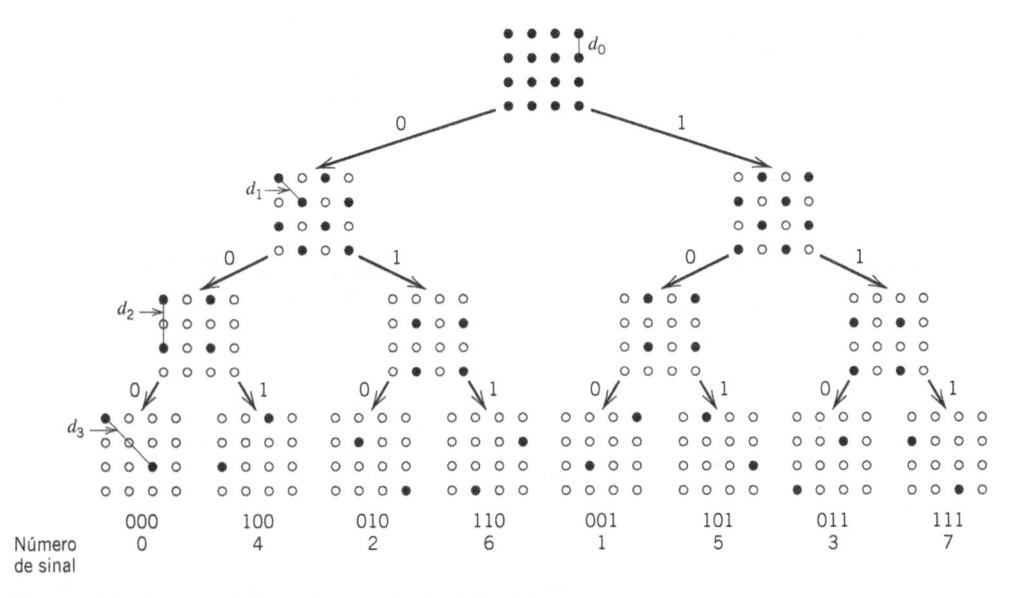

Figura 10.30 Particionamento da constelação QAM-16.

nam qual ponto do subconjunto selecionado será sinalizado. Essa classe de códigos em treliça é conhecida como *códigos de Ungerboeck*.

Uma vez que o modulador possui memória, podemos utilizar o algoritmo de Viterbi para realizar a detecção de sequência de máxima verossimilhança no receptor. Cada ramificação na treliça do código de Ungerboeck corresponde a um subconjunto e não a um ponto de sinal individual. O primeiro passo na detecção é determinar o ponto de sinal dentro de cada subconjunto que está mais próximo do ponto do sinal recebido no sentido euclidiano. O ponto de sinal assim determinado e a sua métrica (isto é, a distância euclidiana quadrática entre ele e o ponto recebido) podem ser usados, doravante, para a ramificação em questão, e o algoritmo de Viterbi pode então prosseguir da maneira usual.

Códigos de Ungerboeck para PSK-8

O esquema da Figura 10.31a representa o código de Ungerboeck PSK-8 mais simples para a transmissão de 2 *bits*/símbolo. O esquema utiliza um codificador convolucional de taxa 1/2. A treliça correspondente do código é mostrada na Figura 10.31b, que apresenta quatro estados. Notemos que o *bit* mais significativo da palavra binária permanece não codificado. Portanto, cada ramificação da treliça pode corresponder a dois valores de saída diferentes do modulador PSK-8 ou, de maneira equivalente, a um dos quatro subconjuntos de 2 pontos mostrados na Figura 10.29. A treliça da Figura 10.31b também inclui o percurso de distância mínima.

As Figuras 10.31b e 10.32b também incluem os estados do codificador. Na Figura 10.31, o estado do codificador é definido pelo conteúdo do registrador de deslocamento de dois estados.

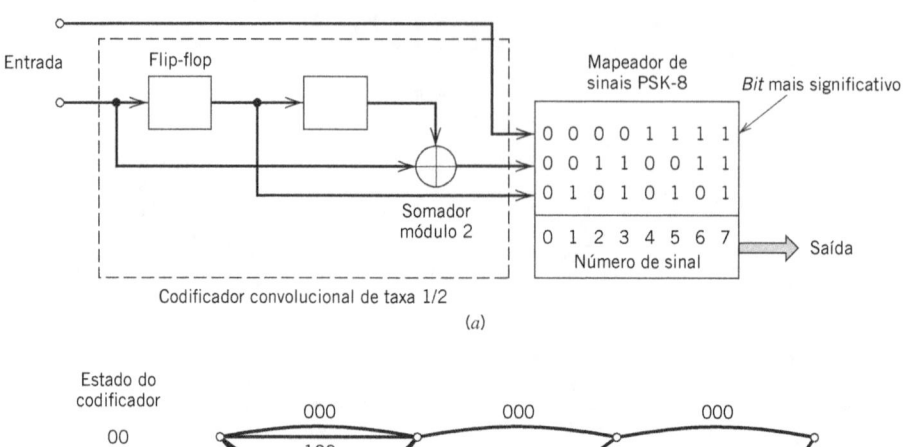

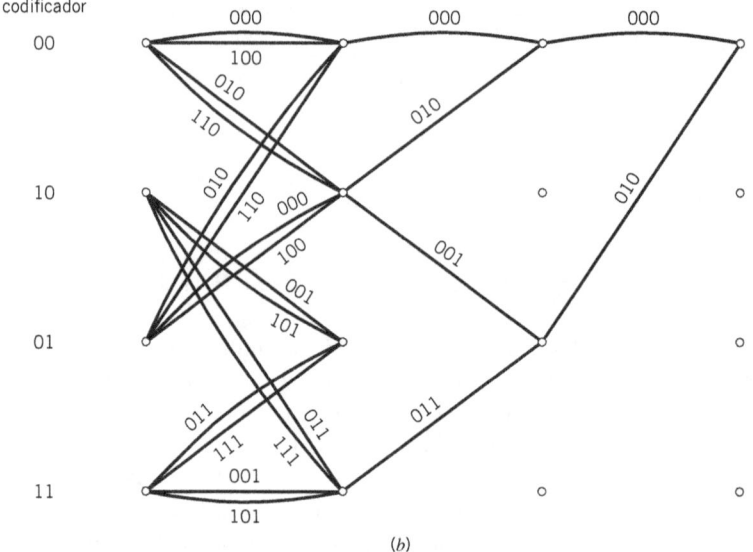

Figura 10.31 (a) Código de Ungerboeck de quatro estados para PSK-8. (b) Treliça.

Ganho de codificação assintótico

Seguindo a discussão na Seção 10.12, definimos o *ganho de codificação assintótico* de códigos de Ungerboeck como

$$G_a = 10 \log_{10}\left(\frac{d_{\text{livre}}^2}{d_{\text{ref}}^2}\right) \quad (10.92)$$

em que d_{livre} é a *distância euclidiana livre* do código e d_{ref} é a distância euclidiana mínima de um esquema de modulação não codificada que opera com a mesma energia de sinal por *bit*. Por exemplo, utilizando o código de Ungerboeck PSK-8 da Figura 10.31a, a constelação de sinal apresenta 8 pontos de mensagem, e enviamos 2 *bits* de mensagem por ponto. Consequentemente, a transmissão não codificada exige uma constelação de sinal com 4 pontos de mensagem. Portanto, podemos considerar o PSK-4 não codificado como a referência para o código de Ungerboeck PSK-8 da Figura 10.31a.

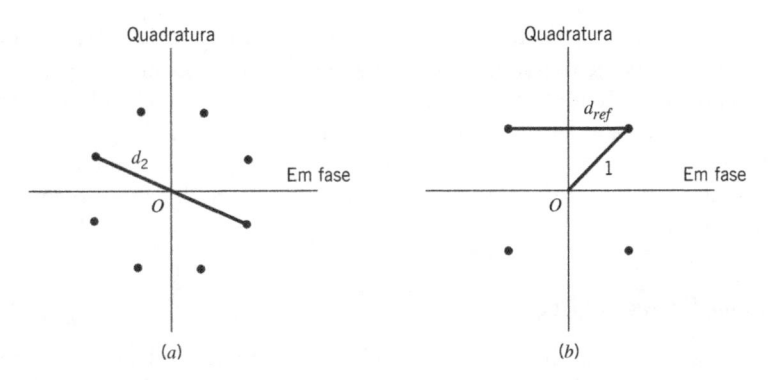

Figura 10.32 Diagramas de espaço de sinal para o cálculo do ganho de codificação assintótico.

O código de Ungerboeck PSK-8 da Figura 10.31a atinge um ganho de codificação assintótico de 3 dB, calculado da seguinte maneira:

1. Cada ramificação da treliça na Figura 10.31b corresponde a um subconjunto de dois pontos de sinal antípodas. Consequentemente, a distância euclidiana livre d_{livre} do código não pode ser maior do que a distância euclidiana d_2 entre os pontos de sinal antípodas de tal subconjunto. Portanto, podemos escrever

$$d_{livre} = d_2 = 2$$

em que a distância d_2 é mostrada definida na Figura 10.32a; ver também a Figura 10.29.

2. A distância euclidiana mínima de um QPSK não codificado, vista como uma referência que opera com a mesma energia de sinal por *bit*, é igual a (ver a Figura 10.32b).

$$d_{ref} = \sqrt{2}$$

Consequentemente, como afirmado anteriormente, a utilização da Eq. (10.92) resulta em um ganho de codificação assintótico de $10 \log_{10} 2 = 3$ dB.

10.14 Códigos turbo[9]

Tradicionalmente, o projeto de bons códigos foi levado a efeito a partir da construção de códigos com uma grande quantidade de estruturas algébricas, para o qual há três esquemas de decodificação realizáveis. Tal abordagem é exemplificada pelos códigos de bloco lineares e pelos códigos convolucionais discutidos nas seções anteriores. A dificuldade com esses códigos tradicionais é que, em um esforço de aproximação do limite teórico para a capacidade de canal de Shannon, precisamos aumentar o tamanho da palavra-código de um código de bloco linear ou o comprimento de restrição de um código convolucional, o que, por sua vez, faz com que a complexidade computacional de um decodificador de máxima verossimilhança cresça exponencialmente. Finalmente, alcançamos um ponto em que a complexidade do decodificador é tão alta que ele se torna fisicamente irrealizável.

Várias abordagens foram propostas para a construção de códigos poderosos com tamanhos de blocos grandes equivalentes estruturados de tal forma que a decodificação possa ser dividida em um número tratável de passos. Com base nessas abordagens anteriores, o desenvolvimento de códigos turbo é, de longe, a abordagem mais bem sucedida. De fato, esse desenvolvimento descortinou uma maneira novíssima e empolgante de se construir bons códigos e de se decodificá-los com uma complexidade realizável.

Codificação turbo

Em sua forma mais básica, o codificador de um código turbo consiste em dois codificadores sistemáticos constituintes combinados por meio de um intercalador, como ilustrado na Figura 10.33.

Um *intercalador* é um dispositivo de mapeamento entrada-saída que permuta a ordem de uma sequência de símbolos de um alfabeto fixo de uma maneira completamente determinística. Isto é, a partir dos símbolos na entrada ele produz símbolos idênticos na saída, mas em uma ordem temporal diferente. O intercalador pode ser de vários tipos, dos quais o periódico e o pseudoaleatório são dois exemplos. Os códigos turbo utilizam um intercalador pseudoperiódico, que opera somente sobre os *bits* sistemáticos. Há duas razões para a utilização de um intercalador em um código turbo:

- Atar os erros que são facilmente cometidos em uma metade do código turbo aos erros que são excepcionalmente improváveis de ocorrer na outra metade. Essa é, de fato, a principal razão pela qual o código turbo apresenta um melhor desempenho do que um código tradicional.
- Garantir um desempenho robusto em relação à decodificação não equivalente, que é um problema que surge quando as estatísticas do canal não são conhecidas ou foram especificadas incorretamente.

Tipicamente, mas não necessariamente, o mesmo código é utilizado para ambos os codificadores constituintes na Figura 10.33. Os códigos constituintes recomendados para códigos de turbo são *códigos convolucionais sistemáticos recursivos* (*RSC*) *com comprimento de restrição curto*. A razão de se fazer códigos convolucionais recursivos (isto é, realimentar uma ou mais das derivações de saídas do registrador de deslocamento na entrada) é tornar o estado interno do registrador de deslocamento dependente das saídas passadas. Isso afeta o comportamento dos padrões de erro (um único erro nos *bits* sistemáticos produz um número infinito de erros de paridade), resultando na obtenção de um melhor desempenho da estratégia de codificação global.

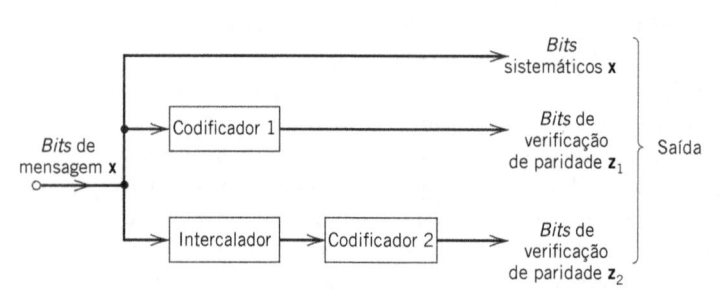

Figura 10.33 Diagrama de blocos de um codificador turbo.

EXEMPLO 10.4 Codificador RSC de oito estados

A Figura 10.34 mostra um exemplo de codificador RSC de oito estados. A matriz geradora para esse código convolucional recursivo é

$$g(D) = \left[1, \frac{1+D+D^2+D^3}{1+D+D^3}\right] \qquad (10.93)$$

em que D é a variável de atraso. A segunda entrada da matriz $g(D)$ é função de transferência do registrador de deslocamento com realimentação, definida como a transformada da saída dividida pela transformada da entrada. Seja $X(D)$ a transformada da sequência de mensagem $\{x_i\}$ e seja $Z(D)$ a transformada da sequência de paridade $\{z_i\}$. Por definição, temos

$$\frac{Z(D)}{X(D)} = \frac{1+D+D^2+D^3}{1+D+D^3}$$

Calculando o produto cruzado, obtemos

$$(1+D+D^2+D^3)X(D) = (1+D+D^3)Z(D)$$

que, invertida para o domínio do tempo, resulta em

$$x_i + x_{i-1} + x_{i-2} + x_{i-3} + z_i + z_{i-1} + z_{i-3} = 0 \qquad (10.94)$$

em que a adição é de módulo 2. A Eq. (10.94) é a equação de verificação de paridade, que é satisfeita pelo codificador convolucional da Figura 10.34 a cada passo de tempo t.

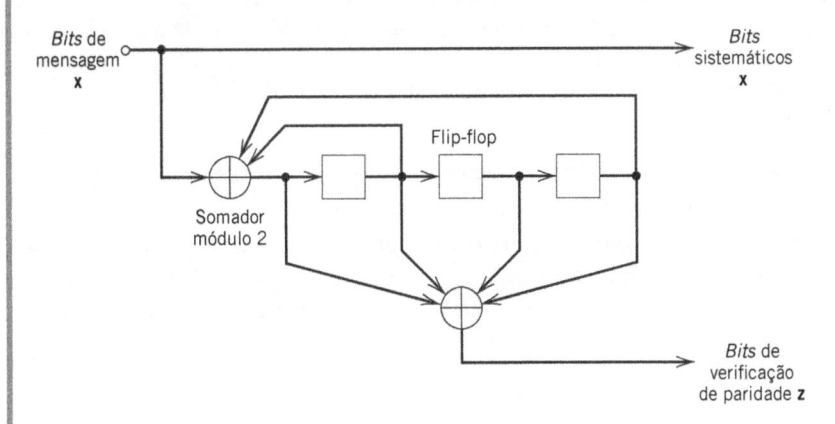

Figura 10.34 Exemplo de um codificador convolucional sistemático recursivo (RSC) de oito estados.

Na Figura 10.33, o fluxo de dados de entrada é aplicado diretamente ao codificador 1, e a versão reordenada pseudoaleatoriamente do mesmo fluxo de dados é aplicada ao codificador 2. Os *bits* sistemáticos (isto é, os *bits* de mensagem originais) e os dois conjuntos de *bits* de verificação de paridade gerados pelos dois codificadores constituem a saída do codificador turbo. Apesar de os códigos constituintes serem convolucionais, na realidade os códigos turbo são códigos de bloco com o tamanho de bloco determinado pelo tamanho do intercalador. Além disso, uma vez que ambos os codificadores na Figura 10.33 são lineares, podemos descrever os códigos turbo como *códigos de bloco lineares*.

Na versão original do codificador turbo, os *bits* de verificação de paridade gerados pelos dois codificadores na Figura 10.33 foram perfurados antes da transmissão de dados através do canal para que a taxa fornecida fosse de $\frac{1}{2}$. Um *código perfurado* é construído apagando-se certos *bits* de verificação de paridade, aumentando-se assim a taxa de dados. Entretanto, deve-se enfatizar que a utilização de um mapa de perfuração não é um requisito necessário para a geração de códigos turbo.

A inovação do esquema de codificação paralela da Figura 10.33 está na utilização de códigos convolucionais sistemáticos recursivos (RSC) e na introdução de um intercalador pseudoaleatório entre os dois codificadores. Dessa forma, um código turbo parece ser essencialmente aleatório ao canal em virtude do intercalador pseudoaleatório, ainda que ele possua estrutura suficiente para que a decodificação seja fisicamente realizável. A teoria da codificação assegura que um código escolhido aleatoriamente é capaz de se aproximar da capacidade de canal de Shannon, desde que o tamanho do bloco seja suficientemente grande.

Decodificação turbo

Os códigos turbo derivam seu nome da analogia do algoritmo de decodificação com o princípio do motor turbo. A Figura 10.35 mostra a estrutura básica de um decodificador turbo iterativo, correspondente ao codificador turbo paralelo mostrado na Figura 10.33. Basicamente, o decodificador turbo consiste em dois decodificadores constituintes, conectados entre si em uma estrutura de malha fechada por meio de um intercalador e um deintercalador.

O exame dessa estrutura revela as seguintes características distintas do decodificador turbo:

1. Cada decodificador constituinte opera sobre três entradas:
   - Os *bits sistemáticos (mensagem)* com ruído.
   - Os *bits de verificação de paridade* com ruído produzidos pelo codificador constituinte correspondente.
   - A *informação a priori* produzida pelo outro decodificador constituinte.

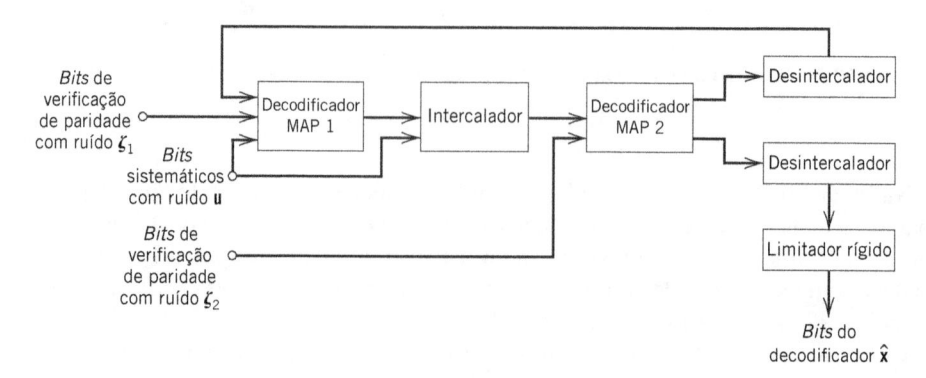

Figura 10.35 Diagrama de blocos de um decodificador turbo.

2. Para suas operações, os dois decodificadores constituintes utilizam um algoritmo chamado de *algoritmo de decodificação de máxima a posteriori* (MAP), por isso eles estão rotulados como decodificadores MAP na Figura 10.35. Esse algoritmo de decodificação é projetado para minimizar a taxa de erro de *bit*, um objetivo que é alcançado de acordo com o seguinte critério:

   Seja $P(\hat{m}_l = m_l|\mathbf{r})$ a probabilidade condicional de que o *bit* decodificado $\hat{m}_l$ seja igual ao *bit* de mensagem original m_l, dada a sequência de *bits* com ruído recebida na saída do canal, $\mathbf{r}$. O requisito para o algoritmo de decodificação MAP é maximizar a probabilidade $P(\hat{m}_l = m_l|\mathbf{r})$.

   O termo a posteriori no algoritmo de decodificação MAP refere-se ao fato de que a decodificação é realizada após a recepção da sequência $\mathbf{r}$ com ruído.

3. Os dois decodificadores constituintes, o intercalador e o deintercalador constituem um *sistema com realimentação em malha fechada*, que opera de uma maneira iterativa ao longo do tempo. Em outras palavras, o processo de decodificação continua iteração por iteração, até que não haja outros ajustes significativos a serem feitos nos *bits* de mensagem decodificados, e nesse ponto o processo de decodificação termina e uma *decisão rígida* é tomada em relação ao *bit* decodificado $\hat{m}_l$, em termos de se $\hat{m}_l$ representa o *bit* 1 ou 0.

Os decodificadores MAP também são comumente referidos como *decodificadores entrada-suave saída-suave* (*SISO*), no sentido de que os seus sinais de entrada e saída mantêm a sua caracterização *analógica* (isto é, *não quantizada*) ao longo do processo de decodificação iterativo. A utilização de *decisões rígidas*, com o propósito de se recuperar as estimativas dos *bits* de mensagem originais, é realizada ao fim de uma sequência de iterações envolvidas no processo de decodificação. Na prática, tipicamente verificamos que o processo de decodificação termina após algo em torno de cinco a dez iterações.

Relação log-verossimilhança

A noção da relação log-verossimilhança (LLR) é básica para a operação da decodificação turbo. Em palavras, o LLR é o logaritmo natural da relação de duas probabilidades condicionais de que um *bit* de informação assuma um de dois possíveis valores, +1 ou −1. Seja u_l um *bit* de informação a ser decodificado em $\hat{m}_l$, dada sequência completa de *bits* recebida $\mathbf{r}$. A relação *log-verossimilhança* ou, abreviadamente, *valor L* do *bit* de informação u_l é formalmente definida por

$$L(u_l|\mathbf{r}) = \ln\left[\frac{P(u_l = +1|\mathbf{r})}{P(u_l = -1|\mathbf{r})}\right] \qquad (10.95)$$

em que, naturalmente, sabemos da teoria da probabilidade que a probabilidade condicional no numerador possui o seu valor restringido da seguinte maneira

$$0 \leq P(u_l = +1|\mathbf{r}) \leq 1 \qquad \text{para todo } \mathbf{r} \qquad (10.96)$$

e a soma

$$P(u_l = +1|\mathbf{r}) + P(u_l = -1|\mathbf{r}) = 1 \quad \text{para todo } \mathbf{r} \qquad (10.97)$$

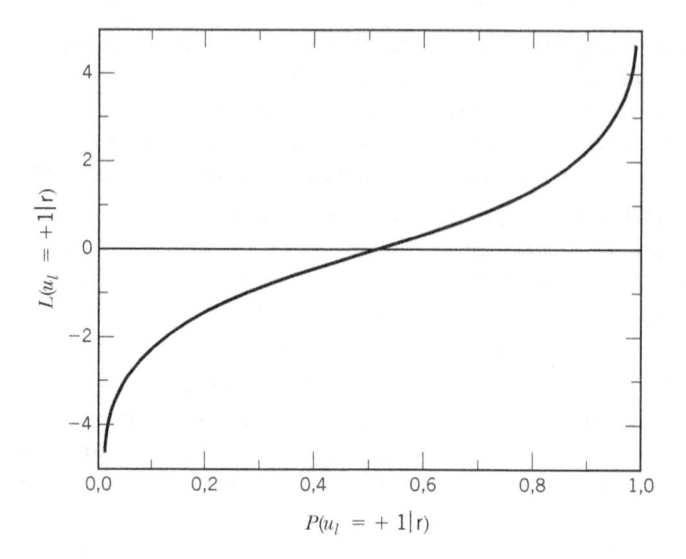

Figura 10.36 Relação log-verossimilhança *versus* probabilidade de *bit*.

Notemos que foi feita a suposição de que o *bit* de informação pode assumir os valores +1 ou –1, em vez de 1 ou 0.

Na Figura 10.36 está plotado o valor L $L(\mathrm{ul} = +1|\mathbf{r})$ *versus* a probabilidade condicional $P(u_l = +1|\mathbf{r})$ de acordo com a Eq. (10.95). A partir dessa figura, podemos fazer imediatamente duas observações práticas:

1. O sinal do valor L $L(u_l|\mathbf{r})$ indica se o *bit* de informação u_l assume o valor possível +1 ou –1.
2. A magnitude do valor L indica a verossimilhança do *bit* de informação u_l que assume o valor +1 ou –1.

Podemos, de maneira equivalente, reformular a Eq. (10.95) como

$$\frac{P(u_l = +1|\mathbf{r})}{P(u_l = -1|\mathbf{r})} = \exp[L(u_l|\mathbf{r})]$$

Consequentemente, resolvendo as Eqs. (10.95) e (10.97) para $P(u_l = +1|\mathbf{r})$, obtemos

$$P(u_l = +1|\mathbf{r}) = \frac{\exp[L(u_l|\mathbf{r})]}{1 + \exp[L(u_l|\mathbf{r})]}$$

$$= \frac{1}{1 + \exp[-L(u_l|\mathbf{r})]} \quad (10.98)$$

De maneira similar, temos

$$P(u_l = -1|\mathbf{r}) = \frac{1}{1 + \exp[L(u_l|\mathbf{r})]} \quad (10.99)$$

As duas probabilidades condicionais definidas nas Eqs. (10.98) e (10.99) são chamadas de *probabilidades a posteriori* do *bit* de informação u_l.

Informação extrínseca

Consideremos a situação descrita na Figura 10.35, envolvendo a utilização de um decodificador MAP (isto é, entrada-suave saída-suave). A *informação extrínseca*, gerada por um decodificador MAP para um conjunto de *bits* sistemáticos (mensagem), é definida como a diferença entre a relação log-verossimilhança calculada na saída do decodificador MAP e a *informação intrínseca* calculada em sua entrada. Com efeito, a informação extrínseca gerada pelo decodificador MAP é informação incremental obtida pela exploração das dependências que existem entre um *bit* de mensagem de interesse e os dados de entrada a serem processados pelo decodificador.

Há dois passos básicos envolvidos na operação dos decodificadores MAP:

Passo 1. Consideremos a operação do decodificador MAP 1, por exemplo. Para a primeira iteração, não há informação extrínseca do decodificador MAP 2. Para a segunda iteração e as seguintes, a informação extrínseca gerada pelo decodificador MAP 2 é reordenada para compensar o intercalamento pseudoaleatório introduzido no codificador turbo. Além disso, os *bits* de verificação de paridade recebidos (com ruído), devido ao codificador 1, são utilizados como entradas. Com essa combinação de entradas, o decodificador MAP 1 é habilitado para produzir uma estimativa leve refinada dos *bits* de mensagem.

Passo 2. As estimativas dos *bits* de mensagem são refinadas ainda mais quando o decodificador MAP 2 assume a sua parte do processo de decodificação. Dessa vez, a informação extrínseca produzida pelo decodificador MAP 1 (e os *bits* sistemáticos recebidos) são intercalados antes de serem aplicados ao decodificador MAP 2; o intercalamento é feito de modo que a sequência de informação resultante corresponda à mensagem original aplicada ao codificador 2. Então, com os *bits* de verificação de paridade (com ruído) recebidos (devido ao codificador 2) como entradas adicionais, um refinamento ainda maior dos *bits* de mensagem é realizado.

Dessa forma, os dois decodificadores MAP trabalham juntos de maneira parecida com o motor turbo, cada um melhorando a aproximação do outro.

Resumindo comentários sobre códigos turbo

Os códigos turbo são capazes de mostrar um desempenho impressionante, que é atribuído a duas novas características, uma no transmissor e outra no receptor:

1. A utilização de um codificador paralelo, envolvendo um par de codificadores separados por um intercalador; uma versão codificada pseudoaleatória dos *bits* de mensagem é, dessa forma, produzida para transmissão através do canal.
2. A utilização engenhosa de realimentação em torno de um par de decodificadores correspondente, produzindo-se uma estimativa de probabilidade a posteriori (MAP) máxima dos *bits* de mensagem originais.

Mais importante, os códigos turbo são capazes de se aproximar do limite de Shannon de uma maneira computacionalmente realizável.

10.15 Resumo e discussão

Neste capítulo, começamos estabelecendo os dois limites fundamentais para diferentes aspectos de um sistema de comunicação. Os limites estão incorporados no teorema da codificação de fonte e no teorema da codificação de canal.

O teorema da codificação de fonte, o primeiro teorema de Shannon, trata-se de uma ferramenta matemática para que se consiga a compressão sem perdas de dados gerados por uma fonte discreta sem memória. O teorema nos diz que podemos tornar o número médio de *bits* por símbolo fonte tão pequeno quanto, mas não menor do que, a entropia da fonte medida em *bits*. A entropia de uma fonte é uma função das probabilidades dos símbolos fonte que constituem o alfabeto da fonte. Uma vez que a entropia é uma medida de incerteza, ela é máxima quando a distribuição de probabilidade associada gera incerteza máxima.

O teorema da codificação de canal, o segundo teorema de Shannon, é o resultado mais surpreendente e mais importante da teoria da informação. O teorema da codificação de canal nos diz que para qualquer taxa de código r menor do que ou igual à capacidade de canal C, existem códigos tais que a probabilidade de erro média é tão pequena quanto quisermos. Para todos os canais gaussianos importantes, esse teorema implica que a capacidade é proporcional à largura de banda do canal e aproximadamente proporcional ao logaritmo da relação sinal-ruído. Quando o sistema opera a uma taxa maior do que a capacidade de canal, ele está sujeito a uma alta probabilidade de erro, independentemente da escolha do conjunto de sinais utilizado para a transmissão ou do receptor utilizado para processar o sinal recebido.

O teorema da codificação de canal conduz naturalmente ao estudo da codificação para controle de erros. Essas técnicas representam abordagens atuais para se aproximar dos limites impostos pelo teorema da capacidade de canal para comunicações digitais confiáveis através de canais ruidosos. Com a codificação para controle de erros, o efeito de erros que ocorrem durante a transmissão é reduzido adicionando-se redundância aos dados antes da transmissão de uma maneira controlada. A redundância é utilizada para habilitar o decodificador no receptor a detectar e corrigir erros.

As técnicas de codificação para controle de erros podem ser divididas em duas famílias amplamente definidas:

1. *Códigos algébricos*, que se apóiam em estruturas algébricas abstratas construídas no projeto dos códigos para a decodificação no receptor. Dentre os códigos algébricos estão os códigos de Hamming, códigos de tamanho máximo, códigos BCH e códigos de Reed–Solomon.
2. *Códigos probabilísticos*, que se apóiam em métodos probabilísticos para sua decodificação no receptor. Dentre os códigos probabilísticos estão os códigos convolucionais e os códigos turbo. Em particular, a decodificação é baseada em um dos dois métodos básicos, como resumido aqui:
    - *Entrada suave-saída rígida*, que é exemplificada pelo *algoritmo de Viterbi* que realiza a estimação da sequência de máxima verossimilhança na decodificação de códigos baseados em treliça.
    - *Entrada suave-saída suave*, que é exemplificada pelo *algoritmo de máxima a posteriori* (MAP) que realiza a estimação de máxima a posteriori *bit*

a *bit* na decodificação de códigos turbo. A saída suave é uma necessidade para a maneira iterativa que o algoritmo MAP é utilizado.

A modulação codificada em treliça combina codificação convolucional linear e modulação para permitir ganhos de codificação significativos em relação à modulação multinível não codificada convencional sem sacrificar a eficiência de largura de banda. Os códigos turbo representam a codificação aleatória de um tipo de bloco linear, e o desempenho em relação a erro muito próximo do limite teórico de Shannon para a capacidade de canal de uma forma fisicamente realizável.

Em termos práticos, os códigos turbo possibilitaram ganhos de codificação da ordem de 10 dB, o que não era possível anteriormente. Esses ganhos de codificação podem ser explorados para ampliar dramaticamente a faixa de receptores de comunicação digital, aumentar substancialmente as taxas de *bits* de sistemas de comunicação digital ou diminuir significativamente a energia de sinal transmitida por símbolo. Esses benefícios apresentam implicações significativas para o projeto de comunicações sem fio e para comunicações de espaço profundo, apenas para mencionarmos duas aplicações importantes de comunicações digitais. De fato, os códigos turbo já foram padronizados para a utilização em *links* de comunicação de espaço profundo e sistemas de comunicação sem fio.

Notas e referências

1. De acordo com Lucky (1989), a primeira menção da expressão teoria da informação por Shannon ocorre em um memorando de 1945 intitulado "A Mathematical Theory of Criptography". É ainda mais curioso que a expressão teoria da informação jamais tenha sido utilizada no artigo clássico de 1948 de Shannon, que estabeleceu os fundamentos da teoria da informação. Para um tratamento introdutório da teoria da informação, ver o Capítulo 2 de Lucky (1989) e o artigo de Wyner (1981). Ver também os livros de Adámek (1991), Hamming (1980) e Abramson (1963). Para tratamentos mais avançados do assunto, ver os livros de Cover e Thomas (2006), Blahut (1987) e McEliece (1977).
2. Em física estatística, a entropia de um sistema físico é definida por (Reif, 1967, p. 147)

$$\mathscr{L} = k \ln \Omega$$

   em que k é a constante de Boltzmann, Ω é o número de estados acessíveis ao sistema e ln denota o logaritmo natural. Essa entropia possui as dimensões de energia porque a sua definição envolve a constante k. Em especial, ela fornece uma *medida quantitativa do grau de aleatoriedade do sistema*. Comparando a entropia da física estatística com a da teoria da informação, vemos que elas apresentam uma forma similar. Para uma discussão detalhada da relação entre elas, ver Pierce (1961, pp. 184-207) e Brillouin (1962).
3. Para descrições adicionais do algoritmo de Lempel-Ziv e outros esquemas de compressão de dados, ver Solomon (2006).
4. Para uma discussão introdutória de correção de erro por codificação, ver o Capítulo 2 de Lucky (1989); ver também o livro de Adámek (1991) e o artigo de Barghava (1983). O livro clássico de codificação para controle de erros é o de Peterson e Weldon (1972). Os livros de Lin e Costello (2004), Michelson e Levesque (1985), MacWilliams e Sloane (1977) e Wilson (1996) também são dedicados à codificação para controle de erros.

5. Em medicina, o termo *síndrome* é utilizado para descrever um padrão de sintomas que auxiliam no diagnóstico de uma doença. Em codificação, o padrão de erro exerce o papel da doença e a falha na verificação de paridade exerce o de um sintoma. Essa utilização de *síndrome* foi inventada por Hagelbarger.
6. Para informações adicionais sobre códigos cíclicos o leitor interessado pode consultar Lin e Costello (2004) e Blahut (1987).
7. Os códigos convolucionais foram primeiramente introduzidos, como uma alternativa aos códigos de bloco, por P. Elias. Informações adicionais sobre códigos convolucionais podem ser encontradas em Proakis (2001).
8. A modulação codificada em treliça foi inventada por G. Ungerboeck. Discussões adicionais dessa técnica podem ser encontradas em Lee e Messerschmitt (1994), Biglieri, Divsalar, McLane e Simon (1991) e Schlegel (1997).
9. Os códigos turbo foram criados por C. Berrou e A. Glavieux. O trabalho sobre esses códigos foi motivado por dois artigos acerca de códigos de correção de erros: Battail (1987) e Hagenauer e Hoeher (1989). A primeira descrição de códigos turbo utilizando argumentos heurísticos foi apresentada em um artigo de conferência por Berrou, Glavieux e Thitamajshima (1993); ver também Berrou e Glavieux (1996).

Problemas

10.1 Seja p a probabilidade de algum evento. Plote a quantidade de informação obtida pela ocorrência desse evento para $0 \leq p \leq 1$.

10.2 Uma fonte emite um de quatro possíveis símbolos durante cada intervalo de sinalização. Os símbolos ocorrem com as probabilidades:

$p_0 = 0{,}4$
$p_1 = 0{,}3$
$p_2 = 0{,}2$
$p_3 = 0{,}1$

Encontre a quantidade de informação obtida observando-se a emissão de cada um desses símbolos pela fonte.

10.3 Uma fonte emite um de quatro símbolos s_0, s_1, s_2 e s_3 com probabilidades 1/3, 1/6, 1/4 e 1/4, respectivamente. Os símbolos sucessivos emitidos pela fonte são estatisticamente independentes. Calcule a entropia da fonte.

10.4 Seja X o resultado de um único lançamento de um dado justo. Qual é a entropia de X?

10.5 A função amostral de um processo gaussiano de média zero e variância unitária é uniformemente amostrada e, então, aplicada a um quantizador uniforme que possui a característica de amplitude entrada-saída mostrada na Figura P10.5 Calcule a entropia da saída do quantizador.

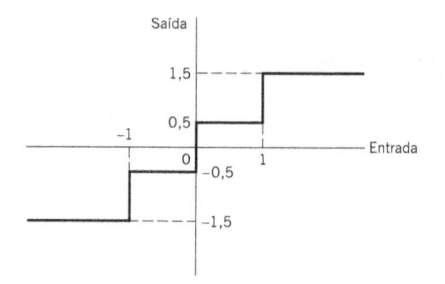

Figura P10.5

10.6 Considere a fonte discreta sem memória com alfabeto fonte $\mathscr{L} = \{s_0, s_1, s_2\}$ e estatísticas de fonte $\{0{,}7, 0{,}15, 0{,}15\}$.

(a) Calcule a entropia da fonte.
(b) Calcule a entropia da extensão de segunda ordem da fonte.

10.7 Considere os quatro códigos listados abaixo:

Símbolo	Código I	Código II	Código III	Código IV
s_0	0	0	0	00
s_1	10	01	01	01
s_2	110	001	011	10
s_3	110	0010	110	110
s_4	1111	0011	111	111

Dois desses códigos são códigos de prefixo. Identifique-os e construa suas árvores de decisão individuais.

10.8 Considere a sequência de letras do alfabeto inglês com suas probabilidades de ocorrência dadas aqui:

Letra	a	i	l	m	n	o	p	y
Probabilidade	0,1	0,1	0,2	0,1	0,1	0,2	0,1	0,1

Calcule dois diferentes códigos de Huffman para esse alfabeto. Consequentemente, para cada um dos dois casos, encontre o tamanho de palavra-código médio e a variância do tamanho de palavra-código médio ao longo do conjunto de letras.

10.9 Uma fonte discreta sem memória possui um alfabeto de sete símbolos cujas probabilidades de ocorrência estão aqui descritas:

Símbolo	s_0	s_1	s_2	s_3	s_4	s_5	s_6
Probabilidade	0,25	0,25	0,125	0,125	0,125	0,0625	0,0625

Calcule o código de Huffman para essa fonte, deslocando um símbolo combinado o mais alto possível. Explique porque a fonte calculada possui uma eficiência de 100%.

10.10 Considere uma fonte discreta sem memória com alfabeto $\{s_0, s_1, s_2\}$ e estatísticas $\{0,7, 0,15, 0,15\}$ para sua saída.

(a) Aplique o algoritmo de Huffman a essa fonte. Consequentemente, mostre que o tamanho de palavra-código médio do código Huffman é igual a 1,3 *bits*/símbolo.

(b) Seja a fonte estendida para ordem 2. Aplique o algoritmo de Huffman à fonte estendida resultante, e mostre que o tamanho de palavra-código médio do novo código é igual a 1,1975 *bits*/símbolo.

(c) Compare o tamanho de palavra-código médio calculado na parte (b) com a entropia da fonte original.

10.11 Um computador executa quatro instruções que são designadas pelas palavras-código (00, 01, 10, 11). Supondo que as instruções sejam utilizadas independentemente, com probabilidades (1/2, 1/8, 1/8, 1/4), calcule a porcentagem pela qual o número de *bits* utilizado para as instruções pode ser reduzido por meio da utilização de um código fonte ótimo. Construa um código Huffman para realizar a redução.

10.12 Considere a seguinte sequência binária

1110100110001011010 0...

Utilize o algoritmo de Lempel-Ziv para codificar essa sequência. Suponha que os símbolos binários 0 e 1 já estejam inseridos no livro código.

10.13 Considere o diagrama de probabilidade de transição de um canal simétrico binário mostrado na Figura 10.9. Os símbolos binários de entrada ocorrem com igual probabilidade. Encontre as probabilidades de que os símbolos 0 e 1 apareçam na saída do canal.

10.14 Repita o cálculo do Problema 10.13, supondo que os símbolos binários de entrada ocorram com probabilidades 1/4 e 3/4, respectivamente.

10.15 Considere um sistema de comunicação digital que utiliza um *código de repetição* para a codificação/decodificação do canal. Em particular, cada transição é repetida n vezes, em que $n = 2m + 1$ é um inteiro ímpar. O decodificador operará da seguinte maneira. Se em um bloco de n bits recebidos o número de 0s exceder o número de 1s, o decodificador decide em favor de um 0. Caso contrário, ele decide em favor de um 1. Um erro ocorre quando $m + 1$ ou mais transmissões em $n = 2m + 1$ forem incorretas. Suponha um canal binário simétrico.

(a) Para $n = 3$, mostre que a probabilidade média de erro é dada por

$$P_e = 3p^2(1-p) + p^3$$

em que p é a probabilidade de transição do canal.

(b) Para $n = 5$, mostre que a probabilidade média de erro é dada por

$$P_e = 10p^3(1-p)^2 + 5p^4(1-p) + p^5$$

(c) Para o caso geral, mostre que a probabilidade média de erro é dada por

$$P_e = \sum_{i=m+1}^{n} \binom{n}{i} p^i (1-p)^{n-i}$$

10.16 Um canal de *voice-grade* da rede telefônica possui uma largura de banda de 3,4 kHz.

(a) Calcule a capacidade de informação do canal telefônico para uma relação sinal-ruído de 30 dB.

(b) Calcule a relação sinal-ruído mínima necessária para suportar transmissão de informação através do canal telefônico a uma taxa de 9600 b/s.

10.17 Dados alfanuméricos são introduzidos em um computador a partir de um terminal remoto através de um canal telefônico de *voice-grade*. O canal possui uma largura de banda de 3,4 kHz e relação sinal-ruído de saída de 20 dB. O terminal possui um total de 128 símbolos. Suponha que os símbolos sejam equiprováveis e que as transmissões sucessivas sejam estatisticamente independentes.

(a) Calcule a capacidade de informação do canal.

(b) Calcule a taxa de símbolo máxima para a qual é possível uma transmissão isenta de erros através do canal.

10.18 Em um *código de verificação de paridade simples*, um *bit* de paridade simples é anexado ao bloco de k *bits* de mensagem ($m_1, m_2,..., m_k$). O *bit* de paridade simples b_1 é escolhido de modo que a palavra código satisfaça a *regra de paridade par*:

$$m_1 + m_2 + \cdots + m_k + b_1 = 0, \quad \text{mod } 2$$

Para $k = 3$, defina as 2^k palavras-código possíveis no código definido por essa regra.

10.19 Compare a matriz de verificação de paridade do código de Hamming (7, 4) com a de um código de repetição (4, 1).

10.20 Considere o código de Hamming (7, 4) do Exemplo 10.10. A matriz geradora **G** e a matriz **H** de verificação de paridade do código são descritas nesse exemplo. Mostre que essas duas matrizes satisfazem a condição

$$HG^T = 0$$

10.21

(a) Para o código de Hamming (7, 4) descrito no Exemplo 10.10. construa as oito palavras-código no código dual.

(b) Encontre a distância mínima do código dual determinado na parte (a).

10.22 Considere o código de repetição (5, 1) do Exemplo 10.9. Avalie a síndrome s para os seguintes padrões de erro:

(a) Todos os cinco padrões de erros simples possíveis

(b) Todos os 10 padrões de erro duplo possíveis

10.23 Um codificador convolucional possui um registrador de deslocamento simples com dois estágios (isto é, comprimento de restrição $K = 3$), três somadores módulo 2 e um multiplexador de saída. As sequências geradoras do codificador são as seguintes:

$$g^{(1)} = (1, 0, 1)$$
$$g^{(2)} = (1, 1, 0)$$
$$g^{(3)} = (1, 1, 1)$$

Desenhe o diagrama de blocos do codificador H.

10.24 Considere o codificador convolucional de taxa $r = 1/2$ e comprimento de restrição $K = 2$ da Figura P10.24. O código é sistemático. Encontre a saída do codificador produzida pela sequência de mensagem 10111.

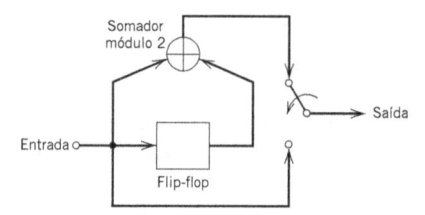

Figura P10.24

10.25 A Figura P10.25 mostra o codificador para um código convolucional de taxa $r = 1/2$ e comprimento de restrição $K = 4$. Determine a saída do codificador produzida pela sequência de mensagem 10111....

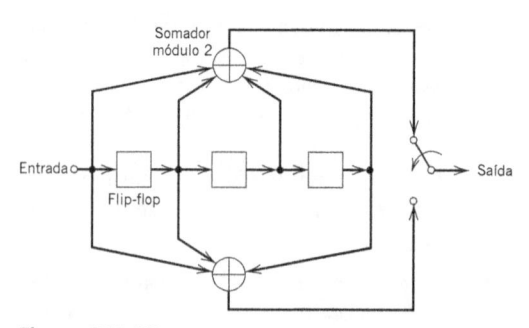

Figura P10.25

10.26 Considere o codificador da Figura 10.26*b* para um código convolucional de taxa de $r = 2/3$ e comprimento de restrição $K = 2$. Determine a sequência de código produzida pela sequência de mensagem 10111....

10.27 Considere um código convolucional de taxa 1/2, comprimento de restrição 7 e distância livre $d_{livre} = 10$. Calcule o ganho de codificação assintótico para os dois canais seguintes:

(a) Canal binário simétrico.
(b) Canal AWGN com entrada binária.

10.28 Sejam $r_c^{(1)} = p/q_1$ e $r_c^{(2)} = p/q_2$ as taxas de código dos codificadores RSC 1 e 2 no codificador turbo da Figura 10.33. Encontre a taxa de código do código turbo.

10.29 A natureza de realimentação dos códigos constituintes no codificador turbo da Figura 10.33 apresenta a seguinte implicação: um único erro de *bit* corresponde a uma sequência infinita de erros de canal. Ilustre esse fenômeno utilizando uma sequência de mensagem que consista no símbolo 1 seguido por um número infinito de símbolos 0.

10.30 Considere as seguintes matrizes geradoras para códigos turbo de taxa 1/2:

Codificador de 4 estados: $g(D) = \left[1, \dfrac{1+D+D^2}{1+D^2}\right]$

Codificador de 8 estados: $g(D) = \left[1, \dfrac{1+D^2+D^3}{1+D+D^2+D^3}\right]$

Codificador de 16 estados: $g(D) = \left[1, \dfrac{1+D^4}{1+D+D^2+D^3+D^4}\right]$

(a) Construa o diagrama de blocos para cada um desses codificadores RSC.
(b) Defina a equação de verificação de paridade associada a cada codificador.

APÊNDICE
TABELAS MATEMÁTICAS

TABELA A.1 Resumo das propriedades da transformada de Fourier

Propriedade	Descrição matemática
1. Linearidade	$ag_1(t) + bg_2(t) \rightleftharpoons aG_1(f) + bG_2(f)$ em que a e b são constantes
2. Escalonamento no tempo	$g(at) \rightleftharpoons \dfrac{1}{\|a\|} G\left(\dfrac{f}{a}\right)$ em que a é uma constante
3. Dualidade	Se $g(t) \rightleftharpoons G(f)$, então $G(t) \rightleftharpoons g(-f)$
4. Deslocamento no tempo	$g(t - t_0) \rightleftharpoons G(f)\exp(-j2\pi f t_0)$
5. Deslocamento na frequência	$\exp(j2\pi f_c t)g(t) \rightleftharpoons G(f - f_c)$
6. Área sob $g(t)$	$\displaystyle\int_{-\infty}^{\infty} g(t)\,dt = G(0)$
7. Área sob $G(f)$	$g(0) = \displaystyle\int_{-\infty}^{\infty} G(f)\,df$
8. Diferenciação no domínio do tempo	$\dfrac{d}{dt}g(t) \rightleftharpoons j2\pi f G(f)$
9. Integração no domínio do tempo	$\displaystyle\int_{-\infty}^{t} g(\tau)d\tau \rightleftharpoons \dfrac{1}{j2\pi f}G(f) + \dfrac{G(0)}{2}\delta(f)$
10. Funções conjugadas	Se $g(t) \rightleftharpoons G(f)$, então $g^*(t) \rightleftharpoons G^*(-f)$
11. Multiplicação no domínio do tempo	$g_1(t)g_2(t) \rightleftharpoons \displaystyle\int_{-\infty}^{\infty} G_1(\lambda)G_2(f - \lambda)\,d\lambda$
12. Convolução no domínio do tempo	$\displaystyle\int_{-\infty}^{\infty} g_1(\tau)g_2(t - \tau)d\tau \rightleftharpoons G_1(f)G_2(f)$
13. Teorema da energia de Rayleigh	$\displaystyle\int_{-\infty}^{\infty} |g(t)|^2 dt = \int_{-\infty}^{\infty} |G(f)|^2 df$

TABELA A.2 Pares de transformadas de Fourier

Função do tempo	Transformada de Fourier
$\operatorname{rect}\left(\dfrac{t}{T}\right)$	$T\operatorname{sinc}(fT)$
$\operatorname{sinc}(2Wt)$	$\dfrac{1}{2W}\operatorname{rect}\left(\dfrac{f}{2W}\right)$
$\exp(-at)u(t),\ a>0$	$\dfrac{1}{a+j2\pi f}$
$\exp(-a\lvert t\rvert),\ a>0$	$\dfrac{2a}{a^2+(2\pi f)^2}$
$\exp(-\pi t^2)$	$\exp(-\pi f^2)$
$\begin{cases} 1-\dfrac{\lvert t\rvert}{T}, & \lvert t\rvert<T \\ 0, & \lvert t\rvert\ge T \end{cases}$	$T\operatorname{sinc}^2(fT)$
$\delta(t)$	1
1	$\delta(f)$
$\delta(t-t_0)$	$\exp(-j2\pi f t_0)$
$\exp(j2\pi f_c t)$	$\delta(f-f_c)$
$\cos(2\pi f_c t)$	$\dfrac{1}{2}[\delta(f-f_c)+\delta(f+f_c)]$
$\sin(2\pi f_c t)$	$\dfrac{1}{2j}[\delta(f-f_c)-\delta(f+f_c)]$
$\operatorname{sgn}(t)$	$\dfrac{1}{j\pi f}$
$\dfrac{1}{\pi t}$	$-j\operatorname{sgn}(f)$
$u(t)$	$\dfrac{1}{2}\delta(f)+\dfrac{1}{j2\pi f}$
$\displaystyle\sum_{i=-\infty}^{\infty}\delta(t-iT_0)$	$\dfrac{1}{T_0}\displaystyle\sum_{n=-\infty}^{\infty}\delta\left(f-\dfrac{n}{T_0}\right)$

Notas: $u(t)$ = Função degrau unitário
$\delta(t)$ = Função delta de Dirac
$\operatorname{rect}(t)$ = Função retangular
$\operatorname{sgn}(t)$ = Função sinal
$\operatorname{sinc}(t)$ = Função sinc

TABELA A.3 Resumo das funções de Bessel

Funções de Bessel de primeira espécie

1. Representações equivalentes

$$J_n(x) = \frac{1}{2\pi} \int_{-\pi}^{\pi} \exp(jx \operatorname{sen} \theta - jn\theta) d\theta$$

$$= \frac{1}{\pi} \int_{0}^{\pi} \cos(x \operatorname{sen} \theta - n\theta) d\theta$$

$$= \sum_{m=0}^{\infty} \frac{(-1)^m \left(\frac{1}{2}x\right)^{n+2m}}{m!(n+m)!}$$

2. Propriedades
   a. $J_n(x) = (-1)^n J_{-n}(x)$
   b. $J_n(x) = (-1)^n J_n(-x)$
   c. $J_{n-1}(x) + J_{n+1}(x) = \frac{2n}{x} J_n(x)$
   d. Para x pequeno
   $$J_n(x) \approx \frac{x^n}{2^n n!}$$
   e. Para x grande
   $$J_n(x) \approx \sqrt{\frac{2}{\pi x}} \cos\left(x - \frac{\pi}{4} - \frac{n\pi}{2}\right)$$
   f. Para x real
   $$\lim_{n \to \infty} J_n(x) = 0$$
   g. $\sum_{n=-\infty}^{\infty} J_n(x) \exp(jn\phi) = \exp(jx \operatorname{sen} \phi)$
   h. $\sum_{n=-\infty}^{\infty} J_n^2(x) = 1$
   i. Chamada da função no Matlab
   $$J_n(x) = \text{besselj}(n, x)$$

Funções de Bessel modificadas de primeira espécie

1. Representações equivalentes

$$I_n(x) = \frac{1}{2\pi} \int_{-\pi}^{\pi} \exp(x \cos \theta) \cos(n\theta) d\theta$$

$$= \sum_{m=0}^{\infty} \frac{\left(\frac{1}{2}x\right)^{n+2m}}{m!(n+m)!}$$

$$= j^{-n} J_n(jx)$$

2. Propriedades
   a. Para x pequeno
   $$I_0(x) \approx 1$$
   b. Para x grande
   $$I_0(x) \approx \frac{\exp(x)}{\sqrt{2\pi x}}$$
   c. Chamada da função no Matlab
   $$I_n(x) = \text{besseli}(n, x)$$

TABELA A.4 Resumo da função Q

1. Representações equivalentes

$$Q(x) = \frac{1}{\sqrt{2\pi}} \int_x^\infty \exp(-z^2/2) dz$$
$$= \frac{1}{2} erfc\left(\frac{x}{\sqrt{2}}\right)$$

em que

$$erfc(x) = \frac{2}{\sqrt{\pi}} \int_x^\infty \exp(-z^2) dz$$

2. Propriedades
   a. $Q(-x) = 1 - Q(x)$
   b. Para x pequeno
   $$\lim_{x \to 0} Q(x) = 0.5$$
   c. Para x grande
   $$Q(x) \approx \frac{1}{\sqrt{2\pi}x} \exp(-x^2/2)$$
   d. Chamada da função no Matlab
   $$Q(x) = 0.5 * erfc(x/sqrt(2))$$

TABELA A.5 Identidades trigonométricas

$\exp(\pm j\theta) = \cos\theta \pm j\,sen\,\theta$

$\cos\theta = \frac{1}{2}[\exp(j\theta) + \exp(-j\theta)]$

$sen\theta = \frac{1}{2j}[\exp(j\theta) - \exp(-j\theta)]$

$sen^2\theta + \cos^2\theta = 1$

$\cos^2\theta - sen^2\theta = \cos(2\theta)$

$\cos^2\theta = \frac{1}{2}[1 + \cos(2\theta)]$

$sen^2\theta = \frac{1}{2}[1 - \cos(2\theta)]$

$2\,sen\theta\cos\theta = sen(2\theta)$

$sen(\alpha \pm \beta) = sen\alpha\cos\beta \pm \cos\alpha\,sen\beta$

$\cos(\alpha \pm \beta) = \cos\alpha\cos\beta \mp sen\alpha\,sen\beta$

$\tan(\alpha \pm \beta) = \frac{\tan\alpha \pm \tan\beta}{1 \mp \tan\alpha\tan\beta}$

$sen\alpha\,sen\beta = \frac{1}{2}[\cos(\alpha - \beta) - \cos(\alpha + \beta)]$

$\cos\alpha\cos\beta = \frac{1}{2}[\cos(\alpha - \beta) + \cos(\alpha + \beta)]$

$sen\alpha\cos\beta = \frac{1}{2}[sen(\alpha - \beta) + sen(\alpha + \beta)]$

TABELA A.6 Expansões em série

Séries de Taylor

$$f(x) = f(a) + \frac{f'(a)}{1!}(x-a) + \frac{f''(a)}{2!}(x-a)^2 + \cdots + \frac{f^{(n)}(a)}{n!}(x-a)^n + \cdots$$

em que

$$f^{(n)}(a) = \left.\frac{d^n f(x)}{dx^n}\right|_{x=a}$$

Séries de MacLaurin

$$f(x) = f(0) + \frac{f'(0)}{1!}x + \frac{f''(0)}{2!}x^2 + \cdots + \frac{f^{(n)}(0)}{n!}x^n + \cdots$$

em que

$$f^{(n)}(0) = \left.\frac{d^n f(x)}{dx^n}\right|_{x=0}$$

Séries binomiais

$$(1+x)^n = 1 + nx + \frac{n(n-1)}{2!}x^2 + \cdots, \qquad |nx| < 1$$

Séries exponenciais

$$\exp(x) = 1 + x + \frac{1}{2!}x^2 + \cdots$$

Séries logarítmicas

$$\ln(1+x) = x - \frac{1}{2}x^2 + \frac{1}{3}x^3 - \cdots$$

Séries trigonométricas

$$\operatorname{sen} x = x - \frac{1}{3!}x^3 + \frac{1}{5!}x^5 - \cdots$$

$$\cos x = 1 - \frac{1}{2!}x^2 + \frac{1}{4!}x^4 - \cdots$$

$$\tan x = x + \frac{1}{3}x^3 + \frac{2}{15}x^5 + \cdots$$

$$\operatorname{sen}^{-1} x = x + \frac{1}{6}x^3 + \frac{3}{40}x^5 + \cdots$$

$$\tan^{-1} x = x - \frac{1}{3}x^3 + \frac{1}{5}x^5 - \cdots, \qquad |x| < 1$$

$$\operatorname{sinc} x = 1 - \frac{1}{3!}(\pi x)^2 + \frac{1}{5!}(\pi x)^4 - \cdots$$

TABELA A.7 Somatórios

$$\sum_{k=1}^{K} k = \frac{K(K+1)}{2}$$

$$\sum_{k=1}^{K} k^2 = \frac{K(K+1)(2K+1)}{6}$$

$$\sum_{k=1}^{K} k^3 = \frac{K^2(K+1)^2}{4}$$

$$\sum_{k=0}^{K-1} x^k = \frac{(x^K - 1)}{x - 1}, \quad |x| \neq 1$$

TABELA A.8 Integrais

Integrais indefinidas

$$\int x\,\text{sen}(ax)\,dx = \frac{1}{a^2}[\text{sen}(ax) - ax\cos(ax)]$$

$$\int x\cos(ax)\,dx = \frac{1}{a^2}[\cos(ax) + ax\,\text{sen}(ax)]$$

$$\int x\exp(ax)\,dx = \frac{1}{a^2}\exp(ax)(ax - 1)$$

$$\int x\exp(ax^2)\,dx = \frac{1}{2a}\exp(ax^2)$$

$$\int \exp(ax)\text{sen}(bx)\,dx = \frac{1}{a^2 + b^2}\exp(ax)[a\,\text{sen}(bx) - b\cos(bx)]$$

$$\int \exp(ax)\cos(bx)\,dx = \frac{1}{a^2 + b^2}\exp(ax)[a\cos(bx) + b\,\text{sen}(bx)]$$

$$\int \frac{dx}{a^2 + b^2 x^2} = \frac{1}{ab}\tan^{-1}\left(\frac{bx}{a}\right)$$

$$\int \frac{x^2\,dx}{a^2 + b^2 x^2} = \frac{x}{b^2} - \frac{a}{b^3}\tan^{-1}\left(\frac{bx}{a}\right)$$

Integrais definidas

$$\int_0^\infty \frac{x\,\text{sen}(ax)}{b^2 + x^2}\,dx = \frac{\pi}{2}\exp(-ab), \quad a > 0, b > 0$$

$$\int_0^\infty \frac{\cos(ax)}{b^2 + x^2}\,dx = \frac{\pi}{2b}\exp(-ab), \quad a > 0, b > 0$$

$$\int_0^\infty \frac{\cos(ax)}{(b^2 - x^2)^2}\,dx = \frac{\pi}{4b^3}[\text{sen}(ab) - ab\cos(ab)], \quad a > 0, b > 0$$

$$\int_0^\infty \text{sinc}\,x\,dx = \int_0^\infty \text{sinc}^2 x\,dx = \frac{1}{2}$$

$$\int_0^\infty \exp(-ax^2)\,dx = \frac{1}{2}\sqrt{\frac{\pi}{a}}, \quad a > 0$$

$$\int_0^\infty x^2\exp(-ax^2)\,dx = \frac{1}{4a}\sqrt{\frac{\pi}{a}}, \quad a > 0$$

TABELA A.9 Constantes úteis

Constantes físicas

Constante de Boltzmann	$k = 1{,}38 \times 10^{-28}$ joule/Kelvin $= -228{,}6$ dBW K^{-1}
Constante de Planck	$h = 6{,}626 \times 10^{-34}$ joule-segundo
Carga (fundamental) do elétron	$q = 1{,}602 \times 10^{-19}$ coulomb
Velocidade da luz no vácuo	$c = 2{,}998 \times 10^8$ metros/segundo
Temperatura (absoluta) padrão	$T_0 = 273$ Kelvin
Tensão térmica	$VT = 0{,}026$ volt na temperatura ambiente
Energia térmica kT à temperatura padrão	$kT_0 = 3{,}77 \times 10^{-21}$ joule $= -204{,}2$ dBW Hz^{-1}

Um Hertz (Hz) = 1 ciclo/segundo; 1 ciclo = 2π radianos

Um watt (W) = 1 joule/segundo

Constantes matemáticas

Base do logaritmo natural	$e = 2{,}7182818$
Logaritmo de e na base 2	$\log_{2e} = 1{,}442695$
Logaritmo de 2 na base e	$\ln 2 = 0{,}693147$
Logaritmo de 2 na base 10	$\log_{10} 2 = 0{,}30103$
Pi	$\pi = 3{,}1415927$

TABELA A.10 Prefixos de unidades recomendados

Múltiplos e submúltiplos	Prefixos	Símbolos
10^{12}	tera	T
10^9	giga	G
10^6	mega	M
10^3	kilo	K (k)
10^{-3}	mili	m
10^{-6}	micro	μ
10^{-9}	nano	n
10^{-12}	pico	p

GLOSSÁRIO

Convenções e notações

1. O símbolo | | significa a magnitude da quantidade complexa nele contida.
2. O símbolo arg( ) significa o ângulo de fase da quantidade complexa nele contida.
3. O símbolo Re[ ] significa "a parte real de" e Im[ ] significa "a parte imaginária de".
4. O símbolo ln( ) denota o logaritmo natural da quantidade nele contida, enquanto que o logaritmo na base a é denotado por $\log_a( )$.
5. A utilização de um asterisco em sobrescrito indica complexo conjugado, por exemplo, x^* é o complexo conjugado de x.
6. O símbolo $\rightleftharpoons$ indica um par de transformadas de Fourier, por exemplo, $g(t) \rightleftharpoons G(f)$, em que uma letra minúscula denota a função do tempo e uma letra maiúscula correspondente denota a função da frequência.
7. O símbolo $F[\ ]$ indica a operação de transformada de Fourier, por exemplo $F[g(t)] = G(f)$, e o símbolo $F^{-1}[\ ]$ indica a operação de transformada de Fourier inversa, por exemplo, $F^{-1}[G(f)] = g(t)$.
8. O símbolo $\star$ denota convolução, por exemplo

$$x(t) \star h(t) = \int_{-\infty}^{\infty} x(\tau)\, h(t-\tau)\, d\tau$$

9. O símbolo $\oplus$ denota adição módulo 2; exceto no Capítulo 10, em que a adição módulo 2 é denotada por um sinal de soma ordinário.
10. A utilização do subscrito T_0 indica que a função pertinente $g_{T_0}(t)$, digamos, é uma função periódica do tempo t com período T_0.
11. A utilização de um acento circunflexo sobre uma função indica a estimativa de um parâmetro desconhecido, por exemplo, a quantidade $\hat{\alpha}(\mathbf{x})$ é uma estimativa do parâmetro desconhecido α, com base no vetor de observação $\mathbf{x}$.

12. A utilização de um til sobre uma função indica a envoltória complexa de um sinal de banda estreita, por exemplo, a função $\tilde{g}(t)$ é a envoltória complexa do sinal de banda estreita $g(t)$.
13. A utilização dos subscritos I e Q indica as componentes em fase e em quadratura de um sinal de banda estreita, de um processo aleatório de banda estreita ou da resposta ao impulso de um filtro de banda estreita, como relação à portadora $\cos(2\pi f_c t)$.
14. Para um sinal de mensagem passa-baixas, a maior componente de frequência ou largura de banda da mensagem é denotada por W. O espectro desse sinal ocupa o intervalo de frequência $-W \leq f \leq W$ e é igual a zero fora dele. Para um sinal passa-faixa com frequência de portadora f_c, o espectro ocupa os intervalos de frequência $f_c - W \leq f \leq f_c + W$ e $-f_c - W \leq f \leq -f_c + W$, e então $2W$ denota a largura de banda do sinal. A envoltória complexa (passa-baixas) desse sinal passa-faixa apresenta um espectro que ocupa o intervalo de frequências $-W \leq f \leq W$.

    Para um filtro passa-baixas, a largura de banda é denotada por B. Uma definição comum de largura de banda de filtro é a frequência em que a resposta em magnitude cai 3 dB abaixo do valor de frequência zero. Para um filtro passa-faixa de frequência de banda média f_c, a largura de banda é denotada por $2B$ centrada em f_c. O equivalente passa-baixas complexo desse filtro passa-faixa apresenta uma largura de banda igual a B.

    A largura de banda de transmissão de um canal de comunicação, necessária para se transmitir uma onda modulada, é denotada por B_T.
15. Variáveis aleatórias ou vetores aleatórios são denotados por letras maiúsculas (por exemplo, X ou **X**), e seus valores amostrais são denotados por letras minúsculas (por exemplo, x ou **x**).
16. Uma barra vertical em uma expressão significa "dado que", por exemplo, $f_X(x|H_0)$ é a função densidade de probabilidade da variável aleatória X, dado que a hipótese H_0 seja verdadeira.
17. O símbolo **E**[ ] significa o valor esperado da variável aleatória nele contida.
18. O símbolo var[ ] significa a variância da variável aleatória nele contida.
19. O símbolo cov[ ] significa a covariância de duas variáveis aleatórias nele contidas.
20. A probabilidade média de erro de símbolo é denotada por P_e.

    No caso de técnicas de sinalização binária, P_{e0} denota a probabilidade condicional de erro dado que o símbolo 0 tenha sido transmitido, e P_{e1} denota a probabilidade condicional de erro dado que o símbolo 1 tenha sido transmitido. As probabilidades *a priori* dos símbolos 0 e 1 são denotadas por p_0 e p_1, respectivamente.
21. Uma letra em negrito denota um vetor ou uma matriz. A inversa de uma matriz quadrada **R** é denotada $\mathbf{R}^{-1}$. A transposto de um vetor **w** é denotado por $\mathbf{w}^T$.

22. A norma de um vetor **x** é denotada por $\|\mathbf{x}\|$. A distância euclidiana entre dois vetores $\mathbf{x}_i$ e $\mathbf{x}_j$ é denotada por $d_{ij} = \|\mathbf{x}_i - \mathbf{x}_j\|$.
23. O produto interno de dois vetores **x** e **y** é denotado por $\mathbf{x}^T\mathbf{y}$; seu produto externo é denotado por $\mathbf{xy}^T$.

Funções

1. Função retangular:
$$\text{rect}(t) = \begin{cases} 1, & -\tfrac{1}{2} < t < \tfrac{1}{2} \\ 0, & |t| \geq \tfrac{1}{2} \end{cases}$$

2. Função degrau unitário:
$$u(t) = \begin{cases} 1, & t \geq 0 \\ 0, & t < 0 \end{cases}$$

3. Função sinal:
$$\text{sgn}(t) = \begin{cases} 1, & t > 0 \\ -1, & t < 0 \end{cases}$$

4. Função delta de Dirac:
$$\delta(t) = 0, \quad t \neq 0$$
$$\int_{-\infty}^{\infty} \delta(t)\, dt = 1$$

   ou, de maneira equivalente,
$$\int_{-\infty}^{\infty} g(t)\, \delta(t - t_0)\, dt = g(t_0)$$

5. Função sinc:
$$\text{sinc}(x) = \frac{\text{sen}(\pi x)}{\pi x}$$

6. Função Q:
$$Q(u) = \frac{1}{\sqrt{2\pi}} \int_u^{\infty} \exp(-z^2/2)\, dz$$

   Função complementar de erro:
$$\text{erfc}(u) = 1 - \text{erf}(u)$$

7. Função de Bessel de primeira espécie e de ordem N:
$$J_n(x) = \frac{1}{2\pi} \int_{-\pi}^{\pi} \exp(jx\,\text{sen}\,\theta - jn\theta)\, d\theta$$

8. Função de Bessel modificada de primeira espécie e de ordem zero:
$$I_0(x) = \frac{1}{2\pi} \int_{-\pi}^{\pi} \exp(x\cos\theta)\, d\theta$$

9. Coeficiente binomial:
$$\binom{n}{k} = \frac{n!}{(n-k)!k!}$$

Abreviações

ac: corrente alternada
ANSI: American National Standards Institute
AM: modulação em amplitude
ARQ: solicitação de repetição automática
ASCII: código padrão nacional americano para troca de informação
ASK: chaveamento de amplitude
ATM: modo de transferência assíncrona

BER:	taxa de erro de *bit*
BPF:	filtro passa-faixa
BPSK:	chaveamento de fase binário
BSC:	canal binário simétrico
CCD:	dispositivo de carga acoplada
CCITT:	Consultative Committee for International Telephone and Telegraph
CPFSK:	chaveamento de frequência com fase contínua
CW:	onda contínua
dB:	decibel
dc:	corrente contínua
DFT:	transformada de Fourier discreta
DM:	modulação delta
DPCM:	modulação por codificação de pulso diferencial
DPSK:	chaveamento de fase diferencial
DSB-SC:	banda lateral dupla com portadora suprimida
exp:	exponencial
FDM:	multiplexação por divisão de frequência
FDMA:	acesso múltiplo por divisão de frequência
FFT:	transformada rápida de Fourier
FMFB:	modulador em frequência com realimentação
FSK:	chaveamento de frequência
HDTV:	televisão de alta definição
Hz:	hertz
IDFT:	transforma de Fourier discreta inversa
IF:	frequência intermediária
I/O:	entrada/saída
ISI:	interferência intersimbólica
ISO:	International Organization for Standardization
LAN:	rede de área local
LED:	diodo emissor de luz
LMS:	mínimos quadrados
ln:	logaritmo natural
log:	logaritmo
LPF:	filtro passa-baixas
MAP:	máxima probabilidade *a posteriori*
ms:	milissegundo

*μ*s:	microssegundo
ML:	máxima verossimilhança
modem:	modulador-demodulador
MSK:	chaveamento mínimo
nm:	nanômetro
NRZ:	não retorna a zero
NTSC:	National Television Systems Committee
OOK:	chaveamento liga-desliga
OSI:	interconexão de sistemas abertos
PAM:	modulação por amplitude de pulso
PCM:	modulação por codificação de pulso
PCN:	rede de comunicação pessoal
PLL:	malha de sincronismo de fase
PN:	pseudorruído
PSK:	chaveamento de fase
QAM:	modulação de amplitude em quadratura
QOS:	qualidade de serviço
QPSK:	chaveamento de fase em quadratura (ou chaveamento de quadrifase)
RF:	radiofrequência
rms:	valor quadrático médio
RS:	Reed-Solomon
RS-232:	padrão recomendado 232 (porta)
RZ:	retorna a zero
s:	segundo
SDH:	hierarquia digital síncrona
SDR:	relação sinal-distorção
SONET:	rede ótica síncrona
SNR:	relação sinal-ruído
TCM:	modulação codificada em treliça
TDM:	multiplexação por divisão de tempo
TDMA:	acesso múltiplo por divisão de tempo
TV:	televisão
UHF:	frequência ultra-elevada
VCO:	oscilador controlado por tensão
VHF:	frequência muito elevada
VLSI:	integração em escala muito grande

BIBLIOGRAFIA

Livros

N. Abramson, *Information Theory and Coding* (New York: McGraw-Hill, 1963).

J. Adamek, *Foundations of Coding* (New York: Wiley, 1991).

Bell Telephone Laboratories, *Transmission Systems for Communications* (1971).

S. Benedetto, E. Biglieri, and V. Castellani, *Digital Transmission Theory* (Englewood Cliffs, N.J.: Prentice-Hall, 1987).

W. R. Bennett, *Introduction to Signal Transmission* (New York: McGraw-Hill, 1970).

R. E. Best, *Phase-locked Loops: Design, simulation and applications*, 5th ed. (New York: McGraw-Hill, 2003).

E. Biglieri, D. Divsalar, P. J. Mclane, and M. K. Simon, *Introduction to Trellis-Coded Modulation with Applications* (New York: Macmillan, 1991).

H. S. Black, *Modulation Theory* (Princeton, N.J.: Van Nostrand, 1953).

R. E. Blahut, *Principles and Practice of Information Theory* (Reading, Mass: Addison-Wesley, 1987).

G. E. P. Box and G. M. Jenkins, *Time Series Analysis: Forecasting and Control* (San Francisco: Holden-Day, 1976).

R. N. Bracewell, *The Fourier Transform and Its Applications*, 2nd ed., rev. (New York: McGraw-Hill, 1986).

L. Brillouin, *Science and Information Theory*, 2nd ed. (New York: Academic Press, 1962).

K. W. Cattermole, *Principles of Pulse-code Modulation* (New York: American Elsevier, 1969).

D. C. Champeney, *Fourier Transforms and Their Physical Applications* (London: Academic Press, 1973).

L. Cohen, *Time-frequency analysis* (New Jersey: Prentice Hall, 1994).

T. M. Cover and J. B. Thomas, *Elements of Information Theory* (New York: Wiley, 1991).

R. E. Crochiere and L. R. Rabiner, *Multirate Digital Signal Processing* (Englewood Cliffs, N.J.: Prentice-Hall, 1983).

W. F. Egan, *Phase-Lock Basics* (New York: Wiley, 1998).

D. F. Elliott and K. R. Rao, *Fast Transforms: Algorithms, Analyses, Applications* (New York: Academic Press, 1982).

L. E. Franks, *Signal Theory* (Englewood Cliffs, N.J.: Prentice-Hall, 1969).

R. G. Gallagher, *Information Theory and Reliable Communication* (New York: Wiley, 1968).

F. M. Gardner, *Phaselock Techniques*, 2nd ed. (New York: Wiley, 1979).

J. D. Gibson, *Principles of Digital and Analog Communications* (New York: Macmillan, 1989).

R. D. Gitlin, J. F. Hayes, and S. B. Weinstein, *Data Communications Principles* (New York: Plenum, 1992).

R. M. Gray and L. D. Davisson, *Random Processes: A Mathematical Approach for Engineers* (Englewood Cliffs, N.J.: Prentice-Hall, 1986).

M. S. Gupta (editor), *Electrical Noise: Fundamentals and Sources* (New York: IEEE Press, 1977).

R. W. Hamming, *The Art of Probability for Scientists and Engineers* (Reading, Mass.: Addison-Wesley, 1991).

R. W. Hamming, *Coding and Information Theory* (Englewood Cliffs, N.J.: Prentice-Hall, 1980).

S. Haykin. *Adaptive Filter Theory*, 2nd ed. (Englewood Cliffs, N.J.: Prentice-Hall, 1991).

S. Haykin, *Communication Systems* 4th ed. (New York: Wiley, 2001).

S. Haykin and M. Moher, *Introduction to Analog and Digital Communications*, 2nd ed. (New Jersey: Wiley, 2007).

S. Haykin and M. Moher, *Modern Wireless Communications* (New Jersey: Prentice Hall, 2005).

S. Haykin and B. Van Veen, *Signals and Systems* 2nd ed. (New York: Wiley, 2003).

C. Heegard and S. B. Wicker, *Turbo Coding* (Boston: Kluwer, 1999).

C. W. Helstrom, *Probability and Stochastic Processes for Engineers*, 2nd ed. (New York: Macmillan, 1990).

N. S. Jayant and P. Noll, *Digital Coding of Waveforms: Principles and Applications to Speech and Video* (Englewood Cliffs, N.J.: Prentice-Hall, 1984).

M. C. Jeruchim, B. Balaban, and J. S. Shanmugan, *Simulation of Communication Systems* (New York: Plenum, 1992).

S. M. Kay, *Modern Spectral Estimation: Theory and Applications* (Englewood Cliffs, N.J.: Prentice-Hall, 1988).

G. Keiser, *Optical Fiber Communications*, 3rd ed. (New York: McGraw-Hill, 2000).

E. A. Lee and D. G. Messerschmitt, *Digital Communications*, 2nd ed. (Boston: Kluwer Academic, 1994).

A. Leon-Garcia, *Probability and Random Processes for Electrical Engineering* (Reading, Mass.: Addison-Wesley, 1989).

S. Lin and D. J. Costello, Jr., *Error Control Coding: Fundamentals and Applications*, 2nd ed. (Englewood Cliffs, N.J.: Prentice-Hall, 2004).

W. C. Lindsey, *Synchronization Systems in Communication and Control* (Englewood Cliffs, N.J.: Prentice-Hall, 1972).

R. W. Lucky, *Silicon Dreams: Information, Man, and Machine* (New York: St. Martin's Press, 1989).

R. W. Lucky, J. Salz, and E. J. Weldon, Jr., *Principles of Data Communication* (New York: McGraw-Hill, 1968).

F. J. MacWilliams and N. J. A. Sloane, *The Theory of Error-correcting Codes* (Amsterdam: North-Holland, 1977).

R. J. Marks, *Introduction to Shannon Sampling and Interpolation Theory* (New York/Berlin: Springer-Verlag, 1991).

S. L. Marple, *Digital Spectral Analysis with Applications* (Englewood Cliffs, N.J.: Prentice-Hall, 1987).

R. J. McEliece, *The Theory of Information and Coding*, 2nd ed. (Cambridge: Cambridge University Press, 2002).

A. M. Michelson and A. H. Levesque, *Error-control Techniques for Digital Communication* (New York: Wiley, 1985).

A. V. Oppenheim, R. W. Schafer, and J. R. Buck, *Discrete-Time Signal Processing*, 2nd ed. (New Jersey: Prentice Hall, 1999).

A. V. Oppenheim and R. W. Schafer, *Digital Signal Processing* (Englewood Cliffs, N.J.: Prentice-Hall, 1975).

A. Papoulis, *Probablity, Random Variables, and Stochastic Processes*, 2nd ed. (New York: McGraw-Hill, 1984).

J. D. Parsons, The Mobile Radio Propagation Channel (New York: Wiley, 1992).

W. W. Peterson and E. J. Weldon, Jr., *Error Correcting Codes*, 2nd ed. (Boston: MIT Press, 1972).

J. R. Pierce, *Symbols, Signals and Noise: The Nature and Process of Communication* (New York: Harper 1961).

W. H. Press, B. P. Flannery, S. A. Teukolsky, and W. T. VeHerling, (editors), *Numerical Recipes in C: The Art of Scientific Computing* (New York: Cambridge University Press, 1988).

J. G. Proakis, *Digital Communications*, 2nd ed. (New York: McGraw-Hill, 1989).

L. R. Rabiner and B. Gold, *Theory and Application of Digital Signal Processing* (Englewood Cliffs, N.J.: Prentice-Hall, 1975).

J. H. Reed, *Software Radio: A Modern Approach to Radio Engineering* (New Jersey: Prentice Hall, 2002).

J. H. Roberts, *Angle Modulation: The Theory of System Assessment*, IEE Communication Series 5 (London: Institution of Electrical Engineers, 1977).

H. E. Rowe, *Signals and Noise in Communication Systems* (Princeton, N.J.: Van Nostrand, 1965).

T. S. Rzeszewski (editor), *Television Technology Today* (New York: IEEE Press, 1985).

D. Salomon, G. Motta, and D. Bryant, *Data Compression: The Complete Reference*, 4th ed., (London: Springer, 2006).

C. Schlegel, *Trellis Coding*, (New Jersey: IEEE Press, 1997).

M. Schwartz, W. R. Bennett, and S. Stein, *Communication Systems and Techniques* (New York: McGraw-Hill, 1966).

J. M. Senior, *Optical Fiber Communications: Principles and Practice*, 2nd ed. (Englewood Cliffs, N.J.: Prentice Hall, 1992).

B. Sklar, *Digital Communications: Fundamentals and Applications* 2nd ed. (New Jersey: Prentice Hall, 2001).

F. G. Stremler, *Introduction to Communication Systems*, 3rd ed. (Reading, M. A.: Addison-Wesley, 1990).

E. D. Sunde, *Communication Systems Engineering Theory* (New York: Wiley, 1969).

A. S. Tannenbaum, *Computer Networks*, 3rd ed. (Englewood Cliffs, N.J.: Prentice Hall, 2005).

T. M. Thompson, *From Error-correcting Codes through Sphere Packing to Simple Groups* (The Mathematical Association of America, 1983).

A. Van der Ziel, *Noise: Source, Characterization, Measurement* (Englewood Cliffs, N.J.: Prentice-Hall, 1970).

H. F. Vanlandingham, *Introduction to Digital Control Systems* (New York: Macmillan, 1985).

A. J. Viterbi and J. K. Omura, *Principles of Digital Communication and Coding* (New York: McGraw-Hill, 1979).

A. D. Whalen, *Detection of Signals in Noise* (New York: Academic Press, 1971).

B. Widrow and S. D. Stearns, *Adaptive Signal Processing* (Englewood Cliffs, N.J.: Prentice-Hall, 1985).

S. G. Wilson, *Data Modulation and Coding* (Englewood Cliffs, N.J.: Prentice Hall, 1996).

C. R. Wylie and L. C. Barrett, *Advanced Engineering Mathematics*, 5th ed. (New York: Mc-Graw-Hill, 1982).

R. E. Ziemer and W. H. Tranter, *Principles of Communications*, 3rd ed. (Boston: Houghton Mifflin, 1990).

Artigos/relatórios/patentes

E. Arthurs and H. Dym, "On the optimum detection of digital signals in the presence of white Gaussian noise—A geometric interpretation and a study of three basic data transmission systems," IRE *Trans. on Communication Systems*, vol. CS-10, pp. 336–372, 1962.

G. Battail, "Pondération des symbols de´code´s par l'algorithme de Viterbi," *Ann. Télécommunication*, vol. 42, pp. 31–38, 1987.

C. Berrou, A. Glavieux, and P. Thitmajshima, "Near Shannon limit error-correction coding and decoding: turbo codes," *Int. Conf. Communications*, pp. 1064–1090, Geneva, Switzerland, May 1993.

C. Berrou and A. Glavieux, "Near optimum error correction coding and decoding: turbo codes," *IEEE Trans. Communications*, vol. 44, pp. 1261–1271, 1996.

V. K. Bhargava, "Forward error correction schemes for digital communications," *IEEE Communications Magazine*, vol. 21, no. 1, pp. 11–19, 1983.

D. R. Brillinger, "An introduction to polyspectra," *Annals of Mathematical Statistics*, pp. 1351–1374, 1965.

D. Cassioli, M. Z. Win, and A. F. Molisch, "The Ultra-Wide Bandwidth Indoor Channel: From Statistical Model to Simulations," IEEE J. *Selected Areas in Commun.*, vol. 20, pp. 1247–1257, 2002.

K. Challapali, X. Lebegue, J. S. Lim, W. H. Paik, and P. A. Snopko, "The Grand Alliance system for US HDTV," Proc. IEEE, Vol. 83, No. 2, February 1995, Pages: 158–174.

J. W. Cooley and J. W. Tukey, "An algorithm for the machine calculation of complex Fourier series," *Math. Comput.*, vol. 19, pp. 297–801, 1965.

R. deBuda, "Coherent demodulation of frequency-shift keying with low deviation ratio," *IEEE Trans. on Communications*, vol. COM-20, pp. 429–535, 1972.

M. I. Doelz and E. H. Heald, "Minimum shift data communication system," U.S. Patent No. 2977417, March 1961.

L. H. Enloe, "Decreasing the threshold in FM by frequency feedback," *Proceedings of the IRE*, vol. 50, pp. 18–30, 1962.

W. A. Gardner and L. E. Franks, "Characterization of cyclostationary random signal processes," *IEEE Transactions on Information Theory*, vol. IT-21, pp. 4–14, 1975.

J. Hagenauer and P. Hoeher, "A Viterbi algorithm with soft-decision outputs and its applications," *IEEE Globecom* 89, pp. 47.11–47.17, November 1989, Dallas, Texas.

F. S. Hill, Jr., "On time-domain representations for vestigial sideband signals," *Proceedings of the IEEE*, vol. 62, pp. 1032–1033, 1974.

H. Kaneko, "A unified formulation of segment companding laws and synthesis of codes and digital companders," *Bell System Tech. J.*, vol. 49, pp. 1555–1588, 1970.

C. F. Kurth, "Generation of single-sideband signals in multiplex communication systems," *IEEE Transactions on Circuits and Systems*, vol. CAS-23, pp. 1–17, Jan. 1976.

C. L. Nikas and M. R. Raghuveer, "Bispectrum estimation: A digital signal processing framework," *Proceedings of the IEEE*, vol. 75, pp. 869–891, 1987.

S. Pasupathy, "Minimum shift keying—A spectrally efficient modulation," *IEEE Communications Magazine*, vol. 17, no. 4, pp. 14–22, 1979.

S. O. Rice, "Noise in FM receivers," in M. Rosenblatt, (editor), *Proceedings of the Symposium on Time Series Analysis* (New York: Wiley, 1963), pp. 395–411.

T. Sikora, "MPEG Digital Video-coding standards," *IEEE Signal Processing Magazine*, pp. 82–99, September 1997.

M. K. Simon and D. Divsalar, "On the implementation and performance of single and double differential detection schemes," *IEEE Trans. on Communications*, vol. 40, pp. 278–291, 1992.

B. Smith, "Instantaneous compounding of quantized signals," *Bell System Tech, J.*, vol. 36, pp. 653–709, 1957.

G. L. Turin, "An introduction to matched filters," *IRE Transactions on Information Theory*, vol. IT-6, pp. 311–329, 1960.

G. L. Turin, "An introduction to digital matched filters," *Proceedings of the IEEE*, vol. 64, pp. 1092–1112, 1976.

M. Z. Win and R. A. Scholtz, "Impulse radio: how it works," *IEEE Comm. Letters*, vol. 2, pp. 36–38, 1998.

A. D. Wyner, "Fundamental limits in information theory," *Proceedings of the IEEE*, vol. 69, pp. 239–251, 1981.

ÍNDICE

100BASE-TX, 374–376

A
Acesso múltiplo por divisão de frequência (FDMA), 175–176
Acesso múltiplo por divisão de tempo, 178–179
Advanced Mobile Phone Service (AMPS), 175–176
Alfabeto, 421–423
Algoritmo de decodificação de máxima probabilidade a posteriori (MAP), 481–482
Algoritmo de Huffman, 431–432
Algoritmo de Lempel-Ziv, 432–434
Algoritmo de Viterbi, 468–470
Amostragem, 295–296
    função, 57–58
    natural, 300–301, 338–339
    uniforme, 296–297
Amostrar e reter, 301–303
Amplificador de baixo ruído, 281–283
Análise, passa-faixa, 76–77, 233–234, 387
Anomalias, 18–19
Armstrong, E. H., 152–153
Atraso de fase, 81–82
Atraso de grupo, 81–82
    distorção, 70–71, 83–85
Autocorrelação, 203–207
    propriedades, 205–206
    resumo gráfico, 247
Autocovariância, 205–206

B
Banda base
    canal, 343
    comunicação, 71–73
    PAM binário, 349–350, 356–357
    PAM M-ária, 356–357, 362, 369–370
    transmissão de dados, 343
Banda lateral, inferior e superior, 101–102, 116–117
Banda lateral dupla com portadora suprimida (DSB-SC), ruído, 259–260
    Ver também Modulação
Baud, 369–370, 402–403
Bernoulli, J., 200–202
Bipolar, *Ver* Códigos de linha
Bit, 423–424

C
Camada de controle, 14–16
Camada de rede, 14–16
Camada física, 14–16
Canal
    AWGN, 387
    capacidade, 421, 438–441
    capacidade gaussiana, 446–447
    dispersivo, 71–73, 358–359, 374–376
    matriz, 437–438
    multipercurso, 71–73, 240–241
    seletivo em frequência, 18–19, 71–73, 358–359, 374–376
Canal binário simétrico, 189–190, 354–355, 438–439, 441–442
Canal com desvanecimento, 18–19
    plano em frequência ou plano, 245–246
    Ver também Canal, multipercurso
Canal discreto sem memória, 436–437
Canal dispersivo, 343, 482–483
Causalidade, 61–62
Celular, 175–176
Chaveamento de amplitude (ASK), 388–390
Chaveamento de fase, 388–390
    chaveamento de quadrifase (QPSK), 404–405
    detecção coerente, 390–392
    detecção diferencial, 400–401
    probabilidade de erro, 394–395
Chaveamento de fase diferencial (DPSK), 400–401
Chaveamento de frequência (FSK), 388–390
Chaveamento mínimo (MSK), 396–397
Chaveamento mínimo gaussiano, 176–178
Circuito de recuperação de portadora, 399–400
Circuito em rampa, 157–158
Codificação
    correção de erro, 453–455, 467–468, 474–475, 478–479
    PCM, 322–324
Codificação de entropia por comprimento de corrida, 335–336
Codificação diferencial, 325–326, 400–401
Código
    bloco linear, 479–480
    dual, 463–464
    Huffman, 431–432
    instantâneo, 430–431
    linear, 453–455
    perfurado, 479–480
    prefixo, 429–430

repetição, 444–445, 456–457
   sistemático, 453–455
   tamanho variável, 426–427
   taxa, 442–443, 465–467
Código algébrico, 483–485
Código de bloco, 453–455
Códigos cíclicos, 463–464
   desempenho BER, 464–465
   exemplos de, 463–465
Códigos convolucionais, 465–467
   algoritmo de Viterbi, 468–470
   comprimento de restrição, 465–467
   decodificação, 468–470
   desempenho BER, 472–473
   recursivo, sistemático, 478–479
Códigos de Bose-Chaudhuri-Hocquenghem (BCH), 464–465
Códigos de linha, 324–325, 374–376
   bipolar RZ, 325–326, 343–346
   diferencial, 325–326
   espectros, 343–346, 380
   fase dividida, 325–326, 359–360
   Manchester, 325–326, 359–360
   polar NRZ, 324–325
   unipolar NRZ, 324–325
   unipolar RZ, 325–326
Códigos de Reed-Solomon (RS), 464–465
Códigos de tamanho máximo, 464–465
Códigos de Ungerboeck, 473–474
   PSK-8, 474–475
Códigos de verificação cíclica de redundância (CRC), 464–465
Códigos probabilísticos, 483–485
Códigos turbo, 477–478
   codificação, 477–478
   decodificação, 479–480
Coeficiente de desvio, 153–154, 269–271, 285–286, 396–397
Coeficiente de Fourier, 56–57
Compander, 322–324
Componente em fase, 73–75
   ruído, 256–258
Componente em quadratura, 73–75
   ruído, 256–258
Compressão de dados
   algoritmo de Lempel-Ziv, 432–434
   codificação de Huffman, 431–432
   sem perdas, 427–428
Compressor, 321–322
Comprimento de restrição, 465–467
Condições de Dirichlet, 21–23
Conjunto
   funções do tempo, 203–205
   média, 209–210
Constante de Boltzmann, 224–225
Constelação, 403–404, 473–474
Conversão analógico-digital, 320–321
   razões pelas quais, 293–295
Conversão ascendente, 16–17
Correção direta de erros, 19–20, 244–246, 414–415
Correlação, 200–202
   coeficiente, 200–202, 393–394
   receptor, 347–348
Correlação cruzada, 208–209
Cosseno elevado, 123–124
   decaimento, 366–368, 381
   espectro, 366–368
   pulso, 310–311
Covariância, 200–202

Critério de Paley-Wiener, 64–67
Curva universal, 152–153

D

Decaimento, 70–71
   Ver também Cosseno elevado
Decibel, 43–44, 64–65
Decodificação com decisões rígidas, 452–453, 481–482
Decodificação com decisões suaves, 452–453
Decodificação de síndrome, 457–458, 460–461
Decodificador MAP, 481–482
Decodificadores entrada-suave saída-suave (SISO), 481–482
Demodulação, 99, 106–108, 256–258
   SNR, 284–285
Demodulação em frequência, 157–158
   deênfase, 278–279
   pré-ênfase, 278–279
Demodulação síncrona. *Ver* Detecção coerente
Demodulador FM com realimentação (FMFB), 275–276
Densidade espectral de energia, 41–42, 95
Densidade espectral de potência
   processos aleatórios, 212–213
   propriedades, 213–214
   relação com autocorrelação, 212–213
   resumo, 247
Densidade espectral de ruído (N_0), 256–258
Densidade marginal, 195–196
Desigualdade de Chebyshev, 199–200
Desigualdade de Kraft-McMillan, 430–431
Desigualdade de Schwarz, 97, 346–347
Deslocamento de frequência.
   Ver Frequência, translação
Deslocamento no tempo, 32–33
Desvio de frequência, 141–142
Desvio Doppler, 243–244
Desvio padrão, 198–199
Detecção coerente, 112–114, 387
   FSK, 390–392
   FSK com fase contínua, 394–395
   PSK, 390–392
Detecção não coerente, 387
   FSK, 399–400
Detector
   coerente, 112–114
   envoltória, 106–108
   lei quadrática, 128
Diagrama de eficiência de largura de banda, 448–450
Digitalização de vídeo, 333–335
Distância euclidiana, 473–474
Distância euclidiana livre, 475–476
Distância livre, 470–472
Distância mínima, 458–459
Distorção de amplitude, 303–305
Distorção por sobrecarga de inclinação, 331–332
Distribuição de Poisson, 222–224
Distribuição de Rayleigh, 236–237, 241–242, 400–401, 420
Distribuição de Rician, 238–240, 400–401, 420
Distribuição uniforme. *Ver* Função distribuição

E

Eco, 370–372
Efeito de abertura, 303–305
Efeito de atenuação de ruído, 269–271
Efeito de captura, FM, 272–273

EIRP, 284-285
Energia por *bit* (E_b), 353-354
Entropia, 421, 424-425
  condicional, 438-439
  fonte binária sem memória, 424-425
  propriedades, 424-425
  relativa, 438-439
Envoltória, 100-101
  atraso, 82-83
  complexa, 75-76, 244-246
  detector, 106-108, 157-158, 263-264, 266-267
  ruído, 261-262
  sinal passa-faixa, 73-75
Equação de Friis, 283-284
Equalização, 90-91
  adaptativa, 373-374
  TDL, 370-372
  zero-forcing, 373-374
Erro
  capacidade de correção, 460-461
  codificação para controle, 421-423, 450-451
  padrão, 457-458
  primeiro tipo, 350-352, 394-395
  segundo tipo, 350-352, 394-395
Espaço amostral, 187-188, 203-204
Espaço de sinais,
  diagrama, 403-404
  representação, 403-404
Espectro, 23-24
Esperança, 197-198
  condicional, 208-209
Estabilidade, 61-62
  entrada limitada-saída limitada, 61-62
Estacionário
  no sentido amplo conjuntamente, 208-209
  primeira ordem, 203-205
  segunda ordem, 203-205
  sentido amplo, 205-206
Estéreo
  AM, 129
  FM, 161-164
Evento
  certeza, 187-188
  elementar, 187-188
  mutuamente exclusivo, 187-188
  nulo, 187-188
Expansor, 322-324
Experimento aleatório, 192-193

F

Falseamento (*aliasing*), 299-301
Fase contínua, 388-390
Fator Q, 159-160, 289-290
Fessenden, R., 108-110
Figura de mérito, 258-259
  modulação em amplitude, 261-262, 264-265
  modulação em frequência, 269-271
Figura de ruído, 284-285
Filtro
  antifalseamento, 299-301
  banda de rejeição, 65-66
  Butterworth, 68-69, 362
  causal, 64-65

Chebyshev, 68-69
elíptico, 70-71
estável, 66-67
ótimo, 347-348
passa-altas, 65-66
passa-baixas, 65-66
passa-baixas ideal, 65-67
passa-faixa, 65-66
pente, 217-218
pós-detecção, 266-267
reconstrução, 299-301
rejeita-faixa, 65-66
resposta ao impulso finito (FIR), 70-71
TDL, 60-61, 97, 370-372
transversal, 61-62
Filtro casado, 343, 347-348
  propriedades, 348-349
Filtro de pós-detecção, 266-267
Filtro de reconstrução, 299-301
  esquema passa-faixa, 76-77, 233-234
Filtro TDL, 60-61
Flush bits, 469
FM digital, 175-176
Fonte discreta sem memória, 423-424
  extensão, 425-426
Fontes, 13
  de informação, 83-85
Fórmula de interpolação, 298-299
Fourier, J. B. J., 21-23
Frequência
  discriminador, 157-160, 266-267
  sintetizador, 132
  translação, 32-33, 123-124, 174-175
Frequência de portadora, 72-73, 100-101
Frequência intermediária (IF), 174-175
Função amostral, 203-204, 343-346
Função característica, 199-200, 249
Função complementar de erro, 353-354
Função de Bessel, 147-148, 244-246, 492
  modificada, 254, 492
  primeira espécie, 147-148
  propriedades, 147-148
Função de transferência, 61-62
Função degrau, 25-26
Função degrau unitário, 53-54
Função delta de Dirac, 47-48
Função densidade de probabilidade, 193-194
  condicional, 195-196
  conjunta, 193-195, 250
Função distribuição, 192-193
  conjunta, 193-195
  propriedades, 192-193
  uniforme, 193-194, 235-236
Função Q, 353-354, 493
  aproximação, 418
  equivalência, 353-354
Função sinal, 29-30, 52-53
Função sinc, 24-25, 31-32, 42-43
Funções conjugadas, 37-38

G

Ganho de codificação assintótico, 470-472, 475-476
Gauss, C. F., 217-219

H

Hamming
  códigos, 462–464
  distância, 458–459
  peso, 458–459
Hamming, R. W., 463–464
Heterodinagem. *Ver* Frequência, translação

I

IEEE 801.11g, 414–416
Impulso unitário. *Ver* Função delta de Dirac
Independência estatística, 189–190, 195–197
Informação, 423–424
  teoria, 421
Informação mútua, 439–441
Integra e descarrega, 349–350
Integral de convolução, 40–41, 59–60
Intercalador, 244–246, 478–479
Interferência intersimbólica, 343, 356–357
  controlada, 369–370
Interligação de Sistemas Abertos (OSI), 14–16

K

Kotelnikov, V., 403–404

L

Largura de banda, 43–44, 64–65
  3 dB, 43–44, 64–65
  mensagem, 101–102, 259–260
  nulo a nulo, 43–44
  transmissão, 101–102, 152–153, 269–271, 287–288
  valor quadrático médio (rms), 44–46, 95
Largura de banda em excesso, 366–368
Largura de banda equivalente de ruído, 231–232, 419
Lei μ, 321–322
Lei A, 322–324
Limitado em banda, 296–297, 358–359
  canal, 65–66
  sinal, 43–44
Limitador, 181, 182, 266–267
Link de comunicações, 281–283

M

Malha de sincronismo de fase, 162–164
  demodulador FM, 275–276
  filtro de malha, 162–164
  ganho de malha, 164–166
  modelo linear, 166–167
  modelo não linear, 164–166
  segunda ordem, 168–169
Malha de sincronismo de frequência, 155–157
Máquina de estados, 465–467
Marconi, G., 101–102
Margem, 287–288
Matriz geradora, 455–456
Média temporal, 209–210
Medida de probabilidade, 187–188
Melhoria de lei quadrática, FM, 271–272
Mistura. *Ver* Frequência, translação
Misturador, 123–124, 182
Modulação, 99
  amplitude em quadratura, 115–116

banda lateral dupla com portadora suprimida (DSB-SC), 108–111
  fator, 102–103
  índice, 142–144, 146–147
  porcentagem, 101–102
  SSB, 110–111, 116—119
  VSB, 108–110, 116–117, 119–123
Modulação angular, 73–75, 134
  em fase, 134
  em frequência, 134
  propriedades, 136–137
Modulação codificada em treliça, 472–473
Modulação de amplitude em quadratura (QAM), 115–116, 403–404
Modulação delta, 330
Modulação delta-sigma, 332–333
Modulação em amplitude (AM), 73–75, 99–101
  limiar, 264–265
  ruído, 261–262
  virtudes, limitações e modificações, 108–110
Modulação em fase, 135–136
Modulação em frequência (FM), 135–136, 141–142
  banda estreita, 142–144, 272–273
  banda larga, 146–147, 272–273
  efeito de limiar, 272–273
  pré-ênfase, 278–279
  redução de limiar, 275–276
  ruído, 265–266
Modulação em quadratura, 473–474
  processos, 209–210
Modulação multiportadora, 410–411
Modulação por amplitude de pulso (PAM), 300–301, 356–357
Modulação por codificação de pulso (PCM), 320–321, 380
Modulação por duração de pulso, 305–306
Modulação por largura de pulso, 305–306
Modulação por posição de pulso, 305–306
  compensação largura de banda-ruído, 313–314
  detecção, 308–309
  efeito de limiar, 313–314
  geração, 306–308
  ruído, 309–310
Modulador
  anel, 111–112
  balanceado, 129
  chaveamento, 104–105
  FM, 154–155
  lei quadrática, 128
Momentos
  centrais, 198–199
  conjuntas, 200–202
Multiplexação, 16–17
Multiplexação em quadratura, 115–116, 404–405
Multiplexação por divisão de frequência (FDM), 124–125
Multiplexação por divisão de frequência ortogonal, 410–411
Multiplexação por divisão de tempo (TDM), 124–125, 305–306, 328–329

N

Não linear, 18–19, 128, 146–147, 385
Não retorna a zero (NRZ). *Ver* Códigos de linha
Nível de fatiamento, 370–372
Nyquist
  canal, 364–365
  critério, 363, 381

intervalo, 298–299
largura de banda, 365–366
taxa, 298–299, 303–305, 365–366
Nyquist, H., 364–365

O

Onda contínua (CW)
  amplitude, 100–101, 261–262
  comparação de técnicas, 288–289
  fase, 135–136
  frequência, 141–142, 265–266
  modulação, 99, 256
Operadores lineares, 21–23
  esperança, 197–198
Orçamento de link, 284–285
Oscilador controlado por tensão, 115–116, 154–155, 162–164
Oscilador de Hartley, 154–155
Oscilador local, 112–116

P

Padrão ocular, 359–362
Palavra-código, 426–427
Par trançado, 374–376
Paridade
  bits, 453–455
  equações de verificação, 456–457
  matriz de verificação, 456–457
Passa-faixa
  canal, 385–387
  comunicação, 72–73
  sinais, 43–44
  sistemas, 76–78
  transmissão, 385–387
Pente de Dirac, 57–58
Perda de inserção, 358–359
Perda de percurso, 283–284
Perda de propagação, 18–19
Polinômio gerador, 468–469
Probabilidade
  a posteriori, 189–190
  a priori, 189–190
  condicional, 188–189
  conjunta, 188–189
  transição, 190–191
Probabilidade de erro, 349–350
  comparação, 407–409
  DPSK, 402–403
  FSK binário coerente, 394–395
  FSK binário não coerente, 400–401
  PSK binário, 394–395
  QPSK, 407–409
  símbolo, 354–355
Probabilidade de transição, 190–191, 438–439
Processo aleatório, 203–204
  complexo, 249
  filtro linear, 210–212
  média, 203–205
  relação entrada-saída, 216–217
Processo ergódico, 209–212
Processo gaussiano, 217–219
  banda estreita, 255
  propriedades, 220–221
Produto tempo-largura de banda, 46–47
Protocolo, 14–16

Pulso duplicado, 36–37
Pulso exponencial, 25–26
Pulso gaussiano, 35–36, 50–51
  monociclo, 314–316
Pulso triangular, 36–37

Q

Quantização, 315–316
  meio-degrau, 316–318
  meio-piso, 316–318
  não uniforme, 316–318
  ruído, 316–318
  uniforme, 316–318

R

Rádio definido por software, 16–17
Rádio impulsivo, 314–316
  PPM, 314–316
Receptor, 14–16
  modelo, 256
  ruído, 256, 284–285, 343
  superhet, 173–174
Receptor de Costas, 113–115
Receptor super-heteródino, 173–174
Rede ótica síncrona (SONET), 330
Redes de área local sem fio (WLAN), 87–89, 98, 410–411
Regra de Bayes, 189–190
Regra de Carson, 152–153
Relação energia-densidade espectral de ruído, 349–350
Relação log-verossimilhança, 481–482
Relação portadora-ruído, 274–275, 284–285
Relação sinal-ruído, 258–259
  pico de pulso, 345
Relações de Einstein-Wiener-Khintchine, 212–213
Repetidor regenerativo, 327–328
Representação canônica, 73–75
Representação em banda base complexa, 75–76
Resposta ao impulso, 57–59, 467–468
  complexa, 76–78
Resposta em fase, 62–64
Resposta em magnitude, 62–64
Retorna a zero (RZ). *Ver* Códigos de linha
Rice, S. O., 276–278
Ruído, 18–19, 222–224
  gaussiano, 225–226
  impulsivo, 222–224
  potência disponível, 224–225
  temperatura equivalente, 225–226
  térmico, 224–225
Ruído branco, 225–226, 256–258, 343–346, 385–387
  processado por filtro passa-baixas, 225–226
  processado por filtro passa-faixa, 233–234
  gaussiano aditivo (AWGN), 256–258, 350–352
  canal, 387
Ruído de banda estreita, 231–232, 268–269, 387
  em fase e em quadratura, 232–233
  envoltória e fase, 234–235
  propriedades, 232–233
Ruído de fase, 144–145
Ruído equivalente, temperatura, 225–226
Ruído granular, 331–332
Ruído impulsivo, 253
Ruído térmico, 186–187

S

Satélite, 281-283
Sensibilidade à amplitude, 101-102, 128
Sequência de treinamento, 89-90
Série de Fourier, 56-57
Shannon, Claude E., 14-16
Sinais aleatórios, 186-187
Sinais antípodas, 394-395
Sinais de energia, 21-23
Sinais ortogonais, 394-395, 414-415
Sinais passa-faixa, 43-44, 71-73
Sinal AM
  comercial, 174-175
  desempenho de receptor, 263-264
  detecção de envoltória, 106-108
Sinal binário aleatório, 207-208, 214-215, 249
Sinal de banda estreita, 72-73
Sinal FM
  coeficiente de desvio, 153-154
  comercial, 153-154, 174-175
  demodulador, 157-158, 265-267
  digital, 175-176
  efeitos não lineares, 170-171
  espectro, 148-149
  estéreo, 161-162
  índice de modulação, 146-147
  largura de banda de transmissão, 150-152
  modulador, 154-155
  radar, 179-180
Sinal piloto, 116-117
Sincronização, 19-20
  receptor de Costas, 113-115
  Ver também Temporização
Sistema Global para Comunicações Móveis (GSM), 175-176
  bandas de frequência, 178-179
Sistema linear, 57-59
Sistema quaternário, 362, 369-370
Sistema T1, 328-329
Sombreamento, 18-19
Subportadoras, 410-411

T

Televisão de alta definição (HDTV), 121-123
Tempo de descorrelação, 206-207
Temporização
  erro, 365-366
  sensibilidade, 362
  sinal, 357-358
Tentativa de Bernoulli, 196-197

Teorema da amostragem, 298-299
Teorema da capacidade de informação, 447-448
Teorema da codificação de canal, 442-443, 450-451
Teorema da codificação de fonte, 426-428
Teorema da convolução, 41-42
Teorema da multiplicação, 40-41
Teorema de Campbell, 224-225
Teorema de Rayleigh da energia, 41-42, 348-349
Teorema do limite central, 219-220, 241-242, 255
Teoria da probabilidade, 187-188
Teoria de conjuntos, 187-188
Transformada de cosseno discreta (DCT), 335-336
Transformada de Fourier, 21
  computação numérica, 85-87
  discreta (DFT), 85-87, 89-90, 296-297, 412-414
  limites, 95
  pares, 491
  propriedades, 27-28, 93-94, 490
  rápida, 87-89
  sinais periódicos, 56-57
Transmissão de dados
  banda base, 343-372
  passa-faixa, 385-407
Transmissão de dados binários
  ASK, 388-390, 416-418
  banda base, 356-369
  FSK, 388-392
  PSK, 388-391
Transmissão de dados M-ários, 402-403
  FSK, 448-450
  PSK, 403-404, 448-450
  QAM, 403-404
Transmissão de televisão VSB, 121-123
Transmissão em espaço livre, 283-284

V

Valor quadrático médio, 198-199
Variância, 198-199
Variável aleatória, 192-193, 203-205
  Bernoulli, 202
  binomial, 196-197
  gaussiana, 199-200
Vídeo MPEG, 333-335
Visão direta, 240-241

W

Whittaker, E. T. e J. M., 298-299
WiFi, 410-411